Buch-Updates

Registrieren Sie dieses Buch auf unserer Verlagswebsite. Sie erhalten damit Buch-Updates und weitere, exklusive Informationen zum Thema.

Galileo BUCH UPDATE

Und so geht's

> Einfach **www.sap-press.de** aufrufen

<<< Auf das Logo **Buch-Updates** klicken

> Unten genannten **Zugangscode** eingeben

Ihr persönlicher Zugang zu den Buch-Updates 109534000134

Robert Steyer

Praxishandbuch SAP®-Personalwirtschaft

SAP PRESS

SAP PRESS ist eine gemeinschaftliche Initiative von SAP und Galileo Press. Ziel ist es, Anwendern qualifiziertes SAP-Wissen zur Verfügung zu stellen. SAP PRESS vereint das fachliche Know-how der SAP und die verlegerische Kompetenz von Galileo Press. Die Bücher bieten Expertenwissen zu technischen wie auch zu betriebswirtschaftlichen SAP-Themen.

Jörg Edinger, Richard Haßmann, Gerold Heitz
Personalabrechnung mit SAP
596 S., 2009, geb.
ISBN 978-3-8362-1154-3

Stefan Kauf, Viktoria Papadopoulou
Formulargestaltung in SAP ERP HCM
231 S., 2009, geb.
ISBN 978-3-8362-1220-5

Martin Esch, Anja Junold
Berechtigungen in SAP ERP HCM
352 S., 2008, geb.
ISBN 978-3-8362-1081-2

Hans-Jürgen Figaj, Richard Haßmann, Anja Junold
HR-Reporting mit SAP
431 S., 2007, geb.
ISBN 978-3-89842-878-1

Harald Goetsch, Sven Herrmann, Daniel Knapp
Personalwirtschaft mit SAP NetWeaver Portal
421 S., 2008, geb.
ISBN 978-3-8362-1054-6

Aktuelle Angaben zum gesamten SAP PRESS-Programm finden Sie unter *www.sap-press.de*.

Jörg Edinger, Anja Junold, Klaus-Peter Renneberg

Praxishandbuch SAP®-Personalwirtschaft

Galileo Press

Bonn • Boston

Liebe Leserin, lieber Leser,

vielen Dank, dass Sie sich für ein Buch von SAP PRESS entschieden haben.

Es ist ohne Frage eine große Erleichterung, bei der täglichen Arbeit im Personalwesen auf eine leistungsstarke Software wie SAP ERP HCM zurückgreifen zu können. Vor dem Gewinn, den Sie als Anwender aus SAP ERP HCM ziehen können, steht jedoch in der Regel die Phase der Einarbeitung in das System. Das vorliegende Buch hat zum Ziel, Sie dabei zu unterstützen.

Die Autoren Jörg Edinger, Anja Junold und Klaus-Peter Renneberg erläutern Ihnen Grundlagen und Navigation und leiten Sie kompetent und verlässlich durch die einzelnen Teilbereiche von SAP ERP HCM. Die anschaulichen Erklärungen und Schritt-für-Schritt-Darstellungen werden durch Abbildungen von Bildschirmeinstellungen und Icons sowie durch zahlreiche Übungsaufgaben unterstützt. So bietet Ihnen das vorliegende Buch die Möglichkeit, sich entsprechend Ihrem individuellen Lerntempo in die Software einzuarbeiten, das Gelernte zu überprüfen und täglich zu nutzen. Ich bin sicher, dass dieses Buch einen festen Platz auf Ihrem Schreibtisch finden und Sie bei der erfolgreichen Anwendung von SAP ERP HCM begleiten wird.

Wir freuen uns stets über Lob, aber auch über kritische Anmerkungen, die uns helfen, unsere Bücher besser zu machen. Am Ende dieses Buches finden Sie daher eine Postkarte, mit der Sie uns Ihre Meinung mitteilen können. Als Dankeschön verlosen wir unter den Einsendern regelmäßig Gutscheine für SAP PRESS-Bücher.

Ihre Patricia Kremer
Lektorat SAP PRESS

Galileo Press
Rheinwerkallee 4
53227 Bonn

patricia.kremer@galileo-press.de
www.sap-press.de

Auf einen Blick

Der Name Galileo Press geht auf den italienischen Mathematiker und Philosophen Galileo Galilei (1564–1642) zurück. Er gilt als Gründungsfigur der neuzeitlichen Wissenschaft und wurde berühmt als Verfechter des modernen, heliozentrischen Weltbilds. Legendär ist sein Ausspruch *Eppur se muove* (Und sie bewegt sich doch). Das Emblem von Galileo Press ist der Jupiter, umkreist von den vier Galileischen Monden. Galilei entdeckte die nach ihm benannten Monde 1610.

Gerne stehen wir Ihnen mit Rat und Tat zur Seite:
patricia.kremer@galileo-press.de bei Fragen und Anmerkungen zum Inhalt des Buches
service@galileo-press.de für versandkostenfreie Bestellungen und Reklamationen
thomas.losch@galileo-press.de für Rezensionsexemplare

Lektorat Patricia Kremer, Frank Paschen
Korrektorat Angelika Glock, Wuppertal
Einbandgestaltung Nadine Kohl
Titelbild Getty Images/Ray Massey
Typografie und Layout Vera Brauner
Herstellung Steffi Ehrentraut
Satz Typographie & Computer, Krefeld
Druck und Bindung Bercker Graphischer Betrieb, Kevelaer

Bibliografische Information der Deutschen Bibliothek
Die Deutsche Bibliothek verzeichnet diese Publikation in der Deutschen Nationalbibliografie; detaillierte bibliografische Daten sind im Internet über http://dnb.ddb.de abrufbar.

ISBN 978-3-8362-1312-7

2., aktualisierte und erweiterte Auflage 2009
Die erste Auflage erschien unter dem Titel »SAP-Personalwirtschaft für Anwender«.

Inhalt

Die Themen, die dieses Buch anspricht und behandelt, sind sehr umfangreich und vielschichtig. Hier erläutern wir Ihnen, wie Sie das Buch individuell am effektivsten nutzen können.

1 So nutzen Sie dieses Buch

In diesem Kapitel zeigen wir Ihnen, an welche Nutzer eines SAP-Systems wir beim Schreiben dieses Buches in erster Linie gedacht haben und welche Anwender demnach besonders von ihm profitieren. Ebenso erfahren Sie hier, wie Sie als Neueinsteiger das Buch am besten und effektivsten durcharbeiten. Abschließend stellen wir Ihnen weitere Inhalte vor, die Ihnen bei der Arbeit mit *SAP ERP Human Capital Management* (SAP ERP HCM) noch mehr Nutzen bieten.

Für die zweite Auflage dieses Buches – die erste erschien unter dem Titel »SAP-Personalwirtschaft für Anwender« – haben wir alle Kapitel überarbeitet und aktualisiert sowie die Darstellungen auf den neuesten Stand von Release SAP ERP 6.0 gebracht. Die Screenshots wurden neu erstellt und unterstützen Sie so optimal dabei, die einzelnen Schritte im System nachzuvollziehen und für sich umzusetzen; auch die Tipps und Übungsaufgaben, die in jedem Kapitel enthalten sind, wurden aktualisiert und entsprechend ergänzt. Ganz neu hinzugekommen ist Kapitel 15, »Anwenderschulungen für SAP ERP HCM«, das im Folgenden noch genauer erläutert wird.

Wir sind fest davon überzeugt, dass Ihnen dieses Buch den Zugang zu SAP ERP HCM wesentlich erleichtern wird und sich Ihnen darüber hinaus eine Vielzahl neuer Bestandteile dieses Systems eröffnen werden.

1.1 Zielgruppe

Dieses Buch richtet sich vorrangig an diejenigen *Endanwender* und *Key User*, die entweder ganz neu in das Thema einsteigen oder Tipps für die Effizienzsteigerung ihrer täglichen Arbeit suchen.

Darüber hinaus ist das Buch eine wichtige Informationsquelle für *Trainer*, die Schulungen zu SAP ERP HCM für Endanwender aufbauen oder abhalten wollen. Diese können das Buch sowohl ihren Teilnehmern als Vorbereitungslektüre empfehlen, um die Präsenztrainings zu verkürzen, als auch selbst als Quelle für Anregungen bezüglich Gestaltung und Struktur der Schulungen verwenden. Dabei helfen ihnen die verschiedenen Fallbeispiele aus Kapitel 15, »Anwenderschulungen für SAP ERP HCM«, anhand derer die Schulungskonzeption exemplarisch beschrieben wird.

Aber auch folgende Zielgruppen werden in diesem Buch wertvolle Informationen finden:

Projektleiter, die sich nicht mit den Details und dem Customizing von SAP ERP HCM beschäftigen, jedoch die grundlegenden Begriffe kennenlernen wollen, werden nach dem Studium der einzelnen Kapitel sowie der Hinweise und Tipps die Sprache und Probleme der Anwender künftig besser verstehen.

Teammitglieder von Implementierungsprojekten, *Berater* und *Customizing-Verantwortliche*, die sich erstmalig mit diesem Thema auseinandersetzen, können zum Einstieg auf leicht verständliche Art und Weise die Anwendungsmöglichkeiten des SAP ERP HCM-Systems kennenlernen.

Programmierern, die im Umfeld von SAP ERP HCM anwendungsnah programmieren, wird mithilfe dieses Buches der Aufbau von Testfällen wesentlich erleichtert. Außerdem hilft ihnen dieses Buch dabei, Verständnis für die Anforderungen von Endanwendern zu entwickeln.

Studierende oder anderweitig Interessierte, die sich in das Thema Personalwirtschaft einarbeiten möchten, erhalten einen realistischen Einblick in die Praxis der Personalarbeit und deren IT-Umsetzung mit SAP ERP HCM. Die Themen des Buches repräsentieren wesentliche Funktionen einer Personalabteilung und vermitteln ein Gefühl dafür, wie operative Personalarbeit im administrativen Bereich aussieht.

1.2 Wie arbeiten Sie mit diesem Buch?

Die einzelnen Kapitel des Buches können in beliebiger Reihenfolge durchgearbeitet werden. Wenn Sie Tipps zu konkreten Fragestellungen suchen, nutzen Sie den Index und springen Sie unmittelbar an die entsprechende Stelle.

Für Leser ohne Kenntnisse in SAP ERP HCM empfiehlt es sich allerdings, die im Folgenden erläuterte Reihenfolge einzuhalten:

1. Beginnen Sie mit Kapitel 2, »Was ist SAP?«, und Kapitel 3, »Grundlagen und Navigation«, sowie im Anschluss daran mit Kapitel 4, »Aufbau von SAP ERP HCM«.
   Dabei ist es vollkommen ausreichend, Kapitel 3 zügig durchzuarbeiten – Sie können später immer wieder darauf zurückkommen, wenn Sie eine bestimmte Technik im Verlauf eines anderen Kapitels erneut benötigen. Kapitel 2 und 3 können Sie sogar ganz außer Acht lassen, wenn Sie sich in einem anderen Bereich des SAP ERP-Systems bereits gut auskennen.
2. Bearbeiten Sie direkt anschließend unbedingt Kapitel 5, »Personaladministration«.
   Wenn der Schwerpunkt Ihrer Arbeit nicht auf der Personaladministration liegt, müssen Sie die Vielzahl der Infotypen nicht im Detail berücksichtigen. Sie sollten aber das Konzept der Infotypen und der Maßnahmen verstanden haben und zumindest die Infotypen 0000 bis 0003 kennen.
3. Fahren Sie mit Kapitel 6, »Reports und Querys in der Personaladministration«, fort.
   Diese Vorgehensweise ist insofern günstig, da viele der im Folgenden beschriebenen Anwendungen Auswertungen sein werden. Sie benötigen dieses Kapitel auch dann, wenn der Schwerpunkt Ihrer Arbeit nicht in der Personaladministration liegen sollte. Lassen Sie in diesem Fall lediglich die ausgewählten Standardauswertungen (Abschnitt 6.2.4, »Ausgewählte Standardauswertungen«) weg. Abschnitt 6.3, »Querys über Personalstammdaten«, sollten Sie sinnvollerweise nur dann lesen, wenn Sie auch berechtigt sind, mit Querys zu arbeiten.
4. Die weiteren Kapitel können Sie nun in beliebiger Reihenfolge bearbeiten. Lesen Sie jedoch auf jeden Fall Kapitel 9, »Organisationsmanagement«, vor Kapitel 10, »Veranstaltungsmanagement«.

Sobald Sie die ersten Schritte im System gemacht haben, können Sie sich anhand Kapitel 14, »Hilfefunktionen«, über mögliche Hilfefunktionen informieren. So gewöhnen Sie sich rasch daran, selbst die nötigen Informationen im System zu finden.

Im Anhang dieses Buches steht Ihnen ein Überblick über die wichtigsten Transaktionscodes je Anwendungskomponente zur Verfügung (Anhang A); Sie finden dort eine Erläuterung der im Buch eingesetzten Prozessbausteine (Anhang B), die Ihnen ermöglicht, die einzelnen Prozessbeispiele besser nachvollziehen zu können. Schließlich haben wir dort noch weiterführende Literaturempfehlungen und Internetquellen für Sie zusammengestellt (Anhang C).

1.3 Noch mehr Inhalt

Am Ende jedes Kapitels, bei dem dies sinnvoll ist, finden Sie eine Liste von Übungsaufgaben, die Ihnen eine Überprüfung Ihres Wissensstands ermöglichen. Die Lösungen zu diesen Aufgaben können Sie im Internet, im kostenfreien Zusatzangebot zu diesem Buch, nachlesen. Wie Sie dieses Angebot nutzen, ist am Ende des Buches sowie unter *www.sap-press.de* detailliert beschrieben.

Als Leser dieses Buches können Sie zudem unseren kostenfreien HR-Newsletter abonnieren, den wir Ihnen als Autoren gern zur Verfügung stellen. Er enthält nützliche Tipps zum Einsatz von SAP ERP HCM und vieles mehr. Schicken Sie einfach eine E-Mail mit dem Betreff »Abo/Buch« an *newsletter@admanus.de*.

Das Unternehmen SAP ist in aller Munde. Wir möchten Ihnen hier einige wichtige Begriffe aus dem SAP-Umfeld nahe bringen, die Ihnen in Ihrer täglichen Arbeit mit SAP-Produkten weiterhelfen werden.

2 Was ist SAP?

In diesem Kapitel möchten wir Ihnen elementares Hintergrundwissen zur SAP AG und ihren Produkten vermitteln: Wofür stehen eigentlich die Buchstaben SAP? Lesen Sie im Folgenden die Antwort auf diese Frage, und lernen Sie hier die Entstehung des Unternehmens sowie seine Entwicklung kennen. Erfahren Sie außerdem, in welche weiteren SAP-Produkte die Komponente SAP ERP HCM integriert ist.

2.1 Unternehmen SAP AG

SAP steht zunächst einmal nur für »Systeme, Anwendungen und Produkte in der Datenverarbeitung«. Der Begriff *SAP* bezeichnet eigentlich keine Software, sondern das Unternehmen, das diese Software herstellt: die *SAP AG* mit Sitz in Walldorf.

Da dieses Unternehmen aber über lange Zeit mit seinem wichtigsten Softwareprodukt, dem ERP-System (das 2003 das bis zu diesem Zeitpunkt grundlegende R/3-System abgelöst hat), identifiziert wurde, wird SAP im allgemeinen Sprachgebrauch bis dato meist mit diesem System oder ganz generell mit den Softwareprodukten der SAP AG gleichgesetzt.

Die SAP AG wurde 1972 gegründet, ist heute das größte deutsche Softwarehaus und gehört zu den größten Softwareanbietern weltweit.

2.2 Softwareprodukte

1979 bot SAP mit dem System *SAP R/2* ein umfassendes Softwarepaket an, mit dem Großunternehmen ihre Prozesse in Logistik, Rechnungswesen und Personalwirtschaft unterstützen konnten.

Seit 1993 existiert das System *SAP R/3*, das zunächst dazu gedacht war, den Kundenbestand der SAP AG um mittelständische Unternehmen zu erweitern, da es durch den Einsatz sogenannter *Client-Server-Technologie* mit sehr viel preiswerterer Hardware auskam. Das R/3-System wurde jedoch auch im Markt der Großunternehmen erfolgreich und so de facto zum Nachfolger des R/2-Systems. Mit dem R/3-System hatte SAP weltweit großen Erfolg, sodass die Begriffe *SAP* und *R/3* infolgedessen oft synonym gebraucht wurden.

Mit dem seit 2003 verfügbaren ERP-System, speziell mit dem Release *SAP ERP HCM 6.0*, beschreiben wir in diesem Buch das aktuelle Produkt von SAP. Die Komponente HCM ist innerhalb von SAP ERP für die personalwirtschaftlichen Funktionalitäten verantwortlich. Ein großer Vorteil des Systems gegenüber verschiedenen Einzelprodukten ist die Integrationsmöglichkeit. Dadurch dass die zentralen Daten aller Unternehmensfunktionen im gleichen System geführt werden, wird eine doppelte Datenhaltung vermieden und es können Daten zwischen den einzelnen Bereichen ausgetauscht werden (z. B. werden die Ergebnisse der Entgeltabrechnung direkt in die Finanzbuchhaltung gebucht).

Die in diesem Buch gezeigten Abläufe und Oberflächen sind auch zur Einarbeitung in die Vorgängerversionen *R/3 4.6C* und *R/3 Enterprise 4.7* geeignet.

Neben dem SAP ERP HCM-System bietet die SAP AG unter dem Begriff *SAP Business Suite* weitere Softwarelösungen an, um die wichtigsten Geschäftsprozesse ganzheitlich abzudecken und zu integrieren:

- **SAP Customer Relationship Management (SAP CRM)**
  unterstützt kundenbezogene Geschäftsprozesse wie Vertrieb, Marketing und Service
- **SAP Supplier Relationship Management (SAP SRM)**
  unterstützt lieferantenbezogene Geschäftsprozesse (Beschaffungsstrategien, Lieferanteneinbindungen usw.)
- **SAP Supply Chain Management (SAP SCM)**
  unterstützt die Planung, Koordination, Collaboration und Execution eines unternehmensübergreifenden Logistiknetzes
- **SAP Product Lifecycle Management (SAP PLM)**
  unterstützt die durchgängige Verbindung zwischen Produktentwicklung, Herstellung und Service

Besonders für das Personalwesen (Human Resources) relevante Produkte, die unter *SAP ERP Human Capital Management* (*SAP ERP HCM*) zusammengefasst sind, sind im Folgenden aufgeführt:

- SAP ERP HCM-Modul als Kern
- *Talent Management* mit allen strategischen Personalentwicklungsprozessen (E-Recruiting, Performance Management, Qualifizierung usw.)
- *Workforce Planning & Analytics* mit der strategischen Einsatzplanung, Personalanalyse und Personalkostenplanung als kennzahlenbasiertes System zur Unternehmenssteuerung

Darüber hinaus ist die SAP ERP HCM-Komponente integriert in die Produkte:

- *SAP NetWeaver Portal*, das den zentralen, webbasierten Zugang zu verschiedenen Anwendungen wie z. B. ESS, MSS und Talent Management ermöglicht
- *SAP NetWeaver Business Warehouse* (SAP NetWeaver BW), das integrierte Auswertungs- und Analysewerkzeug der Technologieplattform SAP NetWeaver

2.3 Weiterentwicklung und Anpassung des Systems

SAP entwickelt die Produkte ständig weiter. Mit sogenannten Support Packages oder auch mit neuen Releases soll Folgendes erreicht werden:

- Bereinigung von Fehlern
- Abbildung gesetzlicher Änderungen
- Verbesserung der Anwenderfreundlichkeit
- Anpassung des Systems an neue Technologien
- Bereitstellung neuer betriebswirtschaftlicher Funktionalitäten

Durch diese fortlaufende Weiterentwicklung ändert sich auch die Ihnen bekannte Oberfläche des Systems ständig – wenn auch meist nur geringfügig. Daher kann es sein, dass eine Maske in Ihrem System etwas anders aussieht als im Buch dargestellt.

Neben der Weiterentwicklung des Systems durch den Hersteller passt auch jedes Unternehmen die Software an seine spezifischen Anforderungen an. Die Produkte von SAP sind von Anfang an darauf ausgelegt, flexibel an die Kundenanforderungen angepasst bzw. erweitert werden zu können. Die Funktionalität des Systems, die vom Hersteller geliefert wird, wird oft auch als *Standard* bezeichnet.

Ein Teil der Anpassungen erfolgt durch das sogenannte *Customizing*. Dieses sorgt z. B. dafür, dass das System Ihren Lohnartenkatalog und Ihre Urlaubsregelung kennt, und dass Felder, die in Ihrem Unternehmen nicht benötigt werden, ausgeblendet werden.

Ein weiterer Teil der Anpassung erfordert eine *Programmierung*. Diese wird z.B. erforderlich, wenn in Ihrem Unternehmen eine spezielle Auswertung benötigt wird, die im Standard nicht vorhanden ist.

Aufgrund der individuellen Anpassungsmöglichkeiten, die Customizing und Programmierung bieten, werden die in diesem Buch dargestellten Bildschirmmasken mit ziemlicher Sicherheit nicht exakt denen Ihres Systems entsprechen. Unsere Erklärungen sind aber so allgemein gehalten, dass die Arbeit mit dem Buch eine sehr gute Grundlage liefert und Sie das Gelernte leicht auf Ihr unternehmensspezifisches Umfeld übertragen können.

Die Benutzeroberfläche des SAP ERP HCM-Systems besteht aus einigen Funktionalitäten, die dem Anwender bereits aus bekannten PC-Anwendungen vertraut sein dürften. Darüber hinaus bietet es umfangreiche Möglichkeiten zur individuellen Konfiguration, um die Arbeit eines jeden Anwenders so komfortabel wie möglich zu gestalten.

3 Grundlagen und Navigation

In diesem Kapitel möchten wir Ihnen die Grundlagen des SAP-Systems und die Navigation im SAP ERP HCM-Modul nahebringen. Erfahren Sie zunächst, wie Sie sich am SAP-System an- und abmelden, wie der SAP-Bildschirm aufgebaut ist und wie Sie innerhalb des Systems navigieren können. Anschließend werden Ihnen Datenpflege und Benutzervorgaben, das Arbeiten mit Reports und das Drucken aus dem SAP-System heraus erläutert.

3.1 Anmeldung am SAP-System

Beim Anmelden im SAP-System müssen Sie verschiedene Punkte kennen bzw. beachten. Wir stellen Ihnen in diesem Abschnitt das SAP Logon, das Anmeldebild und das Kennwort vor. Des Weiteren zeigen wir Ihnen, welche Fehler häufig bei der Anmeldung auftauchen und warum Sie Mehrfachanmeldungen vermeiden sollten.

SAP Logon

Wenn Sie täglich mit dem SAP-System arbeiten, empfiehlt es sich, auf Ihrem Desktop eine Verknüpfung zum *SAP Logon* zu erstellen (siehe Abbildung 3.1). Per Doppelklick auf diese Verknüpfung starten Sie die Anwendung *Graphical User Interface* (SAP GUI), die die Kommunikation zwischen Ihnen als SAP-Benutzer und dem SAP-System ermöglicht.

Abbildung 3.1 Verknüpfung mit dem SAP Logon auf dem Desktop

Im *SAP Logon-Verzeichnis* wählen Sie das System aus, auf dem Sie arbeiten wollen. Die meisten Unternehmen haben neben dem *Produktivsystem* mindestens ein Entwicklungs- und ein Qualitätssicherungssystem installiert. Auf dem *Entwicklungssystem* werden Eigenentwicklungen und unternehmensspezifische Einstellungen (*Customizing*) vorgenommen. Die veränderten Systemdaten werden danach in der Regel in das *Qualitätssicherungssystem* transportiert, ehe sie im Produktivsystem verwendet werden.

Anmeldebild

Nachdem Sie das System mit einem Doppelklick aktiviert haben, sehen Sie das Anmeldebild (siehe Abbildung 3.2).

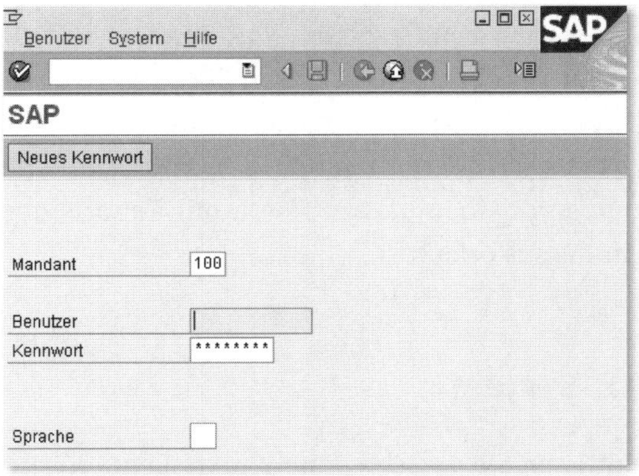

Abbildung 3.2 Anmeldung am Mandanten 100

Bitte halten Sie die *SAP Logon-Daten* bereit, die Sie von Ihrem Benutzeradministrator erhalten haben. Tragen Sie zunächst – wenn nicht bereits vorbelegt – die Mandantennummer ein, in unserem Beispiel ist das die Nummer 100. Wahlweise per Maus- oder Tabulatortaste [⇆] springen Sie zum jeweils nächsten Feld.

Beim Eintragen Ihres Kennworts in das Feld KENNWORT bleiben die Sterne aus Sicherheitsgründen stehen, nur der Cursor rückt dementsprechend weiter.

Das Feld SPRACHE ist immer vorbelegt, auch wenn Sie es nicht sehen. Wenn Sie hier nichts eintragen, melden Sie sich in der Sprache an, in der das SAP-System in Ihrem Unternehmen installiert wurde. Tragen Sie also nur etwas in dieses Feld ein, wenn Sie eine Sprache nutzen möchten, die von der gewöhnlich verwendeten Sprache abweicht. Um Ihre Anmeldesprache in diesem Feld dauerhaft vorzubelegen, müssen Sie Ihre Benutzervorgaben entsprechend pflegen. Bitte lesen Sie dazu Abschnitt 3.6.3, »Weitere Benutzervorgaben«.

Hinweis

Dem Häkchen, wie Sie es im Feld Benutzer sehen, werden Sie noch häufiger begegnen. Wenn ein Feld damit gekennzeichnet ist, bedeutet dies stets, dass das betreffende Feld unbedingt gefüllt werden muss. Man spricht daher auch von einem *Mussfeld*.

Kennwort

Das System fordert Sie bei der Erstanmeldung und in regelmäßigen Abständen auch später auf, das Kennwort zu ändern (siehe Abbildung 3.3). Wie oft Sie das Kennwort ändern müssen und welche Anforderungen für die Zusammensetzung des Kennworts gelten, wird kundenindividuell im System hinterlegt. Folgendes können beispielhafte Anforderungen sein:

- Mindestlänge des Kennworts
- unerlaubte Zeichenfolgen (z. B. kein Firmenname)
- keine Wiederholung von Kennwörtern
- Beachten der Groß- und Kleinschreibung innerhalb des Kennworts

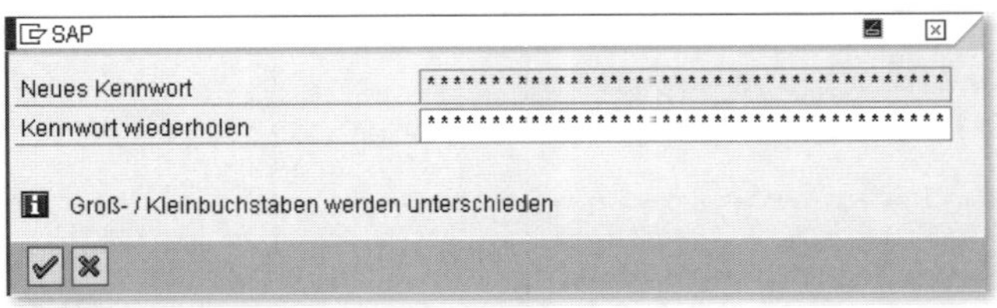

Abbildung 3.3 Ändern des Kennworts

Nachdem Sie das Kennwort eingegeben und wiederholt haben, bestätigen Sie Ihre Eingaben, indem Sie auf das Icon ✓ für Enter klicken. Bei erfolgreicher Anmeldung gelangen Sie im Anschluss daran auf das Einstiegsbild SAP Easy Access (siehe Abbildung 3.5).

Fehler beim Anmelden

Bei fehlerhafter Anmeldung (bedingt z. B. durch Tippfehler oder aufgrund eines vergessenen bzw. abgelaufenen Passworts) gibt Ihnen das System eine entsprechende Fehlermeldung aus. Geben Sie Ihre Daten erneut ein. Doch Vorsicht: Nach mehreren erfolglosen Anmeldeversuchen sperrt das System Ihren Benutzer. Dadurch wird verhindert, dass jemand wahllos Kennwörter an fremden Benutzern ausprobiert.

Um wieder mit dem System arbeiten zu können, müssen Sie Ihren Benutzer beim Administrator freischalten lassen.

Mehrfachanmeldung

Wenn Sie sich mehrfach, möglicherweise sogar an verschiedenen PCs, anmelden, wird sich das in Abbildung 3.4 gezeigte Bild öffnen. Um nicht Gefahr zu laufen, dass eine andere Person mit Ihrem Login Änderungen im System vornimmt, sollten Sie stets mit einer Anmeldung arbeiten. Wählen Sie also MIT DIESER ANMELDUNG FORTFAHREN UND ALLE BESTEHENDEN ANMELDUNGEN BEENDEN. Beachten Sie aber, dass ungesicherte Daten beim Beenden verloren gehen.

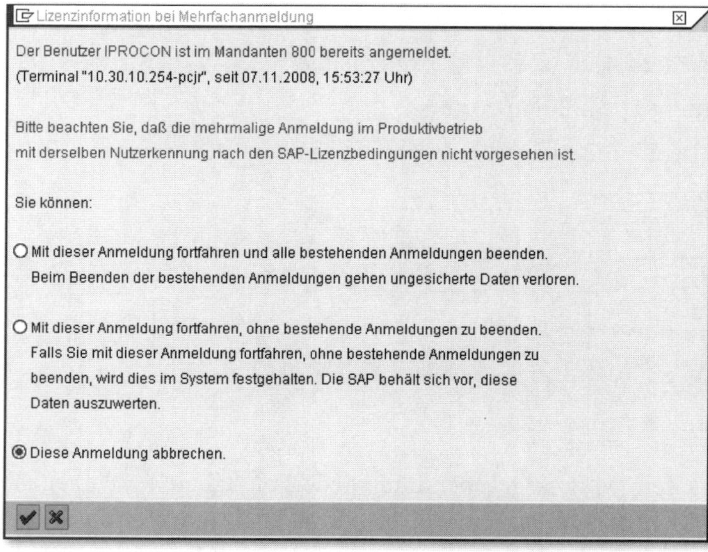

Abbildung 3.4 Mehrfachanmeldung

3.2 SAP-Bildschirm

Der SAP-Bildschirm ist unterteilt in verschiedene Bereiche und beinhaltet viele Menüpunkte, Buttons und Icons. Einige davon erscheinen in jeder Anwendung, andere verschwinden abhängig von der jeweiligen Anwendung, oder es kommen sogar neue hinzu. Wir erklären Ihnen nun die wichtigsten Elemente, nützliche Menüfunktionen und Einstellungen, die Sie selbst vornehmen können und die es Ihnen ermöglichen, sich selbstständig und effizient im SAP-System zu bewegen.

3.2.1 Aufbau des SAP-Bildschirms

Damit Sie sich schnell auf dem SAP-Bildschirm zurechtfinden, stellen wir Ihnen zunächst seinen Aufbau vor (siehe Abbildung 3.5).

Die Elemente, die wir Ihnen im Folgenden erläutern, befinden sich im Kopf- und Fußbereich des Bildschirms. Diese finden Sie auf jedem Fenster wieder, egal, ob Sie beispielsweise Bewerber verwalten oder Mitarbeiter abrechnen. Innerhalb der Leisten können die Buttons und Icons sowie die Bezeichnungen jedoch durchaus variieren. Vor allem aber das Innere des Bildschirms – der Bildrumpf – ist abhängig vom betriebswirtschaftlichen Kontext.

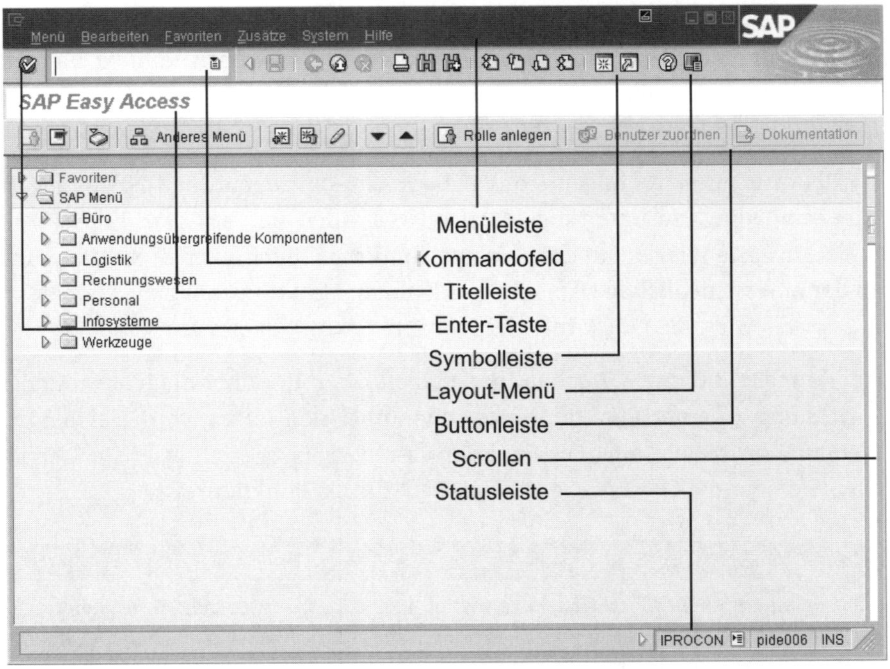

Abbildung 3.5 Aufbau des SAP-Bildschirms

Menüleiste

Die Menüleiste befindet sich am obersten Rand des SAP-Bildschirms. Während die Menüpunkte SYSTEM und HILFE und das Icon für LAYOUT-MENÜ auf jedem Bild des SAP-Systems sichtbar sind, variiert das restliche Menü in dieser Zeile, die verschiedene Aktionen zur jeweils geöffneten Anwendung oder Transaktion enthalten kann.

Der Menüpunkt SYSTEM umfasst sämtliche Funktionen, die sich auf das SAP-System beziehen, sowie weitere Funktionen, die wir Ihnen in Abschnitt 3.8,

»Drucken«, näher erläutern werden. Unter dem Menüpunkt HILFE finden Sie verschiedene Hilfefunktionen. Für ausführliche Informationen zur Hilfe empfehlen wir Ihnen auch Kapitel 14, »Hilfefunktionen«.

Symbolleiste

Die Symbolleiste bzw. Systemfunktionsleiste befindet sich unterhalb der Menüleiste. Die Systemfunktionsleiste enthält Icons für oft benutzte Funktionen wie SICHERN, ZURÜCK, BEENDEN und ABBRECHEN sowie für NAVIGATION und HILFE. Eine Beschreibung der Funktionen der einzelnen Icons erhalten Sie über die sogenannte *Quick-Info*. Das kleine Textfeld, also die Quick-Info, erscheint in dem Moment, in dem Sie mit dem Cursor ein Icon berühren. Die Symbolleiste ist immer gleich aufgebaut. Abhängig vom jeweiligen Kontext können einige Icons auch inaktiv sein. Sie erkennen dies daran, dass das entsprechende Icon in diesem Fall grau eingefärbt ist.

Darüber hinaus sind einigen Icons Funktionstasten zugeordnet. Folgendes ist dabei unbedingt zu unterscheiden: Icons befinden sich auf dem Bildschirm, Funktionstasten liegen auf der Tastatur. (In diesem Buch können Sie dies auch an der unterschiedlichen Darstellung erkennen: Funktionstasten erscheinen im [Tastaturformat]; die Quick-Info der Icons im SCREENFORMAT.)

Abbildungen 3.6 und 3.7 geben Ihnen einen Überblick über die Icons und die Zuordnung zu einer Funktionstaste sowie über den Gebrauch dieser beiden Elemente im SAP-System. Die Funktionstasten, die größer als [F12] sind, erreichen Sie über die [⇧]-Taste, z. B. [⇧] + [F1] für die Funktionstaste [F13].

Tipp

Die Belegung einiger Funktionstasten ist abhängig von der jeweiligen Anwendung. Sie können sich die Bearbeitungsfunktionen auf jedem Bildschirm anzeigen lassen, indem Sie mit der rechten Maustaste auf das Dynpro einer Anwendung (die Oberfläche einer Transaktion) klicken. Wählen Sie mit der Maus aus dem Dialogfenster eine Bearbeitungsmöglichkeit aus (siehe Abbildung 3.7).

Symbol	Name	Gebrauch
	Enter	Freigeben/Bestätigen der Daten
	Kommandofeld	auch »Befehlsfeld«; zum Eingeben von Befehlen (meist Transaktionen), um eine neue Anwendung zu starten
F11	Sichern	Speichern der Daten
F3	Zurück	Zurückkehren auf das vorige Bildschirmbild innerhalb einer Anwendung
F15	Beenden	Verlassen der aktuellen Anwendung; von der Startseite ausgehend, beenden Sie die Sitzung
F12	Abbrechen	Beenden eines aktiven Vorgangs, Zurückkehren auf das vorige Bildschirmbild innerhalb einer Anwendung
F13	Drucken	Aufrufen der Druckfunktion
	Suchen	Aufrufen der Suchfunktion
	Weiter suchen	Aufrufen der Suchfunktion mit Detailsuche
F21	Erste Seite	in der angezeigten Liste oder Tabelle zur ersten Bildschirmseite blättern
F22	Vorige Seite	in der angezeigten Liste oder Tabelle eine Seite zurückblättern
F23	Nächste Seite	in der angezeigten Liste oder Tabelle eine Seite vorblättern
F24	Letzte Seite	in der angezeigten Liste oder Tabelle zur letzten Bildschirmseite blättern
	Modus erzeugen	Aufrufen eines weiteren R/3-Bildschirms, um in mehr als einer Anwendung zu arbeiten
	Verknüpfung auf Desktop	Verknüpfen der aktuellen Anwendung mit dem Desktop, um diese direkt beim Anmelden aufzurufen
F1	Hilfe	Aufrufen einer näheren Erläuterung des Feldes, in dem der Mauszeiger steht
	Layout-Menü	Aufrufen des Layout-Menüs zur individuellen Konfiguration Ihres Bildschirms

Abbildung 3.6 Funktion der Symbole

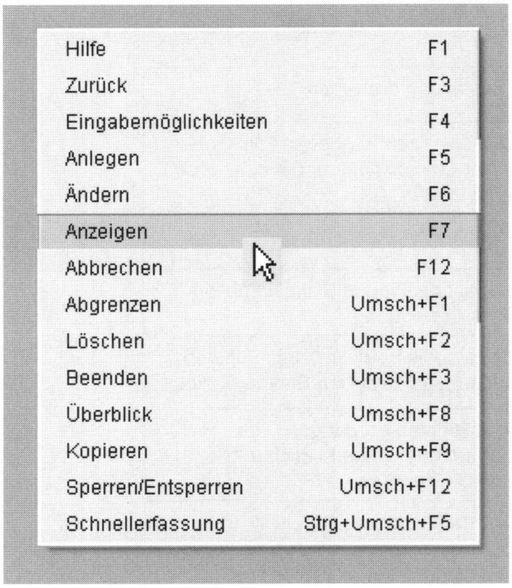

Abbildung 3.7 Beispiel einer Funktionstastenbelegung

Kommandofeld

Rechts neben dem Icon für ENTER befindet sich das Kommandofeld zur Eingabe von Befehlen an das SAP-System. Wenn Sie dieses nicht sehen sollten, können Sie es über das Icon öffnen und wieder schließen. Wie Sie mit dem Kommandofeld arbeiten, werden wir Ihnen in Abschnitt 3.4.3, »Navigieren mit Transaktionscodes«, näher erläutern.

Modus

Wenn Sie im SAP-System an mehreren Anwendungen arbeiten möchten, können Sie bis zu sechs Modi gleichzeitig über das Icon für MODUS ERZEUGEN öffnen (siehe Abbildung 3.6). Zwischen den Modi springen Sie am einfachsten mit Alt + Tab hin und her. Falls Sie ein und denselben Datensatz in zwei Modi bearbeiten, kann es geschehen, dass Sie sich selbst sperren. Sie erhalten dann eine Meldung in der Statusleiste. Verlassen Sie in einem Modus die Anwendung daher stets mit BEENDEN oder ZURÜCK, um in dem anderen Modus die Daten weiter pflegen zu können.

Layout-Menü

Das Layout-Menü wird durch das Icon dargestellt und enthält u. a. Funktionen, mit denen Sie Ihren SAP-Bildschirm individuell konfigurieren können. Sie haben beispielsweise die folgenden Möglichkeiten:

- Einstellen des Verhaltens von Quick-Infos
- Ändern des Tab- und Cursorverhaltens
- Steuern der Anzeige von Meldungen

Wie Sie den SAP-Bildschirm nach Ihren Wünschen einrichten, erfahren Sie in Abschnitt 3.2.2, »Konfiguration des SAP-Bildschirms«.

Eine weitere hilfreiche Funktion finden Sie im LAYOUT-MENÜ unter dem Menüpunkt HARDCOPY. Damit können Sie einen Ausdruck oder ein Screenshot Ihres aktuellen SAP-Fensters erstellen. Ausführliche Informationen zu dieser und zu weiteren Druckfunktionen finden Sie in Abschnitt 3.8, »Drucken«.

Titelleiste

Die Titelleiste zeigt die betriebswirtschaftliche Funktion an, die Sie mit dem aktuellen Bildschirm durchführen. So wissen Sie stets, in welcher Anwendung Sie sich befinden.

Buttonleiste

Unter der Titelleiste sehen Sie die Buttonleiste bzw. Anwendungsfunktionsleiste, die zahlreiche Buttons (Buttons mit Text) und Icons (Buttons mit Bildsymbolen) enthält. Hier werden jeweils die Buttons bzw. Icons angezeigt, die für den aktuellen Kontext relevant sind. Die meisten Buttons bzw. Icons haben eine feste Bedeutung, welche spezielle Funktion das jeweilige Element hat, erfahren Sie wie bereits erwähnt über die Quick-Info.

Statusleiste

Die Statusleiste befindet sich am Fuß des Bildschirms und besteht aus zwei Teilen. In der linken Hälfte werden Systemmeldungen angezeigt. Im folgenden Beispiel fordert Sie das System auf, einen Infotyp auszuwählen (siehe Abbildung 3.8).

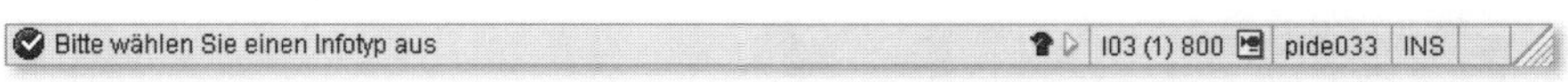

Abbildung 3.8 Statusleiste

Auf der rechten Seite stehen allgemeine Informationen für den SAP-Benutzer. Im Beispiel in Abbildung 3.8 sind Informationen zum System eingeblendet. Per Klick auf das Icon können andere Informationen wie der Benutzername oder auch die aktuelle Transaktion angezeigt werden. Mit dem kleinen weißen Pfeil schließen bzw. öffnen Sie die Anzeige.

Eine *Transaktion* stellt eine Anwendung im SAP-System dar. Sie reicht von einem einfachen Vorgang, wie dem Erzeugen einer Mitarbeiterliste, bis zu einer komplexen Anwendung, wie dem Abrechnen mehrerer Mitarbeiter.

3.2.2 Konfiguration des SAP-Bildschirms

In diesem Abschnitt möchten wir Ihnen nun den SAP-Bildschirm genauer erläutern. Wir beginnen mit der SAP-Konfiguration und fahren dann mit den Quick-Infos, den Dropdown-Listen und den Systemmeldungen fort. Abschließend bringen wir Ihnen das Tab- und Cursorverhalten näher.

SAP-Konfiguration

Ab Release SAP R/3 4.6C haben Sie die Wahl zwischen dem klassischen und dem neuen Design des SAP-Bildschirms. Die Designs unterscheiden sich lediglich durch die Farbgestaltung und durch verschiedene Animationsgrafiken. Um zwischen den Designs zu wechseln, rufen Sie die Windows-Systemsteuerung auf. Darunter finden Sie den Eintrag SAP-KONFIGURATION. Setzen Sie das Häkchen entsprechend bei NEW-VISUAL-DESIGN VERWENDEN, oder klicken Sie auf die dargestellten Designs (siehe Abbildung 3.9). Die geänderten Einstellungen werden erst durch den Neustart des Systems wirksam.

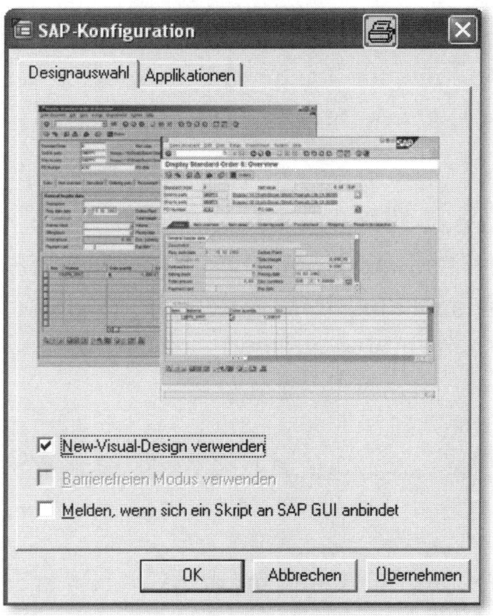

Abbildung 3.9 Auswahl des neuen Designs

Quick-Infos

Oft fragen Anwender, wie man vorgehen soll, um Quick-Infos schneller anzeigen zu lassen. Diese Einstellung nehmen Sie im Layout-Menü unter OPTIONEN auf der Registerkarte OPTIONEN vor. Dort haben Sie die Wahl, die Quick-Infos langsam oder schnell anzeigen zu lassen oder sogar ganz abzuschalten (siehe Abbildung 3.10).

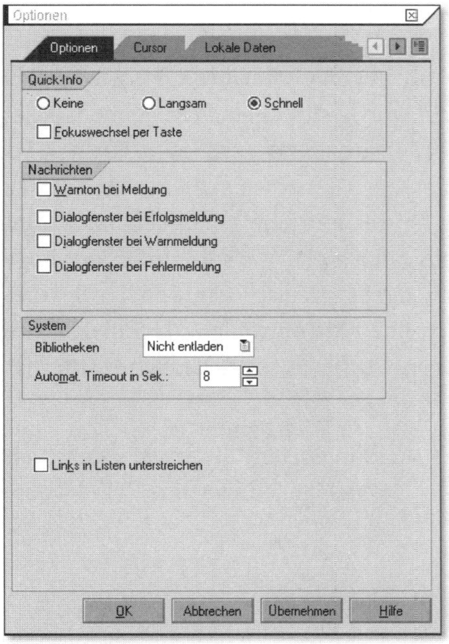

Abbildung 3.10 Konfiguration von Quick-Info und Systemmeldungen

Schlüssel in Dropdown-Listen

In manchen Feldern können Sie mögliche Eingabewerte aus einer Dropdown-Liste auswählen. Über den Menüpfad LAYOUT-MENÜ • OPTIONEN • EXPERTE haben Sie die Möglichkeit, diese Werte mit Schlüssel und sortiert nach Schlüssel anzeigen zu lassen (siehe Abbildung 3.11). In der Regel sind Sie als Anwender jedoch eher mit den Langtexten als mit den Schlüsseln vertraut.

Systemmeldungen

Systemmeldungen werden bei verschiedenen Bearbeitungsschritten ausgegeben. Sie warnen beispielsweise vor fehlerhaften Eingaben oder geben Hinweise, welchen Schritt Ihre Bearbeitung nach sich zieht. Die Systemmeldungen erscheinen entweder in der Statusleiste oder in einem Dialogfenster.

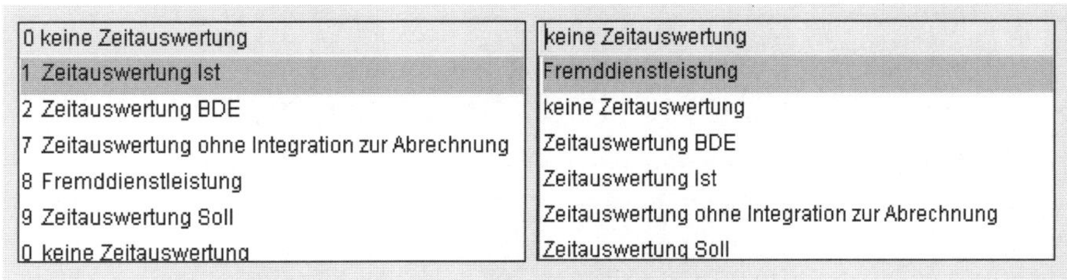

Abbildung 3.11 Dropdown-Liste mit und ohne Schlüssel

Unter dem Menüpunkt NACHRICHTEN auf der Registerkarte OPTIONEN (siehe Abbildung 3.10) können Sie angeben, wie die Meldungen ausgegeben werden sollen. Wenn das Häkchen entweder bei DIALOGFENSTER BEI ERFOLGSMELDUNG, DIALOGFENSTER BEI WARNMELDUNG oder bei DIALOGFENSTER BEI FEHLERMELDUNG gesetzt ist, öffnet sich ein Dialogfenster mit dem entsprechenden Meldungstext. Dies erweist sich in der Praxis jedoch eher als störend. In der Regel gewöhnt sich der Benutzer schnell daran, die Statusleiste während der Bearbeitung im Auge zu behalten. Außerdem können Sie einstellen, dass gleichzeitig mit der Meldung ein Warnton ausgegeben wird, was für zusätzliche Sicherheit sorgt.

Das System unterscheidet verschiedene Meldungsarten, die jeweils durch ein Symbol (Häkchen, Ausrufezeichen oder Kreuz) gekennzeichnet sind (siehe Abbildungen 3.12, 3.13 und 3.14).

Abbildung 3.12 Infomeldung

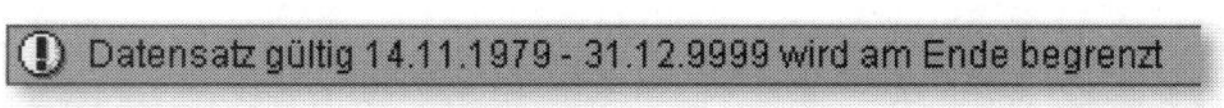

Abbildung 3.13 Warnmeldung

Abbildung 3.14 Fehler-/Abbruchmeldung

Der Meldungstext in der Statusleiste oder im Dialogfenster ist sehr kurz und deshalb nicht immer aufschlussreich. Weitere Informationen zur Systemnachricht erhalten Sie, wenn Sie auf die Statusleiste doppelklicken bzw. die Hilfefunktion auf dem Dialogfenster aufrufen.

Hinweis

Liegt der Fehler an einer unternehmensspezifischen Einstellung, kann man oftmals direkt aus dem Zusatztext in die Customizing-Tabelle springen und die Änderung dort vornehmen. Dazu bedarf es jedoch auch der entsprechenden Berechtigung.

Tab- und Cursorverhalten

Auf der Registerkarte CURSOR im Layout-Menü können Sie das Cursorverhalten und die Cursorbreite steuern. Unter CURSORPOSITION nehmen Sie bei gesetztem Häkchen die folgenden Einstellungen vor:

- **Beschleunigertasten benutzen**
  Diese Tasten positionieren den Cursor bei Verwendung von Tastaturbefehlen in ein Dynprofeld (z. B. OK-Code-Feld).
- **Automatisches Tabbing am Feldende**
  Wenn Sie das Ende eines Feldes erreicht haben, springt der Cursor automatisch zum nächsten Feld. Diese Einstellung lohnt sich, wenn Sie Daten in sehr vielen Feldern eingeben müssen.
- **Bei Tabbing Cursorposition im Feld merken**
  Diese Einstellung setzt den Cursor an die Stelle im Eingabefeld, an der Sie zuletzt geklickt haben.
- **Cursor an Textende stellen**
  Diese Einstellung setzt den Cursor innerhalb eines Eingabefelds an das Ende des Textes, wenn Sie rechts neben dem Text klicken.
- **Text im Eingabefeld im Einfügemodus markieren**
  Diese Einstellung markiert den Text, wenn Sie mithilfe der Tabulatortaste in ein Eingabefeld springen. Wenn Sie danach eine Eingabe machen, wird der ursprüngliche Inhalt des Feldes gelöscht bzw. überschrieben.

3.3 Abmeldung vom SAP-System

Wenn Sie Ihre Sitzung am SAP-System abgeschlossen haben, sollten Sie sich vom SAP-System abmelden, damit keine andere Person die zwar unwahrscheinliche, aber denkbare Gelegenheit erhält, mit Ihren Benutzerdaten Änderungen am System vorzunehmen. Sie haben verschiedene Möglichkeiten, sich vom SAP-System abzumelden. Diese Möglichkeiten stellen wir Ihnen in der folgenden Aufzählung vor:

- **Icon »Beenden«**
  Auf jedem SAP-Bildschirm befindet sich das Icon für BEENDEN. Klicken Sie so lange auf dieses Symbol, bis sich ein Dialogfenster öffnet (siehe Abbildung 3.15). Bestätigen Sie die Sicherheitsabfrage mit JA. Sie haben sich nun erfolgreich vom System abgemeldet.

Hinweis

Die Sicherheitsabfrage, die den Hinweis zum Inhalt hat, dass nicht gesicherte Daten beim Abmelden verloren gehen, und die jedes Mal erneut bestätigt werden muss, erscheint immer, egal, ob Sie die Daten bereits gesichert oder aber gar nicht geändert haben.

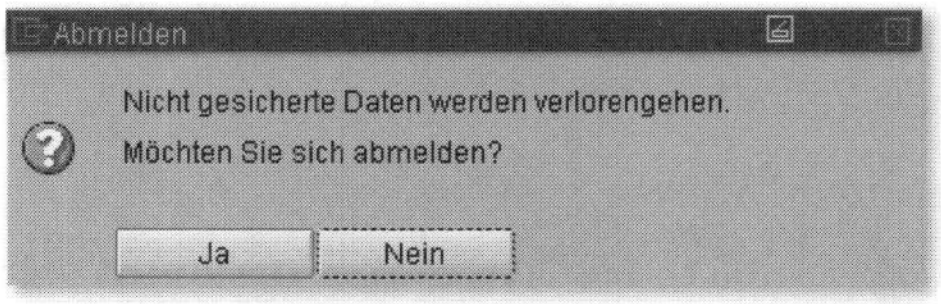

Abbildung 3.15 Dialogfenster zum Abmelden vom SAP-System

- **Funktion »Abmelden«**
  In der Menüleiste finden Sie unter SYSTEM an letzter Stelle die Funktion ABMELDEN (siehe Abbildung 3.16). Beim Aufruf erscheint zunächst das Dialogfenster mit der Sicherheitsabfrage.

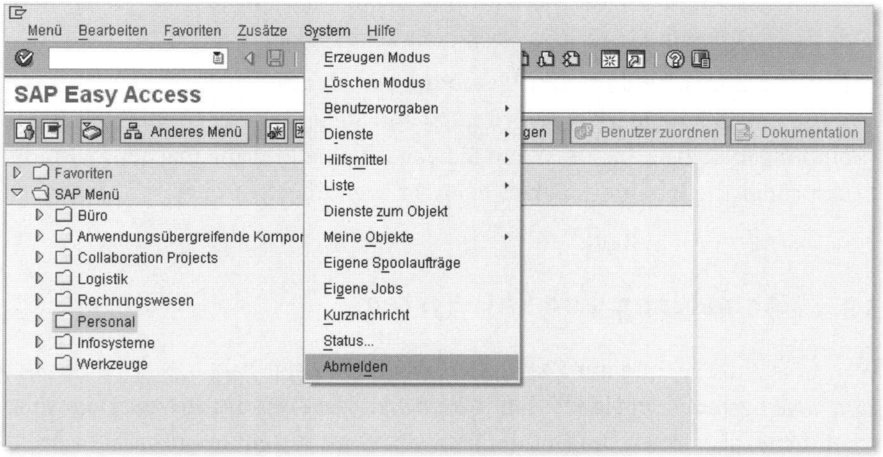

Abbildung 3.16 Menüpfad zum Abmelden vom SAP-System

- **Kommandofeld**
  Sie finden weiterhin auf jedem SAP-Bildschirm in der Symbolleiste rechts neben dem Icon das Kommandofeld. Hier können Sie Befehle eingeben.

Mit dem Befehl »/nend« und einem Klick auf das Icon ✓ beenden Sie die Sitzung. Es erscheint daraufhin auch hier das Dialogfenster mit der Warnung bezüglich ungesicherter Daten.

Geben Sie den Befehl »/nex« in das Kästchen ein, werden alle Modi sofort geschlossen, und die Sitzung wird sofort – ohne Sicherheitsabfrage – beendet.

- **Tastenkombination »Alt + F4«**
  Wie Sie vielleicht schon aus anderen PC-Anwendungen wissen, können Sie das aktive Fenster mit der Tastenkombination [Alt] + [F4] oder einem Klick auf das Kreuz in der rechten oberen Fensterecke schließen. Dies funktioniert gleichermaßen für den SAP-Bildschirm. Hierbei schließen Sie zunächst nur den Modus, und erst beim letzten geöffneten Fenster erscheint das Dialogfenster mit der Sicherheitsabfrage zum Abmelden.

3.4 Navigation im SAP-System

Um zu verschiedenen Anwendungen zu gelangen, können Sie einerseits über das Menü und andererseits über Eingaben in das Kommandofeld navigieren. Diese beiden Möglichkeiten stellen wir Ihnen nun genauer vor. Sie erfahren außerdem, was Sie tun können, wenn eine Anwendung einmal »streiken« sollte.

3.4.1 Voraussetzung: Benutzerstammdatensatz

Eine Voraussetzung dafür, dass Sie sich am SAP-System anmelden und verschiedene Aktivitäten durchführen können, ist der Benutzerstammdatensatz. Diesen hat der Benutzeradministrator bereits für Sie angelegt. Der Benutzerstamm enthält zum einen die wichtigsten *Benutzerdaten* zu Ihrer Person als Benutzer des SAP-Systems. Sie können diese Daten selbst pflegen, z. B. die Raumnummer ändern, wenn Sie in ein anderes Büro gewechselt sind (siehe Abbildung 3.17). Rufen Sie dazu in der Menüleiste den Menüpfad SYSTEM • BENUTZERVORGABEN • EIGENE DATEN auf.

Zum anderen befindet sich im Benutzerstamm die Zuordnung einer oder mehrerer *Rollen*, die Ihnen bestimmte Aktivitäten im System erlauben. Zur Registerkarte mit den Berechtigungsdaten haben Sie keinen Zugang. Abhängig von den zugeordneten Rollen, die insgesamt Ihre Berechtigung ergeben, baut sich im *SAP Easy-Access-Menü* (erstes Bild nach der Anmeldung am SAP-System) ein benutzerabhängiges Menü auf. Es enthält nur den Teil der Anwendungen des SAP-Menüs, für den Sie eine Berechtigung haben.

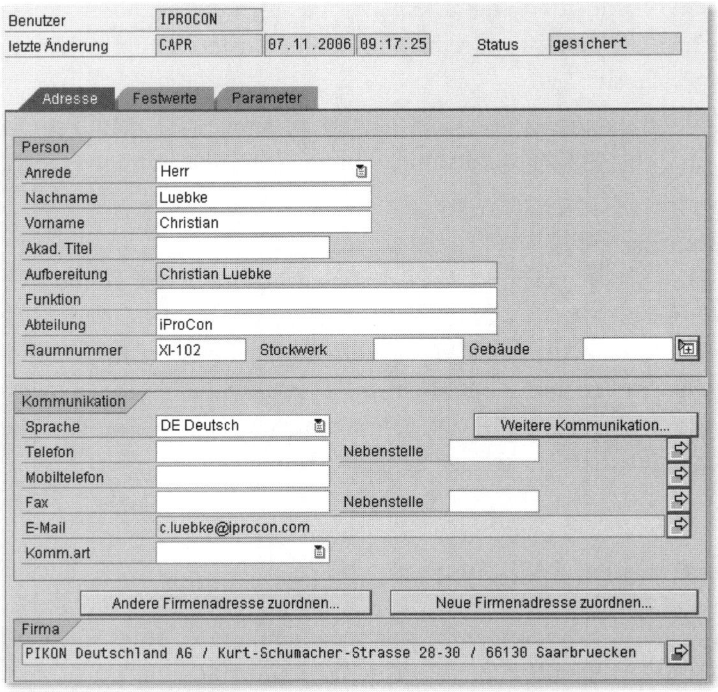

Abbildung 3.17 Registerkarte »Adresse« im Benutzerstammdatensatz

Im Benutzerstammdatensatz können Sie außerdem *Standardwerte* hinterlegen, die Sie ständig benutzen: Dies können u.a. Eingaben im System, die Sie besonders häufig vornehmen, oder der Drucker, den Sie normalerweise gebrauchen, sein. Lesen Sie dazu auch Abschnitt 3.6, »Benutzervorgaben«.

3.4.2 Arbeiten mit dem Benutzermenü

Das Benutzermenü erscheint, wenn Sie sich am SAP-System anmelden. Mit den ersten beiden Icons in der Buttonleiste wechseln Sie in der Ansicht zwischen Benutzer- und SAP-Menü. Die Auswahl der Funktionen im Benutzermenü ist abhängig von Ihrer Berechtigung und entspricht Ihrem Aufgabenbereich im SAP-System. In Abbildung 3.18 sehen Sie das Benutzermenü eines Anwenders, der für die Stammdatenpflege von Mitarbeitern zuständig ist. Es enthält Transaktionen, Berichte und einen Link zur Homepage der Firma iProCon GmbH.

Zur besseren Übersicht sind die Anwendungen in verschiedenen Ordnern abgelegt, die wiederum Unterordner enthalten können. Öffnen Sie die Ordner mit einem Klick auf das Icon ▷ links daneben oder mit einem Doppelklick auf den Ordner selbst. Die Transaktionen und Berichte erkennen Sie an diesem

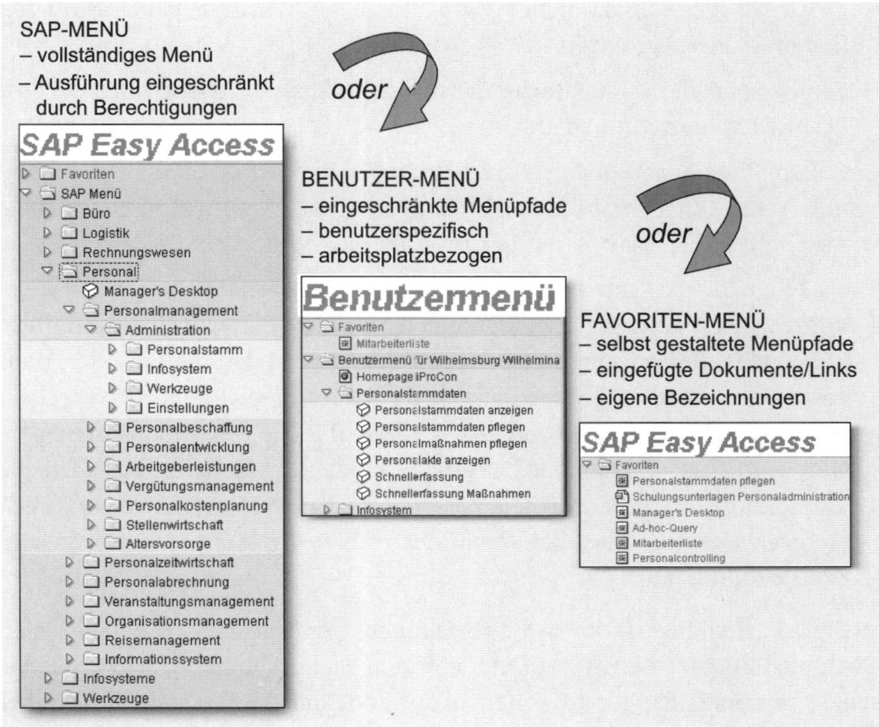

Abbildung 3.18 Gegenüberstellung der Menüs

Icon . Mit einem Doppelklick auf die Zeile führen Sie die Anwendung aus. Weitere Möglichkeiten, eine Anwendung zu starten, sind folgende:

- Zeile markieren und die [F2]-Taste drücken
- Menüpfad Bearbeiten • Ausführen wählen
- Kontextmenü der rechten Maustaste (hier kann die Anwendung auch direkt in einem neuen Modus geöffnet werden) ansteuern

Favoriten anlegen

Ihr Benutzermenü können Sie nicht anpassen. Stattdessen haben Sie jedoch die Möglichkeit, zusätzlich zum Benutzermenü ein eigenes Menü Favoriten zu erstellen. Darin können Sie Transaktionen (Anwendungen) ablegen, die Sie sehr oft benötigen. Es gibt folgende Möglichkeiten zum Verschieben einer Transaktion oder eines Berichts aus dem Benutzermenü in den Ordner Favoriten:

- Markieren Sie die Transaktion im Menü, und klicken Sie anschließend auf das Icon mit dem Plus-Zeichen.

- Ziehen Sie die Transaktion mit gedrückter linker Maustaste per Drag & Drop in den Ordner FAVORITEN.
- Benutzen Sie das Kontextmenü der rechten Maustaste, und wählen Sie dort ZU DEN FAVORITEN HINZUFÜGEN.
- Gehen Sie in der Menüleiste auf FAVORITEN, und verwenden Sie die Funktion TRANSAKTION EINFÜGEN (zur Ermittlung des Transaktionscodes siehe Abschnitt 3.4.3, »Navigieren mit Transaktionscodes
- Nachdem Sie die Transaktion in den Ordner FAVORITEN verschoben haben, ordnen Sie die Anwendung innerhalb der Einträge dieses Ordners ein. Dazu können Sie die Anwendungen mit den Pfeiltasten ▼▲ oder mit der Maus verschieben und gegebenenfalls sprechende Bezeichnungen vergeben. Wenn Sie z. B. die Transaktion PA30 – PFLEGEN in die Favoriten verschieben, wäre der Zusatz STAMMDATEN PFLEGEN sinnvoll. Markieren Sie dazu die Transaktion, und gehen Sie in der Menüleiste auf FAVORITEN ÄNDERN. Legen Sie gegebenenfalls über das Menü der rechten Maustaste Unterordner in den FAVORITEN an.

Weitere Einstellungen können Sie vornehmen, wenn Sie in der Menüleiste den Menüpfad ZUSÄTZE • EINSTELLUNGEN aufrufen (siehe Abbildung 3.19). Wie Sie sehen, ist es möglich, die Favoriten an das Ende der Liste zu stellen oder aber das (Benutzer-/SAP-)Menü sogar ganz auszublenden.

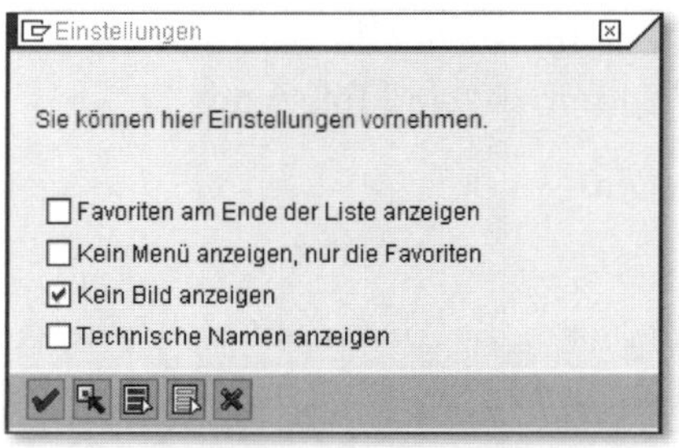

Abbildung 3.19 Einstellungen innerhalb des SAP Easy-Access-Menüs

3.4.3 Navigieren mit Transaktionscodes

Wir haben Ihnen erläutert, wie Sie eine Anwendung über Ihr Benutzermenü ausführen können. Dazu müssen Sie sich mitunter durch mehrere Menüebenen klicken. Die Eingabe eines Transaktionscodes in das Kommandofeld erspart dieses Navigieren durch die Menühierarchie. Sie gelangen direkt zum Einstiegsbild der Anwendung. Dazu müssen Sie jedoch den Transaktionscode der Anwendung kennen. Sie haben mehrere Möglichkeiten, diesen zu ermitteln:

- **Ausgehend vom SAP Easy-Access-Menü**
  - Wählen Sie den Menüpfad ZUSÄTZE • EINSTELLUNGEN (siehe Abbildung 3.19). In dem sich daraufhin öffnenden Bild aktivieren Sie TECHNISCHE NAMEN ANZEIGEN. Wenn Sie jetzt das komprimierte Menü erneut öffnen, ist zu jeder Anwendung der Transaktionscode eingeblendet.
  - Oder Sie geben die Transaktion SEARCH_SAP_MENU (für das SAP-Menü) oder SEARCH_USER_MENU (für das Benutzermenü) in das Befehlsfeld ein. Anschließend erscheint ein Suchfeld, in das Sie z. B. ein Stichwort aus einem Menütitel eingeben können.
- **Innerhalb einer Anwendung**
  - Sie können sich den Transaktionscode in der Statusleiste über das Icon anzeigen lassen (siehe Abschnitt 3.2.1, »Aufbau des SAP-Bildschirms«).
  - Oder Sie können den Transaktionscode über den Menüpfad SYSTEM • STATUS abfragen. Dort sehen Sie den vierstelligen Code im linken mittleren Feld in der Feldgruppe REPOSITORY-DATEN (siehe Abbildung 3.20).

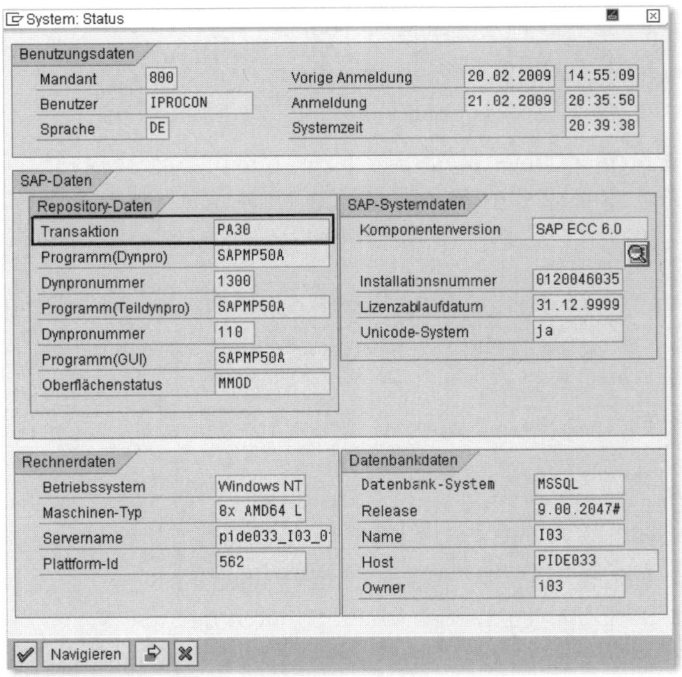

Abbildung 3.20 Ermitteln des Transaktionscodes innerhalb einer Anwendung

Geben Sie den nun ermittelten Transaktionscode in das Kommandofeld ein, und bestätigen Sie mit der Taste [↵] bzw. durch einen Klick auf das Icon ✓. Die Transaktion wird daraufhin ausgeführt.

Natürlich sind Sie nicht schneller, wenn Sie erst durch die Menüebenen klicken, um den Code zu erfahren, und ihn dann in das Befehlsfeld eintragen. Sie werden aber merken, dass Sie sich die am häufigsten benötigten Transaktionscodes schnell einprägen werden. (Eine Liste mit den wichtigsten Transaktionscodes finden Sie auch im Anhang des Buches.) Benutzen Sie deshalb stets zu Beginn Ihrer Arbeit das Kommandofeld oder die Feldhistorie. Diese öffnen Sie über das Icon rechts im Befehlsfeld.

Die Navigation mit Transaktionscodes bietet sich vor allem dann an, wenn Sie sich bereits in einer Anwendung befinden und zu einer anderen Anwendung wechseln wollen, ohne erst zum Menü zurückzukehren. Mithilfe des Transaktionscodes können Sie praktisch direkt von Ihrem aktuellen Bildschirm in die neue Anwendung springen. Dabei müssen Sie entscheiden, ob Sie die Transaktion im selben oder in einem neuen Fenster öffnen wollen:

- **Transaktion im selben Modus (Fenster) öffnen**
  Sie geben »/nxxxx« ein (xxxx = Transaktionscode).
- **Transaktion in einem zusätzlichen Modus öffnen**
  Sie geben »/oxxxx« ein (xxxx = Transaktionscode).

An dieser Stelle möchten wir Ihnen einige nützliche Transaktionscodes vorstellen (siehe Tabelle 3.1). Eine ausführlichere Liste finden Sie wie bereits erwähnt im Anhang des Buches.

Transaktionscode	Gebrauch
/n	die aktuelle Transaktion beenden und zum Startmenü zurückkehren; nicht gesicherte Daten gehen verloren
/o	neuen Modus erzeugen
/i	aktuellen Modus löschen
/nend	vom System abmelden mit Sicherheitsabfrage
/nex	vom System abmelden ohne Sicherheitsabfrage
search_sap_menu	nur im SAP Easy-Access-Menü: Suche nach einem Transaktionscode oder Menüpfad
search_user_menu	nur im Benutzermenü: Suche nach einem Transaktionscode oder Menüpfad

Tabelle 3.1 Nützliche Transaktionscodes für die Navigation

3.4.4 Verknüpfung einer Transaktion auf dem Desktop

In der Symbolleiste befindet sich u.a. der Button Verknüpfung auf dem Desktop erstellen. Mithilfe dieser Funktion können Sie jede Transaktion, jede Anwendung und jeden Report direkt vom Desktop aus starten. Sie sparen sich also die Navigation im Einstiegsbildschirm. Und so geht's:

1. Angenommen, Sie arbeiten hauptsächlich in der Anwendung Personalstammdaten pflegen und möchten auf dem Desktop eine Verknüpfung erstellen. Gehen Sie dazu zunächst in die Anwendung.
2. Klicken Sie dann in der Symbolleiste auf das Icon  für Verknüpfung auf Desktop. Es öffnet sich das Bild Neue SAP-Verknüpfung anlegen. Der Transaktionscode ist bereits eingetragen.
3. Bestätigen Sie die Eingaben, indem Sie auf OK klicken.

Noch schneller erstellen Sie die Verknüpfung, indem Sie im SAP Easy-Access-Menü von der Anwendung ausgehend mit der rechten Maustaste Verknüpfung erstellen auf dem Desktop aufrufen. Auf dem Desktop finden Sie nun ein Icon (siehe Abbildung 3.21), mit dem Sie künftig per Doppelklick die entsprechende Anwendung öffnen können. Im Gegensatz zur »normalen« Anmeldung ist nur noch die Kennworteingabe erforderlich. Um die Verknüpfung vom Desktop zu entfernen, klicken Sie das Symbol mit der rechten Maustaste an, und wählen Sie Löschen.

Abbildung 3.21 Verknüpfung einer SAP-Anwendung auf dem Desktop

3.4.5 Probleme beim Ausführen von Transaktionen

Kein System funktioniert völlig problemlos, da ist auch das SAP-System keine Ausnahme. Daher haben wir Ihnen zwei häufig auftretende Schwierigkeiten und deren Lösungen zusammengestellt.

Fehlende Berechtigung

Wenn Sie eine Transaktion aufrufen und anschließend eine Meldung vom System erhalten, wie sie Abbildung 3.22 zeigt, dann fehlt Ihnen die Berechtigung für diese Anwendung.

Abbildung 3.22 Systemmeldung: Fehlende Berechtigung beim Ausführen einer Transaktion

In diesem Fall können Sie folgendermaßen verfahren:

1. Rufen Sie unmittelbar im Kommandofeld die Transaktion »/nsu53« auf, oder gehen Sie über den Menüpfad System • Hilfsmittel • Anz. Berecht. Prüfung. Es ist egal, ob Sie dies im selben oder in einem anderen Modus tun. Wichtig ist, dass Sie keine andere Transaktion nach der Systemmeldung ausführen. Sie erhalten anschließend eine Übersicht über Ihre Berechtigungsdaten.
2. Informieren Sie Ihren Benutzeradministrator. Dieser hat nun Zugriff auf die Übersicht Ihrer Berechtigungsdaten und kann somit in der Regel die fehlende Berechtigung schnell analysieren.
3. Sobald Ihnen die fehlende Berechtigung zugeordnet wurde, melden Sie sich erneut am System an, damit die erweiterte Berechtigung wirksam wird.

Blockierendes System

Manchmal kommt es beim Aufruf einer Transaktion vor, dass es sehr lange dauert, bis sich die Anwendung öffnet. Dies kann beispielsweise dann der Fall sein, wenn Sie beim Aufruf einer Liste vergessen, die Ausgabe auf eine bestimmte Trefferzahl zu beschränken.

Tipp

Darum ist es grundsätzlich zu empfehlen, immer mindestens einen zweiten Modus geöffnet zu haben, um in der Zwischenzeit an einer anderen Anwendung weiterarbeiten zu können.

Wenn Sie nur einen Modus geöffnet haben, blockiert die laufende Transaktion sämtliche Eingabefelder und Buttons. Die einzige Möglichkeit, die Sie haben, ist, das Kontextmenü aufzurufen, das Sie in Abbildung 3.23 sehen. Gehen Sie dazu in die linke obere Ecke des Bildschirms, und klicken Sie mit der Maus auf das Icon oberhalb des Menüpunktes Menü. Die Funktion Modus erzeugen öffnet einen neuen Modus, und mit der Funktion Transaktion abbrechen halten Sie den Aufruf der Anwendung an.

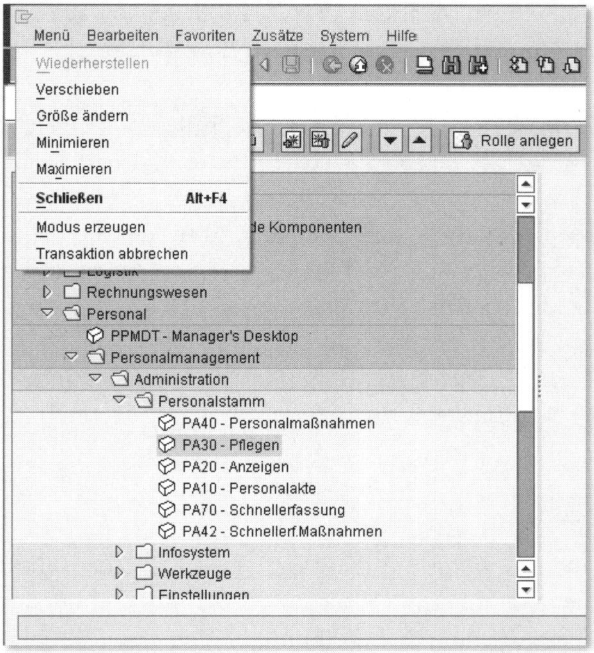

Abbildung 3.23 Transaktion während des Aufrufs stoppen

3.5 Datenpflege

Da Sie in den meisten Anwendungen des SAP-Systems Daten eingeben müssen, erläutern wir Ihnen in diesem Abschnitt, was Sie dabei beachten müssen und welche Eingabehilfen Ihnen dafür zur Verfügung stehen.

3.5.1 Arbeiten mit Textfeldern

In diesem Abschnitt werden wir Ihnen zentrale Punkte erläutern, die Sie beim Arbeiten mit Textfeldern beachten müssen. Zunächst zeigen wir Ihnen, wie Sie Daten eingeben und wie Sie mit der Zwischenablage arbeiten können. Daran anschließend werden wir Mussfelder behandeln, auf mögliche Eingabewerte eingehen und Ihnen zeigen, wie Sie die Feldhistorie nutzen. Der Abschnitt schließt mit Informationen zur Prüfung, Sicherung und Zurücknahme von Eingaben sowie zur Bedeutung eines Feldes.

Daten eingeben

Eine SAP-Anwendung besteht u.a. aus Eingabe- und Anzeigefeldern. *Anzeigefelder* erkennen Sie an dem grauen Hintergrund, *Eingabefelder* hingegen sind weiß hinterlegt. Setzen Sie mit einem Mausklick den Cursor in ein Eingabefeld, oder navigieren Sie mit der Tabulatortaste zum nächsten Eingabefeld.

Hinweis

Mit der Tastenkombination [⇧] + [⇆] springen Sie zurück in das vorige Eingabefeld.

Bei der Dateneingabe werden zwei Modi unterschieden. Entweder Sie befinden sich im *Einfügemodus*. Dann fügen Sie an der Stelle, an der der Cursor steht, die neuen Daten zu den alten hinzu. Oder aber Sie befinden sich im *Überschreibemodus*. Wenn der Cursor dann vor den alten Daten steht, überschreiben Sie bei der Eingabe die alten Daten. In welchem Modus Sie sich jeweils befinden, sehen Sie ganz rechts in der Statusleiste:

- INS = Einfügemodus
- OVR = Überschreibemodus

Sie können den Modus ändern, wenn Sie die Taste [Einfg] drücken. Bitte beachten Sie hierzu auch die Optionen zur Konfiguration des Tab- und Cursorverhaltens, die wir Ihnen in Abschnitt 3.2.2, »Konfiguration des SAP-Bildschirms«, vorgestellt haben.

Arbeiten mit der Zwischenablage

Die Zwischenablage kennen Sie wahrscheinlich schon aus anderen PC-Anwendungen. Das Prinzip ist im SAP-System das gleiche. Markieren Sie den Inhalt eines Feldes, indem Sie den Cursor bei gedrückter Maustaste über den Text ziehen. Drücken Sie [Strg] + [X], um den Text auszuschneiden, oder [Strg] + [C], um den Text zu kopieren. Fügen Sie den Text in ein neues Feld mit [Strg] + [V] ein. Der Text bleibt in der Zwischenablage, solange Sie nicht erneut Text durch AUSSCHNEIDEN oder KOPIEREN in die Zwischenablage aufnehmen. Sie können den Text natürlich auch in eine SAP-fremde Anwendung einfügen.

Mussfelder und Kannfelder

Mussfelder sind mit einem Häkchen gekennzeichnet. Denken Sie bitte daran, dass erst alle Mussfelder gefüllt sein müssen, ehe Sie zum nächsten Bild wechseln können. Felder, die kein Häkchen enthalten, bezeichnet man als *Kannfelder*. Mitunter werden Kannfelder jedoch aufgrund einer bestimmten Eingabe in ein Feld zu Mussfeldern. Wenn Sie zum nächsten Bild wechseln wollen, ohne dieses Feld gefüllt zu haben, gibt das System eine Meldung aus und setzt den Cursor in das erforderliche Feld.

Mögliche Eingabewerte

Für viele Felder existiert eine Liste mit möglichen Eingabewerten. Ob ein Feld über so eine Wertehilfe verfügt, sehen Sie, wenn Sie mit dem Cursor auf das Feld gehen. Rechts vom Feld erscheint dann das Icon [icon]. Klicken Sie darauf, um die Liste der möglichen Werte anzuzeigen. Alternativ rufen Sie die Wertehilfe mit der Taste [F4] auf. Wählen Sie den gewünschten Wert mit einem Doppelklick oder durch Markieren der Zeile und Bestätigen über die [↵]-Taste aus. Das System fügt den Wert in das Feld ein. Diese Hilfefunktion wird oft auch als [F4]-*Hilfe* bezeichnet.

Manche Listen mit möglichen Feldwerten sind sehr lang. Sie können die Anzahl der Eingabewerte einschränken, indem Sie beispielsweise nur den Anfangsbuchstaben und das Sternchen (*) als Platzhalterzeichen eingeben – so gezeigt in Abbildung 3.24 für das Feld GRUPPE. Wenn Sie dann auf den Button WERTEHILFE klicken, erscheinen in der Werteliste nur Tarifgruppen, die mit dem Buchstaben A beginnen.

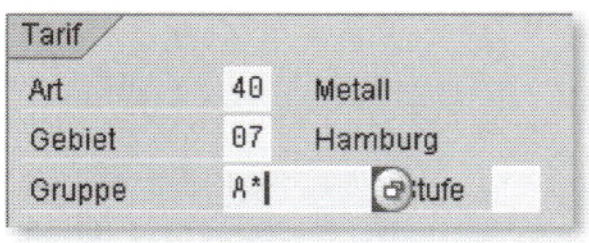

Abbildung 3.24 Feld mit Wertehilfe

Einige Felder, wie das Feld ANSCHRIFTENART in Abbildung 3.25, verfügen über eine Dropdown-Liste, aus der Sie einen möglichen Eingabewert auswählen können. Diese Felder enthalten ein Listensymbol am rechten Feldrand (dieses Symbol sehen Sie in Abbildung 3.25 im Eingabefeld LÄNDERSCHLÜSSEL).

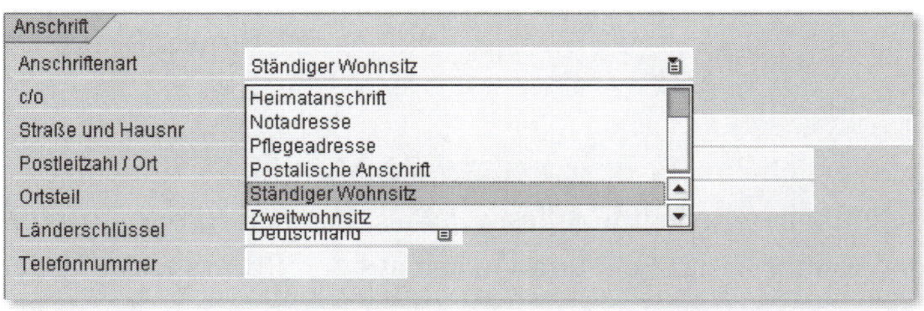

Abbildung 3.25 Dropdown-Liste mit möglichen Eingabewerten

Feldhistorie nutzen

Die Feldhistorie unterstützt Sie ebenfalls bei der Dateneingabe, denn das System merkt sich die Werte, die Sie zuvor in das Feld eingegeben haben. Wenn Sie die Anwendung erneut aufrufen und ein Zeichen in das Feld eingeben, erscheint eine Liste mit Vorschlagswerten, die mit demselben Zeichen beginnen. Wenn diese Liste den gewünschten Eingabewert enthält, übernehmen Sie ihn ganz einfach von dort.

Um die Feldhistorie zu aktivieren, gehen Sie wie folgt vor: Klicken Sie in der Symbolleiste auf das Icon für Layout-Menü. Wählen Sie aus dem Kontextmenü den Menüpunkt Optionen, und aktivieren Sie auf der Registerkarte Lokale Daten die Historie.

Eingaben prüfen

Wenn Sie nicht sicher sind, ob die Eingabe in einem Feld zulässig ist, können Sie mit der [↵]-Taste den Wert prüfen lassen. (Die Eingabeprüfung erfolgt jedoch nur bei Feldern, die auch über die [F4]-Hilfe verfügen oder bei denen Plausibilitätsprüfungen – ABAP-Programme, die Zuverlässigkeitsprüfungen durchführen – hinterlegt sind.) Falls Sie eine fehlerhafte Eingabe gemacht haben, erscheint eine Systemmeldung vom Typ Abbruch. Grundsätzlich prüft das System die Eingaben, wenn Sie den Datensatz sichern.

Eingaben sichern oder zurücknehmen

Wenn Sie neue Daten eingegeben haben und die Anwendung verlassen, müssen Sie die Eingaben sichern. Klicken Sie auf das Icon für Speichern, drücken Sie [Strg] + [S] oder die [F11]-Taste. Das System prüft die Daten, verarbeitet und speichert sie in der entsprechenden Datenbank. Wollen Sie die geänderten Daten nicht übernehmen, klicken Sie auf das Icon für Abbrechen oder drücken die [F12]-Taste. Wenn Sie die Anwendung erneut aufrufen, sind die alten Daten unverändert vorhanden.

Bedeutung eines Feldes

Zu jedem Feld existiert eine mehr oder weniger ausführliche Dokumentation zur betriebswirtschaftlichen Bedeutung dieses Feldes. Um den Hilfetext zu öffnen, setzen Sie den Cursor in das Feld und klicken auf den Button Hilfe in der Symbolleiste oder drücken die [F1]-Taste. Diese Hilfefunktion wird auch *F1-Hilfe* genannt.

3.5.2 Weitere Feldtypen

Nachfolgend finden Sie je ein Beispiel für Radio-Buttons und Checkboxen (siehe Abbildung 3.26 und Abbildung 3.27). Das Besondere an *Radio-Buttons* ist, dass Sie innerhalb einer Gruppe nur einen Button aktiv setzen können, d.h.

sogar müssen. Bei *Checkboxen* hingegen haben Sie die Möglichkeit, keines, mehrere oder alle Felder zu aktivieren. Für Radio-Buttons und Checkboxen gilt in Bezug auf das Sichern von Eingaben und die [F1]-Hilfe dasselbe wie für Textfelder.

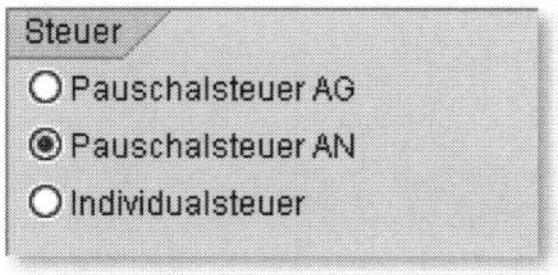

Abbildung 3.26 Radio-Buttons

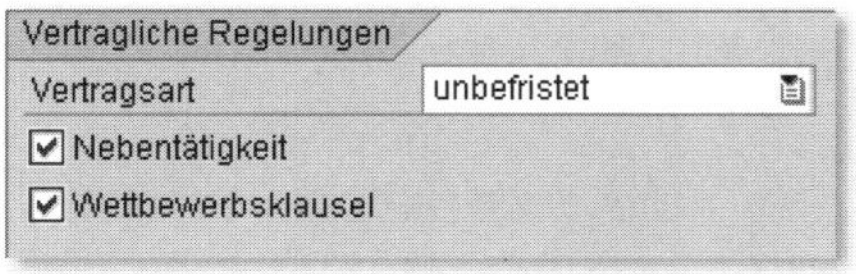

Abbildung 3.27 Checkboxen

3.6 Benutzervorgaben

Manche Felder im SAP-System erfordern von Ihnen immer wieder den gleichen Eintrag, wie etwa die LÄNDERGRUPPE, der ABRECHNUNGSKREIS, aber auch das Ausgabegerät für Ihre Druckaufträge. Eine andere Situation: Sie pflegen eine umfangreiche Liste, in der sich einige Einträge wie »Periode von« und »Periode bis« in jeder Zeile wiederholen.

Solche Einträge können Sie umgehen, da Sie Ihnen vom System abgenommen werden, wenn Sie die entsprechenden Einstellungen vornehmen. So sparen Sie Zeit, bleiben aber dennoch flexibel, da Sie festsetzen können, dass die vorbelegten Felder stets überschreibbar bleiben.

Wenn Sie Ihre persönlichen Vorschlagswerte im System hinterlegen möchten, müssen Sie zuerst entscheiden, ob der Vorschlagswert dauerhaft oder nur temporär in das jeweilige Feld eingetragen werden soll. Werte, die Sie dauerhaft hinterlegen möchten, pflegen Sie in Ihren Benutzerstamm ein, dort gelten die Werte so lange, bis Sie sie ändern (siehe Abschnitt 3.6.1, »Vorschlagswerte dauerhaft einrichten«). Temporäre Vorschlagswerte, d.h. Werte, die nach der Sitzung wieder verloren gehen, legen Sie an anderer Stelle fest (siehe dazu Abschnitt 3.6.2, »Temporäre Vorschlagswerte setzen«).

3.6.1 Vorschlagswerte dauerhaft einrichten

Um Ihren Benutzerstamm mit eigenen Vorschlagswerten zu füllen, rufen Sie in der Menüleiste den Menüpfad System • Benutzervorgaben • Eigene Daten auf. Sie gelangen daraufhin auf den Bildschirm Pflege eigener Benutzervorgaben, den Abbildung 3.28 zeigt.

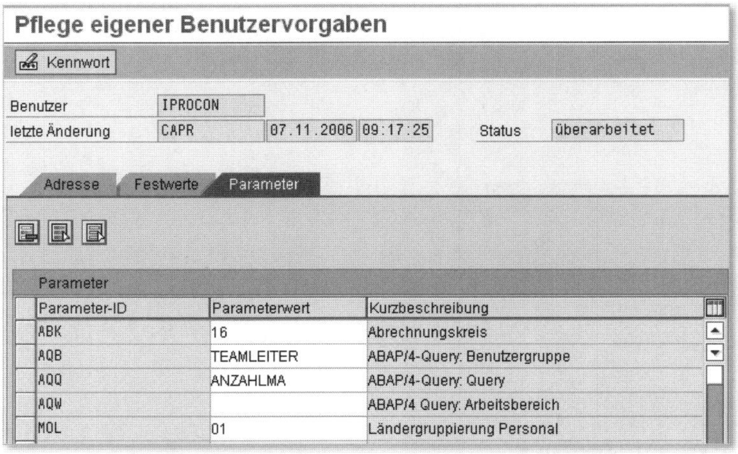

Abbildung 3.28 Pflege eigener Benutzervorgaben im Benutzerstamm

Auf der Registerkarte Parameter nehmen Sie die Einträge vor. Dazu müssen Sie die *Parameter-Identifikation* (Parameter-ID) des Feldes kennen, in dem der Vorschlagswert erscheinen soll. Jedes Feld im SAP-System besitzt eine Parameter-ID, über die es eindeutig identifiziert werden kann.

Hinweis

Falls Ihr eingerichteter Benutzerparameter in den folgenden Sitzungen nicht berücksichtigt wird oder andere Vorschlagswerte erscheinen, liegt dies an den Customizing-Einstellungen. Diese stehen hierarchisch immer über Ihren Parametereinstellungen.

Ermitteln der Parameter-ID eines Feldes

Wenn Sie das Fenster mit dem Feld, das künftig vorbelegt sein soll, geöffnet haben, setzen Sie den Cursor in dieses Feld. Rufen Sie dann mit der [F1]-Taste die Hilfe auf. Es öffnet sich daraufhin ein Dialogfenster mit einem Hilfetext zu Ihrem Feld. Auf der Buttonleiste des Dialogfensters wählen Sie das Icon für Technische Info. Es öffnet sich ein weiteres Dialogfenster, das Informationen zum Feld aus der Sicht der Datenverarbeitung enthält. Im Bereich Feld-Daten finden Sie an letzter Stelle die Parameter-ID des Feldes. In unserem Beispiel haben wir die technische Info für das Feld ABRECHNUNGSKREIS aufgerufen. Die Parameter-ID ist somit ABK (siehe Abbildung 3.29).

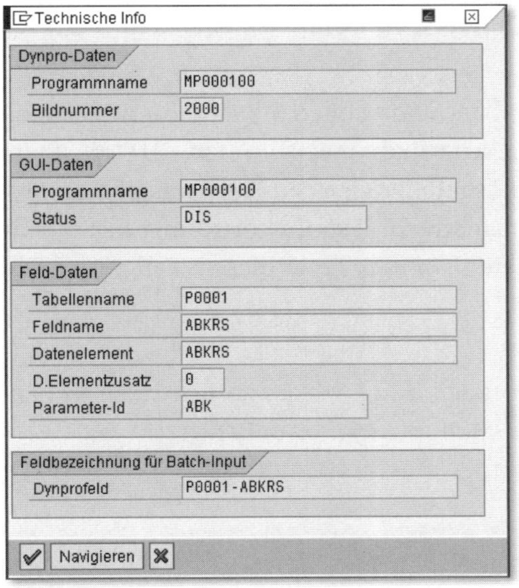

Abbildung 3.29 Technische Info zur Ermittlung der Parameter-ID

Tragen Sie nun die Parameter-ID in die erste Spalte der Registerkarte PARAMETER ein (siehe Abbildung 3.28), und pflegen Sie den entsprechenden Vorschlagswert. Mit der [↵]-Taste bestätigen Sie den Eintrag. Sichern Sie anschließend Ihre Änderung. In den zukünftigen Anwendungen wird das System stets Ihren Benutzerparameter berücksichtigen. Sie können die Einträge in Ihrem Benutzerstamm jederzeit wieder ändern, löschen oder weitere Vorschlagswerte hinzufügen.

3.6.2 Temporäre Vorschlagswerte setzen

Wie bereits erwähnt, besteht ebenfalls die Möglichkeit, Vorschlagswerte für eine kurzfristige Arbeit am System zu setzen, etwa wenn sich die Eingaben bei der Pflege einer umfangreichen Liste wiederholen. Um sich diese Eingaben zu sparen, lassen Sie die Werte vom System vorbelegen. Dazu sollten Sie sich überlegen, ob Sie die Werte gegebenenfalls überschreiben wollen oder ob die Daten fest gesetzt werden können:

- **Vorgehen bei änderbaren Daten**
  Tragen Sie in die entsprechenden Felder einer Liste oder eines Infotyps vorerst nur die Daten ein, die für die nächsten Sätze ebenfalls gelten. Wählen Sie, noch während sich der Cursor im letzten Eingabefeld befindet, in der

Menüleiste den Menüpfad SYSTEM • BENUTZERVORGABEN • HALTEN DATEN. Wenn Sie nun zum nächsten Satz übergehen bzw. das betreffende Bildschirmbild erneut aufrufen, schlägt Ihnen das System diese Daten vor. Die gehaltenen Daten können Sie jetzt überschreiben.

- **Vorgehen bei festen Daten**
  Beginnen Sie wie gerade beschrieben, und wählen Sie dann in der Menüleiste den Menüpfad SYSTEM • BENUTZERVORGABEN • SETZEN DATEN. Beim nächsten Aufruf des Bildschirmbilds mit der gleichen Funktion gibt das System die betreffenden Daten automatisch vor. Der Cursor springt nicht mehr in das Feld, und die gesetzten Daten können Sie in diesem Fall auch nicht überschreiben.
- **Daten zurücksetzen**
  Wenn Sie die gehaltenen oder gesetzten Daten wieder zurücksetzen wollen, wählen Sie in der Menüleiste den Menüpfad SYSTEM • BENUTZERVORGABEN • LÖSCHEN DATEN aus.

3.6.3 Weitere Benutzervorgaben

Es gibt darüber hinaus Benutzervorgaben, die Sie unterschiedlich einrichten können, etwa die Anmeldesprache, die Dezimaldarstellung oder das Datumsformat.

Hinweis

Diese im Folgenden vorgestellten Optionen in Ihren Benutzervorgaben sind in der Regel von Ihrem Benutzer- oder Systemadministrator bereits so voreingestellt, dass Sie damit jederzeit arbeiten können.

Anmeldesprache

Ihr Unternehmen hat das SAP-System in einer bestimmten Sprache installiert. Falls Sie in einer anderen Sprache am System arbeiten wollen, müssen Sie beim Anmelden die von Ihnen gewünschte Sprache explizit angeben. Sie haben aber auch die Möglichkeit, die Sprache in Ihren Benutzervorgaben zu pflegen. Dann verwendet das System stets diese Sprache als Anmeldesprache. Wählen Sie dazu im Bild PFLEGE EIGENER BENUTZERVORGABEN die Registerkarte FESTWERTE (siehe Abbildung 3.30), und tragen Sie dort Ihre gewünschte Anmeldesprache ein.

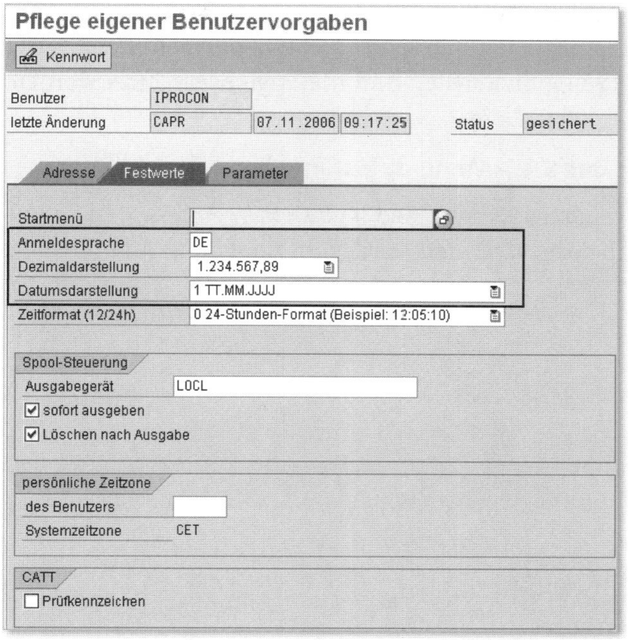

Abbildung 3.30 Pflege eigener Benutzervorgaben auf der Registerkarte »Festwerte«

Dezimaldarstellung

Sie möchten mit der numerischen Tastatur arbeiten und den Punkt permanent als Dezimaltrennzeichen hinterlegen. Um diese Festlegung vorzunehmen, wählen Sie im Bild PFLEGE EIGENER BENUTZERVORGABEN die Registerkarte FESTWERTE, und ändern Sie die Einstellungen im Feld DEZIMALDARSTELLUNG.

Datumsformat

Das Datumsformat unterscheidet sich von Land zu Land: Während man in Deutschland üblicherweise zuerst den Tag und dann den Monat angibt, ist es bei den Amerikanern genau umgekehrt üblich. Wählen Sie deshalb auf der Registerkarte FESTWERTE das für Sie übliche Datumsformat.

3.7 Arbeiten mit Reports

Reports sind Programme, die Daten von der Datenbank aufbereiten. Sie dienen also der Berichterstellung. Während einige Reports innerhalb einer betriebswirtschaftlichen Anwendung automatisch gestartet werden, müssen Sie andere selbst aufrufen. Das Ergebnis eines Reports wird in der Regel in Form einer Liste angezeigt.

Reports basieren technisch auf der Programmiersprache *ABAP/4*. SAP liefert im Standard einige Reports aus. Viele Unternehmen entwickeln aber auch zusätzlich Auswertungen, um den individuellen Anforderungen gerecht zu werden.

3.7.1 Reports über das SAP-Menü aufrufen

Die am häufigsten verwendeten Reports sind im SAP Easy-Access-Menü eingebunden und können von dort aufgerufen werden. In Abbildung 3.31 sehen Sie das SAP-Menü.

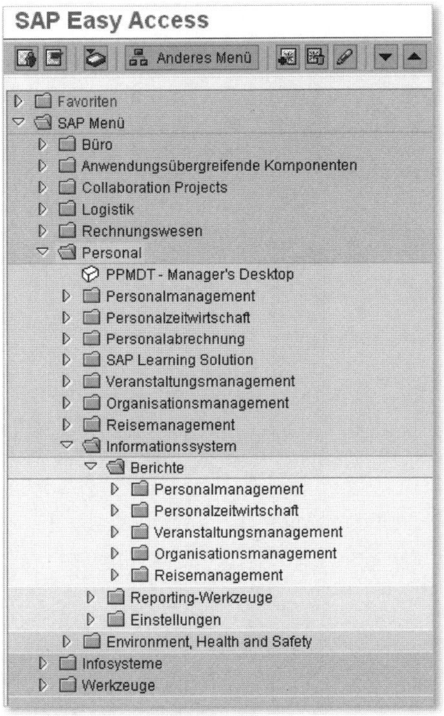

Abbildung 3.31 Berichte aus dem SAP Easy-Access-Menü aufrufen

Wählen Sie unter PERSONAL den Ordner INFORMATIONSSYSTEM. Darin finden Sie, unterteilt in verschiedene personalwirtschaftliche Anwendungen, eine Reihe von Berichten. Im Folgenden sehen Sie, wie Sie einen Report aufrufen und nutzen:

1. Starten Sie den Bericht mit einem Doppelklick.
2. Es öffnet sich zunächst ein Selektionsbild. Geben Sie Ihre Werte für die Selektionskriterien des Reports ein, oder wählen Sie eine Variante aus. Einzelheiten hierzu finden Sie in Abschnitt 3.7.2, »Ausführen von Reports im SAP-System«.

3. Wählen Sie AUSFÜHREN bzw. drücken Sie die [F8]-Taste. Der Report wird ausgeführt und das Ergebnis anschließend angezeigt.
4. Sie haben nun die folgenden beiden Möglichkeiten:
   - Bearbeiten der Liste (siehe Abschnitt 3.7.3, »Arbeiten mit den Ergebnislisten«)
   - Drucken, Downloaden, Exportieren des Inhalts (siehe Abschnitt 3.8, »Drucken«)

Wenn Ihre Liste leer ist, überprüfen Sie noch einmal Ihre Selektionskriterien inklusive der Datumsangaben. Möglicherweise fehlt Ihnen aber auch die Berechtigung für die Anzeige der selektierten Datensätze.

In Ihrem Benutzermenü können sich weniger Berichte befinden, als in Abbildung 3.31 gezeigt, da Sie gegebenenfalls nur für bestimmte Reports eine Berechtigung haben.

3.7.2 Ausführen von Reports im SAP-System

In diesem Abschnitt erklären wir Ihnen Schritt für Schritt, wie die Reports im SAP-System ausgeführt werden: vom Aufrufen über die Menüleiste über Selektionskriterien und Varianten bis zur Ausführung im Hintergrund.

Reports aus der Menüleiste aufrufen

In der Regel werden auch die eigenen entwickelten Reports in das SAP Easy-Access-Menü eingebunden. Sie können jedoch auch jederzeit einen Report über die Funktion REPORTING aufrufen:

1. Wählen Sie dazu aus einem beliebigen Modus in der Menüleiste den Menüpfad SYSTEM • DIENSTE • REPORTING, oder tragen Sie den Transaktionscode »/nsa38« in das Kommandofeld ein, und bestätigen Sie dann die Eingabe mit der [↵]-Taste. Sie gelangen daraufhin zu einer Ansicht, wie sie Abbildung 3.32 zeigt.

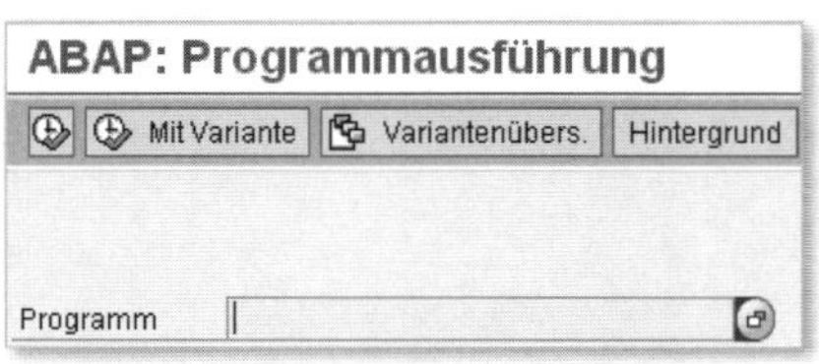

Abbildung 3.32 Aufrufen eines Reports

2. Tragen Sie in das Feld PROGRAMM den Namen des Reports ein, und wählen Sie AUSFÜHREN bzw. die F8-Taste. Falls Sie den Namen nicht wissen, verwenden Sie die F4-Hilfe (siehe Abschnitt 3.5.1, »Arbeiten mit Textfeldern«).
3. Es öffnet sich nun das Selektionsbild. Folgen Sie den Anweisungen ab Punkt 2 in Abschnitt 3.7.1, »Reports über das SAP-Menü aufrufen«.

Selektionskriterien

Mithilfe der Selektionskriterien schränken Sie die vom Report verarbeiteten Informationen ein. Im Personalbereich sind es zumeist auf Mitarbeiter bezogene Daten wie Mitarbeitergruppe, Mitarbeiterkreis oder Personalnummer (siehe Abbildung 3.33). Ausgegeben werden nur die Daten, die den Werten Ihrer Selektionskriterien entsprechen. Wenn Sie den Report ohne Einschränkung ausführen, kann der Datenbestand zu groß sein und unter Umständen nicht verarbeitet werden. Sie erhalten in diesem Fall eine entsprechende Systemmeldung.

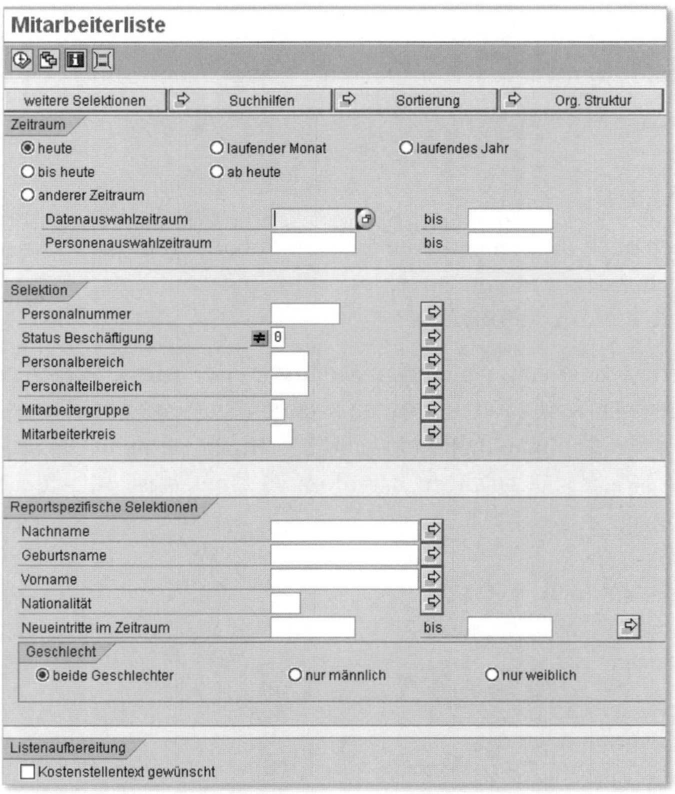

Abbildung 3.33 Selektionsbild zum Aufruf der Mitarbeiterliste

Für erweiterte Möglichkeiten zur Selektion klicken Sie auf das Icon rechts neben dem Eingabefeld. Es öffnet sich daraufhin das Fenster MEHRFACHSELEKTION FÜR PERSONALNUMMER (siehe Abbildung 3.34), in das Sie Einzelwerte und Intervalle eingeben können. Dabei können Sie sowohl einzelne Werte oder Intervalle in die Selektion einschließen als auch Werte oder Intervalle ausschließen; Sie können also mehrfach selektieren.

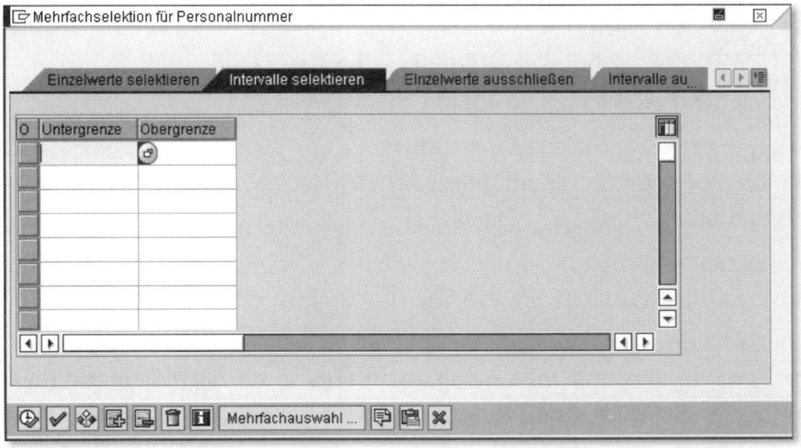

Abbildung 3.34 Mehrfachselektion

Über das Icon für SELEKTIONSOPTIONEN PFLEGEN bzw. über die F2-Taste öffnen Sie ein weiteres Bild, in dem Sie beispielsweise auswählen können, ob die anzuzeigenden Datensätze größer oder kleiner als der angegebene Wert sein sollen.

Hinweis

Bitte beachten Sie bei der Eingabe der Werte, dass eine Und-Verknüpfung zwischen den Selektionskriterien besteht; d.h., alle Kriterien müssen erfüllt sein, damit ein Datensatz selektiert bzw. ausgegeben wird. Wenn Sie beispielsweise einen Personalteilbereich auswählen und zusätzlich auf einen Mitarbeiterkreis einschränken, sollten Sie prüfen, ob der Mitarbeiterkreis überhaupt für diesen Personalteilbereich zugelassen ist. Wenn er das nämlich nicht sein sollte, ist Ihre Ergebnisliste leer.

Arbeiten mit Varianten

In Varianten sichern Sie die eingegebenen Selektionskriterien. Wenn Sie den Report zu einem späteren Zeitpunkt erneut starten, wählen Sie nur noch die richtige Variante aus. Die Selektionsfelder werden wieder mit denselben Werten gefüllt. Damit führen Sie den Report stets erneut mit der gleichen Selektionsmenge aus.

Am einfachsten legen Sie eine Variante wie folgt an:

1. Sie befinden sich im Selektionsbild des Reports, zu dem Sie eine Variante anlegen möchten. Geben Sie die gewünschten Werte in die Selektionsfelder ein.
2. Rufen Sie in der Menüleiste den Menüpfad SPRINGEN • VARIANTEN • ALS VARIANTE SICHERN auf, oder klicken Sie auf den Button SPEICHERN.
3. Tragen Sie in das Feld VARIANTENNAME einen Namen der Variante und im Feld BEDEUTUNG eine Kurzbeschreibung der Variante ein.
4. Markieren Sie die Checkboxen entsprechend:
   - NUR FÜR HINTERGRUNDVERARBEITUNG
     Die Verarbeitung des Reports und der Druck der Liste werden verdeckt vorgenommen.
   - VARIANTE SCHÜTZEN
     Nur Sie als Anleger können die Variante ändern oder löschen.
   - NUR IM KATALOG ANZEIGEN
     Die Variante wird nur im Katalog, nicht aber in der allgemeinen Eingabehilfe zur Auswahl einer Variante angezeigt.
5. Klicken Sie auf den Button SICHERN, um Ihre Variante zu speichern.

Um alle Varianten zu einem Report anzuzeigen, wählen Sie in der Anwendungsfunktionsleiste den Button VARIANTENÜBERS. (siehe Abbildung 3.32). Sie erhalten eine Liste mit allen Varianten zu Ihrem Report.

Zum Anzeigen des Inhalts einer Variante setzen Sie den Cursor auf die gewünschte Variante und wählen dann ANZEIGEN. Um die Variante zu verwenden, markieren Sie die Variante und wählen AUSFÜHREN MIT VARIANTE. Oder Sie wählen vor der Programmausführung den Button MIT VARIANTE. Falls Sie sich bereits auf dem Selektionsbild befinden, haben Sie auch die Möglichkeit, Selektionsbildvarianten über das Icon für VARIANTE HOLEN anzuzeigen.

Tipp

Sie befinden sich im Selektionsbild eines Reports und wählen das Icon für VARIANTE HOLEN. Sie erhalten dann bei mehr als zehn gespeicherten Varianten jeweils ein Selektionsbild. Viele Anwender finden das lästig und wollen sofort alle Varianten angezeigt bekommen.

Um das zu erreichen, müssen Sie einen Programmierer bitten, im Include LSVARTOP die globale Konstante C_VARILIST von »10« auf einen beliebig höheren Wert zu setzen. Das ist zwar eine Modifikation, wird aber von SAP im Hinweis 313558 genau so empfohlen.

Tipp

Wird beim Anlegen einer Selektionsvariante das Feld VARIANTE SCHÜTZEN angekreuzt, dann kann die Variante nur noch von dem Benutzer geändert oder gelöscht werden, der die Variante angelegt hat. Wenn dieser Benutzer jedoch nicht mehr existiert, hilft der Report RSVARENT. Damit kann der Schutz von Varianten aufgehoben werden. Vergessen Sie jedoch nicht, auf dem Selektionsbild den Report- oder Variantennamen mit zu erfassen, denn ohne diesen wären alle Varianten auf einen Schlag ungeschützt.

Reports im Hintergrund ausführen

Wenn Sie einen Report normal ausführen, hat das zur Folge, dass Sie an der aktuellen Anwendung nicht weiterarbeiten können. Natürlich haben Sie noch die Möglichkeit, Ihre Arbeit in einem anderen Modus fortzuführen. Reports, die sehr lange laufen, verschlechtern jedoch auch die Antwortzeiten des Systems für andere SAP-Benutzer. Demnach ist es ratsam, komplexe Reports, deren Ergebnis Sie nicht sofort benötigen, im Hintergrund und auch nachts auszuführen. Dieses Vorgehen hat außerdem den Vorteil, dass Sie mithilfe der Hintergrundverarbeitung überprüfen können, ob der Report korrekt gelaufen ist. Und so geht's:

1. Starten Sie die ABAP/4-Programmausführung, indem Sie in der Menüleiste den Menüpfad SYSTEM • DIENSTE • REPORTING auswählen oder den Transaktionscode »/nsa38« in das Kommandofeld eintragen und mit der [↵]-Taste bestätigen. Geben Sie den Namen des Reports, den Sie im Hintergrund starten möchten, in das Feld PROGRAMM ein.
2. Wählen Sie in der Anwendungsfunktionsleiste den Button HINTERGRUND.
3. Geben Sie die Variante an, und klicken Sie auf den Button SOFORT AUSFÜHREN.

Um die Hintergrundverarbeitung zu einem späteren Zeitpunkt zu starten, wählen Sie bei Punkt 3 den Button EINPLANEN. Dort geben Sie einen Jobnamen sowie Datum und Uhrzeit der Ausführung ein. Ausführliche Informationen zu Hintergrundjobs bzw. Spool-Aufträgen finden Sie unter »Arbeiten mit dem Spool-System« in Abschnitt 3.8, »Drucken«.

Um zu überprüfen, ob Ihre Hintergrundverarbeitung erfolgreich verlaufen ist, rufen Sie in der Menüleiste den Menüpfad SYSTEM • EIGENE JOBS auf. Über SYSTEM • EIGENE SPOOL-AUFTRÄGE können Sie sich das Ergebnis der Programmverarbeitung ansehen.

3.7.3 Arbeiten mit den Ergebnislisten

Wie Sie bereits wissen, werden die Ergebnisse von Reportauswertungen in Listen ausgegeben. In den folgenden Abbildungen sehen Sie am Beispiel der Mitarbeiterliste, dass es unterschiedliche Darstellungsformen gibt. Abbildung 3.35 stellt die Druckansicht dar und entspricht wohl am ehesten den Vorstellungen von einer Liste. Abbildung 3.36 enthält eine Tabelle, ähnlich wie Sie es von Microsoft Excel kennen.

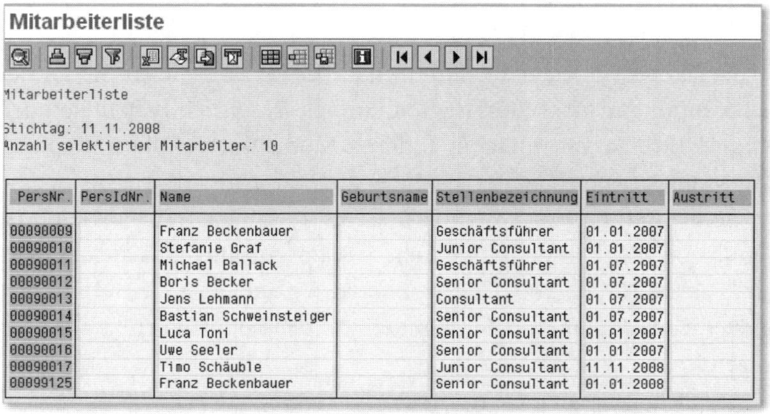

Mitarbeiterliste

Mitarbeiterliste

Stichtag: 11.11.2008
Anzahl selektierter Mitarbeiter: 10

PersNr.	PersIdNr.	Name	Geburtsname	Stellenbezeichnung	Eintritt	Austritt
00090009		Franz Beckenbauer		Geschäftsführer	01.01.2007	
00090010		Stefanie Graf		Junior Consultant	01.01.2007	
00090011		Michael Ballack		Geschäftsführer	01.07.2007	
00090012		Boris Becker		Senior Consultant	01.07.2007	
00090013		Jens Lehmann		Consultant	01.07.2007	
00090014		Bastian Schweinsteiger		Senior Consultant	01.07.2007	
00090015		Luca Toni		Senior Consultant	01.01.2007	
00090016		Uwe Seeler		Senior Consultant	01.01.2007	
00090017		Timo Schäuble		Junior Consultant	11.11.2008	
00099125		Franz Beckenbauer		Senior Consultant	01.01.2008	

Abbildung 3.35 Druckansicht der Ergebnisliste

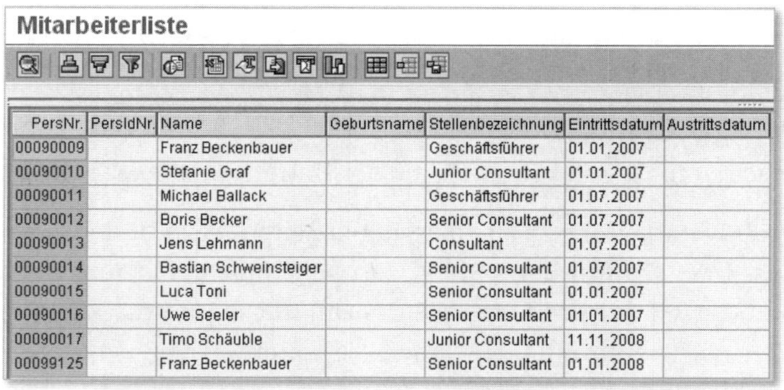

Mitarbeiterliste

PersNr.	PersIdNr.	Name	Geburtsname	Stellenbezeichnung	Eintrittsdatum	Austrittsdatum
00090009		Franz Beckenbauer		Geschäftsführer	01.01.2007	
00090010		Stefanie Graf		Junior Consultant	01.01.2007	
00090011		Michael Ballack		Geschäftsführer	01.07.2007	
00090012		Boris Becker		Senior Consultant	01.07.2007	
00090013		Jens Lehmann		Consultant	01.07.2007	
00090014		Bastian Schweinsteiger		Senior Consultant	01.07.2007	
00090015		Luca Toni		Senior Consultant	01.01.2007	
00090016		Uwe Seeler		Senior Consultant	01.01.2007	
00090017		Timo Schäuble		Junior Consultant	11.11.2008	
00099125		Franz Beckenbauer		Senior Consultant	01.01.2008	

Abbildung 3.36 Darstellung der Ergebnisse im Table Control

In diesem Layout stehen Ihnen die umfangreichen Funktionen des sogenannten *Table Control* (der Tabelleneinstellungen) zur Verfügung. Die grundlegenden Funktionalitäten werden wir Ihnen im Folgenden vorstellen. Beachten Sie, dass nicht jeder Report die Ergebnisse in dieser Form bereitstellt. Dies ist abhängig von der benutzerspezifischen Programmierung. Des Weiteren nutzen nicht alle Tabellen im SAP-System die komplette Bandbreite an Funktionalitäten des Table Control.

Spalten markieren/Markierung wieder zurücksetzen

Klicken Sie auf eine beliebige Stelle der Spaltenüberschrift. Der Spaltenhintergrund ändert sich daraufhin in Orange. Um mehrere nebeneinanderliegende Spalten zu markieren, halten Sie die [⇧]-Taste gedrückt und klicken auf die erste sowie auf die letzte Spalte. Nicht nebeneinanderliegende Spalten markieren Sie mit gedrückter [Strg]-Taste, indem Sie die Spalten einzeln anklicken. Um die Markierung wieder rückgängig zu machen, klicken Sie mit gedrückter [Strg]-Taste auf die markierte Spalte.

Spaltenbreite anpassen

Setzen Sie den Cursor zwischen zwei Spalten, sodass er sich in ein Spaltenkreuz verwandelt, und klicken Sie nun auf die linke Maustaste. Ziehen Sie die Spalte bei gedrückter Maustaste breiter oder schmaler. Um die Spaltenbreite zu optimieren, klicken Sie mit der rechten Maustaste auf die Spalte und wählen OPTIMALE BREITE.

Spalten ein- und ausblenden

Um eine Spalte auszublenden, markieren Sie die Spalte und klicken mit der rechten Maustaste auf den Spaltenkopf. Wählen Sie aus dem Kontextmenü AUSBLENDEN. Zum Einblenden der Spalte markieren Sie eine beliebige Spalte in der Tabelle, klicken mit der rechten Maustaste auf den Spaltenkopf und wählen aus dem Kontextmenü EINBLENDEN.

Reihenfolge der Spalten ändern

Markieren Sie eine Spalte, und klicken Sie auf den Spaltenkopf. Ziehen Sie die Spalte mit gedrückter Maustaste an die gewünschte Stelle. In dem Moment, in dem dort eine rote Linie erscheint, lassen Sie die Maustaste los.

Sortieren

Sie können die Werte in einer Spalte absteigend oder aufsteigend sortieren. Markieren Sie dazu die Spalte, und klicken Sie auf eines der Icons mit der mit der Pyramide.

Filtern

Bei Bedarf können Sie in einer Liste nur diejenigen Zeilen anzeigen lassen, die hinsichtlich einer oder mehrerer Spalten bestimmte Kriterien erfüllen. Markieren Sie eine oder mehrere Spalten, und wählen Sie den Button FILTER SETZEN.

Geben Sie im Dialogfenster WERTE FÜR FILTERKRITERIEN FESTLEGEN die zu filternden Werte ein. Bestätigen Sie Ihre Eingaben, indem Sie auf das Icon klicken. Sie können die Daten auch in der Druckansicht filtern und sortieren.

Hinweis

Da wir in diesem Buch nicht jede Funktionalität des Table Control ausführen können, bitten wir Sie, durch eigenes Experimentieren weitere Anpassungsmöglichkeiten herauszufinden. Wenden Sie weitere Funktionen des Kontextmenüs der rechten Maustaste an, und benutzen Sie den Button LAYOUT ÄNDERN bzw. die Tastenkombination [Strg] + [F8]. In Abbildung 3.37 sehen Sie das Dialogfenster LAYOUT ÄNDERN mit den verschiedenen Registerkarten.

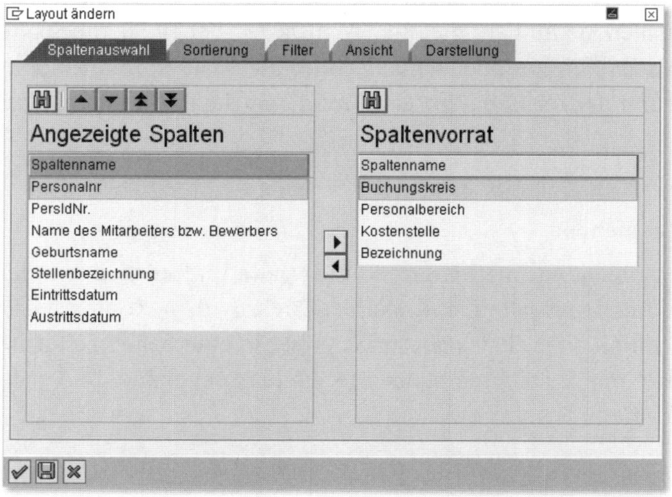

Abbildung 3.37 Dialogfenster zum Ändern des Tabellenlayouts

3.8 Drucken

Grundsätzlich können Sie alles zu Papier bringen, was Sie auf dem Bildschirm sehen. Dazu steht Ihnen die *Hardcopy-Funktion* zur Verfügung, mit der Sie einen Ausdruck des gesamten SAP-Bildschirms – sozusagen von der Menüleiste bis zur Statusleiste – erstellen können. In den meisten Fällen möchten Sie jedoch sicher Listen drucken, die aufgrund der Länge nicht vollständig auf dem Bildschirm angezeigt werden. Das SAP-System bietet dabei die Möglichkeit, Druckaufträge abzulegen, gegebenenfalls nachzubearbeiten und gesammelt an das Ausgabegerät zu senden. Welche Vorteile Ihnen das sogenannte *Spool-System* bietet und wie Sie es nutzen, erläutern wir Ihnen in diesem Abschnitt (siehe Abbildung 3.38).

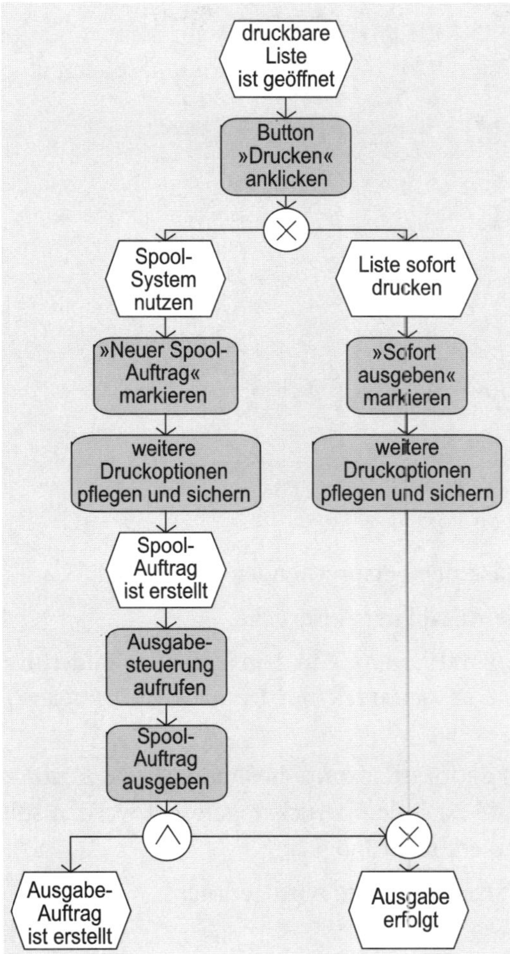

Abbildung 3.38 Drucksteuerung für Sofortdruck und Spool-System

Hardcopy erstellen

Die Hardcopy-Funktion haben Sie bereits kennengelernt. Sie steht Ihnen in jedem Modus zur Verfügung. Am schnellsten erstellen Sie eine Bildschirmkopie oder ein Screenshot, wenn Sie in der Menüleiste auf das Icon klicken. Der Ausdruck wird direkt erstellt.

Sofortdruck erzeugen

Rufen Sie eine druckbare Liste oder einen Bericht auf. Klicken Sie auf das Icon für Drucken, oder wählen Sie alternativ den Menüpfad Liste • Drucken. Es öffnet sich ein SAP-Bildschirm mit den Druckoptionen (siehe Abbildung 3.39).

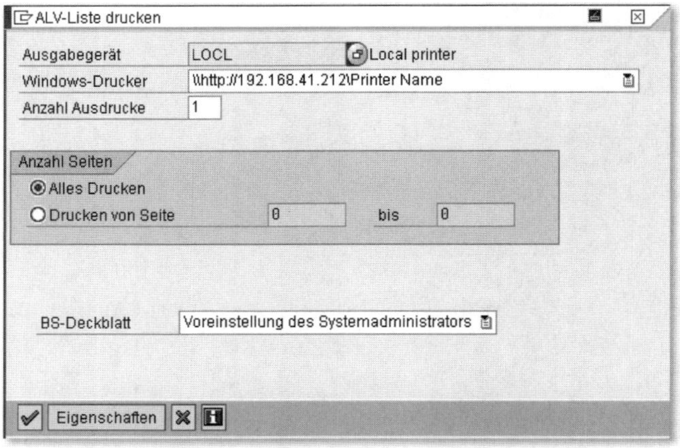

Abbildung 3.39 Druckoptionen pflegen

Nehmen Sie folgende Einstellungen vor:

1. Geben Sie im Feld AUSGABEGERÄT den entsprechenden Drucker an.
2. Erhöhen Sie gegebenenfalls die Anzahl der Ausdrucke.
3. Wählen Sie dann den Button EINSTELLUNGEN. Auf dem folgenden Bildschirm öffnen Sie unter ALLGEMEINE EIGENSCHAFTEN mit Doppelklick DRUCKZEITPUNKT und wählen SOFORT AUSGEBEN.
4. Markieren Sie außerdem unter SPOOLSTEUERUNG die Option NACH AUSGABE SOFORT LÖSCHEN, wenn die Liste nach dem Drucken gelöscht werden soll. Weitere Ausdrucke sind dann nicht mehr möglich!
5. Klicken Sie auf die Buttons WEITER. Die Liste wird gedruckt.

Deckblätter

Falls Sie die Liste auf einem Drucker ausgeben, der von mehreren Anwendern benutzt wird, sollten Sie zusätzlich ein aussagefähiges Deckblatt ausgeben lassen. Die Einstellungen nehmen Sie ebenfalls in den Druckoptionen unter DECKBLÄTTER vor. Geben Sie »X« ins Feld SAP-DECKBLATT ein, um ein Deckblatt mit Angaben wie Empfänger, Abteilung, verwendete Aufbereitung usw. auszugeben. Empfänger und Abteilung geben Sie in den darunterstehenden Feldern ein, wobei Empfänger standardmäßig mit dem Benutzernamen gefüllt ist. Wenn Sie »D« in das Feld eintragen, hängt die Deckblattausgabe vom jeweiligen Drucker ab. Bleibt das Feld leer, erfolgt gar keine Deckblattausgabe.

Das Feld BS-DECKBLATT bestimmt, ob ein Deckblatt des Betriebsystems ausgegeben werden soll. Wenn Sie das Feld SELEKTIONSDECKBLATT markieren, wird ein Deckblatt mit den Reportselektionen ausgegeben, die Sie vorgenommen haben. Beachten Sie, dass die Ausgabe der Selektionsparameter nicht für jeden Report möglich ist. Die Option fehlt in diesem Fall in den Einstellungen. Weitere Informationen finden Sie im SAP-Hinweis 403057 zum ALV-Druck: Ausgabe ALV-Deckblatt und ALV-Selektionen.

Druckaufbereitung

Über den Menüpfad Allgemeine Eigenschaften • Aufbereitung hat das SAP-System bereits abhängig von der Aufbereitung der Liste im Report eine Anzahl von Zeilen und Spalten ermittelt, in denen es die Liste pro Seite ausgibt. Wollen Sie die Aufbereitung ändern, wählen Sie unter Aufbereitung ein anderes Format aus. Die Namen der Standardaufbereitungen für Listenausgaben beginnen mit einem X.

Sie können den Ausdruck beschleunigen, wenn Sie unter Ausgabe das Feld Nur Text markieren. Dabei werden jedoch Farben und Rahmenzeichen unterdrückt, sodass die Liste möglicherweise unübersichtlich wird.

Arbeiten mit dem Spool-System

Mit dem Spool-System zu arbeiten bedeutet, dass Sie Ihre Druckaufträge nicht sofort ausgeben, sondern zunächst in einer sogenannten *Spool-Datei* ablegen. Wie Sie dabei vorgehen, erklären wir Ihnen im weiteren Verlauf dieses Abschnitts. Zuvor möchten wir Ihnen die zusätzlichen Funktionalitäten und damit die Vorteile aufzeigen, die Ihnen das Spool-System bietet.

Abbildung 3.40 Übersicht über die Spool-Aufträge

Übersicht über die Spool-Aufträge

Ein Spool-Auftrag enthält Anwendungsdaten, die von Art und Typ des Ausgabegeräts unabhängig sind. Er kann an einen Drucker oder ein anderes Ausgabegerät geschickt werden. Bei der Ausgabe wird ein Ausgabeauftrag zu einem Spool-Auftrag erstellt.

Über den Menüpfad System • Dienste • Ausgabesteuerung bzw. über den Transaktionscode »/nsp01« rufen Sie die *Spool-Aufträge* auf, also alle Druckaufträge, die Sie in der Spool-Datei abgelegt haben. Nehmen Sie im Selektionsbild die entsprechenden Einschränkungen auf das Erzeugungsdatum, das Ausgabegerät usw. vor. Abbildung 3.40 zeigt eine Liste der Spool-Aufträge mit Informationen zu Datum und Zeit der Druckerzeugung, Status der Bearbeitung, Anzahl der Seiten und Titel. Welche verschiedenen Statuszustände es gibt, zeigt Ihnen Tabelle 3.2.

Statuszustand	Bedeutung
–	Der Spool-Auftrag wurde noch nicht gedruckt. Es ist kein Ausgabeauftrag vorhanden.
+	Der Spool-Auftrag wird noch erstellt.
wartet	Der Ausgabeauftrag wartet auf die Verarbeitung.
in Arb.	Der Ausgabeauftrag wird für den Druck aufbereitet.
druckt	Der Druck ist in Arbeit.
fertig	Der Ausgabeauftrag wurde ordnungsgemäß gedruckt.
F5	Mehrere Ausgabeaufträge mit unterschiedlichen Merkmalen wurden erzeugt. Doppelklicken Sie auf den Status, um die einzelnen Ausgabeaufträge anzuzeigen.
Problem	Der Druck ist erfolgt, enthält jedoch wahrscheinlich Fehler.
Fehler	Der Druck konnte nicht ausgeführt werden. Klicken Sie auf das Icon, um weitere Informationen zu erhalten.
Archiv	Der Spool-Auftrag wurde an ein Archivierungsgerät geschickt und wartet auf Archivierung.
Zeit	Die Ausgabe erfolgt zu einem bestimmten Zeitpunkt.

Tabelle 3.2 Status der Bearbeitung von Spool-Aufträgen

Informationen zu Spool-Aufträgen anzeigen und ändern

Markieren Sie einen oder mehrere Aufträge, und klicken Sie auf das Icon. Folgende Änderungen können Sie gegebenenfalls vornehmen:

- Ausgabegerät ändern
- Löschdatum ändern
- Zusammenführen mehrerer Spool-Aufträge – auch neuer Spool-Aufträge –, die dieselben Merkmale (Benutzer, Titel, Ausgabegerät usw.) haben
- Löschen des Spool-Auftrags nach fehlerfreier Ausgabe; Verbleib nach fehlerhafter Ausgabe

Inhalt eines Spool-Auftrags anzeigen und weiterleiten
Markieren Sie einen oder mehrere Aufträge, und klicken Sie auf das Icon. Hier sind folgende Aktivitäten möglich:

- **Einstellen des angezeigten Bereichs**
  über den Menüpfad Springen • Auftragsanzeige • Einstellungen
- **Versenden des Inhalts als E-Mail oder Fax**
  über den Menüpfad Spool-Auftrag • Weiterleiten • Über SAP-Office senden
- **Exportieren des Inhalts**
  über den Menüpfad Spool-Auftrag • Weiterleiten • Als Text exportieren
- **Downloaden des Inhalts**
  über den Menüpfad System • Liste • Sichern • Lokale Datei – wählen Sie aus dem Zusatzfenster das gewünschte Format

Hinweis

Wenn ein Spool sehr viele Seiten beinhaltet, gibt das System nur einen Teil der Seiten direkt auf dem Bildschirm aus und meldet dies in der Statusleiste. Über den Button Einstellungen kann der Bereich der angezeigten Seiten erweitert werden.

Spool-Aufträge ausgeben mit automatischer Ablage in Ausgabeaufträge
Zum Drucken ohne Änderung klicken Sie auf das Icon. Zum Drucken mit geänderten Parametern (z. B. anderes Ausgabegerät, geänderte Druckzeit) klicken Sie auf das Icon.

Ausgabeaufträge zu einem Spool-Auftrag anzeigen
Einen Ausgabeauftrag erstellt das System jedes Mal, wenn ein Spool-Auftrag ausgegeben wird. Er enthält Informationen zum benutzten Ausgabegerät sowie zum Status des Auftrags (siehe Abbildung 3.41).

Wählen Sie einen oder mehrere Spool-Aufträge aus, und klicken Sie auf den Button Ausgabeaufträge oder drücken Sie die F5-Taste.

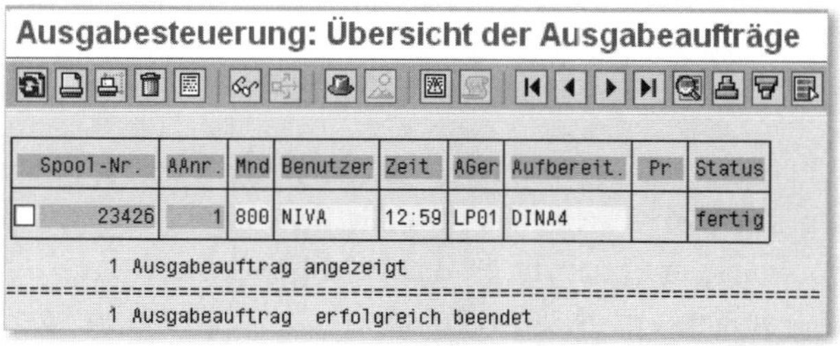

Abbildung 3.41 Übersicht über die Ausgabeaufträge

Löschen von Spool-Aufträgen

Wählen Sie einen oder mehrere Spool-Aufträge aus, und klicken Sie auf das Icon 🗑, oder drücken Sie [⇧] + [F2].

Spool-Auftrag erzeugen

Prüfen Sie in Ihrem Benutzerstamm die Einstellungen zur Spool-Steuerung. Rufen Sie dazu den Menüpfad SYSTEM • BENUTZERVORGABEN • EIGENE DATEN auf, und wählen Sie die Registerkarte FESTWERTE (siehe Abbildung 3.42). Richten Sie Ihr Augenmerk auf die Daten in der Feldgruppe SPOOL-STEUERUNG. Der Parameter SOFORT AUSGEBEN darf nicht markiert sein, um einen Spool-Auftrag zu erzeugen, gegebenenfalls nachzubearbeiten und später mit der Drucksteuerung für das Drucken freizugeben.

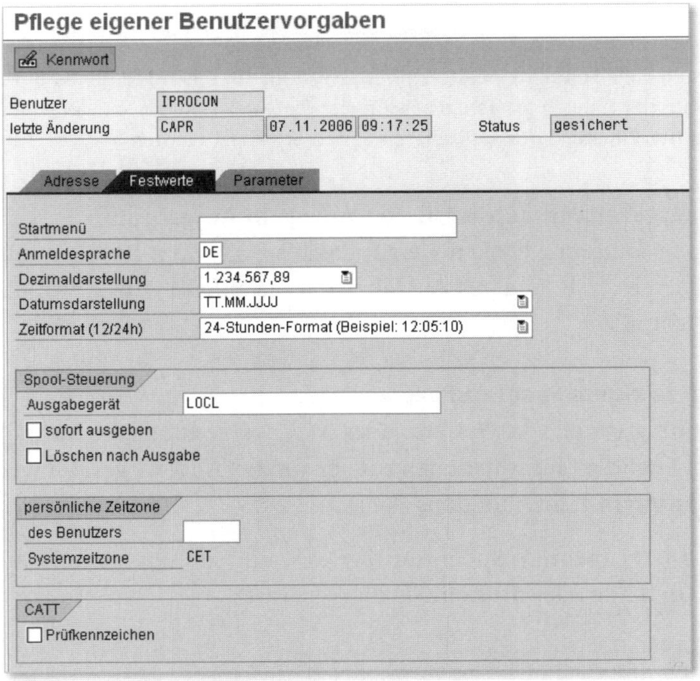

Abbildung 3.42 Pflege eigener Benutzervorgaben auf der Registerkarte »Festwerte«

Pflegen Sie bei dieser Gelegenheit den Namen des Ausgabegeräts, auf dem Sie normalerweise Ihre Listen und Texte ausdrucken. Falls Ihre Listen nach dem Drucken gelöscht werden sollen, markieren Sie das Feld LÖSCHEN NACH AUSGABE. Lassen Sie das Feld leer, um Spool-Aufträge im Spool-System zu halten. Sie erhalten dadurch die Möglichkeit, einen Auftrag bei Bedarf nochmals auszudrucken. Diese Aufträge werden erst nach dem Verfallsdatum gelöscht.

Wenn Sie das nächste Mal drucken, hat das System diese Werte bereits auf dem Druckbild eingetragen. Dort können Sie die Werte bei Bedarf wieder ändern.

Rufen Sie nun die Druckoptionen aus Ihrer druckbaren Liste auf, indem Sie auf den Button DRUCKEN klicken. Wählen Sie in den Eigenschaften unter DRUCKZEITPUNKT die Option ZUNÄCHST NUR IN DEN SAP-SPOOLER STELLEN, und pflegen Sie gegebenenfalls weitere Felder. Diese Einstellungen können Sie in der Spool-Datei jederzeit ändern.

3.9 Zusammenfassung

In diesem Kapitel haben Sie erfahren, wie der SAP-Bildschirm aufgebaut ist und wie Sie durch die verschiedenen Anwendungen navigieren können. Sie haben Datenpflege und Benutzervorgaben, Reports und das Drucken aus dem SAP-System kennengelernt.

Wir haben Ihnen zahlreiche Tipps gegeben, die Ihnen das Arbeiten mit dem SAP-System erleichtern; die am häufigsten verwendeten hier noch einmal im Überblick:

- schnellere Quick-Info, wenn der Cursor auf einem Button steht
- Einfügen häufig benötigter Transaktionen in die Favoriten
- dauerhafte Vorbelegung von Feldinhalten in den Benutzervorgaben über die Parameter-ID
- Arbeiten mit Selektionsbildvarianten beim Ausführen von Reports

3.10 Übungsaufgaben zu Kapitel 3

Wir haben zur Lernkontrolle einige Übungsaufgaben für Sie zusammengestellt, die Sie nach der Lektüre dieses Kapitels lösen können sollten. Falls Sie bei einzelnen Aufgaben noch unsicher sind oder Probleme haben, sie zu beantworten, sollten Sie die entsprechenden Abschnitte noch einmal in Ruhe studieren.

1. Sie möchten einen Wert für den Personalteilbereich dauerhaft als Vorschlagswert ausgeben lassen. Welche Einstellungen nehmen Sie im System vor?
2. Sie wollen sich möglichst schnell vom System abmelden, ohne dass das Dialogfenster zur Sicherheitsabfrage erscheint. Wie gehen Sie vor?
3. Füllen Sie im SAP Easy-Access-Menü den Ordner FAVORITEN mit einigen Anwendungen (Transaktionen, Berichte), die Sie häufig ausführen. Bringen Sie die Anwendungen in eine sinnvolle Reihenfolge.

4. Sie wollen stets wissen, in welcher Transaktion Sie sich befinden. Nehmen Sie die nötige Einstellung auf Ihrem SAP-Bildschirm vor.
5. Sie pflegen eine umfangreiche Liste, in der unter PERSONALTEILBEREICH in fast jeder Zeile der gleiche Wert einzutragen ist. Wie gehen Sie vor, um sich diese Eingabe zu ersparen?
6. Sie befinden sich in einer Transaktion und geben Werte in ein Feld ein. Sobald Sie ein Zeichen eingegeben haben, erscheint eine Liste mit Vorschlagswerten, die mit demselben Zeichen beginnen. Wo müssen Sie das System einstellen, damit diese Funktionalität aktiv ist?
7. Wie ermitteln Sie den (technischen) Feldnamen eines Feldes?
8. Ihr Unternehmen hat einen eigenen Report programmiert. Dieser wurde nicht in Ihr Benutzermenü eingetragen. Wie rufen Sie den Report auf? (Es gibt zwei Wege!)
9. Sie legen Druckaufträge vorerst in einer Datei ab, um sie später gegebenenfalls nachzubearbeiten, bevor Sie die Aufträge an ein Ausgabegerät schicken. Wie wird die Datei, in der Sie die Druckaufträge ablegen, im SAP-System bezeichnet?
10. Wie können Sie die Liste der möglichen Eingabewerte für ein Feld begrenzen?
11. Nennen Sie die Vorteile der Hintergrundverarbeitung von Reports.
12. Sie arbeiten mit dem Spool-System. Welcher Auftrag enthält Informationen zum benutzten Ausgabegerät?
    a) Spool-Auftrag
    b) Ausgabeauftrag
13. Wie wird auf dem SAP-Bildschirm die Leiste bezeichnet, in der sich das Kommandofeld befindet?
14. Sie kennen nur den Transaktionscode, wollen aber gerne dazu den Menüpfad im SAP-Menü wissen. Wie gehen Sie vor?
15. Wie ist der Transaktionscode aufgebaut, wenn Sie eine neue Anwendung in einem zusätzlichen Modus öffnen wollen?
16. Welche Aussagen sind falsch?
    a) Eingegebene Daten kann man immer mit der Tastenkombination [Strg] + [S] sichern.
    b) In einer Gruppe mit mehreren Checkboxen muss immer eines aktiv gesetzt sein.
    c) Um eine Hardcopy zu erstellen, klickt man auf den Button DRUCKEN.

d) Die Anzeige OVR in der Statusleiste bedeutet, dass beim Eingeben von neuen Daten alte Daten überschrieben werden.

e) Zum Ausführen der im Benutzermenü befindlichen Anwendungen ist man immer berechtigt.

f) Um die Anmeldesprache vorzubelegen, trägt man sie in den Benutzervorgaben auf der Registerkarte FESTWERTE ein.

g) Systemmeldungen erscheinen immer in der Statusleiste.

h) Beim Ausführen einer Transaktion über eine Verknüpfung auf dem Desktop muss kein Kennwort eingegeben werden.

i) Um vom Eingabe- in den Überschreibmodus zu wechseln, drückt man die [Strg]-Taste.

j) Über die [F1]-Hilfe erhält man Informationen zum Sinn und Zweck eines Feldes.

k) Um einen Report mit einer Reportvariante zu starten, muss er zuerst ausgeführt werden.

l) Das Table Control bietet die Möglichkeit, Summen in Tabellen zu bilden.

m) Einstellungen zum Tab- und Cursorverhalten werden im Layout-Menü vorgenommen.

HCM stellt einen umfangreichen Teil des SAP ERP-Systems dar. Auch wenn viele Anwender dabei zunächst nur an Entgeltabrechnung und Zeitwirtschaft denken, besteht der Wert des HCM-Systems vor allem in der umfassenden Abbildung personalwirtschaftlicher Prozesse.

4 Aufbau von SAP ERP HCM

In diesem Kapitel möchten wir Ihnen zuerst zeigen, welche personalwirtschaftlichen Prozesse das SAP ERP HCM-System unterstützt bzw. in welche unterschiedlichen Komponenten es sich verzweigt. Anschließend erfahren Sie, welche Strukturen in SAP ERP HCM für die Untergliederung des gesamten Mitarbeiterbestands für verschiedene Zwecke existieren.

4.1 HCM-Komponenten

Die zahlreichen Komponenten innerhalb des SAP-Systems für die Personalwirtschaft bzw. für das *Human Capital Management* (HCM oder Human Resources, HR) bilden fast alle personalwirtschaftlichen Prozesse ab. In Kapitel 2, »Was ist SAP?«, wurde schon darauf hingewiesen, dass auch außerhalb des SAP ERP-Systems Produkte existieren, die dem HCM-System zugerechnet werden. An dieser Stelle möchten wir Ihnen alle Komponenten innerhalb des ERP-Systems umfassend vorstellen.

Den Kern von SAP ERP HCM bildet das *Workforce Process Management*, das die folgenden Komponenten beinhaltet:

- **Personaladministration**
  Dieser Bereich umfasst die vollständige Personalstammdatenpflege und -verwaltung.
- **Organisationsmanagement**
  Diese Komponente bildet die Organisationsstruktur (das Organigramm) des Unternehmens flexibel ab und ordnet die Mitarbeiter darin ein.
- **Zeitwirtschaft**
  Die Zeitwirtschaft dient der Erfassung und Bewertung von Zeitdaten (inklusive der Schnittstelle zu den Zeiterfassungsterminals), der Schichtplanung,

dem Führen von Zeitkonten und dem Ermitteln von zuschlagspflichtigen Zeiten.

- **Personalabrechnung**
  Mithilfe der Personalabrechnung werden in erster Linie Brutto- und Nettobeträge in Gehalt, Lohn und Besoldung errechnet. Außerdem umfasst sie z. B. die Auszahlung und das gesetzliche Meldewesen. Länderspezifische Spezialprozesse wie Pfändung, Darlehen, Direktversicherung usw. werden ebenfalls hier abgebildet.
- **Verwaltung internationaler Einsätze**
  Dieser Bereich deckt den gesamten Prozess internationaler Entsendungen ab, angefangen bei der Planung über die Vorbereitung bis zur Abrechnung.
- **Verwaltung von Arbeitgeberleistungen**
  Diese Komponente bildet die verschiedenen, meist länderspezifischen Modelle für betriebliche Renten oder Pensionen sowie sonstige Sozialleistungen ab. Die Komponente für die deutsche Länderversion ist sehr umfangreich ausgebaut.

Eine weitere Komponente von SAP ERP HCM ist das *Talent Management*, das seinerseits unterschiedliche Komponenten in sich vereint. Im Einzelnen sind dies:

- **SAP E-Recruiting**
  Diese Komponente bzw. ihr Vorgänger, die »alte« *Personalbeschaffung*, unterstützt die Gewinnung von Mitarbeitern und die Kommunikation mit Bewerbern.
- **Nachfolgeplanung**
  Die Nachfolgeplanung dient zur Identifikation qualifizierter Mitarbeiter.
- **Aus- und Weiterbildung**
  Diese Komponente basiert auf einem unternehmensspezifischen Seminarkatalog und umfasst die Organisation von Veranstaltungen, die Buchung und Verwaltung von Teilnahmen, den Schriftverkehr mit den Teilnehmern und die Ressourcenverwaltung. Außerdem unterstützt sie die Kalkulation, Fakturierung und Kostenverrechnung von Seminaren und den Vertrieb über das Internet.
- **Performancemanagement**
  Zur Abbildung von Zielvereinbarungen, Mitarbeitergesprächen und Mitarbeiterbeurteilungen sowie zu deren Nachverfolgung und Auswertung wird das Performancemanagement genutzt.
- **Vergütungsmanagement**
  Dieser Bereich umfasst einen Total-Compensation-Ansatz, Budgetierung, Vergütungsrichtlinien, Benchmarking und monetäre Stellenbewertung. Es

werden leistungs- und kompetenzabhängige Entlohnungsformen sowie variable Vergütung und Bonusprogramme unterstützt.

Darüber hinaus beinhaltet SAP ERP HCM noch die folgenden Komponenten:

- **Workforce Planning & Analytics**
  Diese Komponente befasst sich mit der zentralen bzw. dezentralen Planung und Hochrechnung von Personalkosten und besteht aus zwei Bereichen:
  - Personalplanung
  - Personalkostenplanung und -analyse
- **Workforce Deployment**
  Dieser Bereich beinhaltet auch die *Personaleinsatzplanung*, in der die quantitative und qualitative Planung des Personaleinsatzes auf taktischer und operativer Ebene erfolgt.
- **Reisemanagement**
  Diese Komponente wird dem Modul SAP ERP Financials zugeordnet. Sie unterstützt die Planung von Reisen, die Beschaffung von Reisemitteln, die Antragsverfahren sowie Erfassung, Abrechnung, Auszahlung und Verbuchung von Reisekosten.

Schließlich bietet SAP mit *Stellenwirtschaft und Dienstpostenverwaltung* eine auf den öffentlichen Dienst zugeschnittene Komponente. Sie umfasst die Bewirtschaftung von Haushalten, die Dienstposten- und Planstellenplanung sowie die Budgetierung. Unterstützt werden auch die Drittmittelverwaltung und eine Integration ins Haushaltsmanagement.

4.2 Strukturen im SAP ERP HCM-System

Es gibt in SAP ERP HCM zahlreiche Strukturen, mit denen der Mitarbeiterbestand für die verschiedensten Zwecke untergliedert werden kann. Die Kenntnis dieser Strukturen ist insbesondere beim Erstellen von Auswertungen wichtig; auch bei der Datenpflege haben sie eine große Bedeutung. Im Folgenden stellen wir Ihnen die wesentlichen Strukturen kurz vor. Die für Sie wichtigsten werden noch im weiteren Verlauf des Buches genauer beschrieben.

- **Mitarbeiterstruktur**
  Mitarbeitergruppe und Mitarbeiterkreis gliedern nach Mitarbeitertyp (siehe Abschnitt 5.6.4, »Infotyp 0001 [Organisatorische Zuordnung]«).
- **Unternehmensstruktur**
  Personalbereich und Personalteilbereich gliedern z. B. nach Unternehmen und Standort (siehe Abschnitt 5.6.4, »Infotyp 0001 [Organisatorische Zuordnung]«).

- **Organisationsstruktur**
  Diese wird anhand des Organigramms (siehe Kapitel 9, »Organisationsmanagement«) unterteilt.
- **Stellenplan**
  Der Stellenplan ist nach inhaltlichen Kriterien der Arbeit geordnet (siehe Kapitel 9, »Organisationsmanagement«).
- **Abrechnungsstruktur**
  Der Abrechnungskreis gliedert nach Zeitpunkt der Entgeltabrechnung (siehe Abschnitt 5.6.4, »Infotyp 0001 [Organisatorische Zuordnung]«).
- **Rechnungswesenstruktur**
  Kostenrechnungskreis, Buchungskreis, Geschäftsbereich und Kostenstelle unterteilen nach Kriterien des Rechnungswesens (siehe Abschnitt 5.6.4, »Infotyp 0001 [Organisatorische Zuordnung]«).
- **Sachbearbeiterstruktur**
  Die Sachbearbeiterstruktur gliedert nach Zuständigkeit (siehe Abschnitt 5.6.4, »Infotyp 0001 [Organisatorische Zuordnung]«).
- **Status »Zeiterfassung«**
  Dieser unterteilt nach Form der Zeiterfassung und Zeitauswertung (siehe Abschnitt 5.6.7, »Infotyp 0007 [Sollarbeitszeit]«).

4.3 Zusammenfassung

In diesem Kapitel haben wir Ihnen den Aufbau von SAP ERP HCM erläutert. Dabei haben wir Ihnen zunächst gezeigt, aus welchen unterschiedlichen Komponenten sich das HCM-System in Bezug auf SAP ERP zusammensetzt. Anschließend haben wir dargestellt, in welche Strukturen der Mitarbeiterbestand zur Durchführung von Auswertungen aufgegliedert wird. Anhand der Verweise können Sie präzise erkennen, an welcher Stelle im Verlauf des Buches wir jeweils die einzelnen Punkte detailliert behandeln werden.

Die Qualität der Personalstammdaten ist wesentliche Voraussetzung für fast alle personalwirtschaftlichen Funktionen. Die Sachbearbeiter, die ihre Vollständigkeit, Korrektheit und Aktualität sicherstellen, erfüllen damit eine essenzielle Aufgabe. Um diese effizient auszuführen, ist eine gute Kenntnis der Anwendung erforderlich.

5 Personaladministration

Stammdaten werden auf vielfältige Weise im Unternehmen genutzt. Fast immer ist es von großem Vorteil, wenn bekannte Änderungen sofort gepflegt und nicht »angesammelt« werden. Dabei spielt der Erhalt historischer Daten eine große Rolle. Die folgenden Beispiele verdeutlichen die Relevanz von tagesaktuellen Daten im SAP-System.

5.1 Bedeutung der Stammdaten für SAP ERP HCM

Das Kernstück der Personaladministration bilden die Personalstammdaten (siehe Abbildung 5.1). Sie sind Grundlage für die nachfolgenden Abläufe des Personalmanagements (z. B. Entgeltabrechnung) sowie für die weiteren integrierten Funktionen des SAP-Systems (z. B. Workflow).

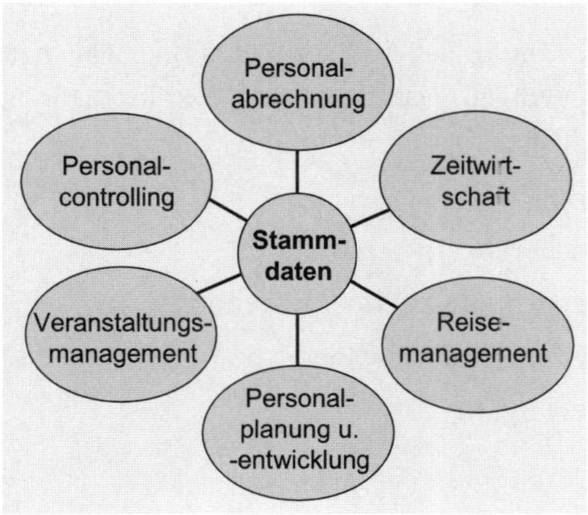

Abbildung 5.1 Integration der Stammdaten

Das bedeutet, dass die Daten jederzeit vollständig, richtig und aktuell sein müssen, damit sie in anderen Bereichen nicht zu falschen Ergebnissen führen. Die Investition in eine hohe Datenqualität lohnt sich in jedem Fall, da sich Qualitätsmängel in der Basis zumeist in den nachfolgenden Vorgängen multiplizieren.

Von besonderer Bedeutung unter den Stammdaten ist die *Personalnummer*, da sie den Mitarbeiter eindeutig identifiziert. Jeder personenbezogene Datensatz im SAP-System ist über die Personalnummer dem richtigen Mitarbeiter zugeordnet. Diese darf somit nie geändert werden.

Ebenfalls sehr wichtig ist der *Beschäftigungsstatus* des Mitarbeiters. Dieser gibt an, ob der Mitarbeiter noch Aktiv, also tatsächlich im Unternehmen beschäftigt ist. Nicht aktive Personalstämme wie Ausgetretene oder Rentner können z. B. im Veranstaltungsmanagement oder im Organisationsmanagement nicht verarbeitet werden.

Im Folgenden werden einige Beispiele für die weitere Benutzung der Personalstammdaten genannt:

5.1.1 Entgeltabrechnung

Die Entgeltabrechnung verarbeitet eine sehr große Menge von Personalstammdaten. Sie müssen zwar im Allgemeinen nicht täglich, sondern nur monatlich – zum Abrechnungstermin – aktuell sein, aber fehlerhafte Ergebnisse sind besonders schwerwiegend. Hinzu kommt, dass eine Korrektur der Fehler nicht täglich, sondern erst im Folgemonat erfolgen kann. Die Bedeutung einer hohen Datenqualität wird auch dadurch unterstrichen, dass Ergebnisse an öffentliche Stellen (Finanzamt, Sozialversicherung usw.) weitergegeben werden. Daten, die für die Entgeltabrechnung verwendet werden, sind beispielsweise:

- Organisationsdaten, die die Zuordnung des Mitarbeiters zu betrieblichen, tariflichen und gesetzlichen Regelungen bestimmen und die automatische Buchung in das Rechnungswesen steuern
- Bruttoentgelt inklusive Einmalbezügen
- Daten zur Steuer und Sozialversicherung
- weitere Leistungen wie Direktversicherung, Firmenwagen usw.
- Adressdaten für den Versand des Entgeltnachweises
- Daten zur betrieblichen Altersversorgung
- Bankverbindung

5.1.2 Zeitwirtschaft

Die Zeitwirtschaft ist in besonderem Maße auf aktuelle Daten angewiesen, wenn die Anwesenheitsdauer der Mitarbeiter über Zeiterfassungsterminals festgehalten wird. Die Mitarbeiter erwarten im Allgemeinen täglich den aktuellen Stand ihrer Zeitkonten am Zeiterfassungsterminal. Führt mangelnde Qualität der Grunddaten hier zu Fehlern, entsteht ein hoher Arbeitsaufwand durch Nachfragen der Betroffenen. Erfolgt zusätzlich die Zutrittskontrolle über das Terminal, können Fehler den Mitarbeiter gar »aussperren«. Wesentliche Grunddaten, auf die die Zeitwirtschaft aktuell angewiesen ist, sind z. B.:

- Organisationsdaten, die die Zuordnung des Mitarbeiters zu bestimmten betrieblichen Regelungen bestimmen
- Zuordnung des Mitarbeiters zu seinem Zeitbeauftragten
- Zeitmodell/Schichtplan
- Urlaubsanspruch
- Nummer der Zeiterfassungskarte
- Zuordnung des Mitarbeiters zu Zeiterfassungsterminals

5.1.3 Reisemanagement

Die Abhängigkeit des Reisemanagements von den Personalstammdaten wird häufig dann vergessen, wenn dieses organisatorisch nicht in der Personalabteilung angesiedelt ist. Für das Reisemanagement werden insbesondere folgende Daten benötigt:

- Organisationsdaten, die die Zuordnung des Mitarbeiters zu betrieblichen und gesetzlichen Regelungen bestimmen und die automatische Buchung in das Rechnungswesen steuern
- Präferenzen und Privilegien eines Mitarbeiters für die Wahl der Reisemittel
- Bankverbindung für die Erstattung der Reisekosten

5.1.4 Personalplanung

Die Vorgänge in der Personalplanung sind abhängig von Administration, Zeitwirtschaft und Abrechnung, und deshalb sind tagesaktuelle Daten besonders in diesem Bereich unerlässlich. Vor allem für eine genaue Kostenplanung sind aktuelle Daten äußerst wichtig. Hier müssen insbesondere auch bevorstehende veränderte Rahmenbedingungen und die daraus ableitbaren Daten berücksichtigt werden, soweit sie bereits bekannt sind. Relevante Informationen der Administration können z. B. sein:

- tarifliche Eingruppierung
- vereinbartes Bruttoentgelt
- organisatorische Zuordnung mit Historie
- Arbeitszeit
- geplante Abwesenheitszeiten

5.1.5 Personalentwicklung

Sowohl im Veranstaltungsmanagement als auch in den übrigen Funktionen der Personalentwicklung sind korrekte Stammdaten erforderlich. So kommt es besonders oft vor, dass neue Mitarbeiter erst kurz vor dem tatsächlichen Eintrittsdatum im System erfasst werden, obwohl ihr Eintritt ins Unternehmen schon früher bekannt gewesen ist. Die Personalentwickler können daher im Vorfeld weder einen Entwicklungsplan für den Mitarbeiter im System ausarbeiten noch Seminarbuchungen vornehmen. Da beides gerade für neue Mitarbeiter in großem Umfang vorgenommen werden muss, stört das die Abläufe in hohem Maße. Relevante Stammdaten für die Personalentwicklung sind z. B.:

- organisatorische Zuordnung
- Alter
- Aufenthaltsgenehmigung
- Schwerbehinderung
- Kommunikationssprache

5.1.6 Personalcontrolling

Das Personalcontrolling oder Personalberichtswesen verarbeitet Informationen aus allen Komponenten. Somit ist die Tagesaktualität aller Daten stets zu gewährleisten. Auswertungen verwenden aber nicht nur Vergangenheits- oder Ist-Daten, sondern basieren oftmals auch auf Plandaten, sodass auch zukünftig relevante Daten, z. B. die Einstellung eines neuen Mitarbeiters, stets sofort bei Bekanntwerden zu pflegen sind. Die Ergebnisse verschiedener Auswertungen dienen schließlich mitunter als Grundlage für weitreichende Entscheidungen im Unternehmen.

5.2 Funktion der Personaladministration

Mithilfe der Personaladministration können Sie Mitarbeiterdaten erfassen, bearbeiten und auswerten. Bereits bei der Dateneingabe prüft das System die Daten automatisch auf Plausibilität, d.h. dahin gehend, ob die erfassten Daten überhaupt zulässig sind. Dazu wurde zuvor eine Reihe von Werten bezüglich der Mitarbeiter- und Unternehmensstruktur sowie gesetzlicher Bestimmungen in Customizing-Tabellen hinterlegt. Gegen diese Einträge werden Ihre erfassten Daten verprobt. Zusätzlich unterstützen Sie im Vorfeld definierte Vorschlagswerte bei der Dateneingabe.

Hinweis

Diese Prüfungen und Vorschlagswerte können Sie als Endanwender nicht ändern – dies liegt in der Regel in der Zuständigkeit Ihres HCM-Administrators.

Ändern sich Mitarbeiterdaten im Zeitablauf, so wird durch die korrekte Pflege eine Historie aufgebaut. Diese ist nicht nur für Auswertungen äußerst wichtig. Sie ist auch für eine erneute Abrechnung der Vergangenheit in Entgeltabrechnung und Zeitwirtschaft (z. B. für Korrekturen) erforderlich. Da beim Aufbau der Historie oft Fehler entstehen, gehen wir im weiteren Verlauf immer wieder auf diesen Aspekt ein.

Alle mitarbeiterbezogenen Daten werden in einer Datenbank abgespeichert. Daten, die von einem Anwender eingegeben werden, kann ein zweiter Anwender bereits unmittelbar nach dem Speichern abrufen. Da zumeist nicht jeder Benutzer der Komponente alle Mitarbeiterdaten bzw. die Daten aller Mitarbeiter sehen darf, existiert ein umfangreiches Berechtigungskonzept.

Für internationale Unternehmen bietet die Komponente landesspezifische Versionen an, die die jeweiligen landestypischen Besonderheiten berücksichtigen. Somit können die Mitarbeiter aller Standorte im In- und Ausland in einem System verwaltet werden.

In den folgenden Abschnitten werden Sie lernen, wie die Abläufe der Personaladministration im SAP-System gestaltet sind und wie Sie die Personalstammdaten im System richtig und vor allem effizient erfassen und bearbeiten können. Zunächst erfahren Sie, welche Funktionen ein Infotyp neben der reinen Datenerfassung bietet. Im Anschluss daran stellen wir Ihnen verschiedene Formen der Datenpflege vor. Dabei erläutern wir Ihnen zunächst, wie Sie bei dem einzelnen Thema Schritt für Schritt richtig vorgehen. An geeigneter Stelle finden Sie abschließend eine Erklärung der Begriffe, nützliche Tipps und weiterführende Informationen zur jeweiligen Thematik.

Tipp

Es empfiehlt sich, beim ersten Kontakt mit dem SAP ERP HCM-System dieses Kapitel von vorn nach hinten durchzuarbeiten. Später können Sie dann bei Bedarf die Erläuterungen zu einem speziellen Problem auch separat zu Rate ziehen.

Wenn Sie zunächst ein wenig mit der Datenpflege, die in Abschnitt 5.4, »Infotyppflege am Beispiel des Infotyps 0006 (Anschriften)«, behandelt wird, experimentieren möchten, empfehlen wir Ihnen, den hier anschließenden Abschnitt 5.3, »Infotypkonzept«, intensiv durchzuarbeiten.

5.3 Infotypkonzept

Erfahren Sie in diesem Abschnitt, wo Sie die Stammdaten erfassen, wie die Richtigkeit der Daten sichergestellt wird und warum es unterschiedliche Zeitbindungen gibt.

5.3.1 Infotypen

In Informationstypen oder *Infotypen* hinterlegen Sie Informationen zu einem Mitarbeiter. Zu jeder Angelegenheit, die diesen Mitarbeiter betrifft, existiert ein Infotyp, sei es die Adresse des Mitarbeiters oder seine Vertragsdaten. Der Infotyp ist neben seiner Bezeichnung insbesondere durch eine vierstellige Nummer gekennzeichnet. Die Infotypen der Personaladministration beginnen mit einer Null. Ein Infotyp fasst fachlich zusammengehörende Daten zusammen. Dem Anwender gegenüber stellt er sich als Maske mit strukturiert angeordneten Feldern zur Erfassung der Daten dar.

Wie in Abbildung 5.2 zu sehen ist, sind im Infotyp 0002 (Daten zur Person) mehrere Felder in der Maske strukturiert nach Name, Geburtsdaten, Familienstand/Konfession angeordnet.

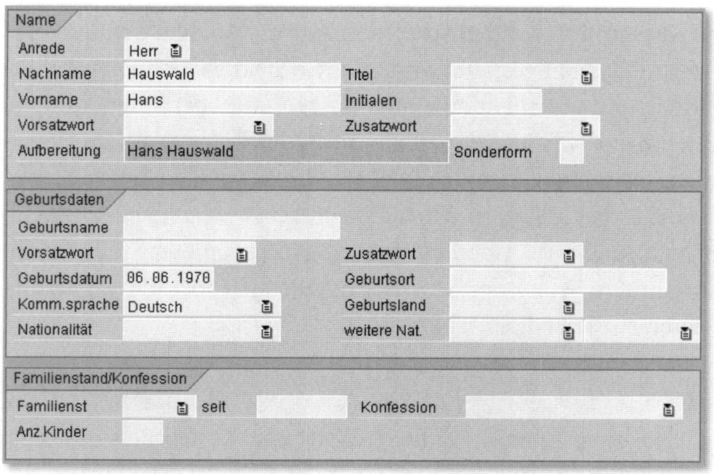

Abbildung 5.2 Infotyp 0002 zur Erfassung der persönlichen Daten des Mitarbeiters

Neben der reinen Erfassung der Daten bietet der Infotyp weitere Funktionalitäten, die in den folgenden Abschnitten beschrieben werden.

Verprobung der Daten

Beim Eingeben von Daten in das SAP-System prüft der Infotyp für die meisten Felder die Werte und Wertkombinationen auf Zulässigkeit. Das System verprobt die eingegebenen Daten je nach Einstellung mit Customizing-Tabellen, Validierungsregeln oder anderen Daten in Infotypen. Die Plausibilitätskontrollen sollen sicherstellen, dass in der Personaladministration nur zulässige Informationen aufgenommen werden.

Mussfelder

Die Eingabe eines Wertes in einem Mussfeld ist obligatorisch. Mussfelder sind also – wie auch die Plausibilitätsprüfungen – wichtig für die Datenkonsistenz. Mussfelder sind durch ein Kästchen mit einem Häkchen ☑ gekennzeichnet.

Unterteilung in Subtypen

Infotypen können abhängig vom Sachverhalt in weitere Kategorien aufgeteilt sein. Diese Kategorien werden *Subtypen* genannt. Ein Beispiel hierfür ist der Infotyp 0006 (Anschriften) mit den Subtypen »Ständiger Wohnsitz«, »Zweitwohnsitz« usw. (siehe Abbildung 5.3). Die Oberfläche eines Infotyps kann je nach Subtyp unterschiedlich aussehen oder andere Plausibilitätsprüfungen enthalten.

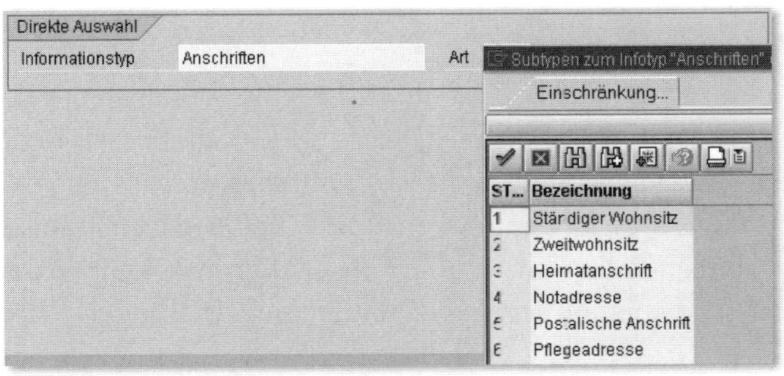

Abbildung 5.3 Subtypen zum Infotyp 0006 (Anschriften)

5.3.2 Infotypsatz

Sobald ein Infotyp für einen Mitarbeiter angelegt wurde, existiert ein Infotypsatz. Diesen können Sie ändern, anzeigen, auflisten, kopieren, abgrenzen und löschen (zur Pflege von Infotypen siehe Abschnitt 5.4, »Infotyppflege am Beispiel des Infotyps 0006 [Anschriften]«).

Wenn sich Daten im Zeitverlauf ändern (z. B. der Familienname), ist es nicht zulässig, die Daten zu überschreiben. Denn dann wäre keine Aussage zur Vergangenheit mehr möglich. Deshalb kann der Infotyp abhängig vom Sachverhalt auch mehrere Infotypsätze enthalten (siehe Abbildung 5.4).

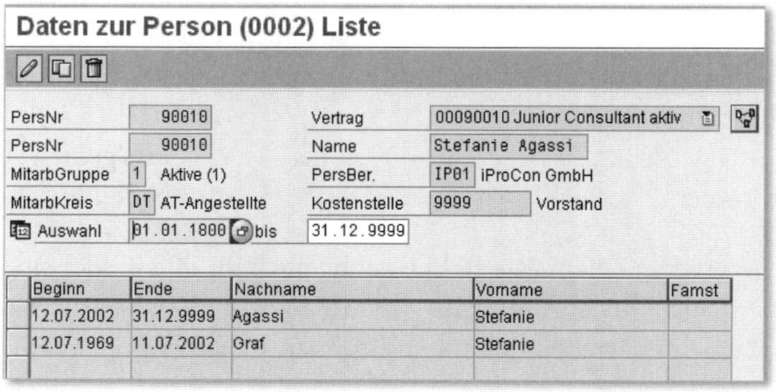

Abbildung 5.4 Infotyp 0002 mit mehreren Infotypsätzen

Tipp

Wenn bei Ihnen die Infotypnummer in der Titelzeile nicht angezeigt wird, Sie das aber nützlich finden, dann pflegen Sie in Ihrem Benutzerprofil unter dem Menüpfad SYSTEM • BENUTZERVORGABEN • EIGENE DATEN auf der Registerkarte PARAMETER die Parameter-ID HR_DISP_INFTY_NUM = »X« oder bitten Sie Ihren Systemadministrator darum, falls Sie nicht die erforderliche Berechtigung dafür haben.

Gültigkeitszeitraum

Jeder Infotypsatz hat einen Gültigkeitszeitraum. Der Beginn ist abhängig vom Inhalt des Infotyps und/oder dem Datum, zu dem er angelegt wurde. Das Ende ist oft der 31.12.9999 – das sogenannte *High Date*, zumindest solange sich der Mitarbeiter in einem aktiven Beschäftigungsverhältnis befindet. Ob ein Infotyp mehrere Infotypsätze enthalten darf oder ob sich die Gültigkeitszeiträume der Infotypsätze überschneiden können, regelt die Zeitbindung.

5.3.3 Zeitbindung

Die Zeitbindung ist eines der wesentlichen Merkmale des Infotypkonzepts im SAP-System. Von ihr ist abhängig, ob eine Historie von Daten eines Infotyps aufgebaut werden kann oder ob der gleiche Infotypsatz immer wieder überschrieben wird. Die Zeitbindung beschreibt also, inwieweit ein Infotyp/Subtyp mehrere Infotypsätze enthalten kann. Weiterhin bestimmt sie, ob die Gültigkeitszeiträume der einzelnen Infotypsätze Lücken aufweisen dürfen. Die Zeitbindung kann insgesamt für einen Infotyp oder je Subtyp festgelegt sein.

Im Folgenden stellen wir Ihnen die vier Zeitbindungsarten vor. Am Beispiel des Ehepartners erläutern wir dabei, was es für den Mitarbeiter bedeutet, wenn dem Infotyp 0021 (Familie/Bezugsperson) eine der folgenden Zeitbindungen zugewiesen würde:

- **Zeitbindung 0**
  Über den gesamten Gültigkeitszeitraum des Personalstamms muss genau ein Satz (und zwar immer der gleiche) bestehen. Die Zeitbindung bedeutet hier: »lebenslänglich«. Der Mitarbeiter muss immer den gleichen Ehepartner haben.
- **Zeitbindung 1**
  Zu einem Zeitpunkt muss genau ein gültiger Satz vorhanden sein, Überschneidungen sind nicht möglich. Diese Zeitbindung heißt hier: »Zwang zur Ehe«. In diesem Fall müsste der Mitarbeiter zu jedem Zeitpunkt verheiratet sein, wenn auch nicht unbedingt immer mit dem gleichen Partner.
- **Zeitbindung 2**
  Zu einem Zeitpunkt kann höchstens ein gültiger Satz vorhanden sein. Lücken sind erlaubt, Überschneidungen sind nicht möglich. Dies ist der »realistische Fall«: Der Mitarbeiter kann einen Ehepartner haben, muss es aber nicht.
- **Zeitbindung 3**
  Zu jedem Zeitpunkt können beliebig viele gültige Sätze nebeneinander vorhanden sein. Das bedeutet hier: »Polygamie«. Der Mitarbeiter kann mehrere Ehepartner gleichzeitig haben. Er kann aber auch ledig sein.

Am Infotyp 0021 (Familie/Bezugsperson) lässt sich die Bedeutung sehr gut veranschaulichen. Während der Subtyp 1 (Ehepartner) zumindest im europäischen Kulturkreis Zeitbindung 2 hat, erlaubt der Subtyp 2 (Kind) mehrere Einträge gleichzeitig. Dieser hat also die Zeitbindung 3.

Abbildung 5.5 stellt den Zusammenhang noch einmal grafisch dar, allerdings ohne den Sonderfall der Zeitbindung 0, die nur beim Infotyp 0003 (Abrechnungsstatus) auftritt.

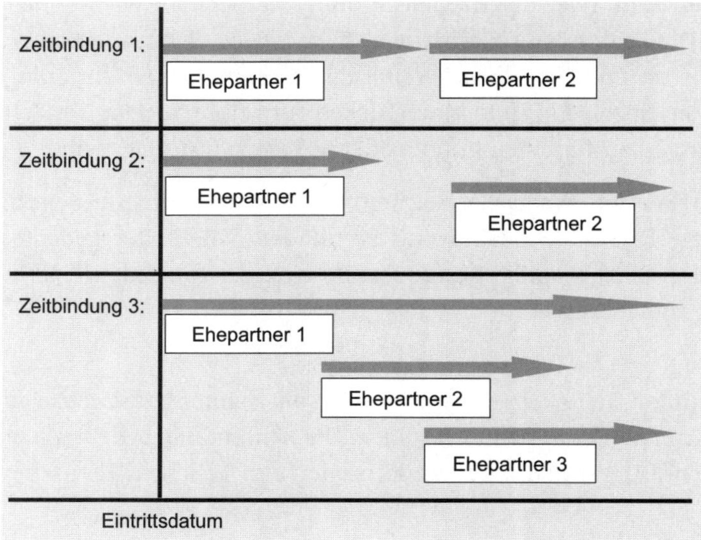

Abbildung 5.5 Verschiedene Zeitbindungen in den Personalstammdaten

5.3.4 Unternehmensspezifische Besonderheiten

Die Infotypmasken sind in der Regel an die Erfordernisse Ihres Unternehmens angepasst. Das heißt, dass gegebenenfalls einige Felder ausgeblendet, zusätzliche Plausibilitätsprüfungen aktiv sind oder zusätzliche Felder eingebaut wurden. Daher kann die Darstellung in diesem Buch durchaus von Ihrem System abweichen. Die grundsätzliche Arbeit mit dem System wird davon jedoch meistenteils nicht beeinflusst.

5.4 Infotyppflege am Beispiel des Infotyps 0006 (Anschriften)

Wir zeigen Ihnen nun, wie Sie in die Stammdatenpflege einsteigen und welche Möglichkeiten Sie haben, einen Mitarbeiter bzw. seine Personalnummer zu identifizieren.

5.4.1 Einstieg in die Stammdatenpflege

Wie Sie bereits gelernt haben, erfolgt die Pflege von Personalstammdaten in Infotypen. Die Infotypen zur Pflege der Personalstammdaten sind auf einem Bildschirm in mehreren Gruppen zusammengefasst. Sie erreichen alle diese Infotypen über den gleichen Menüpfad Personal • Personalmanagement • Administration • Personalstamm • Pflegen (siehe Abbildung 5.6). Doppelklicken Sie auf den letzten Menüpunkt, um die Anwendung zu starten. Es öffnet sich das Einstiegsbild der Stammdatenpflege.

Tipp

Ziehen Sie die Anwendung in die Favoriten, falls Sie damit häufig arbeiten wollen.

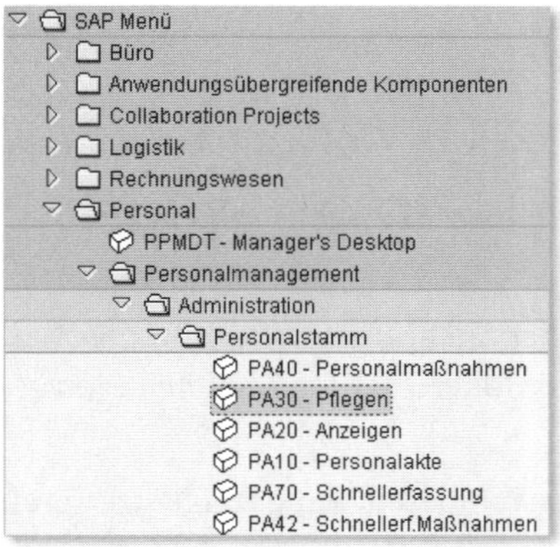

Abbildung 5.6 Menüpfad zum Öffnen der Stammdatenpflege

5.4.2 Auswahl von Mitarbeitern mit und ohne Objektmanager

Das Grundbild der Stammdatenpflege (siehe Abbildung 5.7) gliedert sich in den Objektmanager (links) und das Einstiegsbild (rechts, ❸). Der Objektmanager besteht aus einem Such- ❶ und einem Auswahlbereich ❷. Falls der Objektmanager nicht eingeschaltet ist, wählen Sie den Menüpfad EINSTELLUNGEN • OBJEKTMANAGER EINBLENDEN. An dieser Stelle können Sie den Objektmanager auch ausblenden, falls Sie ihn nicht nutzen wollen.

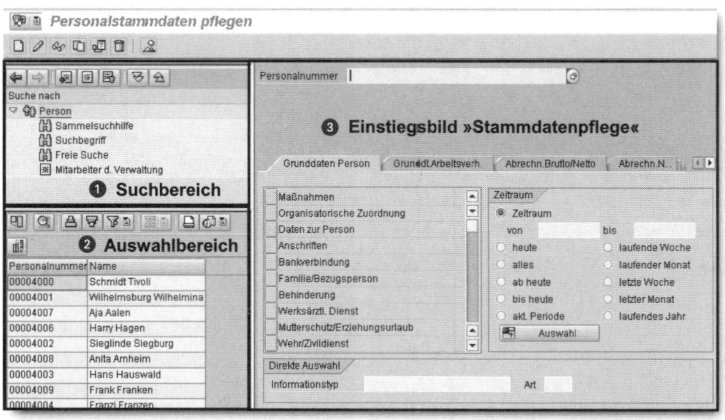

Abbildung 5.7 Objektmanager und Einstiegsbild der Stammdatenpflege

Um Informationen zu einem Mitarbeiter in Infotypen abzulegen, müssen Sie zuerst die Personalnummer des Mitarbeiters wissen, denn diese ist der Schlüssel zum Mitarbeiter. Natürlich ist es unmöglich, sich alle Personalnummern der Mitarbeiter zu merken. Der Objektmanager bietet Ihnen die Möglichkeit, mehrere Personalnummern zu selektieren und diese als Arbeitsvorrat zu speichern. Sie können aber auch ohne Objektmanager in der Stammdatenpflege arbeiten. Wählen Sie dann den Mitarbeiter mit der [F4]-Hilfe im Feld Personalnummer auf dem Einstiegsbild der Stammdatenpflege aus.

Für die Selektion über den Objektmanager gehen Sie wie folgt vor:

1. Klicken Sie im Suchbereich auf den kleinen weißen Pfeil links neben Person, sodass sich ein Menü öffnet.
2. Selektieren Sie die Mitarbeiter über eine der Suchfunktionen, z. B. die Sammelsuchhilfe (die verschiedenen Suchfunktionen werden im Folgenden genauer beschrieben).
3. Die selektierten Personen werden im Auswahlbereich angezeigt. Die Trefferliste können Sie über die gezeigten Icons folgendermaßen gliedern:
   - auf- und absteigend sortieren
   - filtern
   - verkleinern oder vergrößern
   - konfigurieren, indem Sie beispielsweise weitere Spalten einblenden
4. Übernehmen Sie nun einen Mitarbeiter per Doppelklick in das Einstiegsbild der Stammdatenpflege, um für ihn einen Infotyp zu pflegen.

Hinweis

Die Auswahlmenge mit den zuletzt gewählten Einstellungen bleibt Ihnen auch nach dem Abmelden als persönlicher Arbeitsvorrat erhalten. Vermeiden Sie jedoch zu große Auswahlmengen, da sonst der erneute Aufruf der Anwendung sehr lange dauern kann.

Tipp

Um die Auswahl im Objektmanager zu löschen, geben Sie beispielsweise unter Suchbegriff einen unrealistischen Namen ein, sodass die Trefferliste leer bleibt. Diese Variante können Sie dann z. B. unter Liste löschen sichern.

Sammelsuche

Bei der Sammelsuche haben Sie z. B. die Möglichkeit, nach dem Mitarbeiternamen und seiner organisatorischen Zuordnung zu selektieren (siehe Abbildung

5.8). Dabei können Sie mit sogenannten Platzhalterzeichen arbeiten. Tragen Sie beispielsweise »H*« im Feld NACHNAME ein, und bestätigen Sie Ihre Eingabe mit [↵], erhalten Sie alle Mitarbeiter, deren Nachname mit »H« beginnt. Im Register ORGANISATORISCHE ZUORDNUNG können Sie Mitarbeiter nach Kriterien der Unternehmens- und/oder Mitarbeiter- bzw. Personalstruktur selektieren. Die Felder zur organisatorischen Zuordnung lernen Sie in Abschnitt 5.6.4, »Infotyp 0001 (Organisatorische Zuordnung)«, kennen. Beachten Sie bitte auch das Feld MAXIMALE TREFFERZAHL, mit dem Sie Ihre Ergebnisliste bei Bedarf zusätzlich einschränken können. Über das Icon für MEHRFACHSELEKTION können Sie außerdem die Suche nach Intervallen vornehmen.

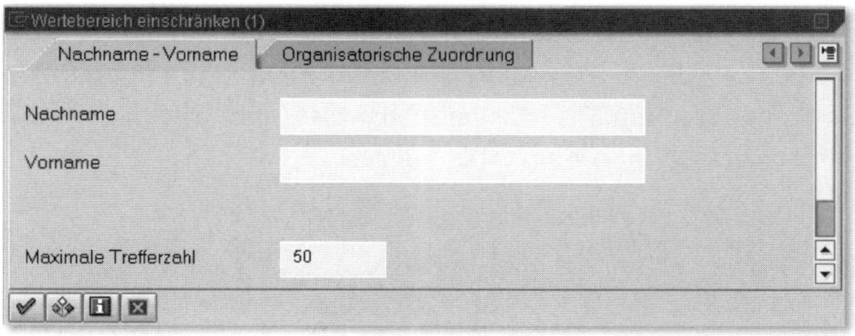

Abbildung 5.8 Sammelsuche im Objektmanager der Stammdatenpflege

Suchbegriff

Mit dieser Funktion können Sie Mitarbeiter schnell nach bestimmten Kriterien selektieren, z. B. alle Mitarbeiter, die einer Organisationseinheit direkt bzw. indirekt zugeordnet sind. Abbildung 5.9 zeigt beispielsweise die Selektion aller Mitarbeiter, die der ORGANISATIONSEINHEIT VERWALTUNG und allen (DIREKT UND INDIREKT) darunterliegenden Organisationseinheiten zugeordnet sind. Über den Button Hinzufügen können Sie weitere selektierte Mengen in den Auswahlbereich aufnehmen.

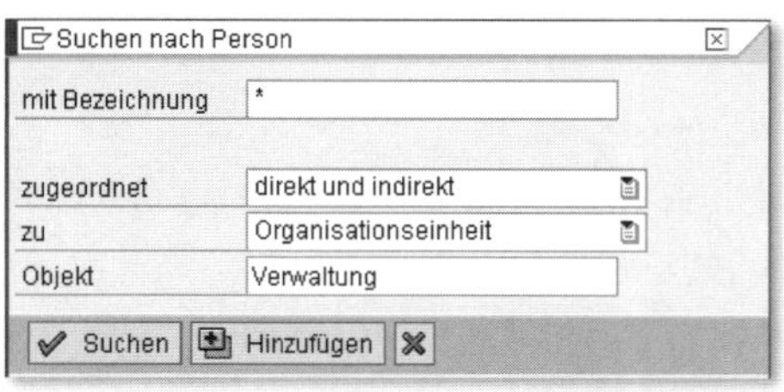

Abbildung 5.9 Suchbegriff im Objektmanager der Stammdatenpflege

Freie Suche

Die freie Suche ermöglicht Ihnen, Mitarbeiter über Felder der Stammdatenpflege zu selektieren (siehe Abbildung 5.10). Links sehen Sie die Feldgruppen, die die Infotypen darstellen ❶. Darunter befinden sich die Felder des Infotyps. Im Beispiel wurde das Feld ANZAHL KINDER aus dem Infotyp »Daten zur Person« ausgewählt. Damit erscheint es im rechten Teil des Bildes ❷. Es können auch weitere Selektionsfelder übernommen werden. Die Auswahl wird durch die Felder OPTION und WERT eingeschränkt. »1« bedeutet, der Mitarbeiter muss genau ein Kind haben, um selektiert zu werden. Die Treffermenge erfahren Sie, indem Sie unten im Bild auf den Button TREFFERMENGE klicken. In der Abbildung ist zu sehen, dass 228 Mitarbeiter die gewählten Selektionskriterien erfüllen. Mit dieser Selektionsmenge und der Funktionalität VORSCHLAGSWERTE HALTEN oder SETZEN (siehe Abschnitt 3.6.2, »Temporäre Vorschlagswerte setzen«) könnten Sie jetzt beispielsweise sehr schnell für viele Mitarbeiter den Freibetrag im Infotyp 0012 pflegen.

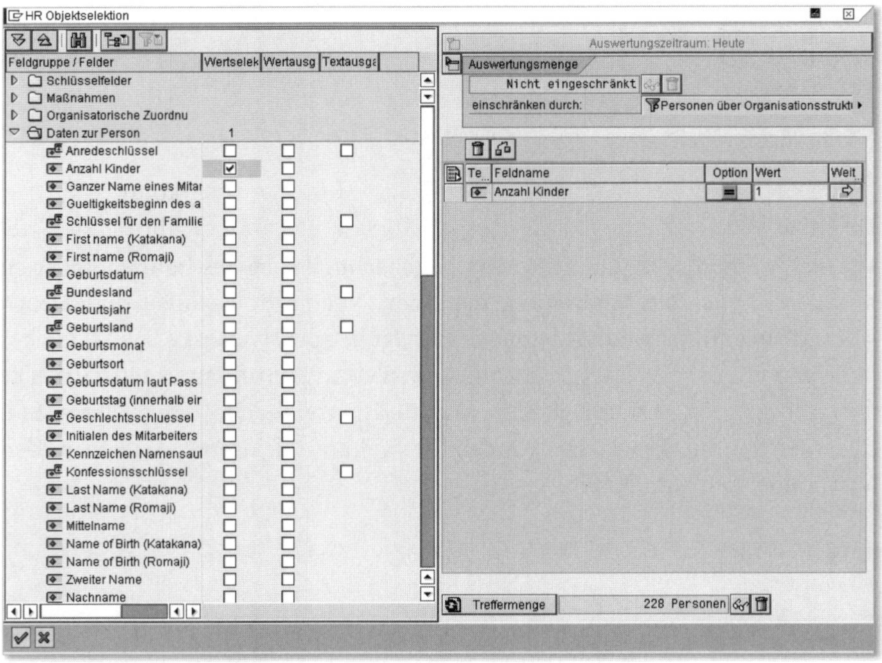

Abbildung 5.10 Freie Suche im Objektmanager der Stammdatenpflege

Suchvarianten

Im Suchbereich können Sie *Suchvarianten* anlegen, um einmal zusammengestellte Suchkriterien bzw. Treffermengen mehrfach verwenden zu können.

Wenn Sie Ihre Selektion beendet haben, klicken Sie auf das Icon für SUCHVARIANTE ANLEGEN und speichern Sie diese unter einer aussagekräftigen Bezeichnung. Die Suchvariante taucht dann unter den Suchfunktionen im SUCHBEREICH auf und ist mit dem Icon gekennzeichnet (siehe Abbildung 5.7).

Tipp

Zur Selektion eines einzelnen Mitarbeiters, der nicht bereits im Arbeitsvorrat enthalten ist, ist die direkte Auswahl über das Feld Personalnummer ohne Nutzung des Objektmanagers am effizientesten. Die [F4]-Hilfe dieses Feldes bietet ebenfalls Suchhilfen, wie sie bereits beschrieben wurden.

Zur besonders schnellen Selektion über den Namen des Mitarbeiters (z. B. Klaus Bluhm) kann man folgendes Kürzel im Personalnummernfeld eingeben: »=Bluhm.Klaus«. Dabei kann man auch auf den Vornamen verzichten oder nur den ersten Teil des Nach- oder Vornamens eingeben (z. B. »=Blu«).

5.4.3 Auswahl von Zeitraum und Infotyp

Wir beschäftigen uns jetzt mit dem Datenauswahlzeitraum und der Auswahl des Infotyps.

Datenauswahlzeitraum

Im rechten Teil des Einstiegsbilds der STAMMDATENPFLEGE können Sie den Datenauswahlzeitraum einschränken. Das heißt, das System gibt Ihnen – falls der Infotyp bereits angelegt ist – nur die im Auswahlzeitraum gültigen Infotypsätze aus. Aktivieren Sie beispielsweise den Radio-Button HEUTE, werden nur die zum aktuellen Stichtag gültigen Infotypsätze angezeigt.

Auswahl des Infotyps

Abhängig von Ihren unternehmensindividuellen Einstellungen sehen Sie eine oder mehrere Registerkarten zu verschiedenen Themen wie Grunddaten Person, Grunddaten Arbeitsverhältnis usw. Mit den Pfeiltasten können Sie zu verdeckten Registerkarten navigieren. Aktivieren Sie eine Registerkarte durch Klicken auf den Titel oder durch Auswahl in der Registerkartenübersicht (Icon). Auf den Registerkarten sehen Sie die entsprechenden Infotypen. Falls zu einem Mitarbeiter bereits ein Infotyp angelegt worden ist, erkennen Sie dies an dem Häkchen ✔ hinter der Infotypbezeichnung. Um einen Infotyp auszuwählen, markieren Sie ihn, indem Sie vor der Infotypbezeichnung auf den leeren Button klicken. Wählen Sie anschließend eine Funktion in der Anwendungsfunktionsleiste aus.

Weiterhin haben Sie die Möglichkeit, den Infotyp unter Direkte Auswahl zu bestimmen. Geben Sie dazu die Infotypnummer in das Feld Informationstyp ein (die führenden Nullen müssen Sie nicht eingeben), oder wählen Sie ihn direkt mit der [F4]-Hilfe aus. Unter Art tragen Sie gegebenenfalls das Kürzel des Subtyps ein.

5.4.4 Infotypsatz anlegen

Betrachten wir das folgende Beispiel: Der neu eingestellte Mitarbeiter Herr Schäuble teilt Ihnen seine Wohnanschrift mit, an die auch künftig der Schriftverkehr gehen soll. Wenn Sie den Infotypsatz anlegen, gehen Sie folgendermaßen vor:

1. Wählen Sie im Einstiegsbild der Stammdatenpflege die Personalnummer des Mitarbeiters aus.
2. Wählen Sie im Feld Informationstyp mit der [F4]-Hilfe den Infotyp »Anschriften« aus.
3. Klicken Sie auf das Icon 🗋 für Anlegen. Es öffnet sich die Maske zum Anlegen der Anschrift (siehe Abbildung 5.11).

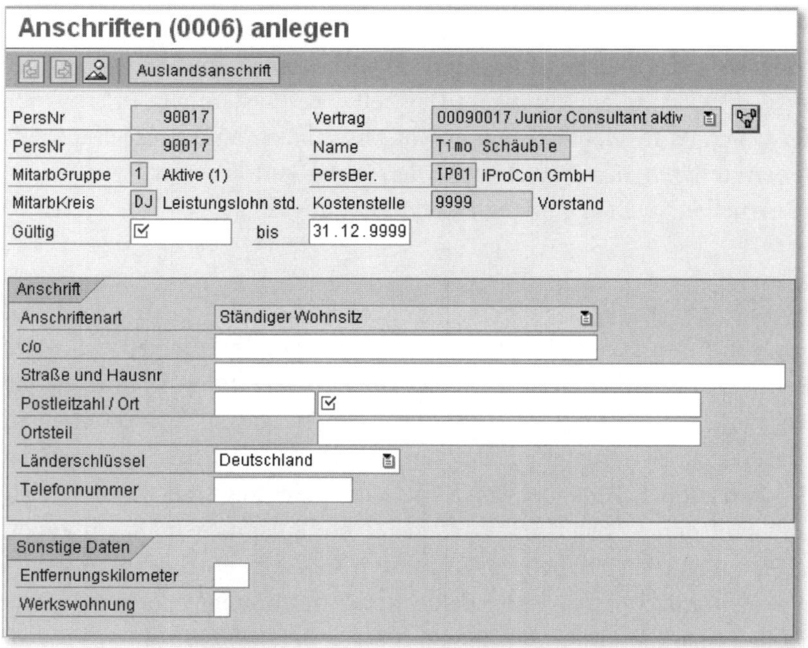

Abbildung 5.11 Anlegen des Subtyps »Ständiger Wohnsitz« im Infotyp 0006 (Anschriften)

4. Geben Sie einen Gültigkeitsbeginn für die Anschrift ein.

5. Im Feld Anschriftenart ist der Subtyp »Ständiger Wohnsitz« bereits vorbelegt, da dieser in Ihrem Unternehmen für den Schriftverkehr herangezogen wird.
6. Pflegen Sie die benötigten Daten. Das Feld Postleitzahl/Ort ist in jedem Fall zu füllen, da es ein Mussfeld ist.
7. Sichern Sie Ihre Eingaben. Sie erhalten die Systemmeldung Satz wurde hinzugefügt.

Auf diese Weise haben Sie einen neuen Infotypsatz angelegt. Im Einstiegsbild der Stammdatenpflege erscheint ✔ hinter Anschriften.

Tipp

Die Anschrift für den Schriftverkehr benötigen Sie während der gesamten Beschäftigungszeit des Mitarbeiters, sodass als Anfangsdatum das Einstellungsdatum zu wählen ist. Das Enddatum des letzten Satzes bleibt deshalb immer auf »High Date« stehen.

5.4.5 Infotypsatz ändern

Beim Ändern von Infotypen spielt die Zeitbindung eine große Rolle. Überlegen Sie genau, ob Sie den bestehenden Infotypsatz überschreiben wollen, denn dann gehen die alten Daten verloren. In der Regel ist es erforderlich, einen neuen bzw. weiteren Infotypsatz anzulegen.

Folgende Überlegungen zu den Anschriftenarten (Subtypen) mit unterschiedlicher Zeitbindung (ZB) sollen Ihnen eine Stütze sein (siehe Tabelle 5.1).

Subtyp	ZB	Überlegung
Ständiger Wohnsitz	1	Zu jedem Stichtag *muss* es *einen* ständigen Wohnsitz geben, damit der Mitarbeiter jederzeit postalisch erreichbar ist. Zieht der Mitarbeiter um, muss der bestehende Infotypsatz beendet und ein neuer Datensatz zum Folgetag angelegt werden.
Heimatanschrift	2	Zu jedem Stichtag kann es *höchstens eine* Heimatanschrift geben. Wenn die Heimatanschrift nicht mehr gilt, muss es im Gegensatz zum ständigen Wohnsitz keine neue geben.
Zweitwohnsitz	3	Der Mitarbeiter kann *mehrere* Zweitwohnsitze zu einem Zeitpunkt haben. Abgelaufene Anschriften werden durch das Enddatum im Infotypsatz gekennzeichnet.

Tabelle 5.1 Bedeutung der Zeitbindung

Jetzt kommen wir wieder auf unser Beispiel zurück. Sie stehen nun vor folgendem Problem: Sie haben festgestellt, dass Sie Herrn Schäubles Hausnummer falsch eingegeben haben. Wie gehen Sie vor?

1. Wählen Sie im Einstiegsbild der Stammdatenpflege die Personalnummer des Mitarbeiters und den Infotyp aus.
2. Klicken Sie auf das ÄNDERN-Icon .
3. Navigieren Sie mit den beiden Icons gegebenenfalls zum entsprechenden Infotypsatz.
4. Überschreiben Sie die falsche Hausnummer.
5. Sichern Sie die Änderung. Sie erhalten die Systemmeldung SATZ WURDE GEÄNDERT.

Die Hausnummer wurde im selben Infotypsatz gespeichert. Die falsche Nummer ist nicht mehr verfügbar.

Hinweis

Das Ändern von Infotypen kommt in der Regel nur dann in Betracht, wenn ein Fehler in der Datenerfassung vorliegt – ändern sich die realen Daten im Zeitablauf, so wird stets ein neuer Satz (gegebenenfalls über die KOPIEREN-Funktion) angelegt (siehe Abschnitt 5.4.6, »Infotypsatz kopieren«).

5.4.6 Infotypsatz kopieren

Bleiben wir bei unserem Beispiel: Herr Schäuble teilt Ihnen mit, dass er ab dem nächsten Monat eine neue Telefonnummer haben wird. Wenn Sie den neuen Infotypsatz mit der KOPIEREN-Funktion anlegen, sparen Sie sich die erneute Eingabe der Adressdaten.

1. Wählen Sie im Einstiegsbild der Stammdatenpflege die Personalnummer und den Infotyp aus.
2. Klicken Sie auf das Icon KOPIEREN . Es wird automatisch der aktuellste Infotypsatz kopiert.
3. Ändern Sie das Anfangsdatum, und überschreiben Sie die Telefonnummer.
4. Sichern Sie anschließend Ihre Eingaben.
5. Sie erhalten eine Warnmeldung, dass der bestehende Infotypsatz mit Beginn des neuen begrenzt wird. Bestätigen Sie mit [↵].
6. Die Systemmeldung SATZ WURDE HINZUGEFÜGT wird angezeigt.

Adresse und neue Telefonnummer sind in einem neuen Infotypsatz gespeichert. Der Infotypsatz mit der alten Telefonnummer ist noch bis zum Ende des Monats gültig und weiterhin verfügbar.

Möchten Sie einen anderen Infotypsatz kopieren, klicken Sie im Einstiegsbild der Stammdatenpflege auf das ÜBERBLICK-Icon, und markieren Sie in der Liste den zu kopierenden Infotyp. Klicken Sie dann auf das Icon.

Hinweis

Würden Sie mehrere Zweitwohnsitze für Herrn Schäuble anlegen, dann grenzt das System den bestehenden Datensatz nicht ab. Denn bei Infotypen bzw. Subtypen mit Zeitbindung 3 können zu einem Stichtag mehrere Sätze gelten.

5.4.7 Infotypsatz löschen

Die Situation hat sich erneut geändert: Herr Schäuble teilt Ihnen mit, dass er seine alte Telefonnummer doch behalten konnte. Der letzte Datensatz des Subtyps »Ständiger Wohnsitz« kann deshalb gelöscht werden.

1. Im Einstiegsbild der Stammdatenpflege wählen Sie die Personalnummer und den Infotyp aus.
2. Klicken Sie auf das Icon für LÖSCHEN. Der aktuell gültige Infotypsatz wird angezeigt.
3. Navigieren Sie mit den beiden Icons gegebenenfalls zum entsprechenden Infotypsatz.
4. Bestätigen Sie das Löschen durch erneutes Klicken auf das LÖSCHEN-Icon.
5. Sie erhalten eine Warnmeldung, denn der Subtyp mit Zeitbindung 1 muss im gesamten Gültigkeitszeitraum lückenlos existieren.
6. Bestätigen Sie mit [↵]. Das System verlängert den Vorgängersatz automatisch.
7. Sie erhalten die Systemmeldung SATZ WURDE GELÖSCHT.

Der Nachfolgedatensatz wurde mit diesem Vorgang gelöscht. Das Enddatum des ersten Infotypsatzes steht wieder auf »High Date«.

Um den zu löschenden Infotyp aus der Liste auszuwählen, müssen Sie im Einstiegsbild der Stammdatenpflege auf das ÜBERBLICK-Icon klicken. Markieren Sie in der Liste den entsprechenden Infotyp, und klicken Sie anschließend auf das LÖSCHEN-Icon.

Hinweis

Beim Löschen des Vorgängerdatensatzes eines Infotyps bzw. Subtyps mit Zeitbindung 1 meldet das System: ES ENTSTEHT EINE LÜCKE ZUM EINTRITTSDATUM. Prüfen Sie die Warnmeldung deshalb stets genau, und passen Sie gegebenenfalls den Gültigkeitszeitraum des übrigen Infotypsatzes dementsprechend an. Darüber hinaus sollten Sie sich immer vergegenwärtigen, dass Sie einen Infotyp bzw. Subtyp mit Zeitbindung 1 nie komplett löschen können.

5.4.8 Infotypsatz abgrenzen

Herr Schäuble meldet Ihnen nun, dass er seit 01.10.2008 keinen Zweitwohnsitz mehr hat.

1. Geben Sie im Einstiegsbild der Stammdatenpflege die Personalnummer, den Infotyp und den Subtyp ein.
2. Klicken Sie auf das ABGRENZEN-Icon.
3. Geben Sie in das Popup-Feld das Abgrenzdatum ein, und bestätigen Sie mit [↵].
4. Sie erhalten den Hinweis, dass das Enddatum auf den 31.12.9999 gesetzt wurde. Das heißt, alle bis dahin gültigen Infotypsätze werden angezeigt. Bestätigen Sie mit [↵].
5. Markieren Sie in der Liste den entsprechenden Infotypsatz mit Subtyp »Zweitwohnsitz«.
6. Klicken Sie erneut auf das ABGRENZEN-Icon.
7. Sie erhalten die Systemmeldung DATENSÄTZE WURDEN ABGEGRENZT.

Das Enddatum dieses Subtyps ist somit auf den 30.09.2008 gesetzt.

Hinweis

Sie können keine Infotypen bzw. Subtypen mit Zeitbindung 1 abgrenzen, da sie durchgängig vorhanden sein müssen. Wäre der Zweitwohnsitz als ständiger Wohnsitz gepflegt, müsste Ihnen Herr Schäuble eine neue Wohnanschrift mitteilen. Im Listbild können Sie noch gegebenenfalls das Abgrenzdatum ändern.

5.4.9 Infotypsatz sperren/entsperren

Gesperrte Sätze eines Infotyps bleiben in der weiteren Verarbeitung unberücksichtigt, insbesondere in der Entgeltabrechnung. Verwenden Sie also diese Funktionalität, wenn Sie sich entweder unsicher bezüglich einer Datenerfassung sind und noch Klärungsbedarf besteht oder wenn die Auswirkung einer Löschung vorher getestet werden soll.

Manche Unternehmen nutzen die Funktionalität auch zur Qualitätssicherung. Dabei wird der Datensatz nach dem Anlegen vom Sachbearbeiter gesperrt. Ein zweiter Sachbearbeiter entsperrt den Infotypsatz wieder, nachdem er die Dateneingabe überprüft hat. Dieses Vorgehen wird als *Vieraugenprinzip* bezeichnet.

1. Sie befinden sich im Einstiegsbild der Stammdatenpflege und haben die Personalnummer und den Infotyp ausgewählt.
2. Klicken Sie auf das ÜBERBLICK-Icon, um in die Liste der angelegten Infotypsätze zu verzweigen.
3. Markieren Sie den Infotypsatz, der gesperrt oder entsperrt werden soll.
4. Klicken Sie auf das SPERREN-/ENTSPERREN-Icon, und sichern Sie anschließend.
5. Sie erhalten die Systemmeldung SPERRKENNZEICHEN DES SATZES GEÄNDERT.

5.4.10 Infotypsatz anzeigen

Wenn Sie sich jetzt die Daten im Infotyp nur zur Information ansehen möchten, gehen Sie folgendermaßen vor:

1. Geben Sie im Einstiegsbild der Stammdatenpflege die Personalnummer und den Infotyp ein.
2. Wählen Sie das ANZEIGEN-Icon.
3. Navigieren Sie mit den beiden Icons gegebenenfalls zum entsprechenden Infotypsatz.

Die Felder des Infotyps sind nicht eingabebereit. Sie können sich die Daten lediglich ansehen.

Hinweis

Wenn Sie einen Infotyp nicht pflegen wollen, öffnen Sie ihn grundsätzlich im ANZEIGEN-Modus, damit Sie die Daten nicht für andere Sachbearbeiter sperren oder versehentlich Daten ändern. Wählen Sie am besten gleich den Menüpfad PERSONAL • PERSONALMANAGEMENT • ADMINISTRATION • PERSONALSTAMM • ANZEIGEN.

Wenn Sie sich im Bild PERSONALSTAMMDATEN ANZEIGEN befinden und alle angelegten Infotypsätze in einer Liste sehen möchten, wählen Sie im Einstiegsbild der Stammdatenpflege das ÜBERBLICK-Icon. Markieren Sie in der Liste einen Infotypsatz, und klicken Sie auf das Icon, um den Infotypsatz zu öffnen.

5.4.11 Freitextfeld zum Infotypsatz anlegen

Herr Schäuble übt eine Nebentätigkeit aus. Diese Information wird im Infotyp 0016 (Vertragsbestandteile) gepflegt. Zusätzlich können Sie in einem Freitext z. B. die Arbeitsstelle der Nebentätigkeit erfassen. Sie gehen dazu so vor:

1. Wählen Sie im Einstiegsbild der Stammdatenpflege die Personalnummer des Mitarbeiters und den Infotyp aus.
2. Klicken Sie auf das ÄNDERN-Icon.
3. Wählen Sie den Menüpfad BEARBEITEN • TEXT PFLEGEN, oder drücken Sie die F9-Taste. Es öffnet sich ein leeres Textfeld (siehe Abbildung 5.12).
4. Pflegen Sie darin die Informationen ähnlich wie in einem Word-Dokument.
5. Sichern Sie anschließend Ihre Eingaben.

Mit diesem Vorgang haben Sie einen Freitext am Infotyp hinterlegt. Dies wird durch das FREITEXT-Icon in der Maske des Infotyps angezeigt.

Hinweis

Über das FREITEXT-Icon können Sie den Text jederzeit bearbeiten. Das Icon verschwindet wieder aus der Maske, wenn Sie den gesamten Text löschen und sichern.

In manchen Infotypen, wie z. B. im Infotyp 0040 (Leihgaben), werden die ersten Zeilen des Freitextes bereits in der Infotyppflege angeboten. Wenn Sie in diese Zeilen etwas eintragen, erscheint automatisch das Freitext-Icon (siehe Abbildung 5.12).

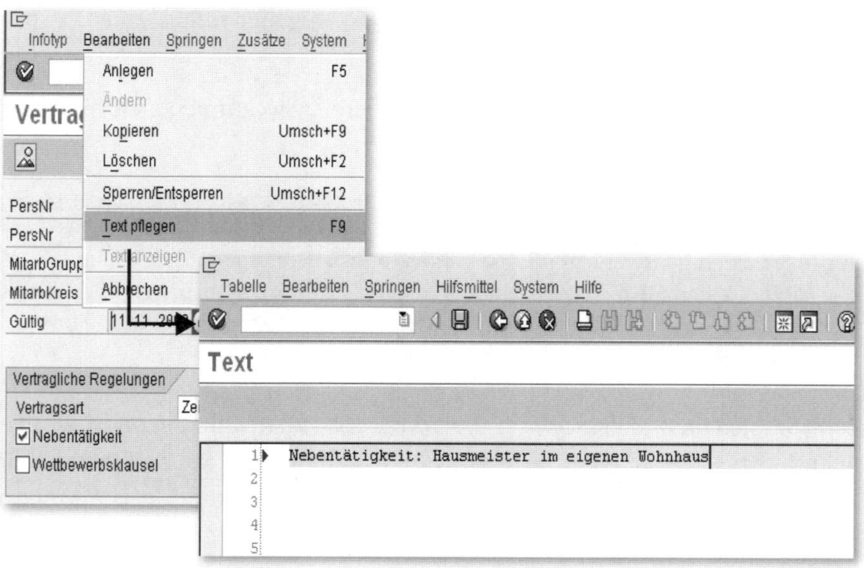

Abbildung 5.12 Freitext in einem Infotyp anlegen/pflegen

5.4.12 Pflege rückrechnungsrelevanter Felder/Infotypen

Herr Schäuble ist seit einem Monat eingestellt und fährt einen Firmenwagen. Er wurde bereits für eine Periode abgerechnet. Zur Berechnung des geldwerten Vorteils sind die Entfernungskilometer vom Wohnort zur Arbeitsstätte im Infotyp 0006 (Anschriften) zu hinterlegen.

1. Geben Sie im Einstiegsbild der Stammdatenpflege die Personalnummer und den Infotyp ein.
2. Wählen Sie das Ändern-Icon ✎.

Tipp

Um hier eine unnötig lange Rückrechnung zu vermeiden, sollten Sie den Infotyp kopieren und das Anfangsdatum entsprechend der erforderlichen Rückrechnung wählen.

3. Pflegen Sie das Feld Entfernungskilometer, und bestätigen Sie Ihre Eingabe mit [↵].
4. Sie erhalten die Warnmeldung Erfassung für Abrechnungsvergangenheit (Rückrechnung).
5. Bestätigen Sie mit [↵].

Das System setzt nun den Gültigkeitsbeginn des geänderten Infotypsatzes in das Feld Früh.Änd.Stamm. (Früheste Änderung Stammdaten) des Infotyps 0003 (siehe Abschnitt 5.6.3, »Infotyp 0003 [Abrechnungsstatus]). Bei der nächsten Entgeltabrechnung erfolgt für den Mitarbeiter automatisch eine Rückrechnung bis zum Datum Früh.Änd.Stamm. und eine Verrechnung mit der aktuellen Abrechnungsperiode. Danach wird das Feld im Infotyp 0003 gelöscht.

Wenn Sie Infotypsätze rückwirkend und für bereits abgerechnete Perioden ändern oder löschen wollen, kann es passieren, dass Sie abrechnungsrelevante Daten ändern. Eine erneute Abrechnung für diese Periode führt dann zu einem anderen Ergebnis. Da der Mitarbeiter aber bereits seinen Entgeltnachweis und seine Überweisung erhalten hat und Steuern sowie Sozialversicherungsbeiträge abgeführt sind, wird der Fehler mit der folgenden Abrechnung automatisch korrigiert.

Hinweis

Im Beispiel des Infotyps 0006 ist das Feld Entfernungskilometer das einzige abrechnungsrelevante Feld. Es kann jedoch auch ein gesamter Infotyp abrechnungsrelevant sein wie z. B. der Infotyp 0008 (Basisbezüge).

5.5 Maßnahmenkonzept

Einige Vorgänge in der Personaladministration erfordern die Pflege bzw. das Anlegen mehrerer Infotypen in Folge, z. B. im Fall der Einstellung eines neuen Mitarbeiters. Solch ein Vorgang wird in SAP ERP HCM als Maßnahme umgesetzt. Eine *Maßnahme* ist somit eine Aneinanderreihung von Infotypen. Wenn Sie eine Maßnahme ausführen, bietet Ihnen das System die Infotypen automatisch nacheinander zur Bearbeitung an. Damit wird gewährleistet, dass jeder Anwender die gleiche Folge von Infotypen pflegt, ohne jeden Infotyp einzeln aufrufen zu müssen.

Das Maßnahmen-Menü der Personaladministration kann z. B. Maßnahmen enthalten, wie sie Abbildung 5.13 zeigt.

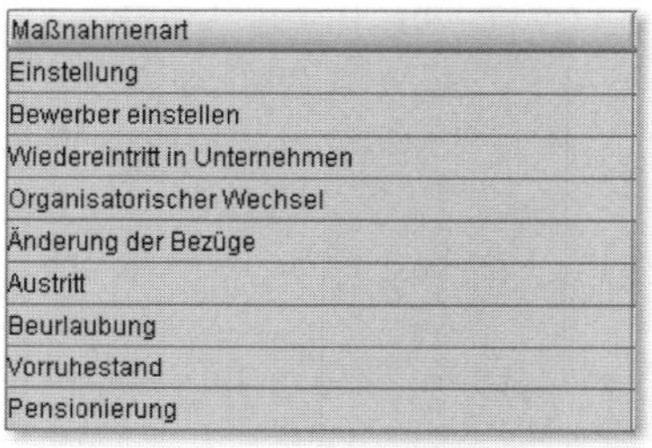

Abbildung 5.13 Beispiel eines Maßnahmen-Menüs

Welche Vorgänge durch eine Maßnahme abgebildet werden, legt jedes Unternehmen individuell fest. Auch die Reihenfolge der Infotypen ist unternehmensspezifisch.

Hinweis

Manche Maßnahmen haben neben der Aneinanderreihung von Infotypen eine weitere wichtige Aufgabe: Sie ändern den Status des Mitarbeiters. So wird z. B. durch die Austrittsmaßnahme der Status eines Mitarbeiters von AKTIV auf AUSGETRETEN geändert.

5.5.1 Aufrufen und Ausführen einer Maßnahme

Maßnahmen werden über das sogenannte Maßnahmen-Menü über den Menüpfad PERSONAL • PERSONALMANAGEMENT • ADMINISTRATION • PERSONALSTAMM • PERSONALMASSNAHMEN aufgerufen.

In der Sicht PERSONALMASSNAHMEN sind die Personalnummer (außer bei der Einstellung) und das Anfangsdatum der Maßnahme auszuwählen. Markieren Sie die Maßnahme, indem Sie auf das Feld vor der Bezeichnung klicken, die eingabebereiten Felder in dieser Zeile ausfüllen und anschließend auf das AUSFÜHREN-Icon klicken.

Es öffnet sich daraufhin die erste Infotypmaske, die stets Felder des Infotyps 0000 (Maßnahmen) sowie einige Informationen des Infotyps 0001 (Organisatorische Zuordnung) enthält. Nach dem Sichern der Eingaben wird automatisch der nächste Infotyp aus der Maßnahme angeboten.

5.5.2 Überspringen eines Infotyps in der Maßnahme

Falls Ihnen die erforderlichen Daten zum Ausfüllen eines Infotyps in der Maßnahme noch nicht vorliegen, können Sie diesen Infotyp einfach überspringen.

1. Um den geöffneten Infotyp zu überspringen, klicken Sie auf das Icon .
2. Gegebenenfalls öffnet sich dabei ein Dialogfenster mit der Nachricht, dass nicht gesicherte Daten verloren gehen. Wählen Sie JA.
3. Sie gelangen in den nächsten Infotyp der Personalmaßnahme.

5.5.3 Unterbrechen und Wiederaufnehmen der Einstellungsmaßnahme

Wenn Sie die Maßnahmenart EINSTELLUNG nicht vollständig ausführen können, besteht jederzeit die Möglichkeit, die Maßnahme wieder aufzunehmen. Gehen Sie dazu wie folgt vor:

1. Markieren Sie im Einstiegsbild die Maßnahmenart EINSTELLUNG, und klicken Sie wie beim Anlegen auf das AUSFÜHREN-Icon .
2. Es öffnet sich die erste Eingabemaske. Sie erhalten die Systemmeldung PERSON IST SCHON EINGESTELLT.
3. Wählen Sie in der Anwendungsfunktionsleiste den Button INFOGRUPPE AUSFÜHREN.
4. Bestätigen Sie die Warnmeldung INFOTYP WIRD BEI FUNKTION ›INFOGRUPPE AUSFÜHREN‹ NICHT GESICHERT! mit WEITER.
5. Navigieren Sie mit den beiden Icons zum nächsten Infotyp. Bereits angelegte Infotypen werden im ÄNDERN-Modus, noch nicht angelegte Infotypen im ANLEGEN-Modus geöffnet.

5.6 Ausführen einer Einstellungsmaßnahme

Dieser Abschnitt führt Sie anhand eines ausführlich dargestellten Beispiels in die Funktionsweise der Einstellungsmaßnahme ein. In Abbildung 5.15 und in Abbildung 5.16 können Sie leicht nachvollziehen, wie der Einstellungsprozess untergliedert ist. Gleichzeitig stellt Ihnen dieser Abschnitt darüber hinaus die wichtigsten Infotypen vor. Bitte beachten Sie dabei jedoch stets Folgendes:

- Der Aufbau der Maßnahmen kann von Unternehmen zu Unternehmen leicht variieren.
- Einzelne kundenindividuelle oder weniger wichtige Felder der Infotypen werden nicht erläutert.
- Zugunsten der Übersicht konnten die Modellierungskonventionen in den abgebildeten Prozessen nicht vollständig eingehalten werden.

5.6.1 Maßnahmen-Menü

Wählen Sie den Menüpfad Personal • Personalmanagement • Administration • Personalstamm • Personalmassnahmen, um das Maßnahmen-Menü zu öffnen (siehe Abbildung 5.14). Nehmen Sie hier folgende Einstellungen vor:

- **Personalnummer**
  Beim Ausführen der Personalmaßnahme Einstellung wird in der Regel keine Personalnummer eingetragen, da diese intern, d.h. vom System vorgeschlagen wird. Nur wenn das System so eingestellt ist, dass die Personalnummer extern, also manuell vergeben wird, fordert Sie das System im nächsten Bild zur Eingabe auf.
- **Beginn**
  Geben Sie im Feld Beginn das Datum ein, an dem der Mitarbeiter in das Unternehmen eintritt. Dieses ist ein wesentliches Datum für viele Prozesse der Personaladministration, z. B. für die Ermittlung des Dienstalters oder für die Personalabrechnung.

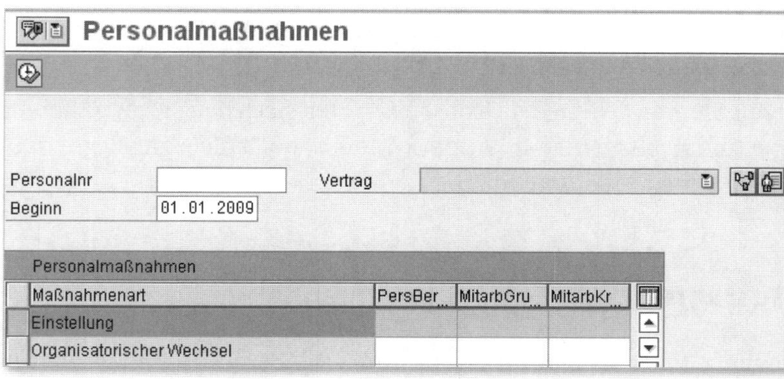

Abbildung 5.14 Maßnahme »Einstellung markiert zum Ausführen«

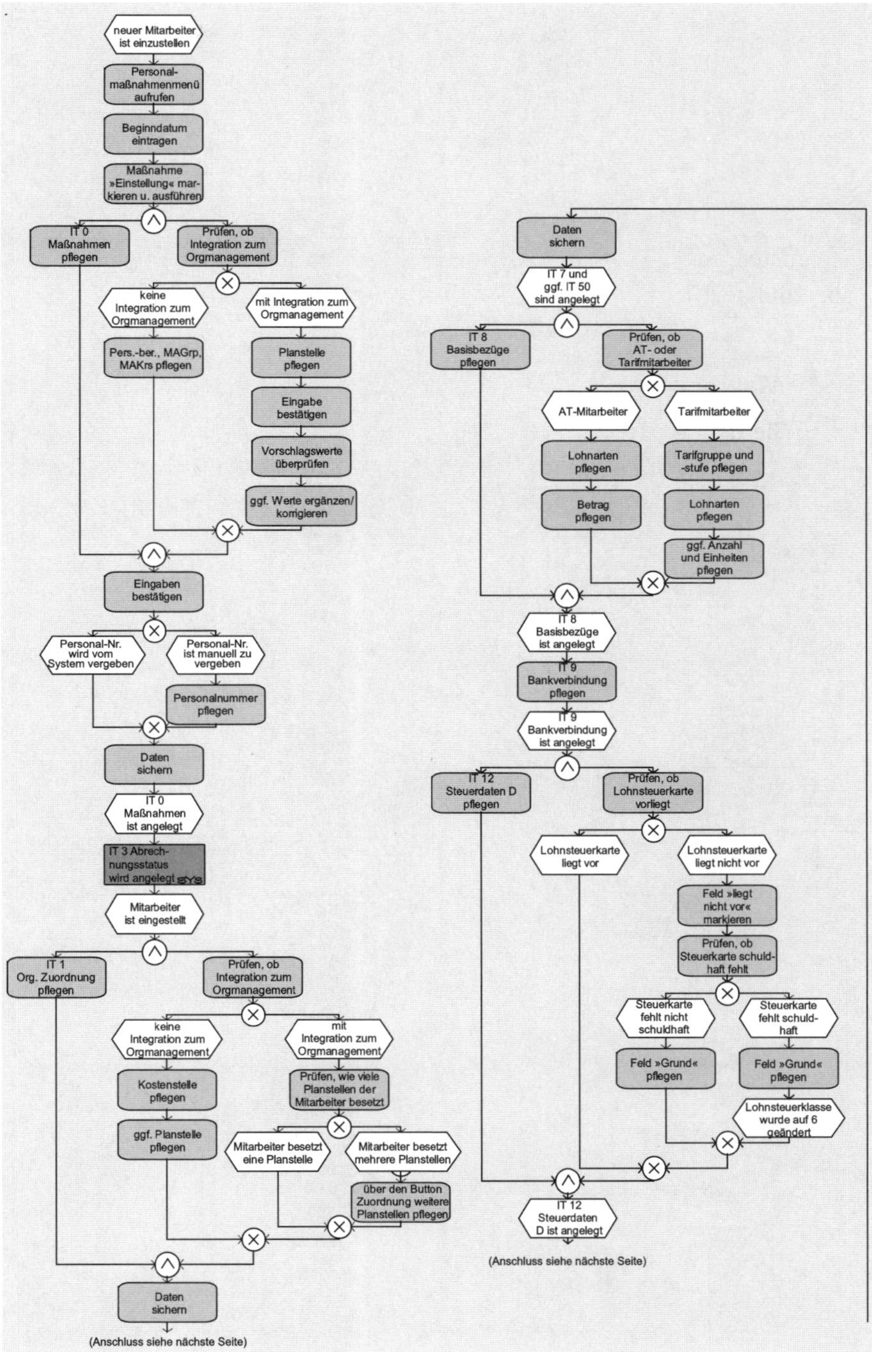

Abbildung 5.15 Prozess »Einstellungsmaßnahme«

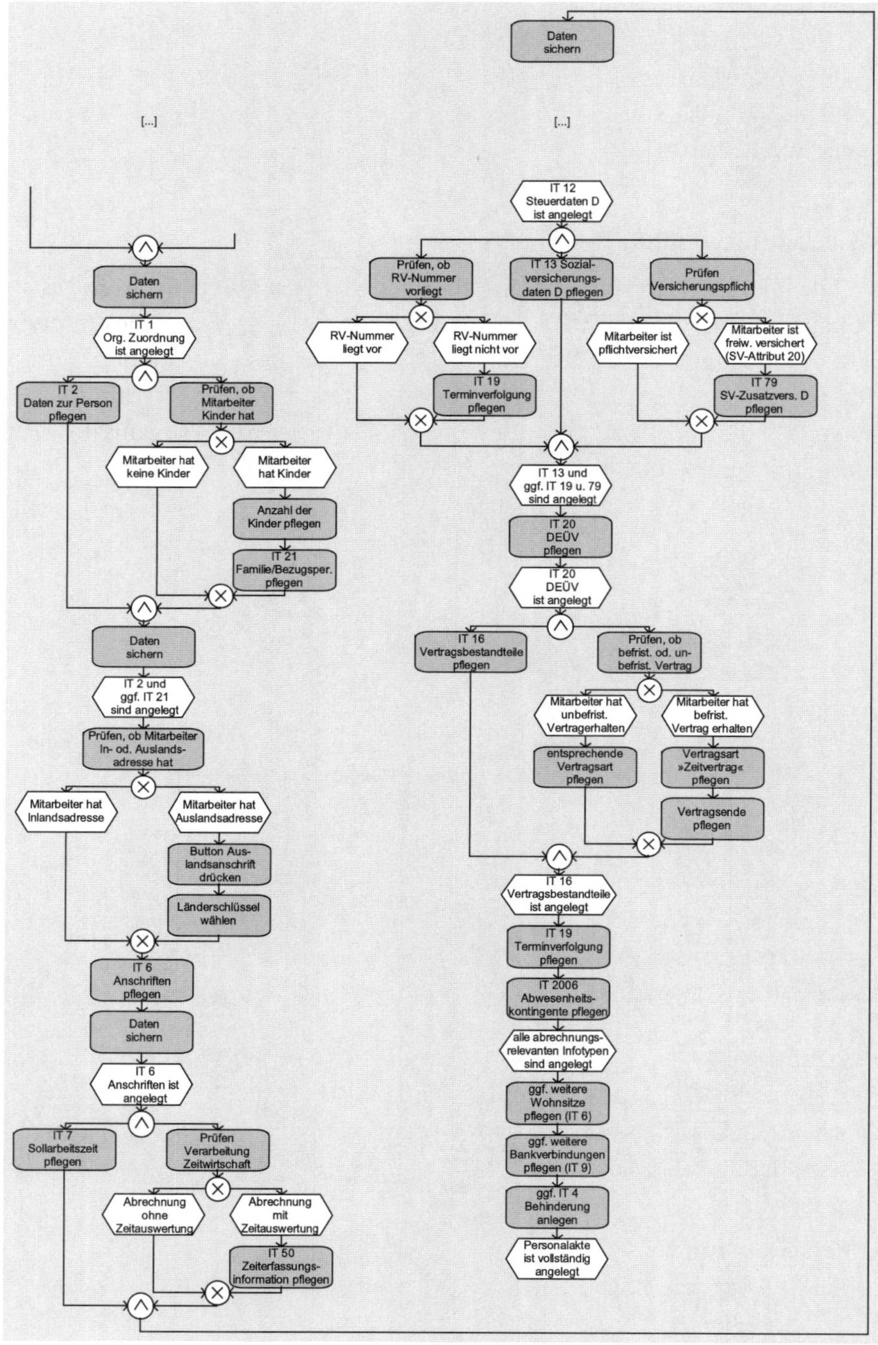

Abbildung 5.16 Prozess »Einstellungsmaßnahme« (Forts.)

- **Personalbereich, Mitarbeitergruppe, Mitarbeiterkreis**
  Diese Felder müssen Sie an dieser Stelle noch nicht füllen – wenn Sie allerdings in Ihrem System eingabebereit sind, empfiehlt sich das Füllen dieser Felder, da infolgedessen die Benutzerführung für die folgende Maske oftmals verbessert wird.

5.6.2 Infotyp 0000 (Maßnahmen)

Nachdem Sie die Maßnahme Einstellung mit dem Ausführen-Icon gestartet haben, öffnet sich die erste Infotypmaske. Sie enthält Felder des Infotyps 0000 (Maßnahmen) (siehe Abbildung 5.17). Dieser Infotyp speichert alle im Hinblick auf den Mitarbeiter durchgeführten Maßnahmen. Weiterhin sind im ersten Bild die wichtigsten Informationen aus Infotyp 0001 (Organisatorische Zuordnung) enthalten.

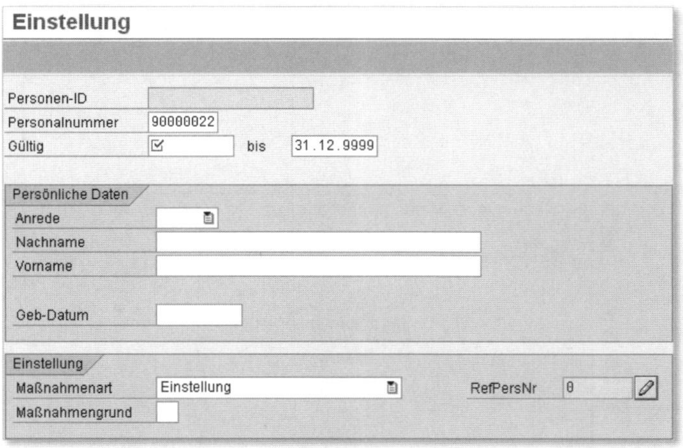

Abbildung 5.17 Subtyp »Einstellung« des Infotyps 0000 (Maßnahmen)

- **Personen-ID**
  Die Personen-ID wird vom System automatisch vergeben. Bei Mehrfachbeschäftigung werden darunter mehrere Beschäftigungsverträge einer Person zusammengefasst. Die Personen-ID wird im Infotyp 0709 (Personen ID) gespeichert.
- **Personalnummer**
  Im Bildkopf sehen Sie das Feld Personalnummer. In der Regel vergibt das System automatisch die nächste freie Personalnummer, nachdem Sie Ihre Eingaben auf der Maske bestätigt haben. Falls in Ihrem Unternehmen eine externe Nummernvergabe vorgesehen ist, fordert Sie das System zur Eingabe der Personalnummer auf.

- **Gültig**
  Der Gültigkeitsbeginn ist bereits mit dem Eintrittsdatum gefüllt.
- **Persönliche Daten**
  Anhand dieser Feldgruppe aus Infotyp 0002 (Daten zur Person) identifiziert das System gleiche Personen innerhalb des Systems. Bei identischen Daten sollen Sie entscheiden, ob es sich entweder um denselben Mitarbeiter handelt. der lediglich einen weiteren Vertrag erhalten hat (Mehrfachbeschäftigung), oder ob er wieder eingestellt wurde (siehe Abbildung 5.18).

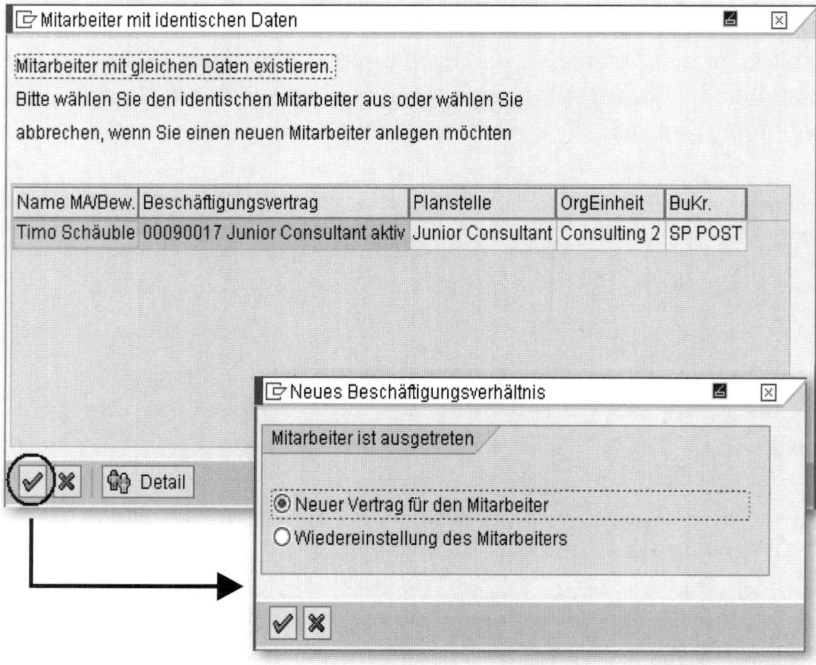

Abbildung 5.18 Es existiert bereits ein Mitarbeiter mit gleichem Namen im System.

- **Einstellung**
  In der Feldgruppe EINSTELLUNG müssen folgende Angaben gemacht werden:
  - **Maßnahmengrund**
    Geben Sie hier den Grund für die Einstellung an (z. B. Folgebesetzung, ErzU-Vertretung oder Sonderprojekt).
  - **Referenzpersonalnummer**
    Mitarbeiter, die mehrere Beschäftigungsverhältnisse im Unternehmen eingehen, erhalten für jedes Arbeitsverhältnis eine eigene Personalnummer. Tragen Sie also in dieses Feld in einem solchen Fall die Personal-

nummer ein, unter der der Mitarbeiter bereits im System angelegt ist, damit seine persönlichen Daten in den nachfolgenden Infotypen übernommen werden.

Organisatorische Zuordnung

In diesen Feldern des Infotyps 0001 (Organisatorische Zuordnung) werden die Informationen zur Eingliederung des neuen Mitarbeiters in die Unternehmens- und Mitarbeiterstruktur hinterlegt (siehe Abbildung 5.19).

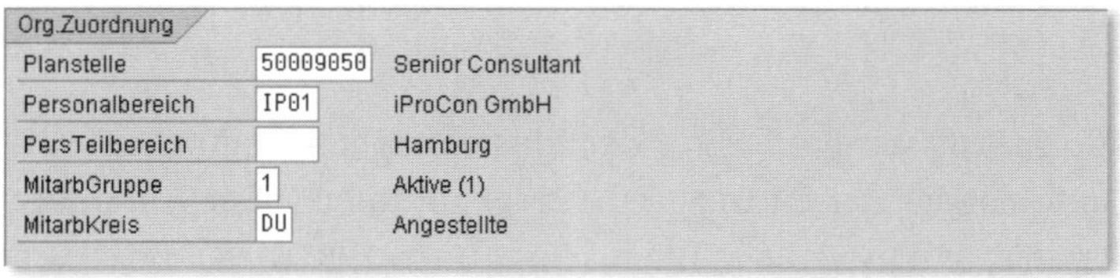

Abbildung 5.19 Felder des Infotyps 0001 im Infotyp 0000 mit Integration des Organisationsmanagements

- **Planstelle**
  Wählen Sie die zu besetzende Planstelle in der Organisationsstruktur aus. Nutzen Sie dazu die [F4]-Hilfe.
- **Personalbereich, Personalteilbereich, Mitarbeitergruppe und Mitarbeiterkreis**
  Bestätigen Sie Ihre Eingabe im Feld PLANSTELLE mit [↵]. Bei aktiver Integration des Organisationsmanagements trägt das System abhängig von den Einstellungen Vorschlagswerte in diese Felder ein. Ergänzen Sie gegebenenfalls frei bleibende Felder.

Organisatorische Zuordnung ohne Integration des Organisationsmanagements

Wenn keine Integration mit dem Organisationsmanagement besteht, tauchen im Infotyp 0000 nur Personalbereich, Mitarbeitergruppe und Mitarbeiterkreis auf (siehe Abbildung 5.20). Pflegen Sie die Werte entsprechend.

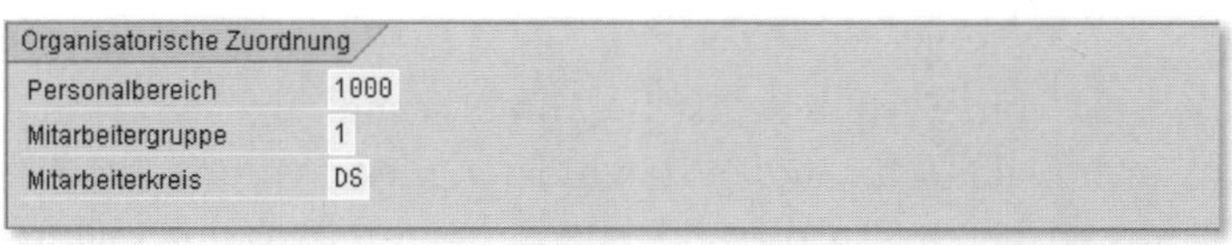

Abbildung 5.20 Ohne Integration des Organisationsmanagements fehlt die Planstelle

- **Organisationsmanagement**
  Im Organisationsmanagement hängen an der Planstelle Informationen wie Personalbereich oder Kostenstelle. Bei eingeschalteter Integration stehen diese Daten in der Personaladministration als Vorschlagswerte bzw. als feste Vorgaben zur Verfügung.
- **Planstelle**
  Die Planstelle beschreibt die organisatorische Stellung des Mitarbeiters im Unternehmen. Sie ist mit einer Organisationseinheit (z. B. Abteilung) verknüpft. Die Planstelle wird vom Mitarbeiter besetzt. Sie stellt das Bindeglied zwischen der Personaladministration und dem Organisationsmanagement dar.

In der Feldgruppe Status wird aufgrund der Einstellungsmaßnahme im Feld Beschäftigung automatisch der Eintrag aktiv vorgenommen (siehe Abbildung 5.21). Weitere Beschäftigungsstatus können sein: ruhend, Rentner oder ausgetreten.

Hinweis

Der Status Beschäftigung ist eines der wichtigsten Felder. Darüber erkennt das System beispielsweise, ob ein Mitarbeiter noch Bezüge erhält oder ob er bereits ausgetreten ist.

Abbildung 5.21 Der Beschäftigungsstatus ist bei der Einstellungsmaßnahme »aktiv«.

Tipp

Über den Button Infogruppe ändern können Sie die zur Maßnahme gehörenden Infotypen anzeigen und gegebenenfalls Reihenfolge und Art der aufgerufenen Infotypen kurzzeitig ändern, z. B. um für einen Mitarbeiter den Infotyp 0004 (Behinderung) mit in die Einstellungsmaßnahme aufzunehmen.

5.6.3 Infotyp 0003 (Abrechnungsstatus)

Der Infotyp 0003 wird vom System selbst im Hintergrund angelegt. Daher merken Sie davon auch nichts. Nur in der Stammdatenpflege werden Sie feststellen, dass der Infotyp bereits an dieser Stelle der Einstellungsmaßnahme angelegt ist. Die Funktion dieses Infotyps wird in Abschnitt 8.5.1, »Infotyp 0003 (Abrechnungsstatus)«, genauer erläutert.

5.6.4 Infotyp 0001 (Organisatorische Zuordnung)

Im Infotyp 0001 werden die Informationen zur Unternehmens- sowie zur Personalstruktur des Mitarbeiters gespeichert. Diese Daten sind sowohl für die Zugriffsrechte als auch für die Steuerung von Personalabrechnung, Zeitwirtschaft und weiteren Funktionen von wesentlicher Bedeutung. Darüber hinaus haben sie Einfluss darauf, welche Daten Sie in den weiteren Infotypen eingeben dürfen und welche Werte das System vorschlägt.

Der Infotyp »Organisatorische Zuordnung« (siehe Abbildung 5.22) hat die Zeitbindung 1, d.h., zu jedem Zeitpunkt der Tätigkeit des Mitarbeiters im Unternehmen muss genau ein gültiger Datensatz des Infotyps vorhanden sein.

Feldgruppe »Unternehmensstruktur«

In der Feldgruppe Unternehmensstruktur müssen Sie das Feld Personalbereich nicht pflegen, weil die Daten bereits übernommen wurden (siehe Abbildung 5.22). Von diesem Wert leiten sich der Buchungskreis (BuKr.) und die juristische Person (JurPerson) automatisch ab.

Deswegen sind diese Felder nicht eingabebereit und nur indirekt über den Personalbereich mittels einer Maßnahme änderbar (siehe Abbildung 5.22). Ähnliches gilt für das Feld Kostenst. (Kostenstelle), sofern die Integration des Organisationsmanagements aktiv ist. In diesem Fall ist es hier nicht eingabebereit, sondern leitet sich aus der Planstelle und der Organisationsstruktur automatisch ab.

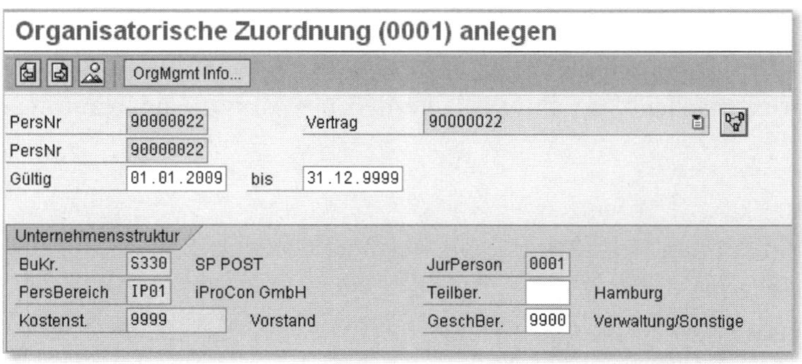

Abbildung 5.22 Feldgruppe »Unternehmensstruktur« des Infotyps 0001 mit Integration des Organisationsmanagements

Sie sollten an dieser Stelle den Teilbereich pflegen, falls Ihr Unternehmen über mehrere Standorte verfügt. Denn in der Regel wird über den Teilbereich die Standortstruktur abgebildet. Dann sind jedem Personalteilbereich u.a. genau ein Tarifvertragsgebiet, eine Tarifvertragsart und ein Feiertagskalender zugeordnet.

Feldgruppe »Personalstruktur«

In der Feldgruppe Personalstruktur haben Sie die Werte für die Felder MAGruppe (Mitarbeitergruppe) und MitarbKreis (Mitarbeiterkreis) bereits in der ersten Maske der Einstellungsmaßnahme gepflegt. Die Felder sind nicht eingabebereit (siehe Abbildung 5.23). Daher können Sie die hier voreingestellten Werte nur über eine Personalmaßnahme ändern (eine solche Maßnahme wird oft mit »Organisatorischer Wechsel« bezeichnet).

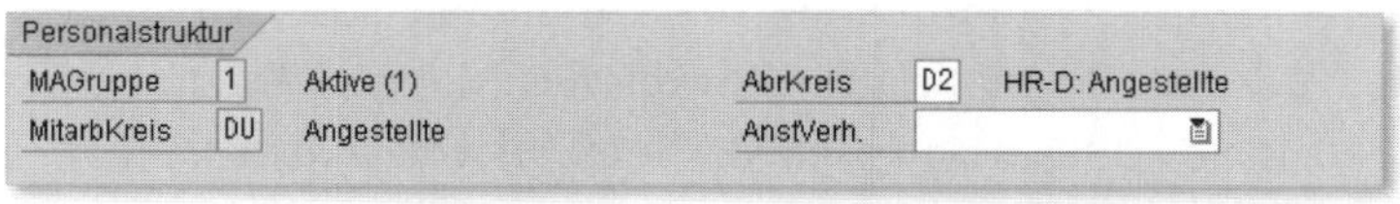

Abbildung 5.23 Feldgruppe »Personalstruktur« des Infotyps 0001 (Organisatorische Zuordnung)

- **Abrechnungskreis**
  In einem Personalabrechnungskreis werden alle Mitarbeiter zusammengefasst, die zum gleichen Zeitpunkt abgerechnet werden. Somit bestimmt dieses Feld u.a., ob und wann der Mitarbeiter abgerechnet wird. Der Abrechnungskreis leitet sich in der Regel aus anderen Feldern des Infotyps 0001 ab. Den Vorschlagswert können Sie überschreiben.
- **Anstellungsverhältnis**
  Das Anstellungsverhältnis ist hier nur in Ausnahmefällen zu pflegen. Es wird in Deutschland für verschiedene Statistiken aufgrund gesetzlicher Vorgaben verwendet und leitet sich normalerweise vom Mitarbeiterkreis ab.

Aufbauorganisation mit Integration des Organisationsmanagements

Wenn in Ihrem Unternehmen die Integration zwischen Organisationsmanagement und Personalmanagement aktiv ist, werden bestimmte Felder automatisch gefüllt:

- **Prozentsatz**
  In diesem Feld können Sie festlegen, mit welchem Prozentsatz der Mitarbeiter die Planstelle besetzt.
- **Planstelle, Stelle und Organisationseinheit**
  Der Mitarbeiter ist bereits mit einer Planstelle verknüpft; Stelle und Organisationseinheit hängen an der Planstelle, die Felder werden automatisch gefüllt, und sie können nicht überschrieben werden (siehe Abbildung 5.24).

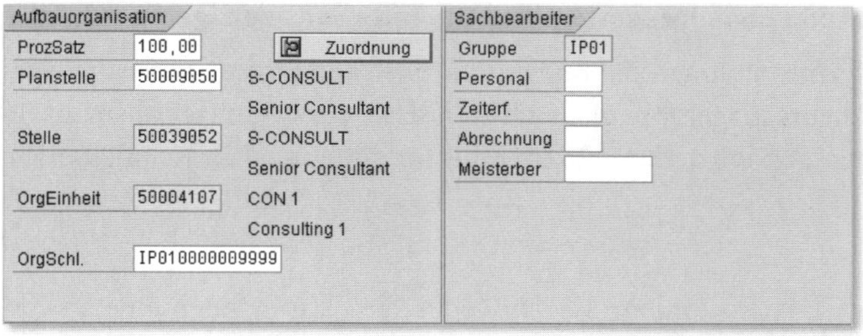

Abbildung 5.24 Feldgruppen »Aufbauorganisation« und »Sachbearbeiter« des Infotyps 0001 mit Integration des Organisationsmanagements

- **Organisationsschlüssel**
  Der Organisationsschlüssel kann sich aus Elementen der Unternehmens- und der Personalstruktur zusammensetzen. Damit kann jedes Unternehmen die organisatorische Zuordnung weiter spezifizieren. Abhängig von den unternehmensindividuellen Einstellungen wird das Feld automatisch oder manuell gefüllt.
- **Zuordnung**
  Wenn die Integration des Organisationsmanagements aktiv ist, können Sie dem Mitarbeiter weitere Planstellen zuordnen. Wählen Sie den Button Zuordnung (siehe Abbildung 5.25). Nehmen Sie im Dialogfenster auf der Registerkarte zukünftige Zuordnung weitere Verknüpfungen vor. Orientieren Sie sich bei der Bestimmung der Prozentsätze an der (Soll-)Arbeitszeit. Wenn Sie Ihre Eingaben abgeschlossen haben, klicken Sie auf den Button ✔ Zuordnen und anschließend auf den Button ✔ Weiter. Bei der Zuordnung mehrerer Planstellen werden die Informationen der Planstelle mit dem höchsten Besetzungsprozentsatz vorgeschlagen.

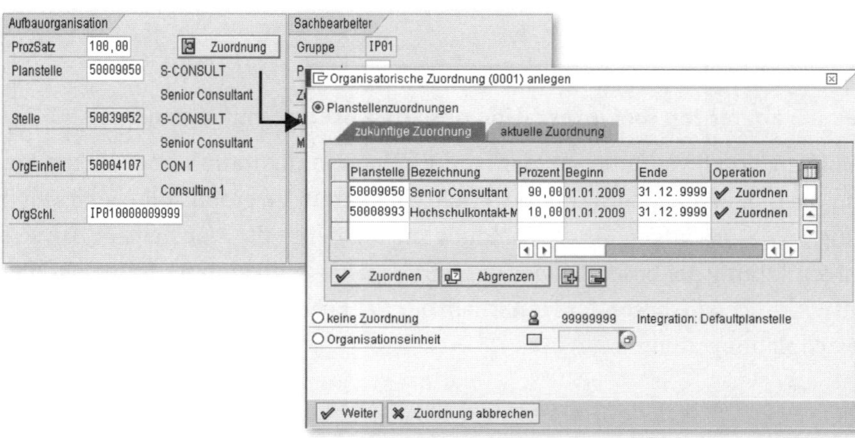

Abbildung 5.25 Zuordnung mehrerer Planstellen zum Mitarbeiter

Aufbauorganisation ohne Integration des Organisationsmanagements

Wenn in Ihrem Unternehmen die Integration zwischen Organisationsmanagement und Personalmanagement nicht aktiv ist bzw. das Organisationsmanagement nicht eingesetzt wird, dann können bestimmte Eingaben manuell erfolgen:

- **Planstelle**
  Das Feld PLANSTELLE können Sie entweder leer lassen oder eine unverknüpfte Planstelle eintragen.
- **Stelle und Organisationseinheit**
  Die Felder STELLE und ORGEINHEIT sind wiederum nicht mit der Planstelle verknüpft und können manuell gepflegt werden.

Sachbearbeiter

Die Zuordnung eines Mitarbeiters zu Sachbearbeitern dient der Steuerung der Ablauforganisation innerhalb der Personalabteilung. Anhand der Einträge können zuständige Sachbearbeiter beispielsweise mittels der Terminverfolgung Erinnerungen erhalten (siehe Abschnitt 5.6.14, »Infotyp 0019 [Terminverfolgung]«), über Vorgänge mittels dynamisch erzeugter E-Mails informiert oder über die Berechtigungsprüfung in Zugriffen eingeschränkt werden.

- **Sachbearbeitergruppe**
  In der Sachbearbeitergruppe sind alle Sachbearbeiter zusammengefasst, die für einen organisatorischen Bereich der Personalverwaltung zuständig sind. Der Wert wird vom System vorgeschlagen und ist nicht überschreibbar.
- **Sachbearbeiter für Personal, Zeiterfassung und Abrechnung**
  Pflegen Sie hier die Sachbearbeiter, die für das jeweilige Aufgabengebiet zuständig sind.

Vakanz abgrenzen (bei Integration des Organisationsmanagements)

Abhängig von Ihrer unternehmensspezifischen Konfiguration fragt Sie das System nach dem Speichern, ob die Vakanz abgegrenzt werden soll (siehe Abbildung 5.26). Bestätigen Sie die Meldung mit JA, damit die Planstelle in Auswertungen künftig als besetzt angezeigt wird. Ansonsten kann es zu ungewollten Auswirkungen insbesondere innerhalb der Personalbeschaffung oder Personalkostenplanung kommen.

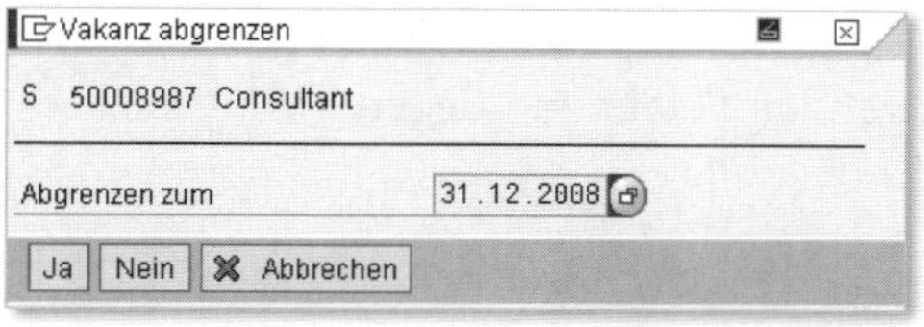

Abbildung 5.26 Vakanz der Planstelle endet einen Tag vor Eintritt des neuen Mitarbeiters

Als Vakanz wird der Zeitraum einer Planstelle bezeichnet, in dem die Planstelle keinen Inhaber hat. Die Vakanz stellt einen eigenen Infotyp dar, der im Organisationsmanagement der Planstelle zugeordnet ist (siehe auch Abschnitt 9.1.2, »Objekte, Verknüpfungen und Infotypen«).

5.6.5 Infotyp 0002 (Daten zur Person)

Im Infotyp »Daten zur Person« erfassen Sie die Informationen, die einen Mitarbeiter identifizieren (siehe Abbildung 5.27). Der Infotyp hat die Zeitbindung 1.

- **Gültigkeitszeitraum**
  Der Gültigkeitsbeginn des ersten Datensatzes dieses Infotyps wird aus dem Geburtsdatum des Mitarbeiters ermittelt.

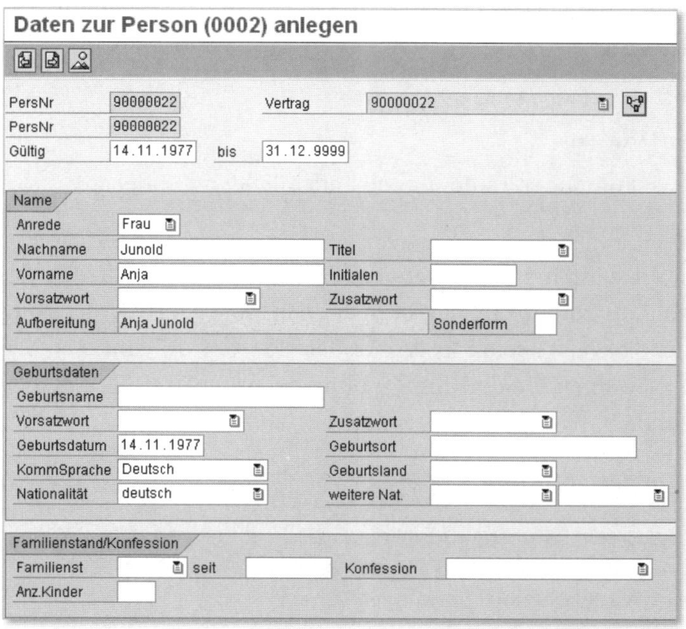

Abbildung 5.27 Feldgruppen »Name« und »Geburtsdaten« des Infotyps 0002 (Daten zur Person)

Feldgruppe »Name«

In der Feldgruppe Name sind die folgenden Felder zu pflegen:

- **Anrede**
  Aus dem Feld Anrede wird das Geschlecht des Mitarbeiters abgeleitet.
- **Vorsatzwort, Titel und Zusatzwort**
  Tragen Sie in diesen Feldern gegebenenfalls das Adelsprädikat wie »von« oder »zu«, den akademischen Titel oder Adelstitel des Mitarbeiters wie »Baron«, »Gräfin« usw. ein.
- **Aufbereitung und Sonderform**
  Die Namensaufbereitung wird für die Korrespondenz verwendet und erfolgt in der Regel nach der Standardnamensaufbereitung. Ein Eintrag im Feld Sonderform ist nicht erforderlich.

Hinweis

Der Name des Mitarbeiters muss in der deutschen Länderversion den Regeln der DEÜV (Datenerfassungs- und Übertragungsverordnung) entsprechen.

Nutzen Sie die verschiedenen Namensfelder unbedingt wie beschrieben aus. Nur dann wird der Name bei verschiedenen Aufbereitungen (Anrede im Brief, Adresse usw.) korrekt ausgedruckt und erscheint in der alphabetischen Sortierung an der richtigen Stelle.

Feldgruppe »Geburtsdaten«

In der Feldgruppe Geburtsdaten sind die folgenden Felder zu pflegen:

- **Geburtsdatum**
  Das Geburtsdatum wird u.a. dazu verwendet, um zu einem Stichtag das Alter des Mitarbeiters zu berechnen. Sollte das genaue Geburtsdatum eines Mitarbeiters nicht bekannt sein, so ist für den Tag der 15. und für den Monat der Juli zu wählen, da der Infotyp ohne einen Eintrag nicht gespeichert werden kann.

Tipp

Die Pflege der Felder Geburtsdatum und Geburtsort ist zu empfehlen, da diese Angaben bei Nichtvorlage der Sozialversicherungsnummer automatisch von der DEÜV für die Beantragung einer SV-Nummer verwendet werden.

- **Kommunikationssprache**
  Das System verwendet dieses Feld, wenn Schriftstücke wie der Zeitnachweis oder E-Mails für den Mitarbeiter ausgegeben werden.
- **Nationalität und weitere Nationalitäten**
  In diesen Feldern können Sie bis zu drei Staatsbürgerschaften des Mitarbeiters erfassen.

Feldgruppe »Familienstand/Konfession«

Die Daten in dieser Feldgruppe dienen in erster Linie der Information (siehe Abbildung 5.28). Wenn Sie im Feld ANZ.KINDER eine Angabe vornehmen und die Eingaben im Infotyp 0002 sichern, dann – und nur dann – bietet Ihnen das System unmittelbar den Infotyp 0021 (Familie/Bezugsperson) zur Pflege an. Dies wird über eine dynamische Maßnahme gesteuert.

Abbildung 5.28 Familienstand/Konfession im Infotyp 0002 (Daten zur Person)

Dynamische Maßnahmen unterstützen Sie bei sämtlichen Vorgängen in der Personaladministration, denen weitere Aktionen folgen. Das beschriebene Systemverhalten setzt eine optimale Konfiguration der dynamischen Maßnahmen voraus.

Tipp

Das Feld KONFESSION hat an dieser Stelle keinen Einfluss auf die Kirchensteuer – gegebenenfalls werden aber konfessionsabhängige Feiertage darüber gesteuert.

Infotyp 0021 (Familie/Bezugsperson)

Im Infotyp »Familie/Bezugsperson« hinterlegen Sie weitere Angaben zum Kind bzw. zu Kindern des Mitarbeiters (siehe Abbildung 5.29). Das Subtypfeld MITGLIED ist bereits mit KIND vorbelegt. Unter KINDNUMMER zählt das System die Anzahl der Kinder mit. Das System bietet Ihnen diesen Infotyp so lange nacheinander an, bis Sie entsprechend der Anzahl im Infotyp 0002 alle Kinder gepflegt haben.

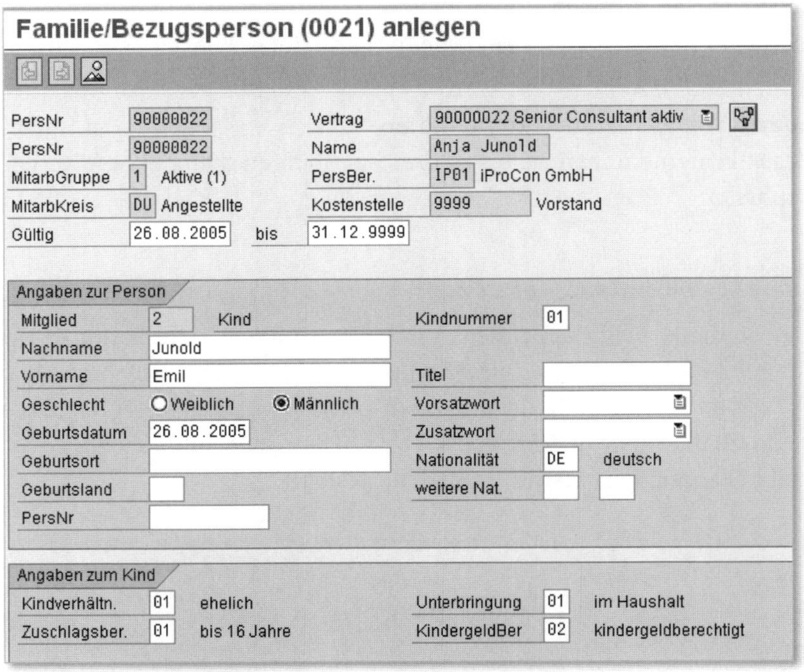

Abbildung 5.29 Infotyp 0021 mit Subtyp »Kind«

In der Feldgruppe ANGABEN ZUM KIND können Sie das Kindverhältnis sowie den Ort der Unterbringung vermerken. Sofern Ihr Unternehmen zum öffentlichen Dienst in Deutschland gehört, geben Sie hier außerdem an, ob dem Mitarbeiter der Ortszuschlag (ZUSCHLAGSBER.) für das Kind und Kindergeld zusteht.

Hinweis

Im Infotyp 0021 können Sie auch Informationen zum Ehegatten und zu anderen Familienangehörigen bzw. Bezugspersonen des Mitarbeiters hinterlegen. Entsprechend hängt die Zeitbindung vom Subtyp ab. Verwendet werden die Daten in der Lohnabrechnung und bei der Erstellung steuerlicher und sozialversicherungstechnischer Auswertungen sowie für unternehmensinterne Zwecke.

5.6.6 Infotyp 0006 (Anschriften)

Der Infotyp »Anschriften« wurde bereits in Abschnitt 5.4, »Infotyppflege am Beispiel des Infotyps 0006 (Anschriften)«, vorgestellt. Die Zeitbindung ist hier abhängig von der Anschriftenart – dem Subtyp.

Auslandsanschrift

Falls Sie für einen Mitarbeiter eine Auslandsanschrift pflegen wollen, können Sie über den Button AUSLANDSANSCHRIFT ein anderes Land auswählen. Die Felder des Infotyps werden entsprechend dem jeweiligen Adressformat aufgebaut. Somit kann die Adresse stets im landestypischen Format erfasst werden (siehe Abbildung 5.30).

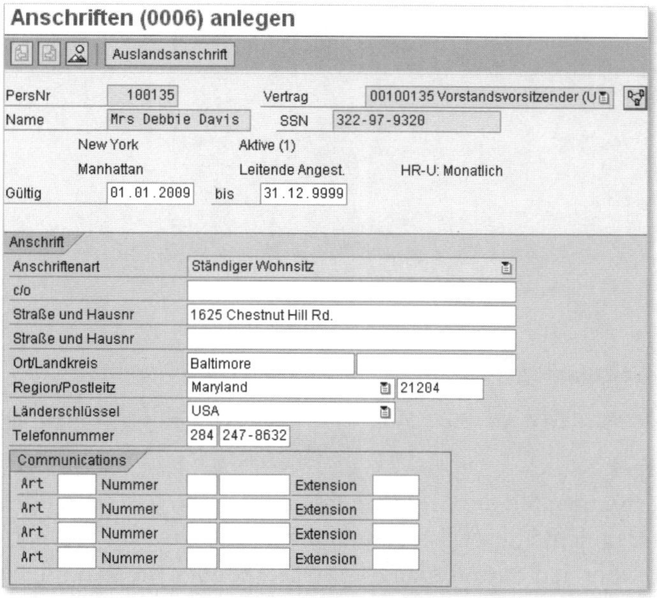

Abbildung 5.30 Infotyp 0006 mit Länderschlüssel USA

Die in den vier unteren Zeilen in Abbildung 5.30 dargestellten Felder dienen der flexiblen Pflege der verschiedensten Kommunikationsnummern. In der ersten Spalte kann der Kommunikationstyp (Telefon, Mobiltelefon, Pager usw.) ausgewählt werden. In den folgenden Feldern wird dann die Nummer erfasst. Diese Felder stehen standardmäßig weder für Österreich noch für Deutschland zur Verfügung – wohl aber für die Schweiz. Viele Unternehmen stellen ihr System jedoch so ein, dass diese Felder auch für Österreich und Deutschland angezeigt werden.

Sonstige Daten

Im Feld ENTFERNUNGSKILOMETER können Sie die einfache Entfernung zwischen Wohnsitz und Arbeitsstätte pflegen. In der deutschen Version wird dieser Eintrag zusammen mit dem Infotyp 0032 (Betriebsinterne Daten) zur Berechnung des geldwerten Vorteils von Firmenwagen verwendet.

5.6.7 Infotyp 0007 (Sollarbeitszeit)

In diesem Infotyp hinterlegen Sie die Informationen zur Arbeitszeit des Mitarbeiters (siehe Abbildung 5.31). Der Infotyp 0007 hat die Zeitbindung 1.

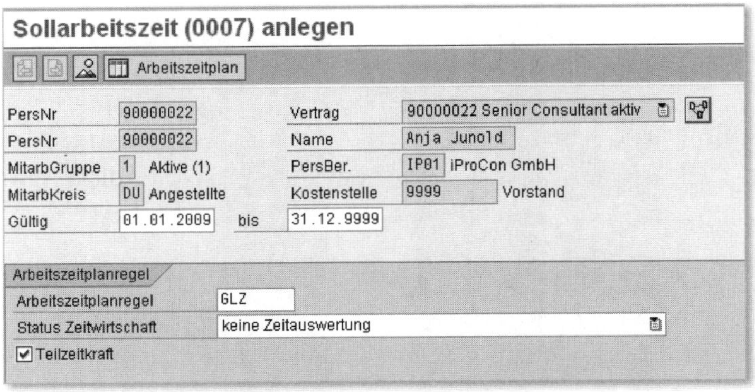

Abbildung 5.31 Infotyp 0007 für eine Teilzeitkraft

Feldgruppe »Arbeitszeitplanregel«

In der Feldgruppe ARBEITSZEITPLANREGEL sind die folgenden Felder zu pflegen:

- **Arbeitszeitplanregel**
  In diesem Feld bestimmen Sie die Arbeitszeitplanregel, also das Zeitmodell für den Mitarbeiter, anhand derer das System die Sollarbeitszeit des Mitarbeiters berechnet. Über den Button ARBEITSZEITPLAN können Sie sich seinen Arbeitszeitplan ansehen. Nähere Informationen zum Thema Zeitwirtschaft finden Sie in Kapitel 7, »Zeitwirtschaft«.
- **Status Zeitwirtschaft**
  Anhand des Eintrags legen Sie fest, ob die Zeitdaten des Mitarbeiters über die Zeitauswertung abgerechnet werden sollen. Wenn Sie die Zeitauswertung aktiv setzen, bietet Ihnen das System nach dem Sichern der Daten automatisch den Infotyp 0050 (Zeiterfassungsinformation) zur Bearbeitung an. Näheres zur Pflege des Infotyps 0050 finden Sie in Kapitel 7, »Zeitwirtschaft«, in Abschnitt 7.1.3, »Voraussetzungen in den Stammdaten«.
- **Teilzeitkraft**
  Durch das Teilzeitkennzeichen werden Teilzeitkräfte von Vollzeitkräften unterschieden. Das System verarbeitet das Kennzeichen in Auswertungen, um beispielsweise zu ermitteln, wie viele Teilzeitkräfte das Unternehmen beschäftigt. Markieren Sie deshalb dieses Feld, wenn die Sollarbeitszeit einer bestehenden Vollzeit-Arbeitszeitplanregel kleiner als 100 % ist. Setzen Sie ebenfalls das Kennzeichen, wenn Sie für Teilzeitkräfte eine spezielle Arbeitszeitplanregel erstellt haben.

Feldgruppe »Arbeitszeit«

In der Feldgruppe ARBEITSZEIT sind die folgenden Felder zu pflegen:

- **Arbeitszeitanteil**
  Wenn Sie die Sollarbeitszeit der Arbeitszeitplanregel für einen Mitarbeiter ändern wollen, geben Sie hier den Prozentsatz an, den der Mitarbeiter in Relation zur Vollzeitkraft arbeiten muss (siehe Abbildung 5.32). Das System passt die Arbeitsstunden in den folgenden Feldern automatisch an. Beim Bestätigen der Eingabe erhalten Sie die Systemmeldung ARBEITSZEITANTEIL IST KLEINER 100 % (TEILZEITKR./DYN. TAGESAZP?). Bestätigen Sie diese mit [↵]. Das System markiert automatisch die Felder TEILZEITKRAFT und DYN.TAGESARBEITSZEITPLAN.

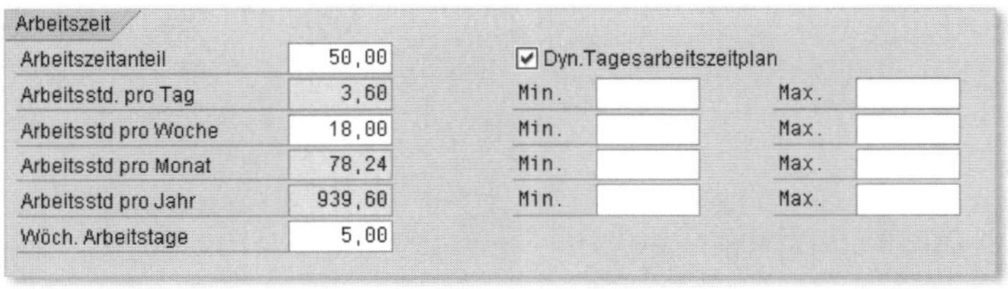

Abbildung 5.32 Feldgruppe »Arbeitszeit« des Infotyps 0007(Sollarbeitszeit)

Hinweis

Dieser Prozentsatz muss nicht dem üblichen Verständnis des Begriffs »Arbeitszeitanteil« entsprechen. Es ist nicht der Anteil an der »normalen« (tariflichen) Wochenarbeitszeit, sondern der Anteil an vollen Stunden der gewählten Arbeitszeitplanregel. Abhängig von der Verwendung von Arbeitszeitplanregeln in Ihrem Unternehmen muss dies nicht dasselbe sein. So werden die Zeitmodelle z. B. oft stundengenau auf die jeweiligen Teilzeitmitarbeiter zugeschnitten – das Feld ARBEITSZEITANTEIL steht dann auf »100,00«.

Den tatsächlichen Teilzeitfaktor finden Sie im Infotyp 0008 (Basisbezüge). Der dort hinterlegte Wert ist auch relevant für die Bezahlung. Der Wert aus dem Infotyp 0007 dient zwar als Vorschlagswert, kann aber überschrieben werden.

- **Arbeitsstunden pro Tag**
  Wenn Sie Ihre Eingaben bestätigen, schlägt das System in diesem Feld die Anzahl der Stunden aufgrund der Arbeitszeitplanregel vor. Falls Sie den Eintrag überschreiben, ändern sich automatisch die Werte der nächsten Felder.

- **Wöchentliche Arbeitstage**
  Überschreiben Sie bei Bedarf die vom System errechnete Anzahl der Arbeitstage pro Woche. Diese Information dient in erster Linie als Planungsinformation und kann für Auswertungen herangezogen werden. Sie wirkt sich nicht auf die Gestaltung der Sollarbeitszeit aus.

Hinweis

Je nach Konfiguration Ihres Systems kann auch ein anderes Stundenanzahlfeld eingabebereit sein. Oft ist es die Wochenstundenzahl. In jedem Fall errechnen sich die nicht eingabebereiten Felder auf Basis des eingabebereiten Feldes.

- **Dynamischer Tagesarbeitszeitplan**
  Dieses Feld wird markiert, wenn Sie den Arbeitszeitanteil heruntergesetzt und die Systemmeldung ARBEITSZEITANTEIL IST KLEINER 100 % (TEILZEITKR./DYN. TAGESAZP?) bestätigt haben. Dies hat zur Folge, dass die Sollarbeitszeit und der Tagesarbeitszeitplan entsprechend dem Prozentsatz neu berechnet werden.
- **Minimale/maximale Arbeitsstunden**
  Wenn Sie in diesen Feldern Werte hinterlegen, muss gleichzeitig die Option DYN. TAGESARBEITSZEITPLAN markiert sein. Sie können an dieser Stelle Einträge vornehmen, um sie später in der Zeitauswertung aufzurufen.

5.6.8 Infotyp 0008 (Basisbezüge)

Im Infotyp 0008 (Basisbezüge) pflegen Sie zwei Gruppen von Daten, zum einen die Informationen zum Tarifvertrag (siehe Abbildung 5.33) und zum anderen die Grundbezüge des Mitarbeiters (siehe Abbildung 5.34). Dabei ist zu unterscheiden, ob der Mitarbeiter tariflich oder außertariflich (AT-Mitarbeiter) entlohnt wird.

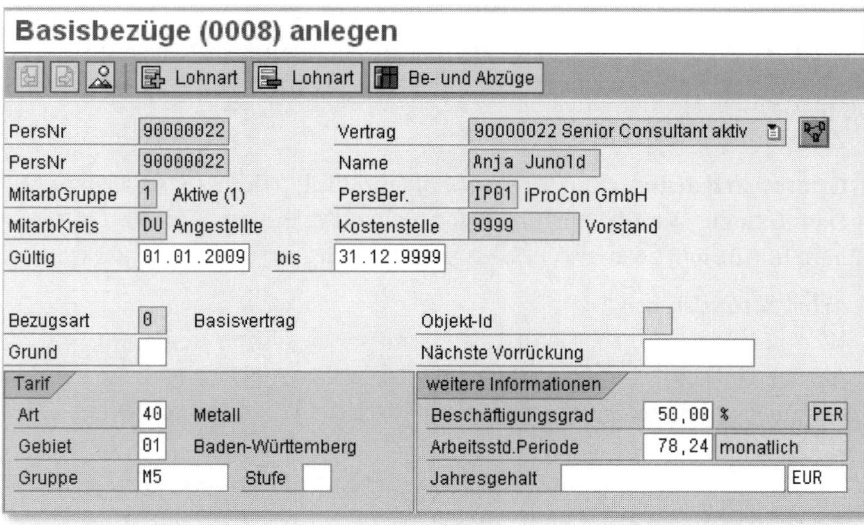

Abbildung 5.33 Infotyp 0008 für einen Tarifmitarbeiter

Kopfbereich

Im Kopfbereich des Infotyps ist u.a. der Subtyp enthalten.

- **Bezugsart**
  Der Subtyp 0 (Basisvertrag) hat die Zeitbindung 1. In der Einstellungsmaßnahme ist die Bezugsart (in der Regel BASISVERTRAG) bereits vorgegeben.
- **Grund**
  In diesem Feld können Sie später den Grund für das Ändern von Daten angeben. Es dient lediglich der Information.

Tipp

Die konsequente Nutzung dieses Feldes erleichtert in späteren Auswertungen die Trennung zwischen Tariferhöhungen, Dienstaltersteigerungen usw.

- **Nächste Vorrückung**
  Hier können Sie ein vom Customizing abweichendes Datum eintragen, an dem der Mitarbeiter einen Tarifstufensprung gemäß Alter oder Verweildauer erfährt. Dieses Datum wird vorrangig bearbeitet und nach erfolgter Umstufung wieder gelöscht.

Feldgruppe »Tarif«

In der Feldgruppe TARIF sind die folgenden Felder zu pflegen:

- **Art und Gebiet**
  Abhängig von Personalbereich und -teilbereich des Mitarbeiters werden in der Regel ART (Tarifvertragsart) und GEBIET (Tarifgebiet) vorgeschlagen. Überprüfen Sie die Vorschlagswerte, und ändern Sie gegebenenfalls die Zuordnung.
- **Gruppe und Stufe**
  Das System erkennt zumeist am Mitarbeiterkreis, ob es sich um einen außertariflichen Mitarbeiter handelt. Das Feld GRUPPE ist dann in der Regel entsprechend vorbelegt. Für einen Tarifmitarbeiter müssen Sie im Feld GRUPPE die Tarifgruppe mit der Tarifstufe auswählen.

Feldgruppe »Weitere Informationen«

In der Feldgruppe WEITERE INFORMATIONEN sind die folgenden Felder zu pflegen:

- **Beschäftigungsgrad**
  Der Beschäftigungsgrad wird aus dem Infotyp 0007 vorgeschlagen und kann überschrieben werden. Der Anteil wirkt sich auf die Bezahlung aus.

- **Anzahl der Arbeitsstunden pro Abrechnungsperiode**
  Diese Angabe findet sich im Feld ARBEITSSTD.PERIODE. Dahinter erscheint die Einheit. Überprüfen Sie hier den Vorschlagswert aus Infotyp 0007 (Sollbezüge). Das System verwendet den Eintrag zur Umrechnung von Stunden- in Monatslöhne, zur Teilmonatsberechnung bei Bezugs- und Abzugsmethoden und zur Schätzung des Jahresarbeitslohns für Stundenlöhner.
- **Jahresgehalt**
  Dieses Feld wird nicht von der Abrechnung verarbeitet. Es findet somit auch keine automatische Berechnung statt. Erfassen Sie also das Jahresgehalt des Mitarbeiters, falls dies für Vergleichs- oder Informationszwecke in Ihrem Unternehmen erforderlich ist.

Lohnarten

In der Wertetabelle der F4-Hilfe finden Sie die für den Mitarbeiterkreis zulässigen Lohnarten (siehe Abbildung 5.34).

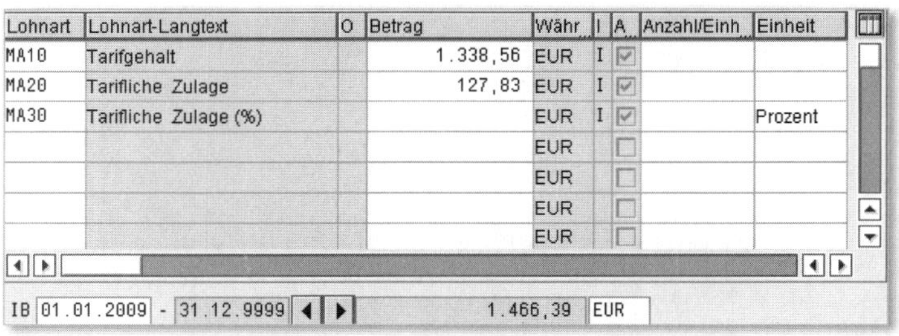

Abbildung 5.34 Indirekt bewertete Lohnarten im Infotyp 0008

- **Lohnart**
  Abhängig von den Einstellungen Ihres Systems werden eventuell Lohnarten vorgeschlagen. Wählen Sie für den Mitarbeiter die entsprechenden Lohnarten aus. Löschen Sie gegebenenfalls über den Button Lohnart nicht benötigte Vorschlagslohnarten.
- **Betrag**
  In der Spalte BETRAG ist unbedingt zwischen direkt und indirekt bewerteten Lohnarten zu unterscheiden. Die indirekte Bewertung bedeutet grundsätzlich, dass der Betrag der Lohnart nicht manuell gepflegt, sondern indirekt (z. B. über eine Tariftabelle oder abgeleitet aus anderen Lohnarten) ermittelt wird. Man erkennt dies an dem »I« hinter der Währungsspalte.
  Geben Sie deshalb nur für direkt bewertete Lohnarten einen Betrag ein. Für indirekt bewertete Lohnarten müssen Sie gegebenenfalls eine Anzahl und eine Einheit angeben (siehe Abbildung 5.34).

Tabelle 5.1 fasst noch einmal zusammen, welche Faktoren in diesem Infotyp besonders zu beachten sind.

Tarifmitarbeiter	AT-Mitarbeiter
Tarifgruppe mit Tarifstufe pflegen	Tarifgruppe in der Regel vorbelegt
Lohnarten auswählen, aber keinen Betrag eingeben	Lohnarten auswählen und Betrag eingeben

Tabelle 5.1 Richtige Pflege des Infotyps 0008

- **Gesamtsumme**
  Die Gesamtsumme der Bezüge wird vom System errechnet, sie erscheint am Fuß der Tabelle. Alle Lohnarten, die in die Gesamtsumme eingehen, sind durch ein Häkchen im Feld A (Addition in Gesamtsumme) gekennzeichnet.

Hinweis

Der Betrag indirekt bewerteter Lohnarten wird stets beim Öffnen des Infotyps neu berechnet und deshalb nur angezeigt und nicht gespeichert. Überschreiben Sie nie den Betrag, da sonst die indirekte Bewertung verloren geht (das »I« verschwindet) und der Mitarbeiter keine automatische Tarifumstufung erhält.

5.6.9 Infotyp 0009 (Bankverbindung)

An die Hauptbankverbindung (Subtyp 0) werden in der Regel die Nettolöhne und -gehälter überwiesen. Somit muss zu jedem Stichtag ein Datensatz des Subtyps 0 (Hauptbankverbindung) vorhanden sein (siehe Abbildung 5.35). Der Mitarbeiter hat die Möglichkeit, weitere Bankverbindungen anzugeben, z. B. zur Verteilung der Lohn- bzw. Gehaltszahlungen auf mehrere Konten (Subtyp 1 »zus. Bankverbindungen«) oder für die Reisespesen (Subtyp 2 »Reisespesen«).

Tipp

Wenn Gehalt und Reisespesen auf das gleiche Konto überwiesen werden, muss kein eigener Satz für die Reisespesen gepflegt werden. Ist dieser Subtyp nicht vorhanden, wird automatisch die Hauptbankverbindung gezogen.

Das System hat die Felder mit den persönlichen Daten bereits vorbelegt. Füllen Sie demnach das noch offene Feld Bankschlüssel. Für Deutschland entspricht dies der Bankleitzahl. Mit der [F4]-Hilfe können Sie die Bankleitzahl z. B. auch über den Ort suchen. Pflegen Sie außerdem die Felder Bankkonto und Zahlweg. Falls Sie Zahlweg freilassen, nimmt das System Barzahlung an. Der Verwendungszweck wird automatisch auf das Überweisungsformular gedruckt.

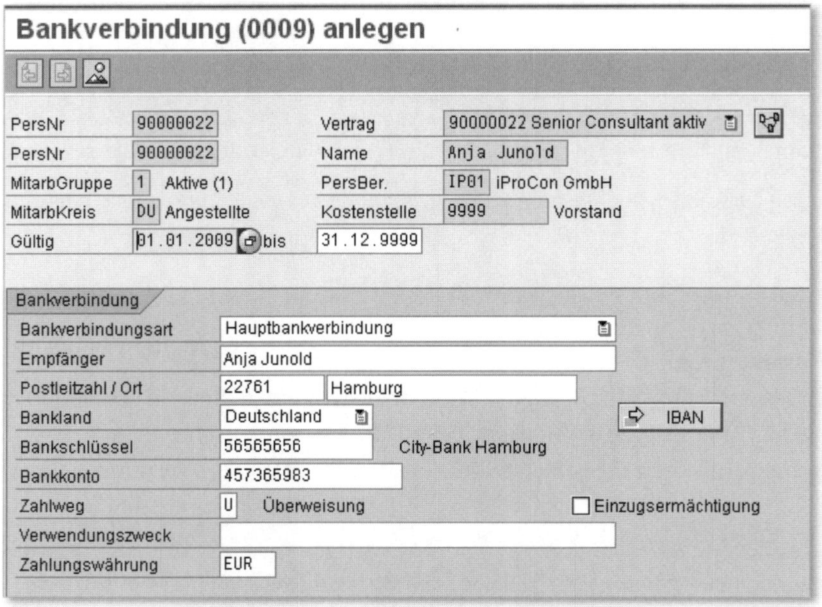

Abbildung 5.35 Infotyp 0009 mit Subtyp »Hauptbankverbindung«

Wenn Sie zusätzlich den Subtyp 1 oder 2 anlegen, erscheinen zwei weitere Felder: VORGABE-WERT und VORGABE-PROZENTSATZ. Geben Sie entweder im ersten Feld einen Betrag oder im zweiten einen Prozentsatz ein. Damit bestimmen Sie den Betrag bzw. prozentualen Anteil, der vom Gesamtüberweisungsbetrag auf ein separates Konto eingezahlt werden soll.

5.6.10 Infotyp 0012 (Steuerdaten Deutschland)

Im Infotyp »Steuerdaten Deutschland« erfassen Sie die steuerrechtlichen Daten von der Lohnsteuerkarte des Mitarbeiters (siehe Abbildung 5.36). Die Daten sind erforderlich für die Lohn- und Gehaltsabrechnung, den Lohnsteuerjahresausgleich, die Lohnsteuerbescheinigung sowie für das Lohnkonto. Der Infotyp hat die Zeitbindung 1.

Feldgruppe »Steuerkarte«

Unter der Feldgruppe STEUERKARTE erfassen Sie die Daten der Lohnsteuerkarte des neuen Mitarbeiters. Die ETIN (Electronic Taxpayer Identification Number) wird vom System automatisch ermittelt. Nutzen Sie für die Gemeindenummer die [F4]-Hilfe, mit der Sie diese beispielsweise über die Postleitzahl ermitteln können.

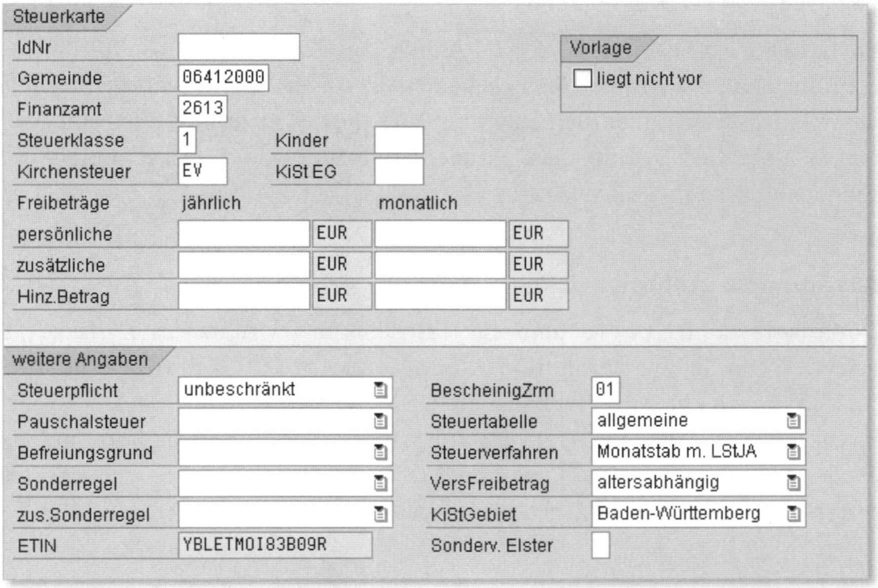

Abbildung 5.36 Feldgruppe »Steuerkarte« des Infotyps 0012 (Steuerdaten Deutschland)

Feldgruppe »Vorlage«

Dieses Kennzeichen wird von einem Report ausgewertet, der eine Liste der nicht vorgelegten Lohnsteuerkarten ausgibt. Wenn Sie dieses Feld markieren, erscheint ein weiteres Feld zum Angeben eines Grundes für die Nichtvorlage. Falls im Feld GRUND der Eintrag SCHULDHAFTE NICHTVORLAGE vermerkt wird, ändert sich automatisch die Lohnsteuerklasse auf 6 (siehe Abbildung 5.37).

Abbildung 5.37 Lohnsteuerklasse 6 wegen schuldhafter Nichtvorlage

Feldgruppe »Weitere Angaben«

Ein Großteil der Felder ist bereits mit Vorschlagswerten gefüllt. Überprüfen Sie die Eingaben, und nehmen Sie gegebenenfalls Änderungen bzw. Ergänzungen vor. Wenn Sie sich über die Bedeutung eines Feldes nicht im Klaren sind, öffnen Sie über die [F1]-Hilfe die Dokumentation zum Feld. Sie ist in diesem Fall sehr ausführlich und hilfreich.

Ausgabemonat Lohnsteuerbescheinigung

Der Ausgabemonat für die Lohnsteuerbescheinigung wird im Customizing festgelegt. Wenn Sie auf den Button Ausgabemonat LStB in der Anwendungsfunktionsleiste klicken, öffnet sich ein Dialogfenster, das Ihnen den Ausgabemonat anzeigt. Über das Icon können Sie den Vorschlagswert für den einzelnen Mitarbeiter manuell ändern. Nach diesem Monat rechnet die Abrechnung die Steuerbruttowerte aus dem Vorjahr dem aktuellen Jahr zu.

5.6.11 Infotyp 0013 (Sozialversicherungsdaten Deutschland)

In diesem Infotyp erfassen Sie die Daten, die für die Berechnung, Zuordnung und Abführung von Beiträgen zur Sozialversicherung relevant sind (siehe Abbildung 5.38). Die Daten sind erforderlich für die Personalabrechnung, zum Überweisen der Sozialversicherung, zum Erstellen von Beitragsnachweisen und für die DEÜV. Der Infotyp 0013 hat die Zeitbindung 1.

Feldgruppe »SV-Schlüssel/RV-Nummer«

Das System schlägt Werte für die Kennzeichen der Kranken-, Renten-, Arbeitslosen- und Pflegeversicherung vor. Diese ermittelt es aus den Angaben zu Mitarbeiterkreis und -gruppe aus dem Infotyp 0001. Prüfen Sie die Eingaben, und nehmen Sie gegebenenfalls Änderungen vor.

- **Amtlicher Schlüssel**
  Aus den Kennzeichen ermittelt das System den amtlichen SV-Schlüssel, den es im Feld Amtl. Schlüssel anzeigt.
- **RV-Nummer**
  Falls die Rentenversicherungsnummer des Mitarbeiters noch nicht vorliegt, bietet Ihnen das System nach dem Sichern Ihrer Eingaben den Infotyp 0019 (Terminverfolgung) mit der Terminart Vorlage RV-Nummer an. Tragen Sie gegebenenfalls ein Erinnerungsdatum ein, und speichern Sie es. Nähere Informationen zum Infotyp 0019 finden Sie in Abschnitt 5.6.14, »Infotyp 0019 (Terminverfolgung)«.

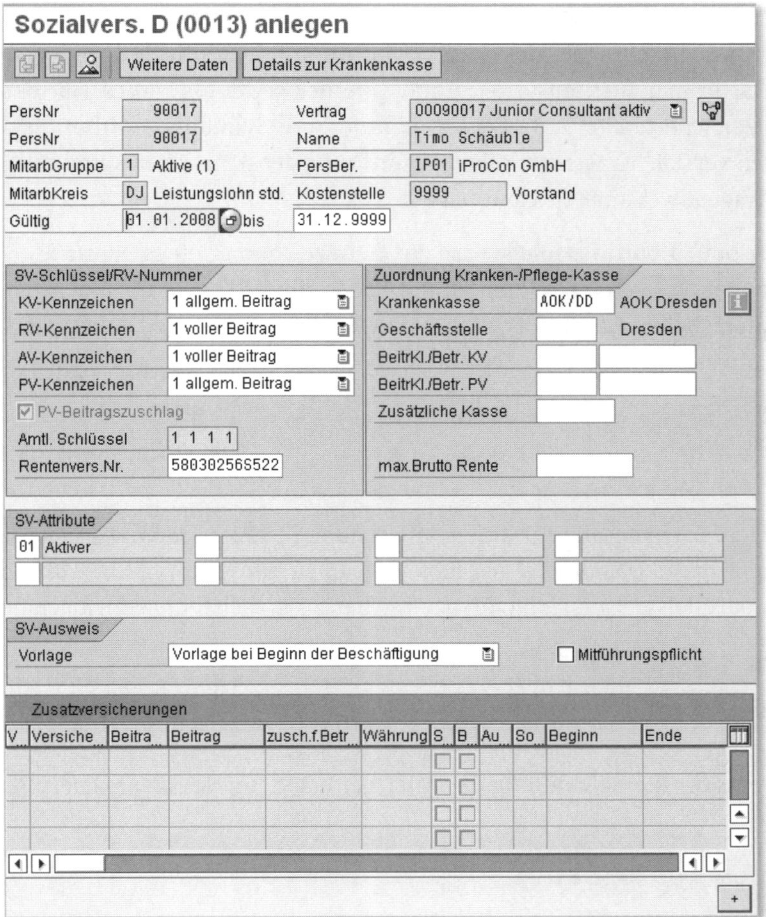

Abbildung 5.38 Infotyp 0013 (Sozialversicherungsdaten Deutschland) für einen pflichtversicherten Mitarbeiter

Feldgruppe »Zuordnung Kranken-/Pflege-Kasse«

- **Krankenkasse**

  Tragen Sie in diesem Feld die Krankenkasse ein, bei der der Mitarbeiter versichert ist. Für geringfügig oder kurzfristig Beschäftigte ist hier die Bundesknappschaft einzutragen.

  Über den Button Details zur Krankenkasse in der Anwendungsfunktionsleiste erhalten Sie ausführliche Informationen, wie etwa KV-Prozentsätze, Beitragsklassen, Berechnungsverfahren usw.

- **Zusätzliche Kasse**

  Dieses Feld wird benötigt, wenn die SV-Beiträge sowohl an die Mitarbeiterkasse als auch an die Bundesknappschaft abgeführt werden müssen.

Feldgruppe »SV-Attribute«

Die SV-Attribute beschreiben den Status eines Mitarbeiters für die Sozialversicherung. Das Primär-Attribut (01 – 19) muss immer gepflegt sein, es gibt den Status des Versicherten an, z. B. Aktiver, Rentner. Das Sekundär-Attribut dient der weiteren versicherungsrechtlichen Einordnung des Mitarbeiters und muss zum eingetragenen Primär-Attribut passen.

Das SV-Attribut 20 wird beispielsweise zur Kennzeichnung eines privat Krankenversicherten verwendet. Wenn Sie das SV-Attribut PRIVATE KV eintragen, wird nach dem Sichern der Infotyp 0079 (SV-Zusatzversicherung Deutschland) zur Pflege angeboten. Die Übersicht über die Zusatzversicherungen erscheint dann im unteren Teil des Infotyps 0013.

Weitere Daten

Um besondere Sachverhalte für einen Mitarbeiter zu hinterlegen, wählen Sie den Button WEITERE DATEN oder das Icon [+]. In einem weiteren Eingabebild können Sie beispielsweise zu folgenden Bereichen zusätzliche Angaben machen:

- Befreiung von der Versicherungspflicht
- Aufteilung der Versicherungsbeiträge zwischen Arbeitnehmer und Arbeitgeber
- Sonderregel für die Behandlung des Mitarbeiters in der Sozialversicherung

5.6.12 Infotyp 0020 (DEÜV)

Im Infotyp 0020 hinterlegen Sie die für die Datenerfassungs- und Übertragungsverordnung (DEÜV) relevanten Daten (siehe Abbildung 5.39). Die Angaben werden außerdem bei der Lohn- und Gehaltsabrechnung verwendet. Der Infotyp »DEÜV« hat die Zeitbindung 1.

Der Infotyp »DEÜV« besteht aus zwei Eingabemasken. In Abbildung 5.39 sehen Sie die Oberfläche für die Standard-DEÜV. Über den Button STANDARD <-> KNAPPSCHAFT verzweigen Sie in die Eingabemaske für knappschaftlich versicherte Mitarbeiter. Die Knappschafts-DEÜV ist dann anzulegen, wenn Sie den Mitarbeiter im Infotyp 0013 (Sozialversicherung Deutschland) als knappschaftlich versichert gekennzeichnet haben (SV-Attribut 21).

Feldgruppe »DEÜV«

In der Feldgruppe DEÜV sind folgende Angaben zu machen:

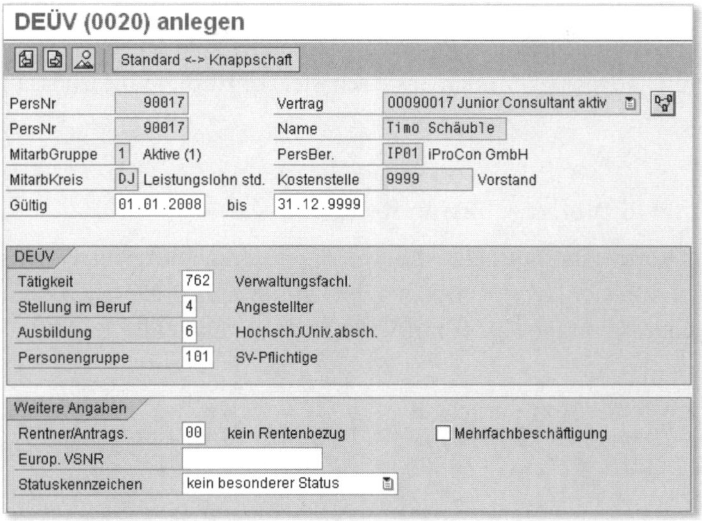

Abbildung 5.39 Infotyp 0020 für die Standard-DEÜV

- **Tätigkeit, Stellung im Beruf, Ausbildung**
  Die Schlüssel für TÄTIGKEIT, STELLUNG IM BERUF sowie AUSBILDUNG bilden gemeinsam die fünfstellige Angabe zur Tätigkeit gemäß dem Schlüsselverzeichnis der Bundesanstalt für Arbeit. Den Vorschlagswert im Feld TÄTIGKEIT ermittelt das System aufgrund der Definition der Stelle.
- **Personengruppe**
  Wählen Sie hier den entsprechenden DEÜV-Personengruppenschlüssel aus. Falls keiner der besonderen Schlüssel von 102 bis 120 zutrifft, ist der Schlüssel 101 zu verwenden.

Feldgruppe »Weitere Angaben«

In der Feldgruppe WEITERE ANGABEN sind folgende Angaben zu machen:

- **Rentner/Antragsteller**
  Bei der Einstellung eines Mitarbeiters hat das Feld RENTNER/ANTRAGSTELLER den Vorschlagswert 00 (kein Rentenbezug). Später ist dieses Feld entsprechend zu pflegen, wenn der Mitarbeiter Rente bezieht oder einen Rentenantrag gestellt hat. Diese Angaben werden nur zu Auswertungszwecken genutzt.
- **Mehrfachbeschäftigung**
  Markieren Sie dieses Feld, falls der Mitarbeiter auch bei anderen Arbeitgebern beschäftigt ist.

- **Statuskennzeichen**
  Steht der Mitarbeiter in einem besonderen Verhältnis zum Unternehmen, ist er z. B. Familienangehöriger oder Gesellschafter, so ist diese Information hier zu hinterlegen.

5.6.13 Infotyp 0016 (Vertragsbestandteile)

Im Infotyp 0016 »Vertragsbestandteile« pflegen Sie Daten zum Arbeitsvertrag (siehe Abbildung 5.40). Der Infotyp 0016 hat die Zeitbindung 1. Beim Anlegen des Infotyps sind bereits einige Felder mit Vorschlagswerten gefüllt.

Abbildung 5.40 Infotyp 0016 (Vertragsbestandteile) für einen Mitarbeiter mit Zeitvertrag

Feldgruppe »Vertragliche Regelungen«

- **Vertragsart**
  Geben Sie hier an, ob es sich um einen unbegrenzten, einen zeitlich befristeten Arbeitsvertrag oder beispielsweise eine ABM-Maßnahme handelt. Bei einem Zeitvertrag erscheint ein zusätzliches Feld BEFRISTET BIS. Geben Sie dort das Vertragsende ein.

Hinweis

Das Feld VERTRAGSENDE kann für Auswertungen oder als Basis für Terminverfolgungen genutzt werden. Es führt aber *nicht* zu einem automatischen Stopp der Bezüge. Dafür ist eine Austrittsmaßnahme erforderlich.

- **Nebentätigkeit**
  Falls dem Mitarbeiter die Ausübung von Nebentätigkeiten gestattet ist, muss dieses Feld markiert werden.
- **Wettbewerbsklausel**
  Wenn im Vertrag Tätigkeitseinschränkungen für nachfolgende Beschäftigungsverhältnisse vereinbart sind, ist dieses Feld zu aktivieren.

Feldgruppe »Zahlungsdauer ab Krankheitsbeginn«

Geben Sie unter ENTGELTFORTZAHLUNG und KRANKENGELDZUSCHUSS die Fristen an, wie lange diese gewährt werden. Die Daten werden im Infotyp 2001 (Abwesenheiten) beim Erfassen einer Krankheit verarbeitet.

Feldgruppe »Fristen«

Hinterlegen Sie hier die Dauer der Probezeit, die Kündigungsfristen und gegebenenfalls das Datum, zu dem die Arbeitserlaubnis abläuft. Über eine dynamische Maßnahme wird anschließend der Infotyp 0019 (Terminverfolgung) mit der Terminart ABLAUF PROBEZEIT angelegt.

5.6.14 Infotyp 0019 (Terminverfolgung)

Der Infotyp bietet Ihnen die Möglichkeit, Erinnerungen einzurichten. Im Rahmen der Einstellungsmaßnahme wird der Infotyp an verschiedenen Stellen mittels dynamischer Maßnahme angelegt, um an folgende Termine zu erinnern (siehe Abbildung 5.41):

- Nachpflegen der RV-Nummer
- Ende der Probezeit

Der Infotyp »Terminverfolgung« hat demnach mehrere Subtypen, um die Terminarten zu kennzeichnen. Die Subtypen haben die Zeitbindung 2, d.h., eine Terminart kann mehrfach, jedoch zu unterschiedlichen Terminen angelegt werden.

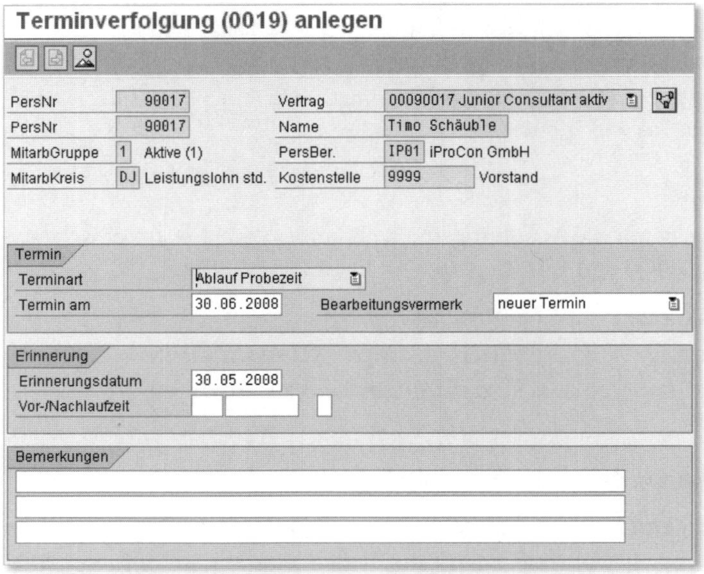

Abbildung 5.41 Infotyp 0019 (Terminverfolgung) zur Erinnerung an das Ende der Probezeit

Anstatt des Erinnerungsdatums können Sie auch das Feld VOR-/NACHLAUFZEIT pflegen. Dort geben Sie an, wie viele Tage/Wochen/Monate/Jahre Sie vor dem Termin erinnert werden möchten. Um nach dem Termin erinnert zu werden, setzen Sie in das kleine Feld den Operator »+«. »Blank« steht standardmäßig für Vorlaufzeit. Sind beide Erinnerungsoptionen gefüllt, ignoriert das System das Erinnerungsdatum.

Hinweis

Es erscheinen keine Popups zum Erinnerungsdatum. Dies wäre bei der Fülle von Terminen gerade zum Monatsende nicht angebracht. Die Fälligkeiten können Sie sich jedoch in einer Terminübersicht je Sachbearbeiter über den Menüpfad PERSONAL • PERSONALMANAGEMENT • ADMINISTRATION • INFOSYSTEM • BERICHTE • MITARBEITER • TERMINÜBERSICHT ansehen.

5.6.15 Infotyp 2006 (Abwesenheitskontingente)

Im Infotyp 2006 pflegen Sie schließlich den Urlaubsanspruch des Mitarbeiters (siehe Abbildung 5.42). Weitere Informationen dazu erhalten Sie in Kapitel 7, »Zeitwirtschaft«, insbesondere in Abschnitt 7.2.5, »Infotyp 2006 (Abwesenheitskontingente)«.

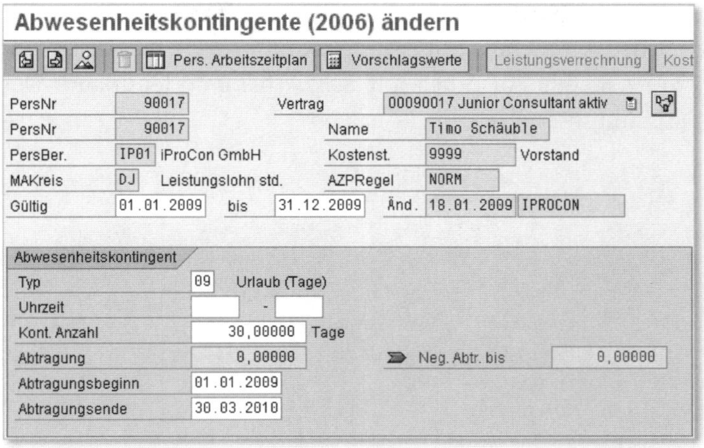

Abbildung 5.42 Infotyp 2006 (Abwesenheitskontingente) mit Subtyp »Urlaub«

Hinweis

Früher wurde anstelle des Infotyps 2006 der Infotyp 0005 genutzt. In vielen Unternehmen ist dies noch immer der Fall – dann finden Sie den Urlaubsanspruch im Infotyp 0005.

5.6.16 Abschluss der Maßnahme

Mit dem Urlaubsanspruch beenden wir unsere beispielhafte Einstellungsmaßnahme. In Ihrem System können durchaus andere Infotypen in der Maßnahme vorkommen. Pflegen Sie diese ebenfalls, bis die Maßnahme beendet ist. Für das Abschließen der Maßnahme sind darüber hinaus keine weiteren Aktivitäten erforderlich. Infotypen, die nicht in der Maßnahme vorkamen oder die Sie übersprungen haben, können Sie auch einzeln pflegen, wie es in Abschnitt 5.4.4, »Infotypsatz anlegen«, beschrieben ist. Weitere häufig benötigte Infotypen stellen wir Ihnen im nächsten Abschnitt vor.

5.7 Pflege ausgewählter Infotypen

Lernen Sie nun in diesem Abschnitt noch einige häufig zu pflegende Infotypen kennen.

5.7.1 Infotyp 0004 (Behinderung)

Der Infotyp 0004 ist anzulegen, wenn der Mitarbeiter eine Behinderung hat (siehe Abbildung 5.43). Die Daten werden u.a. verwendet, um der Informationspflicht gegenüber dem Gesetzgeber im Zusammenhang mit der Schwerbehindertenabgabe nachzukommen. Darüber hinaus gibt es weitere Auswirkungen im System, wie z. B. den Anspruch auf Schwerbehindertenurlaub. Der Infotyp hat die Zeitbindung 2.

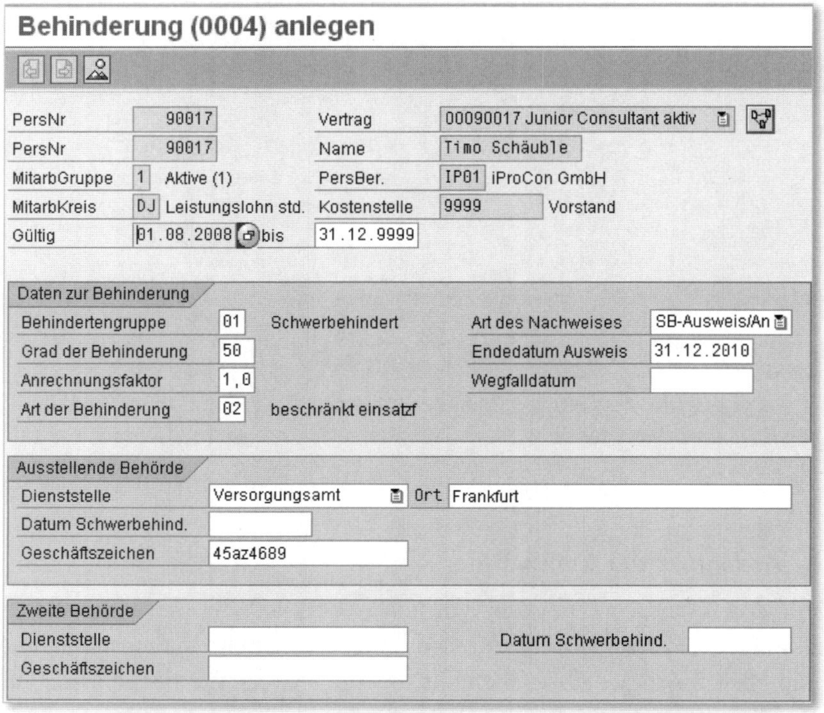

Abbildung 5.43 Infotyp 0004 mit Daten zur Behinderung des Mitarbeiters

Feldgruppe »Daten zur Behinderung«

Pflegen Sie die Felder entsprechend den Angaben auf dem Schwerbehindertenausweis. Die Gültigkeit des Infotypsatzes sollten Sie ebenfalls begrenzen, um später über eine Historie der Schwerbehindertenausweise zu verfügen. Der Gesetzgeber erlaubt es, den Status der Schwerbehinderung eines Mitarbeiters bis zu drei Monate nach Ablauf des Schwerbehindertenausweises zu melden. Setzen Sie deshalb das Enddatum des Infotyps auf drei Monate nach dem Zeitpunkt des Ausweis-Enddatums.

Feldgruppe »Ausstellende Behörde/Zweite Behörde«

Pflegen Sie hier die Angaben zu den Behörden, die die Behinderung bescheinigt haben.

5.7.2 Infotyp 0010 (Vermögensbildung)

Im Infotyp 0010 erfassen Sie die Vermögensbildungsverträge des Mitarbeiters (siehe Abbildung 5.44). Die Angaben sind für die Personalabrechnung erforderlich.

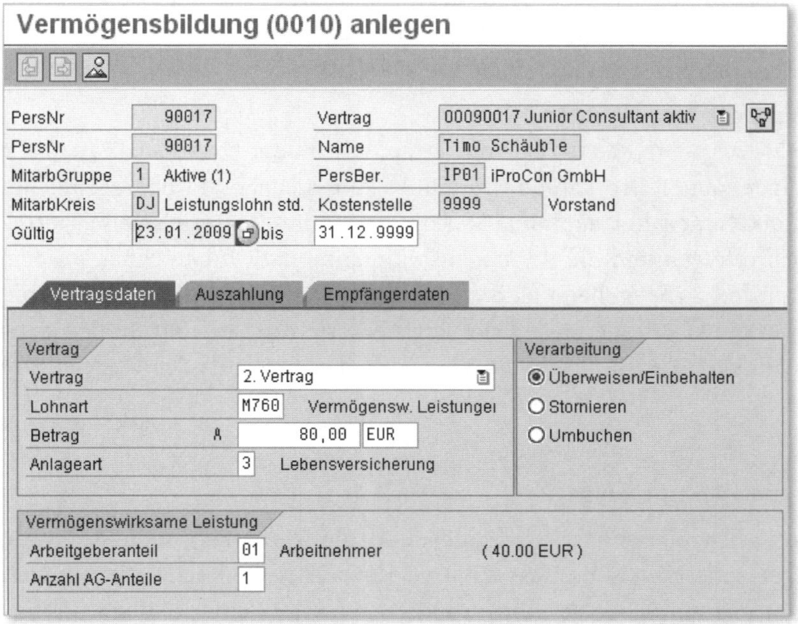

Abbildung 5.44 Infotyp 0010 mit Anlage der vermögenswirksamen Leistung in einer Lebensversicherung

Feldgruppe »Vertrag«

Legen Sie für jeden Vertrag einen Subtyp an. Die Verträge werden unter laufenden Nummern gespeichert. Überprüfen Sie die vorgeschlagene Lohnart. Erfassen Sie weiterhin den Sparbetrag des Mitarbeiters pro Zahlungszeitpunkt.

Pflegen Sie nun die ANLAGEART laut Vermögensbildungsvertrag. In der Standardauslieferung werden z. B. die Anlagearten RATENSPAREN BANK, BAUSPAREN oder LEBENSVERSICHERUNG angeboten.

Hinweis

Die Summe der Sparbeträge muss höher als der Arbeitgeberanteil sein, andernfalls wird in der Abrechnung der Arbeitgeberanteil auf den Gesamtsparbetrag des Mitarbeiters gekürzt.

Feldgruppe »Vermögenswirksame Leistung«

Im Gruppenrahmen VERMÖGENSWIRKSAME LEISTUNG sind folgende Felder zu pflegen:

- **Arbeitgeberanteil**
  Im Feld ARBEITGEBERANTEIL bestimmen Sie die Höhe des Arbeitgeberanteils an der vermögenswirksamen Leistung. Im Standard ist der Arbeitgeberanteil für Arbeitnehmer und Auszubildende eingerichtet.
- **Anzahl Arbeitgeberanteile**
  Im Feld ANZAHL AG-ANTEILE geben Sie an, wie oft der konstante monatliche Arbeitgeberanteil pro Zahlungszeitpunkt zum steuer- und beitragspflichtigen Einkommen hinzukommt. Soll die Auszahlung beispielsweise vierteljährlich erfolgen und die Vermögensbildung monatlich berechnet werden, so sind drei Arbeitgeberanteile einzutragen. Die Informationen zum Zahlungszeitpunkt pflegen Sie auf der Registerkarte AUSZAHLUNG. In der Regel wird nur für Ausnahmefälle ein vom Typ »1« abweichender Wert infrage kommen.

Feldgruppe »Verarbeitung«

Um den Arbeitgeberanteil auszuzahlen und die Vermögensbildung an den Empfänger zu überweisen, muss das Feld ÜBERWEISEN/EINBEHALTEN aktiviert sein. Beim Stornieren der Vermögensbildung wird der Betrag an den Mitarbeiter ausbezahlt. Wenn UMBUCHEN aktiviert ist, wird ein Einbehalt in eine Überweisung oder umgekehrt umgebucht.

Auszahlung

Die Kombination der Eingaben in den Feldern ERSTE AUSZAHLPERIODE und ABSTAND bestimmt die Zahlungszeitpunkte. Prüfen Sie bitte mithilfe von Tabelle 5.2 genau, ob Ihre Eingaben zu den gewünschten Zahlungszeitpunkten führen. Die erste Auszahlungsperiode bezieht sich nicht nur auf das aktuelle Jahr, sondern wird auch in den folgenden Jahren berücksichtigt. Wenn die Auszahlung beispielsweise monatlich stattfinden soll (also der Normalfall), bleiben beide Felder frei. Den Zahlungsbeginn steuern Sie über das Anfangsdatum des Infotypsatzes.

Erste Auszahlperiode	Abstand	Verarbeitung der Vermögensbildung
–	–	monatlich/in jeder Auszahlungsperiode
06	–	monatlich von Juni bis Jahresende
–	03	vierteljährlich – startend mit dem ersten Gültigkeitsmonat des Satzes
06	02	jeweils von Juni bis Jahresende im Abstand von 2 Monaten – also insgesamt 4-mal pro Jahr

Tabelle 5.2 Bedeutung der Kombination »Erste Auszahlperiode« und »Abstand«

Falls Sie für den Mitarbeiter mehrere Vermögensbildungsverträge anlegen, bestimmen Sie im Feld AUSZAHLUNGSPRIORITÄT die Reihenfolge der Überweisungen. Die Zahl Null hat die höchste Priorität. Prüfen Sie, ob das Kennzeichen ÜBERWEISEN gesetzt ist, andernfalls wird der Betrag intern verbucht. Markieren Sie das Feld WEITERBEZAHLEN, falls die Überweisung auch dann erfolgen soll, wenn kein Entgelt gezahlt wird.

Tipp

Die zuvor beschriebene Logik der Auszahlungsperiode und des Abstands wird auch in anderen Infotypen (z. B. für die Direktversicherung) verwendet und führt sehr oft zu Fehleingaben. Beachten Sie unbedingt, dass das Feld ERSTE AUSZAHLUNGSPERIODE in jedem Jahr erneut wirksam wird. Wenn die Zahlung im April eines bestimmten Jahres beginnen soll und von da an monatlich erfolgt (also im ersten Jahr 9-mal und in den folgenden Jahren 12-mal), ist hier nichts einzutragen. Den Beginn der Zahlungen erkennt das System am Anfangsdatum des Infotyps.

Hinweis

Wie bei allen Infotypen, in denen direkt Überweisungen gesteuert werden (insbesondere auch Infotyp 0009 [Bankverbindung]), ist eine rückwirkende Pflege nicht möglich. Das liegt daran, dass eine einmal erfolgte Überweisung nicht mehr zu ändern ist. Sie müssen solche Fälle durch entsprechende Eingaben in den Folgeperioden oder außerhalb von SAP ERP HCM (z. B. über die Finanzbuchhaltung) korrigieren.

Empfängerdaten

Geben Sie auf der Registerkarte EMPFÄNGERDATEN die Informationen zum Anlageinstitut ein. Wenn Sie im Feld EMPFÄNGER das Anlageunternehmen in der Feldauswahl finden, werden die nachfolgenden Felder automatisch gefüllt. Ist das Anlageunternehmen noch nicht vorhanden, müssen Sie die Daten manuell pflegen. Der Empfängerschlüssel bleibt dann frei. Als Zahlweg sollte ÜBERWEISUNG eingetragen sein. Geben Sie gegebenenfalls einen Verwendungszweck ein. Dieser kann abhängig von Ihren unternehmensindividuellen Einstellungen auch vorbelegt sein.

Tipp

Wenn Sie ein Anlageinstitut, das öfter benötigt wird, nicht in der Auswahlliste finden, bitten Sie Ihren HCM-Systemverantwortlichen, den entsprechenden Empfängerschlüssel zu hinterlegen.

5.7.3 Infotyp 0011 (Externe Überweisungen)

Im Infotyp 0011 (Externe Überweisungen) können Sie beliebige mitarbeiterbezogene Überweisungen an Dritte anlegen. Diese Auszahlungen werden in der Regel vom Netto des Mitarbeiters abgezogen. In der Standardauslieferung steht Ihnen der Subtyp mit der Lohnart »M770« ABZUG MIETE als Basisbeispiel zur Verfügung (siehe Abbildung 5.45). Neben Mietzahlungen kann der Arbeitgeber für den Mitarbeiter beispielsweise auch Versicherungsbeiträge oder Kredittilgungen überweisen.

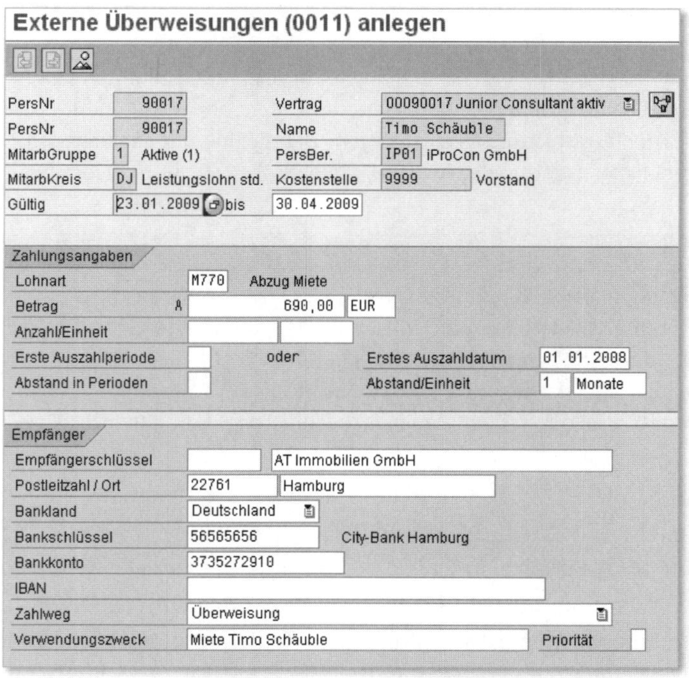

Abbildung 5.45 Infotyp 0011 (Externe Überweisungen) mit Überweisung der Miete vom Arbeitgeber

Feldgruppe »Zahlungsangaben«

Wählen Sie im Feld LOHNART den Subtyp aus. Abhängig von der Lohnart pflegen Sie entweder das Feld BETRAG oder die Felder ANZAHL/EINHEIT. Bestimmen Sie weiterhin die Zahlungszeitpunkte. Für die Felder ERSTE AUSZAHLPERIODE und ABSTAND IN PERIODEN gilt dieselbe Problematik wie in Abschnitt 5.7.2, »Infotyp 0010 (Vermögensbildung)«, bereits ausführlich erläutert.

Feldgruppe »Empfänger«

- **Empfängerschlüssel**
  Wählen Sie im Feld EMPFÄNGERSCHLÜSSEL das Institut aus. Die folgenden Felder werden automatisch gefüllt. Wenn der Empfänger nicht in der Feldauswahl vorhanden ist, müssen Sie die Daten manuell eingeben. Der Empfängerschlüssel bleibt dann frei.
- **Verwendungszweck**
  Geben Sie in das Feld VERWENDUNGSZWECK einen Text ein, der auf dem Überweisungsformular erscheinen soll. Das Feld PRIORITÄT wird in der Standardauslieferung nicht verwendet.

5.7.4 Infotyp 0014 (Wiederkehrende Be-/Abzüge)

Im Infotyp 0014 können Sie Lohnbestandteile hinterlegen, die der Mitarbeiter über die Personalabrechnung regelmäßig ausbezahlt bekommt (z. B. Weihnachts- und Urlaubsgeld) oder die von seinem Lohn oder Gehalt einzubehalten sind (z. B. Pkw-Nettoabzug) (siehe Abbildung 5.46). Im Gegensatz zu den laufenden Bezügen werden die wiederkehrenden Be- und Abzüge nicht notwendigerweise in jeder Abrechnungsperiode und im Gegensatz zu den ergänzenden Zahlungen (siehe Abschnitt 5.7.5, »Infotyp 0015 [Ergänzende Zahlung]«) mit einer festgelegten Periodizität ausbezahlt bzw. einbehalten.

Feldgruppe »Wiederkehrende Be-/Abzüge«

Wählen Sie im Feld LOHNART den Subtyp aus. Wenn es sich um eine direkt bewertete Lohnart handelt, pflegen Sie entweder das Feld BETRAG oder die Felder ANZAHL/EINHEIT. Bei indirekt bewerteten Lohnarten bleiben diese Felder frei, da sich die Beträge beispielsweise aus einer Tariftabelle oder abgeleitet aus anderen Lohnarten ergeben. Das Feld ZUORDNUNGSNUMMER wird im Standard nicht verwendet. Das Feld ÄNDERUNGSGRUND kann zu Informationszwecken gepflegt werden.

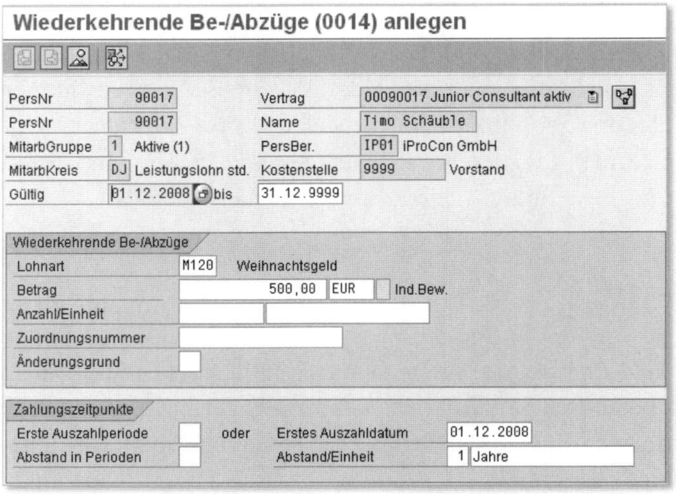

Abbildung 5.46 Infotyp 0014 mit wiederkehrendem Bezug von Weihnachtsgeld

Zahlungszeitpunkte

Geben Sie hier an, zu welchen Zeitpunkten die Auszahlung oder Einbehaltung erfolgen soll. Beachten Sie hierbei bitte die Problematik, die wir in Abschnitt 5.7.2, »Infotyp 0010 (Vermögensbildung)«, erläutert haben.

Wiederkehrende Be- und Abzüge mit abweichender Kostenzuordnung

Wenn der Betrag bezüglich der Kostenzuordnung anders behandelt werden soll als in den Infotypen 0001 (Organisatorische Zuordnung) und 0027 (Kostenverteilung) vorgegeben, können Sie dies ändern. Wählen Sie den Menüpfad Bearbeiten ⇨ Kostenzuordnung pflegen. Sie gelangen auf das Dialogfenster Kostenzuordnungsvorgaben. Geben Sie hier die gewünschten Daten (z. B. eine abweichende Kostenstelle) ein, und klicken Sie auf den Button Übernehmen. Auf der Eingabemaske des Infotypsatzes erscheint das Icon, über das Sie die abweichende Kostenzuordnung anzeigen können.

Hinweis

Die Konfiguration Ihres spezifischen Systems kann die Erfassung einer abweichenden Kostenzuordnung einschränken oder sogar verbieten.

5.7.5 Infotyp 0015 (Ergänzende Zahlung)

Im Infotyp 0015 können Sie Lohnbestandteile hinterlegen, die der Mitarbeiter über die Personalabrechnung einmalig bzw. unregelmäßig ausbezahlt bekommt, z. B. eine Heiratsbeihilfe (siehe Abbildung 5.47), oder die einmalig bzw. unregelmäßig von seinem Lohn oder Gehalt einzubehalten sind, z. B. ein Vorschuss).

Feldgruppe »Ergänzende Zahlung«

In der Feldgruppe Ergänzende Zahlung sind folgende Angaben zu machen:

- **Lohnart**
  Wählen Sie im Feld Lohnart den Subtyp aus. Wenn es sich um eine direkt bewertete Lohnart handelt, pflegen Sie entweder das Feld Betrag oder die Felder Anzahl/Einheit (siehe Abbildung 5.47). Bei indirekt bewerteten Lohnarten bleiben diese Felder frei, da sich die Beträge beispielsweise aus einer Tariftabelle oder abgeleitet aus anderen Lohnarten ergeben.

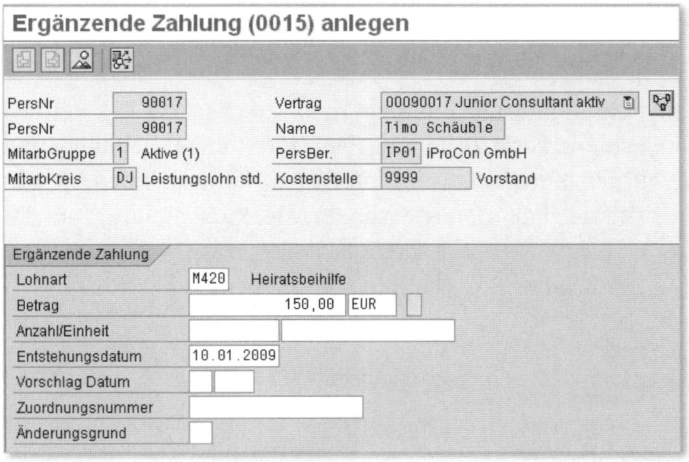

Abbildung 5.47 Infotyp 0015 mit einmaliger Zahlung einer Heiratsbeihilfe

- **Entstehungsdatum**
  Im Feld Entstehungsdatum wird der letzte Tag der aktuellen Abrechnungsperiode aus dem Abrechnungsverwaltungssatz vorgeschlagen. Ändern Sie gegebenenfalls das Datum. In den Feldern Vorschlag Datum können Sie sich auch den letzten Tag einer anderen Abrechnungsperiode vorschlagen lassen. Geben Sie im ersten Feld einen anderen Monat und gegebenenfalls im zweiten Feld ein anderes Jahr ein. Bestätigen Sie mit [↵]. Das Entstehungsdatum wird daraufhin automatisch aktualisiert.

Das Feld Zuordnungsnummer wird im Standard nicht verwendet. Das Feld Änderungsgrund kann zu Informationszwecken gepflegt werden.

Ergänzende Zahlung bei abweichender Kontierung

Pflegen Sie über das Icon gegebenenfalls, wie in Abschnitt 5.7.4, »Infotyp 0014 (Wiederkehrende Be-/Abzüge)«, beschrieben, eine abweichende Kostenzuordnung für den Subtyp.

5.7.6 Infotyp 0022 (Ausbildung)

Im Infotyp 0022 können Sie für jede Ausbildung, die der Mitarbeiter absolviert hat, einen Infotypsatz anlegen. Die Schulart (z. B. Realschule, Universität, interner Kurs) bestimmt dabei den Subtyp (siehe Abbildung 5.48).

Das Feld AUSBILDUNGSGRUPPE ist nicht eingabebereit. Zum Zweck der Strukturierung ermittelt das System anhand des Customizings automatisch, in welche Ausbildungsgruppe der Infotypsatz einzuordnen ist. Pflegen Sie die Felder entsprechend. Die Felder SCHULABSCHLUSS und FACHRICHTUNG prüft das System gegen die angegebene Schulart. In den Feldern FACHRICHTUNG 1 und FACHRICHTUNG 2 können Sie die Schwerpunkte der Ausbildung vermerken.

Wenn der Mitarbeiter einen internen oder externen Kurs besucht hat, können Sie in den unteren Feldern zusätzliche Angaben zur Kursbezeichnung und -beurteilung sowie zu den Kursgebühren hinterlegen. Kennzeichnen Sie das Feld RÜCKZAHLUNGSVERPFL., falls der Mitarbeiter die Kursgebühren an das Unternehmen zurückzahlen muss. Mit dem Feld RÜCKZAHLUNGSVERPFL. ist keine Automatik hinsichtlich der Entgeltabrechnung verbunden.

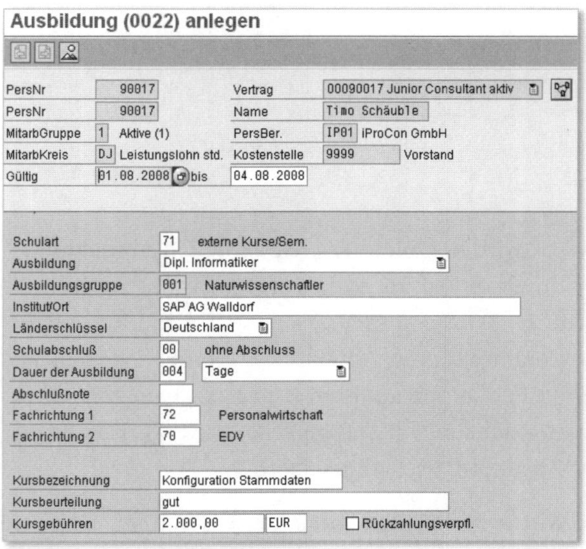

Abbildung 5.48 Die Teilnahme an einem externen Kurs kann im Infotyp 0022 festgehalten werden.

Hinweis

Die Felder, die Ihnen zur Pflege zur Verfügung stehen, können von der eingegebenen Schulart abhängen. So sind bei Seminaren z. B. die Kursbeurteilung und die Gebühr eingabebereit. Daher ist es sinnvoll, beim Anlegen des Infotyps 0022 schon auf dem Auswahlbild neben dem Infotyp auch den Subtyp anzugeben. Dadurch ist das System in der Lage, die Eingabemaske schon für den ersten Aufruf optimal zu gestalten.

5.7.7 Infotyp 0027 (Kostenverteilung)

Wenn Lohn-/Gehaltskosten oder Reisekosten für den Mitarbeiter über einen längeren Zeitraum auf mehrere Kostenstellen aufgeteilt werden sollen, ist der Infotyp 0027 anzulegen. Über den Subtyp »Verteilung« wird bestimmt, ob das Entgelt oder die Reisekosten betroffen sind. Geben Sie in dem Listbild die prozentuale Verteilung der Kosten auf die verschiedenen Kontierungsobjekte an (siehe Abbildung 5.49).

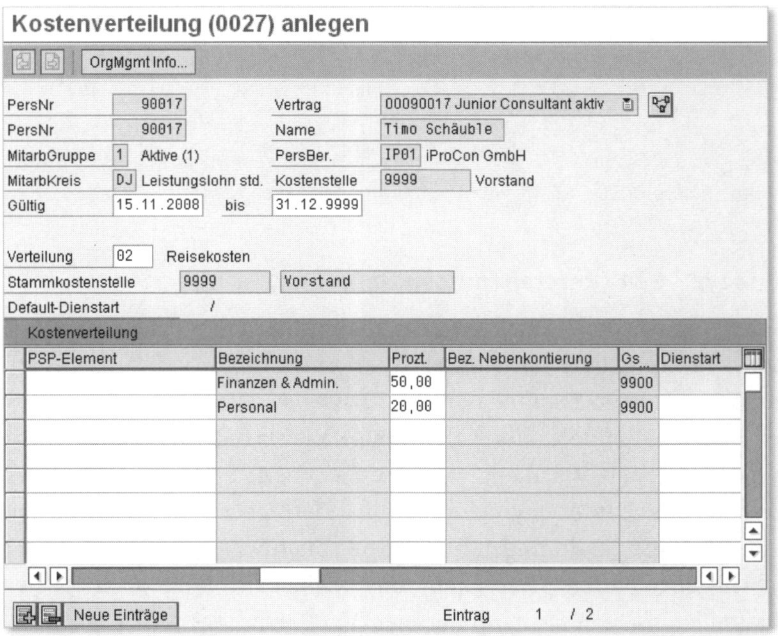

Abbildung 5.49 Aufteilung der Reisekosten auf mehrere Kostenstellen

Hinweis

Erfassen Sie hier jedoch nicht die Stammkostenstelle, da der Restwert automatisch auf die im Infotyp 0001 hinterlegte Stammkostenstelle gebucht wird. Somit bleibt diese auch bei einem organisatorischen Wechsel stets aktuell.

5.7.8 Infotyp 0030 (Vollmachten)

Im Infotyp 0030 können Sie die erteilten Befugnisse/Vollmachten des Mitarbeiters hinterlegen. Über den Subtyp »Bankvollmacht« wird die Art der Vollmacht wie z. B. Kreditvergabekompetenz oder Prokura bestimmt. Der Gültigkeitsbereich der Vollmacht kann in Form einer Organisationseinheit hinterlegt werden (siehe Abbildung 5.50).

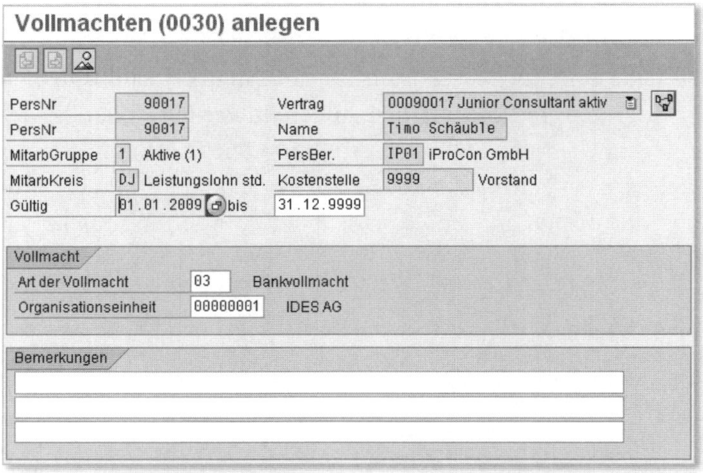

Abbildung 5.50 Infotyp 0030 (Vollmachten) mit Subtyp »Bankvollmacht«

5.7.9 Infotyp 0031 (Referenzpersonalnummer)

Da das System keine Möglichkeit bietet, für einen Mitarbeiter bzw. eine Personalnummer mehrere Arbeitsverhältnisse zu erfassen, ist für jedes Arbeitsverhältnis ein neuer Personalstammdatensatz anzulegen. Die Personalnummern werden im Infotyp »Referenzpersonalnummer« miteinander verbunden. Um die vielen Informationen, vor allem Daten zur Person, nicht doppelt pflegen zu müssen, werden einige Infotypen oder einzelne Einträge von der Referenzpersonalnummer kopiert. Änderungen an den personenbezogenen Stammdaten (z. B. Anschrift) der Referenzpersonalnummer wirken sich dann auch auf den zweiten Stammdatensatz des Mitarbeiters aus. Vertragsbezogene Daten wie die Bezüge bleiben jedoch voneinander unabhängig.

Sobald der Mitarbeiter ein zweites Arbeitsverhältnis im Unternehmen eingeht, ist bei der Einstellungsmaßnahme im Infotyp 0000 die bereits existierende Personalnummer des Mitarbeiters im Feld Referenzpersonalnummer einzutragen. Damit wird für beide Stammsätze automatisch der Infotyp 0031 angelegt, und die Personalnummern werden eingetragen. Somit müssen Sie den Infotyp

»Referenzpersonalnummer« nur dann manuell pflegen, wenn Sie nachträglich eine Beziehung zwischen Personalnummern einrichten oder eine Referenz auflösen möchten.

5.7.10 Infotyp 0032 (Betriebsinterne Daten)

Im Infotyp »Betriebsinterne Daten« können Sie Informationen zu Werksausweis, Dienstwagen und Arbeitsplatz des Mitarbeiters hinterlegen (siehe Abbildung 5.51). Unter ALTE PERSONALNUMMER besteht die Möglichkeit, die Personalnummer des Mitarbeiters zu vermerken, die er beispielsweise vor Einführung des SAP-Systems hatte.

Mithilfe der Daten aus den Feldern PKW-REGELUNG und PKW-WERT ermittelt die Personalabrechnung den geldwerten Vorteil aus der privaten Nutzung eines Dienstwagens. In der Schweiz steuert das Feld PKW-REGELUNG die Angabe des Geschäftsfahrzeugs auf dem Lohnausweis.

Wenn Sie die Daten aller Mitarbeiter zum Arbeitsplatz pflegen, erhalten Sie über den Standardreport RPLTEL00 ein Telefonverzeichnis mit Angabe der Gebäude- und Zimmernummer.

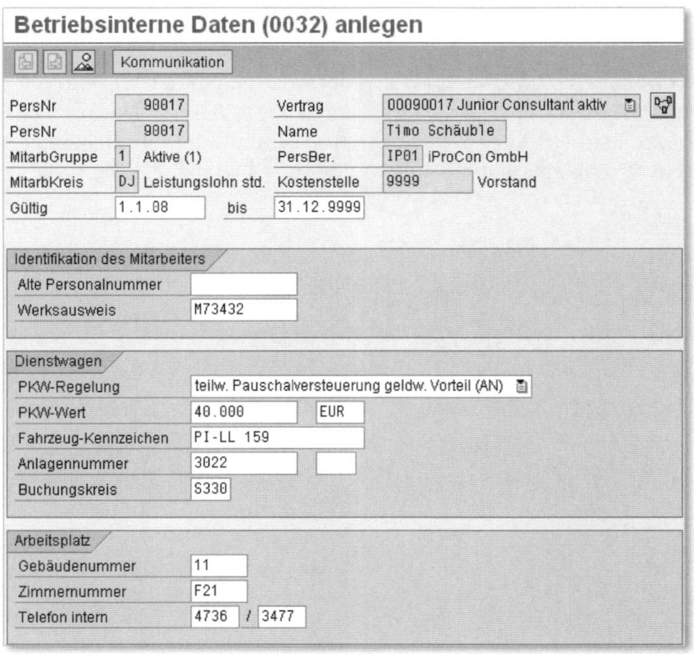

Abbildung 5.51 Infotyp 0032 mit Informationen zu betriebsinternen Daten

5.7.11 Infotyp 0033 (Statistik)

Im Infotyp 0033 können Sie hinterlegen, ob ein Mitarbeiter in bestimmten Statistiken besonders behandelt werden soll. Damit werden Ausnahmetatbestände für die verschiedenen Statistiken abgebildet.

Die einzelnen Statistiken gliedern sich in drei Statistikbereiche:

- gesetzliche Statistiken
- Branchenstatistiken
- unternehmensspezifische Statistiken

Der Statistikbereich stellt für den Infotyp 0033 den Subtyp dar.

Prüfen Sie, welche Statistiken in Ihrem Unternehmen mithilfe des HCM-Systems erstellt werden und welche Ausnahmetatbestände relevant sind. Stimmen Sie sich dazu mit Ihren Kollegen über die Konventionen zur Pflege des Infotyps ab.

Eine der wichtigsten Anwendungen dieses Infotyps bezieht sich auf die Schwerbehindertenstatistik für Deutschland. Hier gibt es einige Ausnahmetatbestände, die für die einzelnen Mitarbeiter gepflegt werden müssen. So sind z. B. die Vorstandsmitglieder einer Aktiengesellschaft, wie in Abbildung 5.52 dargestellt, als ARBEITGEBER zu kennzeichnen.

Hinweis

Auch dann, wenn in Ihrem Unternehmen ein eigener Mitarbeiterkreis für den Vorstand genutzt wird, muss dieser Ausnahmetatbestand gepflegt werden. Der Text des Mitarbeiterkreises wird hier vom System nicht herangezogen. Andere Ausnahmetatbestände erkennt das System automatisch aufgrund der SV- und der DEÜV-Daten.

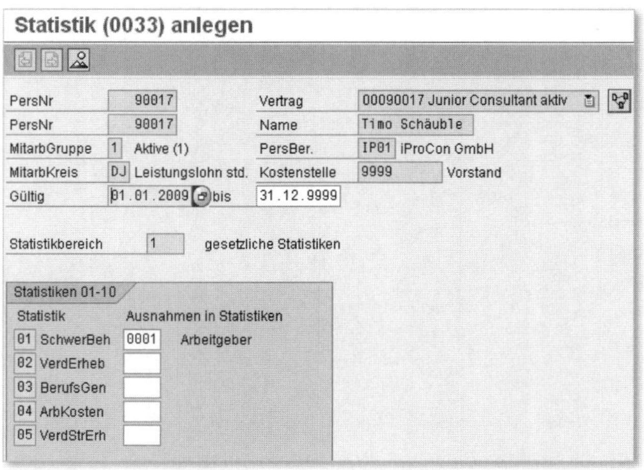

Abbildung 5.52 Infotyp 0033 (Statistik) mit Arbeitgeberkennzeichen für Schwerbehindertenstatistik

Tipp

Die Schwerbehindertenabgabe wird anhand eines Prozentsatzes berechnet, der in Stufen ansteigt. Wenn Ihr Unternehmen ganz knapp in eine höhere Stufe eingeordnet wurde, kann es sich durchaus lohnen, den Infotyp 0033 besonders genau auf Vollständigkeit zu überprüfen. Das Nachtragen weniger vergessener Ausnahmetatbestände kann in solchen Fällen zu recht hohen Einsparungen führen.

5.7.12 Infotyp 0036 (Sozialversicherung Schweiz)

In diesem Infotyp erfassen Sie die Daten des Mitarbeiters zur Berechnung der Sozialversicherungsbeiträge für die Schweiz (siehe Abbildung 5.53). Die Angaben sind erforderlich für die Abrechnung. Aufgrund der Einstellungen im Customizing sind die Mitarbeiter bereits in Abrechnungseinheiten gruppiert. Viele Merkmale der Sozialversicherung werden in der Regel nicht für den einzelnen Mitarbeiter, sondern über die Abrechnungseinheit gepflegt. Im Infotyp 0036 müssen Sie in den entsprechenden Feldern nur dann eine Eingabe vornehmen, wenn der betreffende Mitarbeiter eine Ausnahme darstellt.

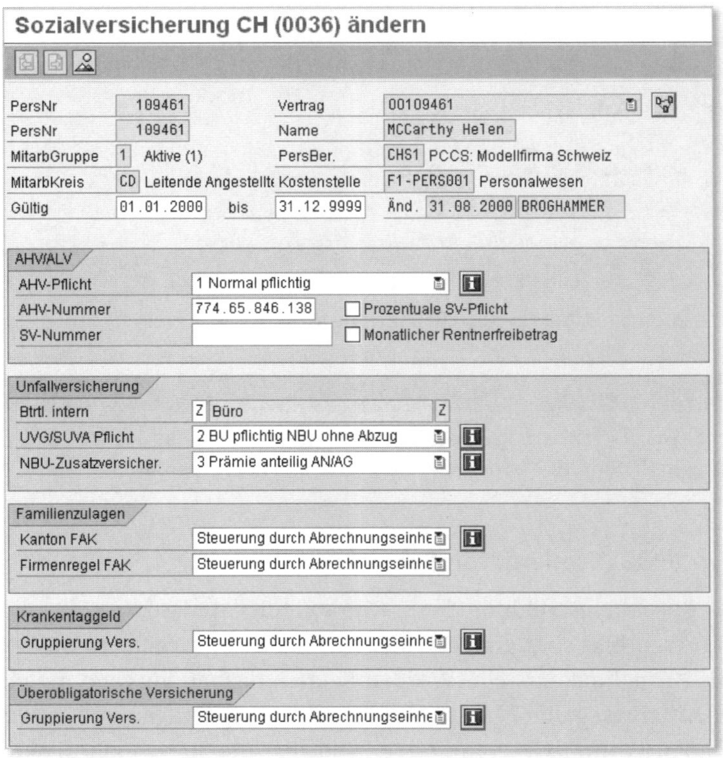

Abbildung 5.53 Infotyp 0036 (Sozialversicherung Schweiz)

Eine Abrechnungseinheit ist eine Zusammenfassung von Mitarbeitern. Sie steuert die gemeinsame Behandlung von Mitarbeitern in vielen Bereichen der Abrechnung, in Auswertungen sowie für die gemeinsame Vorgabe von Vorschlagswerten in der Personaladministration. Abrechnungseinheiten werden unter mehreren Gesichtspunkten unterschiedlich gebildet. Dies können Familienzulagen, Quellensteuer, Bundesamt für Statistik usw. sein. Informieren Sie sich, welche Abrechnungseinheiten in Ihrer Organisation angelegt sind und wie sie sich zusammensetzen.

Zu den einzelnen Feldern, die im Infotyp 0036 zu pflegen sind, existiert meist ein Info-Icon H. Darunter finden Sie weitere Daten und Zusatzinformationen zu den Abrechnungseinheiten, so z. B. Verantwortliche, Beitragssätze oder Zulagen. Abbildung 5.54 zeigt beispielsweise die Daten zur Abrechnungseinheit für die Familienzulagen.

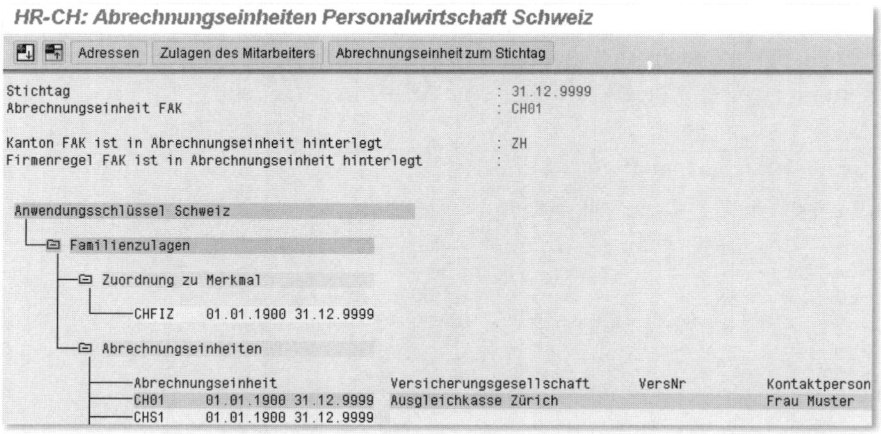

Abbildung 5.54 Beispiel von Daten zur Abrechnungseinheit

Hinweis

Daten im Infotyp »Sozialversicherung Schweiz« dürfen nie während des Monats, sondern immer nur zum Ersten des nachfolgenden Monats geändert werden.

5.7.13 Infotyp 0038 (Steuerdaten Schweiz)

Im Infotyp 0038 (siehe Abbildung 5.55) werden die Steuerdaten für die Schweiz erfasst. Auch hier sind einige Felder nur dann zu pflegen, wenn der Mitarbeiter eine Ausnahme darstellt. Werden keine Eingaben vorgenommen, dann gelten für Arbeitsweg und Mahlzeiten diejenigen Regelungen, die an der Abrechnungseinheit Lohnausweis hinterlegt sind. Für die Spesen gilt die am Mitarbeiterkreis hinterlegte Steuerung. Erkundigen Sie sich im Zweifelsfall, wie dies in Ihrem Unternehmen geregelt ist. Pflegen Sie diese Felder hier, ohne dass es wirklich erforderlich ist, bedeutet dies nicht nur unnötige Arbeit. Wenn die entsprechende Regelung künftig für eine ganze Abrechnungseinheit umgestellt werden soll, besteht die Gefahr, dass der individuell gepflegte Mitarbeiter dabei eventuell vergessen wird.

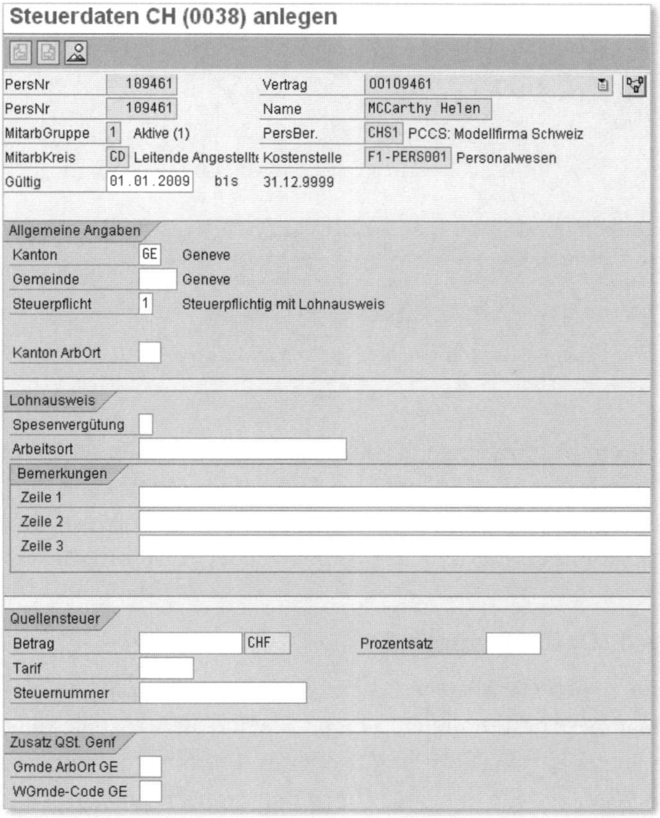

Abbildung 5.55 Infotyp 0038 (Steuerdaten Schweiz)

5.7.14 Infotyp 0040 (Leihgaben)

Im Infotyp »Leihgaben« (siehe Abbildung 5.56) können Sie vermerken, welche Gegenstände Sie an den Mitarbeiter ausgeliehen haben. Der Subtyp bestimmt die Art der Leihgabe. Im Standard sind u.a. die Subtypen »Schlüssel«, »Kleidung« und »Bücher« angelegt. Zusätzlich können Sie Anzahl und Einheit zur Leihgabe pflegen (z. B. »3 Stück«, wenn drei Schlüssel ausgehändigt wurden).

Das Feld ANLAGENNUMMER erlaubt eine Integration mit der Anlagenbuchhaltung. Ist diese Integration in Ihrem System aktiv, können Sie die Anlagennummer hier nur pflegen, wenn der jeweilige Anlagenstammdatensatz angelegt ist. Darüber hinaus steht Ihnen ein Freitextfeld für Bemerkungen zur Verfügung.

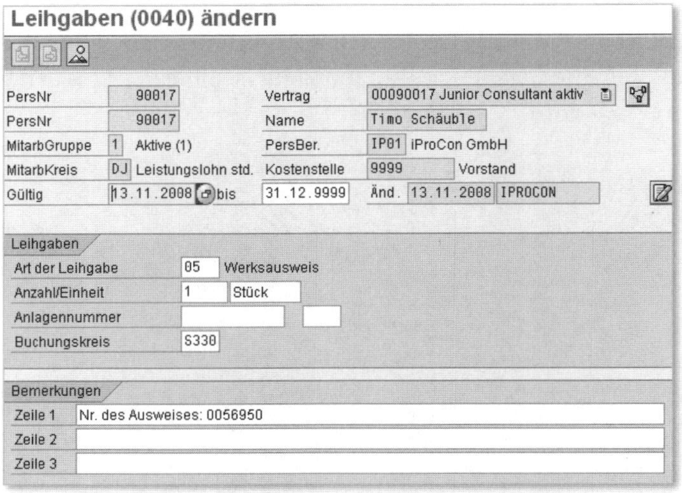

Abbildung 5.56 Die Aushändigung eines Werksausweises kann im Infotyp 0040 festgehalten werden

Idealerweise sind in Ihrem Unternehmen dynamische Maßnahmen eingerichtet, die bei einem organisatorischen Wechsel oder bei Austritt des Mitarbeiters Meldungen an die jeweils zuständigen Abteilungen generieren. Die verantwortlichen Sachbearbeiter werden somit erinnert, die Leihgaben wieder einzufordern.

5.7.15 Infotyp 0041 (Datumsangaben)

Im Infotyp 0041 können Sie verschiedene Daten zum Mitarbeiter pflegen, z. B. als ergänzende Information zu bestimmten Infotypen oder um diese anstelle anderer in Auswertungen, in der Personalabrechnung oder für Urlaubsprogramme zu verwenden. Im Standard stehen Ihnen bereits einige Datumsarten zur Verfügung wie TECHN. EINTRITTSDAT., ERSTER ARBEITSTAG, ERSTER ZAHLTAG usw.

Beim Anlegen des Infotyps werden die für Ihr Unternehmen relevanten Datumsarten vorgeschlagen. Ordnen Sie diesen das entsprechende Datum zu (siehe Abbildung 5.57). Es können bis zu zwölf zusätzliche Datumsarten angelegt werden. Falls Sie mehr Felder benötigen, ist in den Infotypeigenschaften die Zeitbindung »3« einzutragen (beantragen Sie dies bei Ihrem Customizing-Verantwortlichen).

Hinweis

Das technische Eintrittsdatum wird in einigen Auswertungen genutzt, um ein Eintrittsdatum abweichend vom Infotypen 0000 zu ermitteln (z. B. bei anrechenbaren Vordienstzeiten). Alternativ wird oft auch das Eintrittsdatum im Infotyp 0016 (siehe Abschnitt 5.6.13, »Infotyp 0016 [Vertragsbestandteile]«) genutzt.

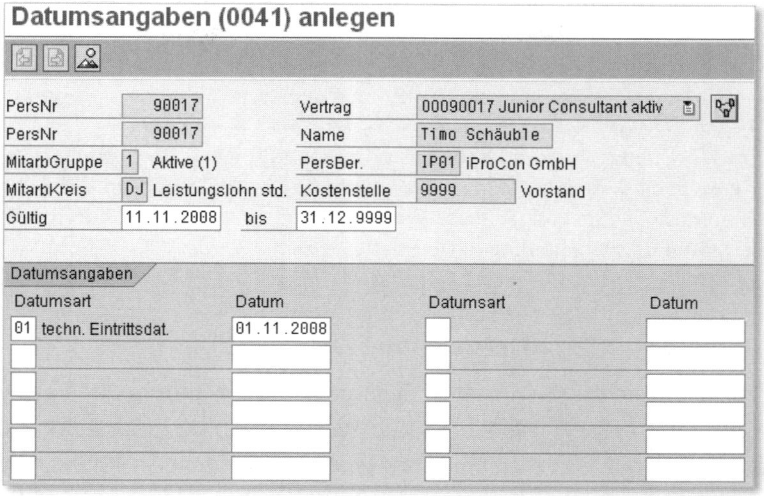

Abbildung 5.57 Das technische Eintrittsdatum im Infotyp 0041 weicht vom tatsächlichen Eintrittsdatum ab

5.7.16 Infotyp 0042 (Steuerdaten Österreich)

Die Steuerdaten für Österreich werden im Infotyp 0042 gepflegt (siehe Abbildung 5.58).

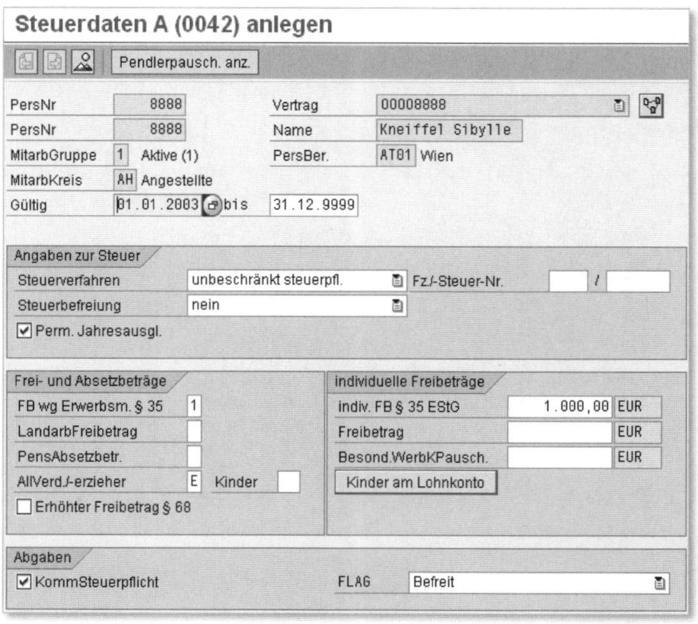

Abbildung 5.58 Infotyp 0042 (Steuerdaten Österreich)

Die Auswahlhilfen sind im Wesentlichen selbsterklärend. Beachten Sie aber Folgendes:

Hinweis

Wenn Sie einen Freibetrag aufgrund §35 EStG erfassen, prüft das System, ob für den Mitarbeiter eine Behinderung im Infotyp 0004 hinterlegt ist. Ist dies nicht der Fall, erscheint eine Warnung. Sie können diese Warnung mit [↵] übergehen, sofern der Freibetrag aufgrund der Behinderung des Ehegatten gewährt wird.

5.7.17 Infotyp 0044 (Sozialversicherung Österreich)

Die Daten zur österreichischen Sozialversicherung sind im Infotyp 0044 abgelegt (siehe Abbildung 5.59). Neben SV-GRUPPE, SV-ANSTALT und BEITRAGSGRUPPE sind insbesondere die ersten vier Stellen des Feldes SV-NUMMER zu pflegen. Die folgenden Stellen sind bereits korrekt mit dem Geburtsdatum des Mitarbeiters vorbelegt. Da das System eine Plausibilitätsprüfung vornimmt, lässt sich nur eine korrekte SV-Nummer speichern. Es ist aber möglich, die ersten vier Stellen zunächst offen zu lassen. Die Warnung, die daraufhin erscheint, kann mit [↵] übergangen werden.

Abbildung 5.59 Infotyp 0044 (Sozialversicherung Österreich)

Die Kennzeichen zu Beiträgen und Umlagen im unteren Teil des Bildes werden größtenteils aufgrund von SV-Gruppe, SV-Anstalt und Beitragsgruppe fest vorbelegt. Im Allgemeinen müssen Sie nur noch das Kennzeichen nach dem Nachtschwerarbeitsgesetz und das Geschäftsführerkennzeichen manuell pflegen.

Für einige Beitragsgruppen sind im Customizing wichtige Eigenschaften hinterlegt, die im mittleren Teil des Bildes angezeigt werden. Abbildung 5.60 zeigt dies im Fall der Beitragsgruppe »N62«.

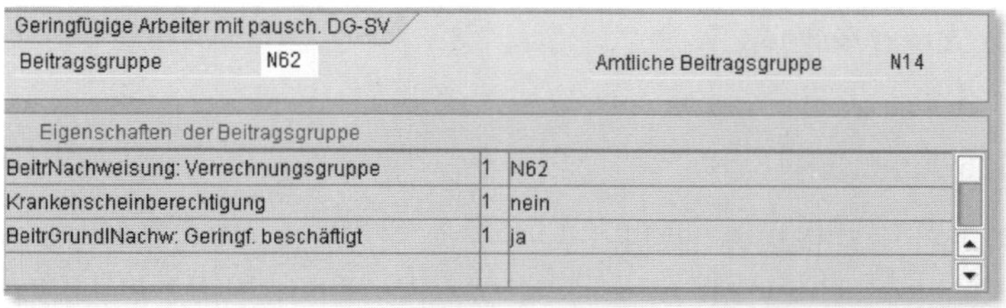

Abbildung 5.60 Eigenschaften der Beitragsgruppe »N62«

Wird ein Satz des Infotyps 0044 angelegt, so wird dynamisch die Maske des Infotyps 0367 (SV-Meldungszusätze A) aufgerufen (siehe Abbildung 5.61). Hier pflegen Sie die Informationen für die elektronische Datenübermittlung (ELDA). Klicken Sie anschließend auf den Button ELDA-Satz u. Sichern, um eine ELDA-Meldung zu erzeugen.

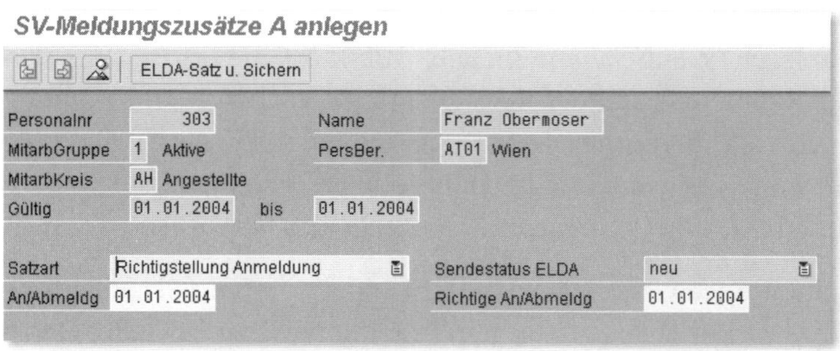

Abbildung 5.61 ELDA-Satz im Infotyp 0367

5.7.18 Infotyp 0045 (Darlehen)

Im Infotyp 0045 erfassen Sie die Darlehen, die Ihr Unternehmen an den Mitarbeiter vergeben hat. Die Daten sind erforderlich für die Personalabrechnung. Dabei werden die Darlehensrückzahlung, -verzinsung und die Versteuerung des geldwerten Vorteils berechnet.

Der Subtyp kennzeichnet die Darlehensart. Im Standard existieren z. B. die Subtypen »Baudarlehen mit Ratentilgung«, »Kfz-Darlehen mit Ratentilgung« und »Dauervorschuss«. Für jedes angelegte Darlehen vergibt das System eine laufende Nummer, sodass auch gleiche Darlehen mehrfach angelegt werden können.

Wählen Sie vor dem Anlegen des Infotyps den Subtyp aus. Die Eingabemaske besteht aus den drei Registerkarten Grunddaten, Konditionen und Zahlungen. Das Feld Externe Referenznummer pflegen Sie abhängig von Ihren unternehmensindividuellen Bestimmungen, beispielsweise kann hier die Vertragsnummer vermerkt werden.

Registerkarte »Grunddaten«

Tragen Sie hier das Bewilligungsdatum und den bewilligten Darlehensbetrag ein. Die weiteren Felder sind nicht eingabebereit, sie zeigen Ihnen den aktuellen Darlehensstand an.

Registerkarte »Konditionen«

Pflegen Sie im Feld Darlehenskondition den Schlüssel für die Berechnung von Zinsen und Tilgung. Wenn mit dem Mitarbeiter ein abweichender Zinssatz vereinbart wurde, hinterlegen Sie diesen im Feld individueller Zinssatz. Bevor die Tilgungsrate oder das Enddatum berechnet werden können, müssen Sie auf der Registerkarte Zahlungen das Datum und die Zahlart Darlehensauszahlung anlegen. Wenn Sie nun im Feld Gültig bis die Laufzeit des Darlehens festlegen, können Sie auf der Registerkarte Konditionen die Tilgungsrate über das Icon berechnen lassen. Sie können auch die Tilgungsrate bestimmen und vom System das Enddatum berechnen lassen. Wählen Sie dazu auf der Registerkarte Konditionen oder Zahlungen das Icon .

Falls sich die Konditionen während der Laufzeit ändern, müssen Sie einen weiteren Infotypsatz zur Darlehensart anlegen. Alle Infotypsätze zu einem Darlehen müssen dieselbe fortlaufende Nummer haben. Die Buttons zur Berechnung der Rate und des Enddatums befinden sich dann nur auf dem letzten Infotypsatz.

Wenn Sie die Konditionen eines bestehenden Darlehens ändern möchten, schlägt Ihnen das System eine neue laufende Nummer vor. Überschreiben Sie diese mit der Nummer des alten Infotypsatzes. Wenn Sie einen neuen Infotyp durch Kopieren anlegen wollen, kopiert das System auch die laufende Nummer. Hier müssen Sie die Nummer mit der nächsten freien Nummer überschreiben, wenn es sich um einen neues Darlehen handelt.

Registerkarte »Zahlungen«

Auf dieser Registerkarte sind alle Auszahlungen des Arbeitgebers sowie Rückzahlungen des Mitarbeiters zu erfassen. Der erste Eintrag ist somit in der Regel die Darlehensauszahlung.

> **Hinweis**
>
> Wenn ein Darlehen vollständig zurückgezahlt wurde, sollte der Infotypsatz abgegrenzt werden. Falls ein Mitarbeiter vorzeitig austritt und das Darlehen am letzten Arbeitstag komplett zurückzahlt, muss die Zahlungsart SONDERTILGUNG (EXTERN) angelegt werden. Mit dieser Zahlungsart werden für diesen Tag im Gegensatz zur Zahlungsart KOMPLETTRÜCKZAHLUNG keine Zinsen mehr berechnet.

5.7.19 Infotyp 0128 (Mitteilungen)

Mit diesem Infotyp können Sie den Entgeltnachweis mit zusätzlichen Informationen wie z. B. Geburtstagsglückwünschen oder allgemeinen Informationen der Geschäftsleitung anreichern.

Über den Subtyp 1 (Allgemeine Mitteilungen) wählen Sie einen bereits angelegten Textbaustein aus. Im Subtyp 2 (Persönliche Mitteilungen) können Sie den Text bearbeiten. Er gilt jedoch nur für die ausgewählte Personalnummer und kann nur in diesem Infotypsatz angezeigt werden.

Falls mehrere Mitteilungen zu einem Zeitpunkt gelten, pflegen Sie das Feld REIHENFOLGE dementsprechend, ansonsten werden die Mitteilungen in der gespeicherten Reihenfolge ausgegeben.

5.8 Ausführen ausgewählter Maßnahmen

Vorgänge, die als Maßnahme im System umgesetzt werden können, sind beispielsweise ein Wechsel der organisatorischen Zuordnung, der Austritt, die Verrentung, die Versetzung, die Änderung der Bezüge, der Wiedereintritt in das Unternehmen sowie die Einstellung eines Bewerbers.

> **Hinweis**
>
> Von den hier genannten Maßnahmen ändern lediglich der Austritt, die Verrentung, der Wiedereintritt und die Einstellung eines Bewerbers den Status des Mitarbeiters. Diese sind damit immer im Infotyp 0000 abgespeichert. Andere Maßnahmen ohne Statusänderung können auch ausschließlich im Infotyp 0302 (Ergänzende Maßnahmen) abgespeichert sein. Das hängt davon ab, wie Ihr System konfiguriert ist und ob am gleichen Tag noch weitere Maßnahmen erfasst worden sind. Auch die ausschließlich im Infotyp 0302 gespeicherten Maßnahmen werden in der Übersicht des Infotyps 0000 angezeigt.

5.8.1 Maßnahme »Organisatorischer Wechsel«

Kehren wir noch einmal zu dem bereits bekannten Beispiel zurück: Herr Schäuble ist aufgestiegen und wechselt zum 01.03.2009 die Position im Unternehmen. Es ändern sich sowohl seine Bezüge als auch seine Arbeitszeit. Im Zuge dessen müssen einige Veränderungen vorgenommen werden: Bestimmte Felder der organisatorischen Zuordnung (Mitarbeitergruppe und -kreis, Personalbereich) können nur über eine geeignete Maßnahme geändert werden. Das System bietet Ihnen nacheinander eine Kopie der aktuellen Infotypsätze der betroffenen Infotypen zur Pflege an (siehe Tabelle 5.3).

Organisatorischer Wechsel mit Integration des Organisationsmanagements	Organisatorischer Wechsel ohne Integration des Organisationsmanagements
1. Rufen Sie das Maßnahmen-Menü über den Menüpfad PERSONAL • PERSONALMANAGEMENT • ADMINISTRATION • PERSONALSTAMM • PERSONALMASSNAHMEN auf.	
2. Wählen Sie die Personalnummer aus, und tragen Sie das Datum des organisatorischen Wechsels (1. Arbeitstag in der neuen Position) in das Feld BEGINN ein.	
3. Markieren Sie die Maßnahmenart ORGANISATORISCHER WECHSEL und wählen Sie das Icon .	
4. Tragen Sie im Infotyp 0000 den Grund des organisatorischen Wechsels ein.	
5. Ändern Sie die Planstelle, und bestätigen Sie Ihre Eingabe.	–
6. Überprüfen, ändern oder ergänzen Sie gegebenenfalls die Daten der organisatorischen Zuordnung, die zum Teil auf Basis der Planstelle vorbelegt werden.	–
7. Sichern Sie Ihre Eingaben. Das System informiert Sie, dass der Vorgängersatz zum Ende begrenzt wird.	
8. Bestätigen Sie die Systemmeldung mit [↵].	
9. Es wird Ihnen der Infotyp 0001 (Organisatorische Zuordnung) zur Pflege angeboten.	
10. Die Daten zur Aufbauorganisation werden vom System automatisch auf Basis der Planstelle angezeigt.	11. Ändern Sie gegebenenfalls die Daten zur Aufbauorganisation.
12. Pflegen/korrigieren Sie gegebenenfalls weitere Felder – insbesondere den Personalteilbereich, den Abrechnungskreis und die zuständigen Sachbearbeiter.	
13. Pflegen Sie gegebenenfalls Änderungen in den Infotypen »Sollarbeitszeit«, »Basisbezüge« und »Wiederkehrende Be-/Abzüge«.	
14. Nach dem Pflegen des letzten Infotyps gelangen Sie wieder auf das Einstiegsbild PERSONALMASSNAHMEN.	

Tabelle 5.3 Maßnahme »Organisatorischer Wechsel«

Mit diesem Vorgang haben Sie alle Daten für den organisatorischen Wechsel des Mitarbeiters zum 01.03.2009 erfasst bzw. geändert. Die aktuellen Infotypsätze wurden begrenzt und neue hinzugefügt. Den Abrechnungskreis können Sie immer nur zum Ende einer Abrechnungsperiode ändern.

Hinweis

Mit der Personalmaßnahme Organisatorischer Wechsel können Sie Eingabefehler bezüglich der Personal- bzw. Unternehmensstruktur korrigieren, die Ihnen bei der Durchführung der Einstellungsmaßnahme unterlaufen sind. Zum Korrigieren aller anderen Fehler führen Sie jedoch die ursprüngliche Personalmaßnahme nochmals durch.

Hinweis

Abhängig von Ihren unternehmensindividuellen Einstellungen können die zuständigen Sachbearbeiter automatisch über den organisatorischen Wechsel des Mitarbeiters benachrichtigt werden. Sobald der entsprechende Infotypsatz bearbeitet worden ist, wird über eine dynamische Maßnahme eine E-Mail an die verantwortlichen Sachbearbeiter versendet.

5.8.2 Maßnahme »Austritt«

Herr Schäuble verlässt zum 31.12.2009 auf eigenen Wunsch das Unternehmen. Beim Austritt eines Mitarbeiters sind verschiedene Infotypen abzugrenzen. Wenn Sie die Maßnahme »Austritt« ausführen, bietet Ihnen das System automatisch einige Infotypen als Listbild im Abgrenzen-Modus an.

1. Rufen Sie das Maßnahmen-Menü über den Menüpfad Personal • Personalmanagement • Administration • Personalstamm • Personalmassnahmen auf.
2. Wählen Sie die Personalnummer aus, und tragen Sie das Datum des letzten Arbeitstages in das Feld Beginn ein.
3. Markieren Sie die Maßnahmenart Austritt, und wählen Sie das Icon .
4. Tragen Sie im Infotyp 0000 den Grund des Austritts ein.
5. Sichern Sie Ihre Eingaben. Das System informiert Sie, dass der Vorgängersatz zum Ende begrenzt wird.
6. Bestätigen Sie die Systemmeldung mit [↵].
7. Markieren Sie im Listbild des folgenden Infotyps alle Datensätze, und wählen Sie das Icon (siehe Abbildung 5.62).

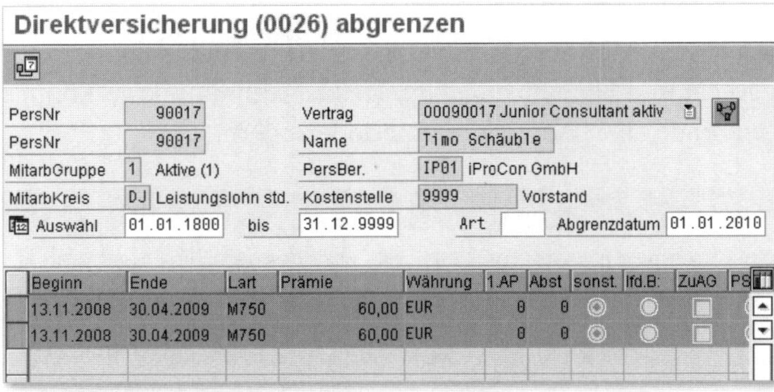

Abbildung 5.62 Abgrenzen der Datensätze des Infotyps 0026 zum 01.01.2010

8. Sie erhalten die Systemmeldung DATENSÄTZE WURDEN ABGEGRENZT. Es öffnet sich das Listbild des nächsten Infotyps.
9. Verfahren Sie auf gleiche Weise mit den weiteren Infotypen.
10. Infotyp 0015 (Ergänzende Zahlung) wird gegebenenfalls nur im ANZEIGEN-Modus geöffnet. Überprüfen Sie die Gültigkeit eventuell im Voraus angelegter Einmalzahlungen. Wenn die Zahlung an den ausgetretenen Mitarbeiter nicht mehr erfolgen soll, merken Sie sich die Fälle, und löschen Sie die Sätze nach Abschließen der Maßnahme über die Personalstammdatenpflege.
11. Nach dem letzten Infotyp gelangen Sie wieder auf das Einstiegsbild PERSONALMASSNAHMEN.

Das Ergebnis ist: Der Mitarbeiter hat den Beschäftigungsstatus AUSGETRETEN (siehe Abbildung 5.63).

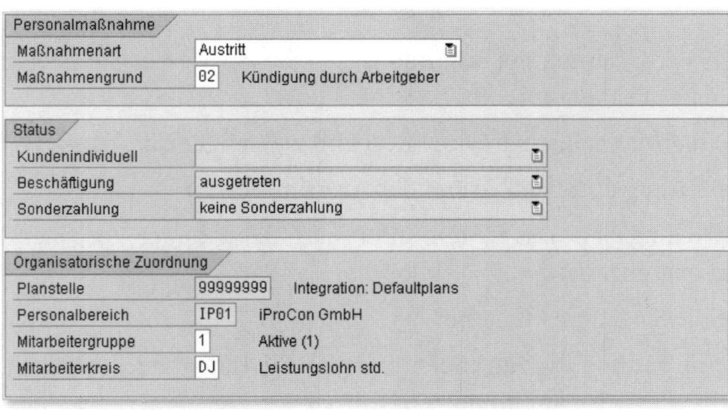

Abbildung 5.63 Infotyp 0000 mit Integration des Organisationsmanagements

Hinweis

Die Austrittsmaßnahme ist nicht für Mitarbeiter auszuführen, die in den Rentenstand wechseln oder z. B. aufgrund von Mutterschutz oder Wehr- bzw. Zivildienst für längere Zeit abwesend sind.

Das Anfangsdatum des Infotyps 1 liegt einen Tag hinter dem Datum, das Sie beim Start der Maßnahme erfasst haben – es ist also der erste inaktive Tag des Mitarbeiters.

Hinweis

Alle Infotypen, die nicht in der Austrittsmaßnahme enthalten sind, verbleiben im System, damit der Mitarbeiter eventuell noch ausstehende Nachzahlungen (Überstunden, Urlaubsabgeltung usw.) erhalten kann.

Wenn die Integration des Organisationsmanagements aktiv ist, wird dem Mitarbeiter ab Austrittsdatum eine Sammelplanstelle zugeordnet. Das System fragt beim Sichern des Infotyps 0000 (Maßnahmen), ob die bisherige Planstelle nach dem Austritt des Mitarbeiters vakant gesetzt werden soll (siehe Abbildung 5.64). Dies ist dringend zu empfehlen, damit die Planstelle z. B. für eine neue Besetzung über die Bewerberverwaltung wieder frei ist.

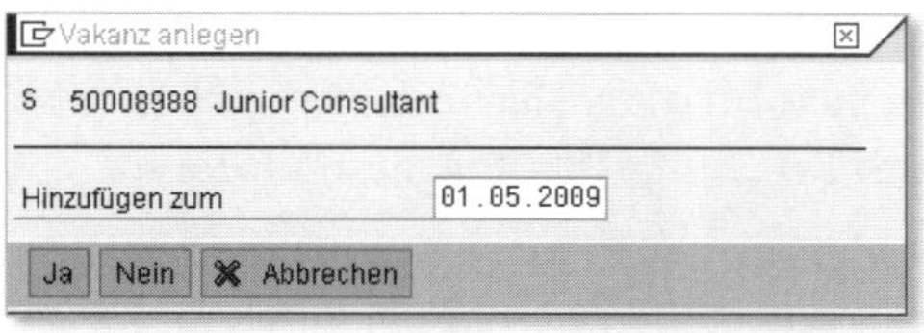

Abbildung 5.64 Bei Austritt eines Mitarbeiters Planstelle wieder vakant setzen

Falls der Mitarbeiter nach seinem Austritt weiterhin Bezüge erhält, so ist im Infotyp 0003 (Abrechnungsstatus) im Feld ABRECHNEN BIS das Datum zu pflegen, bis zu dem der Mitarbeiter weiter abgerechnet werden soll. Die Basisbezüge im Infotyp 0008 werden jedoch nach einem Austritt grundsätzlich nicht mehr abgerechnet. Es ist ein wesentliches Merkmal des Infotyps 0008, dass die Bezüge für inaktive Zeiträume oder unbezahlte Abwesenheit nicht gezahlt werden. Möglich ist eine Zahlung an ausgetretene Mitarbeiter z. B. über den Infotyp 0015 (Ergänzende Zahlung).

5.9 Tipps und Tricks

Im folgenden Abschnitt zeigen wir Ihnen, wie Sie die Datenpflege vereinfachen bzw. beschleunigen können.

5.9.1 Maßnahmenschnellerfassung

Einige Maßnahmen sind auch über die Maßnahmenschnellerfassung ausführbar. Mit dieser Funktion können Sie für jeweils einen Mitarbeiter sehr schnell die wichtigsten Daten innerhalb der Maßnahme vermerken. Dabei werden Ihnen auf einem Bild nur die Mussfelder (oder eine unternehmensspezifisch konfigurierte Auswahl von Feldern) angeboten.

Eine weitere Veränderung ist eingetreten: Herr Schäuble meldet Ihnen die Geburt seines Kindes. Sie gehen wie folgt vor: Zur Pflege der Infotypen 0002 (Daten zur Person), 0021 (Familie/Bezugsperson) und 0012 (Steuerdaten Deutschland) wurde in Ihrem Unternehmen eine Maßnahmenschnellerfassung eingerichtet.

1. Im SAP Easy-Access-Menü wählen Sie den Menüpfad Personal • Personalmanagement • Administration • Personalstamm • Schnellerf.Massnahmen.
2. Rufen Sie die entsprechende Maßnahme auf.
3. Pflegen Sie alle eingabebereiten Felder. Die Maske enthält Felder mehrerer Infotypen.
4. Wenn Sie zu einem Infotyp weitere Felder pflegen möchten, markieren Sie für diesen das Feld Weitere Daten zum Infotyp. Nachdem Sie gesichert haben, gelangen Sie auf das »normale« Erfassungsbild für diesen Infotyp.
5. Sichern Sie Ihre Eingaben. Im Fehlerfall wird der entsprechende Infotyp ebenfalls mit dem »normalen« Erfassungsbild angezeigt.

5.9.2 Schnellerfassung

Falls Sie für mehrere Mitarbeiter den gleichen Infotyp pflegen müssen, können Sie dies über die Schnellerfassung tun. Das System bietet Ihnen hierfür eine Liste zur Erfassung der Daten an. Sie können sich somit das Öffnen des Infotyps für jeden einzelnen Mitarbeiter sparen und sehr schnell Massendaten im System eingeben.

Dies könnte beispielsweise der Fall sein, wenn zum Jahresende mehrere Mitarbeiter eine Prämie erhalten. Sie müssen zu jedem dieser Mitarbeiter die gleiche Lohnart im Infotyp 0015 (Ergänzende Zahlung) pflegen.

1. Im SAP Easy-Access-Menü wählen Sie den Menüpfad Personal • Personalmanagement • Administration • Personalstamm • Schnellerfassung.
2. Sie gelangen auf das Bild Schnellerfassung.
3. Markieren Sie im Vorschlag-Menü den Infotyp Ergänzende Zahlung.

4. Wählen Sie in der Feldgruppe EINGABE PERSONALNUMMERN die Option EINGABE AUF SCHNELLERFASSUNGSBILD aus (siehe Abbildung 5.63).
5. Klicken Sie auf das ANLEGEN-Icon.
6. Geben Sie in der Liste die Personalnummern der Mitarbeiter ein, und pflegen Sie die Felder dementsprechend.
7. Sichern Sie Ihre Eingaben.

Sie haben damit in einem einzigen Arbeitsschritt einen Infotyp gleichzeitig für mehrere Mitarbeiter angelegt.

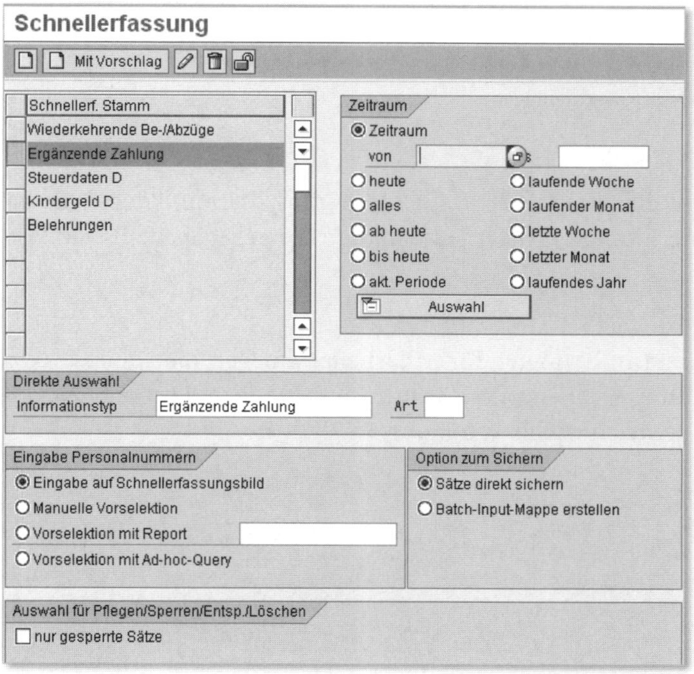

Abbildung 5.65 Schnellerfassung für Infotyp 0015 (Ergänzende Zahlung)

Schnellerfassung mit Vorschlagswerten

Wenn sich die Eingabewerte oft wiederholen, können Sie die Liste auch mit Vorschlagswerten füllen. Gehen Sie dazu wie folgt vor:

1. Sie befinden sich im Bild SCHNELLERFASSUNG.
2. Markieren Sie im Vorschlag-Menü den gewünschten Infotyp.
3. Wählen Sie in der Feldgruppe EINGABE PERSONALNUMMERN die Option EINGABE AUF SCHNELLERFASSUNGSBILD aus.
4. Klicken Sie auf den Button Mit Vorschlag.

5. Füllen Sie im folgenden Bild die Felder, die in der Liste vorbelegt sein sollen (siehe Abbildung 5.66).

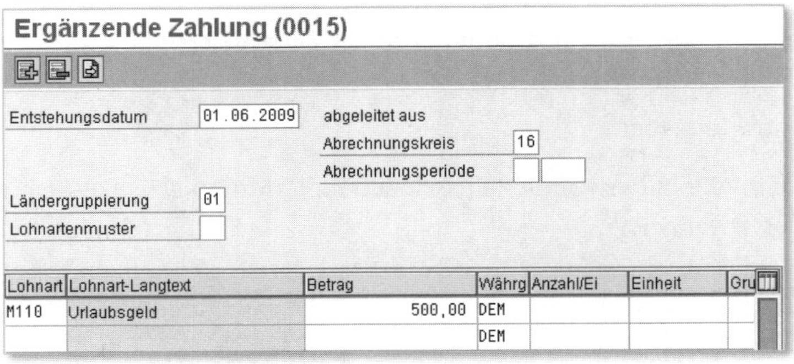

Abbildung 5.66 Vorschlagswerte pflegen

6. Wählen Sie das Icon .
7. Sie gelangen auf die Liste mit 20 vorbelegten Infotypsätzen. Pflegen Sie die Personalnummern, und ergänzen oder ändern Sie gegebenenfalls die Vorschlagswerte.
8. Sichern Sie Ihre Eingaben.
9. Wenn Sie weitere Infotypsätze für Mitarbeiter anlegen möchten, klicken Sie auf den Button Weitere PersNr. Sie erhalten eine neue Liste mit 20 vorbelegten Infotypsätzen (siehe Abbildung 5.67).

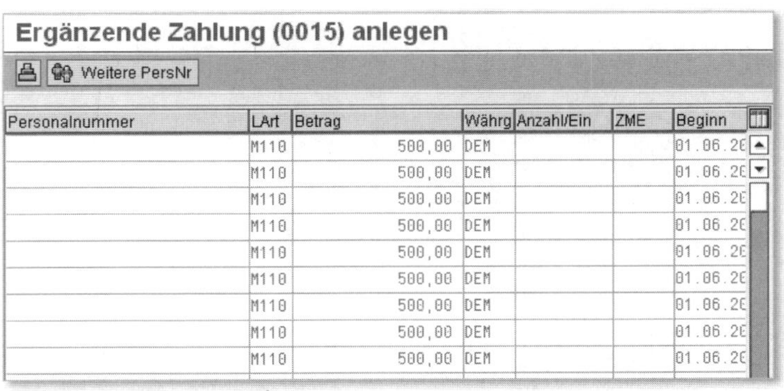

Abbildung 5.67 Schnellerfassung mit Vorschlagswerten

Personalnummern für Schnellerfassung über einen Report selektieren

Sie können sich auch die Eingabe jeder einzelnen Personalnummer sparen, wenn Sie die Mitarbeiter vorher über einen Report selektieren. Gehen Sie dazu wie folgt vor:

1. Sie befinden sich im Bild SCHNELLERFASSUNG.
2. Markieren Sie im Vorschlag-Menü den gewünschten Infotyp, oder wählen Sie im Feld INFORMATIONSTYP den Infotyp aus.
3. Wählen Sie in der Gruppe EINGABE PERSONALNUMMERN die Vorselektion mit Report aus.
4. Wählen Sie in dem daneben befindlichen Feld einen Report aus.
5. Klicken Sie auf das ANLEGEN-Icon 🗋.
6. Füllen Sie entsprechend Ihren Suchkriterien die Selektionsparameter im Bild PERSONALNUMMERNSELEKTION FÜR SCHNELLERFASSUNG. (Genauere Informationen zur Nutzung des Standardselektionsbildes finden Sie in Kapitel 6, »Reports und Querys in der Personaladministration«, zum Thema Auswertungen.)
7. Klicken Sie auf das AUSFÜHREN-Icon.
8. Sie erhalten eine Liste aller Personalnummern, die den angegebenen Suchkriterien entsprechen.
9. Bearbeiten Sie gegebenenfalls die Liste. Sie können einzelne Personalnummern löschen (Icon) bzw. einzelne (Icon) oder mehrere Zeilen (Button NEUE PERSONALNUMMERN) einfügen.
10. Wählen Sie nun das Icon 🗋 oder den Button 🗋 Mit Vorschlag, und gehen Sie wie im Abschnitt »Schnellerfassung mit Vorschlagswerten« (im vorliegenden Abschnitt) beschrieben vor.
11. Falls Sie mehr als 20 Mitarbeiter selektiert haben, bietet Ihnen das System die Personalnummern in Gruppen an. Navigieren Sie nach dem Speichern der Eingaben zu den nächsten 20 Mitarbeitern, indem Sie auf den Button Weitere PersNr klicken.

Sie haben damit die über den Report selektierten Personalnummern für die Pflege auf dem Schnellerfassungsbild bereitgestellt.

Tipp

Wenn Sie mehrere Lohnarten für die Mitarbeiter anlegen müssen, pflegen Sie alle Lohnarten gleichzeitig als Vorschlagswerte. Sie müssen dann in der Schnellerfassungsliste die Personalnummer nur einmal für alle Sätze eingeben.

5.9.3 Personalakte

Betrachten wir folgende Situation: Herr Schäuble meldet sich zu einem Gespräch bei Ihnen an. Er möchte von seinem Recht Gebrauch machen, alle Daten, die über die eigene Person gespeichert sind, im System einzusehen. Um sich einen Überblick über die zu Herrn Schäuble erfassten Daten zu verschaffen, rufen Sie seine Personalakte auf.

1. Im SAP Easy-Access-Menü wählen Sie den Menüpfad Personal • Personalmanagement • Administration • Personalstamm • Personalakte.
2. Geben Sie im folgenden Bild die Personalnummer ein, und wählen Sie das Icon .
3. Blättern Sie mit den beiden Icons zwischen den Infotypen.
4. Wählen Sie im Bild Basisbezüge anzeigen den Button Be- und Abzüge (siehe Abbildung 5.68).

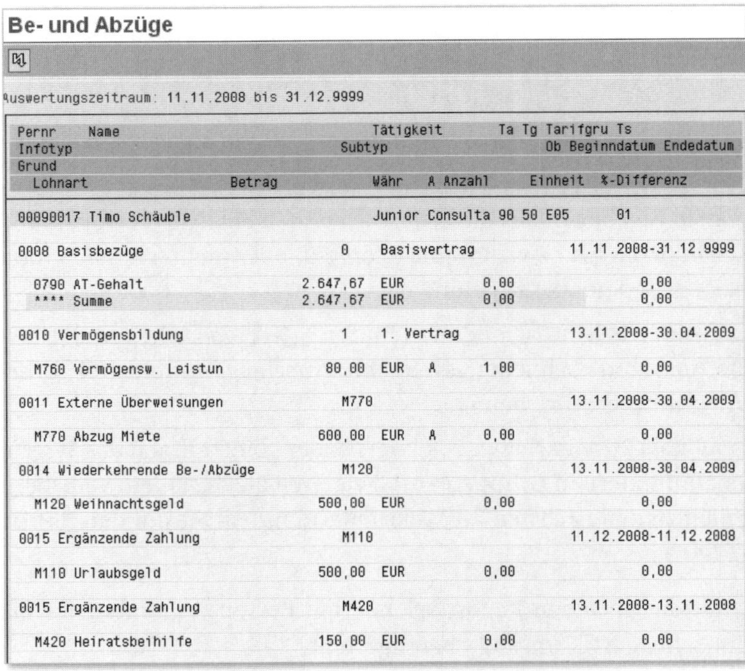

Abbildung 5.68 Beispiel eines Überblicks über die einzelnen Gehaltsbestandteile

Das Ergebnis ist: Sie können im Anzeigen-Modus durch alle Infotypen und Subtypen des Mitarbeiters blättern und sich so einen umfassenden Überblick verschaffen.

5.9.4 Abrechnungsstatus ändern

Im Infotyp 0003 sind einige Felder zusammengefasst, die die Abrechnungsorganisation für einen Mitarbeiter steuern. Dies betrifft insbesondere den Bereich der Rückrechnungen (siehe Abbildung 5.69).

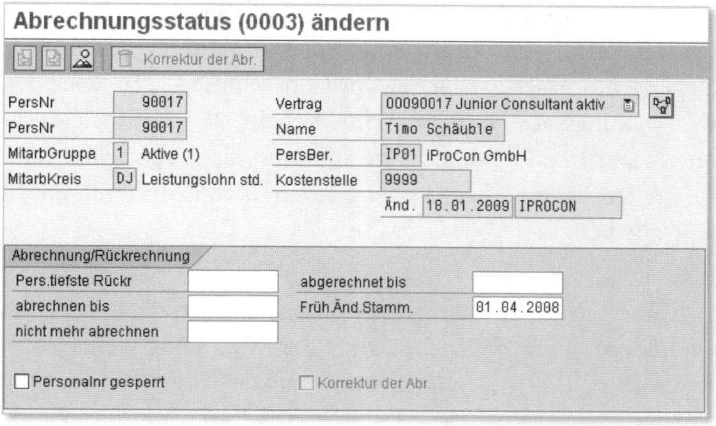

Abbildung 5.69 Abrechnung steuernde Daten im Infotyp 0003

Wenn Sie den Abrechnungsstatus ändern wollen, gehen Sie folgendermaßen vor:

1. Im SAP Easy-Access-Menü wählen Sie den Menüpfad Personal • Personalmanagement • Administration • Personalstamm • Pflegen.
2. Wählen Sie im Einstiegsbild der Stammdatenpflege die Personalnummer des Mitarbeiters aus.
3. Wählen Sie den Menüpfad Hilfsmittel • AbrStatus ändern.

Tipp

Wenn Sie für diesen Menüpfad keine Zugriffsberechtigung haben, können Sie den Infotyp 0003 ebenso wie andere Infotypen mit der üblichen Vorgehensweise ändern oder anzeigen. Dann sind allerdings nicht alle Felder eingabebereit.

4. Ändern Sie Folgendes, sofern es erforderlich ist:

- **Früheste Änderung Stammdaten**
  Mithilfe des Feldes Früh.Änd.Stamm. merkt sich das System, wie weit bei dem Mitarbeiter bei der nächsten Abrechnung rückgerechnet werden muss. Durch eine manuelle Änderung kann man eine Rückrechnung unterdrücken (dann entsteht allerdings eine fachliche Inkonsistenz zwischen dem Abrechnungsergebnis und den Stammdaten) oder diese für einen einzelnen Mitarbeiter erzwingen.
- **Persönliche tiefste Rückrechnung**
  Im Feld Pers.tiefste Rückr hinterlegen Sie das Datum, bis zu dem die abrechnungsrelevanten Stammdaten des Mitarbeiters zurück in die Vergangenheit geändert werden können. Das System gibt dann die Fehlermeldung

Änderung zu weit in die Abrechnungs-Vergangenheit aus, wenn rückrechnungsrelevante Felder oder Infotypen vor diesem Datum geändert werden. In der Regel wird dieser Sachverhalt pro Abrechnungskreis über den Abrechnungsverwaltungssatz gepflegt (siehe Kapitel 8, »Personalabrechnung«). Wenn ein bestimmter Mitarbeiter aufgrund einer speziellen Konstellation aber weniger weit rückgerechnet werden darf als die anderen, ist dieses Feld sehr nützlich.

- **Abrechnen bis**
  Falls ein Mitarbeiter nach seinem Austritt weiterhin Bezüge erhält, so ist in diesem Feld zu pflegen, bis zu welchem Datum der Mitarbeiter weiter abgerechnet werden soll.
- **Nicht mehr abrechnen**
  Mit diesem Feld können Sie bestimmen, ab wann ein Mitarbeiter nicht mehr abgerechnet werden soll (obwohl er weiterhin beschäftigt ist). Beachten Sie hierbei, dass auch eine Stammdatenänderung in der Abrechnungsvergangenheit keine Rückrechnung mehr auslöst.
- **Personalnummer gesperrt**
  Über das Kennzeichen Personalnr gesperrt können Sie den Mitarbeiter von der aktuellen Abrechnung ausschließen, um z. B. Fehler in den Stammdaten zu korrigieren.

Hinweis

Der Infotyp 0003 wird beim Ausführen der Einstellungsmaßnahme automatisch vom System angelegt. Nur in begründeten Fällen sollten manuelle Anpassungen erfolgen.

Im Feld abgerechnet bis erkennen Sie, bis zu welchem Datum der Mitarbeiter abgerechnet worden ist. Im Feld Früh.Änd.Stamm. (früheste Änderung Stammdaten) vermerkt das System, bis zu welchem Zeitpunkt in der Vergangenheit eine Änderung abrechnungsrelevanter Stammdaten erfolgt ist. Bei der nächsten Personalabrechnung findet immer dann eine Rückrechnung statt, wenn dieses Datum zeitlich vor der letzten Abrechnung liegt.

Tipp

Das Feld Korrektur der Abr. vermerkt, ob der Mitarbeiter in der aktuellen Abrechnungsperiode ein weiteres Mal abgerechnet werden muss (z. B., weil nach der ersten Abrechnung eine Datenänderung in der Korrekturphase erfolgte). An einigen Stellen des Systems wird auf dieses Feld mit dem Begriff *Matchcode W* Bezug genommen. Sie können den Feldinhalt ausgehend von der in Abbildung 5.67 gezeigten Maske ändern, und zwar über den Menüpfad Zusätze • Korrekturlauf setzen bzw. Zusätze • Korrektur der Abr. löschen.

5.9.5 Eintrittsdatum korrigieren

Wenn das Eintrittsdatum bei der Einstellungsmaßnahme des Mitarbeiters falsch gepflegt wurde, kann es nachträglich geändert werden. Es ist jedoch zu unterscheiden, ob der Mitarbeiter bereits abgerechnet worden ist oder nicht, und wenn ja, ob das tatsächliche Eintrittsdatum zeitlich vor oder hinter dem irrtümlichen Eintrittsdatum liegt.

Korrektur des Eintrittsdatums vor erstmaliger Abrechnung

Die Situation ist folgende: Kurz nachdem Sie die Einstellungsmaßnahme für Herrn Schäuble durchgeführt haben, merken Sie, dass Sie das Eintrittsdatum falsch gepflegt haben. (Herr Schäuble wurde noch nicht abgerechnet.) Sie gehen folgendermaßen vor:

1. Im SAP Easy-Access-Menü wählen Sie den Menüpfad PERSONAL • PERSONALMANAGEMENT • ADMINISTRATION • PERSONALSTAMM • PFLEGEN.
2. Wählen Sie im Einstiegsbild PERSONALSTAMMDATEN PFLEGEN die Personalnummer des Mitarbeiters aus.
3. Wählen Sie den Menüpfad HILFSMITTEL • EIN-/AUSTRITTSDATUM ÄNDERN.
4. Ändern Sie im Infotyp 0000 (Maßnahmen) den Gültigkeitsbeginn auf das tatsächliche Eintrittsdatum des Mitarbeiters.
5. Sichern Sie Ihre Eingaben.
6. Sie erhalten eine Liste mit den zum Mitarbeiter angelegten Infotypsätzen (siehe Abbildung 5.70).

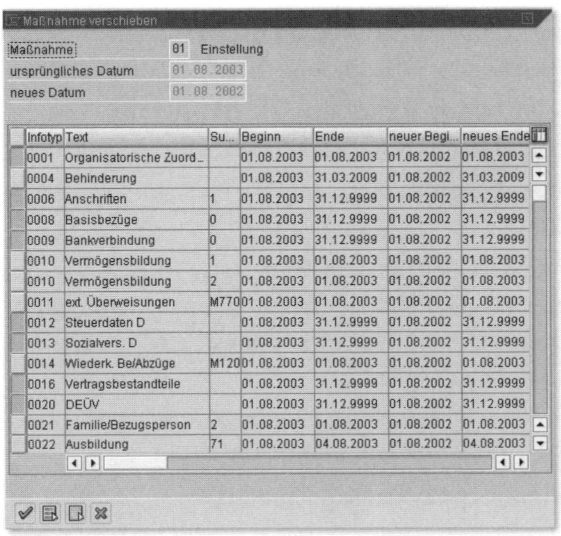

Infotyp	Text	Su...	Beginn	Ende	neuer Begi...	neues Ende
0001	Organisatorische Zuord...		01.08.2003	01.08.2003	01.08.2002	01.08.2003
0004	Behinderung		01.08.2003	31.03.2009	01.08.2002	31.03.2009
0006	Anschriften	1	01.08.2003	31.12.9999	01.08.2002	31.12.9999
0008	Basisbezüge	0	01.08.2003	31.12.9999	01.08.2002	31.12.9999
0009	Bankverbindung	0	01.08.2003	31.12.9999	01.08.2002	31.12.9999
0010	Vermögensbildung	1	01.08.2003	01.08.2003	01.08.2002	01.08.2003
0010	Vermögensbildung	2	01.08.2003	01.08.2003	01.08.2002	01.08.2003
0011	ext. Überweisungen	M770	01.08.2003	01.08.2003	01.08.2002	01.08.2003
0012	Steuerdaten D		01.08.2003	31.12.9999	01.08.2002	31.12.9999
0013	Sozialvers. D		01.08.2003	31.12.9999	01.08.2002	31.12.9999
0014	Wiederk. Be/Abzüge	M120	01.08.2003	01.08.2003	01.08.2002	01.08.2003
0016	Vertragsbestandteile		01.08.2003	31.12.9999	01.08.2002	31.12.9999
0020	DEÜV		01.08.2003	31.12.9999	01.08.2002	31.12.9999
0021	Familie/Bezugsperson	2	01.08.2003	01.08.2003	01.08.2002	01.08.2003
0022	Ausbildung	71	01.08.2003	04.08.2003	01.08.2002	04.08.2003

Abbildung 5.70 Markierte Infotypsätze erhalten neuen Gültigkeitsbeginn

7. Überprüfen und ändern Sie gegebenenfalls die Markierungen.
8. Bestätigen Sie mit [↵]. Das System ändert den Gültigkeitsbeginn der markierten Infotypsätze automatisch auf das korrigierte Eintrittsdatum.
9. Bestätigen Sie die Systemmeldung ES WERDEN NUR DIE MARKIERTEN INFOTYPSÄTZE VERSCHOBEN.
10. Bestätigen Sie anschließend auch die Systemmeldung GÜLTIGKEITSBEGINN EXISTIERENDER SÄTZE WIRD VERSCHOBEN.
11. Ändern Sie bei eingeschalteter Integration des Organisationsmanagements gegebenenfalls den Gültigkeitszeitraum der Vakanz.

Sie haben damit das Eintrittsdatum für einen Mitarbeiter, der noch nicht abgerechnet worden ist, nachträglich geändert. Der Gültigkeitsbeginn aller markierten Infotypsätze wurde angepasst.

Korrektur des Eintrittsdatums nach erfolgter Abrechnung

Betrachten wir einen anderen Fall: Sie bemerken das falsche Eintrittsdatum erst, nachdem Herr Schäuble bereits abgerechnet wurde. Der irrtümliche Eintritt liegt zeitlich vor dem tatsächlichen (siehe Abbildung 5.71).

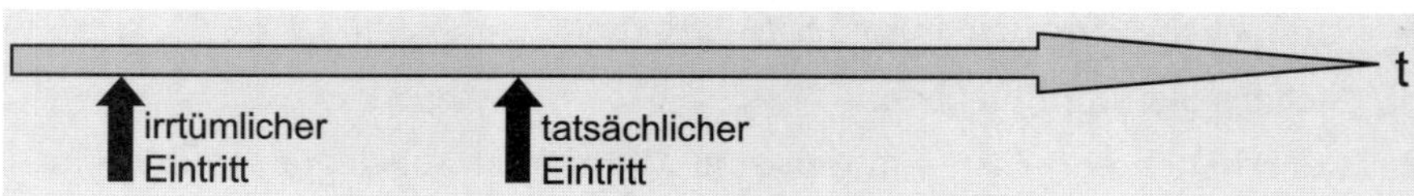

Abbildung 5.71 Mitarbeiter ist später eingetreten als im System gepflegt.

1. Im SAP Easy-Access-Menü wählen Sie den Menüpfad PERSONAL • PERSONALMANAGEMENT • ADMINISTRATION • PERSONALSTAMM • PFLEGEN.
2. Wählen Sie im Einstiegsbild PERSONALSTAMMDATEN PFLEGEN die Personalnummer des Mitarbeiters und den Infotyp 0000 (Maßnahmen) aus.
3. Klicken Sie auf das KOPIEREN-Icon. Sie gelangen auf das Bild MASSNAHMEN KOPIEREN (Infotyp 0000).
4. Wählen Sie die Maßnahmenart IRRTÜMLICHER EINTRITT. Ändern Sie den vorgegebenen Gültigkeitszeitraum nicht. Das falsche Eintrittsdatum gilt in diesem Fall als Anfangsdatum des Gültigkeitszeitraums. Ändern Sie auch darüber hinaus keine Daten.
5. Sichern Sie Ihre Eingaben. Sie gelangen zurück zum Einstiegsbild PERSONALSTAMMDATEN PFLEGEN.
6. Wählen Sie nochmals den Infotyp 0000 (Maßnahmen).
7. Klicken Sie nochmals auf das KOPIEREN-Icon. Sie gelangen erneut auf das Bild MASSNAHMEN KOPIEREN (Infotyp 0000).

8. Wählen Sie nun die Maßnahmenart KORRIGIERTER EINTRITT.
9. Geben Sie im Feld GÜLTIG (Gültig ab) als Anfangsdatum für den Gültigkeitszeitraum dieser Personalmaßnahmenart das Datum ein, an dem der Mitarbeiter tatsächlich in das Unternehmen eingetreten ist.
10. Die Personalmaßnahmenarten IRRTÜMLICHER EINTRITT und KORRIGIERTER EINTRITT haben keine Infotypgruppen. Sie können die bereits hinterlegten Informationen unverändert übernehmen.
11. Sichern Sie die neuen Eingaben.

Hinweis

Nur wenn Sie beide Personalmaßnahmenarten hintereinander durchführen, wird auch die Personalabrechnung für diesen Mitarbeiter korrigiert.

Der fälschlicherweise ausgezahlte Mehrbetrag wird bei der nächsten Personalabrechnung abgezogen. Nachdem Sie beide Personalmaßnahmenarten durchgeführt haben, besitzt der Mitarbeiter für den Zeitraum zwischen irrtümlichem und tatsächlichem Eintritt den Beschäftigungsstatus 0 (ausgetreten).

Nehmen wir als weitere Variante Folgendes an: Sie bemerken auch hier das falsche Eintrittsdatum erst, nachdem Herr Schäuble bereits abgerechnet wurde. Der irrtümliche Eintritt liegt nun aber zeitlich *hinter* dem tatsächlichen (siehe Abbildung 5.72).

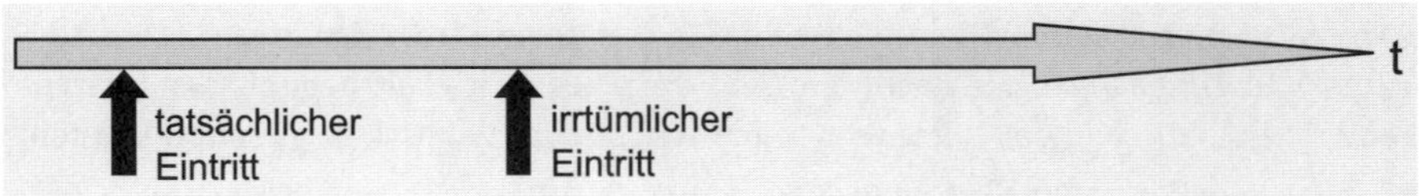

Abbildung 5.72 Mitarbeiter ist früher eingetreten als im System gepflegt.

1. Im SAP Easy-Access-Menü wählen Sie den Menüpfad PERSONAL • PERSONALMANAGEMENT • ADMINISTRATION • PERSONALSTAMM • PFLEGEN.
2. Wählen Sie im Einstiegsbild PERSONALSTAMMDATEN PFLEGEN die Personalnummer des Mitarbeiters aus.
3. Wählen Sie den Menüpfad HILFSMITTEL • ABRSTATUS ÄNDERN.
4. Löschen Sie im Infotyp 0003 (Abrechnungsstatus) die Eingaben im Feld ABGERECHNET BIS.
5. Sichern Sie, und bestätigen Sie die Warnmeldung.
6. Wählen Sie den Menüpfad HILFSMITTEL • EIN-/AUSTRITTSDATUM ÄNDERN.
7. Ändern Sie im Infotyp 0000 (Maßnahmen) den Gültigkeitsbeginn auf das tatsächliche Eintrittsdatum des Mitarbeiters.

8. Sichern Sie Ihre Eingaben.
9. Sie erhalten eine Warnmeldung, dass die Änderungen eine Rückrechnung auslösen. Bestätigen Sie diese.
10. Sie erhalten eine Liste mit den zum Mitarbeiter angelegten Infotypsätzen (siehe Abbildung 5.70).
11. Überprüfen und ändern Sie gegebenenfalls die Markierungen.
12. Bestätigen Sie mit [↵]. Das System ändert den Gültigkeitsbeginn der markierten Infotypsätze automatisch auf das korrigierte Eintrittsdatum.
13. Bestätigen Sie die Systemmeldung ES WERDEN NUR DIE MARKIERTEN INFOTYPSÄTZE VERSCHOBEN.
14. Bestätigen Sie anschließend auch die Systemmeldung GÜLTIGKEITSBEGINN EXISTIERENDER SÄTZE WIRD VERSCHOBEN.
15. Ändern Sie bei eingeschalteter Integration des Organisationsmanagements gegebenenfalls den Gültigkeitszeitraum der Vakanz.

Sie haben das Eintrittsdatum für einen Mitarbeiter, der bereits abgerechnet worden ist, nachträglich geändert. Der Gültigkeitsbeginn aller markierten Infotypsätze wurde angepasst. Außerdem wird die Personalabrechnung für diesen Zeitraum wiederholt, sodass der Mitarbeiter den fehlenden Betrag bei der nächsten Abrechnung erhält.

Hinweis

Enthalten einzelne Infotypen noch Fehler (z. B. falsche Daten der organisatorischen Zuordnung), gelangen Sie nach dem Anpassen des Gültigkeitsbeginns der Infotypsätze automatisch in den betreffenden Infotyp, um den Fehler korrigieren zu können.

Die beiden Personalmaßnahmenarten IRRTÜMLICHER EINTRITT und KORRIGIERTER EINTRITT sind nicht im Personalmaßnahmen-Menü aufgeführt, da Sie diese Personalmaßnahmenarten nur in bestimmten Ausnahmefällen und unter Vorbehalt durchführen sollten.

5.10 Zusammenfassung

In diesem Kapitel haben wir Ihnen das Infotypkonzept vorgestellt und am Beispiel der Einstellungsmaßnahme die wichtigsten Infotypen erläutert. Sie haben außerdem die Maßnahmen »Organisatorischer Wechsel« und »Austritt« kennengelernt. Im Schlussteil haben Sie noch nützliche Hinweise erhalten, wie Sie viele Eingaben beschleunigen können und besonders sensible Daten wie Ein- und Austrittsdatum oder den Abrechnungsstatus ändern können.

5.11 Übungsaufgaben zu Kapitel 5

1. Was versteht man unter einer dynamischen Maßnahme?
2. Welche Funktion führen Sie aus, um sich einen vollständigen Überblick über die Daten eines Mitarbeiters zu verschaffen?
3. Sie haben den neuen Mitarbeiter aus Versehen einen Monat zu früh eingestellt. Dies bemerken Sie jedoch erst, nachdem die Abrechnung für den betreffenden Monat bereits gelaufen ist. Welche Änderungen müssen Sie vornehmen, damit das zu viel gezahlte Gehalt zur nächsten Abrechnung verrechnet wird?
4. Welche Konsequenzen ergeben sich, wenn ein Infotyp die Zeitbindung 1 hat?
5. Welche Rolle spielen die Personalstammdaten in der Komponente Veranstaltungsmanagement? Und in welche weiteren Komponenten sind die Stammdaten integriert?
6. Weshalb ist es wichtig, dass ein organisatorischer Wechsel eines Mitarbeiters immer über eine Maßnahme erfolgt?
7. Wie können Sie in einer Maßnahme die Abfolge der Infotypen kurzzeitig ändern?
8. Was bedeutet es, wenn die Integration des Organisationsmanagements eingeschaltet ist?
9. Warum muss der Infotyp 0003 (Abrechnungsstatus) die Zeitbindung 0 haben?
10. Welche Funktion wählen Sie, wenn Sie für viele Mitarbeiter denselben Infotyp pflegen wollen?
11. Welche Aussagen sind falsch?
    a) Das Eintrittsdatum eines Mitarbeiters kann korrigiert werden, indem Sie die Einstellungsmaßnahme noch einmal ausführen.
    b) Der Infotyp 0031 (Referenzpersonalnummer) wird vom System angelegt.
    c) Im Bild PERSONALMASSNAHMEN ist im Feld BEGINNDATUM für die Eintrittsmaßnahme immer der erste Tag der Anwesenheit und für die Austrittsmaßnahme stets der letzte Tag der Anwesenheit anzugeben.
    d) Bei der Maßnahmenschnellerfassung können Sie eine einzige Maßnahme gleichzeitig für mehrere Mitarbeiter durchführen.
    e) Bei der Kostenverteilung im Infotyp 0027 darf die Stammkostenstelle nicht angegeben werden.

f) Es werden grundsätzlich alle Eingaben, die Sie vornehmen, vom System auf Gültigkeit überprüft.

g) Infotypen können nur über die Funktion PERSONALSTAMMDATEN PFLEGEN angelegt werden.

h) Wenn keine Integration des Organisationsmanagements zur Personaladministration besteht, muss die Kostenstelle im Infotyp 0001 (Organisatorische Zuordnung) manuell gepflegt werden.

i) Wenn zu einem Stichtag mehrere Infotypsätze eines Infotyps existieren können, dann hat der Infotyp die Zeitbindung 3.

j) Der Infotyp 0019 (Terminverfolgung) wird immer über eine dynamische Maßnahme angelegt.

k) Ausgetretene Mitarbeiter, die nicht mehr den Beschäftigungsstatus AKTIV haben, können trotzdem weiter abgerechnet werden.

l) Die Vorschlagswerte in der Schnellerfassungsmaßnahme können auch überschrieben werden.

m) Der Beschäftigungsstatus eines Mitarbeiters kann nur über eine Maßnahme geändert werden.

n) Wenn ein Mitarbeiter einen Zeitvertrag erhält, so ist im Infotyp 0001 (Organisatorische Zuordnung) das Enddatum entsprechend zu begrenzen.

Ein wesentlicher Grund für den Einsatz von SAP ERP HCM ist die damit verbundene Verbesserung der Auswertungsmöglichkeiten. Um die äußerst vielfältigen Möglichkeiten auch sinnvozdll nutzen zu können, bedarf es neben einer sauberen Implementierung auch umfangreicher Kenntnisse der verschiedenen Auswertungswerkzeuge des Systems.

6 Reports und Querys in der Personal-administration

In SAP ERP HCM werten Sie die Daten immer »online« aus. Erfahren Sie zunächst, was das bedeutet und worauf Sie dabei achten müssen.

6.1 Auswertungen – Grundlagen und Werkzeuge

Auswertungen basieren stets auf den im System vorhandenen Daten, die vorher manuell erfasst (z. B. im Fall von Personalstammdaten) oder automatisch vom System generiert wurden (z. B. bezogen auf Ergebnisse der Entgeltabrechnung). Es liegt auf der Hand, dass die Qualität der Auswertungsergebnisse aus diesem Grund nie besser sein kann als die Qualität der zugrunde liegenden Daten.

Darüber hinaus ist aber für jeden Anwender, der Auswertungen erstellt, ein grundsätzliches Verständnis der Daten, die er auswerten möchte, erforderlich: Beispielsweise müssen zum Erstellen und sinnvollen Interpretieren von Berichten aus den Personalstammdaten die wesentlichen Begriffe der Personaladministration bekannt sein (siehe Kapitel 5, »Personaladministration«).

Zwei Punkte, die Sie sich beim Auswerten von Personalstammdaten stets bewusst machen sollten, möchten wir hier besonders hervorheben:

- **Anfangs- und Enddatum**
  Alle im System gespeicherten Personalstammdaten sind mit einem Anfangs- und einem Enddatum versehen. Dies erlaubt es Ihnen, nicht nur Berichte zum aktuellen Stand, sondern über beliebige Zeiträume hinweg zu erstellen. Das heißt aber auch gleichzeitig, dass Sie stets genau überlegen müssen, welchen Zeitraum Sie wirklich auswerten möchten. Insbesondere ist es häufig sinnvoll, sich auf genau einen Stichtag festzulegen.

- **Echtzeit- bzw. Online-Verarbeitung**
  Sobald neue Daten im System erfasst und gespeichert sind, werden sie von Auswertungen berücksichtigt. Wenn Sie also die gleiche Auswertung im Abstand von fünf Minuten zweimal ausführen, können Sie zwei unterschiedliche Ergebnisse erhalten, wenn innerhalb dieser fünf Minuten Daten gepflegt wurden. Diese Echtzeit- bzw. Online-Verarbeitung garantiert, dass die Ergebnisse stets auf dem neuesten Stand sind. Zur Auswertung und Analyse von eingefrorenen Datenbeständen (d.h. Daten aus der Vergangenheit, die nicht mehr verändert werden) kann z. B. *SAP NetWeaver Business Warehouse (SAP NetWeaver BW)* eingesetzt werden.

Damit Sie Auswertungen durchführen können, benötigen Sie verschiedene Werkzeuge. Die wichtigsten Auswertungswerkzeuge oder *Reporting Tools* in SAP ERP sind Reports, Querys und SAP NetWeaver BW. Diese Instrumente werden wir Ihnen in den folgenden Abschnitten näher vorstellen.

Report

Ein *Report* ist ein fest definiertes Auswertungswerkzeug zum Erstellen von Listen und Statistiken. Man unterscheidet zwischen Standardreports, die von SAP fertig zur Verfügung gestellt werden, und unternehmensspezifisch programmierten Reports. Letztere sind den spezifischen Anforderungen des jeweiligen Unternehmens angepasst und daher in jedem Unternehmen unterschiedlich. Aus diesem Grund werden wir im Folgenden nur die Standardreports betrachten. In der Regel sind unternehmensspezifisch programmierte Reports in der Anwendung den Standardreports jedoch sehr ähnlich. Der Report ist einerseits das am einfachsten zu bedienende, andererseits aber auch das am wenigsten flexible der genannten Werkzeuge.

Query

Eine *Query* ermöglicht eine wesentlich flexiblere Auswertung Ihrer Personalstammdaten und lässt sich in zwei Typen unterscheiden: die Ad-hoc Query und die SAP Query. Die *Ad-hoc Query* ist insbesondere auf Endanwender zugeschnitten und daher einfacher zu bedienen. Da sie fast alle Funktionalitäten bereitstellt, die auch die SAP Query umfasst, konzentrieren wir uns im Folgenden auf die Erstellung von Ad-hoc Querys (siehe auch Abschnitt 6.3.1, »Formen der Query«). Falls Sie darüber hinaus mit der SAP Query arbeiten wollen, empfehlen wir Ihnen das Buch »HR-Reporting mit SAP«, erschienen bei SAP PRESS. Dort lernen Sie auch die Besonderheiten dieses Tools kennen wie z. B. das Erstellen von lokalen Zusatzfeldern, mehrzeiligen Listen und interaktiven Listen – alles Funktionen, die mit der Ad-hoc Query nicht möglich sind.

Grundsätzlich erlaubt die Query eine flexiblere Gestaltung von Berichten als Reports, allerdings zum Preis einer aufwendigeren Handhabung.

Hinweis

An vielen Stellen im System finden Sie statt des Begriffs *Ad-hoc Query* den Begriff *InfoSet Query*. Auch wenn innerhalb von SAP ERP HCM Ad-hoc Query die richtige Bezeichnung ist, sind beide Begriffe als gleichwertig zu betrachten.

SAP NetWeaver BW

SAP NetWeaver BW ist ein sehr umfangreiches Auswertungs- und Analysewerkzeug und dient vor allem strategischen und kennzahlenbasierten Auswertungen. Die Besonderheit von SAP NetWeaver BW ist, dass es die kombinierte Auswertung von Daten unterschiedlicher Bereiche erlaubt, z. B. den Vergleich von Mitarbeitervergütung mit Marktdaten.

SAP NetWeaver BW ist kein Element des SAP ERP-Systems, sondern ein zusätzliches Produkt (eine Komponente der SAP NetWeaver-Plattform), das zunehmend Einzug in das strategische HR-Reporting hält. Anwendern dieses Produkts empfehlen wir das Buch »HR-Reporting mit SAP«, ebenfalls erschienen bei SAP PRESS. Dieses Buch eignet sich auch sehr gut dazu, die Inhalte des hier vorliegenden Kapitels zu vertiefen.

Human Resources Information System, Manager's Desktop und Manager Self-Service

Im Zusammenhang mit Auswertungen in HR sind außerdem noch das *Human Resources Information System* (HIS) sowie *Manager's Desktop* (MDT) und *Manager Self-Service* (MSS) zu nennen. Alle drei Werkzeuge dienen dazu, Auswertungen über bestimmte Teilbereiche des Organigramms (z. B. über die eigene Abteilung) auf möglichst komfortable Art aufzurufen, wobei HIS mittlerweile kaum noch eingesetzt wird. Die leistungsfähigen Anwendungen MDT und MSS kommen dagegen weitaus häufiger zum Einsatz. Beide Oberflächen stellen wir Ihnen in Kapitel 13, »Manager's Desktop (MDT)«, näher vor.

6.2 Reports über Personalstammdaten

In diesem Abschnitt werden wir Ihnen zeigen, wie Sie Daten auswerten. Dabei werden wir keine Daten verändern, erfassen oder löschen, sodass Sie die Übungen dieses Kapitels auch im Produktivsystem Ihres Unternehmens durchführen können – insbesondere dann, wenn in Ihrem Test- oder Übungssystem nicht genügend Daten vorhanden sind, um sinnvoll mit Auswertungen arbeiten zu können.

> **Hinweis**
>
> Achten Sie aber beim Auswerten im Produktivsystem stets darauf, keine allzu großen Listen (max. 500 Einträge) zu erzeugen, da dies das System stark beansprucht und erhebliche Wartezeiten für andere Benutzer hervorrufen kann.

6.2.1 Erstellen einer Mitarbeiterliste

Wie Sie einen Report aufrufen, wurde bereits in Abschnitt 3.7, »Arbeiten mit Reports«, grundsätzlich beschrieben. Wir wollen uns jetzt zunächst einmal ein einfaches Beispiel ansehen. Sie finden über den Menüpfad Personal • Personalinformationssystem • Berichte • Personalmanagement • Administration zahlreiche Gruppen von Auswertungen. Die wichtigsten davon sind im Menüpunkt Mitarbeiter enthalten. Öffnen Sie diesen, und starten Sie z. B. den Report Mitarbeiterliste. Sie erhalten daraufhin ein Selektionsbild (siehe Abbildung 6.1).

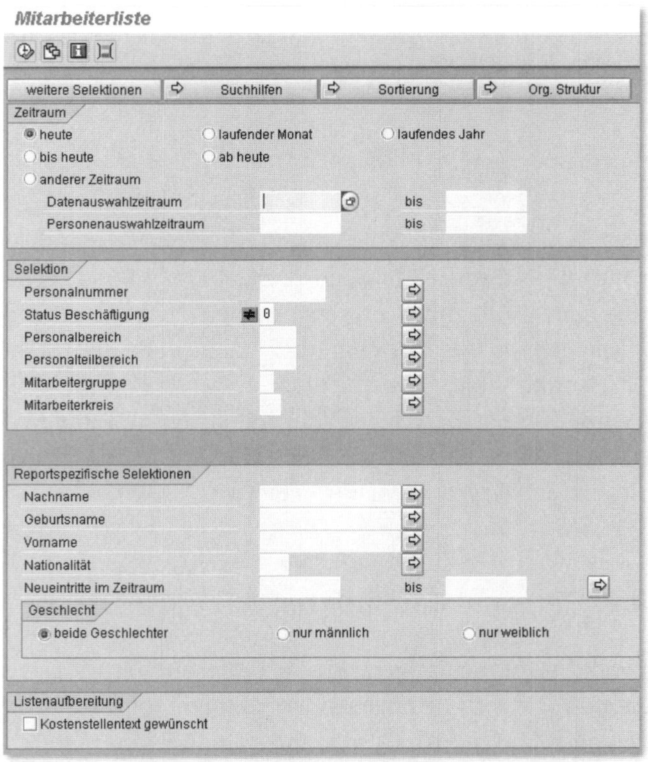

Abbildung 6.1 Selektionsbild der Mitarbeiterliste

Das Selektionsbild besteht – wie bei den meisten anderen Reports auch – aus einem Standardteil und einem reportspezifischen Teil. Während das sogenannte Standardselektionsbild in Abbildung 6.1 die beiden oberen grauen Kästen (ZEITRAUM und SELEKTION) und die darüberliegenden Buttons umfasst, beinhalten die beiden unteren Kästen (REPORTSPEZIFISCHE SELEKTIONEN und LISTENAUFBEREITUNG) Selektionsoptionen, die speziell auf diesen Report zugeschnitten sind.

Hinweis

Das Standardselektionsbild der Personaladministration kann von Report zu Report leicht abweichen oder über das Customizing an die Unternehmensspezifika angepasst sein. Der grundsätzliche Aufbau ist allerdings immer gleich.

Bevor wir im nächsten Abschnitt die Nutzung des Standardselektionsbildes systematisch erklären, sollten Sie ein wenig mit der Auswertung experimentieren. Nutzen Sie dazu die allgemeinen Hinweise aus Abschnitt 3.7, »Arbeiten mit Reports«, und folgen Sie zum Einstieg den Beispielauswertungen, die wir Ihnen nun vorstellen werden und die sich auf die soeben erwähnte Mitarbeiterliste beziehen.

Ergebnisliste einschränken

Schränken Sie zunächst die Liste mithilfe der reportspezifischen Selektionen anhand des Nachnamens und des Geschlechts ein. Abbildung 6.2 zeigt eine Selektion, bei der alle Frauen mit dem Nachnamen Müller ausgegeben werden sollen.

Abbildung 6.2 Alle Frauen namens »Müller« selektieren

Abbildung 6.3 zeigt einen Ausschnitt einer daraus resultierenden Liste. Wenn Ihre Ausgabeliste leer oder zu groß ist, wählen Sie einfach eine andere Selektion.

Mitarbeiterliste

Stichtag: 11.12.2008
Anzahl selektierter Mitarbeiter: 19

PersNr.	PersIdNr.	Name	Geburtsname	Stellenbezeichnung	Eintrittsdatum	Austritt
00001000		Anja Müller		Hauptabteilungsleiter	01.01.1995	
00001008		Hilde Müller		Hauptabteilungsleiter	01.01.1994	
00001409		Emilia Müller			01.01.2006	
00001731		Paula Müller		Vertriebsbeauftragter	01.01.2002	
00050000		Bettina Müller	Schmidt		01.05.2002	
00091021		Lisa Müller			20.06.1999	

Abbildung 6.3 Ausschnitt aus Ergebnisliste aller Frauen namens »Müller«

Layout bearbeiten

Diese Ergebnisliste können Sie bezüglich des Layouts und der angezeigten Informationen nach Bedarf verändern. Mithilfe des Icons ▦ für Layout ändern können Sie z. B. eine zusätzliche Spalte einfügen, die die Stammkostenstelle der ausgegebenen Mitarbeiter enthält. Gehen Sie dazu wie in Abbildung 6.4 dargestellt vor. Das Ergebnis sollte dann so aussehen, wie es in Abbildung 6.5 dargestellt ist.

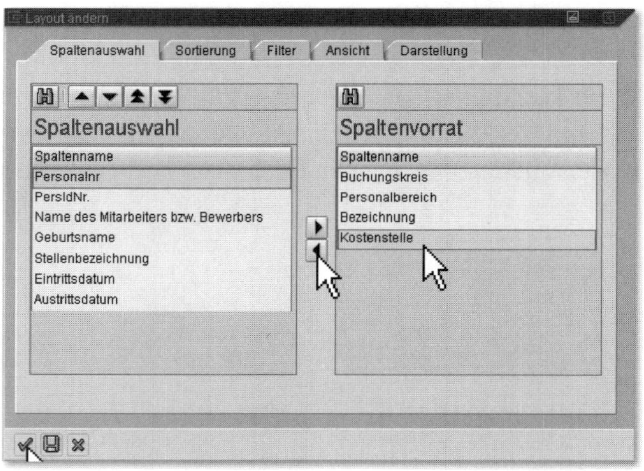

Abbildung 6.4 Einfügen einer weiteren Spalte in die Ergebnisliste

PersNr.	PersIdNr.	Name	Geburtsname	Stellenbezeichnung	Eintrittsdatum	Austritt	Kostenst.
00001000		Anja Müller		Hauptabteilungsleiter	01.01.1995		2200
00001008		Hilde Müller		Hauptabteilungsleiter	01.01.1994		2100
00001409		Emilia Müller			01.01.2006		
00001731		Paula Müller		Vertriebsbeauftragter	01.01.2002		1110
00050000		Bettina Müller	Schmidt		01.05.2002		
00091021		Lisa Müller			20.06.1999		40009

Abbildung 6.5 Ergebnisliste, erweitert um die Spalte »Kostenstelle«

Weitere Einschränkungen im Teilbild »Selektion«

Probieren Sie nun die weiteren Möglichkeiten des Selektionsbildes aus. Verlassen Sie dazu die Ergebnisliste (z. B. mit der Funktionstaste [F3]), und gehen Sie zurück auf das Selektionsbild. Lassen Sie die bisher ausgefüllten Selektionsfelder unverändert, und schränken Sie im Teilbild SELEKTION die auszugebenden Personen weiter ein.

Das Beispiel in Abbildung 6.6 beschränkt die Ausgabe auf einen bestimmten Personalbereich. Außerdem gilt die vom System standardmäßig vorgeschlagene Einschränkung auf aktive Mitarbeiter weiterhin.

Hinweis

Es ist möglich, dass es in Ihrem Unternehmen nur einen einzigen relevanten Personalbereich gibt. Schränken Sie Ihre Selektion in diesem Fall über ein anderes Feld, z. B. den Personalteilbereich, ein.

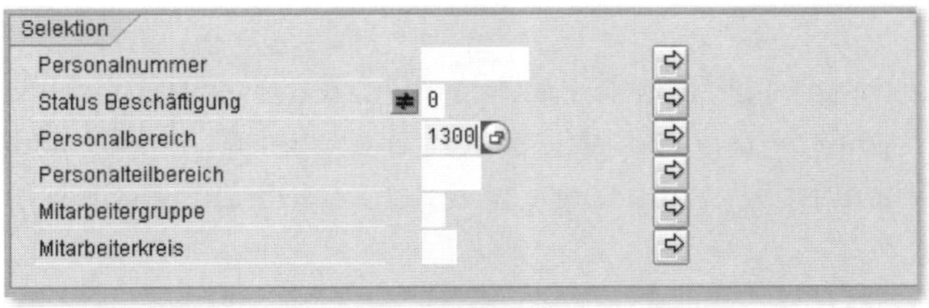

Abbildung 6.6 Selektion über den Personalbereich

Abbildung 6.7 zeigt, dass die Ergebnisliste durch diese Einschränkung weiter reduziert wurde.

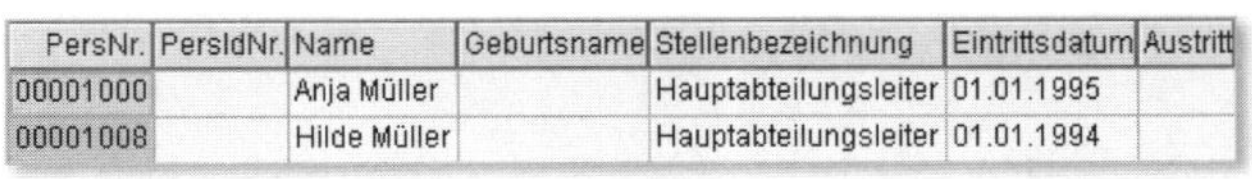

PersNr.	PersIdNr.	Name	Geburtsname	Stellenbezeichnung	Eintrittsdatum	Austritt
00001000		Anja Müller		Hauptabteilungsleiter	01.01.1995	
00001008		Hilde Müller		Hauptabteilungsleiter	01.01.1994	

Abbildung 6.7 Reduzierte Ergebnisliste nach Einschränkung

Auswahl des Zeitraums

Bisher hatten Sie Ihre Auswertung auf den zum Zeitpunkt Ihrer Eingabe aktuellen Stichtag beschränkt, da HEUTE vom System standardmäßig als Zeitraum vorgeschlagen wird. Wollen Sie alle Daten im System sehen, die zu irgendeinem Zeitpunkt den im Selektionsbild weiter unten angegebenen Selektionskriterien entsprechen, wählen Sie ANDERER ZEITRAUM aus und lassen die weiteren Eingabefelder für Zeiträume leer (siehe Abbildung 6.8). Damit sind dann weder der DATENAUSWAHLZEITRAUM noch der PERSONENAUSWAHLZEITRAUM eingeschränkt.

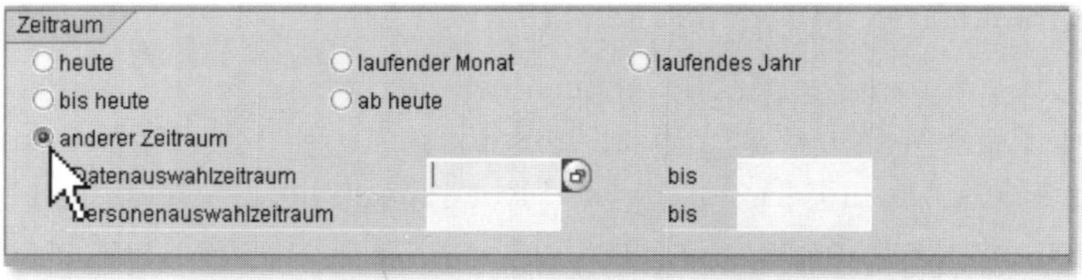

Abbildung 6.8 Uneingeschränkte Zeitraumauswahl

In unserem Beispiel enthält die Ergebnisliste nun eine weitere Mitarbeiterin (siehe Abbildung 6.9). Das heißt, dass diese Mitarbeiterin zwar am Auswahltag nicht im Personalbereich 1300 aktiv ist, es aber zu irgendeinem anderen Zeitpunkt war oder sein wird.

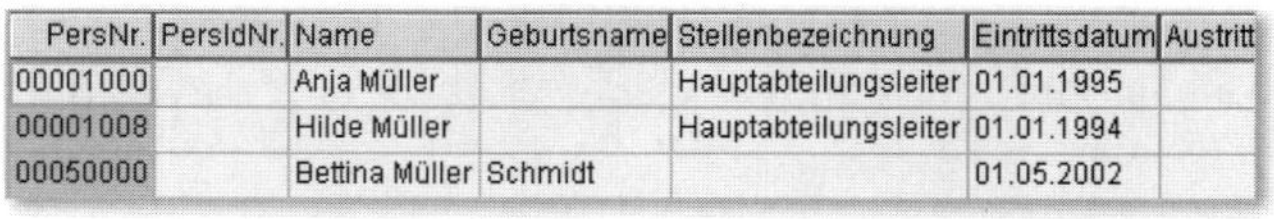

PersNr.	PersIdNr.	Name	Geburtsname	Stellenbezeichnung	Eintrittsdatum	Austritt
00001000		Anja Müller		Hauptabteilungsleiter	01.01.1995	
00001008		Hilde Müller		Hauptabteilungsleiter	01.01.1994	
00050000		Bettina Müller	Schmidt		01.05.2002	

Abbildung 6.9 Umfangreichere Ergebnisliste bei erweitertem Zeitraum

Experimentieren Sie insbesondere mit den Möglichkeiten der Zeitraumselektion, um sich damit vertraut zu machen. Wie schon in Kapitel 5, »Personaladministration«, beschrieben, ist der Zeitbezug von Daten (Zeitbindung) ein sehr wichtiges Konzept.

Hinweis

Wenn Ihr Unternehmen gerade erst mit dem Einsatz von SAP ERP HCM begonnen hat, gibt es möglicherweise noch keine umfassende Historie in den Personalstammdaten. Das kann dann bedeuten, dass Ihre Änderungen an der Zeitraumselektion nicht gleichzeitig auch zu einer geänderten Ergebnisliste führen.

6.2.2 Standardselektionsbild

Das Standardselektionsbild wird von Reports überwiegend aus den folgenden Bereichen genutzt:

- Personaladministration (Stammdaten)
- Entgeltabrechnung
- Zeitwirtschaft
- betriebliche Altersversorgung

Dies gilt sowohl für Standardreports als auch für einen Großteil der unternehmensspezifisch programmierten Reports.

Hinweis

Das einheitliche Selektionsbild entsteht dadurch, dass all diese Reports die gleiche *logische Datenbank* benutzen. Die logische Datenbank ist ein Programm, das die Daten aus den Infotypen zur Auswertung bereitstellt. In diesem Fall ist es die logische Datenbank PNP oder bei den Reports ab Release SAP R/3 4.7 die logische Datenbank PNPCE. Diese beiden Datenbanken bereiten alle Stammdaten zur Person auf, wohingegen z. B. die logische Datenbank PAP alle Bewerberdaten bereitstellt.

Reports in der Personalplanung und -entwicklung, im Veranstaltungs- und Reisemanagement sowie in der Bewerberverwaltung haben in der Regel ein davon abweichendes Selektionsbild. Unabhängig davon ist ein Selektionsbild stets in diese drei Bereiche aufgeteilt:

- **Buttonleiste**
  Die Buttonleiste enthält maximal vier Buttons, mit denen die Selektion oder die Sortierung beeinflusst werden kann.
- **Zeitraumselektion**
  Die Zeitraumselektion legt fest, aus welchem Zeitraum die auszuwertenden Personen und Daten stammen sollen.
- **Personenselektion**
  Die Personenselektion legt nach einer Vielzahl von möglichen Kriterien fest, welche Personen für die Auswertung berücksichtigt werden.

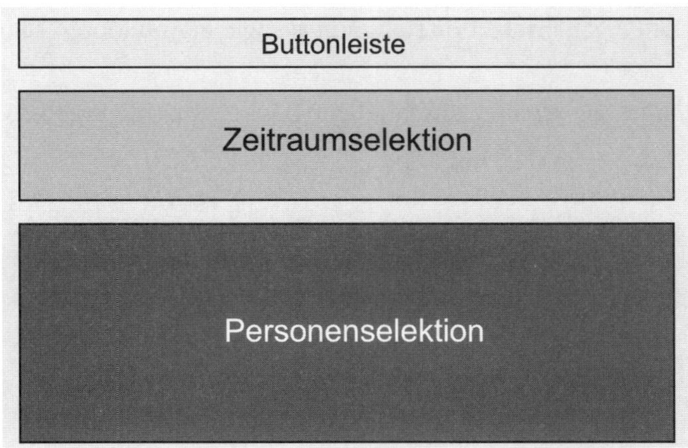

Abbildung 6.10 Aufbau des Standardselektionsbildes

Alle drei Bereiche können von Report zu Report etwas anders aussehen, abhängig vom jeweiligen Customizing in Ihrem System. Wir betrachten nun die drei Bereiche nacheinander am Beispiel der bereits vorgestellten Mitarbeiterliste. Der Einfachheit halber beginnen wir mit der Personenselektion.

Personenselektion

Die Personenselektion (siehe Abbildung 6.6) enthält in der Regel mehrere Kriterien, mit deren Hilfe die Auswahl derjenigen Mitarbeiter bzw. ihrer Personalnummern erfolgt, die anschließend in der Ergebnisliste ausgegeben werden sollen. Die einfachste Möglichkeit, eine einzelne Person in die Auswertung aufzunehmen, besteht darin, diese im Feld PERSONALNUMMER einzugeben oder über die [F4]-Hilfe dieses Feldes auszuwählen.

In der Regel werden Sie jedoch für das Erzeugen einer Liste nicht über das Personalnummernfeld selektieren. Wenn Sie z. B. eine Liste aller derzeit leitenden, aktiven Angestellten des Personalbereichs »Hamburg« erstellen möchten, gehen Sie wie folgt vor (wenn Sie nicht mit einem IDES-System arbeiten, wählen Sie gegebenenfalls andere Bereiche aus, zu denen in Ihrem System Daten vorhanden sind):

1. Rufen Sie den Report MITARBEITERLISTE auf.
2. Tragen Sie den Personalbereich »Hamburg« (1000) in das Feld PERSONALBEREICH ein.
3. Tragen Sie den Mitarbeiterkreis »Leitende Angestellte« (DS) im Feld MITARBEITERKREIS ein.
4. Belassen Sie den Wert »0« mit der Selektionsoption (ungleich) im Feld STATUS BESCHÄFTIGUNG wie vorgeschlagen. Dieser Vorschlagswert wird in vielen Standardreports geliefert, um ausgetretene Mitarbeiter aus der Selektion auszuschließen. Die Personenselektion sieht nun aus wie in Abbildung 6.11: dargestellt.
5. Starten Sie den Report. Sie erhalten anschließend das gewünschte Ergebnis.

Tipp

Mit den Selektionsoptionen bestimmen Sie, ob die selektierten Werte gleich, ungleich, größer oder kleiner sind als die in den Selektionsfeldern eingetragenen Werte (siehe auch Abschnitt 3.7, »Arbeiten mit Reports«). Sie können sie auf mehreren Wegen aktivieren:

- Klicken Sie mit der rechten Maustaste in das entsprechende Selektionsfeld, und wählen Sie die gewünschte Selektionsoption aus.
- Positionieren Sie den Cursor in dem entsprechenden Selektionsfeld, und drücken Sie die Taste [F2].
- Positionieren Sie den Cursor in dem entsprechenden Selektionsfeld, und wählen Sie den Menüpfad BEARBEITEN • SELEKTIONSOPTIONEN.
- Klicken Sie das Icon ⇨ an, und tragen Sie die Selektionswerte in die entsprechende Registerkarte ein.

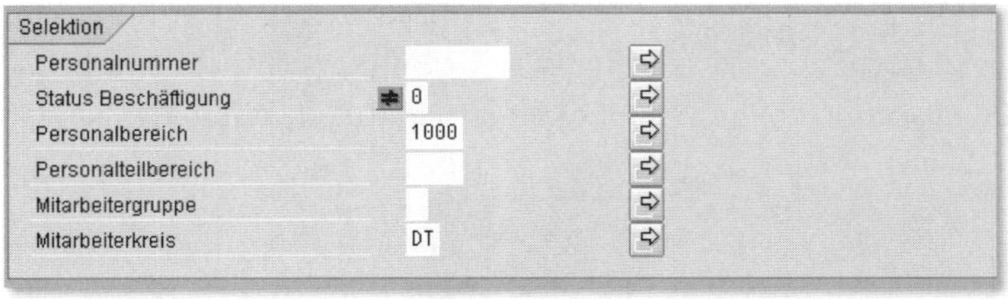

Abbildung 6.11 Selektion über Status, Personalbereich und Mitarbeiterkreis

Nehmen wir einmal an, Sie möchten die Liste der Mitarbeiter einer bestimmten Kostenstelle erzeugen. Sie stellen fest, dass die Kostenstelle auf der in Abbildung 6.11 gezeigten Maske nicht als Selektionsfeld zur Verfügung steht. In einem solchen Fall können Sie den Button Weitere Selektionen verwenden. Es öffnet sich daraufhin ein Fenster, in dem Ihnen eine größere Auswahl an Selektionsfeldern, die Sie je nach Bedarf hinzufügen können, angeboten wird (siehe Abbildung 6.12).

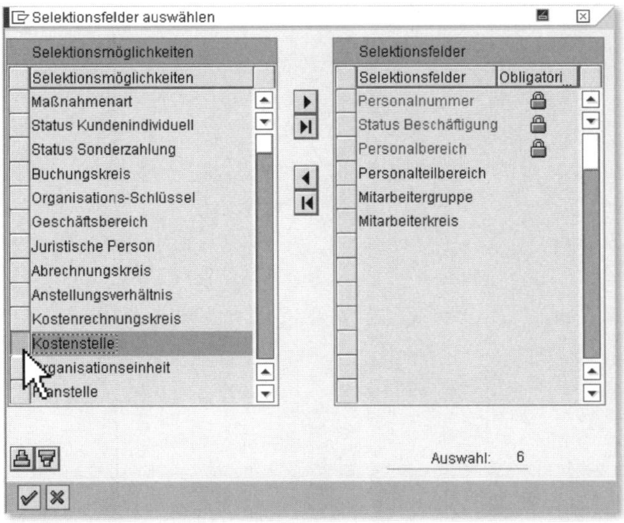

Abbildung 6.12 Auswahl der Kostenstelle – zusätzliches Selektionsfeld

Markieren Sie nun auf der linken Seite das Feld Kostenstelle und übernehmen Sie dieses mithilfe des Icons ▶ nach rechts in die Liste der Selektionsfelder. Nachdem Sie das Fenster mit Bestätigen oder ↵ verlassen haben, steht Ihnen die Kostenstelle als Selektionsfeld zur Verfügung.

Wenn Sie in dem Fenster, das Abbildung 6.12 zeigt, das Icon ▶| anklicken, werden alle Felder zu Selektionsfeldern. Dadurch gelangen Sie zur maximalen Auswahl. Wie der Bildbereich für die Personenselektion dann aussieht, können Sie in Abbildung 6.13 sehen. Es stehen Ihnen dann die wesentlichen Felder der

Infotypen 0000 (Maßnahmen) und 0001 (Organisatorische Zuordnung) zur Verfügung. Diese Darstellung ist allerdings recht unübersichtlich, sodass Sie sich eher auf die tatsächlich benötigten Felder beschränken sollten.

Abbildung 6.13 Maximale Ausprägung der Personenselektion

Hinweis

Sind alle Selektionsfelder aktiv, so verschwindet der Button WEITERE SELEKTIONEN, und stattdessen erscheint der Button SELEKTIONEN AUS. Mithilfe beider Buttons können Sie Selektionsfelder auch wieder entfernen – analog zum Hinzufügen von Selektionsfeldern.

Spezielle Felder in der Personenselektion

Nur in Spezialfällen wird die in Abbildung 6.14 vorgestellte Variante verwendet. Die Felder PERSONEN-ID, GRUPPIERUNGSGRUND und GRUPPIERUNGSWERT sind aber nur in den seltensten Fällen, etwa bei der speziellen Funktionalität der Auslandsentsendung, relevant und werden daher hier nicht weiter erläutert.

> **Hinweis**
>
> Das erweiterte Selektionsbild wird dann verwendet, wenn die neue logische Datenbank PNPCE als Grundlage für die Programmierung eingesetzt wird. Sie ist die Nachfolgerin der bisher genutzten logischen Datenbank PNP. Als Anwender wird Sie diese Umstellung kaum betreffen. Sie erkennen sie in erster Linie an der veränderten optischen Gestaltung des Selektionsbildes.

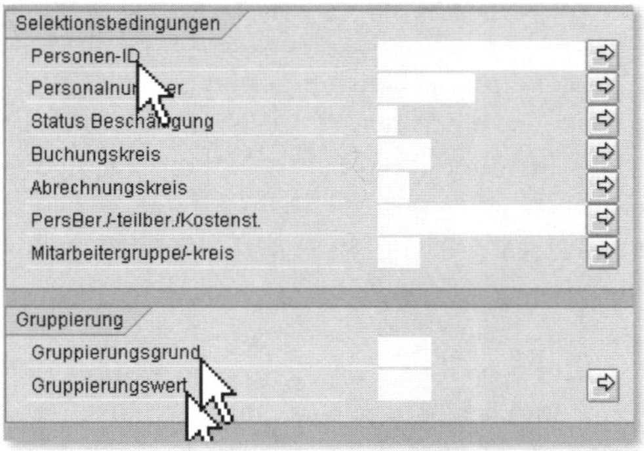

Abbildung 6.14 Erweitertes Selektionsbild
(zur Selektion von globalen Mitarbeitern und Mehrfachbeschäftigung)

Zeitraumselektion

Die Zeitraumselektion wartet mit einer Besonderheit auf: der Unterscheidung zwischen DATENAUSWAHLZEITRAUM und PERSONENAUSWAHLZEITRAUM (siehe Abbildung 6.15), die sich als große Fehlerquelle erwiesen hat.

Abbildung 6.15 Daten- versus Personenauswahlzeitraum

Viele Anwender haben sich nie mit diesem Unterschied beschäftigt und erhalten daher auch noch nach mehreren Jahren SAP ERP HCM-Erfahrung unerwartete Selektionsergebnisse, weil ihnen die grundlegende Logik des Systems nicht bekannt ist. Das soll Ihnen nicht passieren.

Bitte beachten Sie daher die beiden folgenden Definitionen, die wir unmittelbar danach an einem praxisnahen Beispiel erläutern:

- **Datenauswahlzeitraum**
  Der Datenauswahlzeitraum bestimmt, welche Daten zu den selektierten Personen gelesen werden.
- **Personenauswahlzeitraum**
  Der Personenauswahlzeitraum bestimmt, welche Personen in die Auswertung aufgenommen werden sollen. Es werden genau die Personen selektiert, die innerhalb des Personenauswahlzeitraums die in der Personenselektion festgelegten Selektionskriterien erfüllen.

Bei einfachen Auswertungen wie der Mitarbeiterliste ist diese Unterscheidung in der Regel weniger wichtig. Stellen Sie sich aber folgende Anforderung vor.

Beispiel

Sie wollen für alle leitenden Angestellten die Einmalzahlungen des laufenden Jahres ermitteln. Dabei interessieren Sie aber nur genau die Mitarbeiter, die zum Jahresende leitende Angestellte und zudem noch aktiv sind: Ihre Mitarbeiterselektion erfolgt also stichtaggenau zum 31.12. So nehmen Sie auch diejenigen Mitarbeiter in die Liste auf, die erst im Laufe des Jahres zu leitenden Angestellten wurden – nicht aber diejenigen, die vor dem Jahresende ausgeschieden sind.

Nun soll die Liste aber für alle diese Mitarbeiter die Einmalbezüge des gesamten Jahres enthalten, nicht nur diejenigen, die stichtaggenau am 31.12. gezahlt wurden. In diesem Fall benötigen Sie tatsächlich zwei unterschiedliche Selektionszeiträume:

- 31.12. als Personenselektion
- 01.01. bis 31.12. als Datenselektion

Bitte machen Sie sich daher bei Auswertungen diesen Unterschied bewusst. Vor allem bei der Arbeit mit Querys (siehe Abschnitt 6.3, »Querys über Personalstammdaten«) ist er sehr oft relevant.

Sie fragen sich nun vielleicht, wie Sie bei Benutzung der Radio-Buttons im Bereich Zeitraum (siehe Abbildung 6.16) die beiden Zeiträume eingeben und selektieren können. Diese Buttons arbeiten mit einer vereinfachten Zeitraumselektion. Sie setzen damit Datenauswahlzeitraum und Personenauswahlzeitraum automatisch gleich. Sollen die beiden unterschiedlich sein, müssen Sie Anderer Zeitraum auswählen und können anschließend die beiden Zeiträume manuell eingeben.

Da in vielen einfachen Listen wie bereits gesagt eine Unterscheidung nicht erforderlich bzw. sinnvoll ist, bietet sich die Nutzung der Vereinfachungsoption in vielen Fällen an.

Abbildung 6.16 Einfache Zeitraumauswahl

Varianten der Zeitraumauswahl

Für bestimmte Reports ergeben manche Optionen zur Zeitraumauswahl keinen Sinn und werden deshalb gar nicht erst angeboten. Daher erscheinen – abhängig vom Customizing – oft unterschiedliche Varianten der Zeitraumselektion. Einige davon wollen wir hier ansprechen.

Viele Auswertungen beziehen sich grundsätzlich auf *Abrechnungsperioden*. Dies ist insbesondere dann der Fall, wenn Daten aus der Entgeltabrechnung oder der Zeitwirtschaft ausgewertet werden sollen. In diesen Fällen ist es oft sinnvoll, als Auswahlzeitraum grundsätzlich eine ganze Abrechnungsperiode zu wählen. Das Selektionsbild (siehe Abbildung 6.17) erlaubt dann die Auswahl einer beliebigen Abrechnungsperiode (z. B. »05–2009« für Mai 2009, sofern die Abrechnung monatlich erfolgt). Als Vereinfachungsoption können Sie auch die AKTUELLE PERIODE auswählen. Sowohl die Frage, welche Periode nun gerade aktuell ist, als auch die Periodizität der Abrechnung an sich hängen vom Abrechnungskreis ab (z. B. gibt es noch Unternehmen, bei denen gewerbliche Mitarbeiter wöchentlich, Angestellte dagegen monatlich abgerechnet werden). Daher ist das Feld ABRECHNUNGSKREIS ein Mussfeld und zur Identifizierung des auszuwertenden Zeitraums unbedingt erforderlich.

Hinweis

Das Konzept des Abrechnungskreises wird in Abschnitt 8.5.2, »Abrechnungsverwaltungssatz«, erläutert.

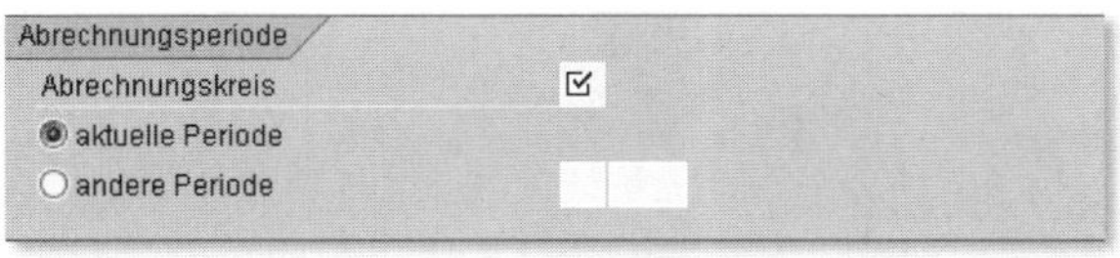

Abbildung 6.17 Zeitraumauswahl nach Abrechnungsperiode

In einigen Reports ist beides möglich: sowohl die Selektion nach Abrechnungsperiode als auch die bereits definierte Zeitraumselektion. Bei aktiver Selektion über einen freien Zeitraum können Sie dann durch einen Klick auf den Button ABRECHNUNGSPERIODE auf die Selektion über Abrechnungsperioden umstellen. Über den Button ABRECHNUNGSZEITRAUM wählen Sie die umgekehrte Richtung.

Neben der Selektion über Abrechnungsperioden ist die *Stichtagselektion* eine wichtige Variante, die Sie bei Ihrer Arbeit mit dem System wählen können. Wie in Abbildung 6.18 dargestellt, können Sie hier als Zeitraum nur einen einzigen Tag auswählen: entweder den heutigen Tag oder einen beliebigen anderen Stichtag.

Abbildung 6.18 Selektion ausschließlich über einen Stichtag

Abbildung 6.19 stellt das Selektionsbild auf Basis der logischen Datenbank PNPCE für die Zeitraumselektion dar. Die Radio-Buttons (siehe Abbildung 6.16) wurden durch das Auswahlfeld AUSWERTUNGSZEITRAUM ersetzt. Wenn Sie in diesem Auswahlfeld die Option ANDERER ZEITRAUM wählen, wie in Abbildung 6.19 dargestellt, werden automatisch weitere Felder zur Angabe des Zeitraums eingeblendet. Wählen Sie z. B. die Option ALLES oder AKTUELLER MONAT, so sind diese Eingabefelder ausgeblendet.

Abbildung 6.19 Neues Selektionsbild für die Zeitraumauswahl

Buttonleiste

Die Buttonleiste (siehe Abbildung 6.20) ist ein wichtiges Element, um die Möglichkeiten des Selektionsbildes voll nutzen zu können. Der Button WEITERE SELEKTIONEN wurde bereits beschrieben, die Funktionen der anderen Buttons werden wir Ihnen nun im Folgenden näher erläutern.

Abbildung 6.20 Buttonleiste mit allen vier Buttons

Tipp

Bei vielen Reports sind ein oder mehrere dieser Buttons grundsätzlich ausgeblendet. Sollten Sie diese dennoch benötigen, wenden Sie sich an Ihren Systembetreuer. In den meisten Fällen lassen sich die fehlenden Buttons sehr einfach einblenden.

Hinter dem Button 

verbergen sich weitere Selektionsmöglichkeiten wie z. B. Personalnummern mit Reisedaten oder Bewerbernummer des Mitarbeiters. Diese Suchhilfen werden oft auch als *Matchcodes* bezeichnet. Prüfen Sie die hier verfügbaren Möglichkeiten, wenn die übrigen Selektionsfelder nicht ausreichen.

Die meisten Auswertungen sortieren die Ergebnisliste aufsteigend nach der Personalnummer. Wenn Sie eine andere Sortierung wünschen, können Sie diese über den Button Sortierung vorgeben. Gegenüber der nachträglichen Sortierung der fertigen Ergebnisliste mithilfe des Icons hat diese Methode insbesondere den Vorteil, dass die Sortierung einfach über die normale Variante abgespeichert werden kann (siehe auch Abschnitt 3.7, »Arbeiten mit Reports«).

Der am häufigsten genutzte Button Org. Struktur dient der Selektion über die Organisationsstruktur, wie sie im Organisationsmanagement (siehe Kapitel 9, »Organisationsmanagement«) abgebildet ist. Ein Klick auf diesen Button öffnet ein Auswahlfenster mit der Organisationsstruktur Ihres Unternehmens (siehe Abbildung 6.21).

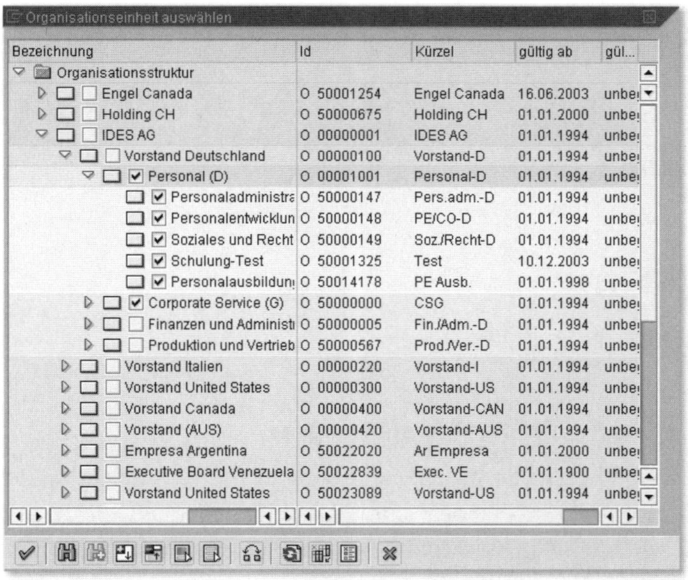

Abbildung 6.21 Selektion über das Organigramm

Durch Anklicken des Icons können Sie die einzelnen Zeilen aufklappen und so diejenigen Elemente der Struktur finden, die Sie auswählen wollen. Zum Auswählen einer ganzen Organisationseinheit klicken Sie auf das Icon, sodass darin ein Häkchen erscheint. In Ihrer Liste werden später alle Mitarbeiter berücksichtigt, die direkt – d.h. nicht über eine Untereinheit – den so ausgewählten Organisationseinheiten zugeordnet sind.

Wenn Sie aber eine Organisationseinheit inklusive aller dazugehörenden untergeordneten Einheiten selektieren wollen, wählen Sie zunächst die gewünschte übergeordnete Organisationseinheit aus und klicken dann auf das Icon im unteren Bereich des Fensters. Daraufhin werden automatisch alle untergeordneten Organisationseinheiten ausgewählt. Abbildung 6.21 zeigt dies am Beispiel der Organisationseinheit PERSONAL (D). Durch dieses Vorgehen wurden die fünf untergeordneten Organisationseinheiten durch einen Klick mit ausgewählt.

Bei Reports, die das neue Selektionsbild (siehe Abbildung 6.19) benutzen, steht Ihnen jedoch die soeben beschriebene Buttonleiste nicht zur Verfügung. Die entsprechenden Funktionalitäten verbergen sich in diesem Fall hinter optisch differierenden Buttons, die sich oberhalb des eigentlichen Selektionsbildes befinden. Sie können sie neben dem bekannten Button zum AUSFÜHREN des Reports sehen. Abbildung 6.22 zeigt diese neue Buttonleiste, die Sie statt der im Vorfeld beschriebenen verwenden können. Die Buttons bzw. Icons stehen für folgende Funktionen (von links nach rechts):

- Ausführen
- Sortierung
- (weitere) Selektionsfelder
- Organisationsstruktur
- Suchhilfe

Abbildung 6.22 Neue Darstellung der Buttonleiste

Selektion über die Feldgruppe »Freie Abgrenzungen«

Zusätzlich zu den vielen bereits besprochenen Möglichkeiten zur Selektion der auszuwertenden Personen gibt es noch eine weitere Möglichkeit. Bei vielen Reports steht Ihnen neben dem AUSFÜHREN-Button auch das Icon zur Verfügung. Darüber können Sie mithilfe der Ansicht FREIE ABGRENZUNGEN weitere Einschränkungen vornehmen.

Die Feldgruppe FREIE ABGRENZUNGEN enthält ausgewählte Felder aus verschiedenen Infotypen. Abbildung 6.23 zeigt ein Beispiel, in dem in der linken Bildhälfte Felder aus den Infotypen 0005 (Urlaubsanspruch, alt), 0006 (Anschriften) und 0007 (Sollarbeitszeit) zur Auswahl bereitstehen. Einige der Felder sind bereits ausgewählt und können in der rechten Bildhälfte als Selektionsfelder genutzt werden.

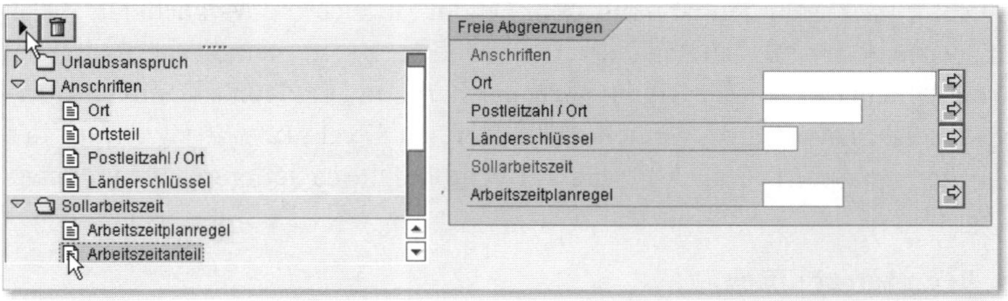

Abbildung 6.23 Weitere Selektionen mithilfe von »Freie Abgrenzungen«

Wenn Sie das Icon ▷ vor dem jeweiligen Infotyp anklicken, erscheinen die entsprechenden Felder zur Auswahl. Um Felder in Selektionsfelder umzuwandeln, haben Sie zwei Möglichkeiten:

- Doppelklicken Sie auf das jeweilige Feld
- Markieren Sie ein oder mehrere Felder, und nutzen Sie das Icon ▶.

Die nun definierten Selektionsfelder sind grün hinterlegt und können in der rechten Bildhälfte gefüllt werden (siehe Abbildung 6.23).

Hinweis

Beachten Sie, dass die verschiedenen Selektionen immer alle zugleich erfüllt sein müssen. Wenn Sie also über die entsprechenden Buttons bzw. Icons einen Teil der Organisationsstruktur bestimmen, einige freie Abgrenzungen und zusätzlich auf dem Selektionsbild noch Einschränkungen zum Personalbereich und zum Mitarbeiterkreis vornehmen, werden nur diejenigen Mitarbeiter im Ergebnis berücksichtigt, auf die alle diese Selektionen zutreffen.

Die Mitarbeiter durchlaufen also gewissermaßen mehrere Filter – bis nur noch diejenigen erscheinen, auf die alle Kriterien zutreffen.

6.2.3 Arbeiten mit der Ergebnisliste

Nachdem Sie die Auswertung gestartet haben und die Ergebnisliste angezeigt wird, haben Sie bei den meisten Reports zahlreiche Möglichkeiten, diese Ergebnisse weiter zu bearbeiten.

Layout und Spaltenauswahl

Viele der Funktionen zur Beeinflussung des Layouts und der Spaltenauswahl erreichen Sie über das Icon ▦. Diese Möglichkeiten wurden bereits in Abschnitt 3.7, »Arbeiten mit Reports«, beschrieben.

Wichtig im Zusammenhang mit dem Layout ist auch die Möglichkeit, dieses abzuspeichern und später wiederzuverwenden. Nutzen Sie diesbezüglich das Icon , um das aktuelle Layout abzuspeichern, und das Icon , um ein abgespeichertes Layout anzuwenden. Dabei können Sie ein Layout sowohl für den eigenen Gebrauch als auch für die Verwendung durch andere Anwender speichern:

- **Benutzerspezifisch**
  Sie können das Feld BENUTZERSPEZIFISCH in dem entsprechenden Dialogfenster (siehe Abbildung 6.24) verwenden.
- **Nicht benutzerspezifisch**
  Ist das Layout nicht benutzerspezifisch, müssen Sie vor den Namen einen Schrägstrich (»/«) setzen. Im Feld BEZEICHNUNG können Sie zudem eine freie Kurzbeschreibung des Layouts erfassen.

Für jeden Report können Sie genau ein Layout als VOREINSTELLUNG kennzeichnen. Dieses wird dann automatisch angewendet, wenn der Report gestartet und kein anderes Layout ausgewählt wurde.

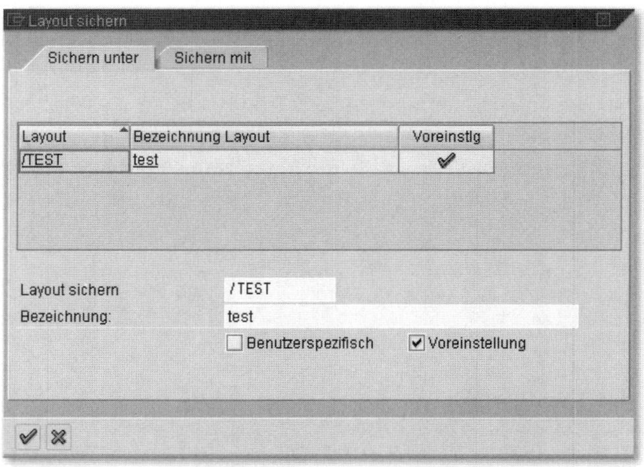

Abbildung 6.24 Sichern des Layouts

Download

Eine wesentliche Funktion zur Weiterverwendung der Ergebnisliste ist der *Download*, also der Transfer der Daten auf Ihren PC oder in einen bestimmten Ordner innerhalb Ihres Netzwerks. Es gibt mehrere Möglichkeiten zum Download, von denen wir hier die wichtigsten vorstellen:

- **MS Excel-Tabelle**
  Sie können die Daten innerhalb des SAP-Systems als MS Excel-Tabelle darstellen. Dies erreichen Sie über das Icon . Um die Excel-Datei auch außerhalb des SAP-Systems abzuspeichern, nutzen Sie innerhalb (!) der Excel-Darstellung den Menüpfad Datei • Kopie speichern unter.
- **MS Word-Serienbrief**
  Die Werte Ihrer Ergebnisliste können Sie auch verwenden, um einen Serienbrief in MS Word zu erstellen. Dies erreichen Sie über das Icon .
- **Zwischenablage oder andere Formate**
  Mithilfe des Icons können Sie Ihre Liste in die Zwischenablage übernehmen oder in einem der folgenden Formate speichern:
  - Unkonvertiert (ASCII-Textdatei)
  - Tabellenkalkulation (z. B. MS Excel oder Lotus 123)
  - Rich Text Format (RTF), (z. B. zur Weitergabe an ein Textverarbeitungsprogramm)
  - HTML-Format (zur Anzeige in einem Webbrowser wie z. B. MS Internet Explorer)
- **Download über Menüpfade**
  Einige Reports bieten die angesprochenen Buttons nicht an. Dann ist oftmals ein Download in einem der genannten Formate über einen der beiden folgenden Menüpfade möglich:
  - System • Liste • Sichern • lokale Datei oder
  - Liste • Sichern/senden • Datei

6.2.4 Ausgewählte Standardauswertungen

Für das Themenfeld »Personaladministration« existieren zahlreiche Standardauswertungen. Sie erreichen sie über den Menüpfad Personal • Informationssystem • Berichte • Personalmanagement • Administration (siehe Abbildung 6.25). Die Bedienung dieser Auswertungen erfolgt grundsätzlich wie bisher in diesem Kapitel beschrieben. Zwei Reports wollen wir Ihnen dennoch im Einzelnen genauer vorstellen. Es handelt sich dabei um

- den Report Geburtstagsliste als ein weiteres einfaches Beispiel zum Arbeiten mit Reports und
- den Report Flexible Mitarbeiterdaten als eine spezielle Auswertung, die Sie sehr flexibel einsetzen können.

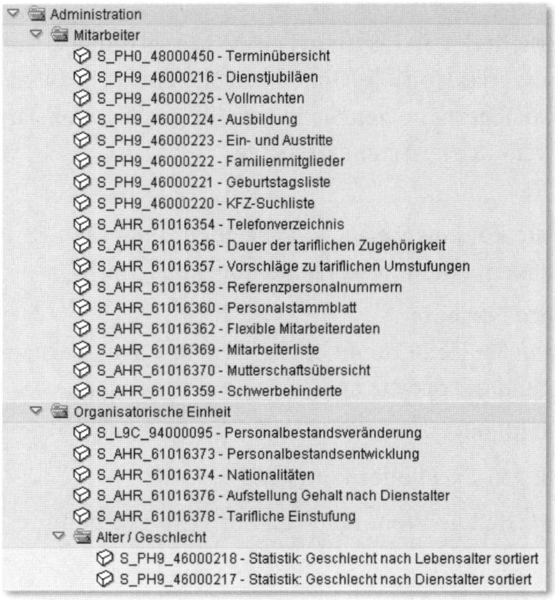

Abbildung 6.25 Standardauswertungen der Personaladministration

Report »Geburtstagsliste«

Der untere Teil des Selektionsbildes enthält die Programmabgrenzungen – also die Selektionsfelder, die speziell für die Geburtstagsliste benötigt werden (siehe Abbildung 6.26). Diese Felder dienen insbesondere dazu, Mitarbeiter zu selektieren, die in einem bestimmten Zeitraum geboren sind. Wollen Sie z. B. alle Mitarbeiter selektieren, die am 15. Mai geboren sind, dann geben Sie im Feld Tag und Monat des Geburtsdat den Wert »1505« ein.

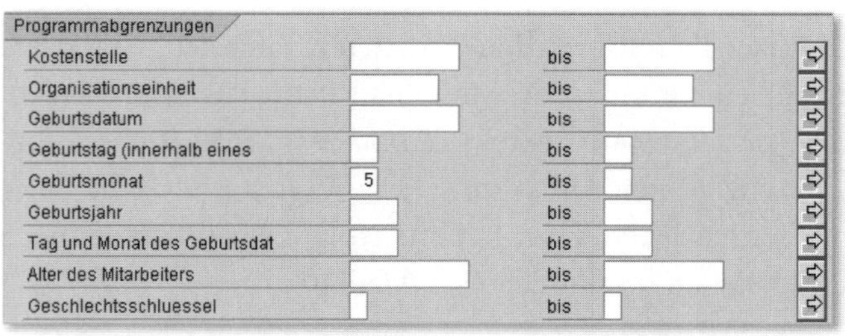

Abbildung 6.26 Geburtstage im Monat Mai selektieren

In unserem dargestellten Beispiel (siehe Abbildung 6.26) selektieren wir alle Mitarbeiter, deren Geburtstag im Mai liegt. Abbildung 6.27 zeigt das Ergebnis. Die in der Ansicht Programmabgrenzungen verfügbaren Selektionsfelder sind auch als Spalten in der Ergebnisliste enthalten.

Geburtstagsliste

PersNr	Nachname	Vorname	Eintritt	Austritt	GebDatum	Tag	GbTg	Jahr	Mon	Gsch	Kostenst.	OrgEinh.	Alter des Mitarbeiters
00001005	Gutjahr	Hanno	01.01.1994	31.12.9999	31.05.1970	31	3105	1970	05	1	2100	50000563	38
00001027	Jost	Martin	01.01.1994	31.12.9999	14.05.1948	14	1405	1948	05	1	3200	50000012	60
00001110	Kernen	Norbert	01.01.2000	31.12.9999	15.05.1960	15	1505	1960	05	1		50000006	48
00001156	Leube	Johann	01.01.1999	31.12.9999	04.05.1967	04	0405	1967	05	1	1110	20000015	41
00001158	Lubich	Doris	01.01.1999	31.12.9999	03.05.1963	03	0305	1963	05	2	1110	20000005	45
00001241	Boffelli	Martina	01.01.1994	31.12.9999	01.05.1965	01	0105	1965	05	2	4240	50000060	43
00001329	Apfel	Kerstin	01.01.1996	31.12.9999	05.05.1964	05	0505	1964	05	2	4279	50011474	44
00001400	Franz	Edgar	01.01.1994	31.12.9999	15.05.1937	15	1505	1937	05	1		00000000	71
00001403	Kassa	Kurt	01.01.1998	31.12.9999	01.05.1934	01	0105	1934	05	1		00000000	74

Abbildung 6.27 Ausgabe der Geburtstagsliste

Report »Flexible Mitarbeiterdaten«

Dieser Report ist besonders nützlich, da Sie mit seiner Hilfe die Spalten der Ergebnisliste sehr flexibel beeinflussen können. Die Selektionsmöglichkeiten entsprechen denen des Standardselektionsbildes; das hier vorliegende Selektionsbild enthält jedoch zusätzlich den in Abbildung 6.28 dargestellten Button.

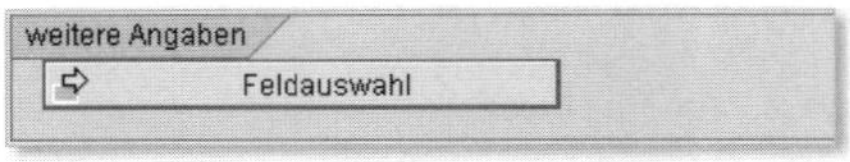

Abbildung 6.28 Zusatz-Button im Report »Flexible Mitarbeiterdaten«

Das Anklicken dieses Buttons öffnet die FELDAUSWAHL (siehe Abbildung 6.29). Dabei sehen Sie in der linken Bildhälfte alle Felder, die Sie als Ausgabespalten auswählen können, und in der rechten Bildhälfte diejenigen, die bereits ausgewählt sind.

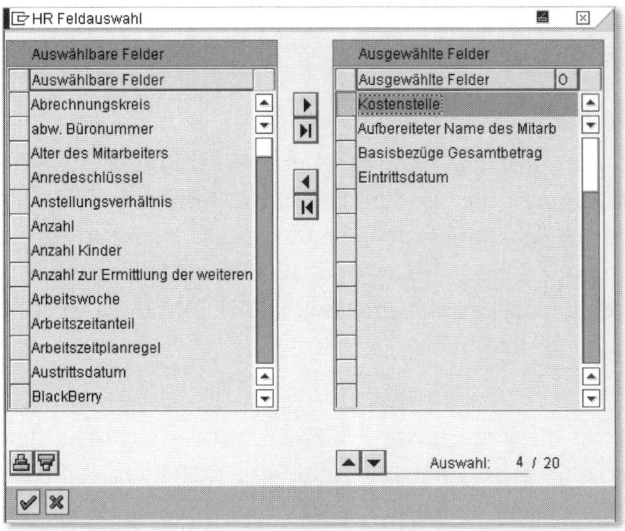

Abbildung 6.29 Auswahl der auszugebenden Spalten

Die Auswahl der Felder erfolgt dabei analog zur Auswahl von Selektionsfeldern, wie sie Abbildung 6.12 in Abschnitt 6.2.2, »Standardselektionsbild«, zeigt. Die Reihenfolge der Spalten in der Ausgabeliste von links nach rechts entspricht der Reihenfolge der in der Liste ausgewählten Felder von oben nach unten. Diese können Sie über die Icons ▲▼ beeinflussen.

Abbildung 6.30 zeigt die entsprechende Ergebnisliste. Durch den umfangreichen Feldvorrat können Sie mit diesem Report sehr viele Auswertungsanforderungen abbilden. In vielen Fällen erspart er Ihnen so das Erstellen einer Query.

Flexible Mitarbeiterdaten

Stichtag: 11.12.2008

Kostenstelle	Aufbereiteter Name des Mitarbei...	Basisbezüge Gesamtbetrag	Währg	Eintrittsdatum
0000002200	Anja Müller	5.000,00	EUR	01.01.2002
0000002100	Michaela Maier	1.889,82	EUR	01.01.1994
0000002100	Dipl.Kfm. Ulrike Zaucker	4.601,63	EUR	01.01.1994
0000002100	Stefan Pfändili	1.955,77	EUR	01.01.1994
0000002100	Olaf Paulsen	1.834,78	EUR	01.01.1994
0000002100	Hanno Gutjahr	2.246,62	EUR	01.01.1994
0000002100	Yasmin Awad	2.309,90	EUR	01.01.1994

Abbildung 6.30 Ausgabeliste »Flexible Mitarbeiterdaten«

6.3 Querys über Personalstammdaten

Lernen Sie zunächst zwei Formen der Erstellung einer Query kennen und erfahren Sie, welche Voraussetzungen erfüllt sein müssen, um mit Querys arbeiten zu können.

6.3.1 Formen der Query

Die Query ist ein Instrument, mit dem ohne Programmierkenntnisse Auswertungen erstellt werden können, die im Standard nicht verfügbar sind. Im Wesentlichen handelt es sich dabei um Listen, die Daten zeilenweise so ausgeben, wie sie (z. B. in Infotypen) gespeichert sind. Eine komplizierte Berechnungslogik lässt sich über die Query nicht abbilden. In SAP ERP HCM werden Sie zwei Formen der Query vorfinden:

- **Ad-hoc Query**
  Die *Ad-hoc Query* ist auf die Bedürfnisse der Endanwender zugeschnitten und erlaubt die schnelle und in weiten Teilen intuitive Erstellung von Auswertungen. Sie wird an vielen Stellen des Systems auch als *InfoSet Query* bezeichnet.

- **SAP Query**
  Die *SAP Query* bietet noch einige wenige zusätzliche Funktionen, über die die Ad-hoc Query nicht verfügt. Das Erstellen von SAP Querys ist allerdings deutlich komplizierter und im Allgemeinen nicht die Aufgabe von Endanwendern. Als Endanwender werden Sie in der Regel nur vorgefertigte SAP Querys ausführen, aber keine neuen erstellen.

Wir werden daher im Folgenden nur beschreiben, wie Sie eine Ad-hoc Query erstellen und im Dialog mit diesem Instrument arbeiten können, das Erstellen von SAP Querys sparen wir aus, erläutern jedoch – ehe wir zur Ad-hoc Query kommen – das Ausführen einer bereits vorhandenen SAP Query. Zunächst möchten wir die Voraussetzungen zusammenfassen, die erforderlich sind, um mit Querys zu arbeiten:

- **InfoSet**
  Es muss ein sogenanntes *InfoSet* vorhanden sein, das die Daten enthält, die Sie auswerten möchten. Ein InfoSet basiert im Wesentlichen auf einer bestimmten Menge von Infotypen und wird von Ihrem Systembetreuer angelegt.
- **Query-Benutzergruppe**
  Sie müssen einer sogenannten Query-Benutzergruppe zugeordnet sein, die die Erlaubnis hat, mit dem entsprechenden InfoSet zu arbeiten. Benutzergruppen werden ebenfalls von Ihrem Systembetreuer oder von Ihrem Benutzeradministrator angelegt.
- **Anwenderkompetenz**
  Sie müssen grundsätzlich in der Lage sein, mit Auswertungen zu arbeiten, wie es in Abschnitt 6.2, »Reports über Personalstammdaten«, beschrieben wurde.
- **Datenkenntnis**
  Sie müssen die Struktur und Bedeutung der Daten kennen, die Sie auswerten möchten. In der Personaladministration müssen Ihnen das Infotypkonzept und die Bedeutung der auszuwertenden Infotypen bekannt sein. Da die Query ein flexibleres Instrument ist als der Report, hat dies für den hier vorliegenden Kontext eine noch viel wichtigere Bedeutung.

Hinweis

Wenn Sie eine Query erstellt und abgespeichert haben, ist das Ergebnis ein Report, wie er in Abschnitt 6.2, »Reports über Personalstammdaten«, beschrieben wurde. Das System »programmiert« auf Basis Ihrer Vorgaben selbstständig eine Auswertung. Deshalb können Sie mit einer fertigen Query auf die gleiche Art und Weise arbeiten wie mit einem einfachen Report.

6.3.2 Ausführen einer Query

Auf die Query stoßen Sie an vielen Stellen des SAP-Menüs. Der allgemeine Menüpfad zur SAP Query in SAP ERP HCM ist folgender: PERSONAL • INFORMATIONSSYSTEM • REPORTING-WERKZEUGE • SAP QUERY. Sie erreichen darüber das in Abbildung 6.31 dargestellte Einstiegsbild.

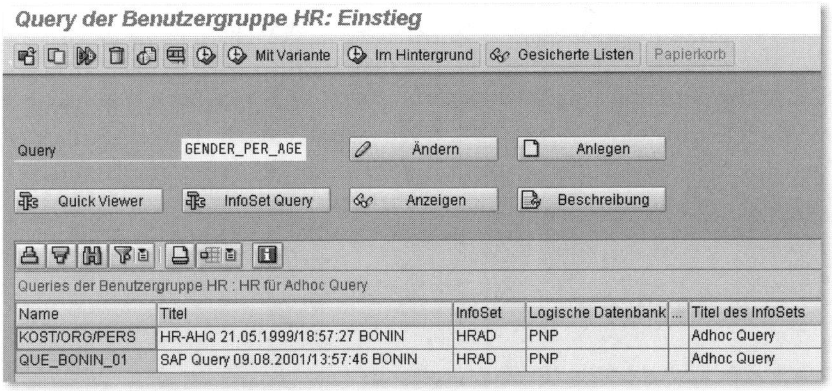

Abbildung 6.31 Einstiegsbild der SAP Query

Die meisten der dort verfügbaren Funktionalitäten benötigen Sie nicht zum Ausführen einer Query. Wichtig ist zunächst der untere Bereich des Bildschirms, in dem die verfügbaren Querys aufgelistet sind. Ist die von Ihnen gesuchte Query nicht in der Liste enthalten, gibt es zwei Möglichkeiten:

- **Es wird die falsche Benutzergruppe angezeigt**
  Dies ist möglicherweise dann der Fall, wenn Sie mehreren Benutzergruppen zugeordnet sind. Sie können über das Icon diejenige Benutzergruppe auswählen, unter der die gesuchte Query einzuordnen ist. Fragen Sie gegebenenfalls Ihren Systembetreuer, welche Query dies ist.
- **Sie befinden sich im falschen Arbeitsbereich**
  Grundsätzlich stehen Ihnen der STANDARDBEREICH und der GLOBALE BEREICH zur Verfügung. Fragen Sie auch hierzu Ihren Systembetreuer, in welchem dieser beiden Bereiche Sie arbeiten. Sie können den Bereich über den Menüpfad UMFELD • ARBEITSBEREICHE leicht wechseln.

Wenn Sie die gewünschte Query gefunden haben, gehen Sie wie folgt vor:

1. Markieren Sie die gewünschte Query durch einen einfachen Klick, oder schreiben Sie den Namen der Query in das Eingabefeld QUERY.
2. Starten Sie die Query mit dem AUSFÜHREN-Button, der er Ihnen bereits vom Umgang mit den Reports bekannt ist.

3. Nach dem Öffnen des Selektionsbildes arbeiten Sie mit der Query genau so weiter, wie Sie es auch mit einem normalen Report täten.

Hinweis

Häufig wird eine fertige Query auch wie ein normaler Report in das Menü eingebaut. Sie benutzen diese dann genau wie einen Standardreport, denn die Handhabung dieser beiden Tools unterscheidet sich nicht.

Falls die Query nicht automatisch in das SAP-Menü eingefügt wird, können Sie anhand folgender Benutzerparameter (siehe Abschnitt 3.6.1, »Vorschlagswerte dauerhaft einrichten«) Arbeitsbereich, Benutzergruppe und Query dauerhaft vorbelegen:

- AQW = Arbeitsbereich
  (leer, keine Eingabe = Standardbereich, mandantenabhängig)
- AQB = Benutzergruppe (z. B. Teamleiter)
- AQQ = Query (Query-Name)

6.3.3 Erstellen einer Ad-hoc Query

Auch zu einer Ad-hoc Query können Sie auf vielen verschiedenen Wegen gelangen. Zwei davon sind:

- Nutzen Sie den Button InfoSet Query auf dem in Abbildung 6.31 gezeigten Einstiegsbild der SAP Query.
- Wählen Sie den Menüpfad Personal • Informationssystem • Reporting-Werkzeuge • Ad-hoc Query.

InfoSet-Auswahl

In beiden Fällen erscheint zunächst das Dialogfenster zur InfoSet-Auswahl (siehe Abbildung 6.32). Sie müssen nun wissen, in welchem InfoSet die Daten zusammengefasst sind, die Sie auswerten möchten. Wenn das gesuchte InfoSet nicht in der angezeigten Liste enthalten ist, kann dies wiederum an der falschen Benutzergruppe oder am falschen Arbeitsbereich liegen. In den beiden Auswahlfeldern im unteren Bereich des Fensters können Sie die Angaben entsprechend korrigieren.

Haben Sie das richtige InfoSet gefunden, so markieren Sie die entsprechende Zeile mithilfe der Maus und bestätigen Sie anschließend. Erst dann erreichen Sie die Hauptmaske der Ad-hoc Query.

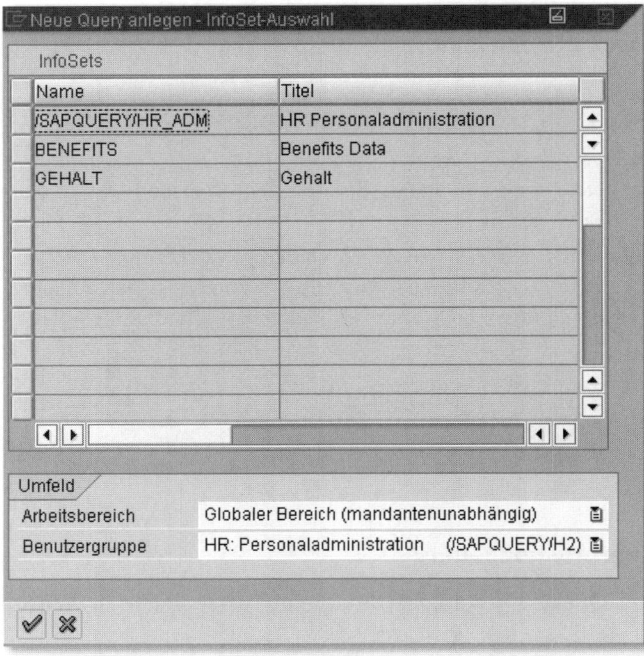

Abbildung 6.32 Auswahl eines InfoSets für die Ad-hoc Query

Bildschirmaufbau der Ad-hoc Query

Der Bildschirm zum Erstellen einer Ad-hoc Query ist in drei große Bereiche unterteilt (siehe Abbildung 6.33):

- Feldauswahl, über die die Selektionsfelder und die auszugebenden Felder bestimmt werden
- Selektionsbereich, der wiederum in vier Bereiche unterteilt ist
- Ausgabevorschau, über die man schon vor dem Start der Query das Layout ansehen und verändern kann

Außerdem gibt es oben links noch eine kleine Buttonleiste, deren wichtigste Elemente in diesem Abschnitt erklärt werden. Im Folgenden lernen Sie alle Bildbereiche anhand eines Beispiels kennen.

Hinweis

Wenn Ihnen die Bildbereiche Auswertungsmenge und Treffermenge nicht wie in Abbildung 6.33 dargestellt angezeigt werden, können Sie diese über den Menüpfad Zusätze • Objektselektion einschalten zuschalten.

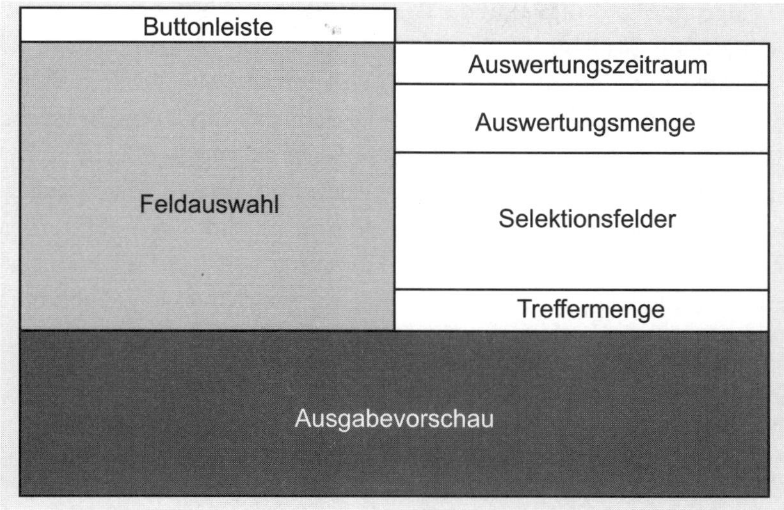

Abbildung 6.33 Aufbau des Bildschirms der Ad-hoc Query

Feldauswahl

In diesem Bereich stehen alle Felder des InfoSets zur Verfügung. Sie sind in der Regel, wie auch im Beispiel in Abbildung 6.34 gezeigt, nach Infotypen geordnet. Da auch ein anderes Ordnungskriterium benutzt werden kann, werden die Ordnungsgruppen hier neutral als FELDGRUPPE bezeichnet.

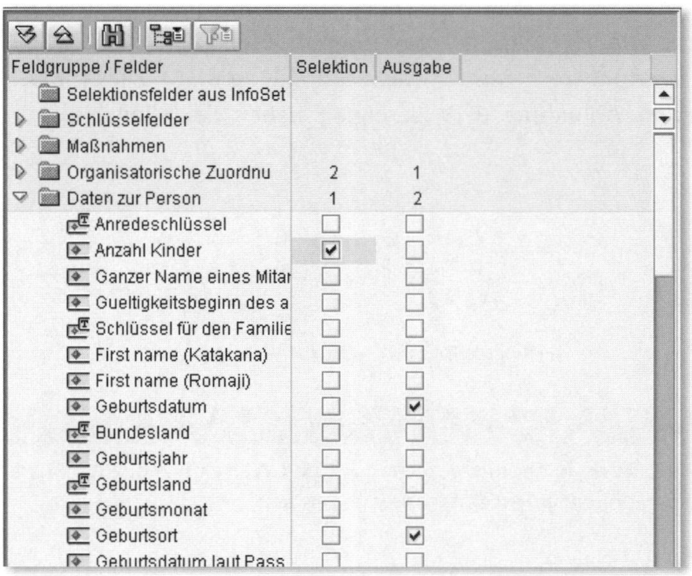

Abbildung 6.34 Auswahl von Selektions- und Ausgabefeldern

Um eine Feldgruppe zu öffnen und die darin enthaltenen Felder zu sehen, klicken Sie einfach auf das Icon ▷. Somit haben Sie die Möglichkeit, jedes Feld als Selektionsfeld und/oder als Ausgabefeld zu kennzeichnen. In dem dargestellten Beispiel wird Anzahl Kinder als Selektionsfeld verwendet, während Geburtsdatum und Geburtsort in der Ergebnisliste ausgegeben werden. Die Zahlen hinter der Feldgruppe Organisatorische Zuordnung zeigen außerdem, dass aus dem Infotyp 0001 noch zwei Felder zur Selektion genutzt werden und ein Feld ausgegeben wird. Sie erkennen dies unmittelbar im Selektionsbereich (siehe Abbildung 6.37) und in der Ausgabevorschau (siehe Abbildung 6.39).

Wählen Sie nun für Ihr Beispiel auch einige Selektions- und Ausgabefelder aus, und beobachten Sie dabei die Auswirkung in den anderen Bildbereichen.

Tipp

Wenn Sie in einer Query den Namen eines Mitarbeiters ausgeben wollen, müssen Sie ihn nicht aus den einzelnen Feldern des Infotyps 0002 zusammensetzen. Im Infotyp 0001 stehen Ihnen zwei fertig aufbereitete Felder zur Verfügung:

- Das Feld Aufbereiteter Name des Mitarbeiters enthält alle Bestandteile der korrekten Anrede: Vorname, Nachname sowie etwaige Titel usw.
- Das Feld Name des Mitarbeiters (sortierfähig) beinhaltet den Namen des Mitarbeiters in einer Form, die bei einer auf dieses Feld bezogenen Sortierung die übliche Telefonbuchreihenfolge ergibt.

Damit ist der wesentliche Teil der Arbeit schon getan. Nun arbeiten Sie im Prinzip genau so weiter wie bei einem normalen Report. Stellen Sie zunächst den gewünschten Auswertungszeitraum ein (siehe Abbildung 6.35). Dies funktioniert analog dem in Abbildung 6.19 gezeigten neuen Selektionsbild zum Report.

Abbildung 6.35 Stichtag für Auswertungszeitraum auswählen

Hinweis

Wenn Sie die Ad-hoc Query in der hier gezeigten Art und Weise nutzen, gilt immer: Personenauswahlzeitraum entspricht Datenauswahlzeitraum.

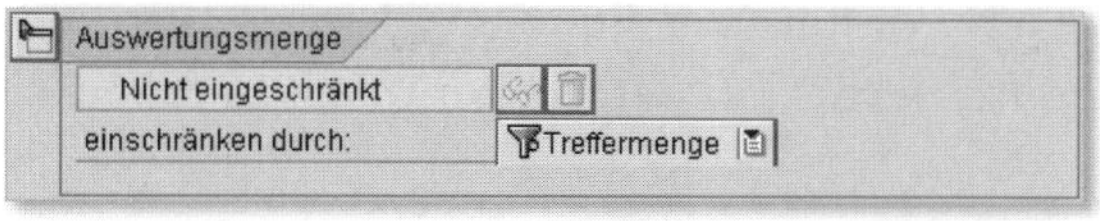

Abbildung 6.36 Nicht eingeschränkte Auswertungsmenge

Die Grundmenge, über die ausgewertet wird, wird als *Auswertungsmenge* bezeichnet. Sie kann in dem in Abbildung 6.36 gezeigten Bildbereich AUSWERTUNGSMENGE eingeschränkt werden. Dies erfolgt in der Regel entweder auf Basis der Organisationsstruktur oder durch die Treffermenge der vorangegangenen Selektion. Im hier dargestellten Beispiel erfolgt keine Einschränkung. Übernehmen Sie diese Einstellung für das Erstellen Ihrer ersten Ausgabeliste. Danach können Sie dann ein wenig mit der Auswertungsmenge experimentieren.

Die im ersten Schritt ausgewählten Selektionsfelder stehen Ihnen nun, wie in Abbildung 6.37 dargestellt, zur Einschränkung Ihrer Ausgabeliste zur Verfügung. In unserem Beispiel verwenden wir lediglich ANZAHL KINDER zur Selektion, d.h., es sollen alle Personen ausgegeben werden, die mindestens ein Kind haben. Die Bedingung »mindestens« können Sie über die Spalte OPTION erfassen. Klicken Sie dazu in der entsprechenden Zeile in diese Spalte. Dann können Sie eine Selektionsoption auswählen, wie Sie es von einfachen Reports bereits kennen.

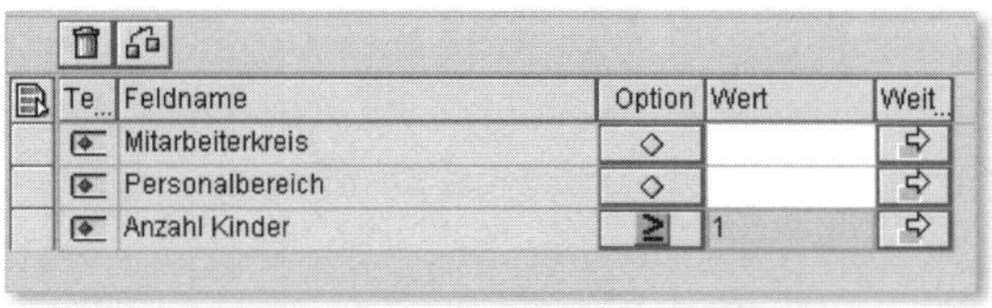

Abbildung 6.37 Selektion nach drei Feldern

Bevor Sie sich die Liste anzeigen lassen, können Sie zunächst einmal feststellen, wie viele Personen diese enthalten wird. Dies erfolgt durch die Anzeige der *Treffermenge*. Klicken Sie dazu auf den in Abbildung 6.38 ganz links angezeigten Button. Sie sehen, dass in unserem Beispielsystem 399 Personen mit mindestens einem Kind geführt werden.

Abbildung 6.38 Gefüllte Treffermenge nach Durchführen der Selektion

Die Vorschau im unteren Bildbereich zeigt bisher noch Dummy-Daten an (siehe Abbildung 6.39). Die Darstellung soll Ihnen dabei helfen, den Aufbau der Ausgabeliste leichter nachzuvollziehen. Mithilfe des Buttons ist es allerdings auch möglich, den Vorschaubereich bereits mit den echten Daten zu füllen.

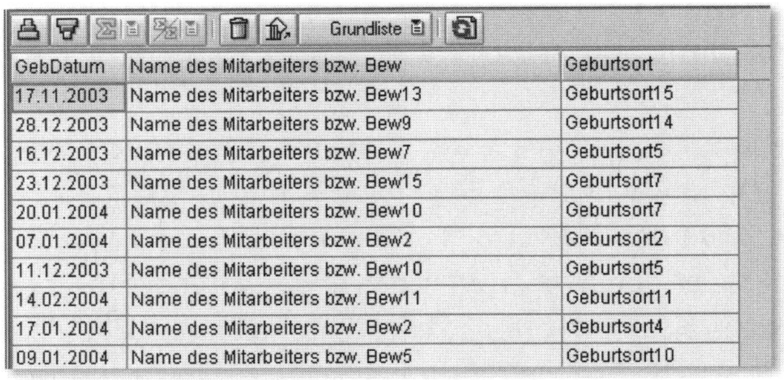

GebDatum	Name des Mitarbeiters bzw. Bew	Geburtsort
17.11.2003	Name des Mitarbeiters bzw. Bew13	Geburtsort15
28.12.2003	Name des Mitarbeiters bzw. Bew9	Geburtsort14
16.12.2003	Name des Mitarbeiters bzw. Bew7	Geburtsort5
23.12.2003	Name des Mitarbeiters bzw. Bew15	Geburtsort7
20.01.2004	Name des Mitarbeiters bzw. Bew10	Geburtsort7
07.01.2004	Name des Mitarbeiters bzw. Bew2	Geburtsort2
11.12.2003	Name des Mitarbeiters bzw. Bew10	Geburtsort5
14.02.2004	Name des Mitarbeiters bzw. Bew11	Geburtsort11
17.01.2004	Name des Mitarbeiters bzw. Bew2	Geburtsort4
09.01.2004	Name des Mitarbeiters bzw. Bew5	Geburtsort10

Abbildung 6.39 Vorschau der Ergebnisliste mit Dummy-Daten

Um zur endgültigen Ausgabeliste zu gelangen, klicken Sie auf den Button AUSGABE der Buttonleiste (siehe Abbildung 6.40).

Abbildung 6.40 Buttonleiste der Ad-hoc Query

Die Ausgabe sieht dann ebenso aus wie die bereits beschriebene Ausgabe eines Reports und kann auch auf die gleiche Art und Weise weiterverarbeitet werden (siehe Abschnitt 6.2.3, »Arbeiten mit der Ergebnisliste«). Arbeiten Sie erst etwas mit den hier dargestellten Bildbereichen, bevor Sie im Anschluss daran die im nächsten Abschnitt beschriebenen speziellen Funktionen nutzen.

6.3.4 Spezielle Funktionen der Ad-hoc Query

Aufgrund der Vielzahl der Spezialfunktionen der Ad-hoc Query ist es hier nicht möglich, diese allumfassend zu beschreiben. Wir stellen Ihnen hier jedoch die wesentlichen Elemente vor, sodass Sie, nachdem Sie den Umgang mit diesen eingeübt haben, weitere Elemente ohne Schwierigkeiten verstehen können. Nehmen Sie sich regelmäßig etwas Zeit, um neue Menüpfade, Buttons sowie Einträge des *Kontextmenüs*, das Sie mit der rechten Maustaste erreichen, zu erforschen und nachzuvollziehen.

Abspeichern einer fertigen Ad-hoc Query

Wenn Sie eine Ad-hoc Query erstellt haben, können Sie sie über den Menüpfad QUERY • SICHERN/SICHERN ALS abspeichern. Eine erstellte Query können Sie anschließend über den mittleren Button QUERY ÖFFNEN der Buttonleiste (siehe

Abbildung 6.40) oder auf dem beschriebenen Weg (siehe Abschnitt 6.3.2, »Ausführen einer Query«) aufrufen.

Wert versus Text in der Feldauswahl

Zu vielen Feldern wird im System sowohl ein Wert (Schlüssel) als auch ein Text geführt. Diese Felder erkennen Sie in der Feldauswahl an dem vorangestellten Icon . Ein Beispiel hierfür ist der Anredeschlüssel des Infotyps 0002. Hier entspricht z. B. dem Wert »1« der Text »Herr«. In der Regel ist das System so voreingestellt, dass in solchen Fällen der Wert zur Selektion herangezogen wird – für die Ausgabe hingegen der Text. Wenn Sie mit der rechten Maustaste auf die Bezeichnung des Feldes in der Feldauswahl klicken, können Sie dies nach Bedarf ändern.

Einstellungen der Ad-hoc Query

Über den Menüpfad Bearbeiten • Einstellungen können Sie das Verhalten der Query und die Oberfläche gestalten. Da die Beschreibung jeder einzelnen Option den Rahmen dieses Buches sprengen würde, verweisen wir hier hauptsächlich auf die Dokumentation über die [F1]-Hilfe (siehe Kapitel 14, »Hilfefunktionen«).

Eine Option wollen wir aber dennoch hervorheben. In der Registerkarte Ausgabe (siehe Abbildung 6.41) haben Sie die Möglichkeit, das Standardselektionsbild vor jeder Ausgabe über das Feld Start über Selektionsbild (siehe Abschnitt 6.2.2, »Standardselektionsbild«) aufzurufen. Auf diese Weise können Sie insbesondere einen vom Personenauswahlzeitraum abweichenden Datenauswahlzeitraum bestimmen.

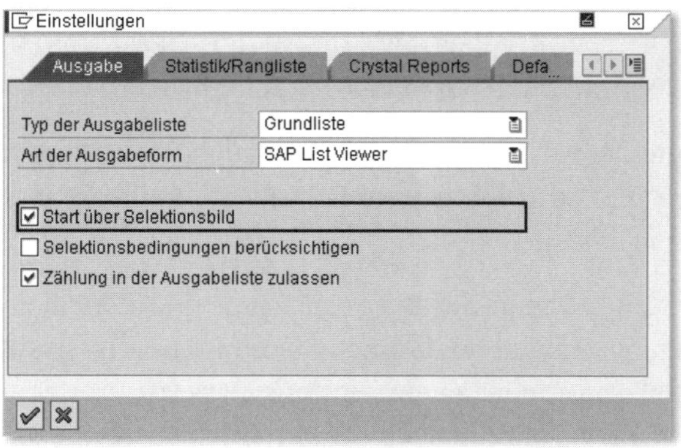

Abbildung 6.41 Einstellungen der Ad-hoc Query

Mehrstufige Selektion mit Mengenoperationen

Oft ist es nicht möglich, alle Personen, die man in einer Liste ausgeben möchte, in einem Schritt zu selektieren. Mögliche Beispiele dafür sind:

- **Es ist nicht möglich, über nicht vorhandene Daten zu selektieren**
  Das kann der Fall sein, wenn innerhalb einer bestimmten Gruppe von Personen (z. B. alle gewerblichen Mitarbeiter) diejenigen ausgewählt werden, für die bestimmte Daten nicht vorliegen (z. B. keine Sicherheitsbelehrung im Infotyp 0032).
  Wenn Sie das Feld ART DER BELEHRUNG aus dem Infotyp 0035 (Belehrungen) als Selektionsfeld deklarieren und dort UNGLEICH »SICHERHEITSBELEHRUNG« auswählen, werden alle Mitarbeiter ausgegeben, die irgendeine andere Belehrung haben. Nicht aber diejenigen, die gar keine Belehrung haben.
- **Es ist nicht möglich, mit Oder-Bedingungen zu selektieren**
  Das kann der Fall sein, wenn Personen selektiert werden, die entweder ein Kriterium A erfüllen oder ein Kriterium B oder beides (z. B. alle Mitarbeiter, die über 50 sind, sowie alle Mitarbeiter, die in Berlin wohnen).
  Wenn Sie Wohnort und Alter als Selektionsfelder deklarieren und entsprechend füllen, dann enthält die Ausgabeliste nur die Mitarbeiter, die beide Kriterien gleichzeitig erfüllen.

In solchen Fällen kann man die sogenannten *Mengenoperationen* nutzen. Um sie zu aktivieren, wählen Sie zunächst den Menüpfad ZUSÄTZE • MENGENOPERATIONEN EINBLENDEN.

Achtung

Erst wenn die Objektselektion eingeschaltet ist, lässt sich auch die Mengenoperation einblenden.

Sie sehen nun im Selektionsbereich die Registerkarte MENGENOPERATIONEN. Klicken Sie diese an, um das in Abbildung 6.42 dargestellte Bild zu erhalten.

In diesem Bild haben Sie die Möglichkeit, die verschiedenen Mengen von selektierten Personen miteinander zu kombinieren. Dabei werden die Grundoperationen der Mengenlehre genutzt.

Zu Beginn jeder Operation stehen Ihnen die Objektmengen, d.h. Personenmengen, A und B zur Verfügung. Aus diesen können Sie nun durch Auswahl der entsprechenden Operation und Anklicken des Buttons OPERATION DURCHFÜHREN nicht nur die Schnittmenge, sondern auch die Vereinigungsmenge bilden oder eine der Mengen von der jeweils anderen abziehen. Das Ergebnis steht dann zunächst im Feld ERGEBNISMENGE.

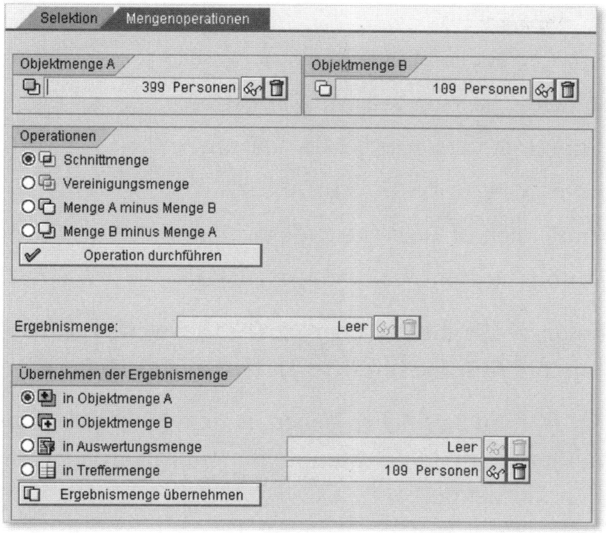

Abbildung 6.42 Mengenoperationen in der Ad-hoc Query

Im unteren Bereich des Bildes haben Sie jetzt die Möglichkeit, diese Ergebnismenge in eine andere Menge zu transferieren, dabei kann es sich um folgende Mengen handeln:

- eine der Objektmengen A und B, um in weiteren Schritten damit arbeiten zu können
- die Auswertungsmenge, um bei einer folgenden Auswertung die auszuwertende Grundmenge einzuschränken
- die Treffermenge, um damit eine Liste anzuzeigen

Jetzt müssen Sie nur noch wissen, wie Sie die Auswertungsmengen A und B füllen. Hierzu selektieren Sie lediglich die gewünschten Personen und nehmen sie, wie oben beschrieben, in die Treffermenge auf. Über die beiden rechten Buttons (siehe Abbildung 6.38) transferieren Sie anschließend die Treffermenge in die Menge A oder B.

Wir lehnen uns im Folgenden an das bereits zitierte Beispiel an und selektieren Mitarbeiter ohne Sicherheitsbelehrung. Dazu gehen Sie wie folgt vor:

1. Selektieren Sie über den Mitarbeiterkreis alle gewerblichen Mitarbeiter.
2. Frischen Sie die Treffermenge auf, indem Sie auf den Button 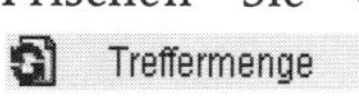

klicken.
3. Transferieren Sie die Treffermenge in die Objektmenge A.
4. Selektieren Sie alle Mitarbeiter, die eine Sicherheitsbelehrung erhalten haben.

5. Frischen Sie die Treffermenge auf.
6. Transferieren Sie die Treffermenge in die Objektmenge B.
7. Wählen Sie die Registerkarte MENGENOPERATIONEN aus.
8. Wählen Sie die Operation MENGE A MINUS MENGE B aus.
9. Klicken Sie auf den Button OPERATION DURCHFÜHREN.
10. Wählen Sie im unteren Bereich IN TREFFERMENGE aus.
11. Klicken Sie auf den Button ERGEBNISMENGE ÜBERNEHMEN.

Die Treffermenge enthält nun genau die Personen, die Sie auswerten wollen. Sie können jetzt die gewünschte Ausgabe für diese Treffermenge erzeugen.

Sehr ähnlich können Sie im zweiten Beispiel vorgehen, in dem Sie die Vereinigungsmenge für zwei Kriterien ermitteln möchten. In diesem Fall arbeiten Sie mit der Operation VEREINIGUNGSMENGE.

Tipp

Wenn Sie intensiv mit Querys arbeiten, empfehlen wir Ihnen das Buch »HR-Reporting mit SAP«, erschienen bei SAP PRESS. Sie lernen darin u.a. das Erweitern von InfoSets, das Erweitern von Querys um lokale Zusatzfelder und das Erstellen von mehrzeiligen bzw. interaktiven Listen.

6.4 Zusammenfassung

In diesem Kapitel haben wir Ihnen gezeigt, wie Sie Reports ausführen. In diesem Zusammenhang haben wir Ihnen das Selektionsbild ausführlich vorgestellt. Sie haben dabei den Unterschied zwischen Daten- und Personenauswahlzeitraum kennengelernt. Sie können außerdem mit den Ergebnislisten arbeiten, z. B. das Layout anpassen. Abschließend haben wir Ihnen gezeigt, wie Sie einfache Auswertungen mit dem Werkzeug der Ad-hoc Query selbst erstellen können.

6.5 Übungsaufgaben zu Kapitel 6

1. Welche Auswertungswerkzeuge bietet SAP ERP HCM?
2. Wie gliedert sich das Selektionsbild eines Standardreports?
3. Wie können Sie zusätzliche Selektionsfelder auf dem Standardselektionsbild einblenden?

4. Welche weiteren Möglichkeiten haben Sie, die Menge der selektierten Personen einzuschränken?
5. Wie gehen Sie vor, wenn Sie über das Standardselektionsbild Daten der aktuellen Woche auswählen wollen?
6. Welche Möglichkeiten haben Sie, die Ergebnisliste eines Reports zu sortieren?
7. Was ist die Besonderheit der Auswertung »Flexible Mitarbeiterdaten«?
8. Was ist in HR der Unterschied zwischen einer Ad-hoc Query und einer InfoSet-Query?
9. Welches Feld sollte als Ausgabefeld gewählt sein, wenn Sie die Ausgabeliste alphabetisch nach dem Namen der Mitarbeiter sortieren wollen?
10. Sie finden eine vorher abgespeicherte Query nicht mehr in der Liste der Querys. Was überprüfen Sie zunächst?
11. Wie können Sie die Treffermenge in der Ad-hoc Query einblenden?
12. Wie kommt das System von der Auswertungsmenge zur Treffermenge?
13. Sie möchten erreichen, dass in der Ausgabeliste einer Query sowohl die Nummer als auch der Text des Personalbereichs angezeigt wird. Wie gehen Sie vor?

Die Zeitwirtschaft beschäftigt sich mit der Verwaltung der Ressource »Arbeitszeit«. Neben dem Führen von Ab- und Anwesenheitszeiten sowie Zeitkonten stellt sie auch einen wichtigen Input für die Entgeltabrechnung dar. Mehrarbeit und die verschiedensten zuschlagspflichtigen Zeiten werden in dieser Komponente ermittelt.

7 Zeitwirtschaft

Die Zeitwirtschaft in SAP ERP HCM unterstützt sowohl die zentrale als auch die dezentrale Zeiterfassung. *Zentral* erfolgt die Erfassung und Bearbeitung der Zeitdaten durch die Zeitsachbearbeiter in der Personalabteilung. Die Infotypen und Anwendungen für diesen Anwenderkreis beschreiben wir im ersten Teil dieses Kapitels.

Im zweiten Teil stellen wir Ihnen eine Anwendung speziell für die dezentrale Zeitsachbearbeitung vor, die z. B. von Abteilungsleitern oder Meistern in der Produktion vorgenommen wird. Eine weitere Möglichkeit ist die Zeitpflege mithilfe des Employee Self-Service (ESS) durch die Mitarbeiter selbst. Darauf werden wir an dieser Stelle nicht näher eingehen, denn den Zugang zu ESS werden wir Ihnen in Kapitel 12, »Employee Self-Services (EES)«, noch ausführlich vorstellen.

Zunächst geben wir Ihnen jedoch einen Überblick über Ziel und Formen der Zeitwirtschaft bzw. der Zeiterfassung.

7.1 Überblick

In diesem Abschnitt stellen wir Ihnen die Begriffe der Zeitwirtschaft vor, die Sie kennen müssen, um erfolgreich mit dem SAP-System zu arbeiten. Darüber hinaus erfahren Sie, welche Voraussetzungen erfüllt sein müssen, damit die Zeitabrechnung für einen Mitarbeiter durchgeführt werden kann.

7.1.1 Ziel der Zeitwirtschaft

Die *Zeitwirtschaft* vereint verschiedene Ziele in sich, zunächst soll sie das *Arbeitszeitverhalten* des Mitarbeiters im Allgemeinen dokumentieren. Dazu zählen u. a.:

- Dauer und Lage der Anwesenheitszeiten
- Dauer und Lage der Pausenzeiten
- Arbeitszeiten außerhalb der Firma (z. B. Dienstreisen)
- besondere Abwesenheiten (z. B. Krankheit, Urlaub)
- Art der Tätigkeit während der erfassten Zeiten (z. B. Produktivzeit, Verteilzeit)

Im Bereich des *Leistungslohns* werden diese Informationen außerdem mit Daten aus der Produktion kombiniert, wie z. B.:

- gefertigte Stückzahl
- Vorgabezeiten
- Ausschuss

Aus diesen Sachverhalten, deren Erfassung in Abschnitt 7.2, »Pflege von Zeitdaten«, beschrieben wird, werden dann weitere Informationen abgeleitet. Dazu werden betriebliche Regelungen wie Arbeitszeitmodelle, Gleitzeitregelung und Regeln zur Zuschlagsberechnung zur Hilfe genommen und angewendet. Diese sogenannte *Zeitabrechnung* (oder *Zeitbewertung*) liefert dann z. B. folgende Ergebnisse:

- Stand des Urlaubskontos
- Stand des Gleitzeitkontos und/oder Langzeitkontos
- zu bezahlende Mehrarbeitsstunden
- zu bezahlende Zuschläge für Mehrarbeit, Nachtarbeit, Sonn- und Feiertagsarbeit
- zu bezahlende Zulagen für besondere Tätigkeiten
- Handlungsbedarf bei Verletzung des Arbeitszeitgesetzes oder der betrieblichen Kernzeitenregelung

7.1.2 Formen der Zeiterfassung

Man unterscheidet bei der Zeiterfassung im Wesentlichen verschiedene Formen:

- Positiverfassung
- Negativerfassung
- Mischformen

Diese Formen werden wir nun etwas genauer erläutern. Im Rahmen der *Positiverfassung* werden die Zeiten der Mitarbeiter vollständig erfasst. Insbesondere werden alle Kommen- und Gehen-Uhrzeiten genau dokumentiert. Dies erfolgt in der Regel nicht manuell, sondern mithilfe von Zeiterfassungsterminals, die die Mitarbeiter beim Betreten und Verlassen des Unternehmens mit einer Zeiterfassungskarte bedienen.

Die *Negativerfassung* geht von einem definierten Arbeitszeitmodell aus, d.h. tägliche Arbeitszeit, Schichtplan usw. Nur die Abweichungen von diesem festen Arbeitszeitmodell werden erfasst. Dies führt im Allgemeinen dazu, dass kleinere Abweichungen nicht berücksichtigt werden, sondern nur Mehr- oder Minderarbeit ab 15 Minuten sowie ganz- und untertägige Abwesenheiten. Außerdem ist in der Regel die Lage der Arbeitszeit nicht relevant. Solange diese keine Auswirkungen auf die Bezahlung hat (z. B. durch Nachtzuschläge), wird lediglich die Arbeitsdauer erfasst.

In einer *Mischform* der Zeiterfassung sind beide Formen kombiniert. Dies könnte z. B. bedeuten, dass im Verwaltungsbereich Negativerfassung und im Produktionsbereich Positiverfassung eingesetzt wird. In der Praxis wird die Positiverfassung fast nie unternehmensweit eingesetzt, da viele Arbeitsplätze sich dafür nicht eignen.

Eine weitere sehr gebräuchliche Mischform besteht darin, die Kommen- und Gehen-Uhrzeiten zwar grundsätzlich zu erfassen, dabei aber von einer festen Pausenzeit auszugehen (z. B. 45 Minuten). Die tatsächliche Pause wird nur dann erfasst, wenn sie von dieser festen Pausenzeit abweicht.

In diesem Buch stellen wir Ihnen im Wesentlichen die Positivzeiterfassung vor, da sie umfangreicher ist und die Elemente der Negativerfassung weitgehend mit beinhaltet.

7.1.3 Voraussetzungen in den Stammdaten

Damit Sie die Zeitabrechnung für einen Mitarbeiter durchführen können, müssen im Personalstamm folgende Infotypen gepflegt sein:

- 0000 (Maßnahmen)
- 0001 (Organisatorische Zuordnung)
- 0002 (Daten zur Person)
- 0003 (Abrechnungsstatus)
- 0007 (Sollarbeitszeit)
- 0008 (Basisbezüge [je nach Customizing Ihres Systems])

Im Fall der Positiverfassung ist außerdem der Infotyp 0050 erforderlich, den wir im folgenden Abschnitt vorstellen.

Infotyp 0050 (Zeiterfassungsinformation)

Die Erfassung von Zeitereignissen – ganz gleich, ob manuell oder über ein Terminal – setzt die korrekte Pflege des Infotyps 0050 (Zeiterfassungsinformation) voraus (siehe Abbildung 7.1).

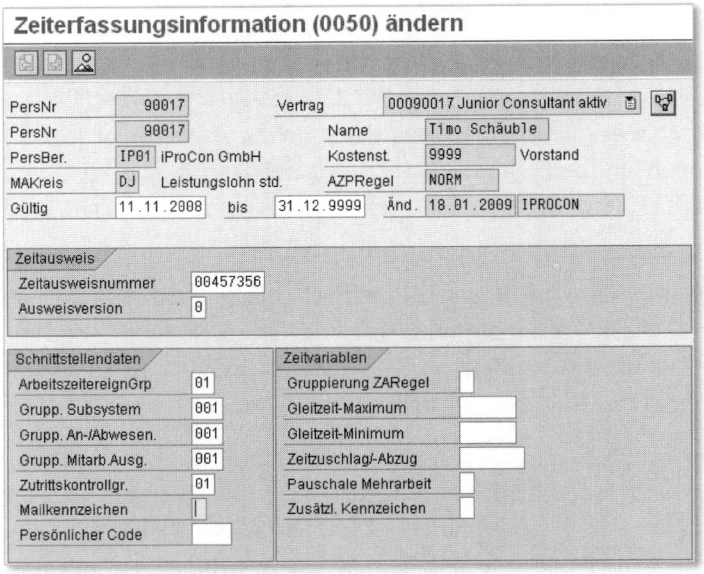

Abbildung 7.1 Pflege der Zeitausweisdaten

Dieser Infotyp enthält insbesondere folgende Informationen:

- **Zeitausweisnummer**
  Die Zeitausweisnummer erlaubt die Zuordnung eines Zeitausweises und damit der Buchungen am Zeiterfassungsterminal zu einem Mitarbeiter. Auch wenn Zeitereignisse ausschließlich manuell eingegeben werden, muss dieses Feld im Standard stets gepflegt und eindeutig sein. Ansonsten lässt sich der Infotyp nicht speichern. Das gilt sogar dann, wenn das Feld über das Customizing ausgeblendet wird.

> **Tipp**
>
> Wenn Sie den Infotyp 0050 für einen Mitarbeiter pflegen müssen, der keinen Zeitausweis besitzt, geben Sie einfach die Personalnummer ein. Diese ist stets eindeutig. Wenn Personalnummern und Zeitausweisnummern im gleichen Nummernbereich liegen, stellen Sie eine einfache Ziffernkombination voran, z. B. »999«.

- **Arbeitszeitereignisgruppe**
  Das Feld ArbeitszeitereignisGrp bestimmt die zulässigen Zeitereignisse.

- **Gruppierung Subsystem**
  Das Feld GRUPP. SUBSYSTEM bestimmt die Terminals, an denen der Mitarbeiter stempeln darf.
- **Gruppierung An-/Abwesenheitsgründe**
  Das Feld GRUPP. AN-/ABWESEN. bestimmt die erlaubten Gründe (z. B. dürfen nur bestimmte Mitarbeiter einen Dienstgang buchen).
- **Gruppierung Mitarbeiterausgaben**
  Das Feld GRUPP. MITARB.AUSG. bestimmt, welche Lohnarten über das Subsystem gebucht werden können (z. B. Parkgebühren).
- **Zutrittskontrollgruppe**
  Das Feld ZUTRITTSKONTROLLGR. ist dann relevant, wenn das gleiche Subsystem für die Zutrittssteuerung genutzt wird und bestimmt, wann und wo der Mitarbeiter Zugang hat.

Die übrigen Felder werden nur selten genutzt und dann oft sehr firmenspezifisch interpretiert. Erkundigen Sie sich gegebenenfalls nach der Nutzung dieser Felder in Ihrem Unternehmen.

Die Felder der Gruppe SCHNITTSTELLENDATEN, die wir Ihnen gerade genauer vorgestellt haben, werden zum großen Teil aufgrund der organisatorischen Zuordnung des Mitarbeiters schon korrekt vorbelegt. Sie müssen also in der Regel lediglich die Zeitausweisnummer pflegen und eventuell einige Besonderheiten bzw. Abweichungen von der Regel.

Hinweis

Pflegen Sie den Infotyp 0050 frühzeitig – spätestens dann, wenn die Zeiterfassungskarte an den Mitarbeiter ausgehändigt ist. Ansonsten kann das System die Zeitbuchungen nicht zuordnen, und Sie müssen die daraus entstehenden Fehler manuell nachbearbeiten (siehe Abschnitt 7.4.2, »Fehlerhafte Zeitereignisse bearbeiten«).

7.2 Pflege von Zeitdaten

Nachfolgend wird die Pflege der wichtigsten Infotypen der Zeitwirtschaft erläutert. Den Einstieg in die Pflege der Zeitwirtschaftsdaten erreichen Sie über die Transaktion PA61 oder über den Menüpfad PERSONAL • PERSONALZEITWIRTSCHAFT • ADMINISTRATION • ZEITDATEN • PFLEGEN. Grundsätzlich erreichen Sie die Zeitwirtschaftsinfotypen auch über die bereits aus der Personaladministration bekannte Transaktion PA30; in der PA61 stehen Ihnen aber auf den Registerkarten bereits die Zeitwirtschaftsinfotypen zur Verfügung. Des Weiteren gibt es in der Pflegetransaktion zur Zeitwirtschaft z. B. die Spezialfunktion der Listerfassung.

Gleich beim Einstieg in die Transaktion PA61 (Zeitdaten pflegen) werden Sie feststellen, dass die Aufteilung der Infotypen auf die einzelnen Registerkarten eine andere ist als in der Personaladministration (siehe Abbildung 7.2).

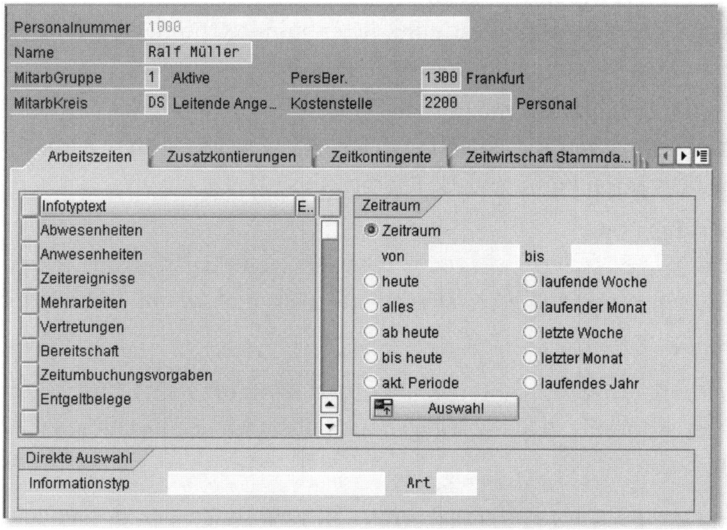

Abbildung 7.2 Transaktion PA61 (Zeitdaten pflegen)

Abgesehen von der Aufteilung der Registerkarten sieht diese Transaktion genauso aus wie die Transaktion PA30 (Personalstammpflege). Auch bezüglich des Infotypkonzepts gelten die gleichen Ausführungen wie in Kapitel 5, »Personaladministration«. Besonders das Konzept der Subtypen wird in der Zeitwirtschaft sehr intensiv genutzt. Identisch funktioniert ebenfalls die Auswahl der Mitarbeiter mithilfe des Objektmanagers und das Anlegen, Ändern, Löschen, Kopieren oder Abgrenzen von Infotypen. Daher werden nachfolgend lediglich die Besonderheiten der wichtigsten Zeitwirtschaftsinfotypen erläutert.

Hinweis

Zur effizienten Eingabe mehrerer Sätze für eine Person nutzen Sie das Icon Listerfassung. Um mehrere Personen in einer Liste bearbeiten zu können, steht Ihnen über den Menüpfad Personal • Personalzeitwirtschaft • Administration • Zeitdaten • Schnellerfassung eine Schnellerfassung zur Verfügung.

Diese ist ebenso zu handhaben wie die Schnellerfassung für Personalstammdaten (siehe Kapitel 5, »Personaladministration«).

Im Folgenden werden die einzelnen Infotypen mit ihren Einzelerfassungsmasken vorgestellt.

7.2.1 Infotyp 2001 (Abwesenheiten)

Abwesenheiten werden im Infotyp 2001 erfasst. Die einzelnen Abwesenheitsarten sind hinsichtlich der zu pflegenden Daten teilweise sehr unterschiedlich: Insbesondere Krankheiten erfordern die Erfassung zusätzlicher Daten, die sich auf die Dauer der Entgeltfortzahlung auswirken. Die Abwesenheitsarten entsprechen den einzelnen Subtypen des Infotyps 2001. Beispiele für Abwesenheitsarten sind im Folgenden aufgeführt:

- Arztbesuch
- Elternzeit
- Gleitzeitausgleich
- Krankheit
- Kur
- Mutterschutz
- Urlaub
- Wehrdienst

Hinweis

Arbeitszeiten, die außerhalb der üblichen Arbeitsstätte erbracht werden, stellen keine Abwesenheiten dar. Sie werden als Anwesenheiten geführt und dementsprechend im Infotyp 2002 (Anwesenheiten) gepflegt (siehe Abschnitt 7.2.2, »Infotyp 2002 [Anwesenheiten]«).

Abbildung 7.3 zeigt die Erfassungsmaske für Urlaub, die im Wesentlichen nur Anfangs- und Enddatum sowie die Auszählung der Abwesenheit enthält. Dabei wird zwischen Abwesenheitstagen und Kalendertagen unterschieden, da arbeitsfreie Tage nicht als Abwesenheitstage gezählt werden. Außerdem zeigt das Feld Kontingentverbrauch, wie viele Tage vom Urlaubsanspruch (Infotyp 2006 [Abwesenheitskontingente]) abgetragen werden. Um einen Urlaub im System zu erfassen, gehen Sie wie folgt vor:

1. Rufen Sie die Zeitdatenpflege wie zu Beginn dieses Kapitels beschrieben auf.
2. Wählen Sie den Infotyp 2001 (Abwesenheiten) aus.
3. Wählen Sie im Feld AbwesenheitsArt den Subtypen aus: Die Abwesenheitsart »Urlaub« entspricht oft dem Subtypkürzel 0100 – dies kann in Ihrem System aber durchaus auch anders sein, sodass Sie die [F4]-Hilfe nutzen sollten, solange Ihnen die Kürzel noch nicht vertraut sind.
4. Geben Sie in die Felder Gültig und bis das Anfangs- und Enddatum des Urlaubs ein.

5. Klicken Sie auf das Icon für Anlegen.
6. Überprüfen Sie in der nun erscheinenden Maske Ihre Eingaben, und sichern Sie diese mit einem Klick auf das Icon.

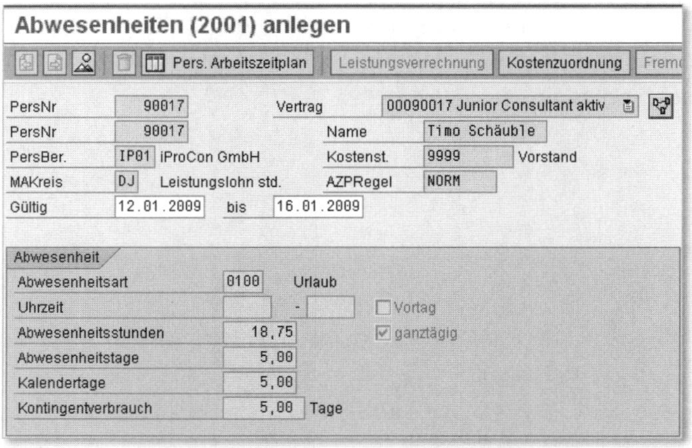

Abbildung 7.3 Urlaub anlegen

Bei der Pflege von Abwesenheiten werden vom System zahlreiche Plausibilitätsprüfungen durchgeführt. Achten Sie daher darauf, welche Meldungen in der Statusleiste angezeigt werden. Es können insbesondere folgende Meldungen angezeigt werden:

- Der erste oder letzte Tag der Abwesenheit ist arbeitsfrei.
- Der gesamte Zeitraum ist arbeitsfrei.
- Der Zeitraum ist länger als erlaubt.
- Das Kontingent reicht nicht aus.
- Der Satz überschneidet sich mit anderen Zeitdaten. In diesem Fall existieren drei voreingestellte Varianten, wie das System reagieren kann:
  - **Warnmeldung**
    Es wird nur eine Warnmeldung ausgegeben. Sie können die Daten aber trotzdem speichern.
  - **Die Eingabe ist nicht möglich**
    Sie müssen dann gegebenenfalls zunächst die störenden Daten korrigieren (dies ist üblich, wenn Sie Urlaub in einem Zeitraum erfassen wollen, in dem bereits eine Krankheit vorliegt).
  - **Vorhandener Datensatz wird abgegrenzt**
    Der bereits vorhandene Datensatz wird abgegrenzt bzw. gelöscht, sodass der neue gespeichert werden kann (dies ist üblich, wenn Sie eine Krankheit in einem Zeitraum erfassen wollen, in dem bereits Urlaub vorliegt).

Abbildung 7.4 zeigt ein Beispiel für den Fall, dass ein vorhandener Datensatz abgegrenzt wird. Im oberen Bildbereich wird die neu erfasste Krankheit angezeigt; im unteren Bildbereich der Urlaub. Das Scherensymbol zeigt an, dass der Urlaub um die beiden Krankheitstage gekürzt wird. Das Listbild des Infotyps 2001 in Abbildung 7.5 zeigt das Ergebnis dieses Abgrenzvorgangs.

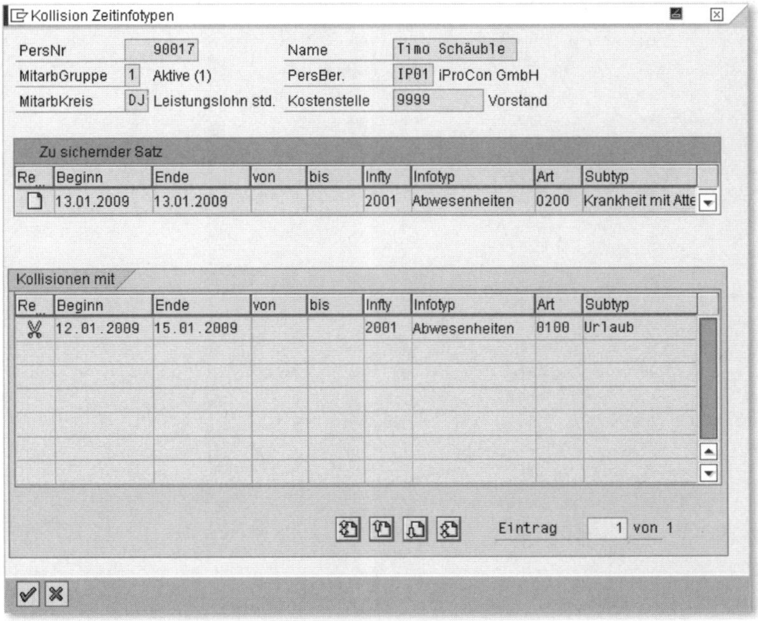

Abbildung 7.4 Krankheit grenzt bestehenden Urlaub ab

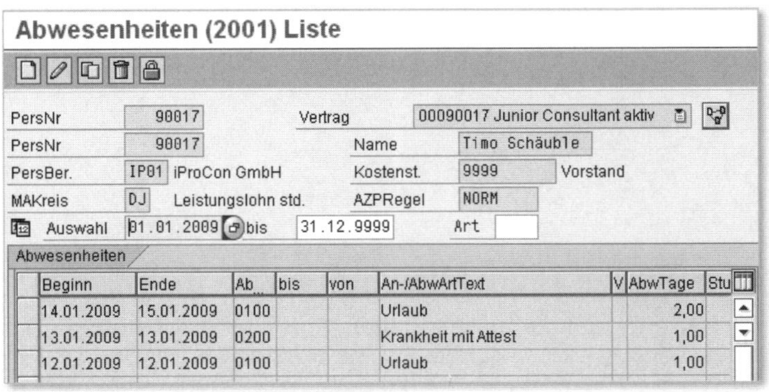

Abbildung 7.5 Krankheit unterbricht Urlaub

Die Erfassungsmaske für Urlaub entspricht im Wesentlichen der der meisten anderen Abwesenheitsarten. Bei untertägigen Abwesenheiten sind zusätzlich noch die Uhrzeiten zu pflegen, wie in Abbildung 7.6 dargestellt. Geben Sie dafür die Uhrzeiten in die entsprechenden Felder ein. Das System errechnet dann die Stundenzahl, gegebenenfalls unter Berücksichtigung der Pausenzeiten. Liegt eine Nachtschicht vor und die Abwesenheit liegt in der Zeit nach Mitternacht, setzen Sie im Feld VORTAG ein »X«.

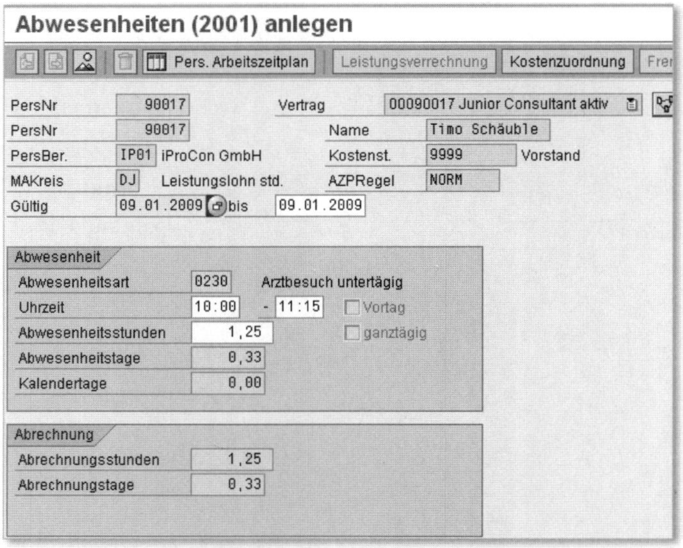

Abbildung 7.6 Uhrzeitgenaue Erfassung eines Arztbesuchs

Bei Krankheit und Kur kommen in der Feldgruppe FRISTEN FÜR BEZAHLUNG spezielle Felder zur Steuerung der Entgeltfortzahlung hinzu. Abbildung 7.7 zeigt dies am Beispiel der deutschen Entgeltabrechnung.

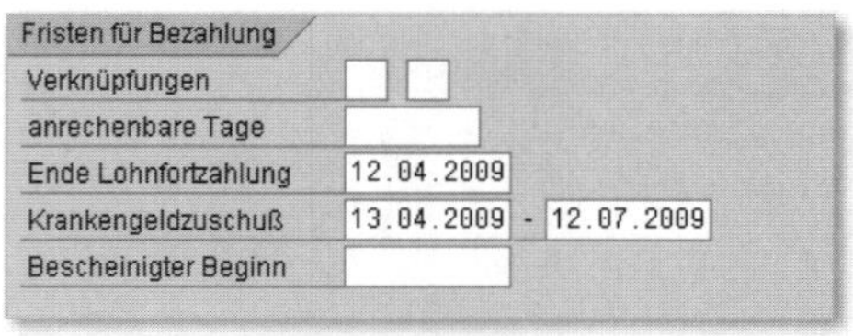

Abbildung 7.7 Steuerung der Entgeltfortzahlung

Im Normalfall müssen Sie hier keine manuellen Eingaben vornehmen. Das System errechnet die Fristen für die Entgeltfortzahlung und für den Krankengeldzuschuss aufgrund der Daten des Infotyps 0016 (Vertragsbestandteile) automatisch und belegt die Felder ENDE LOHNFORTZAHLUNG und KRANKENGELDZUSCHUSS entsprechend vor (siehe Kapitel 5, »Personaladministration«).

In den folgenden Fällen müssen Sie die Eingaben jedoch selbst vornehmen:

- **Folgeerkrankung einer früheren Krankheit**
  Wenn die Krankheit eine Folgeerkrankung zu einer früher erfassten Krankheit darstellt, dann erfassen Sie im *ersten* der beiden Felder zu VERKNÜPFUNGEN ein Kennzeichen (z.B. »01«). Pflegen Sie dieses Kennzeichen dann bei allen zugehörigen Vor- und Folgeerkrankungen. Daran erkennt das System zusammengehörende Krankheiten. Nach dem Speichern oder Drücken der [↵]-Taste werden die Felder zu Entgeltfortzahlung und Krankengeldzuschuss neu berechnet.
- **Mehrfacherkrankung im Anschluss an eine zeitlich nahe Erkrankung**
  Wenn die Krankheit als Mehrfacherkrankung mit einer unmittelbar vorangehenden Erkrankung zu verknüpfen ist, dann erfassen Sie im *zweiten* der beiden Felder zu VERKNÜPFUNGEN ein Kennzeichen (z.B. »02«). Pflegen Sie dieses Kennzeichen dann bei allen zugehörigen Mehrfacherkrankungen. Daran erkennt das System zusammengehörende Krankheiten. Nach dem Speichern oder Drücken der Enter-Taste werden die Felder zu Entgeltfortzahlung und Krankengeldzuschuss neu berechnet.

Hinweis

Das Feld ANRECHENBARE TAGE übersteuert die Wirkung der Verknüpfungen vollständig.

- **Zur Fristberechnung fehlen Angaben**
  Sind für die Berechnung der Fristen frühere Erkrankungen anzurechnen, die aber aus technischen Gründen nicht im System gepflegt werden können, dann erfassen Sie diese Zahl im Feld ANRECHENBARE TAGE. Dies kann insbesondere dann erforderlich sein, wenn Ihre Personalsoftware gerade erst auf SAP ERP HCM umgestellt wurde und die Historie des Personalstamms nicht gepflegt werden kann. Nach dem Speichern oder Drücken der [↵]-Taste werden die Felder zu Entgeltfortzahlung und Krankengeldzuschuss neu berechnet.
- **Angaben des Mitarbeiters widersprechen der Krankenkasse**
  Bescheinigt die Krankenkasse einen anderen als den tatsächlichen Beginn der Krankheit, dann erfassen Sie diesen im Feld BESCHEINIGTER BEGINN. Das System zieht dann dieses Datum anstatt des ursprünglich eingegebenen Anfangsdatums zur Berechnung der Fristen heran. Nach dem Speichern oder Drücken der [↵]-Taste werden die Felder zu Entgeltfortzahlung und Krankengeldzuschuss neu berechnet.

7.2.2 Infotyp 2002 (Anwesenheiten)

In der Zeitwirtschaft werden unter Anwesenheiten z. B. Dienstreisen oder auch der Besuch von Weiterbildungen verstanden. Das heißt, alle Ereignisse, bei denen der Mitarbeiter zwar nicht im Unternehmen, aber dennoch für das Unternehmen tätig ist, werden nicht als Abwesenheiten, sondern als Anwesenheiten im System verbucht. Anwesenheiten untergliedern sich in Anwesenheitsarten, wie z. B. Dienstreise, Seminar, Betriebsratstätigkeit. Die Anwesenheitsarten sind als Subtypen des Infotyps 2002 (Anwesenheiten) im System hinterlegt (siehe Abbildung 7.8).

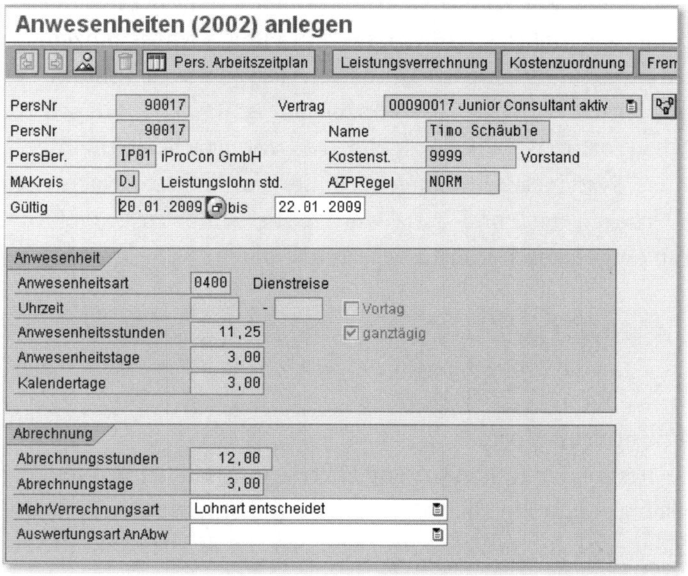

Abbildung 7.8 Infotyp 2002 (Anwesenheiten): Beispiel »Dienstreise«

Gültigkeitszeitraum

Bei einigen Subtypen kann im System hinterlegt sein, dass Sie das Anfangs- und/oder das Enddatum bereits vor dem Einstieg in das Anlegen des Infotyps angeben müssen. Sollte dies der Fall sein, werden Sie vom System 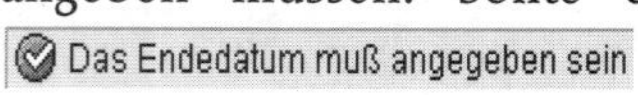 Das Endedatum muß angegeben sein mithilfe dieses Buttons darauf hingewiesen.

Uhrzeit/Anwesenheitsstunden

Wenn Sie eine Anwesenheitsart eingeben, berechnet das System automatisch die Anwesenheitsstunden und -tage. Hierbei berücksichtigt es sowohl die Sollarbeitszeit des Mitarbeiters als auch arbeitsfreie Tage (siehe Abbildung 7.8).

Die Stundenfelder können Sie auch überschreiben; Anwesenheitszeiten können im Gegensatz zu Abwesenheitszeiten auch über die Sollarbeitszeit eines Tages hinausgehen. Abhängig von den Systemeinstellungen können Sie Anwesenheiten mit Uhrzeiten oder mit Stunden erfassen. Das Kennzeichen für eine ganztägige Anwesenheit (☑ ganztägig) setzt das System in Abhängigkeit von der Sollarbeitszeit des Mitarbeiters laut Infotyp 0007 (Sollarbeitszeit).

Vortag

Das Vortageskennzeichen in der Zeitwirtschaft gibt an, dass der Satz dem Vortag zuzuordnen ist. Es ist hauptsächlich bei mitternachtsübergreifenden Tagesarbeitszeitplänen (z. B. 22:00 – 06:00 Uhr) relevant. Das Vortageskennzeichen verwenden Sie nur, wenn Sie die Zeitdaten mit Uhrzeiten erfassen. In diesem Fall gilt der dem Mitarbeiter zugeordnete Tagesarbeitszeitplan immer für den Tag, an dem die Uhrzeit des Beginns liegt. Aus diesem Grund ist die Information, die Sie mit dem Vortageskennzeichen setzen, sehr wichtig. Nur so kann das System einen erfassten Datensatz, dessen Anfangsuhrzeit einen Tag später liegt als die im persönlichen Arbeitszeitplan angegebene Anfangsuhrzeit, dem richtigen Tagesarbeitszeitplan zuordnen.

Anwesenheitstage und Kalendertage

Im Feld ANWESENHEITSTAGE wird die Anzahl der Tage angegeben, die das System aufgrund der Informationen aus dem Arbeitszeitplan des Mitarbeiters ermittelt. Im Feld KALENDERTAGE wird die Anzahl der tatsächlichen Tage wiedergegeben, die zwischen Anfangs- und Enddatum eines Satzes liegen, unabhängig davon, ob es sich für den Mitarbeiter um Arbeitstage handelt oder nicht.

Abrechnungsstunden und Abrechnungstage

Was in diesen Feldern ausgegeben wird, hängt von den Systemeinstellungen zu den bewerteten Abrechnungsstunden und -tagen ab. Diese Stunden bzw. Tage müssen nicht unbedingt mit den Anwesenheitsstunden und -tagen identisch sein. Beispiele: Die Mitarbeiter arbeiten 38 Stunden in der Woche. Von Montag bis Donnerstag arbeiten sie jeweils 8,5 Stunden, am Freitag dagegen nur 4 Stunden.

Mehrarbeitsverrechnungsart

Über die Mehrarbeitsverrechnungsart werden Anwesenheiten bezüglich der Art der Vergütung unterteilt. Es gibt die Möglichkeit, die durch eine Anwesenheit entstehende Mehrarbeit in Geld oder in Zeit zu vergüten.

Auswertungsart An-/Abwesenheit

Hier kann angegeben werden, dass eine Anwesenheit speziell zu bewerten ist. Dieses Feld wird bei Ihnen nur eingeblendet sein, wenn in Ihrem Fall die Zeitabrechnung bzw. Abrechnung im Einsatz ist und es spezielle Bewertungsvorschriften für bestimmte Anwesenheiten gibt. So kann eine Anwesenheit z. B. wie folgt bewertet werden:

- als Mehrarbeit
- mit einer Zulage für eine Referententätigkeit oder für gefährliche oder schmutzige Arbeit

Persönlicher Arbeitszeitplan

Mithilfe des Buttons Pers. Arbeitszeitplan können Sie sich einen Überblick über den Arbeitszeitplan des Mitarbeiters verschaffen. Wenn Sie auf den Button klicken, werden Sie zunächst nach dem gewünschten Zeitraum für die Anzeige des Arbeitszeitplans des Mitarbeiters gefragt. Das System schlägt hier automatisch das Anfangs- und Enddatum des aktuellen Infotypsatzes vor. Diesen Vorschlag können Sie aber auch überschreiben. Bestätigen Sie den Auswahlzeitraum durch einen Klick auf das Icon ✔, und Sie bekommen eine Übersicht über die Sollarbeitszeit des Mitarbeiters laut seinem persönlichen Arbeitszeitplan angezeigt.

Leistungsverrechnung

Über den Button LEISTUNGSVERRECHNUNG können Sie Angaben zur Verrechnung der gerade eingegebenen Anwesenheit machen. Dies kann dann sinnvoll sein, wenn z. B. der Mitarbeiter im Rahmen der Anwesenheit für eine andere Abteilung tätig war und die Kostenstelle für diese Zeit mit den Kosten des Mitarbeiters belastet werden soll. Gleichzeitig wird die Kostenstelle des Mitarbeiters entlastet. Hierzu müssen Sie in der Eingabemaske für die Leistungsverrechnung (siehe Abbildung 7.9) im Bereich KONTIERUNG Angaben zum Empfänger der Leistung machen (Angabe des Geschäftsbereichs und der Kostenstelle oder des Auftrags bzw. des PSP-Elements (PSP = Projektstrukturplan), z. B. für Projektarbeit). Bei den Angaben zum Sender der Leistung, also in diesem Fall zum Mitarbeiter, sind in der Regel die Kostenstelle und der Buchungskreis aufgrund der Stammdaten des Mitarbeiters bereits vorgegeben. Erfasst werden muss jetzt mindestens noch die Leistungsart, mit der die erbrachte Leistung einer Kostenstelle angegeben wird. Anhand der Leistungsart können Steuerdaten festlegen, ob der Tarif zur Bewertung der Leistung manuell gesetzt oder über die Tarifermittlung automatisch berechnet wird. Die weiteren Angaben, wie z. B. Sonderfonds, werden nur eingesetzt, falls Sie in Ihrem Unternehmen das

Haushaltsmanagement verwenden sollten. Mithilfe des Buttons Übernehmen übernehmen Sie Ihre Eingaben.

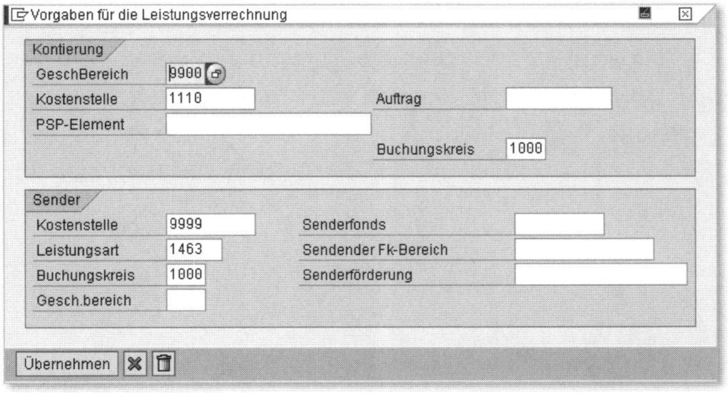

Abbildung 7.9 Angaben zur Leistungsverrechnung

Kostenzuordnung

Unabhängig von der sonstigen Kontierung der Kosten des Mitarbeiters gemäß den Systemeinstellungen können Sie mithilfe der Funktion der Kostenzuordnung explizit angeben, welche CO-Kontierungsobjekte (Controlling-Modul im ERP-System) mit den Kosten des Mitarbeiters während der Anwesenheit belastet werden sollen. Diese sogenannte individuelle Kostenzuordnung erlaubt es also, die Kosten für Arbeitsstunden eines Mitarbeiters individuell einzelnen Controllingobjekten zuzuweisen (siehe Abbildung 7.10). Übernehmen Sie anschließend Ihre Eingaben mithilfe des Buttons Übernehmen.

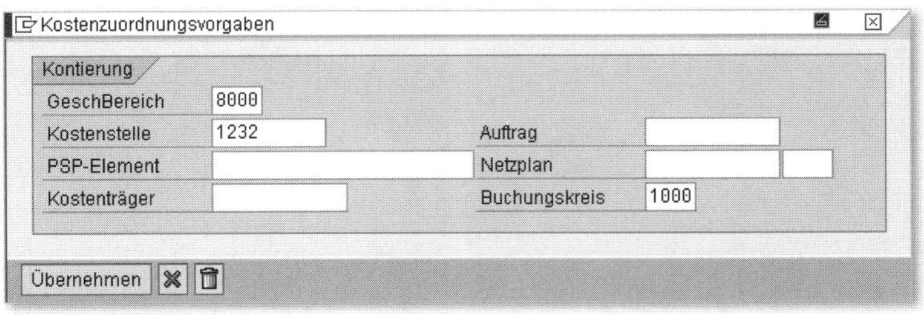

Abbildung 7.10 Angaben zur Kostenzuordnung

Fremddienstleistung

Wenn nicht eigene Mitarbeiter Arbeiten übernehmen, sondern Beschäftigte externer Firmen, können Sie diese externen Beschäftigten über die Personalzeitwirtschaft verwalten. Mithilfe des Buttons Fremddienstleistung können Sie für solche Mitarbeiter die Leistung, die Sie im Infotyp 2002 (Anwesenheiten) erfasst haben, einem Beschaffungsbeleg im SAP-Modul MM/SRV (Einkauf von Dienstleistungen) zuordnen. Das heißt, die angegebenen Arbeitszeiten werden mit spezifischen Informationen für den Einkauf versehen und dienen dort der Überprüfung und Abrechnung von externen Dienstleistungen. Hierzu geben Sie in der Erfassungsmaske für Fremddienstleistungen den Einkaufsbeleg, die betreffende Position innerhalb des Einkaufsbelegs, die Leistungsnummer (Art der Dienstleistung) und die Stelle des externen Dienstleisters an (siehe Abbildung 7.11). Klicken Sie anschließend auf den Button ÜBERNEHMEN zum Bestätigen Ihrer Eingaben.

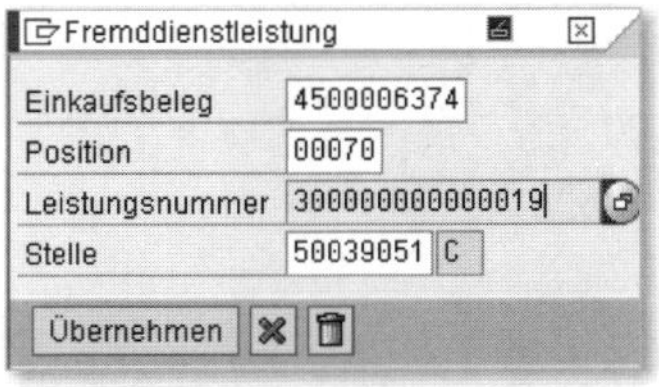

Abbildung 7.11 Angaben zu Fremddienstleistungen

Abweichende Bezahlung

Um bestimmte Leistungen des Mitarbeiters speziell vergüten zu können, haben Sie bei einigen Zeitwirtschaftsinfotypen die Möglichkeit, bezahlungsrelevante Informationen direkt zu hinterlegen. Diese Angaben zu einer abweichenden Bezahlung legen Sie über das Icon an. Die dort hinterlegten Angaben werden in der Lohn- und Gehaltsabrechnung abgefragt und verarbeitet.

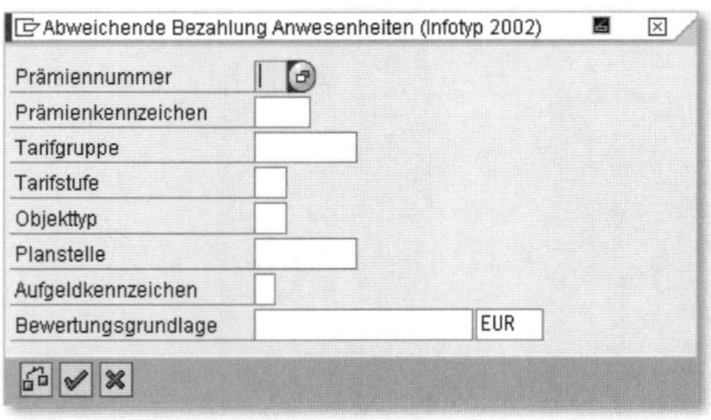

Abbildung 7.12 Abweichende Bezahlung erfassen

In der Eingabemaske zur abweichenden Bezahlung (siehe Abbildung 7.12) haben Sie folgende Möglichkeiten, die Vergütung festzulegen:

- **Vergabe einer Prämie**
  Für bestimmte Leistungen oder Arbeitsbedingungen können Sie einem Mitarbeiter eine Prämie zuweisen. Diese wird anhand einer Prämiennummer

und eines Prämienkennzeichens ausgewählt. Verwenden Sie zur Auswahl die Eingabehilfe, die Ihnen alle zulässigen Prämien mit Verwendungstext und jeweiligem Wert anzeigt (beispielsweise eine Erschwerniszulage). Eine Prämie können Sie entweder allein oder zusätzlich zu den nachfolgend aufgezeigten Möglichkeiten zuweisen.

- **Vergütung nach einem alternativen Tarif**
  Über die Felder Tarifgruppe und Tarifstufe können Sie die Vergütung für eine Leistung neu festlegen. In der Abrechnung werden dann nicht die im Infotyp 0008 (Basisbezüge) für den Mitarbeiter festgelegten Tarife ausgewählt, sondern die Vergütung erfolgt für den Zeitraum der abweichenden Bezahlung anhand der hier angegebenen Tarife.
- **Vergütung nach den Vorgaben einer anderen Planstelle**
  Über die Felder Objekttyp und Planstelle können Sie die Vergütung für die Leistung über die Vorgaben einer anderen Planstelle zuweisen. Voraussetzung ist hier allerdings, dass an der zugewiesenen Planstelle die Angaben zur Bezahlung hinterlegt sind (Sollbezahlung).
- **Korrektur der Abrechnungsergebnisse**
  Über die Felder Aufgeldkennzeichen und Bewertungsgrundlage haben Sie die Möglichkeit, die Ergebnisse der Abrechnung zu korrigieren. Der Hintergrund ist folgender: In der Abrechnung wird nicht jede Lohnart mit einem festgelegten Betrag bewertet. Zur Bewertung einer Lohnart kann mithilfe der Abrechnung während des Abrechnungslaufs eine Bewertungsgrundlage errechnet werden. Diese ermittelt sich aus den Basisbezügen sowie den Be- und Abzügen des Mitarbeiters. Über die beiden genannten Felder können Sie den Wert dieser Bewertungsgrundlage für den angegebenen Zeitraum verändern. Geben Sie dazu im Feld Bewertungsgrundlage einen Betrag ein. Das Aufgeldkennzeichen steuert, wie die neue Bewertungsgrundlage gebildet werden soll. Hierzu gibt es verschiedene Möglichkeiten:
  - **Aufgeld**
    Wenn Sie im Feld Aufgeldkennzeichen ein »+« eingeben, wird der im Feld Bewertungsgrundlage angegebene Betrag auf die in der Abrechnung ermittelte Bewertungsgrundlage aufgeschlagen.
  - **Kürzung**
    Wenn Sie im Feld Aufgeldkennzeichen ein »–« eingeben, wird der im Feld Bewertungsgrundlage angegebene Betrag von der in der Abrechnung ermittelten Bewertungsgrundlage abgezogen.
  - **Festlegung eines alternativen Betrages**
    Wenn Sie das Feld Aufgeldkennzeichen nicht füllen, wird die in der Abrechnung für die Lohnart ermittelte Bewertungsgrundlage durch den im Feld Bewertungsgrundlage angegebenen Betrag ersetzt.

7.2.3 Infotyp 2003 (Vertretung)

Unter Vertretung wird im Allgemeinen das zeitweise Ersetzen einer abwesenden Person verstanden. Aus betriebswirtschaftlicher Sicht wird eine Vertretung als eine zweite Besetzung einer Planstelle definiert, die bei Abwesenheit des Planstelleninhabers dessen Aufgabe für den Zeitraum der Abwesenheit übernimmt. In der Personalzeitwirtschaft hingegen wird der Begriff *Vertretung* weiter gefasst: Es ist nicht nur das Ersetzen eines abwesenden Mitarbeiters gemeint, sondern in erster Linie die Abänderung der Sollarbeitszeit eines Mitarbeiters, z. B. durch die Arbeitszeit eines anderen Mitarbeiters. Nachfolgend werden die gängigsten Vertretungsarten kurz erläutert.

Vertretungen können Sie unter Individuelle Arbeitszeit, Tagesarbeitszeitplan oder Arbeitszeitplanregel im System erfassen (siehe Abbildung 7.13).

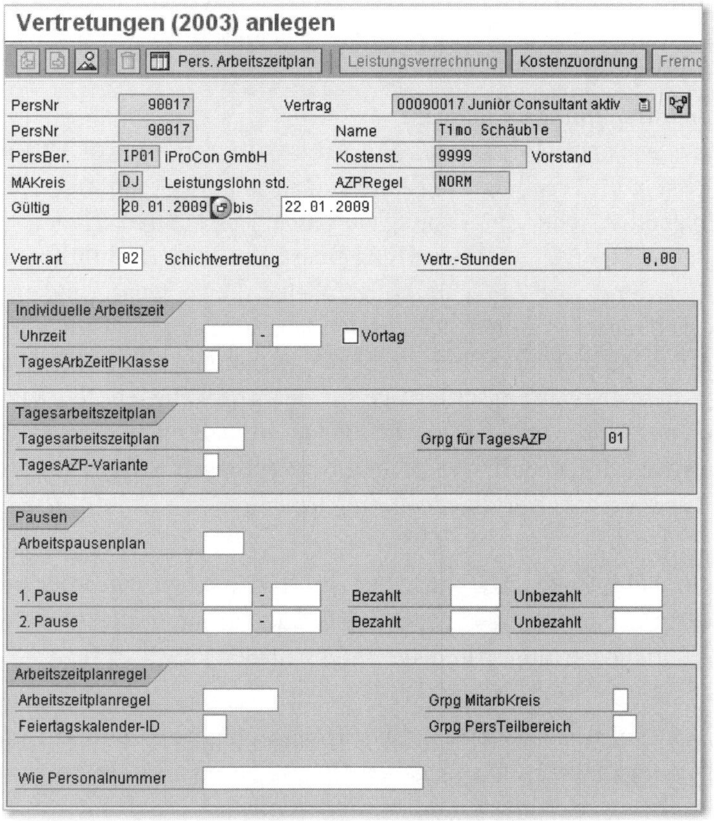

Abbildung 7.13 Infotyp 2003 (Vertretungen)

Individuelle Arbeitszeit

Geben Sie hier die Anfangs- und Enduhrzeit an, die einem Mitarbeiter im ausgewählten Zeitraum anstelle seiner Sollarbeitszeit aus dem Infotyp 0007 zugeordnet werden soll. Zum Vortageskennzeichen sei auf die Ausführungen zum Infotyp 2002 (Anwesenheiten) verwiesen.

Tagesarbeitszeitplan

Über diese Funktion hinterlegen Sie tageweise Abweichungen vom Arbeitszeitplan Ihres Mitarbeiters. Ein Tagesarbeitszeitplan ist eine Beschreibung der Arbeitszeitdauer und Arbeitszeitlage an einem nicht konkret bestimmten Arbeitstag. Eine Verwendung dieser Funktion anstelle der Vertretung auf Basis einer Arbeitszeitplanregel empfiehlt sich, wenn z. B. ein Mitarbeiter nur kurzzeitig einen anderen Arbeitszeitplan erhalten soll. Dem Mitarbeiter werden also zeitweise andere Arbeitszeiten zugewiesen, z. B. 09:00–17:00 anstelle von 08:00–16:00 Uhr. Benutzen Sie hier die Auswahlhilfe des Feldes TAGESARBEITSZEITPLAN, mit deren Hilfe Sie den gewünschten Tagesarbeitszeitplan leicht ermitteln können.

Arbeitszeitplanregel

Über diese Funktion hinterlegen Sie eine mehrtägige Abweichung vom persönlichen Arbeitszeitplan eines Mitarbeiters. Eine Verwendung dieser Funktion empfiehlt sich auch, wenn Sie z. B. einem Mitarbeiter für einen bestimmten Zeitraum eine andere Personalteilbereichs-/Mitarbeitergruppierung oder einen anderen Feiertagskalender zuordnen müssen. Hierzu können Sie in den entsprechenden Feldern Eingaben machen. Alternativ können Sie auch einfach eine andere Personalnummer als Vorlage für die Vertretung eingeben. Der Mitarbeiter erhält dann genau die gleichen Gruppierungen und Arbeitszeiten wie der Mitarbeiter der angegebenen Personalnummer.

7.2.4 Infotyp 2005 (Mehrarbeiten)

In diesem Infotyp können Sie Arbeitsstunden hinterlegen, die der Mitarbeiter zusätzlich zu seiner im Tagesarbeitszeitplan hinterlegten Sollarbeitszeit leistet (siehe Abbildung 7.14). In der Regel verwenden Sie den Infotyp »Mehrarbeiten« nur, wenn keine Zeitabrechnung genutzt wird, denn über die Zeitabrechnung wird die Mehrarbeit automatisch berechnet. Der Infotyp 2005 ist ein Auslaufmodell, da die Daten mittlerweile vollständig im bereits erläuterten Infotyp 2002 (Anwesenheiten) erfasst werden können. Sie können die Mehrarbeit im System wie in diesem Abschnitt beschrieben erfassen.

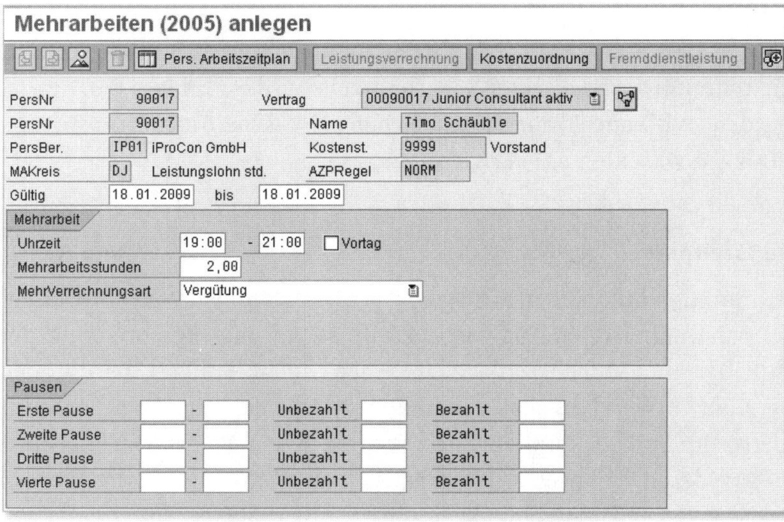

Abbildung 7.14 Infotyp 2005 (Mehrarbeiten)

Sie können die Mehrarbeit im System folgendermaßen erfassen:

Mehrarbeit

Die Berechnung der Mehrarbeitsstunden erfolgt auf Basis des Tagesarbeitszeitplans, der dem Mitarbeiter zugeordnet ist. Daher berücksichtigt das System bei der Erfassung eines Mehrarbeitssatzes keine Zeiten, die innerhalb der Sollarbeitszeit des Mitarbeiters liegen. Geben Sie in die Felder UHRZEIT und MEHRARBEITSSTUNDEN entweder die Stunden oder die Uhrzeit der Mehrarbeit an. Wenn Sie nur Stunden erfassen, trägt das System automatisch die Anfangs- und Enduhrzeit ein. Dabei liest das System die Sollarbeitszeit des Mitarbeiters und schlägt das Ende der Sollzeit als Anfangsuhrzeit der Mehrarbeit vor.

Über die Mehrarbeitsverrechnungsart werden Mehrarbeiten bezüglich der Art der Vergütung unterteilt. Es gibt die Möglichkeit, die Mehrarbeit in Geld oder in Zeit zu vergüten, hierzu pflegen Sie das Feld MEHRARBEITSVERGÜTUNG. Ergänzend hierzu können Sie auch über den Menüpfad SPRINGEN • ABWEICHENDE BEZAHLUNG oder mithilfe des Icons für die Mehrarbeiten noch weitere zusätzliche Angaben hinsichtlich einer abweichenden Bezahlung hinterlegen.

Pausen

Wenn in dem zugrunde liegenden Tagesarbeitszeitplan Mehrarbeitspausen definiert sind, überträgt das System diese automatisch in den Infotyp. Die Pausen können Sie aber auch individuell über Anfangs- und Enduhrzeit festlegen. Dabei legen Sie über die Felder BEZAHLT oder UNBEZAHLT die Abrechnungsrelevanz der Pausen fest. Dazu werden in den Feldern die (un-)bezahlten Stunden erfasst.

7.2.5 Infotyp 2006 (Abwesenheitskontingente)

Im Infotyp »Abwesenheitskontingente« (siehe Abbildung 7.15) werden Zeitkonten geführt, die Abwesenheitsansprüche bzw. Zeitguthaben der Mitarbeiter abbilden. Das verfügbare Kontingent ist dabei über eine bestimmte Anzahl von Tagen oder Stunden hinterlegt, in denen die Mitarbeiter der Arbeit fernbleiben dürfen. Klassisches Beispiel ist der Urlaub, der in der Regel als Abwesenheitskontingent geführt wird. Abwesenheitskontingente können manuell erfasst, vom SAP-System vorgeschlagen oder automatisch aufgebaut werden.

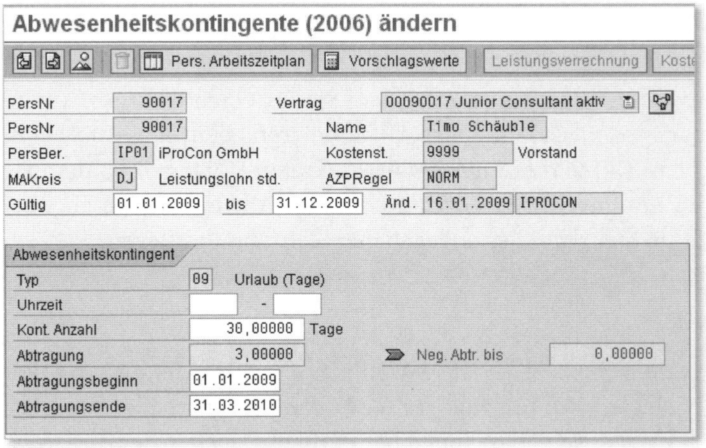

Abbildung 7.15 Infotyp 2006 (Abwesenheitskontingente)

Im Infotyp »Abwesenheitskontingente« sind die folgenden Felder zu pflegen:

Gültigkeitszeitraum sowie Abtragungsanfang und -ende

Abwesenheitskontingente gelten nur für einen bestimmten Gültigkeitszeitraum, z. B. das Urlaubsjahr oder den Monat der erarbeiteten Mehrarbeitsstunden. Wann ein Kontingent abgetragen werden kann, wird durch den Abtragungszeitraum vorgegeben. Gültigkeits- und Abtragungszeitraum müssen dabei nicht identisch sein. Betrachten wir das folgende Beispiel:

Mitarbeiter in Ihrem Unternehmen erhalten einen Urlaubsanspruch von 30 Tagen pro Jahr. Das entsprechende Abwesenheitskontingent erhält einen Gültigkeitszeitraum von einem Jahr, z. B. 01.01.2009 bis 31.12.2009 (Felder GÜLTIG und BIS). Es hat den Abtragungszeitraum 01.01.2009 bis 31.03.2010 (Felder Abtragungsbeginn und Abtragungsende). Die Mitarbeiter können den Urlaub also drei Monate über das Urlaubsjahr hinaus nehmen. Nach diesem Datum verfällt das Konto, wenn Sie es nicht in ein anderes Abwesenheitskontingent umbuchen.

Typ

Abwesenheitskontingente sind in Subtypen unterteilt. So kann es z. B. einen Subtyp »Urlaub« und einen Subtyp »Sonderurlaub«, aber auch z. B. einen weiteren für sogenannte Kompensationskonten geben, in denen geleistete Mehrarbeitsstunden geführt werden, die der Mitarbeiter als Freizeit in Anspruch nehmen darf. Wählen Sie hier den gewünschten Typ unter Verwendung der Auswahlhilfe aus.

Uhrzeit

Sie vergeben Abwesenheitskontingente, indem Sie für einen Gültigkeits- und Abtragungszeitraum einen Gesamtanspruch definieren, den der Mitarbeiter auf Abwesenheit hat. Durch die Angabe von konkreten Uhrzeiten können Sie festlegen, dass das Kontingent nur durch untertägige Abwesenheiten abgetragen werden darf, die innerhalb des angegebenen Zeitrahmens liegen.

Kontingentanzahl

Im Feld Kont. Anzahl erfassen Sie die Anzahl der Tage, die dem Mitarbeiter innerhalb des angelegten Kontingents zur Verfügung stehen sollen. Je nach Systemeinstellung kann es sein, dass Ihnen bereits beim Anlegen des Anwesenheitskontingents ein Wert vorgeschlagen wird. Sollten Sie diesen Wert überschrieben haben, können Sie den ursprünglich vorgeschlagenen Wert mithilfe des Buttons Vorschlagswerte wieder einfügen.

Abtragung

In diesem Feld werden die bisher vorhandenen Abtragungen dieses Kontingents durch Abwesenheiten angezeigt. Der Wert bezieht sich auf alle erfassten Abtragungen des Kontingents, auch wenn diese in der Zukunft liegen.

Negative Abtragung bis

Abhängig von den Systemeinstellungen zum jeweiligen Kontingenttyp können negative Abtragungen, also Abtragungen über das Kontingent hinaus, erlaubt sein. Wenn dem so ist, wird die Anzahl der maximal möglichen negativen Abtragungen in diesem Feld angezeigt.

Über den Menüpfad SPRINGEN • ABTRAGUNG können Sie sich Details zu den bereits erfassten Abtragungen aus dem aktuellen Kontingent anzeigen lassen (siehe Abbildung 7.16).

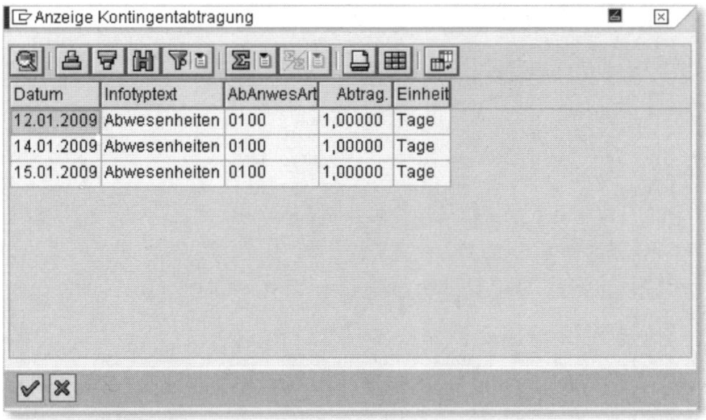

Abbildung 7.16 Übersicht über Kontingentabtragungen

Wenn Sie hier eine Zeile markieren und anschließend auf das Icon klicken, können Sie sich den Abtragungssatz z. B. im Infotyp 2001 (Abwesenheiten) näher ansehen.

7.2.6 Infotyp 2007 (Anwesenheitskontingente)

Da bestimmte Arbeitszeiten wie z. B. Mehrarbeiten besonders kostenrelevante Faktoren darstellen, können Sie über den Infotyp 2007 (Anwesenheitskontingente) für bestimmte Anwesenheiten festlegen, wie viel ein Mitarbeiter zu welcher Zeit davon ableisten darf. Der Auf- und Abbau dieser Zeitkonten wird durch das System kontrolliert. Über Anwesenheitskontingente werden z. B. folgende Sachverhalte geführt:

- Genehmigungen für einen Mitarbeiter, innerhalb eines Jahres eine bestimmte Anzahl von Tagen zur Fortbildung zu nutzen
- Genehmigungen für einen Mitarbeiter, über einen bestimmten Zeitraum und bei Bedarf zu bestimmten Uhrzeiten eine festgelegte Anzahl von Mehrarbeitsstunden leisten zu dürfen

Dieser Infotyp ist dem Infotyp 2006 (Abwesenheitskontingente) sehr ähnlich. Daher werden hier nur die Abweichungen kurz erläutert: Bei dem gezeigten Beispiel wird das Kontingent in Stunden angegeben, was an den Systemeinstellungen zu dem ausgewählten Kontingenttyp »Mehrarbeitsgenehmigung« liegt (siehe Abbildung 7.17).

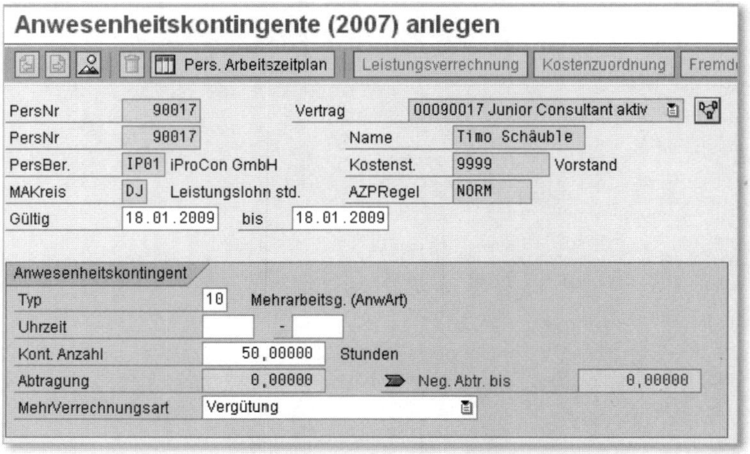

Abbildung 7.17 Infotyp 2007 (Anwesenheitskontingente)

Abweichend zum Infotyp »Abwesenheitskontingente« können im Feld für die Mehrarbeitsverrechnungsart MEHRVERRECHNUNGSART Angaben zur Art der Verrechnung der Anwesenheit gemacht werden, d.h., Sie legen hier fest, ob die Verrechnung z. B. in Geld (Vergütung) oder in Zeit (Freizeitkontingent) erfolgen soll.

7.2.7 Infotyp 2010 (Entgeltbelege)

Mit dem Infotyp 2010 (Entgeltbelege) haben Sie die Möglichkeit, Lohn- und Gehaltsarten manuell zu erfassen und so direkt Informationen für die Lohn- und Gehaltsabrechnung zu hinterlegen (siehe Abbildung 7.18). Hier werden Lohn- und Gehaltsarten verwendet, die nicht automatisch von der Lohn- und Gehaltsabrechnung erzeugt werden. Daher können Sie diesen Infotyp nutzen, um z. B. manuell berechnete Lohngrößen, Erschwerniszulagen, Prämien oder andere nicht planbare Entgeltbestandteile zu hinterlegen.

Auch dieser Infotyp ist in einzelne Subtypen unterteilt, die hier Lohnarten darstellen. Abhängig von den im System hinterlegten Einstellungen zu den Lohnarten sind folgende Punkte festgelegt:

- welche Felder jeweils eingabebereit sind
- ob Zusatzinformationen für das Rechnungswesen und die Logistik erfasst werden können
- ob eine Lohn- und Gehaltsart einmal oder mehrfach pro Abrechnungsperiode hinterlegt werden darf
- welche Felder eine Eingabe erfordern

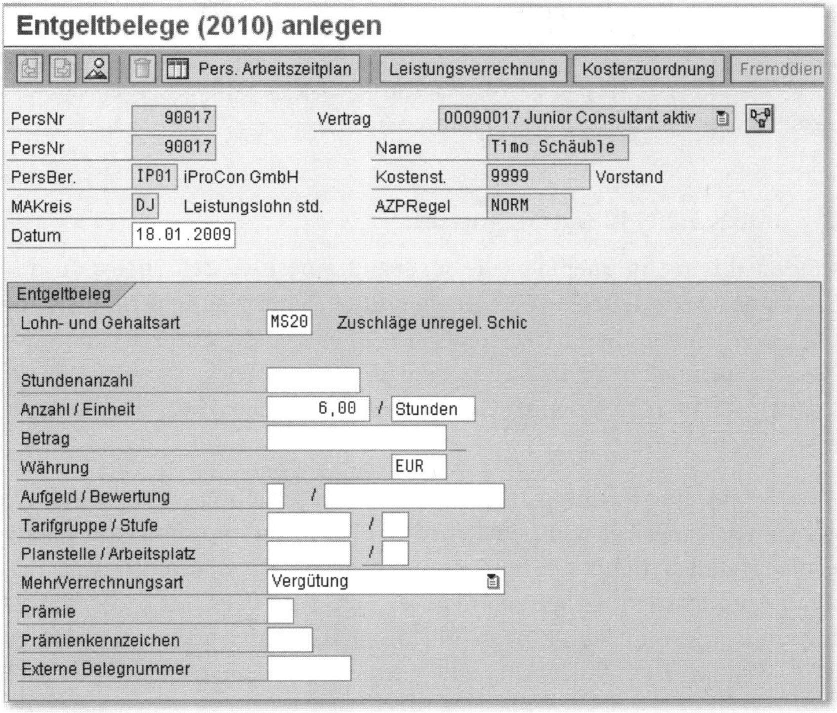

Abbildung 7.18 Infotyp 2010 (Entgeltbelege)

Stundenzahl, Anzahl/Einheit und Betrag

Die erforderlichen Eingaben in diesen Feldern hängen von der jeweiligen Lohnart ab. Durch Systemmeldungen werden Sie darauf hingewiesen, in welche Felder Sie etwas eingeben müssen.

Angaben zur abweichenden Bezahlung

Im Gegensatz zum Infotyp 2002 (Anwesenheiten) geben Sie im Infotyp 2010 (Entgeltbelege) die abweichende Bezahlung direkt im Infotyp und nicht über das Icon  ein. Ansonsten sind die Auswirkungen der Eingaben zur abweichenden Bezahlung identisch mit denen im Infotyp 2002, weshalb hier auf die entsprechenden Ausführungen in Abschnitt 7.2.2, »Infotyp 2002 (Anwesenheiten)«, verwiesen wird.

Auch die bereits anhand des Infotyps 2002 (Anwesenheiten) erläuterten Funktionalitäten zur Leistungsverrechnung und Kostenzuordnung stehen in diesem Infotyp zur Verfügung (siehe ebenfalls Abschnitt 7.2.2, »Infotyp 2002 [Anwesenheiten]«).

Hinweis

Der Infotyp »Entgeltbelege« ist dem Infotyp 0015 (Ergänzende Zahlung) in vielerlei Hinsicht sehr ähnlich. Fragen Sie gegebenenfalls, welche Tatbestände im Infotyp 2010 zu erfassen sind und welche im Infotyp 0015.

7.2.8 Infotyp 2011 (Zeitereignisse)

Falls Sie in Ihrem Unternehmen die sogenannte positive Zeitwirtschaft, d.h. die Erfassung der Ist-Zeiten der Mitarbeiter durch Zeiterfassungsterminals, verwenden, werden von diesen Terminals die Zeitereignisse, also z. B. Kommen- und Gehen-Buchungen, an das SAP-System übermittelt. Diese Daten werden in den Infotyp 2011 (Zeitereignisse) eingespielt und stehen dort zur weiteren Bearbeitung zur Verfügung.

Da für jede einzelne Buchung an einem Terminal jeweils ein Satz im Infotyp »Zeitereignisse« angelegt wird, entstehen in diesem Infotyp sehr viele Einzelsätze, die eigentlich immer nur im Zusammenhang mit dem jeweiligen Partnerdatensatz Sinn machen. Daher empfiehlt es sich, zur Pflege der Zeitereignisse die Listerfassung zu nutzen. Korrekturen an Zeitereignissen können erforderlich sein, wenn z. B. ein Mitarbeiter am Vortag vergessen hat, eine Gehen-Meldung abzusetzen. Dann wird die Zeitabrechnung mit einer entsprechenden Fehlermeldung abbrechen, und eine manuelle Korrektur wird erforderlich.

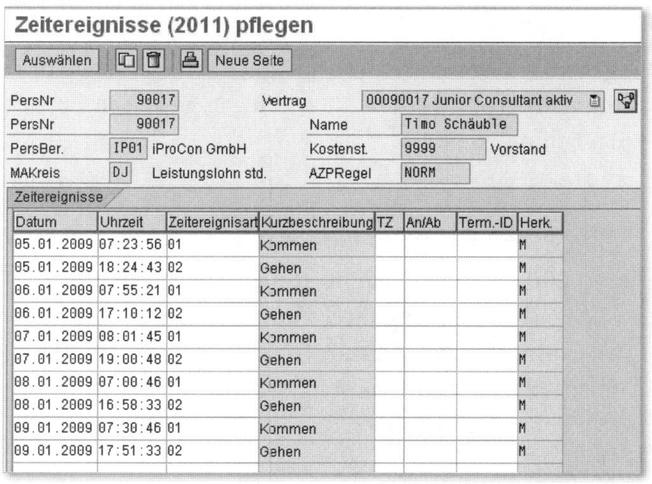

Datum	Uhrzeit	Zeitereignisart	Kurzbeschreibung	TZ	An/Ab	Term.-ID	Herk.
05.01.2009	07:23:56	01	Kommen				M
05.01.2009	18:24:43	02	Gehen				M
06.01.2009	07:55:21	01	Kommen				M
06.01.2009	17:10:12	02	Gehen				M
07.01.2009	08:01:45	01	Kommen				M
07.01.2009	19:00:48	02	Gehen				M
08.01.2009	07:00:46	01	Kommen				M
08.01.2009	16:58:33	02	Gehen				M
09.01.2009	07:30:46	01	Kommen				M
09.01.2009	17:51:33	02	Gehen				M

Abbildung 7.19 Infotyp 2011 (Zeitereignisse) in der Listerfassung

Zum Aufruf der Listerfassung müssen Sie zunächst den Infotyp 2011 (Zeitereignisse) und den gewünschten Zeitraum oder Stichtag auswählen. Anschließend klicken Sie auf das Icon Listerfassung.

Achtung

Das Icon Listerfassung sehen Sie nur in der Transaktion PA61 (Zeitdaten pflegen) und nicht in der Stammdatenpflege PA30.

Sie gelangen in ein Übersichtsbild, in dem – abhängig vom gewählten Zeitraum – alle vorhandenen Zeitereignisse aufgelistet sind (siehe Abbildung 7.19). Hier existieren verschiedene Felder. In die Felder Datum und Uhrzeit tragen Sie das Datum und die Uhrzeit des Zeitereignisses ein, im Feld Zeitereignisart wird die Art des Zeitereignisses (Kommen oder Gehen) angezeigt. Da die übrigen Felder komplexer zu pflegen sind, werden wir sie hier genauer erläutern.

Tageszuordnung (TZ)

In diesem Feld kann vermerkt werden, welchem Tag das Zeitereignis zugeordnet werden soll. Die Tageszuordnung gibt an, ob ein Zeitereignis dem aktuellen oder dem Vortag zugeordnet wurde. Das Kennzeichen wird durch die Zeitwirtschaft automatisch gesetzt. Folgende Ausprägungen sind möglich:

- »=«
  Das Zeitereignis wurde dem aktuellen Tag zugeordnet.
- »<«
  Das Zeitereignis wurde dem Vortag zugeordnet.

Diese automatische Zuordnung kann durch folgende manuelle Eingabe übersteuert werden:

- »+«
  Das Zeitereignis soll dem aktuellen Tag zugeordnet werden.
- »–«
  Das Zeitereignis soll dem Vortag zugeordnet werden.

An-/Abwesenheitsgründe (An/Ab)

Zusätzlich zu der Kommen- oder Gehen-Buchung kann ein An-/Abwesenheitsgrund direkt von den Mitarbeitern am Terminal eingegeben werden. Diese Schlüssel können Sie im Infotyp »Zeitereignisse« im Feld Ab-/Anwesenheitsgründe manuell korrigieren bzw. nachtragen. So kann es in Ihrem Unternehmen z. B. das Zeitereignis »Gehen« zusammen mit dem Abwesenheitsgrund »Krank« oder Anwesenheitsgrund »Dienstreise« geben.

Terminal-ID (Term.-ID)

Hier wird Ihnen angezeigt, an welchem Terminal der Mitarbeiter gestempelt hat. Dieses Feld wird automatisch vom System gefüllt.

Herkunftskennzeichen (Herk.)

Aus dem Herkunftskennzeichen können Sie ersehen, ob das Zeitereignis manuell im SAP-System erfasst wurde. In diesem Fall ist das Feld mit einem »M« gefüllt. Wurden die Daten aus den Terminals automatisch in das SAP-System geladen, ist das Feld nicht gefüllt.

Hinweis

Bereits über das Herkunftskennzeichen erkennen Sie einen Teil der manuellen Änderungen von Zeitereignissen. Sie sehen aber dadurch nicht, ob Zeitereignisse gelöscht wurden oder wie ein manuell geändertes Zeitereignis vor der Änderung ausgesehen hat. Aus Gründen der Nachvollziehbarkeit werden automatisch gebuchte Zeitereignisse jedoch nie wirklich gelöscht. Sie sind in der Tabelle TEVEN weiter vorhanden und im Feld STOKZ als storniert gekennzeichnet. Sollten Sie diesbezüglich einmal Nachforschungsbedarf haben, können Sie (ausreichende Berechtigung vorausgesetzt) die Daten mit der Transaktion SE16 einsehen – oder Sie bitten Ihren Systembetreuer um Unterstützung.

7.2.9 Infotyp 2012 (Zeitumbuchungsvorgaben)

Durch *Zeitumbuchungen* (siehe Abbildung 7.20) haben Sie die Möglichkeit, die durch die Zeitabrechnung ermittelten Zeitsalden zu verändern. Beispiele dafür sind:

- Dem Mitarbeiter sollen drei Stunden aus einem Abwesenheitskontingent in den Gleitzeitsaldo gebucht werden.
- Der Gleitzeitsaldo eines Mitarbeiters soll um fünf Stunden gekürzt werden.

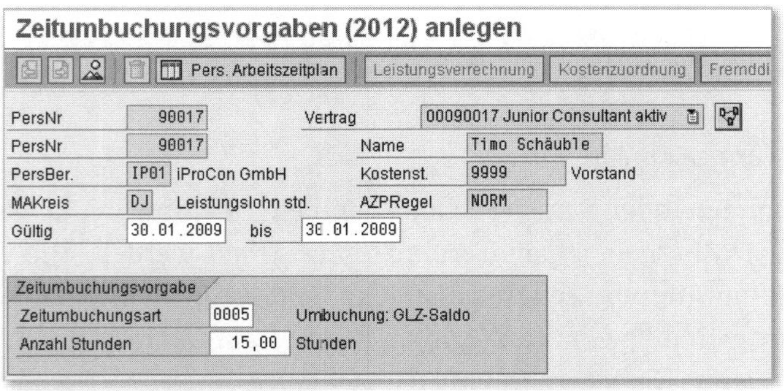

Abbildung 7.20 Infotyp 2012 (Zeitumbuchungsvorgaben)

Der Infotyp ist in Subtypen unterteilt, die jeweils eine andere Zeitumbuchungsart darstellen. Abhängig vom Customizing der Zeitumbuchungsart ist es möglich, die angegebene Anzahl von Stunden auf unterschiedliche Weisen festzulegen:

- **Eine oder mehrere Lohnarten**
  Die Stunden können in eine oder mehrere Lohnarten gebucht werden. Beispiel: Alle Stunden aus dem Gleitzeitsaldo, die über fünf Stunden hinausgehen, sollen vergütet werden.
- **Festsetzung auf einen Festwert**
  Eine Zeitart (z. B. Gleitzeitsaldo) kann auf einen Festwert gesetzt werden, d.h. dass der Zeitsaldo einer Zeitart auf die angegebene Stundenzahl gesetzt wird. Beispiel: Der Gleitzeitsaldo wird auf den Festwert von zehn Stunden gesetzt. Alle Stunden darüber hinaus sollen dem Mitarbeiter vergütet werden.
- **Eine oder mehrere Zeitarten**
  Die Stunden können in eine oder mehrere Zeitarten gebucht werden, d.h., der Zeitsaldo einer Zeitart wird erhöht bzw. vermindert. Beispiel: Die angesammelte Vorholzeit wird in den Gleitzeitsaldo umgebucht. Der Gleitzeitsaldo wird um die angegebene Stundenzahl erhöht oder vermindert.
- **Abwesenheitskontingent**
  Die Stunden können in ein Abwesenheitskontingent gebucht werden.

Zeitumbuchungsvorgaben beziehen sich immer auf einen Gültigkeitstag (siehe Abbildung 7.20). Wenn Sie einen größeren Gültigkeitszeitraum auswählen, wird an jedem Tag des Gültigkeitszeitraums die von Ihnen angegebene Zeitumbuchung vorgenommen.

Hinweis

In älteren SAP-Releases wurde die Zeitumbuchungsart noch *Saldokorrektur* genannt. Daher finden Sie diesen Begriff teilweise noch in Dokumenten und im allgemeinen Sprachgebrauch.

7.3 Zeitabrechnung und Zeitnachweis

Nachdem wir Ihnen die wichtigsten Infotypen der Zeitwirtschaft vorgestellt haben, zeigen wir Ihnen nun, wie Sie eine Zeitabrechnung ausführen und einen Zeitnachweis erstellen.

7.3.1 Ziel der Zeitabrechnung

Die Zeitabrechnung dient dazu, die erfassten Zeitdaten auf Basis der im Customizing hinterlegten Regeln auszuwerten. Die Ergebnisse werden anschließend abgelegt in:

- Zeitarten (z. B. Produktivstunden)
- Kontingenten (z. B. Urlaubsanspruch)
- Zeitlohnarten (z. B. Nachtzuschlag)

Außerdem werden verschiedene Meldungen erzeugt, um die Sachbearbeiter auf Fehler (z. B. fehlende Zeitbuchung) oder kritische Situationen (z. B. Überschreiten der erlaubten Arbeitszeit) aufmerksam zu machen.

Erst nachdem die Zeitauswertung produktiv (d. h. nicht als Simulation) durchgeführt wurde, sind diese Ergebnisse für Auswertungen, den Zeitnachweis und die Entgeltabrechnung verfügbar.

Hinweis

Die Zeitabrechnung wird teilweise auch als *Zeitauswertung* oder *Zeitbewertung* bezeichnet.

7.3.2 Zeitabrechnung durchführen

Die Zeitabrechnung (wie auch der Zeitnachweis) ist prinzipiell eine Auswertung und daher grundsätzlich so zu handhaben wie in Kapitel 6, »Reports und Querys in der Personaladministration«, beschrieben. Sie erreichen die Zeitabrechnung über den Menüpfad PERSONAL • PERSONALZEITWIRTSCHAFT • ADMINISTRATION • ZEITAUSWERTUNG • ZEITABRECHNUNG. Der zugehörige Reportname lautet RPTIME00, der Transaktionscode PT60.

Abbildung 7.21 zeigt das Standardselektionsbild. Neben dem Feld PERSONALNUMMER können Sie weitere Selektionen nutzen (siehe Kapitel 6, »Reports und Querys in der Personaladministration«). Die übrigen Felder des Selektionsbildes sind im Weiteren aufgeführt.

Auswertungsschema

Das Auswertungsschema enthält die wesentlichen Regelungen Ihres Unternehmens. Es ist daher sehr wichtig, dass Sie das richtige Schema auswählen. Wenn Sie in einem IDES-Übungssystem arbeiten, können Sie für die Positiverfassung das Schema »TM00« verwenden. In Ihrem Unternehmen kann unter Umständen ein anderes Schema benutzt werden. Fragen Sie dazu Ihren Systembetreuer.

Zeitnachweisvariante

Wenn Sie im Anschluss an die Zeitabrechnung gleich den Zeitnachweis sehen wollen, geben Sie hier die Variante an, mit der der Zeitnachweis (siehe

Abschnitt 7.3.3, »Zeitnachweis anzeigen«) aufgerufen werden soll. Im IDES-Übungssystem erhalten Sie im Allgemeinen mit dem Wert »SAP&TEDT« gute Ergebnisse.

Anzeigevariante Protokoll

Wenn die Zeitabrechnung ein Protokoll ausgeben soll, können Sie hier den Aufbau steuern. In der Regel werden Sie als Endanwender allerdings nicht mit Protokollen arbeiten. Wenn Sie hier keine Variante angeben und sich dennoch das Protokoll anzeigen lassen, wird es in der Standardvariante dargestellt.

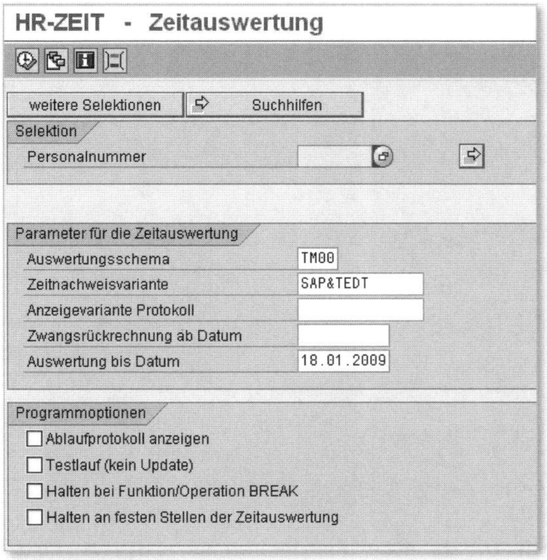

Abbildung 7.21 Aufruf der Zeitabrechnung

Zwangsrückrechnung ab Datum

Rückrechnungen werden normalerweise durch Datenänderungen in die Vergangenheit ausgelöst. Solche Rückrechnungen führt das System auch dann durch, wenn Sie hier nichts eingeben. Soll das System aber weiter zurückrechnen als es aufgrund von Datenänderungen erforderlich ist, dann können Sie dies durch eine Eingabe in diesem Feld erreichen.

Auswertung bis Datum

Dieses Feld ist im Allgemeinen mit dem aktuellen Tagesdatum vorbelegt. Soll die Abrechnung an einem anderen Datum enden, dann können Sie dies durch eine Eingabe in diesem Feld erreichen.

Programmoptionen

In der Regel benötigen Sie nur die Option TESTLAUF (KEIN UPDATE), die die Zeitabrechnung als Simulation startet. Um in Fehlerfällen die Ursache genauer feststellen zu können, aktivieren Sie die Option ABLAUFPROTOKOLL ANZEIGEN. Das Interpretieren dieses Protokolls erfordert aber in der Regel tiefere Kenntnisse im Customizing und wird daher von Ihrem Systembetreuer vorgenommen.

Wenn Sie die Zeitabrechnung ohne Angabe einer Zeitnachweisvariante starten, erhalten Sie eine Protokollausgabe, wie sie Abbildung 7.22 zeigt. Die Statistik am Ende der Listsicht zeigt Ihnen auf einen Blick, ob bei der Durchführung der Zeitabrechnung Probleme auftraten.

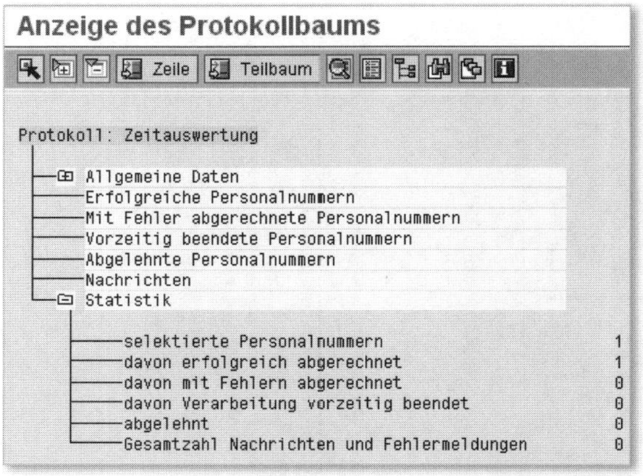

Abbildung 7.22 Statistik einer erfolgreichen Abrechnung einer Person

Wenn Sie die Zeitabrechnung mit Angabe einer Zeitnachweisvariante gestartet haben, wird zunächst der Zeitnachweis angezeigt. Sie können dann über den Button PROTOKOLL in die Statistik verzweigen.

7.3.3 Zeitnachweis anzeigen

Sie erreichen den Zeitnachweis über den Menüpfad PERSONAL • PERSONALZEITWIRTSCHAFT • ADMINISTRATION • ZEITAUSWERTUNG • ZEITNACHWEIS. Der zugehörige Reportname lautet RPTEDT00, der Transaktionscode PT61.

Abbildung 7.23 zeigt das Standardselektionsbild. Neben den Feldern PERSONALNUMMER und SACHBEARBEITER ZEITERFASSUNG können Sie weitere Selektionen nutzen (siehe Kapitel 6, »Reports und Querys in der Personaladministration«). Auch die Zeitraumauswahl entspricht der dortigen Darstellung. Auf die weiteren Felder des Selektionsbildes wird im Folgenden genauer eingegangen:

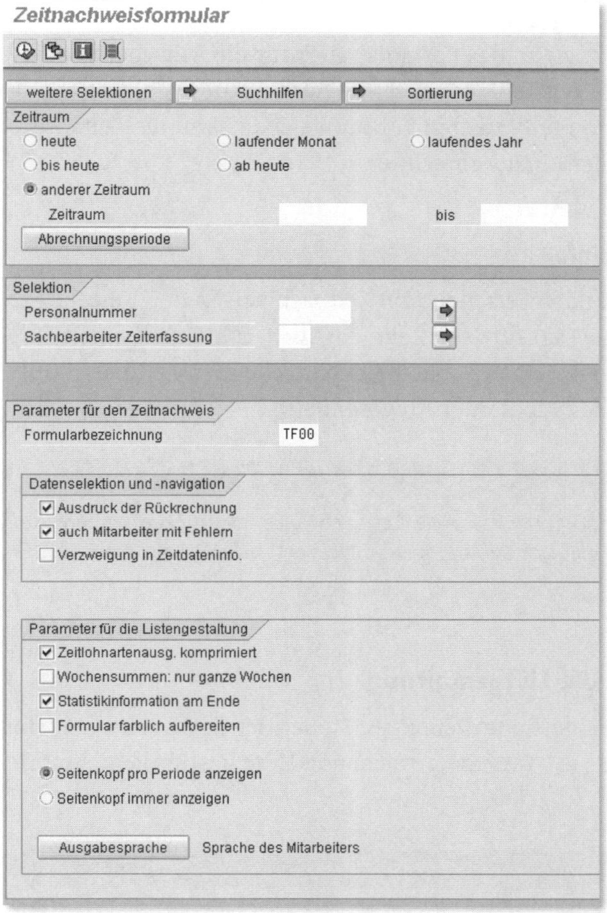

Abbildung 7.23 Aufrufen des Zeitnachweisformulars

Formularbezeichnung

Hier geben Sie ein vierstelliges Kürzel ein, das das Format und den Inhalt des Zeitnachweisformulars bestimmt. Wenn Sie in einem IDES-Übungssystem arbeiten, liefert das Formular TF00 für Positiverfassung gute Ergebnisse. Informieren Sie sich bei Ihrem Systembetreuer, welche Formulare in Ihrem Unternehmen benutzt werden.

Ausdruck der Rückrechnung

Wenn Sie nicht nur die aktuell selektierte Periode, sondern auch Rückrechnungszeiträume sehen wollen, setzen Sie in diesem Feld ein Häkchen.

Auch Mitarbeiter mit Fehlern

Markieren Sie dieses Feld, wenn das Formular auch für die Mitarbeiter ausgegeben werden soll, für die ein Fehler vorliegt. Je nach Art des Fehlers wird das Formular dann nur bis zum fehlerhaften Tag ausgegeben, weil die Zeitabrechnung nicht über den Fehler hinaus abrechnet.

Verzweigen in Zeitdateninfo

Haben Sie dieses Feld markiert, erscheint im Zeitnachweis in den Einzelergebnissen (also Ergebnisse je Tag) für jede Zeile das Icon . Durch einen Doppelklick auf dieses Icon verzweigen Sie in die entsprechenden Zeitdateninfotypen (z. B. Zeitereignisse des Tages oder Abwesenheit).

Tipp

Deaktivieren Sie diese Option, wenn Sie die Zeitnachweise ausdrucken wollen. Auf dem gedruckten Formular hat das Symbol keinen Nutzen und sieht zudem sehr unschön aus.

7.3.4 Parameter für die Listgestaltung

Die Parameter in dieser Feldgruppe dienen der Steuerung des Layouts und sind im Detail in der über die [F1]-Taste zu erreichende Hilfe ausführlich beschrieben.

Hinweis

Die Ausgabesprache des Formulars ist mit Sprache des Mitarbeiters vorbelegt. Mit dieser Option verwendet das System die im Infotyp 0002 (Daten zur Person) hinterlegte Sprache. In vielen Fällen sind aber das im Customizing hinterlegte Formularlayout und die Texte zu Zeitarten, Lohnarten, Abwesenheitsarten usw. nur einsprachig gepflegt. Wählen Sie in diesem Fall über das Fenster Ausgabesprache wählen z. B. De für Deutsch als die vorgesehene Sprache aus (siehe Abbildung 7.24).

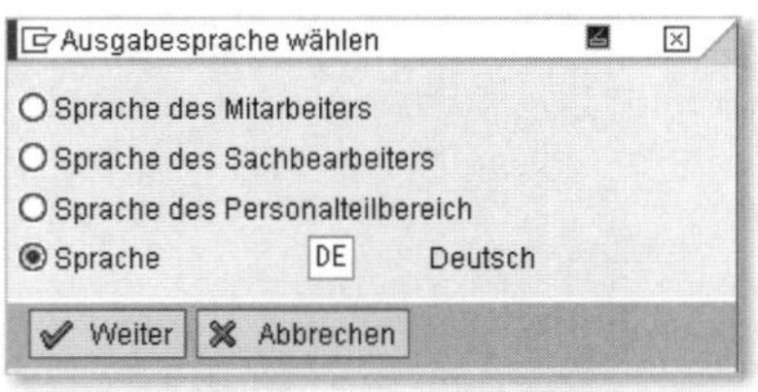

Abbildung 7.24 Deutsch als Ausgabesprache auswählen

Nach Starten des Reports erscheint der Zeitnachweis als Listsicht auf dem Bildschirm. Er enthält folgende Elemente:

Kopfzeile je Mitarbeiter

In der Kopfzeile je Mitarbeiter werden einige Informationen aus den Personalstammdaten ausgegeben. Typischerweise gehören dazu der Name, die Personalnummer und die Kostenstelle. Abbildung 7.25 zeigt außerdem noch die Ausgabe von Personalbereich, Mitarbeitergruppe und Mitarbeiterkreis.

Kopfzeile je Periode

Da für jeden Mitarbeiter auch mehrere Perioden ausgegeben werden können, gibt es auch eine Kopfzeileninformation für die Periode. Diese enthält in der Regel den Zeitraum der Periode und das während der Periode relevante Zeitmodell, die Arbeitszeitplanregel.

Einzelergebnisse

In den Einzelergebnissen werden die wesentlichen Daten und Auswertungsergebnisse pro Tag angezeigt. Das in Abbildung 7.25 dargestellte Beispiel zeigt (von links nach rechts) folgende Einzelergebnisse:

- Tagesdatum (TAG)
- einen Text (TEXT) für »besondere« Informationen (z. B. Feiertag, Abwesenheit, Anwesenheit)
- Terminalnummern für die Kommen- und Gehen-Zeiten (KTER und GTER, diese Spalten sind hier leer, woran Sie erkennen können, dass die Beispieldaten manuell erfasst wurden)
- Kommen-Zeit (BEGUZ) und Gehen-Zeit (ENDUZ)
- erfasste Zeit (ERF.), die Zeit zwischen Kommen- und Gehen-Zeit (in diesem Beispiel werden die Zeiten nicht in Stunden und Minuten, sondern in Industrieminuten angezeigt)
- angerechnete Rahmenzeit (RAHMENZ.), die Zeit ohne unbezahlte Pausen und abgeschnittene Zeiten
- Gleitzeitsaldo des Tages (GLZ.)
- Kernzeitverletzung des Tages (KZVL.)
- genehmigte Mehrarbeitszeit des Tages (MEHRZ.)
- das am Tag gültige Tagesmodell, also der Tagesarbeitszeitplan (TAZPL.)
- das Symbol zum Verzweigen in die entsprechenden Infotypen am Ende jeder Zeile

Zeitnachweisformular

Auswählen

```
SP POST                    Zeitnachweisliste                       1
                           ================
Hamburg
Personalnummer:   00090017       Timo Schäuble           MitarbGr: 1
Personalbereich:  IP01     Kostenst.:  9999              MitarbKr: DJ

Abrechnungsperiode:  200901 vom  01.01.2009 - 31.01.2009  AZPRegel: NORM

                           Einzelergebnisse
                           ================
Tag Text          Kter Gter Beguz Enduz  erf.  Rahmenz. Glz.  Kzvl. Mehrz. TAZPl.
------------------------------------------------------------------------------------
01  Neujahr                 MA nicht anwesend   3,75   0,00   0,00   0,00   NORM
    arbeitsfrei

02                          MA nicht anwesend   0,00   3,75-  0,00   0,00   NORM

05  Dienstreise
05                          07:23 18:24 11,01  12,00   8,25   0,00   0,00   NORM

06  Dienstreise
06                          07:55 17:10  9,25  12,00   8,25   0,00   0,00   NORM

07  Dienstreise
07                          08:01 19:00 10,98  12,00   8,25   0,00   0,00   NORM

08  Dienstreise
08                          07:00 16:58  9,96  12,00   8,25   0,00   0,00   NORM

09                          07:30 17:51 10,35
09  Arztbesuch untertägig   10:00 11:15  1,25   9,35   5,60   0,00   0,00   NORM

12  Urlaub                                      3,75   0,00   0,00   0,00   NORM

13  Krankheit mit Attest                        3,75   0,00   0,00   0,00   NORM

14  Urlaub                                      3,75   0,00   0,00   0,00   NORM

15  Urlaub                                      3,75   0,00   0,00   0,00   NORM

16                          MA nicht anwesend   0,00   3,75-  0,00   0,00   NORM
```

Abbildung 7.25 Kopfzeile und Tageszeilen im Zeitnachweis

In Ihrem Unternehmen können andere Spalten für den Druck auf dem Zeitnachweis ausgewählt sein. Prinzipiell sind die Tageszeilen jedoch immer ähnlich aufgebaut.

Summenübersicht

Auf die Einzelergebnisse folgt im Allgemeinen die Summenübersicht (siehe Abbildung 7.26). Sie enthält verschiedene Monatssalden, die sich auf den aktuellen Monat oder den Vormonat beziehen können. Typischerweise werden hier Gleitzeitsalden und Resturlaub sowie einige spezielle Informationen angezeigt.

Weitere Informationen

Danach können weitere Informationen angedruckt werden. Das Beispiel in Abbildung 7.26 zeigt die vorhandenen Abwesenheitskontingente an. Es können aber auch Anwesenheitskontingente (Mehrarbeitsgenehmigungen) oder Zeitlohnarten (Nachtzuschläge, Sonntagszuschläge usw.) aufgeführt sein.

```
                              Summenübersicht
                              ===============
Art                           Arbeitszeit            Mehraz.
--------------------------------------------------------------------------------
Saldo Vormonat                  15,00-                 0,00
Sollzeit                        45,00
Arbeitszeit                     76,10
Umbuchung                        0,00                  0,00
Saldo                           16,10                  0,00
Über/Unterdeck.                  0,00
Resturlaub                       0,00

                               Zeitlohnarten
                               =============
Tag Lohnart                           Anzahl  M/S/A (M=Mehrarbeit)
----------------------------------------------------------------------
01  MI10 Normalstunden                  3,75
05  MI10 Normalstunden                 12,00
06  MI10 Normalstunden                 12,00
07  MI10 Normalstunden                 12,00
08  MI10 Normalstunden                 12,00
09  MI10 Normalstunden                  9,35
13  MI10 Normalstunden                  3,75

                              Abwesenheitskontingente
                              =======================
Beginn      Ende        Kontingent
--------------------------------------------------------------------------------
01.01.2009  30.04.2009  09   Urlaub (Tage)             10,00000


Anzahl der selektierten Personalnummern            :                      1
Anzahl der nicht verarbeiteten Personalnummern     :                      0
Anzahl der fehlerhaft bearbeiteten Personalnummern :                      0
```

Abbildung 7.26 Fußzeilen und Statistik im Zeitnachweis

Statistik

Am Ende der Ausgabe für die letzte selektierte Personalnummer steht eine dreizeilige Statistik, in der Sie insbesondere erkennen, ob bei der Verarbeitung des Zeitnachweises Probleme aufgetreten sind.

> **Hinweis**
>
> Wie bereits in Abschnitt 7.3.1, »Ziel der Zeitabrechnung«, dargestellt, liefert der Zeitnachweis nur für diejenigen Zeiträume aktuelle Werte, für die die Zeitabrechnung bereits durchgeführt wurde. Wenn Sie den Zeitnachweis vorher ansehen möchten, führen Sie einfach die Zeitabrechnung im Simulationsmodus durch und lassen sich dabei unmittelbar den Zeitnachweis anzeigen.

7.4 Tagesgeschäft im Arbeitsvorrat

Als zentrale Oberfläche für den Zeitsachbearbeiter stellt das System den sogenannten *Arbeitsvorrat* bereit. Während das Abarbeiten der Datenerfassung (z. B. Urlaubsanträge) hauptsächlich über die Einzelerfassung bzw. Schnellerfassung der einzelnen Infotypen erfolgt, wie in Abschnitt 7.2, »Pflege von Zeitdaten«, beschrieben, dient der Arbeitsvorrat dazu, die tägliche Fehlerbehandlung und Kontrollarbeit zu bündeln.

7.4.1 Einstieg in den Arbeitsvorrat

Sie erreichen den Arbeitsvorrat über den Menüpfad PERSONAL • PERSONALZEITWIRTSCHAFT • ADMINISTRATION • ZEITAUSWERTUNG • ARBEITSVORRAT. Der entsprechende Transaktionscode lautet PT40. Wie Abbildung 7.27 zeigt, besteht die Maske des Arbeitsvorrats aus zwei großen Bereichen:

- **Selektion**
  Die Feldgruppe SELEKTION enthält die Felder, über die die jeweils zu bearbeitenden oder auszuwertenden Personen selektiert werden können. Neben den vier dargestellten Feldern können weitere Kriterien über den Button Selektion hinzugefügt werden.
- **Arbeitsvorrat, Zeitdaten, Salden**
  Die Feldgruppen im unteren Bildschirmbereich enthalten eine Vielzahl von Buttons, die die einzelnen Funktionalitäten des Arbeitsvorrats repräsentieren. Dabei ist zu beachten, dass in Ihrem Unternehmen eventuell nicht jede dieser Funktionen sinnvoll genutzt werden kann.

Im Folgenden wollen wir die möglichen Funktionen im unteren Feldbereich genauer erläutern:

Fehlerbehandlung

Da Fehlerbehandlung die wichtigste Funktion des Arbeitsvorrats ist, wird sie in Abschnitt 7.4.3, »Fehlerbehandlung«, gesondert dargestellt.

Anwesenheitskontrolle

Über die Anwesenheitskontrolle können Sie feststellen, ob ein bestimmter Mitarbeiter zurzeit im Unternehmen anwesend ist. Voraussetzung dafür ist, dass seine Kommen- und Gehen-Zeiten aktuell sind.

Abbildung 7.27 Einstieg in den Arbeitsvorrat Zeitwirtschaft

Zeitabgleich

Der Zeitabgleich findet insbesondere im Bereich der Lohnscheinerfassung seine Anwendung. Sie können mit dieser Auswertung feststellen, welche Anwesenheitszeiten des Mitarbeiters mit Lohnscheinen belegt sind und wo noch Lücken bestehen.

Zeitbelege

Diese Übersicht listet alle Zeitdaten mit Ausnahme der Zeitereignisse (Kommen- und Gehen-Buchungen) eines Mitarbeiters im ausgewählten Zeitraum als Übersicht auf.

Übergreifende Erfassung

Dieses Werkzeug erlaubt es Ihnen, Zeitdaten mehrerer Infotypen für mehrere Personen in einer Listsicht zu erfassen. Da diese Funktionalität durch den Arbeitsplatz Personalzeitwirtschaft (siehe Abschnitt 7.5, »Time Manager's Workplace [TMW]«) abgelöst wurde, gehen wir hier nicht näher darauf ein.

Kalender

Wochenkalender, Monatskalender und Jahreskalender bieten einen Überblick über die Zeitdaten eines Mitarbeiters im jeweiligen Zeitraum. Sie erlauben auch die Pflege von Zeitdaten, sollten aber zugunsten der normalen Listerfassung/Schnellerfassung und von Time Manager's Workplace (TMW) in erster Linie zur Anzeige genutzt werden. Einen besonders guten Überblick erhält man durch den JAHRESKALENDER. Wie Abbildung 7.28 zeigt, erlaubt der verfügbare Platz aber nur einstellige Kürzel. Daher werden oft unterschiedliche Abwesenheitsarten durch den gleichen Buchstaben repräsentiert (z. B. wird oft »H« für Urlaub und Sonderurlaub genutzt, »K« für Krankheit und Kur). Dabei werden ganztägige Sätze stets als Großbuchstaben, untertägige als Kleinbuchstaben dargestellt.

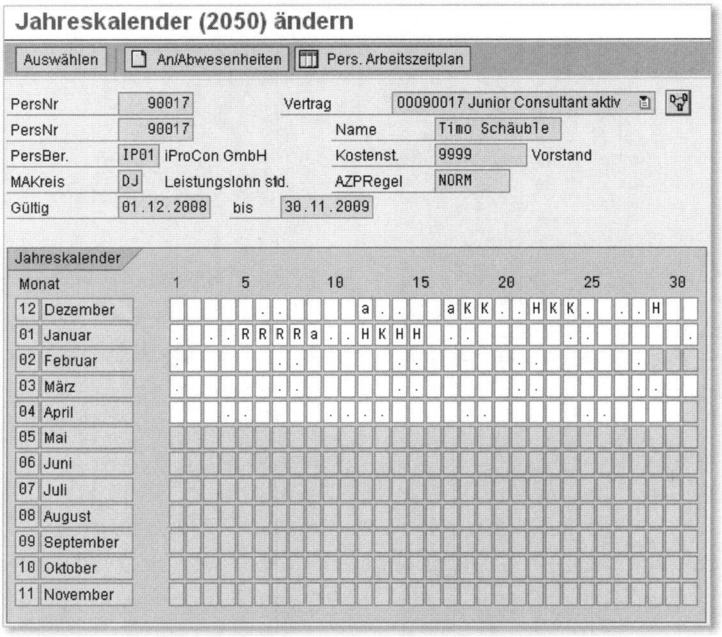

Abbildung 7.28 Einstellige Kürzel im Jahreskalender

Zeitnachweis

Dieser Button ruft den Zeitnachweis (siehe Abschnitt 7.3.3, »Zeitnachweis anzeigen«) in einer fest hinterlegten Variante auf.

Saldenübersicht

Die Saldenübersicht gibt ausgewählte Monatssalden für mehrere Mitarbeiter untereinander aus (z. B. Gleitzeitübersicht).

Kumul. Salden

Hier rufen Sie die Auswertung »kumulierte Zeitsalden« bzw. »kumulierte Zeitauswertungsergebnisse« auf, die wir in Abschnitt 7.6.2, »Ausgewählte Auswertungen in der Zeitwirtschaft«, detaillierter beschreiben werden.

Zeitkonten

Dieser Button zeigt die Zeitkonten eines Mitarbeiters im Überblick an.

Kontingentübersicht

Die Kontingentübersicht liefert eine Liste der Abwesenheits- (z. B. Urlaubsanspruch) sowie Anwesenheitskontingente (z. B. Mehrarbeitsgenehmigung).

Hinweis

Die Kontingentübersicht funktioniert für den Urlaubsanspruch nur dann, wenn dieser im Infotyp 2006 geführt wird – Infotyp 0005 wird nicht berücksichtigt.

7.4.2 Fehlerhafte Zeitereignisse bearbeiten

Wenn Sie im oberen linken Bereich des Arbeitsvorrats den Button Zeitereignisse sehen, dann kommen Zeitereignisse vor, die das System nicht verarbeiten konnte. Durch einen Klick auf diesen Button werden Ihnen die fehlerhaften Buchungen angezeigt (siehe Abbildung 7.29). Es handelt sich dabei ausschließlich um Datensätze, die von den Zeiterfassungsgeräten an das SAP-System geliefert wurden und von diesem nicht richtig zugeordnet werden können.

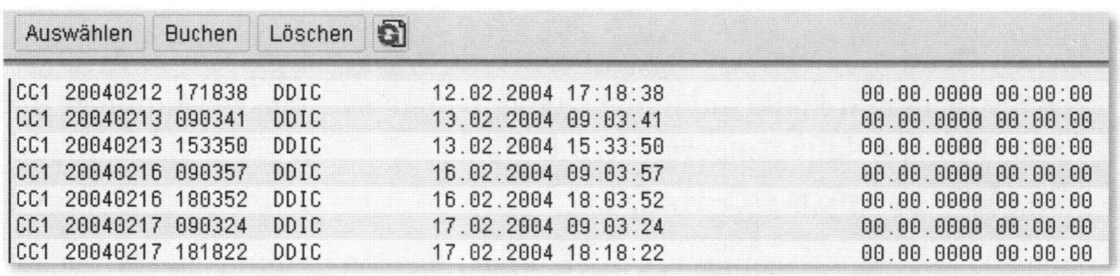

Abbildung 7.29 Liste der fehlerhaften Zeitereignisse

Oft liegt das Problem darin, dass eine Zeitausweisnummer falsch gepflegt oder noch nicht zugeordnet wurde. Da die Ursache des Problems möglicherweise schon behoben ist, wenn Sie die Fehler bearbeiten, besteht das effizienteste Vorgehen darin, die fehlerhaften Zeitereignisse zunächst einmal nachzubuchen. Nutzen Sie dazu den Button Buchen.

Ist die Ursache des Problems damit schon beseitigt, wird die Buchung anschließend vom System korrekt verarbeitet und mit der in Abbildung 7.30 dargestellten Meldung bestätigt.

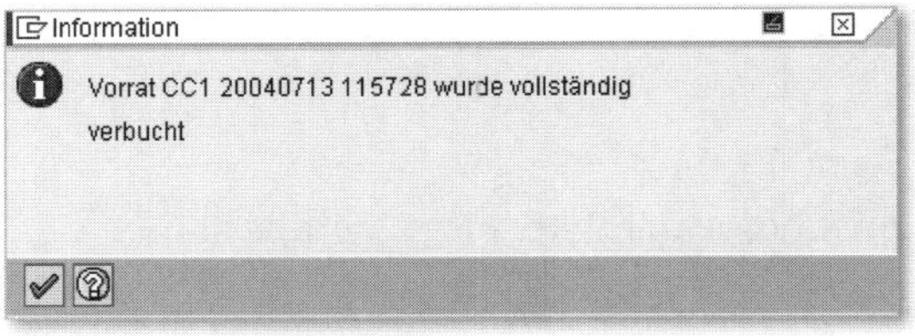

Abbildung 7.30 Erfolgreich nachgebuchtes Zeitereignis

Bleibt der Fehler jedoch bestehen, überprüfen Sie das Problem durch einen Doppelklick auf die entsprechende Zeile. Der Fehler wird dann näher beschrieben. Die in Abbildung 7.31 dargestellte Fehlermeldung verweist z. B. darauf, dass ein Zeitausweis benutzt wurde, der in HCM keinem aktiven Personalstamm zugeordnet ist.

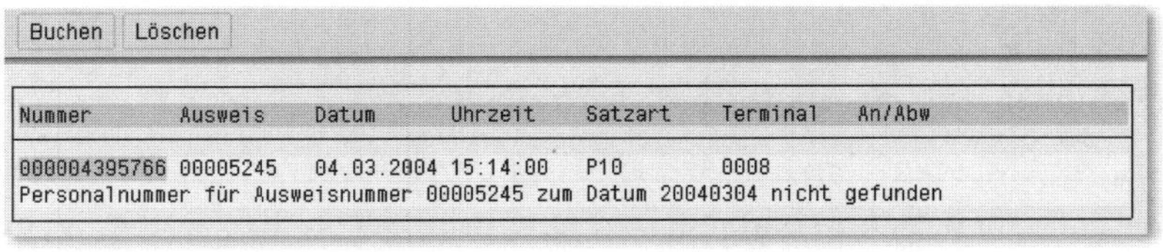

Abbildung 7.31 Fehler – dem Ausweis ist keine Personalnummer zugeordnet

Bei solchen und ähnlichen Fehlermeldungen empfehlen wir Ihnen die folgende Vorgehensweise:

1. Rufen Sie die Anzeige der Personalstammdaten oder der Zeitdaten auf.
2. Geben Sie in das Feld PERSONALNUMMER die drei Zeichen »=z.« ein (vergessen Sie nicht den Punkt am Ende), gefolgt von der Zeitausweisnummer, die in der Fehlermeldung angezeigt wird.
3. Bestätigen Sie mit der [↵]-Taste.
4. Falls diese Zeitausweisnummer irgendeinem Personalstamm zugeordnet ist, wird Ihnen die entsprechende Personalnummer angezeigt.
5. Wählen Sie die angezeigte Personalnummer aus, und überprüfen Sie, ob die zeitliche Zuordnung passt, ob die Person noch aktiv ist und ob sie laut Infotyp 0007 an der Zeiterfassung teilnimmt. Sind all diese Daten korrekt, wenden Sie sich bezüglich der Fehlermeldung an Ihren Systembetreuer.
6. Ist die Zeitausweisnummer keiner aktiven Personalnummer zugeordnet, dann bringen Sie in Erfahrung, wer diese Karte verwendet, und korrigieren

Sie die Daten. Versuchen Sie anschließend, das Zeitereignis nachzubuchen wie in Abbildung 7.29 zu Beginn des vorliegenden Abschnitts beschrieben.

Tipp

Machen Sie es sich zur Gewohnheit, die fehlerhaften Zeitereignisse stets zu kontrollieren, bevor Sie die weitere Fehlerbearbeitung durchführen. Einige der ansonsten umständlich zu behebenden Fehler können sich auf diesem Weg schnell durch Nachbuchen erledigen. Außerdem erkennen Sie so rasch, ob Zeitausweisnummern falsch zugeordnet sind.

7.4.3 Fehlerbehandlung

Wie schon gesagt, stellt die Fehlerbehandlung das wichtigste Element des Arbeitsvorrats dar. Nutzen Sie sie für die täglich anfallenden Korrekturen, und selektieren Sie dabei am besten immer alle Mitarbeiter in Ihrem Zuständigkeitsbereich.

Nach dem Starten der Fehlerbehandlung öffnet sich zunächst ein Fenster zur Angabe eines Stichtags (siehe Abbildung 7.32). Das Datum im Feld HINWEISE AB ist zunächst mit dem aktuellen Tag vorbelegt, und das ist in der Regel auch sinnvoll. Wenn Sie z. B. alle Hinweise ab dem 01.05.2009 selektieren, heißt das nicht, dass nur Hinweise ausgegeben werden, die sich auf den Zeitraum ab 01.05.2009 beziehen. Es heißt vielmehr, dass alle Hinweise ausgegeben werden, die durch eine Zeitabrechnung ab dem 01.05.2009 entstanden sind.

Beispiel

Wird am 30.05.2009 durch einen nicht behobenen Fehler eine rückrechnungsrelevante Datenänderung oder eine Zwangsrückrechnung bis auf den 01.01.2009 bewirkt, dann werden bei der in Abbildung 7.32 dargestellten Selektion auch Hinweise für den Januar ausgegeben, die durch diesen Rückrechnungslauf gebildet werden.

Wenn Sie also die Fehlerbehandlung täglich abarbeiten, dann ist die Selektion auf den aktuellen Tag oder auf den Vortag sinnvoll.

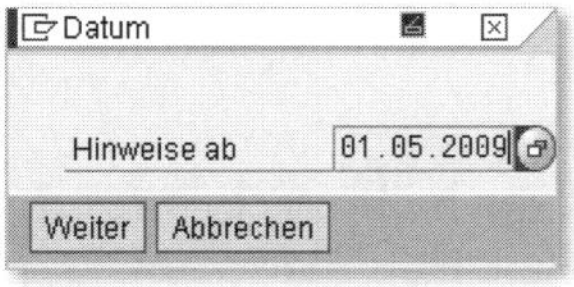

Abbildung 7.32 Stichtag zur Selektion aktueller Hinweise

Nach der Eingabe des Datums und nach Bestätigen durch einen Klick auf den Button WEITER erscheint die eigentliche Fehlerliste für alle selektierten Mitarbeiter. Die Sortierung erfolgt dabei zunächst nach Mitarbeiter und anschließend nach Datum. Abbildung 7.33 zeigt eine Fehlerliste für einen Mitarbeiter mit verschiedenen Hinweisen (Gleitzeitüberschreitung und Anwesenheit an freiem Tag) und einem Fehler (fehlende Gehen-Buchung).

BK	PerNr	Name	Tag	Meldung
	00090017	Timo Schäuble	17.11.2008	Es liegt ungenehmigte Mehrarb. vor
			18.11.2008	Es liegt ungenehmigte Mehrarb. vor
			19.11.2008	Es liegt ungenehmigte Mehrarb. vor
			20.11.2008	Es liegt ungenehmigte Mehrarb. vor
			21.11.2008	Es liegt ungenehmigte Mehrarb. vor
			24.11.2008	Es liegt ungenehmigte Mehrarb. vor
			25.11.2008	Es liegt ungenehmigte Mehrarb. vor
			26.11.2008	Es liegt ungenehmigte Mehrarb. vor
			27.11.2008	Es liegt ungenehmigte Mehrarb. vor
			28.11.2008	Es liegt ungenehmigte Mehrarb. vor
			01.12.2008	Gehen nicht abzugrenzen

Abbildung 7.33 Fehlerliste mit Hinweisen und Fehlern

Grundsätzlich gibt es vier Arten von Meldungen, die anhand der Hintergrundfarbe der Zeile zu unterscheiden sind:

- **Weiß oder hellblau: Hinweise**
  Hinweise werden immer nur einmal angezeigt und müssen nicht bearbeitet werden. Je nach Customizing Ihres Systems werden die Hinweise erneut angezeigt, wenn der entsprechende Tag rückgerechnet wurde.
- **Gelb: Informationen**
  Informationen werden nach der Bearbeitung als »bearbeitet« gekennzeichnet, was anhand eines grünen Häkchens leicht zu erkennen ist. Diese Kennzeichen können Sie über den Menüpfad Bearbeiten • Kennzeichen löschen wieder entfernen oder über den Menüpfad Bearbeiten • Kennzeichen sichern speichern. Eine Information können Sie über den Menüpfad Bearbeiten • Information löschen entfernen. Bei Informationsmeldungen besteht nicht unbedingt Handlungsbedarf. Als bearbeitet gelten sie ab dem Moment, in dem Sie sich über Doppelklick die Details angesehen haben.
- **Hellrot: Fehler**
  Diese einfachen Fehler müssen bearbeitet und durch Änderung der Daten beseitigt werden. Die Zeitauswertung läuft zwar auch über diesen Tag hinaus weiter, es wird aber immer wieder auf diesen Termin rückgerechnet.
- **Dunkelrot: Fehler mit Abbruch der Zeitauswertung**
  Für diese Fehler gilt prinzipiell das Gleiche wie für die hellrot gekennzeichneten. Allerdings bricht hier die Zeitauswertung an diesem Tag für den betreffenden Mitarbeiter so lange ab, bis die Ursache des Fehlers beseitigt ist.

Sie haben bereits innerhalb der Fehlerliste die Möglichkeit, sofort in die Datenpflege zu verzweigen. Positionieren Sie dazu den Cursor auf der zu bearbeitenden Fehlermeldung, und wählen Sie – je nachdem, was Sie pflegen wollen – den entsprechenden Button aus der in Abbildung 7.34 dargestellten Leiste aus.

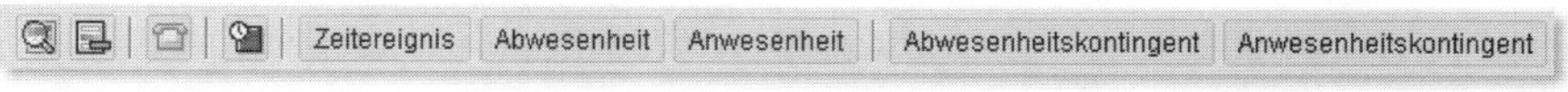

Abbildung 7.34 Buttons in der Fehlerliste

Auf diese Weise springen Sie unmittelbar in die Pflege der entsprechenden Infotypen. Nachdem Sie die Daten korrigiert haben, können Sie über einen Klick auf das Icon die Zeitauswertung für die betreffende Person starten und so prüfen, ob der Fehler beseitigt ist.

Wenn Sie nicht unmittelbar erkennen, worin die Fehlerursache besteht, können Sie sich über einen Doppelklick auf den Meldungstext oder auf den Button die Details zu dem betreffenden Tag anzeigen lassen.

Damit erhalten Sie umfangreiche Informationen über die Daten am betreffenden Tag, am Vor- und am Folgetag (Belegsicht oder Detailsicht). In dem in Abbildung 7.35 dargestellten Beispiel ist im Teilbild ZEITEREIGNISSE leicht zu erkennen, dass zu der Kommen-Zeit um 8:00 Uhr am 01.12.2008 keine passende Gehen-Zeit gebucht ist.

Auch innerhalb des Detailbilds können Sie über die Buttonleiste sofort in die Infotyppflege für den betreffenden Mitarbeiter springen. Im dargestellten Beispiel können Sie also die fehlende Buchung über den Button ZEITEREIGNIS nachtragen (siehe Abbildung 7.34). Auch per Doppelklick auf einzelne Informationen der Belegsicht können Sie in die Einzeldaten verzweigen.

Somit bietet die Fehlerbehandlung eine optimale Möglichkeit, das Tagesgeschäft der Korrekturarbeiten effizient zu erledigen. Wenn Sie nicht den im nächsten Abschnitt vorgestellten TMW einsetzen, sollten Sie sich auf jeden Fall gut in die Fehlerbehandlung einarbeiten.

7.5 Time Manager's Workplace (TMW)

Der Arbeitsplatz Personalzeitwirtschaft stellt eine Oberfläche für die dezentrale Zeitsachbearbeitung dar. Er fasst die wesentlichen Aufgaben in diesem Bereich in einer einzigen Oberfläche zusammen. Einige Spezialfunktionen müssen weiterhin auf anderen Wegen erledigt werden, aber diese liegen in den meisten Fällen nicht im Aufgabenbereich dezentraler Zeitbeauftragter. Angelehnt an die englische Bezeichnung *Time Manager's Workplace* wird der Arbeitsplatz Personalzeitwirtschaft meist mit »TMW« abgekürzt. Diese Abkürzung verwenden wir auch hier.

Da TMW umfangreiche Anwendungen wie die Zeitdatenpflege und die Fehlerbehandlung zusammenfasst, muss er genau an die unternehmensspezifischen Anforderungen angepasst werden, um nicht zu umfangreich zu werden. Es gibt vielfältige Möglichkeiten, die Oberfläche von TMW individuell zu gestalten.

Da diese von Unternehmen zu Unternehmen stark unterschiedlich ist, verzichten wir auf eine detaillierte Beschreibung der einzelnen Felder und stellen nur das grundsätzliche Prinzip von TMW vor. Dies sollte meist auch genügen, denn TMW ist als intuitive Oberfläche für gelegentliche Anwender ausgelegt.

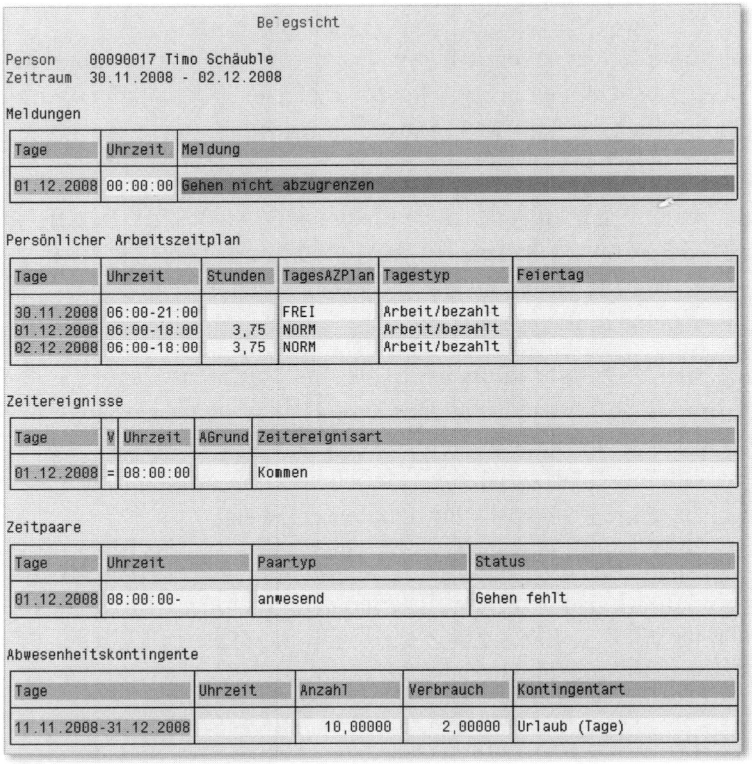
Belegsicht

Person 00090017 Timo Schäuble
Zeitraum 30.11.2008 - 02.12.2008

Meldungen

Tage	Uhrzeit	Meldung
01.12.2008	00:00:00	Gehen nicht abzugrenzen

Persönlicher Arbeitszeitplan

Tage	Uhrzeit	Stunden	TagesAZPlan	Tagestyp	Feiertag
30.11.2008	06:00-21:00		FREI	Arbeit/bezahlt	
01.12.2008	06:00-18:00	3,75	NORM	Arbeit/bezahlt	
02.12.2008	06:00-18:00	3,75	NORM	Arbeit/bezahlt	

Zeitereignisse

Tage	V	Uhrzeit	AGrund	Zeitereignisart
01.12.2008	=	08:00:00		Kommen

Zeitpaare

Tage	Uhrzeit	Paartyp	Status
01.12.2008	08:00:00-	anwesend	Gehen fehlt

Abwesenheitskontingente

Tage	Uhrzeit	Anzahl	Verbrauch	Kontingentart
11.11.2008-31.12.2008		10,00000	2,00000	Urlaub (Tage)

Abbildung 7.35 Detailinformationen zum Fehler

7.5.1 Zeitdatenpflege in TMW

Sie erreichen TMW über den Menüpfad Personal • Personalzeitwirtschaft • Administration • Arbeitsplatz Personalzeitmanagement oder über den Transaktionscode PTMW.

Nach dem Einstieg sehen Sie sechs Bildbereiche, die in Abbildung 7.36 dargestellt sind. Die einzelnen Elemente stellen wir im Folgenden vor.

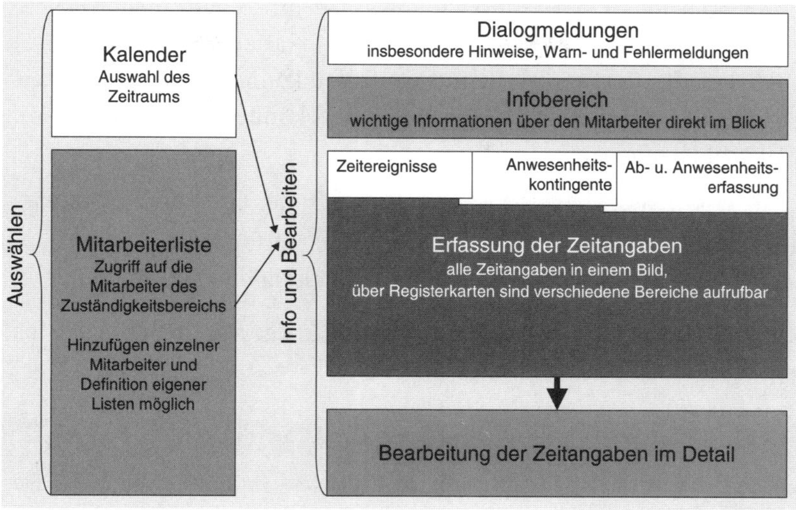

Abbildung 7.36 Bildbereiche von TMW

Mehrtagessicht

Abbildung 7.37 zeigt die Oberfläche, wie sie sich nach dem Einstieg in die sogenannte Mehrtagessicht darstellt.

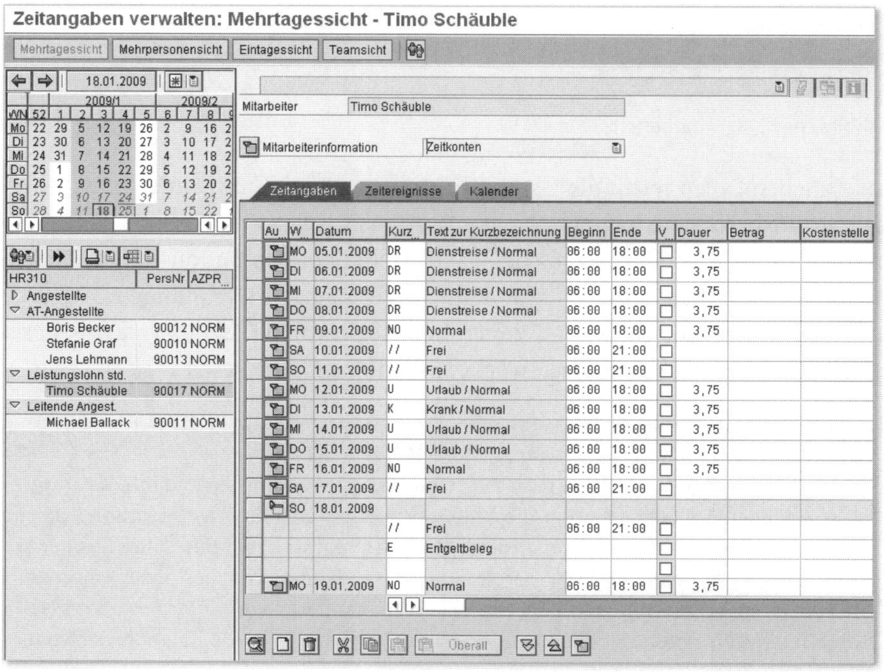

Abbildung 7.37 Bearbeiten einer einzelnen Person in der Mehrtagessicht

Kern der Oberfläche ist die Listerfassungsmaske für Zeitangaben. Diese ist unternehmensspezifisch in verschiedene Registerkarten aufgeteilt, die Sie durch Anklicken des Registerkartentextes aufrufen können. In der Mehrtagessicht bearbeiten Sie immer einen Mitarbeiter und können Daten für mehrere Tage im Überblick pflegen.

Sowohl den Mitarbeiter als auch den Zeitraum wählen Sie in der linken Seite des Bildes aus. Oben steht Ihnen ein Kalender zur Verfügung, in dem Sie den gewünschten Zeitraum per Mauszeiger markieren können.

Den zu bearbeitenden Mitarbeiter selektieren Sie in der Mitarbeiterliste (siehe Abbildung 7.38).

Tipp

Um einen Mitarbeiter zu bearbeiten, der nicht in der Liste enthalten ist, können Sie ihn temporär hinzufügen. Nutzen Sie dazu den Button . Voraussetzung dafür ist aber, dass Sie grundsätzlich die Berechtigung haben, diesen Mitarbeiter zu bearbeiten.

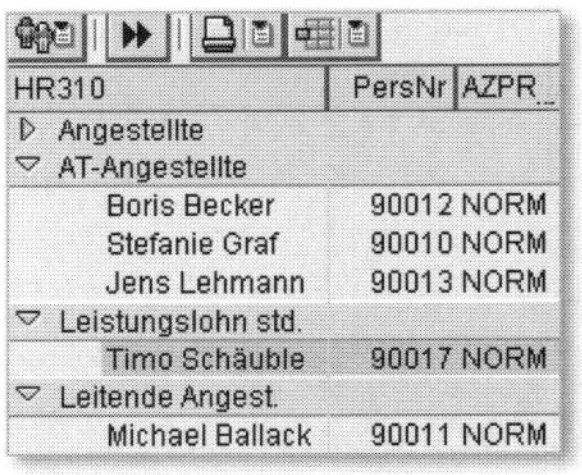

Abbildung 7.38 Mitarbeiterliste in TMW

In manchen Fällen reicht die Listübersicht für die Pflege der Zeitdaten nicht aus. Dies ist insbesondere bei mehrtägigen Sätzen der Fall, da die Liste für jeden einzelnen Tag zu pflegen ist. In solchen Fällen steht über den Button eine detaillierte Sicht auf einen einzelnen Datensatz zur Verfügung. In Abbildung 7.39 wurde über die Detailsicht ein Urlaub vom 14.01. bis zum 15.01.2009 erfasst. Dieser Datensatz ist daraufhin in der Listsicht auch an jedem der sechs Tage zu sehen.

Hinweis

Die Zeitdatenpflege in der Mehrtagessicht kann auch über eine sogenannte Kalendersicht erfolgen. Sollte Ihr System die Kalendersicht bereitstellen, ist es ratsam, diese auch zu nutzen. Die Optik und die Handhabung ähneln stark der des Kalenders in MS Outlook oder Lotus Notes. Wir beschreiben die Kalendersicht hier nicht weiter, da sie zum einen sehr intuitiv zu bedienen ist und zum anderen von Unternehmen zu Unternehmen sehr unterschiedlich genutzt wird. Sie gelangen in die Kalendersicht über die Registerkarte KALENDER.

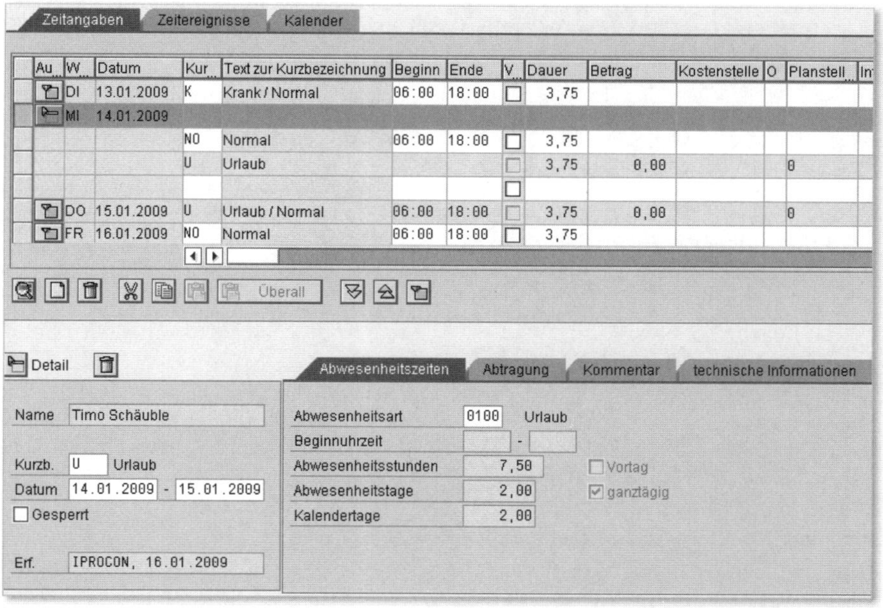

Abbildung 7.39 Erfassen eines mehrtägigen Urlaubs in der Detailsicht

Um während der Bearbeitung eines Mitarbeiters wesentliche Grunddaten auf einen Blick zu sehen, nutzen Sie den Bildschirmbereich MITARBEITERINFORMATION (siehe Abbildung 7.40). Durch die Auswahlhilfe können Sie bestimmen, welche Art von Informationen Sie sehen wollen (z. B. ausgewählte Stammdaten oder ausgewählte Zeitsalden). Das Icon am linken Rand des Bildbereichs dient dazu, die Daten zu verstecken oder sichtbar zu machen.

Abbildung 7.40 Auswahl der Mitarbeiterinformation

Mehrpersonensicht

Wollen Sie mehrere Personen gleichzeitig für einen bestimmten Termin bearbeiten, verzweigen Sie über den gleichnamigen Button in die Mehrpersonensicht.

Um eine bestimmte Menge von Personen in den Arbeitsbereich zu übernehmen, markieren Sie diese zunächst in der Mitarbeiterliste und klicken anschließend auf das Icon ⏩. Jetzt können Sie diese Personen für den ausgewählten Tag im Arbeitsbereich pflegen, wie in Abbildung 7.41 dargestellt.

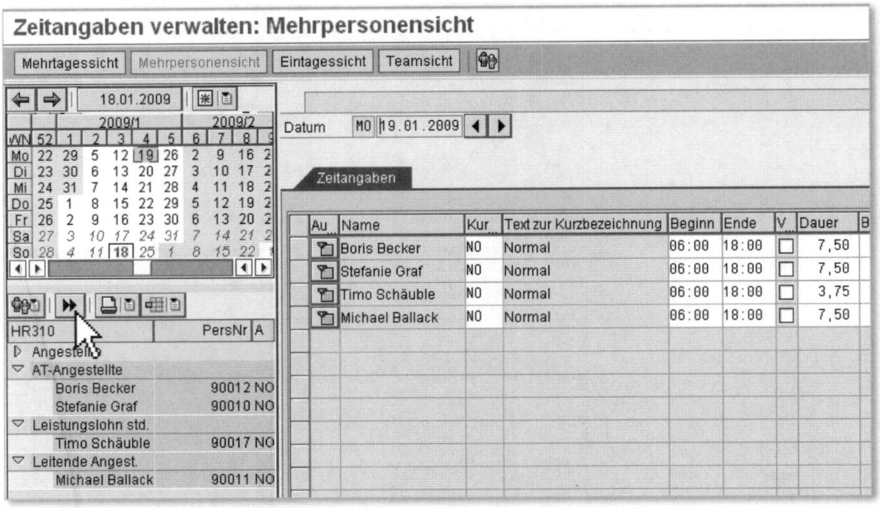

Abbildung 7.41 Einstieg in die Mehrpersonensicht

7.5.2 Meldungsbearbeitung in TMW

Die in der Fehlerbehandlung des Arbeitsvorrats enthaltenen Funktionen deckt auch die sogenannte Meldungsbearbeitung von TMW ab. Sie erreichen diese über den Menüpfad SPRINGEN • MELDUNGEN BEARBEITEN.

Mitarbeitersicht

Die Meldungsbearbeitung kann nach Mitarbeitern oder nach Meldungen erfolgen. Die Bearbeitung nach Mitarbeitern rufen Sie über den gleichnamigen Button auf. In dem in Abbildung 7.42 dargestellten Fenster werden Ihnen die einzelnen Meldungen angezeigt.

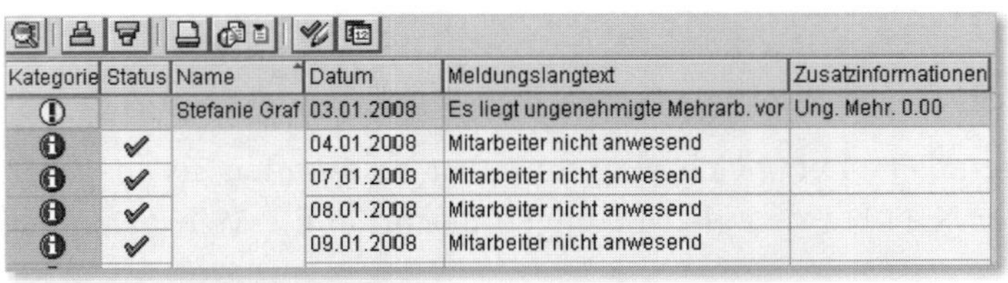

Abbildung 7.42 Meldungen nach Mitarbeitern bearbeiten

Die Buttonleiste (siehe Abbildung 7.43) erlaubt Ihnen auch das Starten der Zeitauswertung und des Zeitnachweises, um nach der Korrektur eines Fehlers den neuen Stand zu prüfen. Rechts in der Buttonleiste können Sie erledigte Meldungen quittieren.

Abbildung 7.43 Buttonleiste der Meldungsbearbeitung

Meldungssicht

Wenn Sie die Meldungsbearbeitung nach Art der Meldungen sortiert vornehmen wollen, klicken Sie auf den Button MELDUNGSSICHT. Anstelle der Mitarbeiterliste sehen Sie dann eine Liste aller auftretenden Meldungsarten (siehe Abbildung 7.44).

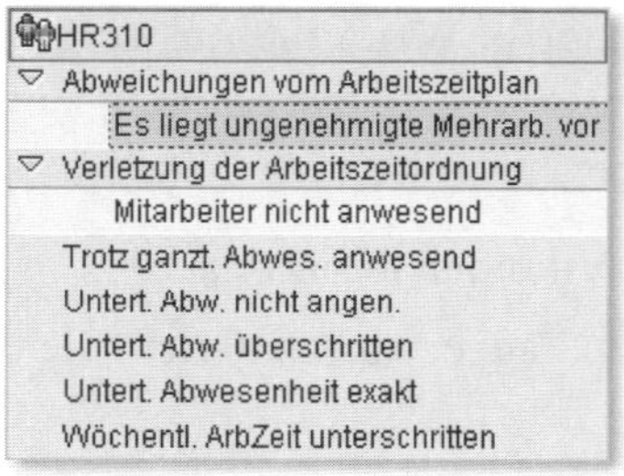

Abbildung 7.44 Auswahl einer Meldungsart

Wählen Sie nun eine davon aus (z. B. ES LIEGT UNGENEHMIGTE MEHRARB. VOR), stellt sich die Meldungsliste wie in Abbildung 7.45 alphabetisch nach Meldungen sortiert dar.

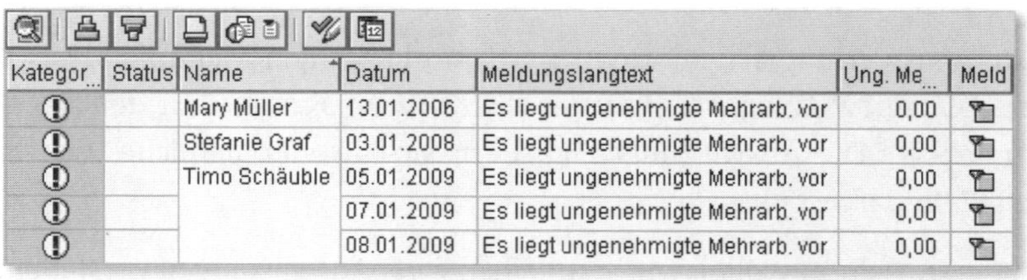

Kategor...	Status	Name	Datum	Meldungslangtext	Ung. Me...	Meld
(!)		Mary Müller	13.01.2006	Es liegt ungenehmigte Mehrarb. vor	0,00	
(!)		Stefanie Graf	03.01.2008	Es liegt ungenehmigte Mehrarb. vor	0,00	
(!)		Timo Schäuble	05.01.2009	Es liegt ungenehmigte Mehrarb. vor	0,00	
(!)			07.01.2009	Es liegt ungenehmigte Mehrarb. vor	0,00	
(!)			08.01.2009	Es liegt ungenehmigte Mehrarb. vor	0,00	

Abbildung 7.45 Meldungen bearbeiten nach Meldungsart

Zum Quittieren einer erledigten Meldung nutzen Sie auch hier den Button .

Tipp

Wenn TMW in Ihrem Unternehmen verfügbar ist, sollten Sie ihn in jedem Fall nutzen. Wenn Ihnen die Arbeit mit Infotypen vertraut ist, wird Ihnen die Einarbeitung in TMW nicht schwerfallen, da er spezifisch auf die Anforderungen Ihres Unternehmens zugeschnitten ist.

7.6 Zeitdaten auswerten

Mit der Zeitauswertung können Sie sich z. B. einen Überblick über die Abwesenheiten von Mitarbeitern verschaffen oder die Einhaltung von Arbeitszeitordnungen kontrollieren. Wir zeigen Ihnen zunächst, wo Sie die Reports zur Zeitauswertung finden, und stellen Ihnen dann zwei Auswertungen näher vor.

7.6.1 Besonderheiten beim Auswerten von Zeitdaten

Auswertungen im Bereich der Zeitdaten lassen sich grundsätzlich ebenso handhaben wie Auswertungen im Bereich der Stammdaten (siehe Kapitel 6, »Reports und Querys in der Personaladministration«). Wenn die Auswertungen nicht die Zeitinfotypen, sondern die Ergebnisse der Zeitabrechnung zum Inhalt haben, bestehen die Listen im Wesentlichen aus folgenden Zeitarten:

- monatlich kumulierte Zeitarten (z. B. Produktivstunden des Monats)
- täglich kumulierte Zeitarten (z. B. an einem Tag erwirtschafteter Gleitzeitsaldo)
- Zeitlohnarten (z. B. Nachtzuschlag), bei denen in der Zeitwirtschaft aber nur die Stundenzahl geführt wird; der eigentliche Betrag wird erst ausgehend von der Entgeltabrechnung ermittelt

Aufgrund dieser Tatsachen machen oft nur bestimmte Zeitraumselektionen Sinn. Monatssalden z. B. sind idealerweise über eine Periodenselektion auszuwerten.

Die meisten Auswertungen der Zeitwirtschaft sind über den Menüpfad Personal • Personalzeitwirtschaft • Administration • Infosystem • Berichtsauswahl erreichbar. Die Auswertungen gliedern sich in vier Bereiche, wie in Abbildung 7.46 dargestellt.

Im folgenden Abschnitt wollen wir beispielhaft zwei Auswertungen vorstellen, wobei die eine die Infotypen der Zeitwirtschaft auswertet und die andere die Ergebnisse der Zeitabrechnung.

7.6.2 Ausgewählte Auswertungen in der Zeitwirtschaft

Wir erläutern Ihnen hier zunächst die grafische Abwesenheitsübersicht und die kumulierten Zeitauswertungsergebnisse:

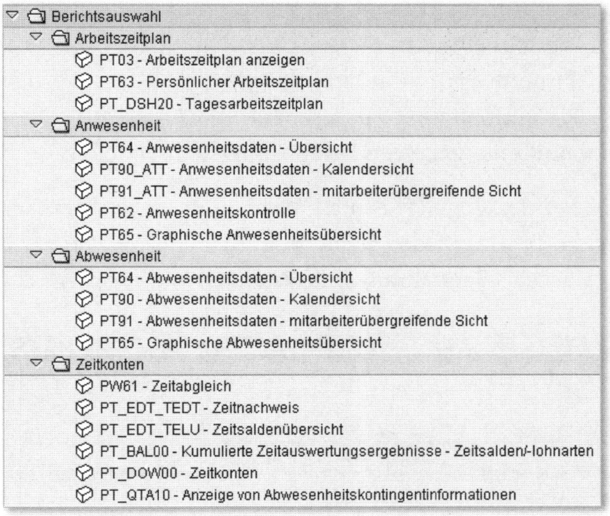

Abbildung 7.46 Informationssystem der Zeitwirtschaft

Grafische Abwesenheitsübersicht

Diese Auswertung stellt ausgewählte Abwesenheiten (Infotyp 2001) und Anwesenheiten (Infotyp 2002) grafisch auf einem Zeitstrahl dar. Das Standardselektionsbild (siehe Abbildung 7.47) umfasst zunächst die übliche Zeitraumauswahl und Personenselektion.

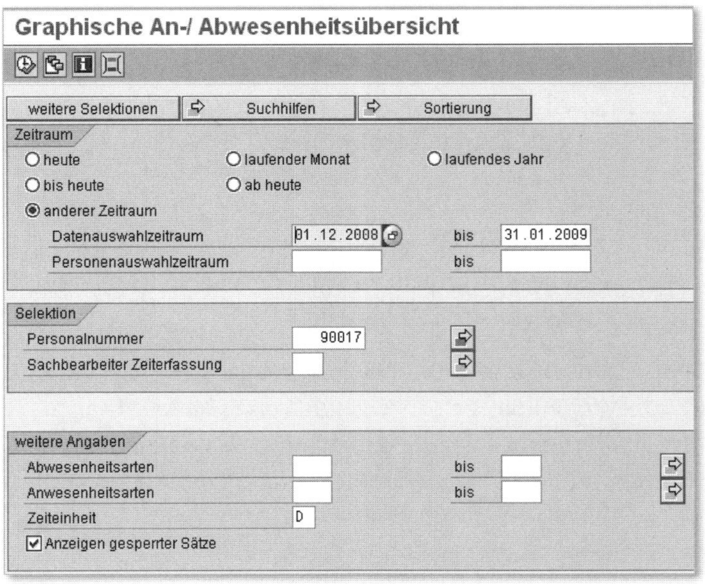

Abbildung 7.47 Auswerten aller An- und Abwesenheitsarten

In der Feldgruppe WEITERE ANGABEN wählen Sie insbesondere aus, welche Abwesenheitsarten und Anwesenheitsarten Sie sehen möchten. Das in Abbildung 7.47 gezeigte Beispiel nimmt keine Einschränkung vor, d.h., es werden alle Datensätze angezeigt. Sie können aber auch separat die Abwesenheitsart »Urlaub« selektieren und damit eine grafische Urlaubsübersicht erstellen.

Als ZEITEINHEIT bieten sich in der Regel TAG oder WOCHE an, gegebenenfalls auch MONAT. Diese Eingabe bestimmt die Skalierung. Wählen Sie TAG aus, reicht der Bildschirm etwa für die Darstellung eines Monats.

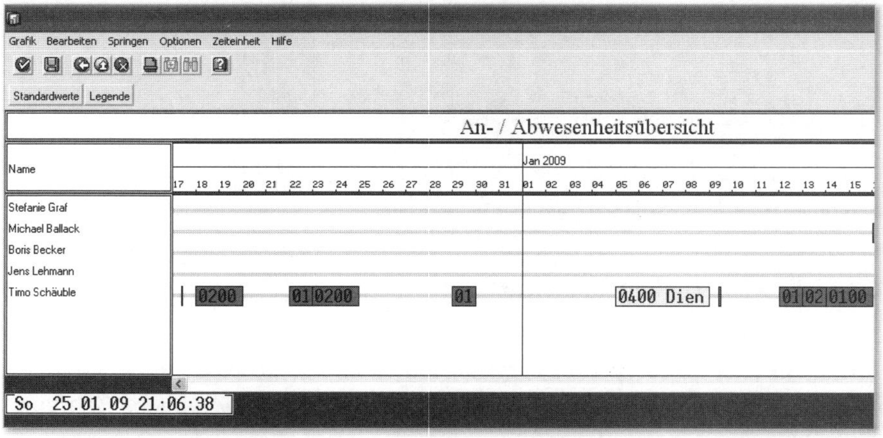

Abbildung 7.48 Grafische Darstellung von Abwesenheitszeiten

Die Ausgabe erfolgt als Balkendiagramm in einem neuen Fenster (siehe Abbildung 7.48). Je nach Größe sind in den einzelnen Abwesenheitssätzen die Kürzel oder die Langtexte der Abwesenheitsarten angegeben. Durch einen Doppelklick können Sie in den jeweiligen Infotyp springen.

Kumulierte Zeitauswertungsergebnisse

Dieser Report ist ein vielseitiges Instrument zur Auswertung von Tagessalden, Monatssalden oder Zeitlohnarten (siehe Abbildung 7.49).

In der Feldgruppe SELEKTIONSBEDINGUNGEN entscheiden Sie sich zunächst dafür, welche Art von Werten Sie sich anzeigen lassen möchten. Wollen Sie z. B. Gleitzeitsalden auswerten, wählen Sie KUMULIERTE SALDEN und anschließend die Zeitart GLEITZEIT (diese wird meist unter dem Kürzel »0005« geführt) aus.

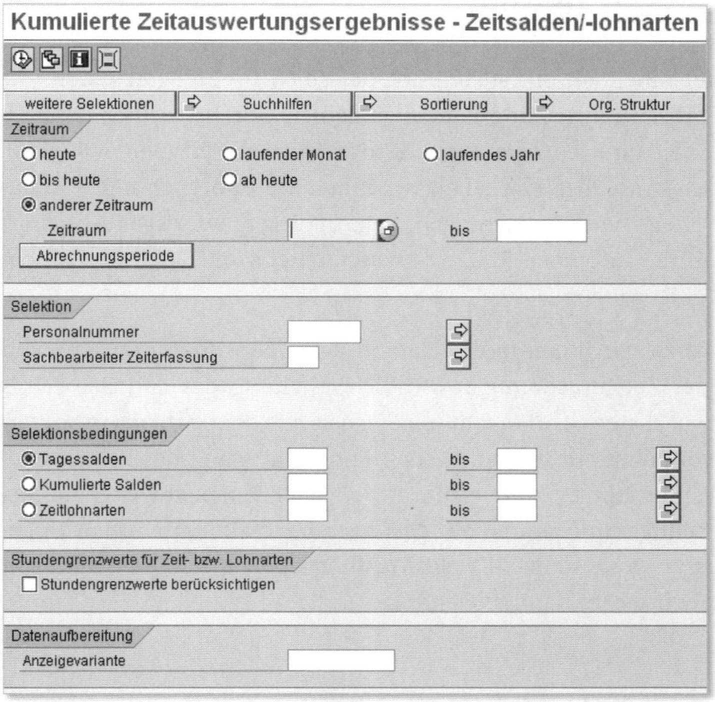

Abbildung 7.49 Auswertung von Zeitarten und Zeitlohnarten

Wenn im Customizing Ihres Systems Grenzwerte hinterlegt sind, können Sie diese über die Checkbox STUNDENGRENZWERTE BERÜCKSICHTIGEN auswählen. Werte, die darüber liegen, werden dann in der Liste hervorgehoben. Abbildung 7.50 zeigt eine auf diesem Weg erstellte Gleitzeitübersicht. Das Layout der Ergebnisliste können Sie auch hier verändern, wie es bereits in Kapitel 6, »Reports und Querys in der Personaladministration«, beschrieben wurde.

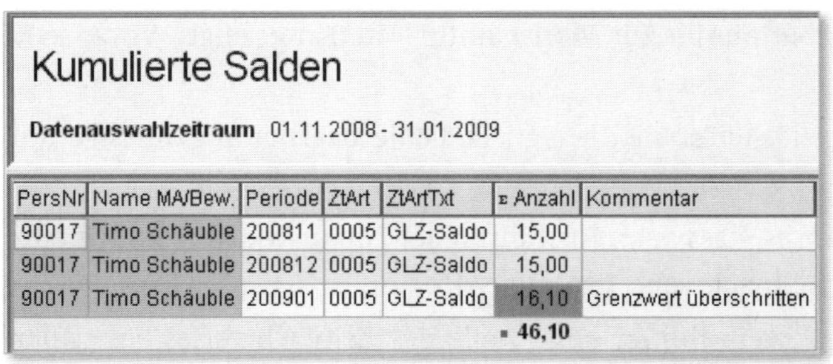

Kumulierte Salden

Datenauswahlzeitraum 01.11.2008 - 31.01.2009

PersNr	Name MA/Bew.	Periode	ZtArt	ZtArtTxt	Σ Anzahl	Kommentar
90017	Timo Schäuble	200811	0005	GLZ-Saldo	15,00	
90017	Timo Schäuble	200812	0005	GLZ-Saldo	15,00	
90017	Timo Schäuble	200901	0005	GLZ-Saldo	16,10	Grenzwert überschritten
					▪ **46,10**	

Abbildung 7.50 Gleitzeitübersicht mit Monatssalden aus November 2008 bis Januar 2009

7.7 Zusammenfassung

In diesem Kapitel haben wir uns ausführlich der Zeitwirtschaft gewidmet. Wir haben unsere Erläuterungen mit einem allgemeinen Überblick über die Zeitwirtschaft, ihre Ziele und zentralen Begriffe sowie über die Formen der Zeiterfassung begonnen. Anschließend haben wir Ihnen die Infotypen näher erläutert, die Sie zur Pflege der Zeitdaten benötigen. In diesem wichtigen Abschnitt sind wir z. B. auf die Infotypen 2002 (Anwesenheiten) und 2010 (Entgeltbelege) detailliert eingegangen.

Anschließend haben wir Ihnen in den darauffolgenden Abschnitten Ziel und Durchführung der Zeitabrechnung sowie die Gestaltung des Zeitnachweises verdeutlicht. Im nächsten Schritt konnten Sie sich mit dem Arbeitsvorrat vertraut machen, vor allem mit den möglichen Funktionen und der Fehlerbehebung. Alle relevanten Informationen zum Arbeitsplatz Personalwirtschaft, insbesondere zur Zeitdatenpflege und zur Meldungsbearbeitung, wurden Ihnen im Anschluss daran vorgestellt. Mit den Ausführungen zur Auswertung von Zeitdaten haben wir dieses Kapitel beendet.

7.8 Übungsaufgaben zu Kapitel 7

1. Welche Infotypen müssen im Personalstamm gepflegt sein, um eine Zeitauswertung auf Basis von Negativerfassung durchführen zu können?
2. In welchem Infotyp wird die Zeitausweisnummer hinterlegt?
3. In welchem Infotyp pflegen Sie eine Dienstreise?
4. Sie wollen den Gleitzeitsaldo eines Mitarbeiters manuell korrigieren. In welchem Infotyp erfassen Sie das?
5. Sie rufen den Zeitausweis eines Mitarbeiters für einen vergangenen Monat auf. Es werden aber nur bis zur Monatsmitte Daten angezeigt. Woran kann das liegen?
6. In welchen Oberflächen sollte die tägliche Fehlerbearbeitung durchgeführt werden?
7. Wie erreichen Sie es, dass beim Ausführen der Zeitauswertung unmittelbar der zugehörige Zeitnachweis angezeigt wird?
8. Was bedeutet es, wenn hinter einer Zeile des Zeitnachweises ein Lupensymbol angezeigt wird?
9. Verschwindet eine hellrote Meldungszeile in der Fehlerbehandlung von selbst?

10. Können Sie in TMW in einer einzigen Maske gleichzeitig Daten für mehrere Mitarbeiter an mehreren Tagen erfassen?
11. Können Sie in TMW einen Mitarbeiter bearbeiten, der nicht automatisch in der Mitarbeiterliste angezeigt wird?
12. In welche vier Gruppen sind die Auswertungen der Zeitwirtschaft im Infosystem gegliedert?
13. Woran erkennen Sie, dass eine Kommen-Buchung maschinell erzeugt und nicht manuell korrigiert wurde?
14. In welchem Infotyp kann Mehrarbeit erfasst werden?
15. Welchen Infotyp nutzen Sie, wenn ein Mitarbeiter an einem Tag außerplanmäßig die Schicht wechselt?
16. Sie wollen wissen, für wie viele Stunden Nachtzuschläge gezahlt wurden. Wo finden Sie die entsprechende Auswertung, und in welchem Feld beschränken Sie die Ausgabe auf Nachtzuschläge?

Die Personalabrechnung umfasst mit der Vor- und Nachbereitung eine Vielzahl von Aktivitäten und ist aufgrund der unterschiedlichen Gestaltung des Steuerrechts und der sozialen Sicherungssysteme in hohem Maße länderspezifisch aufgebaut. Grundsätzlich können die Prozesse Vorbereitung, Personalabrechnung, Überweisung, Sozialversicherung, Buchung und sonstige Auswertungen unterschieden werden.

8 Personalabrechnung

Wir zeigen Ihnen zunächst, wie Sie eine Abrechnung starten und wie Sie dafür richtig selektieren. Danach erfahren Sie, welche Voraussetzungen erfüllt sein müssen, damit eine Abrechnung erfolgreich durchgeführt werden kann.

8.1 Überblick

Dieses Kapitel soll einen grundlegenden Überblick über die Personalabrechnung geben. Insbesondere die fachlichen Grundlagen hinsichtlich Steuer-, Beitrags- und Arbeitsrecht werden vorausgesetzt; denn vor allem auf diese Grundlagen wird im weiteren Verlauf noch häufig Bezug genommen werden.

Im Bereich der Personalabrechnung ist es aufgrund der stark ausgeprägten Länderspezifika nur in geringem Maße möglich, in der Darstellung abstrakt und international zu bleiben. Gleichwohl ist der grundsätzliche Ablauf insbesondere in den stark industrialisierten Ländern ähnlich.

Die starke Integration des SAP-Systems kommt auch im Rahmen der Personalabrechnung zum Tragen. So kann die Personalabrechnung auf die Daten der Personaladministration, der Zeitwirtschaft, des Reisemanagements, des Organisationsmanagements und der Personalentwicklung zugreifen. Eine redundante Datenpflege entfällt somit.

Die Personalabrechnung im SAP-System ist darüber hinaus voll rückrechnungsfähig. Dies bedeutet, dass bei Korrekturen, die in die Vergangenheit reichen, für den entsprechenden Zeitraum eine erneute Abrechnung mit den aktualisierten Daten erfolgt. Dabei bleibt das »alte« Abrechnungsergebnis erhalten, d.h., es wird eine Historie aufgebaut. Korrekturen und Änderungen können so problemlos nachvollzogen werden.

Die allgemein durchzuführenden Aktivitäten im Rahmen der Personalabrechnung zeigt Abbildung 8.1.

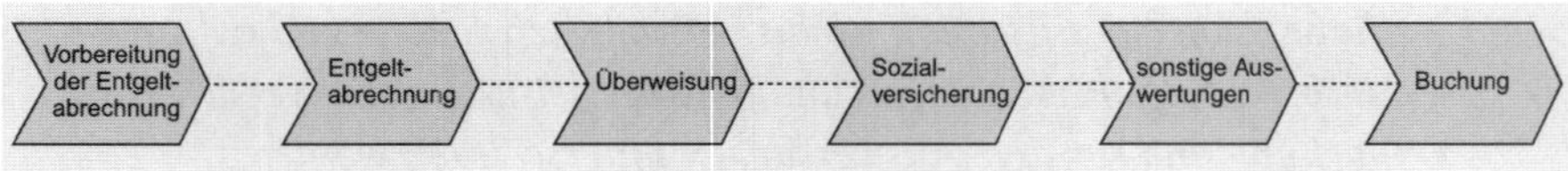

Abbildung 8.1 Aktivitäten im Rahmen der Personalabrechnung

Bevor die Personalabrechnung für die Mitarbeiter gestartet werden kann, ist sicherzustellen, dass alle aktuell abrechnungsrelevanten Daten im System eingepflegt sind. Abrechnungsrelevante Daten sind die folgenden:

- Dies sind zum einen die Daten, ohne die eine Abrechnung nicht möglich ist (z. B. die Daten zu Steuern und zur Sozialversicherung) und deren Fehlen in der Regel zu einem Abbruch in der Abrechnung führt.
- Zum anderen sind dies Daten, die zwar in der Abrechnung keinen Abbruch verursachen, die aber für eine aktuelle und korrekte Abrechnung erforderlich sind. Dazu gehören beispielsweise monatlich zu erfassende Gehaltsbestandteile wie Provisionen oder Ergebnisse aus Akkordtätigkeit. Die Erfassung dieser Daten erfolgt dann manuell durch die Mitarbeiter der Personalabrechnung, wenn keine anderweitige Datenübernahme erfolgen kann.

Nicht alle abrechnungsrelevanten Daten werden »von Hand« im System erfasst. Sofern die Möglichkeit gegeben ist und ein angemessenes Verhältnis zwischen Aufwand und Nutzen besteht, ist es sinnvoll, Daten mithilfe von Programmen (maschinelle Datenübernahme) einspielen zu lassen. Dabei kann es sich sowohl um Standardprogramme als auch um gesondert für diesen Zweck erstellte kundeneigene Programme handeln. Diese müssen ebenfalls vor dem Start der Abrechnung vollständig und fehlerlos ausgeführt worden sein. Nur aktuelle und fachlich korrekte Daten führen zu richtigen Abrechnungsergebnissen für die Mitarbeiter.

Das Starten der Abrechnung ist recht unkompliziert und wird keine Probleme bereiten. Um Ihnen einen ersten Einblick zu geben, wird nachfolgend der Aufruf einer Abrechnungssimulation dargestellt. Weitere Erläuterungen zur Abrechnungssimulation folgen in Abschnitt 8.4, »Abrechnungssimulation und Entgeltnachweis«.

Hinweis

Zu den Menüpunkten der Personalabrechnung gelangen Sie im SAP Easy-Access-Menü über den Menüpfad PERSONAL • PERSONALABRECHNUNG • EUROPA • DEUTSCHLAND. Alle nachfolgend genannten Menüpunkte basieren auf diesem Einstiegspfad, sodass künftig nur die danach folgenden Menüpunkte genannt werden.

Übung: Abrechnungssimulation durchführen

Stellen Sie sich vor, Sie wollen eine Abrechnungssimulation für einen Mitarbeiter durchführen. Gehen Sie dazu wie folgt vor:

1. **Selektionsbild**
   Wählen Sie im SAP Easy-Access-Menü den Menüpfad ABRECHNUNG • SIMULATION. Es erscheint das Selektionsbild des länderspezifischen Abrechnungsprogramms (siehe Abbildung 8.2), wobei in der Feldgruppe ALLGEMEINE PROGRAMMSTEUERUNG die Checkbox TESTLAUF (KEIN UPDATE) markiert und ausgegraut ist.

Hinweis

»Ausgegraut« bedeutet im SAP-System ganz generell, dass ein Feld zwar angezeigt wird, aber nicht eingabebereit ist.

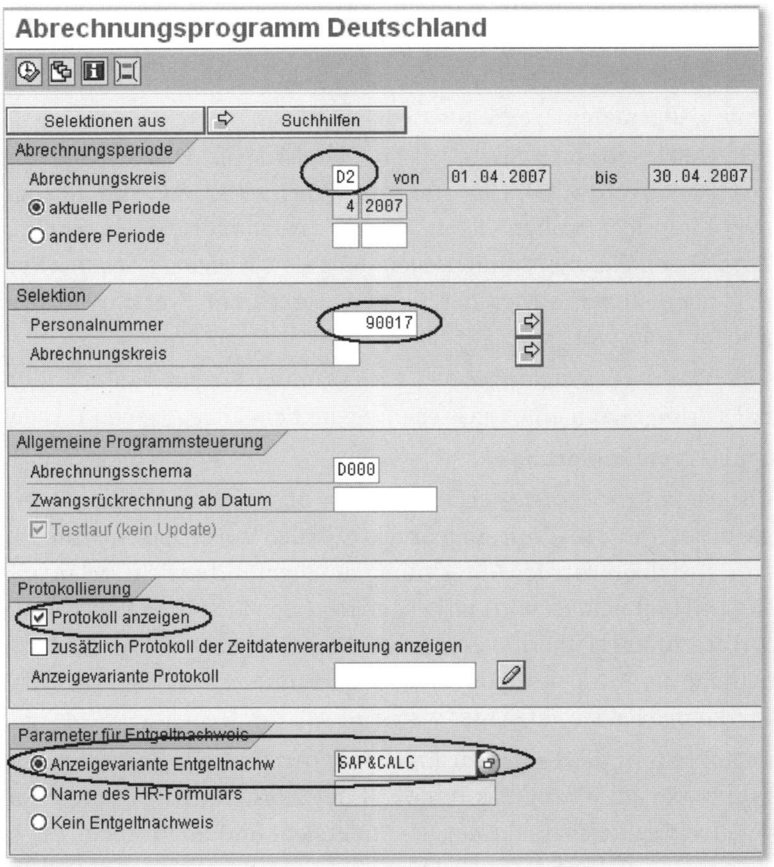

Abbildung 8.2 Selektionsbild der Abrechnungssimulation

2. **Feldgruppe »Abrechnungsperiode«**
   - Erfassen Sie den korrekten Abrechnungskreis im entsprechenden Feld.
   - Wählen Sie die Periode aus. Voreingestellt ist immer die dem SAP-System über den Abrechnungskreis vorgegebene, aktuelle Abrechnungsperiode. Welche dies gerade ist, erfahren Sie, wenn Sie nach Erfassen des Abrechnungskreises auf das Icon ✔ klicken oder die [↵]-Taste betätigen. Soll die Abrechnung für einen anderen Monat erfolgen, wählen Sie ANDERE PERIODE aus und erfassen Sie den abzurechnenden Zeitraum mit zweistelliger Monats- und Jahresangabe in den entsprechenden Feldern. Für Dezember 2007 beispielsweise erfassen Sie also 12 2007.
3. **Feldgruppe »Selektion«**
   - Nun wählen Sie den bzw. die abzurechnenden Mitarbeiter aus. Dazu geben Sie die Personalnummer(n) ein, oder Sie nutzen für diese Selektion die [F4]-Auswahlhilfe. Ohne ausgewählte Personalnummer(n) würden Sie das Programm für alle dem ausgewählten Abrechnungskreis zugeordneten Mitarbeiter starten, was eine entsprechend lange Laufzeit zur Folge hätte.
4. **Feldgruppe »Allgemeine Programmsteuerung«**
   - Im Feld ABRECHNUNGSSCHEMA ist im Standard für Deutschland das Schema »D000« bzw. »D100« für die Arbeitgeber des öffentlichen Dienstes hinterlegt. Sollten Sie ein eigenes Schema für die Abrechnung nutzen, müssen Sie dieses hinterlegen. (Ob Sie ein eigenes Schema verwenden, kann Ihnen sicher der für die Abrechnung verantwortliche Mitarbeiter beantworten.)
   - Im Feld ZWANGSRÜCKRECHNUNG AB DATUM können Sie ein Datum hinterlegen. Es erfolgt dann eine Rückrechnung ab dem angegebenen Datum.
5. **Feldgruppe »Protokollierung«**
   - Die Checkbox PROTOKOLL ANZEIGEN gibt an, ob bei der Abrechnung ein ausführliches Protokoll mit angedruckt werden soll. Dieses Protokoll zeigt die einzelnen von der Abrechnung durchgeführten Schritte an und ist sehr umfangreich. Es wird insbesondere zum Aufspüren von vermuteten Abrechnungsfehlern verwendet. Sofern nur das Ergebnis der Abrechnung in Form des Entgeltnachweises interessiert, kann auf das Ankreuzen des Feldes verzichtet werden.
   - Durch Ankreuzen des Feldes ZUSÄTZLICH PROTOKOLL DER ZEITDATENVERARBEITUNG ANZEIGEN kann das Protokoll der Zeitwirtschaft – sofern Sie eine Positivzeitwirtschaft einsetzen – mit erstellt und im Protokoll angesehen werden. Nähere Informationen dazu erhalten Sie in Kapitel 7, »Zeitwirtschaft«.

6. Feldgruppe »Parameter für Entgeltnachweis«

- Hier kann entschieden werden, ob und gegebenenfalls welcher Entgeltnachweis angedruckt werden soll. Dazu ist das entsprechende Feld zu markieren und die gewünschte Variante des Entgeltnachweises anzugeben. Die Variante kann problemlos auch über die F4-Hilfe ausgewählt werden. Durch Anklicken des Radio-Buttons wird das Eingabefeld für den Namen aktiv, und der Name kann eingegeben bzw. über die F4-Hilfe ausgewählt werden.

Klicken Sie abschließend auf das Icon . Auf diese Weise haben Sie eine Simulationsabrechnung mit Andruck des Entgeltnachweises erstellt. Um den Entgeltnachweis anzusehen, klicken Sie im erscheinenden Bild auf den Button FORMULAR.

Tipp

Haben Sie die Abrechnungssimulation versehentlich ohne Angabe einer Personalnummer gestartet (damit führt das Programm die Simulation für alle Mitarbeiter des selektierten Abrechnungskreises durch, was entsprechend lange Laufzeiten zur Folge hat), können Sie das Programm abbrechen. Klicken Sie dazu auf das Icon in der linken oberen Ecke des SAP-Fensters. Es öffnet sich daraufhin ein Dropdown-Menü, in dem Sie TRANSAKTION ABBRECHEN auswählen (siehe Abbildung 8.3). Damit erfolgt der Abbruch des Programms, und Sie kehren ins SAP Easy-Access-Menü zurück. Diese Form des Abbruchs ist bei vielen Programmen möglich, wenn sie bereits gestartet wurden.

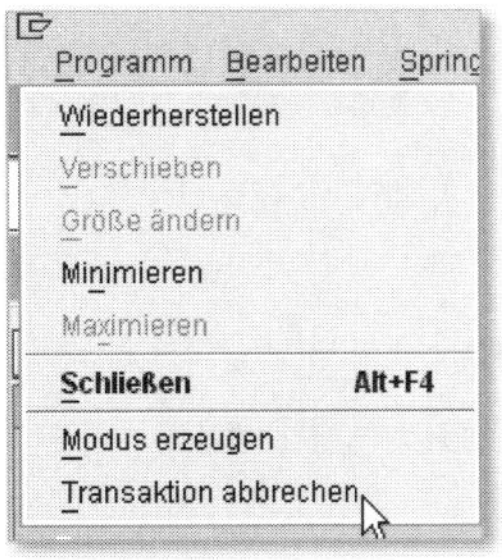

Abbildung 8.3 Geöffnetes Dropdown-Menü

Mit der Durchführung der Abrechnung selbst sind in den meisten Unternehmen einige wenige Mitarbeiter betraut. Der gesamte Abrechnungsprozess wird im weiteren Verlauf dieses Kapitels anhand der deutschen Abrechnung dargestellt. Die im Rahmen der Abrechnung generierten Ergebnisse sind für die nachfolgenden Aktivitäten und Erzeugnisse unbedingte Voraussetzung. So kann z. B. die Durchführung der Überweisung oder die Erstellung von ausgewählten Bescheinigungen und Auswertungen nur durchgeführt werden, wenn die Abrechnungsergebnisse der Mitarbeiter vorhanden sind.

Die Überweisung der Nettoentgelte an die Mitarbeiter erfolgt mithilfe des gängigen *Datenträger-Austauschverfahrens*. Dabei wird aus den Abrechnungsergebnissen der Mitarbeiter eine Datei generiert, die an die Bank übergeben wird. Auf gleichem Weg und zumeist in der gleichen Datei werden auch die weiteren im Rahmen der Personalabrechnung entstehenden Überweisungen beispielsweise für vermögenswirksame Leistungen, Direktversicherungen oder andere privat veranlasste Überweisungen ausgeführt. Gesondert überwiesen werden die fälligen Zahlungen an die Sozialversicherungsträger.

Insbesondere in Deutschland und Österreich werden die Arbeitnehmerbeiträge zur Sozialversicherung von den Arbeitgebern einbehalten und an die Sozialversicherungsträger überwiesen. Auch diese Zahlungen erfolgen meistens mithilfe des Datenträger-Austauschverfahrens. In einigen Ländern sind die gezahlten Beiträge mit entsprechenden Nachweisen aufzuschlüsseln und zu belegen. Diese Nachweise basieren ebenfalls auf den Abrechnungsergebnissen der Mitarbeiter und werden im Rahmen des Abrechnungsprozesses erstellt. In Deutschland besteht mittlerweile die Möglichkeit, diese Nachweise papierlos per E-Mail zu übertragen.

Auch die Buchung der Löhne und Gehälter ins Rechnungswesen basiert auf diesen Abrechnungsergebnissen. Die Buchung wird vom zuständigen Mitarbeiter der Personalabrechnung angestoßen und landet ohne weitere Aktivität des Rechnungswesens auf den richtigen Konten der Finanzbuchhaltung und den Kostenstellen der Kostenrechnung.

Weitere Auswertungen im Rahmen der Personalabrechnung sind beispielsweise:

- Erstellung der Lohnsteueranmeldung (Deutschland)
- Erstellung der Lohnsteuerbescheinigungen (Deutschland)
- Erstellung und Bescheinigung von DEÜV-Meldungen (Deutschland)
- Erstellung der Lohnkonten
- Erstellung von Statistiken
- Erstellung von Lohnartenverteilung und Lohnartennachweis

8.2 Voraussetzungen in den Stammdaten

Wie in Abschnitt 8.1, »Überblick«, bereits erläutert, müssen die Stammdaten der Mitarbeiter vollständig gepflegt sein, um eine Abrechnung durchführen zu können. Vollständig bedeutet dabei, dass bestimmte Infotypen gepflegt sein müssen, ohne die eine Abrechnung nicht möglich ist. Wie Infotypen gepflegt werden, wurde in Kapitel 5, »Personaladministration«, detailliert erläutert. Zu diesen zwingend erforderlichen Infotypen zählen:

- Infotyp 0000 (Maßnahmen)
- Infotyp 0001 (Organisatorische Daten)
- Infotyp 0002 (Daten zur Person)
- Infotyp 0003 (Abrechnungsstatus)
  Dieser Infotyp muss von Ihnen aber nicht gesondert angelegt werden, sondern wird vom SAP-System automatisch erzeugt, siehe auch Abschnitt 8.5, »Abrechnungsstatus und Abrechnungsverwaltungssatz«.
- Infotyp 0006 (Anschrift)
- Infotyp 0007 (Sollarbeitszeit)
- Infotyp 0008 (Basisbezüge)
- Infotyp 0009 (Bankverbindung)
  Dieser Infotyp wird auch benötigt, wenn das Nettoentgelt nicht überwiesen, sondern bar ausbezahlt wird.
- Infotyp 0012 (Steuerdaten D)[1]
- Infotyp 0013 (Sozialversicherung)[2]
- Infotyp 0016 (Vertragsbestandteile)
- Infotyp 0020 (DEÜV) (nur Deutschland)

Die Pflege der Infotypen orientiert sich dabei an den fachlichen Gegebenheiten. So enthält z. B. Infotyp 0012 (Steuerdaten D) alle für eine korrekte Steuerberechnung für Deutschland erforderlichen Angaben. Infotyp 0012 (Steuerdaten D) erfasst von der zuständigen Stadt bzw. Gemeinde über die Steuerpflicht und das Steuerverfahren bis hin zu Freibeträgen, Religionszugehörigkeit und bestimmten Sonderregelungen alle besteuerungsrelevanten Merkmale der Mitarbeiter.

Eine qualitativ hochwertige und zeitnahe Pflege der abrechnungsrelevanten Stammdaten bewährt sich in der Praxis immer wieder, da so Fehler und Zeitverzögerungen möglichst gering gehalten werden können.

1 Für Österreich Infotyp 0042; für die Schweiz Infotyp 0038

2 Für Österreich Infotyp 0044 und 0367; für die Schweiz Infotyp 0036

8.3 Abrechnungskonzeption und Abrechnungsergebnisse

Wir möchten Ihnen nun anhand eines Beispiels das *Periodenkonzept* erläutern. Es ist wichtig, dass Sie verstehen, was eine Für- und was eine In-Periode in der Abrechnung bedeutet. Außerdem zeigen wir Ihnen, wo Sie die Abrechnungsergebnisse einsehen können und in welchen Tabellen Sie bestimmte Lohnarten finden.

8.3.1 Abrechnungskonzept in SAP ERP HCM

Das Konzept der Personalabrechnung im SAP-System basiert auf Lohnarten, deren Aufgabe und Funktion im weiteren Verlauf des Kapitels noch ausführlicher erläutert werden. Darüber hinaus ist die Unterscheidung der verschiedenen Perioden eine wesentliche Grundlage des Abrechnungskonzepts. Ergebnis einer jeden Abrechnung im SAP-System sind die sogenannten Abrechnungsergebnisse, die generell nach einem Periodenkonzept aufgebaut sind. Hierbei werden *Für-* und *In-Perioden* unterschieden. Jedes Abrechnungsergebnis hat eine zugeordnete Für- und In-Periode. Dieses Konzept ermöglicht die bereits angesprochene vollständige Rückrechnungsfähigkeit. Ein Beispiel soll dieses Konzept verdeutlichen.

Beispiel: Periodenkonzept

Es wird angenommen, dass die Abrechnung für den Monat August 2007 durchgeführt werden soll. Mit der erstmaligen Durchführung der Abrechnung im August ist somit der Monat August auch der sogenannte *aktuelle Abrechnungsmonat*.

Nach der Abrechnung des Monats August wird festgestellt, dass bei einem Mitarbeiter eine Gehaltserhöhung ab dem 01.08.2007 in Höhe von 150,00 EUR versehentlich nicht in die Stammdaten (hier den Infotyp 0008 [Basisbezüge]) eingepflegt wurde. Da der Mitarbeiter sein Gehalt inklusive Entgeltnachweis bereits erhalten hat, die Abgaben an Finanzamt und Sozialversicherungsträger längst überwiesen und auch die Beträge in das Finanzwesen und die Kostenrechnung gebucht worden sind, besteht nur die Möglichkeit, den Fehler mit der nächsten Abrechnung zu korrigieren.

Die Datenpflege wird vom zuständigen Sachbearbeiter nachgeholt. Dabei erfolgt die Datenpflege dann auch zum korrekten Datum, also zum 01.08.2007. Beim Sichern der korrigierten Daten erhält der Mitarbeiter vom SAP-System in der unteren Statusleiste oder als Dialogfenster (je nach Einstellung des Benutzers) eine Warnmeldung, dass er soeben eine bereits abgerechnete Periode bearbeitet hat und daher ein sogenanntes *Rückrechnungsdatum* gesetzt wird (siehe Abbildung 8.4).

Dieses Rückrechnungsdatum signalisiert der Abrechnung, dass die Periode August 2007 mit neuen Daten erneut abgerechnet werden muss, um zu korrekten Ergebnissen für den Monat August zu führen.

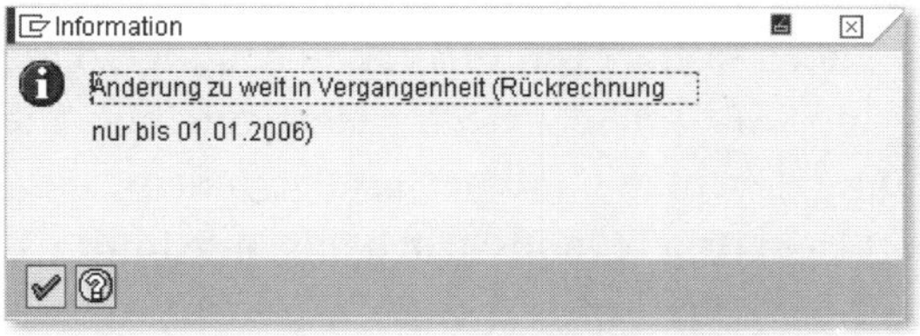

Abbildung 8.4 Auftretende Warnmeldung, wenn abrechnungsrelevante Daten für eine bereits abgerechnete Periode geändert werden

Diese erneute Abrechnung des Monats August erfolgt daraufhin im September. Das heißt, der Monat September ist der aktuelle Abrechnungsmonat, und der Monat August wird als Rückrechnungsmonat nochmals vollständig abgerechnet. Da das alte Ergebnis aus Revisionsgründen nicht vernichtet werden darf, wird ein neues Ergebnis geschrieben und so eine lückenlose Historie aufgebaut. Dabei werden die bereits erwähnten Begriffe der Für- und In-Periode verwendet. Ihre Bedeutung stellt die folgende Aufzählung heraus:

- **Für-Periode**
  Die Für-Periode bezeichnet dabei immer die Periode, für die eine Abrechnung durchgeführt wird.
- **In-Periode**
  Die In-Periode gibt die Periode an, in der eine Abrechnung erfolgt.

So ist die Rückrechnung für den Monat August 2007 der Für-Periode 08/2007 und der In-Periode 09/2007 zugeordnet. Die Tabelle 8.1 verdeutlicht den Zusammenhang nochmals:

Für-Periode	In-Periode	Bezeichnung
August 2007	August 2007	Abrechnung mit Fehler, also ohne Berücksichtigung der Gehaltserhöhung
August 2007	September 2007	Abrechnung als Korrekturlauf, also mit Berücksichtigung der Gehaltserhöhung
September 2007	September 2007	Originalabrechnung September 2007

Tabelle 8.1 Für- und In-Periode

Neben dem Für- und In-Periodenkonzept ist zum vollständigen Verständnis des Ablaufs der Personalabrechnung im SAP-System die Kenntnis des Lohnartenkonzepts von Bedeutung.

Lohnartenkonzept

Lohnarten sind die Basis und das Ergebnis einer jeden Abrechnung. Natürlich werden für eine Abrechnung auch noch weitere Informationen benötigt, ohne Lohnarten ist eine Abrechnung im SAP-System jedoch nicht lauffähig. Die Pflege von bestimmten abrechnungsrelevanten Infotypen erfolgt, indem Lohnarten erfasst werden. Jede Lohnart kann dabei grundsätzlich folgende Informationen aufnehmen:

- einen Betrag
  (z. B. die Höhe des Grundgehalts von beispielsweise 3.000,00 EUR)
- einen Betrag pro Einheit
  (z. B. die Höhe des Stundenlohns von beispielsweise 18,00 EUR je Stunde)
- die Anzahl, die mit einer Einheit verbunden ist
  (z. B. 5 Stunden, 12 Prozent, 8 Stück oder 30 Tage)

Dies ermöglicht auch die Ermittlung komplexer Vergütungsbestandteile. So kann z. B. eine Provision anhand der Angabe von Fakturatagen und eines zugeordneten Prozentsatzes des Grundgehalts ermittelt werden. Diese Lohnarten werden von der Abrechnung gelesen und verarbeitet. Das Ergebnis sind wiederum Lohnarten, die im Verlauf der Abrechnung gebildet werden. Für die Beiträge zur Sozialversicherung oder die Lohnsteuer werden so beispielsweise eigene Lohnarten gebildet. Diese werden im weiteren Verlauf des Abrechnungsprozesses von anderen Programmen weiterverarbeitet.

Der *Lohnartenschlüssel* besteht im SAP-System immer aus vier Zeichen (z. B. 0100, 564K oder 9K10). Zusätzlich trägt jede Lohnart eine Bezeichnung (z. B. Tarifgehalt, AT-Gehalt oder Urlaubsgeld). Zu unterscheiden sind die sogenannten *Dialoglohnarten* von den *technischen Lohnarten* (auch *Schräger-Lohnarten* genannt, da sie immer mit einem Schrägstrich »/« beginnen) und den *Zeitlohnarten*.

- **Dialoglohnarten**
  Dialoglohnarten werden vom Anwender im Dialog mit dem SAP-System erfasst.
- **Technische Lohnarten**
  Die technischen Lohnarten werden vom SAP-System während der Abrechnung gebildet und dienen der systeminternen Abrechnungssteuerung.

Gleichwohl sind diese Lohnarten für die Anwender interessant, da damit z. B. auch die Zusammenfassung zu Bruttoentgelten und andere wichtige Verarbeitungssteuerungen erfolgen. Die Lohnart »/102« beispielsweise stellt die zusammengefassten laufenden Bruttoentgelte zur Sozialversicherung als Gesamtbetrag ohne Begrenzung auf eine Beitragsbemessungsgrenze dar.

- **Zeitlohnarten**
  Zeitlohnarten werden von der Zeitwirtschaft im Rahmen der Zeitabrechnung erzeugt und fließen in der Regel nur mit der Angabe von Stunden in die Abrechnung ein. Dort erfolgt dann die weitere Bewertung, z. B. die Multiplikation der Stunden mit einem Stundensatz, und die Verarbeitung.

8.3.2 Abrechnungsergebnisse

Der Begriff *Abrechnungsergebnisse* ist bereits mehrfach aufgetaucht. Nachfolgend wird nun erläutert, welche Daten die Abrechnungsergebnisse konkret beinhalten. Damit werden die weiteren Ausführungen insbesondere zu den Aktivitäten im Rahmen der Folgeverarbeitung für Sie leichter nachvollziehbar.

Der Aufruf der Abrechnungsergebnisse für die Mitarbeiter erfolgt über den Menüpfad Werkzeuge • Abrechnungsergebnisse anzeigen oder über die Transaktion PC_PAYRESULT bzw. über die Ausführung des Reports RPCLSTXX (XX für die Länderkennung, z. B. RD für Deutschland). Dies ist vor allem dann wichtig, wenn Fehler in der Abrechnung zu suchen sind. Die technischen Lohnarten, die in den Abrechnungsergebnissen gespeichert sind, finden sich nur zu einem kleinen Teil auch auf dem Entgeltnachweis. Daher ist das Einsehen und Verstehen der Abrechnungsergebnisse in Fehlersituationen äußerst nützlich.

Unter Abrechnungsergebnissen sind die während des Abrechnungslaufs ermittelten und für weitere Auswertungen oder auch für Rückrechnungen benötigten Ergebnisse in Form von Lohnarten und weiteren Informationen zu verstehen. Dabei werden die Lohnarten und ergänzenden Informationen nach logischen Gesichtspunkten in Tabellen zusammengefasst. Die Tabellen, die die folgende Aufzählung aufführt, stehen in den Abrechnungsergebnissen der Mitarbeiter zur Verfügung.

Hinweis

Beachten Sie bitte, dass dies keine vollständige Aufzählung ist, da weitere Tabellen vorhanden sind. Diese sind für Anwender jedoch von untergeordnetem Interesse, da sie überwiegend Daten technischer Natur enthalten und hier nicht weiter erläutert werden.

- **WPBP (Arbeitsplatz-Basisbezüge)**
  Die Tabelle WPBP wird aus den Infotypen 0000 (Maßnahmen), 0001 (Organisatorische Daten), 0007 (Sollarbeitszeit), 0008 (Basisbezüge) und 0027 (Kostenverteilung) gefüllt und enthält organisations- und zahlungsrelevante Daten.
- **RT (Ergebnistabelle)**
  Die Tabelle RT enthält die Ergebnislohnarten der aktuell abgerechneten Periode.
- **CRT (kumulierte Ergebnistabelle)**
  Die Tabelle CRT enthält die über einen bestimmten Zeitraum (bei den meisten Lohnarten die über das Jahr) aufsummierten Werte ausgewählter Lohnarten aus der Tabelle RT.
- **SCRT (kumulierte Steuertabelle)**
  Hier erfolgt die Kumulation von steuerlich relevanten Lohnarten über das laufende Jahr hinweg.
- **BT (Zahlungsinformationen)**
  Die Tabelle BT enthält alle Überweisungen, die an den oder für den Mitarbeiter ausgeführt werden. Dazu zählen allerdings nicht die Überweisungen an die Sozialversicherungsträger sowie an das Finanzamt.
- **C0 (Kostenverteilung)**
  In dieser Tabelle sind globale Informationen zur Kostenverteilung hinterlegt, d.h., ausgewählte Kosten können auf andere Kostenstellen statt auf die Stammkostenstelle des Mitarbeiters gebucht werden.
- **C1**
  Hier sind Informationen zur individuellen Kostenzuordnung für einzelne Lohnarten zu finden. Die Infotypen 0014 (Wiederkehrende Be-/Abzüge) bzw. 0015 (Ergänzende Zahlungen) ermöglichen je Lohnart die Zuordnung zu einer anderen Kostenstelle als der Stammkostenstelle des Mitarbeiters.
- **SV (Daten zur Sozialversicherung)**
  In dieser Tabelle sind die wesentlichen Informationen zur Sozialversicherung enthalten, wie z. B. Krankenkasse, Rentenversicherungsnummer, Beitragsgruppenschlüssel und weitere Besonderheiten (beispielsweise ob Altersteilzeit vorliegt, ob in eine berufsständische Versorgungseinrichtung eingezahlt wird usw.).

Hinweis

Für Mitarbeiter, die privat versichert sind oder in eine berufsständische Versorgungseinrichtung einzahlen, wird eine weitere Tabelle SVZ (Sozialversicherung Zusatzversorgung) erstellt. Diese enthält alle wesentlichen Daten zur Zusatzversicherung des Mitarbeiters.

- **ST (Steuer)**
  Die Steuertabelle enthält die Daten der Besteuerungsmerkmale des Mitarbeiters wie Steuerklasse, Steuerverfahren, Freibeträge, Sonderregeln und Bescheinigungszeitraum, nicht aber die Höhe der Steuer für den entsprechenden Monat. Diese finden Sie in der Tabelle RT unter der entsprechenden Lohnart.
- **VERSION (Erstellungsinformationen)**
  Hier werden die Erstellungsinformationen zum Abrechnungsergebnis hinterlegt. Es handelt sich dabei um Informationen u.a. über das Release, den Benutzer, der die Abrechnung durchgeführt hat, das Datum und die Uhrzeit, das Schema sowie den Programmnamen des Abrechnungsprogramms.
- **VERSC (Statusinformationen der Abrechnung)**
  Diese Tabelle enthält überwiegend allgemeine Informationen zur Abrechnung (Länderversion, Währung, Datum und Uhrzeit, Für- und In-Periodendaten, Abrechnungskreis usw.)
- **DUV (DEÜV-Stammdaten)**
  Hierbei handelt es sich um die Informationen aus dem Infotyp 0020 (DEÜV), also Tätigkeitsschlüssel, Stellung im Beruf, Ausbildung und Personengruppenschlüssel sowie weitere Angaben zu Sonderfällen (nur für Deutschland).

8.4 Abrechnungssimulation und Entgeltnachweis

Wie Sie eine Abrechnungssimulation starten, haben wir Ihnen bereits in Abschnitt 8.1, »Überblick«, gezeigt. In vorliegendem Abschnitt erläutern wir Ihnen noch einmal näher, wann Sie eine Simulation anstatt einer echten Abrechnung ausführen sollten. Dabei wollen wir Ihnen zeigen, wie Sie das Abrechnungsprotokoll auswerten können, um z. B. nach Fehlern in der Abrechnung zu suchen. Anschließend stellen wir Ihnen noch den Entgeltnachweis eingehend vor. Dabei erläutern wir Ihnen, was Sie auf dem Selektionsbild zum Aufruf des Entgeltnachweises einstellen können.

8.4.1 Abrechnungssimulation

Die Simulation der Abrechnung ist immer dann sinnvoll und nützlich, wenn Sie vorab das Ergebnis einer echten Abrechnung erfahren möchten, die mit den vorliegenden Daten noch nicht durchgeführt wurde. Das kann natürlich auch auf eine bevorstehende Rückrechnung zutreffen, wenn z. B. Daten in die Vergangenheit hineinreichend eingepflegt wurden. Typische Fälle sind beispielsweise eine komplexe Stammdatenänderung oder veränderte Systemeinstellungen, deren Auswirkungen auf das Ergebnis zu testen sind. Sie sind mit der Abrechnungssimulation aber auch sehr schnell in der Lage, dem betreffenden Mitarbeiter mitzuteilen, wie sich eine Gehaltserhöhung auf sein Nettoeinkommen auswirken wird.

Das SAP-System verfügt über die Flexibilität, Abrechnungen simulativ durchzuführen. Das bedeutet, dass zwar eine echte Abrechnung durchgeführt wird, diese sich aber durch folgende Merkmale von der Echtabrechnung unterscheidet:

- **Verfügbarkeit**
  Die simulierten Ergebnisse stehen nur *temporär* – also für den Zeitraum der Darstellung auf dem Bildschirm – zur Verfügung. Die Ergebnisse werden nicht abgespeichert und stehen somit nach Verlassen der Anzeige auch nicht mehr zur Verfügung. Folglich ist auch der Entgeltnachweis nach einer Abrechnungssimulation nicht aktualisiert, d.h., der Entgeltnachweis, den Sie im Rahmen der Abrechnungssimulation aufgerufen haben, ist nicht mit dem Entgeltnachweis identisch, den Sie über das entsprechende Anzeigeprogramm (siehe Abschnitt 8.4.2, »Entgeltnachweis«) aufrufen können, da das Anzeigeprogramm nur auf der Datenbank gespeicherte Ergebnisse liest und diese zur Anzeige bringt.
- **Stammdaten**
  Das SAP-System sperrt während einer Abrechnungssimulation keine Stammdaten.
- **Abrechnungsverwaltungssatz**
  Es werden keinerlei Veränderungen im Abrechnungsverwaltungssatz (siehe Abschnitt 8.5.2, »Abrechnungsverwaltungssatz«) vorgenommen.
- **Infotyp 0003 »Abrechnungsstatus«**
  Auch im Infotyp 0003 (Abrechnungsstatus) (siehe Abschnitt 8.5.1, »Infotyp 0003 [Abrechnungsstatus]«) erfolgen keine Aktualisierungen.

Eine Simulationsabrechnung kann jederzeit wiederholt werden. Somit können Abrechnungen zu jedem Zeitpunkt mit veränderten Daten auf ihre Auswirkungen hin getestet werden. Es besteht dabei keinerlei Gefahr, dass das generierte Ergebnis eine Auszahlung oder anderweitige unkontrollierbare Vorgänge auslöst.

Hinweis

Wie eine Simulationsabrechnung gestartet werden kann, haben wir Ihnen bereits in Abschnitt 8.1, »Überblick«, gezeigt.

Wird im Auswahlbildschirm die Checkbox PROTOKOLL ANZEIGEN ausgewählt, steht als Ergebnis der Abrechnungssimulation das Abrechnungsprotokoll zur Verfügung.

Über das Abrechnungsprotokoll können Sie detailliert Auskunft über Verlauf und Ergebnis der Personalabrechnung erhalten. Nach dem Ende der Abrechnungssimulation erscheint das geschlossene Protokoll (siehe Abbildung 8.5).

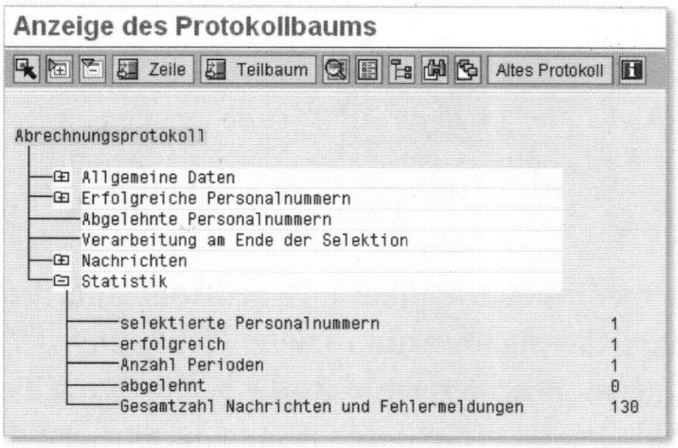

Abbildung 8.5 Geschlossenes Abrechnungsprotokoll nach erfolgter (Simulations-)Abrechnung

Das Protokoll ist in verschiedene Ebenen gegliedert, die den fachspezifischen Vorgaben der Abrechnung folgen. Die in Abbildung 8.6 ersichtlichen Teilschritte der Personalabrechnung können detailliert angezeigt und analysiert werden.

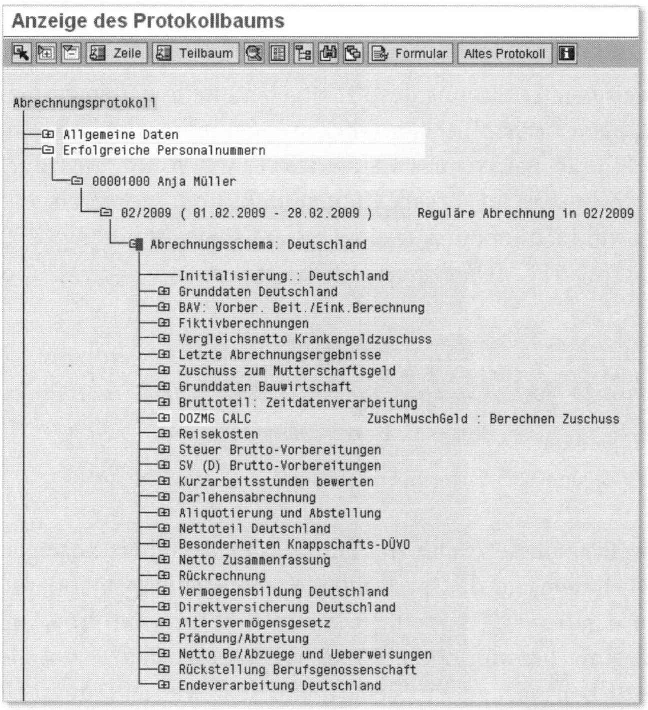

Abbildung 8.6 Protokoll mit übergeordneten Strukturknoten

Durch Klicken auf den entsprechenden Strukturknoten kann das Protokoll Schritt für Schritt weiter geöffnet werden. Dazu kann auch das Icon für Expandieren verwendet werden, wobei Sie darauf achten müssen, den Cursor genau auf den zu öffnenden Teilbereich des Protokolls zu positionieren.

Achtung

Hüten Sie sich aber davor, das Protokoll komplett zu öffnen. Dies dauert zum einen recht lang, zum anderen werden Sie die benötigte Information dadurch auch nicht schneller finden.

Sinnvoller ist es, anhand der untergeordneten Punkte im Protokollbaum den Suchbereich einzugrenzen und/oder die Suchfunktion (siehe Abbildung 8.7) durch Betätigen des Icons zu nutzen. Beachten Sie, dass die Suche durch die Angabe im entsprechenden Feld auf eine oder mehrere Personalnummern eingeschränkt werden kann, wenn die Abrechnung für mehrere Personen erfolgt ist.

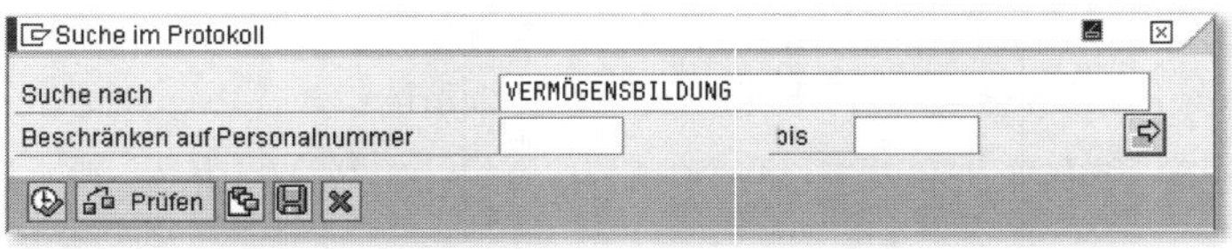

Abbildung 8.7 Suche im Abrechnungsprotokoll

Wollen Sie beispielsweise die Ermittlung des Arbeitgeberanteils an den vermögenswirksamen Leistungen nachvollziehen, klicken Sie zunächst im Abrechnungsbaum auf den Eintrag Bruttoteil: Zeitdatenverarbeitung. Anschließend platzieren Sie den Cursor auf diesem Knotenpunkt und klicken auf das Icon . Im sich daraufhin öffnenden Dialogfenster (siehe Abbildung 8.7) geben Sie den Suchbegriff »VERMÖGENSBILDUNG« ein.

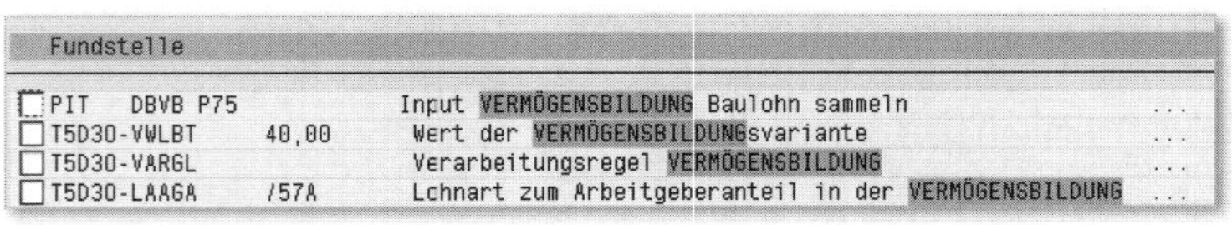

Abbildung 8.8 Ergebnisdarstellung nach Suche im Protokoll

Nun können Sie Ihre Ergebnisse (siehe Abbildung 8.8) detailliert anzeigen (siehe Abbildung 8.9), indem Sie den passenden Ergebniseintrag markieren und anschließend auf das Icon klicken. Bestimmte Abläufe im Protokoll können Sie aber auch einfacher auffinden. Dabei handelt es sich z. B. um die Berechnung der gesetzlichen Abzüge wie Steuern und Sozialversicherungsbeiträge, aber auch um die Berechnung sämtlicher relevanter Beträge im Rahmen von Altersteilzeit oder Pfändungen.

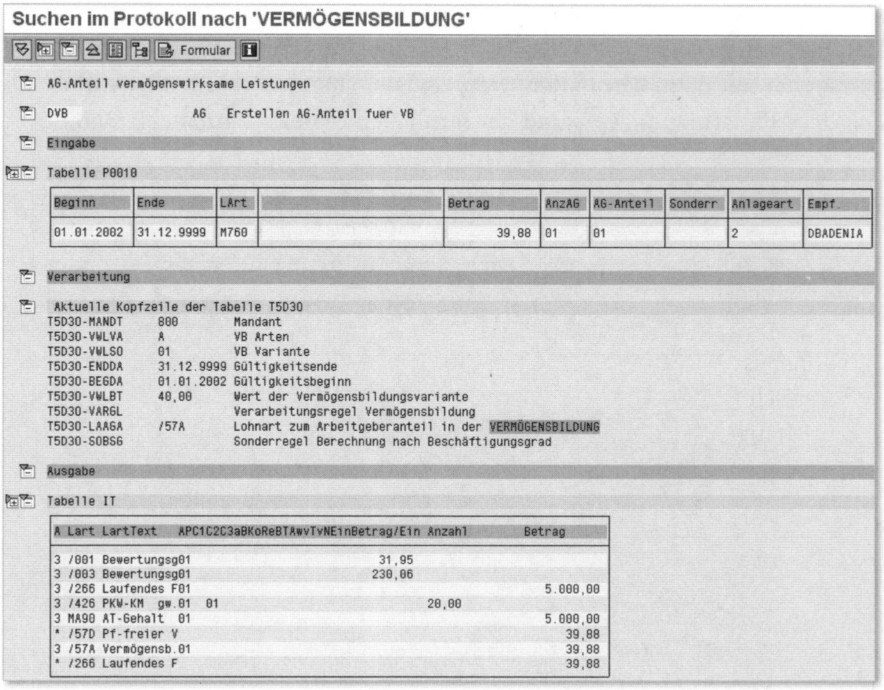

Abbildung 8.9 Ausgewähltes Detailergebnis nach Suche im Protokoll

Für diese Abläufe wird im *allgemeinen Abrechnungsprotokoll* ein spezielles Unterprotokoll, das sogenannte *betriebswirtschaftliche Abrechnungsprotokoll*, generiert.

Dieses ist im Vergleich zu den sonstigen Protokolleinträgen weniger technischer Natur, sondern mehr fachlich aufgebaut. Nach diesem Unterprotokoll kann mithilfe der Zeichenfolge BAP gesucht werden. Dazu klicken Sie auf den SUCHEN-Button und geben die Buchstaben »BAP« ein. In der Regel werden daraufhin die folgenden betriebswirtschaftlichen Abrechnungsprotokolle aufgefunden:

- Berechnung der Sozialversicherungsbeiträge (Kranken-, Renten-, Arbeitslosen- und Pflegeversicherungsbeiträge)
- Berechnung der Steuern (d.h. Lohn- und Kirchensteuer sowie Solidaritätszuschlag)
- Berechnung der Altersteilzeitergebnisse (sofern vorhanden)
- Berechnung der Pfändungsergebnisse (sofern vorhanden)

Diese Protokolle ermöglichen Ihnen das Nachvollziehen der Berechnung bestimmter Beträge. Das Protokoll kann durch einen Klick auf das Icon 

auch noch weiter geöffnet werden und verfügt daraufhin über einen größeren Detailreichtum (siehe Abbildung 8.10). Eine Vereinfachung der Analyse ist damit aber nur dann verbunden, wenn entsprechende Vorkenntnisse hinsichtlich des Lohnartenkonzepts und der fachlichen Materie vorhanden sind.

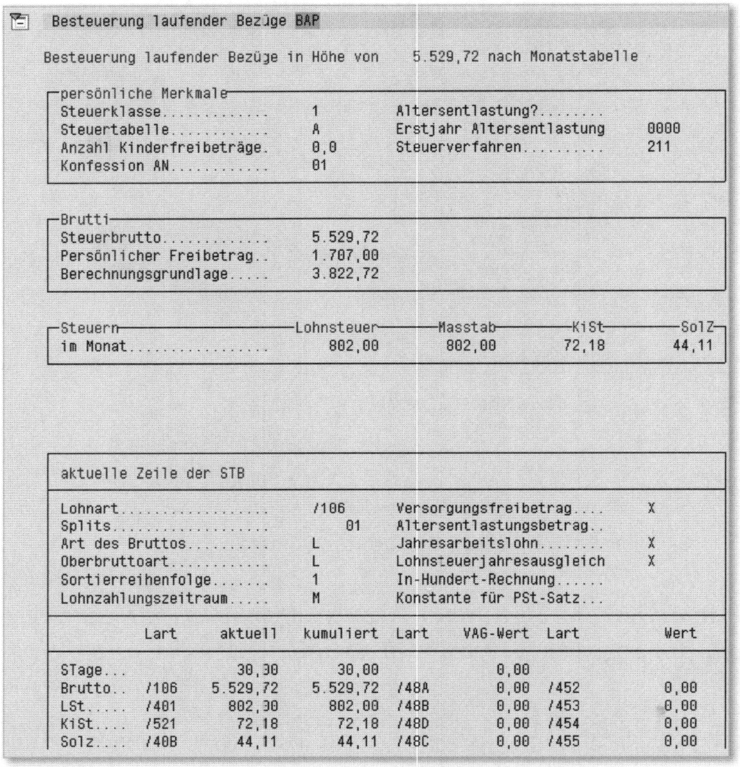

Abbildung 8.10 Teilweiser Auszug des vollständig expandierten Steuer-BAP

Im Übrigen können Sie im Protokoll nach jeder beliebigen Zeichenfolge suchen. Dies hat den Vorteil, dass auch schwer auffindbare Stellen mit vertretbarem Aufwand ermittelt und anschließend analysiert werden können.

8.4.2 Entgeltnachweis

Der im SAP-System bis zum Release SAP R/3 4.6C zur Verfügung gestellte Entgeltnachweis ist hinsichtlich seines Aussehens eher schlicht, vermittelt aber alle relevanten Informationen. Der Entgeltnachweis kann im Rahmen der Systemkonfiguration flexibel angepasst werden. Daher kann sich der in Ihrem Unternehmen genutzte Entgeltnachweis von dem Standardentgeltnachweis im SAP-System (siehe Abbildung 8.11) unterscheiden. Die Unterscheidungsmerkmale beziehen sich jedoch vorwiegend auf den Informationsgehalt und nur in geringem Maße auf das Aussehen. Um den Entgeltnachweis aufzurufen, wählen Sie im SAP Easy-Access-Menü den Menüpfad ABRECHNUNG • ENTGELTNACHWEIS.

Übung: Entgeltnachweis aufrufen

Nehmen wir an, Sie wollen den Entgeltnachweis eines Mitarbeiters aufrufen. Gehen Sie dazu wie folgt vor:

1. **Feldgruppe »Abrechnungsperiode«**
   - Erfassen Sie den Abrechnungskreis.
   - Geben Sie den gewünschten Abrechnungsmonat an. Entweder belassen Sie es bei der Auswahl AKTUELLE PERIODE, oder Sie wählen ANDERE PERIODE und erfassen den abzurechnenden Zeitraum mit zweistelliger Monats- und Jahresangabe, für Dezember 2007 beispielsweise erfassen Sie 12 2007.
2. **Feldgruppe »Selektion«**
   - Erfassen Sie die gewünschte(n) Personalnummer(n), oder wählen Sie den Abrechnungskreis.
   - Mithilfe des Buttons WEITERE SELEKTIONEN besteht die Möglichkeit, die Personalnummern auch über andere Merkmale (z. B. über Kostenstellen, Mitarbeitergruppen und -kreise, Personalbereiche und -teilbereiche) zu selektieren. Der Button SUCHHILFEN ermöglicht Ihnen die Auswahl der Personalnummern nach weiteren Kriterien wie z. B. organisatorischer Zuordnung, Sachbearbeitern, Nachname, Vorname und Geburtsdatum.
3. **Feldgruppe »Allgemeine Programmsteuerung«**
   - Die Felder SONDERLAUF sind nur relevant, wenn Zwischenabrechnungen erstellt werden sollen. Sie werden hier nicht weiter behandelt, da Zwischenabrechnungen in Deutschland allgemein nicht durchgeführt werden.
   - Im Feld FORMULARNAME erscheint beim Aufrufen des Programms der Name des SAP-Standardformulars »DF01«. Um das richtige Formular für den Aufruf des Entgeltnachweises nutzen zu können, sollte Ihnen der von Ihrem Unternehmen verwendete Formularname bekannt sein.
   - Im Feld AKTUELLE PERIODE DRUCKEN geben Sie an, ob und unter welchen Voraussetzungen ein Andruck der aktuellen Periode erfolgen soll (lesen Sie hierzu die F1-Hilfe).

- Im Feld RÜCKRECHNUNGEN DRUCKEN geben Sie an, ob vorliegende Rückrechnungsergebnisse angedruckt werden sollen.

Hinweis

Dabei sollten Sie folgende Bedeutungen kennen:

- »X« = Rückrechnungen werden immer angedruckt.
- » « (Blank) = Rückrechnungen werden nie angedruckt.
- »L« = Rückrechnungen werden angedruckt, wenn für bestimmte Lohnarten (diese werden in der Systemkonfiguration festgelegt) Differenzen vorliegen.

- Im Feld DARSTELLUNG DER RÜCKRECHNUNG geben Sie an, wie der Andruck der Rückrechnung erfolgen soll. Dabei besteht die Möglichkeit, den Rückrechnungsmonat komplett oder nur die Rückrechnungsdifferenz pro Periode bzw. auf separatem Formular anzudrucken. Darüber hinaus kann der Andruck der Rückrechnungsdifferenz auf dem Formular der aktuellen Abrechnungsperiode integriert werden, wobei die Rückrechnungsdifferenz auf Wunsch nach Lohnarten aufsummiert werden kann.

Tipp

Nutzen Sie die Ausprägung »D«. Damit werden nur Differenzen angedruckt, was das Erkennen von Änderungen erheblich vereinfacht.

- Das Feld SORTIERUNG VON RÜCKRECHNUNGEN gibt an, wie die Lohnarten im Fall von Rückrechnungen auf dem Entgeltnachweis angedruckt werden. Hier können Sie problemlos die Vorgabeeinstellung (in der Regel »1«) übernehmen.
- Im Feld AUSGABESPRACHE legen Sie fest, in welcher Sprache das Formular angedruckt wird. Dies ist nur relevant, wenn Abrechnungen für mehrere Länderversionen mit unterschiedlichen Sprachen erfolgen.

Hinweis

Folgende Ausprägungen sind möglich:

- »A« = Sprache des Mitarbeiters
- »B« = Sprache des Sachbearbeiters
- »W« = hinterlegte Sprache des Personalbereichs

- Die Checkbox SUPERZEILENDRUCK legt die Steuerung des Superzeilendrucks fest. Superzeilen sind Zeilen, in denen Werte von mehreren Lohnarten angedruckt werden.

- Die Checkbox ESS PRÜFEN unterdrückt den Andruck des Entgeltnachweises für Mitarbeiter, die diesen über den Employee Self-Service (ESS) erhalten, d.h. selbst abrufen und ausdrucken können. Voraussetzung dafür ist aber, dass der Infotyp 0655 (ESS Einstellungen Entgeltnachweis) entsprechend gepflegt ist.
- Im Feld ANZAHL TESTFORMULARE geben Sie an, wie viele Testformulare Sie drucken wollen. Dies ermöglicht z. B. die richtige Justierung des Papiers im Drucker.

4. **Feldgruppe »Ausgabewährung«**
   - Hier besteht die Möglichkeit, die Ausgabewährung auszuwählen. Alternativ stehen zur Verfügung:
     Währung der In-Periode
     Währung der Für-Periode
     eine andere beliebige Alternativwährung

Klicken Sie auf das Icon . Das Ergebnis dieses Vorgangs sehen Sie in Abbildung 8.11. Sie haben hiermit den Entgeltnachweis für einen Mitarbeiter aufgerufen. Das Bild des tatsächlichen Entgeltnachweises unterscheidet sich dabei kaum von der Simulation des Entgeltnachweises (siehe Abschnitt 8.1).

Nur bezüglich der Inhalte besteht ein wesentlicher Unterschied:

- Das Programm zum Aufruf des Entgeltnachweises liest nur die für den gewählten Abrechnungsmonat vorliegenden Abrechnungsergebnisse aus, die in der Datenbank gespeichert sind.
- Die Abrechnungssimulation hingegen führt eine erneute Abrechnung für den gewählten Abrechnungszeitraum aus.

Haben Sie also Stammdaten des Mitarbeiters rückwirkend gepflegt und wollen nun das Ergebnis kontrollieren, ist dies nur über die Simulation der Abrechnung möglich.

8.5 Abrechnungsstatus und Abrechnungsverwaltungssatz

Für die Abrechnung ist es wichtig, dass Sie verstehen, welche Informationen im Infotyp 0003 (Abrechnungsstatus) hinterlegt sind, was der Abrechnungskreis, der im Infotyp 0001 (Organisatorische Zuordnung) gepflegt wird, bedeutet und warum es einen Abrechnungsverwaltungssatz (auch Verwaltungssatz genannt) gibt. Diese Fragen werden wir Ihnen nun im Einzelnen beantworten.

```
Entgeltabrechnung für Februar 2009          Datum 09.02.2009  Seite  1
IDES AG Frankfurt                           Währung EUR
-----------------------------------------------------------------------
Ihr Sachbearbeiter ist Herr Oliver Zeuner
                                            Personalnr.....      1000
                                            Geburtsdatum... 05.09.1960
                                            Eintritt....... 01.01.1995
                                            Kostenstelle... Personal
                                            Abteilung...... Personal (

 Frau
 Anja Müller
 Gartenstr. 46                             Rest Vorjahr           0,00
 76031 Karlsruhe                           Rest insgesamt         0,00

-----------------------------------------------------------------------
ENTGELTBESTANDTEILE        Tg/Std Betrag/E.      Monat   Jahressummen
-----------------------------------------------------------------------
AT-Gehalt                                     5.000,00
Vermögensb.AG-Anteil                             39,88
PKW-Wert gw.Vorteil               338,99
PKW-KM   gw.Vorteil                50,85
Stpfl. SV-AG-Anteil               100,00
-----------------------------------------------------------------------
BRUTTOENTGELTE
Gesamtbrutto                                  5.039,88      15.079,76
Steuer-Brutto                   5.529,72                    15.675,93
SV-Brutto KV/PV                 3.675,00                     7.350,00
SV-Brutto RV                    5.400,00                    10.800,00
SV-Brutto AV                    5.400,00                    10.800,00
-----------------------------------------------------------------------
GESETZLICHE ABZÜGE
Lohnsteuer                                      802,00       3.359,00
Solidaritätszuschlag                             44,11         184,74
Kirchensteuer                                    72,18         302,31
Krankenversicherung                             279,31         558,62
Rentenversicherung                              537,30       1.074,60
Arbeitslosenversicherung                         75,60         151,20
Pflegeversicherung                               45,02          90,04
-----------------------------------------------------------------------
Gesetzliches Netto                            3.184,36
-----------------------------------------------------------------------
SONSTIGE BE-/ABZÜGE
VB Bausparen         AF2                         39,88-         79,76-
abz. Beitrag KV-Zusatz 1                        100,00-        200,00-
-----------------------------------------------------------------------
ÜBERWEISUNGEN
Überweisung                                   3.144,48
VB Überweisung                                   39,88
-----------------------------------------------------------------------

┌── Information zur Überweisung ──────────────────────────────────────┐
│Überweisung                  3.144,48  EUR                            │
│                   23984899  Vereinsbank München 12345688             │
│VB Überweisung                  39,88  EUR                            │
│                   660'5020  Badenia Bausparkasse GmbH                │
-----------------------------------------------------------------------
Steuerklasse / Kinder  1 /             RV-Nummer  54050960M522
Kirchensteuer   EV  /                  SV-Kennzeichen  1111
Freibetrag J/M 20.484,00 /1.707,00     Krankenkasse  AOK Bruchsal
Hin.betrag J/M           /             KV-AN   7.60%     PV-AN   1.225%
Steuer-/SV-Tage  30 / 30               AV-AN   1.40%     RV-AN   9.95%
-----------------------------------------------------------------------
```

Abbildung 8.11 Ausgelieferter Standardentgeltnachweis

8.5.1 Infotyp 0003 (Abrechnungsstatus)

Der Abrechnungsstatus ist ein Infotyp, der bei Eintritt des Mitarbeiters vom SAP-System automatisch angelegt wird. Er informiert das SAP-System über wichtige Tatbestände der Personalabrechnung, aber auch der Zeitwirtschaft. Es handelt sich dabei um den Infotyp 0003 (Abrechnungsstatus). Darin werden die nachfolgenden, für die Abrechnung unbedingt erforderlichen Informationen gesichert (siehe Abbildung 8.12)

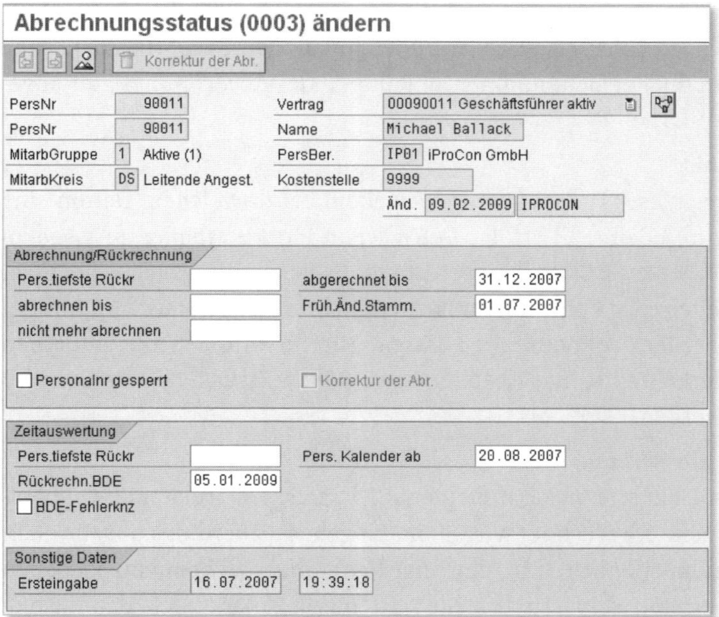

Abbildung 8.12 Infotyp »Abrechnungsstatus« ändern

- **Persönlich tiefste Rückrechnung**
  Dies ist der Zeitpunkt, bis zu dem der Mitarbeiter maximal zurückgerechnet werden kann. Es ist nicht möglich, das beim Abrechnungsverwaltungssatz definierte tiefste Rückrechnungsdatum in die Vergangenheit zu übersteuern (siehe Abschnitt 8.5.2, »Abrechnungsverwaltungssatz«).
- **Früheste Änderung Stammdaten**
  Das dort erfasste Datum gibt an, für welchen Zeitpunkt frühestens abrechnungsrelevante Stammdaten gepflegt wurden. Das Datum stellt das Rückrechnungsdatum dar, d.h., bis zu diesem Datum wird eine Rückrechnung mit der aktuellen Abrechnung vorgenommen. So ist gewährleistet, dass alle eingepflegten Änderungen berücksichtigt werden.

- **Korrektur der Abrechnung (Checkbox)**
  Eine produktive Personalabrechnung wird zumeist in Form von mehreren Abrechnungsläufen durchgeführt. Liegt für einen Mitarbeiter bereits ein aktuelles Abrechnungsergebnis vor und werden anschließend abrechnungsrelevante Stammdaten verändert, wird dieses Häkchen vom SAP-System automatisch gesetzt. Es dient später zur Selektion aller Mitarbeiter, für die noch eine Abrechnung durchzuführen ist, und verhindert, dass keine Inkonsistenzen entstehen. Dies wäre der Fall, wenn die vorgenommenen Datenänderungen nicht mehr verarbeitet würden und die Abrechnung für diesen Monat geschlossen wäre. Darüber hinaus wird das Häkchen auch gesetzt, wenn die Personalnummer im Rahmen des Abrechnungslaufs abgelehnt wurde.
- **Abrechnen bis**
  Mit der Pflege dieses Datums wird angegeben, bis zu welchem Datum eine Abrechnung in jedem Fall erfolgt. Auch wenn ein Mitarbeiter ausgetreten ist, wird er in jedem Fall noch abgerechnet. Es ist allerdings nicht möglich, dem Mitarbeiter nach dem Austritt nachträglich Zahlungen aus dem Infotyp 0008 (Basisbezüge) zukommen zu lassen. Hierfür müssten die Infotypen 0014 (Wiederkehrende Be-/Abzüge) bzw. 0015 (Ergänzende Zahlungen) verwendet werden.
- **Nicht mehr abrechnen**
  Ein in diesem Feld erfasstes Datum gibt an, dass der Mitarbeiter ab dem Folgetag nicht mehr abgerechnet wird. Eine Eingabe ist allerdings nur für nicht aktive Zeiträume möglich, d.h., der Mitarbeiter muss zu dem eingegebenen Datum ausgetreten sein. Zu beachten ist hierbei, dass auch dann keine Abrechnung erfolgt, wenn im Rahmen von in die Vergangenheit hineinreichenden Änderungen der Stammdaten eigentlich eine Rückrechnung erforderlich wäre.
- **Personalnummer gesperrt**
  Eine Kennzeichnung in diesem Feld führt zu einer vollständigen Sperrung der betreffenden Personalnummer für die Abrechnung.

Hinweis

Die restlichen Felder des Infotyps 0003 (Abrechnungsstatus) enthalten Informationen, die für die Zeitwirtschaft von Bedeutung sind:

- Persönlich tiefstes Rückrechnungsdatum Zeitauswertung
  Dieses Feld gibt analog zum gleichnamigen Feld aus dem Gruppenrahmen Abrechnung/Rückrechnung an, bis zu welchem Datum eine rückwirkende Zeitabrechnung maximal möglich ist.

- RÜCKRECHNUNGSDATUM FÜR DIE ZEITAUSWERTUNG (RÜCKRECHN. BDE)
  Das Feld enthält das Datum, auf dem die nächste Zeitauswertung aufsetzt. Die Zeitauswertung setzt dieses Datum nach jedem Lauf auf den ersten folgenden noch nicht abgerechneten Tag.
- RÜCKRECHNUNG DES PERSÖNLICHEN KALENDERS
  In diesem Feld kann bestimmt werden, ab welchem Zeitpunkt der persönliche Kalender des Mitarbeiters generiert werden soll.
- BDE-FEHLERKENNZEICHEN
  Dieses Kennzeichen wird vom SAP-System immer dann automatisch gesetzt, wenn der Report für die Zeitauswertung (RPTIME00) auf einen Fehler gelaufen ist. Analog zum Feld KORREKTURLAUF DER ABRECHNUNG ist damit auch eine Selektion der abgelehnten Personalnummern möglich. Ist eine erneute Zeitauswertung erfolgreich abgelaufen, wird das Kennzeichen automatisch entfernt.

Der Infotyp 0003 (Abrechnungsstatus) wird grundsätzlich vom SAP-System automatisch bearbeitet. So setzt das SAP-System nach erfolgter produktiver Abrechnung z. B. das Feld ABGERECHNET BIS auf den letzten Tag der Abrechnungsperiode, für die der Mitarbeiter abgerechnet worden ist. Eine Pflege dieses Infotyps ist nur selten erforderlich. Zudem ist diese Pflege auf wenige Mitarbeiter beschränkt, da die Änderung einiger Felder schnell zu Inkonsistenzen führen kann.

Tipp

Wählt man den Infotyp 0003 (Abrechnungsstatus) aus und klickt dann auf den Button ÄNDERN, lassen sich nicht alle Felder des Infotyps pflegen. Die kritischen Felder erreicht man erst, wenn man aus der Personalstammdatenpflege heraus den Menüpfad HILFSMITTEL • ABRSTATUS ÄNDERN wählt.

8.5.2 Abrechnungsverwaltungssatz

Bevor die Funktion des Abrechnungsverwaltungssatzes erläutert wird, erfolgt hier noch die Erläuterung des Begriffs *Abrechnungskreis*.

Exkurs: Abrechnungskreis

Abrechnungskreise dienen der Zusammenfassung der Mitarbeiter, für die die Personalabrechnung zum gleichen Termin erfolgt. Für jeden Abrechnungskreis sind daher die bereits genannten Aktivitäten im Verlauf der Abrechnung (Vorbereitung, Abrechnung, Überweisung, Sozialversicherung, sonstige Auswertungen und Buchung) durchzuführen.

Jeder Abrechnungskreis verfügt über einen Abrechnungsverwaltungssatz, dessen vorrangige Aufgabe die Sperrverwaltung ist. Das bedeutet, der Abrechnungsverwaltungssatz stellt sicher, dass während einer Abrechnung keine Datenpflege in die Abrechnungsvergangenheit hinein bzw. in der Abrechnungsgegenwart selbst erfolgen kann. Damit ist gewährleistet, dass alle erfolgten Stammdateneingaben im Rahmen der Personalabrechnung umfassend berücksichtigt und so Inkonsistenzen vermieden werden. Zusätzlich hält der Abrechnungsverwaltungssatz weitere Informationen für das SAP-System bereit:

- Welche Periode wird als nächste regulär abgerechnet?
- Bis zu welchem Datum ist maximal eine Rückrechnung möglich (Feld Tiefste rückrechenbare Periode)?
- Welchen Bearbeitungsstand hat die Abrechnung derzeit (welcher Status ist gesetzt)?

Der Abrechnungsverwaltungssatz verfügt über einen Periodenzähler, mit dem signalisiert wird, welcher Monat bzw. welche Periode als nächste(r) regulär abgerechnet wird. Der Abrechnungsverwaltungssatz wird wahlweise wie folgt abgespeichert (siehe Abbildung 8.13):

- **Frei zur Abrechnung**
  In diesem Status sind Stammdateneingaben nur für künftige Abrechnungsperioden möglich; die Abrechnungsvergangenheit wird komplett für die Stammdatenpflege gesperrt, um die bereits diskutierten Inkonsistenzen zu vermeiden.
- **Frei zur Korrektur**
  Dieser Status wird in der Regel nach dem ersten Abrechnungslauf gesetzt und macht eine vollständige Stammdatenpflege, sowohl in die Vergangenheit als auch in die Zukunft hinein, wieder möglich.
- **Ende der Abrechnung**
  Dieser Status signalisiert dem SAP-System die erfolgreiche Durchführung der vollständigen Abrechnung für die angezeigte Periode. Nur in diesem Status kann das für das System vorgegebene tiefste Rückrechnungsdatum verändert werden; der Periodenzähler zählt eine Periode weiter.
- **Abrechnungsergebnisse prüfen**
  In diesem Status sind die Stammdaten für Eingaben erneut gesperrt. Das Setzen des Status erfolgt, nachdem alle Mitarbeiter vollständig abgerechnet wurden, und ermöglicht anschließend die Prüfung der Ergebnisse sowie die Durchführung der erforderlichen Folgeverarbeitungen.

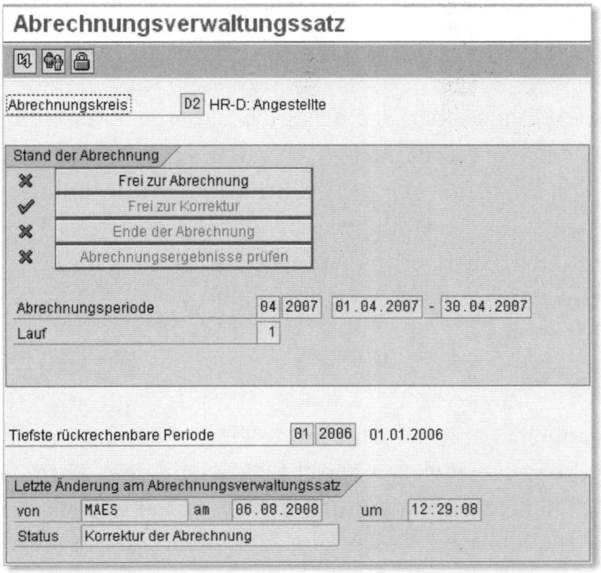

Abbildung 8.13 Abrechnungsverwaltungssatz im Status »Frei zur Korrektur«

Zusätzlich werden in der oberen Menüleiste noch drei Icons angeboten. Sie umfassen folgende Funktionalitäten:

- **Fehlende Personalnummern**
  Anzeige der fehlerhaften Personalnummern (Icon), also der Personalnummern, die nochmals abgerechnet werden müssen, da nach einem vorhergehenden Lauf weitere Änderungen in den Stammdaten vorgenommen wurden
- **Alle zugeordneten Personalnummern**
  Anzeige aller dem Abrechnungskreis zugeordneten Personalnummern (Icon)
- **Gesperrte Personalnummern**
  Anzeige der gesperrten Personalnummern (Icon), also der Personalnummern, die über das Feld Personalnr gesperrt im Infotyp 0003 (Abrechnungsstatus) manuell für die Personalabrechnung gesperrt wurden

Tipp

Bevor Sie mit den Folgeaktivitäten der Personalabrechnung beginnen, vergewissern Sie sich mit den Icons und , dass keine fehlerhaften bzw. unbeabsichtigt gesperrten Personalnummern mehr vorhanden sind.

8.6 Ablauf der Personalabrechnung am Beispiel des deutschen Abrechnungsverfahrens

In diesem Abschnitt geben wir Ihnen zunächst einen Prozessüberblick, anschließend werden wir Sie mit den vorbereitenden Aktivitäten vertraut machen. Danach widmen wir uns der Durchführung der erforderlichen Abrechnungsprozesse. Hier erhalten Sie anhand vieler Übungen die Möglichkeit, sich die Themen wie die Personalabrechnung, Überweisungen sowie die Buchung ins Rechnungswesen praxis- und anwendungsorientiert zu erschließen.

8.6.1 Prozessüberblick

Von grundlegender Bedeutung für die Durchführung einer Personalabrechnung ist die Kenntnis des Prozessablaufs, d.h. welche Aktivitäten der Abrechnung wann und in welcher Reihenfolge auszuführen sind. Für eine deutsche Abrechnung ohne Besonderheiten wie z. B. Baulohn, öffentlicher Dienst o. Ä. geben Abbildung 8.14 und Abbildung 8.15 einen beispielhaften Überblick.

Wie beide Abbildungen deutlich machen, ist die Abrechnung selbst zwar ein wichtiger Bestandteil, da sie insbesondere im Fehlerfall mehrfach durchlaufen wird, der größte Aufwand aber steckt zumeist in der umfangreichen Folgeverarbeitung. Ganz besonders gilt dies für die deutsche Abrechnung.

8.6.2 Vorbereitende Aktivitäten

Wie bereits erwähnt, ist der Garant für eine korrekte Personalabrechnung eine aktuelle und qualitativ hochwertige Stammdatenpflege. Nur wenn alle vor der Abrechnung relevanten Änderungen in den Stammdaten auch eingepflegt wurden, kann die Abrechnung ein aktuelles und exaktes Ergebnis zur Folge haben. Hiermit wird deutlich, dass alle an der Datenpflege beteiligten Mitarbeiter zum Gelingen einer Abrechnung beitragen.

Zu diesen vorbereitenden Aktivitäten zählen beispielhaft:

- die vollständige Pflege aller zwingend für die Abrechnung erforderlichen Infotypen
- das Ermitteln und Einpflegen von variablen Entgeltbestandteilen der Mitarbeiter
- das Importieren von Ergebnissen aus externen Systemen, die als Be- oder Abzüge wirksam werden (z. B. die privat veranlassten Telefongebühren der Mitarbeiter)
- im Fall der Positivzeitwirtschaft das regelmäßige Durchführen der Zeitabrechnung

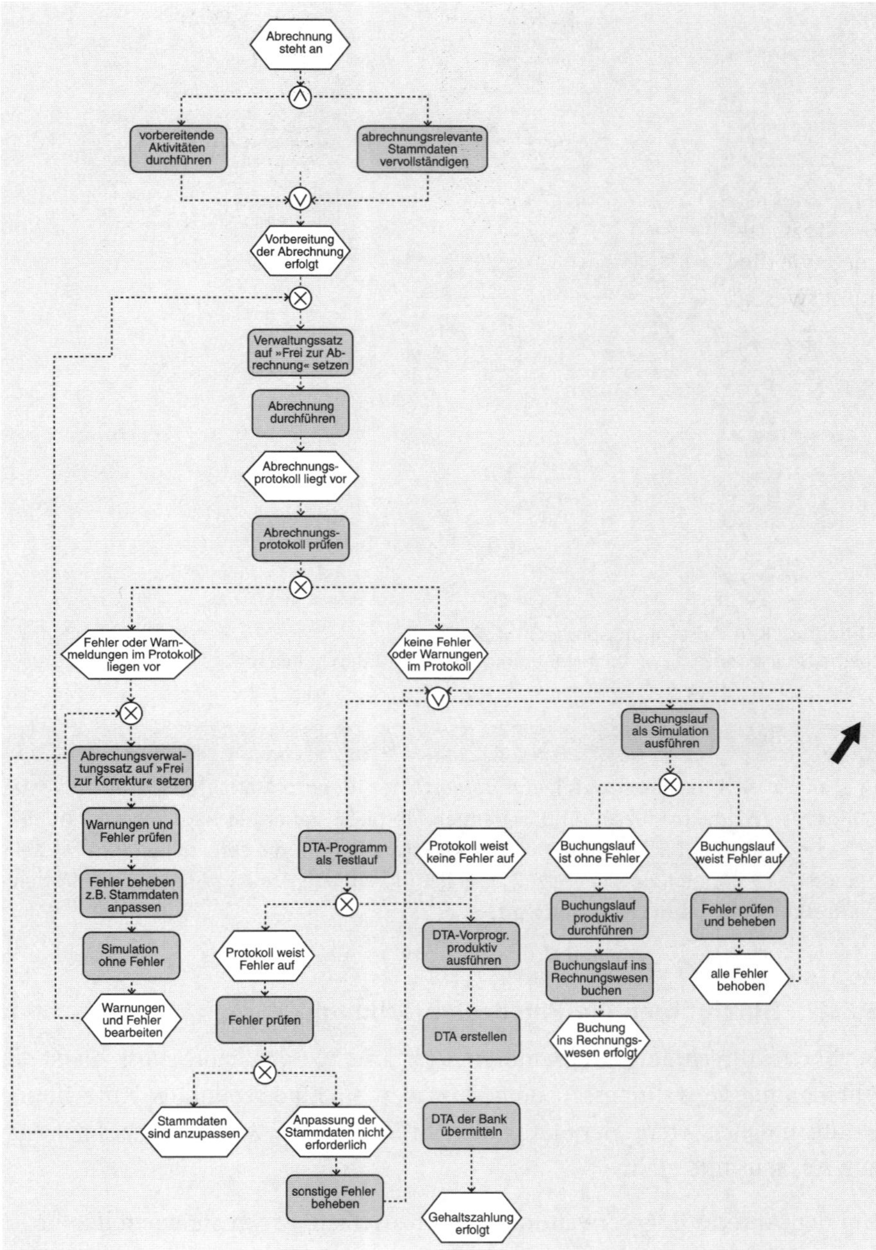

Abbildung 8.14 Abrechnungsprozess – Teil I (Abrechnung, Überweisung und Buchung)

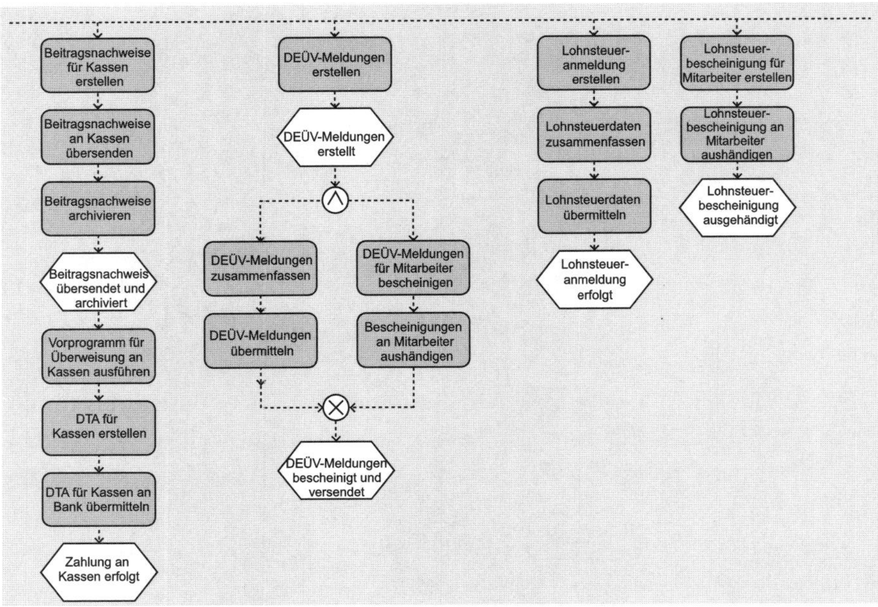

Abbildung 8.15 Abrechnungsprozess – Teil II
(Beitragsnachweis, DEÜV, Lohnsteueranmeldung und Bescheinigung)

Tipp

Legen Sie sich für alle nachfolgend dargestellten Reports Varianten für einen Test- und/oder Produktivlauf an, und benennen Sie diese Varianten nach einer einheitlichen Konvention (z. B. könnten alle Produktivvarianten mit dem Kürzel PROD_ beginnen). So können Sie sicher sein, dass die monatliche Abrechnung immer mit den korrekten Parametern gestartet wird.

8.6.3 Durchführen der Personalabrechnung

Bevor das Abrechnungsprogramm nun gestartet werden kann, muss zuerst der Abrechnungsverwaltungssatz umgesetzt werden. Eine produktive Abrechnung ist nur möglich, wenn der Status des Abrechnungsverwaltungssatzes auf Frei zur Abrechnung steht.

Um den Abrechnungsverwaltungssatz umzusetzen, gehen Sie wie folgt vor:

1. Wählen Sie den Menüpfad Abrechnung • Abrechnung freigeben.
2. Bestätigen Sie im nun geöffneten Dialogfenster (siehe Abbildung 8.16) die Frage nach dem Freigeben der entsprechenden Periode mit einem Klick auf den Button Ja.
3. Wählen Sie jetzt den Menüpfad Abrechnung • Abrechnung starten.

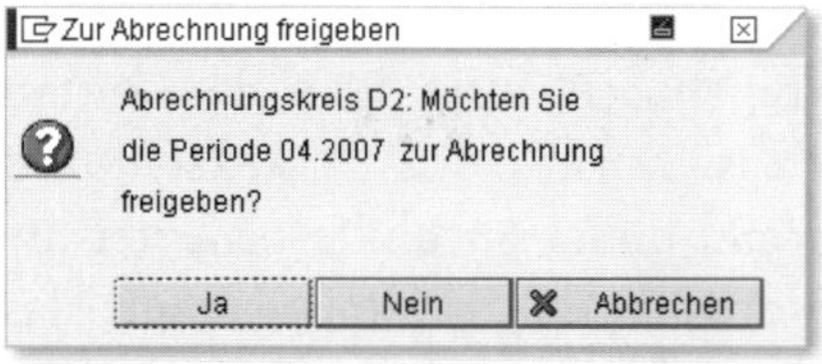

Abbildung 8.16 Dialogfenster zur Freigabe der Abrechnung

4. Feldgruppe ABRECHNUNGSPERIODE
   Erfassen Sie den abzurechnenden Abrechnungskreis. Dieser wird in diesem Feld für die Zeitraumbestimmung genutzt.
5. Feldgruppe SELEKTION
   Pflegen Sie den Abrechnungskreis. Hier wird der Abrechnungskreis für die Selektion der Mitarbeiter genutzt. Sie können die abzurechnenden Mitarbeiter auch nach anderen Selektionskriterien bestimmen, wobei der Abrechnungskreis das Selektionskriterium der Wahl sein wird, weil die Mitarbeiter mit gleichem Abrechnungskreis auch zum gleichen Termin abgerechnet werden.
6. Starten Sie die Abrechnung durch einen Klick auf das Icon . Sie können die Abrechnung selbstverständlich auch als Job einplanen oder im Hintergrund starten. (Befragen Sie zu diesen Themen Ihren Administrator.)

Setzen Sie nach Ablauf der Abrechnung den Status des Abrechnungsverwaltungssatzes wie in Abschnitt 8.5.2, »Abrechnungsverwaltungssatz«, beschrieben auf FREI ZUR KORREKTUR. Prüfen Sie nach Ablauf der Abrechnung das Ablaufprotokoll auf abgelehnte oder fehlerhafte Personalnummern, und korrigieren Sie aufgetretene Fehler.

Tipp

Sofern Personalnummern abgelehnt wurden und Sie die Fehler korrigiert haben, empfiehlt es sich, diese Personalnummern mithilfe einer Abrechnungssimulation auf Fehlerfreiheit zu prüfen.

Nachdem Sie alle Fehler bereinigt und die Ursachen für die Ablehnung von Personalnummern beseitigt haben, müssen die betreffenden Mitarbeiter erneut abgerechnet werden. Bei diesen Mitarbeitern wurde aufgrund der Ablehnung im Rahmen der Abrechnung bzw. als Folge der korrigierenden Pflege das Kennzeichen in den Stammdaten des Infotyps 0003 (Abrechnungsstatus) im Feld KORREKTURLAUF DER ABRECHNUNG gesetzt (siehe auch Abschnitt 8.5.1, »Infotyp 0003 [Abrechnungsstatus]«). Dieses Kennzeichen nutzt nun das Abrechnungsprogramm, um die betreffenden Mitarbeiter für einen erneuten Abrechnungslauf auszuwählen.

Das Abrechnungsprogramm verfügt wie das Programm zum Aufruf des Entgeltnachweises (siehe Abschnitt 8.4.2, »Entgeltnachweis«), über den Button Suchhilfen. Eine dieser Suchhilfen ist KORREKTURLAUF ABRECHNUNG (zumeist *Matchcode W* genannt). Die Auswahl dieser Suchhilfe bedeutet die Selektion aller Mitarbeiter, bei denen im Infotyp 0003 (Abrechnungsstatus) das Kennzeichen KORREKTURLAUF DER ABRECHNUNG gesetzt ist. Wie die Personalabrechnung mit dem Matchcode W zu starten ist, wird nachfolgend erläutert.

Übung: Personalabrechnung mit »Matchcode W« starten

Nehmen Sie an, Sie wollen die Personalabrechnung mit Matchcode W starten. Sie gehen folgendermaßen vor:

1. Navigieren Sie zum Einstiegsbild der Personalabrechnung.
2. Erfassen Sie den Abrechnungskreis.
3. Wählen Sie den Button Suchhilfen und anschließend W KORREKTURLAUF ABRECHNUNG.
4. Es öffnet sich ein Dialogfenster (siehe Abbildung 8.17), in dem eine weitere Einschränkung auf Personalnummernebene erfolgen kann.
5. Klicken Sie auf das Icon ✔.

Sie haben nun den Abrechnungslauf mit Matchcode W gestartet.

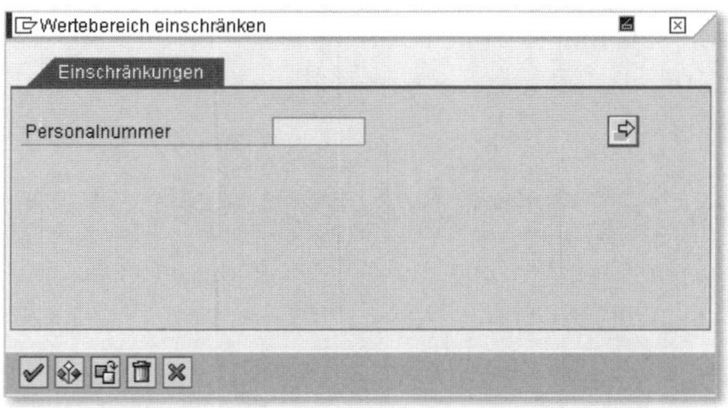

Abbildung 8.17 Wertebereich im Korrekturlauf der Abrechnung ergänzend einschränken

Nachdem die Personalabrechnung für den Matchcode W vollständig und ohne Fehler erfolgt ist, sollten Sie prüfen, ob alle relevanten Personalnummern abgerechnet wurden. Diese Prüfung erfolgt wie in Abschnitt 8.5.2, »Abrechnungsverwaltungssatz«, beschrieben durch einen Klick auf das Icon. Erfolgt hierauf die Meldung KEINE FEHLERHAFTEN PERSONALNUMMERN IM ABRECHNUNGSKREIS, sollten Sie den Abrechnungsverwaltungssatz auf den Status PRÜFEN setzen. Der Prozess der eigentlichen Personalabrechnung ist nun grundsätzlich abgeschlossen. Allerdings können auftretende Fehler im Rahmen der Folgeverarbeitung die erneute Abrechnung einzelner Personalnummern erforderlich machen.

Hinweis

Bevor Sie mit den Aktivitäten der Folgeverarbeitung beginnen, sollten Sie einen Abgleich der zur Überweisung vorgesehenen Beträge mit den Beträgen zur Buchung auf die Konten der Finanzbuchhaltung und die Kostenstellen der Kostenrechnung durchführen. Dieser Abgleich unterstützt das Auffinden von Fehlern sowohl fachlicher als auch systemtechnischer Art.

Um diese Prüfung durchzuführen, ist die Erstellung einer Lohnartenverteilung, die die zur Überweisung vorgesehenen Lohnarten enthält, erforderlich. Die Erläuterung und Erstellung mithilfe des Lohnartenreporters entnehmen Sie bitte Abschnitt 8.7, »Auswertungen in der Personalabrechnung«.

8.6.4 Überweisungen

Nachdem die Personalabrechnung fehlerfrei durchgeführt worden ist, muss dafür gesorgt werden, dass die Mitarbeiter ihre Nettoentgelte, die staatlichen Stellen die entsprechenden Abgaben und sonstige Stellen die ihnen zustehenden Beträge zeitgerecht erhalten. Kaum ein Unternehmen nutzt noch die Scheckzahlung für die Zahlung dieser Beträge, obwohl das SAP-System nicht nur diese, sondern auch die Barzahlung unterstützt. Gängiges Zahlungsverkehrsverfahren ist die Überweisung, die nachfolgend dargestellt wird.

Die Überweisungen der soeben genannten Beträge erfolgen nicht gleichzeitig in einem einzigen Arbeitsschritt, sondern sind nach Empfängergruppen aufgeteilt. Zu unterscheiden sind folgende Empfängergruppen:

- Überweisungen an und für die Mitarbeiter, wie z. B. Gehalt, vermögenswirksame Leistungen, Beiträge zu Versicherungen, Pensionskassen oder -fonds, Unterstützungskassen, sonstigen Trägern der betrieblichen Altersvorsorge
- Zahlungen an Gläubiger im Rahmen von Pfändungen
- Überweisungen an die Sozialversicherungsträger, wobei eine Trennung zwischen den gesetzlichen Krankenkassen und privaten Kranken- sowie Rentenversicherungsträgern (z. B. befreiende private Lebensversicherung oder berufsständische Versorgungseinrichtungen) erfolgt

Da der Zahlbetrag an den Fiskus nicht aufgeteilt werden muss und damit in einem Betrag erfolgen kann, wird dafür kein Überweisungsträger erstellt. Vielmehr wird dieser Betrag nur auf ein entsprechendes Zahlungsverrechnungskonto gebucht und von den Mitarbeitern des Finanzwesens manuell überwiesen.

Die Überweisung an die Mitarbeiter bzw. die weiteren entsprechenden Empfänger läuft in mehreren Schritten ab (siehe Abbildung 8.18).

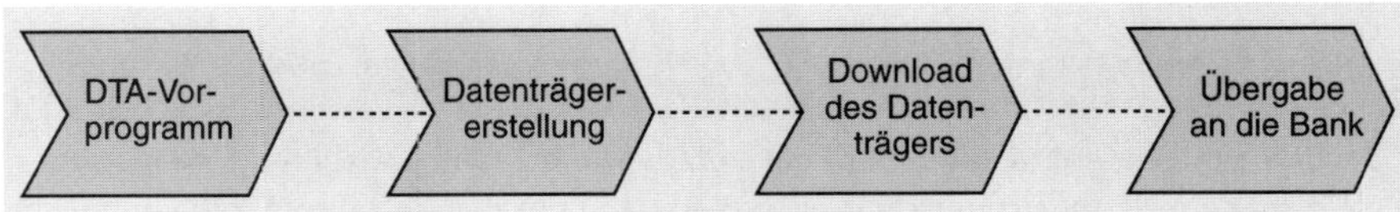

Abbildung 8.18 Prozessablauf der Überweisung an Mitarbeiter und sonstige Empfänger

Der erste Schritt ist das Ausführen des DTA-Vorprogramms (Datenträgeraustausch-Vorprogramm). Dieses Programm erzeugt aus einer Tabelle der Abrechnungsergebnisse (BT = Zahlungsinformationen, d.h. Tabelle der Bankbewegungen) Regulierungsdaten, die anschließend als Grundlage für das nachfolgende Programm der Datenträgererstellung (auch Zahlungsträgerprogramm oder DTA-Erstellungsprogramm genannt) dienen.

Tipp

Es wird empfohlen, das Vorprogramm zuerst als Testlauf auszuführen, um Fehler bei den Überweisungsdaten vor der Überweisung erkennen und beheben zu können.

Übung: DTA-Vorprogramm ausführen

Sie wollen das Datenträger-Vorprogramm für die Überweisung als Testlauf ausführen. Gehen Sie folgendermaßen vor:

1. Wählen Sie den Menüpfad Abrechnung • Überweisung • Vorprogramm Datenträgeraustausch mehrere Zahlungsläufe, um zum Selektionsbild des Programms zu gelangen.
2. Feldgruppe Abrechnungsperiode
   Erfassen Sie den korrekten Abrechnungskreis im entsprechenden Feld, und wählen Sie die korrekte Periode aus.
3. Feldgruppe Selektion
   Erfassen Sie den Abrechnungskreis, für den Überweisungen erstellt werden sollen. Das SAP-System ermittelt damit alle Personalnummern des Abrechnungskreises und prüft, ob Überweisungsdaten in den Abrechnungsergebnissen vorhanden sind.
4. Feldgruppe Weitere Angaben
   Beachten Sie hier die Pflege folgender Felder:
   - Die Felder Lohnart können grundsätzlich leer bleiben. Nur wenn Sie verschiedene Datenträger in Abhängigkeit von den Überweisungslohn-

arten erzeugen wollen, müssen Sie die Felder entsprechend füllen (wenn z. B. eine Überweisung nur die Gehälter an die Mitarbeiter und eine andere die vermögenswirksamen Leistungen sowie die weiteren Zahlungen enthalten soll).

- Das Feld TESTLAUF erzeugt nur eine Auflistung der Überweisungsvorgänge, generiert aber keine Regulierungsdaten für das eigentliche DTA-Erstellungsprogramm (Zahlungsträgerprogramm).
- Die restlichen Felder bleiben leer bzw. werden nicht aktiviert.

5. Klicken Sie auf das Icon ⊕.

Auf diese Weise haben Sie das Datenträger-Vorprogramm im Testlauf gestartet.

Das Vorprogramm erzeugt nun ein Protokoll mit den selektierten Datensätzen und weist auf eventuell aufgetretene Fehler bei der Erstellung der Regulierungsdaten, z. B. auf fehlende Überweisungsdaten für den Mitarbeiter, hin. Sind Fehler aufgetreten, sollten diese unbedingt geprüft und sofern erforderlich behoben werden. Ist dabei eine Korrektur in den Stammdaten der Mitarbeiter vorzunehmen, muss die Abrechnung für die betreffenden Mitarbeiter erneut durchgeführt werden, da das Vorprogramm seine Informationen wie bereits erwähnt aus der Tabelle BT (Zahlungsinformationen) in den Abrechnungsergebnissen bezieht und sich diese noch auf dem alten Stand vor der Änderung befindet.

Sind die Fehler korrigiert, kann das Programm im Produktivlauf durchgeführt werden. Der Produktivlauf unterscheidet sich vom Testlauf beim Starten nur geringfügig. Zum einen ist die Checkbox TESTLAUF nicht markiert, zum anderen sollten Sie die Checkbox ÜBERWEISUNGEN KENNZEICHNEN mit einem Häkchen versehen. Dieses Kennzeichen markiert die Überweisungsdaten in der Tabelle BT (Zahlungsinformationen) in den Abrechnungsergebnissen der Mitarbeiter mit Datum und Uhrzeit des produktiven Laufs. Eine erneute produktive Ausführung ist somit nur mit Angabe von Datum und Uhrzeit des ersten Laufs in den Feldern WIEDERHOLUNGSLAUF DATUM und UHRZEIT möglich. Über das Feld NUR GEKENNZEICHNETE SÄTZE besteht die Möglichkeit, wiederholt Regulierungsdaten nur für solche Sätze zu erzeugen, die bereits als überwiesen gekennzeichnet sind. Das Protokoll des produktiven Laufs weist das Programmlaufdatum mit einem Identifikationsmerkmal auf.

Tipp

Da diese beiden Angaben, Programmlaufdatum und Identifikationsmerkmal, anschließend für die Erstellung der DTA-Datei benötigt werden, sollten Sie sich diese notieren.

Nachdem das DTA-Vorprogramm produktiv ausgeführt wurde und damit die Regulierungsdaten zur Verfügung stehen, kann im Anschluss daran die Erstellung der eigentlichen Datei für den Datenträgeraustausch erfolgen.

Übung: Überweisungsdatei für das Datenträger-Austauschverfahren erstellen

Sie wollen nun die Datei für die Überweisungen im Rahmen des Datenträger-Austauschverfahrens erstellen. Sie unternehmen dazu folgende Schritte:

1. Wählen Sie zunächst den Menüpfad Abrechnung • Überweisung • Abrech.Überweisung erst. DTA inl., und nehmen Sie hier anschließend folgende Einstellungen vor:
2. Platzieren Sie den Cursor im Feld Identifikationsmerkmal oder Programmlaufdatum, und wählen Sie über die [F4]-Hilfe den passenden Eintrag (das genannte Identifikationsmerkmal des Vorprogramms) aus.
3. Wählen Sie ergänzend in der Feldgruppe Weitere Abgrenzungen die erforderlichen Parameter aus (in den meisten Fällen wird hier nur der Zahlweg von Bedeutung sein).
4. Setzen Sie in der Feldgruppe Drucksteuerung die Kennzeichen Datenträgeraustausch und Begleitliste drucken.
5. Erfassen Sie gegebenenfalls weitere erforderliche Daten (die Bedeutung der weiteren Felder können Sie sich problemlos über die [F1]-Hilfe erschließen).
6. Klicken Sie auf das Icon .
7. In dem Dialogfenster, das sich daraufhin öffnet, wählen Sie den Button Drucken. Über die Feldgruppe Spool-Steuerung können Sie entscheiden, ob Sie den DTA-Begleitzettel direkt ausdrucken oder in die Spool-Verwaltung (Verwaltung der in Dateien aufbewahrten Druckerzeugnisse) einstellen.

Sie haben auf diese Weise die DTA-Datei für den Datenträgeraustausch mit Ihrer Bank erstellt. Zusätzlich wurden eine Zahlungsbegleitliste und ein DTA-Begleitzettel erzeugt.

Tipp

Hinterlegen Sie im Feld Filename (bei DTA) einen Dateipfad mit Dateinamen für die DTA-Datei, erfolgt das direkte Sichern der Datei auf einem lokalen Laufwerk oder im Netzwerk.

Dies empfiehlt sich besonders in den Situationen, in denen Sie die im Folgenden beschriebene Möglichkeit der eigenen Überweisungsausführung in Anspruch nehmen möchten.

Die Ergebnisse des Zahlungsträgerprogramms können nun direkt weiterverarbeitet werden. Durch Klick auf den Begriff DTA-FILE (siehe Abbildung 8.19) erfolgt der direkte Aufruf der Datenträgerverwaltung (siehe Abbildung 8.20). Anschließend kann von dort aus der Download der DTA-Datei unmittelbar erfolgen.

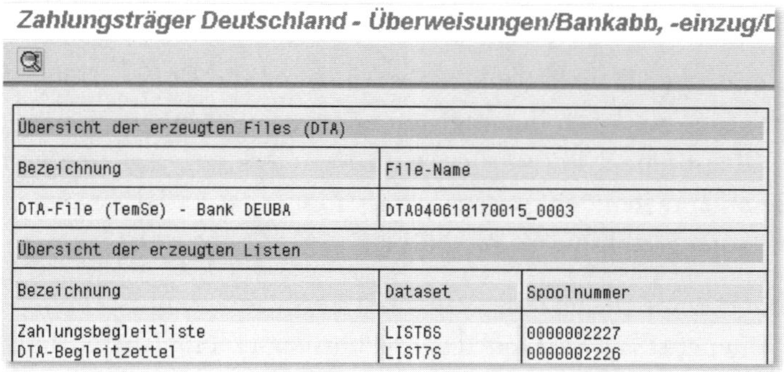

Abbildung 8.19 Ergebnisdarstellung des Zahlungsträgerprogramms

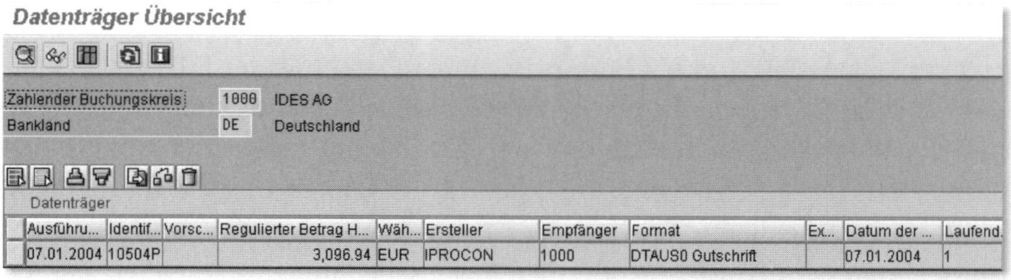

Abbildung 8.20 Datenträgerverwaltung (Download noch nicht erfolgt)

Übung: DTA-Datei herunterladen

Sie befinden sich in der Datenträgerverwaltung und wollen die DTA-Datei auf eine Diskette, lokal auf einen Rechner oder auf das Netzwerk herunterladen.

Hinweis

Die DTA-Datei können Sie auch über die Transaktion FDTA oder den Menüpfad ABRECHNUNG • ÜBERWEISUNG • DTA VERWALTUNG erreichen.

Gehen Sie folgendermaßen vor:

1. Markieren Sie den zum Download vorgesehenen Datenträger.
2. Klicken Sie auf das Icon .
3. Wählen Sie den Speicherort über die F4-Hilfe aus, und vergeben Sie einen Namen für die Datei.

4. Bestätigen Sie durch einen Klick auf das Icon ✔.

Schon haben Sie den Datenträger für die Überweisung heruntergeladen.

Die nun vorliegende Datei muss jetzt nur noch der Bank übergeben werden. Sie enthält die Überweisungen im landestypischen und standardisierten Datenformat, das Ihre Bank problemlos verarbeiten kann.

Alternativ bieten mittlerweile viele Banken aber auch an, die Überweisungen selbst auszuführen. Dies erfolgt in den meisten Fällen via Datenleitung. Dazu wird die Datei lokal auf einem Rechner oder im Netzwerk abgelegt und von dort mithilfe eines entsprechenden externen Programms, das in der Regel von der Bank zur Verfügung gestellt wird, ausgeführt.

Die zur Datei gehörenden Druckerzeugnisse (DTA-Begleitzettel und Zahlungsbegleitliste) können ebenfalls direkt aus der Ergebnisdarstellung (siehe Abbildung 8.19) ausgedruckt werden. Alternativ ist die Auslösung des Druckes zu einem späteren Zeitpunkt über die Spool-Verwaltung möglich. Für weitere Informationen kontaktieren Sie bitte Ihren Administrator.

Ab dem Release SAP R/3 4.7 Enterprise ist die Erstellung der DTA-Datei alternativ auch mit der sogenannten *Payment Medium Workbench* (auf Deutsch so viel wie Werkzeug für die Zahlungsträgererstellung) möglich. Sie bietet den Vorteil, dass für die Erzeugung von Datenträgern immer das gleiche Programm verwendet werden kann, unabhängig davon, ob es sich um in- oder ausländische Zahlungsempfänger handelt. Die jeweils benötigten Parameter werden nach Auswahl des Datenträgerformats automatisch aufgeblendet.

8.6.5 Sozialversicherung

Nachdem die Überweisungen an die Mitarbeiter und an sonstige Empfänger erfolgt sind, wenden wir uns nun den Folgeaktivitäten der Sozialversicherung zu. Dazu gehören die Erstellung und Versendung der Beitragsnachweise, die Durchführung der Überweisung sowie die Erstellung und Übermittlung der DEÜV-Meldungen an Krankenkassen und Mitarbeiter.

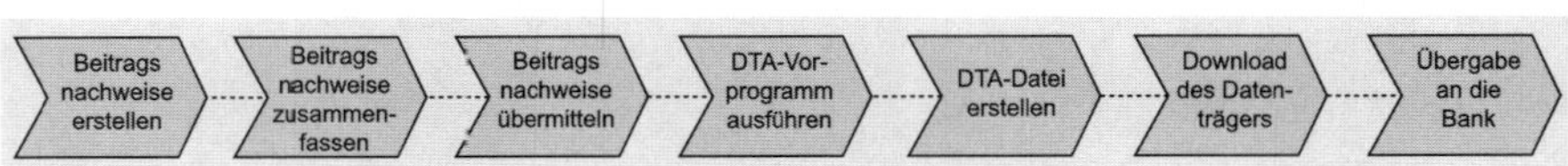

Abbildung 8.21 Ablauf der Folgeaktivitäten »Beitragsnachweise« und »Überweisung« an die SV-Träger

Wie Abbildung 8.21 zeigt, ist der erste Schritt die Erstellung der Beitragsnachweise. Auch für die Beitragsnachweise bilden die Abrechnungsergebnisse (und nicht die Stammdaten) der Mitarbeiter die grundlegende Basis, denn die Bestandteile der Folgeverarbeitung müssen zu jedem Zeitpunkt identische Ergebnisse liefern.

Übung: Beitragsnachweise für Krankenkassen erstellen

Sie wollen die Beitragsnachweise für die Krankenkassen erstellen. Es gibt vier verschiedene Verfahren, die voraussichtliche Beitragsschuld zu ermitteln. Wir stellen Ihnen hier das Verfahren »Beitragsnachweis aus Echtabrechnung« vor. Die übrigen Verfahren entnehmen Sie bitte der Dokumentation des Reports.

Schritt 1 – Beitragsnachweise erstellen

Klicken Sie dazu auf das Icon [H] für PROGRAMMDOKUMENTATION und gehen Sie wie folgt vor:

1. Wählen Sie den Menüpfad FOLGEAKTIVITÄTEN • PRO ABRECHNUNGSPERIODE • AUSWERTUNG • SOZIALVERSICHERUNG • SV-BEITRAGSNACHWEIS (STORNODARSTELLUNG).
2. Feldgruppe ABRECHNUNGSPERIODE
   Erfassen Sie den korrekten Abrechnungskreis im entsprechenden Feld, und wählen Sie die korrekte Periode aus.
3. Feldgruppe SELEKTION
   Erfassen Sie den Abrechnungskreis, für den Sie die Beitragsnachweise und die Überweisungsdaten erstellen wollen.
4. Feldgruppe ANGABEN ZUR GESTALT DES BEITRAGSNACHWEISES
   Tragen Sie im Feld ABSENDER FESTLEGEN DURCH das Merkmal DZULB ein, damit wird im nächsten Schritt die Zusammenfassung von Personal(teil)bereichen zu einem absendenden Personal(teil)bereich ermöglicht.
5. Feldgruppe PARAMETER FÜR DIE AUSGABE IN DIE TEMSE:
   - Die Angaben in dieser Feldgruppe sind dann erforderlich, wenn die Daten für die Überweisung der Beiträge erzeugt werden sollen.
   - Die Checkbox AUSGABEDATEIEN ERSTELLEN ist zu aktivieren.
   - Feldgruppe EXTERNE VERGABE EINER OBJEKTNUMMER FÜR TEMSE-OBJEKTE
     Hier kann eine Objektnummer vergeben werden. Diese wird an den automatisch vom Programm erzeugten Namen des TemSe-Objekts (temporäre sequenzielle Datei) angehängt und erleichtert beim Vorhandensein mehrerer Objekte deren Identifikation.
6. Klicken Sie auf das Icon [Ausführen-Icon].

Sie haben nun die Beitragsnachweise für die Krankenkassen erstellt (siehe Abbildung 8.22). In der Ergebnisdarstellung finden sich folgende Erzeugnisse:

- Einzelnachweisliste für Beitragsnachweis
- Beitragsnachweise pro Einzelnachweisliste
- Beitragsnachweise für die Krankenkassen
- Kontrollsummen
- im Fehlerfall: Fehlerliste für Beitragsnachweise

Wichtig ist hier, dass eine gegebenenfalls vorhandene Fehlerliste geprüft wird und vorhandene Fehler korrigiert werden. Darüber hinaus empfiehlt sich ein Abgleich der Kontrollsummen mit den Summen, die auf die Zahlungsverrechnungskonten gebucht werden sollen (siehe Abschnitt 8.6.7, »Buchung ins Rechnungswesen«).

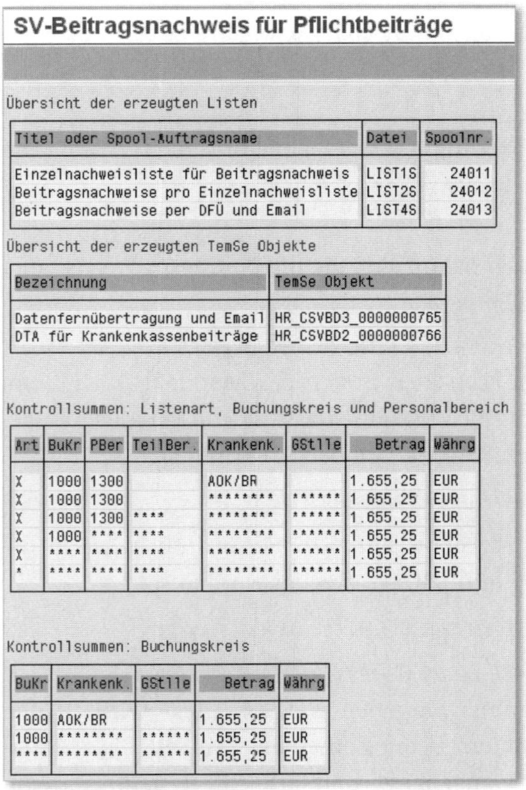
SV-Beitragsnachweis für Pflichtbeiträge

Übersicht der erzeugten Listen

Titel oder Spool-Auftragsname	Datei	Spoolnr.
Einzelnachweisliste für Beitragsnachweis	LIST1S	24011
Beitragsnachweise pro Einzelnachweisliste	LIST2S	24012
Beitragsnachweise per DFÜ und Email	LIST4S	24013

Übersicht der erzeugten TemSe Objekte

Bezeichnung	TemSe Objekt
Datenfernübertragung und Email	HR_CSVBD3_0000000765
DTA für Krankenkassenbeiträge	HR_CSVBD2_0000000766

Kontrollsummen: Listenart, Buchungskreis und Personalbereich

Art	BuKr	PBer	TeilBer.	Krankenk.	GStlle	Betrag	Währg
X	1000	1300		AOK/BR		1.655,25	EUR
X	1000	1300		********	******	1.655,25	EUR
X	1000	1300	****	********	******	1.655,25	EUR
X	1000	****	****	********	******	1.655,25	EUR
X	****	****	****	********	******	1.655,25	EUR
*	****	****	****	********	******	1.655,25	EUR

Kontrollsummen: Buchungskreis

BuKr	Krankenk.	GStlle	Betrag	Währg
1000	AOK/BR		1.655,25	EUR
1000	********	******	1.655,25	EUR
****	********	******	1.655,25	EUR

Abbildung 8.22 Die Listen für die Beitragsnachweise wurden erfolgreich erstellt

Schritt 2 – Beitragsnachweise zusammenfassen

Im nächsten Schritt sind die Dateien für den Versand per E-Mail zu erstellen. In der Regel werden diese zunächst für absendende Personal(teil)bereiche zusammengefasst, bevor sie in einem weiteren Schritt versendet werden. Sie gehen dabei folgendermaßen vor:

1. Wählen Sie den Menüpfad Folgeaktivitäten • Pro Abrechnungsperiode • Auswertung • Sozialversicherung • Erstellen der Dateien für Beitragsnachweise per E-Mail.
2. Geben Sie im Feld Auswertungsdaten enthalten in das TemSe-Objekt an, das Sie im ersten Schritt erstellt haben.
3. Feldgruppe Angaben zum Absender
   Im Feld Absender festlegen durch kann ein Merkmal für die Bestimmung des Absenders hinterlegt werden. Im Standard ist für diesen Zweck das Merkmal DZULA vorgesehen. Welches Merkmal in Ihrem Unternehmen verwendet wird, werden Ihnen die für die Abrechnung bzw. Systemeinstellungen verantwortlichen Mitarbeiter benennen können.

Hinweis

Es sind aber auch verschiedene Kombinationen von Eingaben in den Feldern Personalbereich, Personalteilbereich und Absender festlegen durch möglich. Entnehmen Sie bitte die möglichen Angaben zum Absender der Programmdokumentation.

4. Klicken Sie auf das Icon .
5. Sie haben nun eine Liste der zu versendenden Dateien erstellt (siehe Abbildung 8.23).

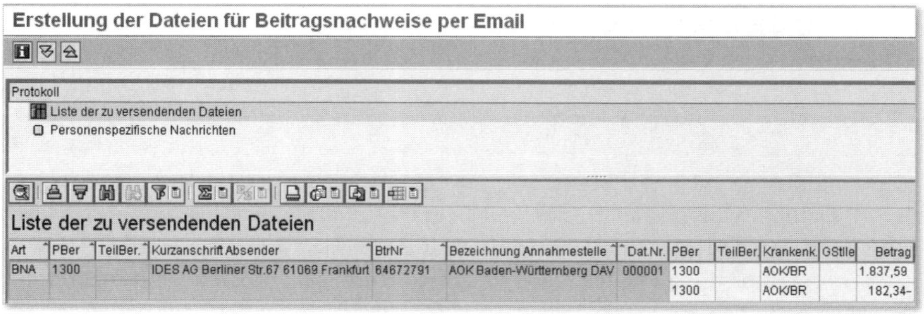

Art	PBer	TeilBer.	Kurzanschrift Absender	BtrNr	Bezeichnung Annahmestelle	Dat.Nr.	PBer	TeilBer	Krankenk.	GStlle	Betrag
BNA	1300		IDES AG Berliner Str.67 61069 Frankfurt	64672791	AOK Baden-Württemberg DAV	000001	1300		AOK/BR		1.837,59
							1300		AOK/BR		182,34-

Abbildung 8.23 Die Dateien wurden erfolgreich für den Versand per E-Mail erstellt

Schritt 3 – Beitragsnachweise übermitteln

Seit dem 01.01.2006 gilt die verpflichtende Übertragung der erzeugten Beitragsnachweise über den sogenannten B2A-Manager (B2A = Business-to-Administration-Manager).

Hinweis

Es handelt sich dabei um eine Administrationsoberfläche für den elektronischen Datenaustausch zwischen Arbeitgebern und Behörden (Finanzverwaltung und Sozialversicherungsträgern) via E-Mail.

Dabei werden die Beitragsnachweise verschlüsselt und per E-Mail an die Empfangsstellen der Krankenkassen (in der Regel die jeweiligen Bundesverbände der Kassenarten) versendet.

Gehen Sie folgendermaßen vor, um die Beitragsnachweise zu übermitteln:

1. Wählen Sie den Menüpfad Folgeaktivitäten • Periodenunabhängig • Behördenkommunikation (B2A) • B2A-Manager.
2. Geben Sie im Feld Bereich »SV« für Sozialversicherung ein.
3. Wählen Sie im Feld Dokumenttyp »BNA« für Beitragsnachweis von Arbeitgebern, und bestätigen Sie mit [↵], um die Selektion zu starten.
4. Markieren Sie in der unteren Liste die zu versendende Datei, indem Sie auf den Button [ ] in der ersten Spalte und anschließend auf den Button [Ausführen] klicken.

Sie erhalten ein Protokoll über den Versand der Dateien. Bei den Beitragsnachweisen erfolgt keine Rückmeldung über Empfang und Verarbeitung der Empfangsstelle im Protokoll, sondern allenfalls per E-Mail. Somit müssen Sie die Zuordnung des neuen Status über den Button [Status] im B2A-Manager manuell vornehmen.

Hinweis

Das Feld nur offene Prozesse anzeigen ist standardmäßig gesetzt (siehe Abbildung 8.24). Darüber wird gesteuert, dass nur Einträge angezeigt werden, die noch nicht abgeschlossen sind. Das sind Einträge im Status neu, in Verarbeitung oder Fehler – neu verarbeiten. Um abgeschlossene Prozesse anzuzeigen, müssen Sie das gesetzte Häkchen entfernen. Wenn das Feld Protokoll aktiviert ist, werden nach dem Ausführen die Einzelschritte in einer Baumstruktur dokumentiert. Fehlermeldungen werden jedoch auch dann protokolliert, wenn das Kennzeichen nicht gesetzt ist. Die Aktivierung des Feldes Simulation verhindert beim Ausführungsprozess das Versenden des Erzeugnisses an den Empfänger. Nur wenn das Häkchen nicht gesetzt ist, wird ein Echtversand angestoßen.

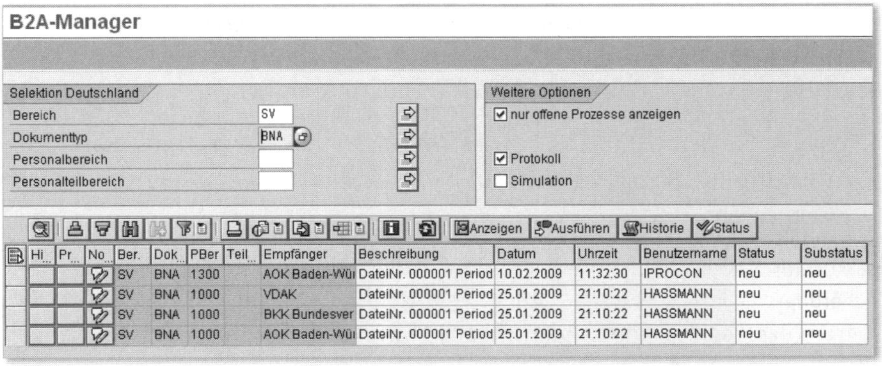

Abbildung 8.24 Gemäß Selektion werden nur offene Prozesse angezeigt.

Übung: DTA-Vorprogramm starten

Sie wollen das DTA-Vorprogramm für die Überweisung an die gesetzlichen Krankenkassen starten. Gehen Sie dazu wie folgt vor:

1. Wählen Sie den Menüpfad Folgeaktivitäten • Pro Abrechnungsperiode • Auswertung • Sozialversicherung • Überweisung Kassen • Vorprogramm Datenträgeraustausch für Krankenkassen.
2. Wählen Sie im Feld Auswertungsdaten enthalten in über die [F4]-Hilfe die Kassenart aus, für die die Überweisung erfolgen soll. Anschließend werden die zu dieser Kassenart generierten TemSe-Dateien dargestellt. Wählen Sie die korrekte TemSe-Datei per Doppelklick aus.
3. Klicken Sie auf das Icon .

Hinweis

Denken Sie daran, sich die Daten der Regulierungsdatei zu notieren.

Sie haben jetzt die Regulierungsdaten für die Erstellung des Überweisungsdatenträgers erzeugt. Mithilfe dieser Regulierungsdaten können Sie den Datenträger für die Überweisung an die Krankenkassen erstellen.

Hinweis

Ab dem Release SAP R/3 Enterprise 4.7 können Sie den Datenträger auch mit der Payment Medium Workbench erstellen. Die Workbench unterstützt generell die Erstellung von Datenträgern, die auf Datenformaten basieren. Dies trifft z. B. auf den standardisierten Inlandszahlungsverkehr in Deutschland (Format DTAUS0) zu.

Übung: Datenträger für Überweisungen an die Krankenkassen erstellen

Sie wollen den Überweisungsdatenträger für die Überweisungen an die Krankenkassen erstellen. Gehen Sie dazu folgendermaßen vor:

1. Wählen Sie den Menüpfad Folgeaktivitäten • Pro Abrechnungsperiode • Auswertung • Sozialversicherung • Überweisung Kassen • Abrech.Überweisung erst.DTA inl.
2. Platzieren Sie den Cursor im Feld Identifikationsmerkmal oder Programmlaufdatum, und wählen Sie über die [F4]-Hilfe den passenden Eintrag (das oben genannte Identifikationsmerkmal des Vorprogramms) aus.
3. Wählen Sie ergänzend in der Feldgruppe Weitere Abgrenzungen die erforderlichen Parameter aus.
4. Setzen Sie in der Feldgruppe Drucksteuerung die Kennzeichen Datenträgeraustausch und Begleitliste drucken.
5. Erfassen Sie gegebenenfalls weitere erforderliche Daten (die Bedeutung der weiteren Felder können Sie sich problemlos über die [F1]-Hilfe erschließen).
6. Klicken Sie auf das Icon .
7. In dem Dialogfenster, das sich daraufhin öffnet, wählen Sie den Button Drucken. Über den Gruppenrahmen Spool-Steuerung können Sie entscheiden, ob Sie den DTA-Begleitzettel direkt ausdrucken oder in die Spool-Verwaltung einstellen. Für weitere Informationen kontaktieren Sie bitte Ihren Administrator.

Sie haben auf diese Weise die DTA-Datei für die Überweisung an die Krankenkassen erstellt. Zusätzlich wurden eine Zahlungsbegleitliste und ein DTA-Begleitzettel erzeugt.

Hinweis

Ab dem Release SAP R/3 4.6C kann auch die Möglichkeit der Einzugsermächtigungserteilung an die Krankenkassen genutzt werden. In diesen Fällen entfällt der Prozess der Erstellung von TemSe- und DTA-Datei, da die Kassen die gemeldeten Beiträge vom Konto des Unternehmens abbuchen. Sofern diese Möglichkeit genutzt werden soll, sind Korrekturen im Rahmen der Systemkonfiguration (Customizing) erforderlich.

Der nun folgende Prozess der Erstellung und Übermittlung der DEÜV-Meldungen an die Sozialversicherungsträger sowie die Erstellung der Bescheinigung für den Mitarbeiter (siehe Abbildung 8.25) kann unabhängig von der Überweisung an die Sozialversicherungsträger erfolgen. Sinnvoll ist es aber, den Prozess nach Abwicklung der Überweisungen und Durchführung der Buchung zu starten.

Das Konzept der Erstellung und Verwaltung von DEÜV-Meldungen basiert im SAP-System auf einer Statusvergabe für jede DEÜV-Meldung. Mögliche Status sind:

- **Neu**
  Es lag ein relevanter Meldetatbestand vor, und die Meldung wurde erzeugt. Sie steht für die Übertragung an die Annahmestelle der Krankenkassenverbände zur Verfügung.
- **Fehlerhaft**
  Es lag ein relevanter Meldetatbestand vor, und die Meldung wurde erzeugt. Sie ist jedoch fehlerhaft und steht für die Übertragung nicht zur Verfügung.
- **Übertragen**
  Dieser Status wird vergeben, sobald eine mit dem Status NEU versehene Meldung in eine TemSe-Datei (temporäre sequenzielle Datei) aufgenommen wurde.
- **Bescheinigt**
  Diesen Status erhält eine Meldung, sobald eine übertragene Meldung für den Mitarbeiter bescheinigt wurde, d.h. sobald die Druckerzeugnisse für die Aushändigung an die Mitarbeiter erstellt wurden.
- **Abgelehnt**
  Diesen Status erhalten Meldungen, wenn sie von den Krankenkassen zurückgewiesen und korrigiert werden müssen. Die Kennzeichnung einer Meldung als ABGELEHNT erfolgt mit einem speziellen Report.
- **Manuell gemeldet**
  Dieser Status wird vergeben, wenn eine Meldung manuell an die Krankenkassen weitergeleitet wurde und deshalb keine Meldung vom SAP-System erstellt werden soll. Auch dieser Status wird gesondert mit einem Report vergeben.

Abbildung 8.25 Ablauf von der Erstellung der DEÜV-Meldung bis hin zur Erstellung der Bescheinigung

Die Meldetatbestände für die sozialversicherungspflichtig Beschäftigten erkennt das SAP-System grundsätzlich aus den Abrechnungsergebnissen. Nur im Fall der Neueinstellung wird ein melderelevanter Tatbestand aus den Stammdaten erkannt. Erster Schritt in der Prozesskette im Rahmen der DEÜV ist die Erstellung der DEÜV-Meldungen. Im weiteren Verlauf wird ein TemSe-Objekt je Kassenart (AOK, VdAK, IKK, BKK usw.) erstellt.

Übung: DEÜV-Meldungen erstellen

Sie wollen die DEÜV-Meldungen für den aktuellen Abrechnungsmonat erstellen. Gehen Sie dazu wie folgt vor:

Schritt 1 – DEÜV-Meldungen erstellen

Im ersten Schritt erzeugen Sie zunächst die DEÜV-Meldungen bevor Sie im zweiten Schritt die Meldedatei erstellen.

1. Wählen Sie den Menüpfad FOLGEAKTIVITÄTEN • PRO ABRECHNUNGSPERIODE • AUSWERTUNG • DEÜV • MELDUNGEN ERSTELLEN.
2. Feldgruppe ABRECHNUNGSPERIODE
   Erfassen Sie den korrekten Abrechnungskreis im entsprechenden Feld, und wählen Sie die korrekte Periode aus. Die Abrechnungsperiode bestimmt automatisch den maßgeblichen Auswertungs- und Meldezeitraum, d.h. den Zeitraum, für den Daten zur Auswertung eingelesen und auf melderelevante Tatbestände untersucht werden.

Hinweis

Für das Erstellen der DEÜV-Meldungen nimmt das SAP-System eine Trennung von Zeiträumen in *Auswertungs-* und *Meldezeitraum* vor. Innerhalb des Meldezeitraums werden die Daten auf relevante Meldetatbestände untersucht.

Der Meldezeitraum reicht in der Regel von der gewählten Abrechnungsperiode bis zum Vormonat der aktuellen Rückrechnungsperiode. Innerhalb des Auswertungszeitraums werden Daten zur Auswertung eingelesen. Der Auswertungszeitraum umfasst über den Meldezeitraum hinaus zusätzlich noch die beiden Abrechnungsperioden vor Beginn des Meldezeitraums.

3. Feldgruppe SELEKTION
   Erfassen Sie den Abrechnungskreis, für den Sie DEÜV-Meldungen erstellen wollen.
4. Feldgruppe PROGRAMMSTEUERUNG
   Beachten Sie hier vor allem folgende Felder:
   - Mit der Angabe einer Periode (z. B. 05 2007) im Feld AUFROLLUNG AB PERIODE bewirken Sie eine Übersteuerung des Meldezeitraums. Das bedeutet, dass das automatisch ermittelte Anfangsdatum des Abrechnungszeitraums auf das Anfangsdatum der angegebenen Periode verschoben wird.
   - Wird die Checkbox VORAUSLESEN VON STAMMDATEN angehakt, werden für die Auswertung auch die Stammdaten, die noch nach der aktuellsten Abrechnung gültig sind, eingelesen.

Hinweis

Bitte beachten Sie, dass durch das Vorauslesen erzeugte Meldungen nur vorläufigen Charakter haben und häufig vom System nach Durchführung künftiger Personalabrechnungen korrigiert werden.

5. Feldgruppe TESTOPTIONEN
   Beachten Sie hier vor allem folgende Felder:
   - Die Checkbox PROTOKOLL ERSTELLEN ermöglicht die Ausgabe eines detaillierten Protokolls, das die Ermittlung des relevanten Meldetatbestands nachvollziehbar macht. Dabei besteht die Wahlmöglichkeit zwischen einer Anzeige in Baumstruktur oder als Liste.
   - Ist die Checkbox KEIN DATENBANK-UPDATE angehakt, erfolgt die Meldungserstellung nur im Testlauf, d.h., die Meldungen werden nicht auf der Datenbank gesichert.
   - Das Anhaken der Checkbox ALTE MELDUNGEN IGNORIEREN ermöglicht die Simulation der Meldungen, die bereits in früheren Abrechnungsperioden erstellt wurden.

Tipp

Wählen Sie als Protokollart die Baumstruktur (siehe Abbildung 8.26). Sie ist für das Nachvollziehen der Meldungserstellung besser geeignet als die Listanzeige.

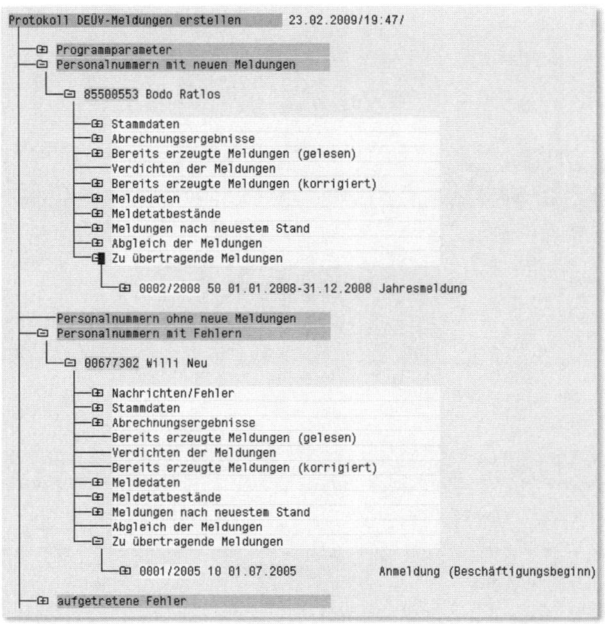

Abbildung 8.26 Detailliertes Baumprotokoll im Rahmen der DEÜV-Meldungserstellung

Sind die DEÜV-Meldungen erstellt, ist die Übermittlung an die Verbände der Krankenkassen der nächste Schritt. Die generierten TemSe-Objekte müssen an die verschiedenen Krankenkassenverbände per B2A-Manager weitergegeben werden. Dafür ist es zunächst erforderlich, die Dateien je Absender (z. B. Personal(teil)bereich und Empfänger) zusammenzufassen.

Schritt 2 – DEÜV-Meldungen zusammenfassen

Gehen Sie folgendermaßen vor, um die DEÜV-Meldungen zusammenzufassen:

1. Wählen Sie den Menüpfad Folgeaktivitäten • Pro Abrechnungsperiode • Auswertung • DEÜV • Datenträger (E-Mail DFÜ/Diskette) • Datenträger erstellen.
2. Feldgruppe Abrechnungsperiode
   Erfassen Sie den korrekten Abrechnungskreis im entsprechenden Feld, und wählen Sie die korrekte Periode aus.
3. Feldgruppe Selektion
   Erfassen Sie den Abrechnungskreis, für den die Meldedatei erstellt werden soll.
4. Die Feldgruppe Jahresmeldungen lassen Sie unbearbeitet. Hier wird der Monat definiert, in dem die DEÜV-Jahresmeldungen generiert werden.
5. Feldgruppe Druckangaben
   Im Feld Ausgabegerät können Sie einen Drucker angeben, auf dem ein Ausdruck erfolgen kann.

Sie haben auf diese Weise die Datenträger für die Übermittlung an die Krankenkassen erstellt. Das Ergebnis dieses Vorgangs zeigt Abbildung 8.27.

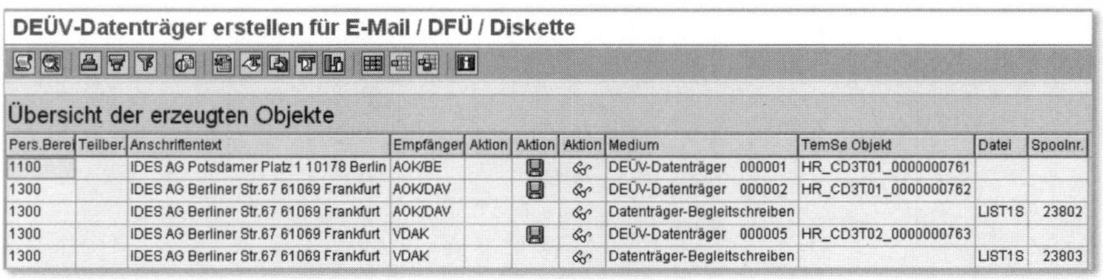
DEÜV-Datenträger erstellen für E-Mail / DFÜ / Diskette

Übersicht der erzeugten Objekte

Pers.Berei	Teilber.	Anschriftentext	Empfänger	Aktion	Aktion	Aktion	Medium	TemSe Objekt	Datei	Spoolnr.
1100		IDES AG Potsdamer Platz 1 10178 Berlin	AOK/BE				DEÜV-Datenträger 000001	HR_CD3T01_0000000761		
1300		IDES AG Berliner Str.67 61069 Frankfurt	AOK/DAV				DEÜV-Datenträger 000002	HR_CD3T01_0000000762		
1300		IDES AG Berliner Str.67 61069 Frankfurt	AOK/DAV				Datenträger-Begleitschreiben		LIST1S	23802
1300		IDES AG Berliner Str.67 61069 Frankfurt	VDAK				DEÜV-Datenträger 000005	HR_CD3T02_0000000763		
1300		IDES AG Berliner Str.67 61069 Frankfurt	VDAK				Datenträger-Begleitschreiben		LIST1S	23803

Abbildung 8.27 Protokoll nach dem Erstellen der DEÜV-Datenträger

Hinweis

Von diesem Protokoll aus ist das direkte Abspringen in den Download des TemSe-Objekts bzw. in die Spool-Verwaltung zum Ausdruck des Begleitschreibens möglich.

Nachdem Sie diesen Schritt abgeschlossen haben, können Sie sich der Übermittlung der DEÜV-Meldungen widmen.

Schritt 3 – DEÜV-Meldungen übermitteln
Die Übermittlung erfolgt auch hier über den B2A-Manager. Wählen Sie über die [F4]-Hilfe im Feld Bereich den Eintrag SV und im Feld Dokumenttyp den Eintrag DEUV aus, und bestätigen Sie die Selektion mit [↵]. Das weitere Verfahren entspricht dem bereits beschriebenen Verfahren zum Versand der Beitragsnachweise (siehe »Übung: Beitragsnachweise für Krankenkassen erstellen« im vorliegenden Abschnitt). Sind die DEÜV-Meldungen an die zuständigen Stellen versendet worden, können die letzten beiden Schritte des DEÜV-Prozesses angestoßen werden, die Erstellung der DEÜV-Bescheinigungen in Papierform und deren Übergabe an die Mitarbeiter.

Übung: Papierversionen der DEÜV-Bescheinungen erstellen

Sie wollen Papierversionen der DEÜV-Bescheinigungen für die Mitarbeiter Ihres Unternehmens erstellen. Gehen Sie dazu wie folgt vor:

1. Wählen Sie den Menüpfad Folgeaktivitäten • Pro Abrechnungsperiode • Auswertung • DEÜV • Meldungen bescheinigen.
2. Feldgruppe Abrechnungsperiode
   - Erfassen Sie den korrekten Abrechnungskreis im entsprechenden Feld, und wählen Sie die korrekte Periode aus.
3. Feldgruppe Selektion
   - Erfassen Sie den Abrechnungskreis, für den die Meldedatei erstellt werden soll.
4. Feldgruppe Selektion der Meldungen
   - Im Untergruppenrahmen Status der Meldungen legen Sie fest, ob nur die übertragenen, aber noch nicht an die Mitarbeiter bescheinigten Meldungen oder ob alle mit Status Übertragen vorhandenen Meldungen bescheinigt werden. Die zweite Variante kann für einen Wiederholungslauf genutzt werden, da unabhängig von einer bereits erfolgten Bescheinigung die Meldung bescheinigt wird.
   - Im Untergruppenrahmen Selektion der Meldungen erfolgt die konkrete Auswahl der zu bescheinigenden Meldungen. Folgende Möglichkeiten stehen zur Verfügung:
   - Nur die Bescheinigungen der ausgewählten Abrechnungsperiode werden erstellt.
   - Alle Bescheinigungen aus einem konkret benannten Jahr werden erstellt.
   - Ausnahmslos alle Bescheinigungen werden erstellt.
   - Eine spezielle Bescheinigung wird erstellt.

5. In der Feldgruppe ABSENDER FESTLEGEN DURCH erfolgt die Bestimmung des Absenders. Hierfür wird wie bei der Erstellung der Beitragsnachweise ein Merkmal verwendet (im Standard ist dies das Merkmal DZUBT).

Tipp

Informieren Sie sich bei den zuständigen Mitarbeitern über das in Ihrem Unternehmen verwendete Merkmal.

6. Feldgruppe DRUCKANGABEN
   Beachten Sie vor allem folgende Felder:
   - Im Feld FORMVARIANTE wird der Formularname des Formulars, das die Grundlage für das Anschreiben des Unternehmens an die Krankenkassenverbände bildet, eingegeben. Das Standardformular heißt HR_DE_D3_MELDUNG. Kundeneigene Anpassungen werden an diesem Anschreiben selten vorgenommen, sodass das Standardformular in der Regel unverändert verwendet werden kann.
   - Im Feld AUSGABEGERÄT können Sie einen separaten Drucker angeben, auf dem gegebenenfalls ein Ausdruck erfolgen kann.

Auf diese Weise haben Sie die DEÜV-Bescheinigungen in Papierform für Ihre Mitarbeiter erstellt. Diese können jetzt den Mitarbeitern ausgehändigt werden.

8.6.6 Finanzamt

Für die Erfüllung der steuerrechtlich vorgeschriebenen Aufgaben sind – im Gegensatz zur Sozialversicherung – nur wenige Aktivitäten erforderlich.

- **Lohnsteueranmeldung erstellen**
  Zum einen ist die Lohnsteueranmeldung zu erstellen, die dem Finanzamt Aufschluss über die Zusammensetzung der zumeist in einer Summe überwiesenen Steuerbeträge gibt. (In Bremen und im Saarland werden mit dieser Summe auch noch zusätzlich die Beiträge zur Arbeitskammer überwiesen.)
- **Überweisung an das Finanzamt**
  Zum anderen ist die in der Lohnsteueranmeldung ausgewiesene Gesamtsumme von den Mitarbeitern des Finanz- bzw. Rechnungswesens an das Finanzamt zu überweisen. Die Überweisung wird nicht aus dem SAP ERP HCM-System angestoßen, da es sich zumeist nur um einen einzigen Empfänger handelt. Hierfür einen gesonderten DTA zu erstellen, wäre nicht sinnvoll.
- **Lohnsteuerbescheinigungen anfertigen**
  Außerdem sind die Lohnsteuerbescheinigungen für die ausgeschiedenen Mitarbeiter anzufertigen. Im entsprechenden Monat (das sind in der Regel

die Monate Januar bis April) sind die Jahressteuerbescheinigungen zu erstellen.

Wir stellen Ihnen jetzt die einzelnen Schritte je Verfahren (zunächst für die Lohnsteueranmeldung und danach für die Lohnsteuerbescheinigung) vor.

Lohnsteueranmeldung

Die Erstellung der Lohnsteueranmeldung unterteilt sich konkret in die folgenden Schritte:

1. Externe Daten erfassen (optional)
2. Lohnsteuerdaten aus den Abrechnungsergebnissen erstellen
3. Datensätze nach steuerlichen Betriebsstätten zusammenfassen
4. Daten mithilfe des B2A-Managers übermitteln

1. Schritt – Externe Daten erfassen
Gehen Sie folgendermaßen vor, um externe Daten zu erfassen:

1. Wählen Sie den Menüpfad FOLGEAKTIVITÄTEN • PRO ABRECHNUNGSPERIODE • AUSWERTUNG • STEUER • LOHNSTEUERANMELDUNG • EXTERNE DATEN ERFASSEN. Hier können Sie zusätzliche Lohnsteuerdaten erfassen, die nicht aus den Abrechnungsergebnissen resultieren, aber für die Lohnsteueranmeldung relevant sind wie z. B. Pauschalsteuern aus einer externen Reisekostenabrechnung.
2. Legen Sie zuerst den Arbeitsbereich fest (siehe Abbildung 8.28) und bestätigen Sie mit Enter.
3. Pflegen Sie nun im nächsten Bild die externen Daten für die Lohnsteueranmeldung, welche für den selektierten Bereich und Anmeldungszeitraum gelten und sichern Sie die Eingaben.

Sie haben externe Daten für die Lohnsteueranmeldung erfasst.

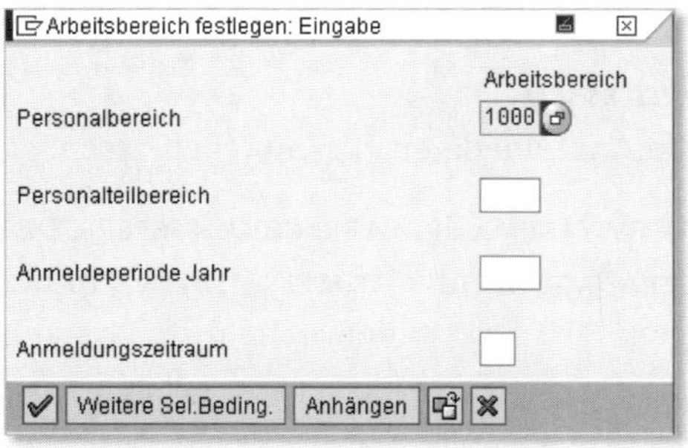

Abbildung 8.28 Festlegen des Arbeitsbereichs zur Erfassung externer Daten

2. Schritt – Lohnsteueranmeldung erstellen

Sie wollen die Lohnsteueranmeldung für Ihr Unternehmen erstellen. Gehen Sie dazu wie folgt vor:

1. Wählen Sie den Menüpfad FOLGEAKTIVITÄTEN • PRO ABRECHNUNGSPERIODE • AUSWERTUNG • STEUER • LOHNSTEUERANMELDUNG • ANMELDEDATEN ERSTELLEN.
2. Feldgruppe ABRECHNUNGSPERIODE
   Erfassen Sie den korrekten Abrechnungskreis im entsprechenden Feld, und wählen Sie die korrekte Periode aus.
3. Feldgruppe SELEKTION
   Erfassen Sie den Abrechnungskreis, für den Sie die Lohnsteueranmeldung erstellen wollen.
4. Feldgruppe PRODUKTIVLAUF
   Die Auswahl DATENBANKUPDATE erstellt einen produktiven Lauf der Lohnsteueranmeldung. Der produktive Lauf kann beliebig oft wiederholt werden.
5. Feldgruppe TESTHILFEN
   Beachten Sie hier vor allem folgende Felder:
   - Über die Auswahl FORMULARANZEIGE wird ein Formular mit den Anmeldungsdaten erzeugt.
   - Die Auswahl DETAILPROTOKOLL druckt wichtige Informationen der Meldungserstellung an (u. a. Betriebsstätten und Anmeldungsdaten).
   - Haben Sie die Checkbox PERSONALNUMMER-PROTOKOLL ausgewählt, werden in der Tabelle ABRECHNUNGSLOHNARTEN detaillierte Informationen für jede ausgewertete Personalnummer angezeigt.
6. Klicken Sie auf das Icon , um die Anmeldedaten zu erstellen.

Tipp

Die Option PERSONALNUMMER-PROTOKOLL sollten Sie nicht bei einem Gesamtlauf verwenden, da lange Laufzeiten die Folge sind. Vielmehr eignet sich diese Option für die Analyse im Fehlerfall.

3. Schritt – Anmeldedaten zusammenfassen

Gehen Sie folgendermaßen vor, um die Anmeldedaten zusammenzufassen:

1. Wählen Sie den Menüpfad FOLGEAKTIVITÄTEN • PRO ABRECHNUNGSPERIODE • AUSWERTUNG • STEUER • LOHNSTEUERANMELDUNG • ANMELDEDATEN ZUSAMMENFASSEN.
2. Feldgruppe SELEKTION
   Selektieren Sie gegebenenfalls die Personal(teil)bereiche sowie das Jahr und den Anmeldezeitraum, für den die Lohnsteueranmeldung erfolgt.

3. Feldgruppe TESTHILFE
   Testläufe sind grundsätzlich nur in einem Testsystem und nicht im Produktivsystem möglich. Wenn Sie das Feld TESTLAUF (KEIN UPDATE) markieren, können Sie einen Testlauf durchführen. Die an die Clearingstelle weitergeleiteten Daten werden dann als Test gekennzeichnet und später wieder gelöscht. Sie können in diesem Zusammenhang entweder einen Komplettttest durchführen oder nur die Clearingstelle und das Protokoll validieren. Klicken Sie dafür zunächst auf das Icon, und wählen Sie dann die Art des Tests aus.
4. Klicken Sie anschließend auf das Icon, um die Anmeldedaten zusammenzufassen.

Es wurden Einträge im B2A-Manager erzeugt, die dort zur weiteren Verarbeitung zur Verfügung stehen.

4. Schritt – Anmeldedaten übermitteln

Gehen Sie folgendermaßen vor, um die Anmeldedaten zu übermitteln:

1. Wählen Sie den Menüpfad FOLGEAKTIVITÄTEN • PERIODENUNABHÄNGIG • BEHÖRDENKOMMUNIKATION (B2A) • B2A-MANAGER.
2. Wählen Sie über die F4-Hilfe im Feld BEREICH den Eintrag ST für Steuer und im Feld DOKUMENTTYP den Eintrag LSTA für Lohnsteueranmeldung, und bestätigen Sie anschließend mit ↵, um die Selektion zu starten.
3. Markieren Sie in der unteren Liste die zu versendende Datei, indem Sie auf den leeren Button in der ersten Spalte und anschließend auf den Button Ausführen klicken, um die Lohnsteueranmeldung zu versenden.

Wenn die Clearingstelle Fehler feststellt, werden diese im Schritt des Versands mitgeteilt und ersichtlich.

Als Nächstes können nun die Lohnsteuerbescheinigungen für die Mitarbeiter erstellt werden.

Lohnsteuerbescheinigung

Das Anfertigen der Lohnsteuerbescheinigungen unterteilt sich in die folgenden Schritte:

1. Lohnsteuerdaten aus den Abrechnungsergebnissen erstellen
2. Datensätze nach steuerlichen Betriebsstätten zusammenfassen
3. Daten mithilfe des B2A-Managers übermitteln
4. Abholen der Rückmeldung über den B2A-Manager

1. Schritt – Lohnsteuerdaten erstellen

Sie wollen alle relevanten Lohnsteuerbescheinigungen etwa für ausgeschiedene Mitarbeiter und die Jahresmeldung erstellen (siehe Abbildung 8.29). Gehen Sie folgendermaßen vor:

1. Wählen Sie den Menüpfad Folgeaktivitäten • Pro Abrechnungsperiode • Auswertung • Steuer • Lohnsteuerdaten für den Mitarbeiter • Lohnsteuerdaten erstellen.
2. Feldgruppe Abrechnungsperiode
   Erfassen Sie den korrekten Abrechnungskreis im entsprechenden Feld, und wählen Sie die korrekte Periode aus.
3. Feldgruppe Selektion
   Erfassen Sie den Abrechnungskreis, für den Sie die Lohnsteuerbescheinigungen erstellen wollen.
4. Feldgruppe Weitere Angaben
   Die Auswahl Datenbankupdate erstellt einen produktiven Lauf der Lohnsteuerbescheinigung. Der produktive Lauf kann beliebig oft wiederholt werden.

   Das Feld Vorjahr immer prüfen kann initial bleiben. Falls sich Bescheinigungen aufgrund von Rückrechnungen in das Vorjahr geändert haben sollten, werden diese trotzdem ausgegeben.
5. Feldgruppe Ausgabe
   Ist das Feld Formularausgabe markiert, wird die Lohnsteuerbescheinigung auf dem Bildschirm angezeigt.

   Das Ankreuzen des Feldes Protokoll führt zur Erstellung eines ausführlichen Erstellungsprotokolls mit dem Andruck der relevanten Daten je selektierter Person wie z. B. Personalstammdaten, Datenbanksätze der Abrechnung, Lohnarten aus den Abrechnungen und Ausweislohnarten. Im Kurzprotokoll werden hingegen nur die neu erstellten Bescheinigungssätze angezeigt.
6. Klicken Sie auf das Icon ⊕, um die Lohnsteuerdaten zu erstellen.

Hinweis

Falls Sie ein anderes Selektionsbild für den Report zur Erstellung der Lohnsteuerdaten als das in Abbildung 8.29 dargestellte sehen, dann ist bei Ihnen noch der alte Report im Einsatz. Im alten Report müssen Sie noch unterscheiden, ob Sie die Jahresmeldung erstellen wollen oder Bescheinigungen für ausgetretene Mitarbeiter. Bitten Sie Ihren System-Administrator, den neuen Report gemäß Hinweis 1176629 »Freigabe des Reports RPCTXVD1« zu aktivieren.

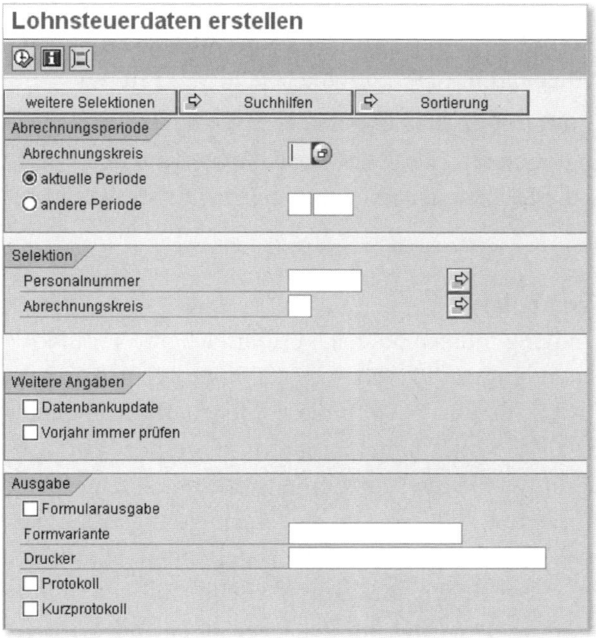

Abbildung 8.29 Neue Version des Reports zur Erstellung der Lohnsteuerdaten

2. Schritt – Lohnsteuerdaten zusammenfassen

Gehen Sie folgendermaßen vor, um die Lohnsteuerdaten zusammenzufassen:

1. Wählen Sie den Menüpfad FOLGEAKTIVITÄTEN • PRO ABRECHNUNGSPERIODE • AUSWERTUNG • STEUER • LOHNSTEUERANMELDUNG • ANMELDEDATEN ZUSAMMENFASSEN.
2. Selektieren Sie in der Feldgruppe ABRECHNUNGSPERIODE den gewünschten Abrechnungskreis.
3. Für den Testlauf gilt das Gleiche wie für das Zusammenfassen der Anmeldedaten.
4. Klicken Sie auf das Icon , um die Lohnsteuerdaten zusammenzufassen.

Es wurden Einträge im B2A-Manager erzeugt, die dort zur weiteren Verarbeitung zur Verfügung stehen.

3. Schritt – Lohnsteuerdaten übermitteln

Gehen Sie folgendermaßen vor, um die Lohnsteuerdaten zu übermitteln:

1. Wählen Sie den Menüpfad FOLGEAKTIVITÄTEN • PERIODENUNABHÄNGIG • BEHÖRDENKOMMUNIKATION (B2A) • B2A-MANAGER.

2. Wählen Sie über die [F4]-Hilfe im Feld BEREICH den Eintrag ST für Steuer und im Feld DOKUMENTTYP den Eintrag LSTB für Lohnsteuerbescheinigung, und bestätigen Sie anschließend mit [↵], um die Selektion zu starten.
3. Markieren Sie in der unteren Liste die entsprechende Datei, indem Sie auf den leeren Button in der ersten Spalte und anschließend auf den Button Ausführen klicken, um die Lohnsteuerbescheinigung an die Clearingstelle zu versenden.

4. Schritt – Rückmeldung abholen

Bei der Lohnsteuerbescheinigung müssen Sie nach erfolgreichem Versand der Meldungen stets die Rückmeldung im B2A-Manager abholen. Erst wenn die Rückmeldung erfolgreich abgeholt wurde, kann die Lohnsteuerbescheinigung produktiv für die Übergabe an den Mitarbeiter ausgedruckt werden. Rufen Sie den B2A-Manager auf und führen Sie die Selektion entsprechend dem dritten Schritt (Lohnsteuerdaten übermitteln) durch. Um die Rückmeldung abzuholen, markieren Sie in der unteren Liste die entsprechende Datei, indem Sie auf den leeren Button in der ersten Spalte und anschließend auf den Button Ausführen klicken. Wenn der Versand und die Datei fehlerfrei sind, wird der Status automatisch auf ABGESCHLOSSEN gesetzt.

8.6.7 Buchung ins Rechnungswesen

Nachdem die wesentlichen Aktivitäten im Rahmen der Folgeverarbeitung der Personalabrechnung durchgeführt worden sind, schließt sich nun die Buchung ins Rechnungswesen an. Dabei erfolgt eine automatische Buchung auf die Konten der Finanzbuchhaltung sowie die Kostenstellen der Kostenrechnung.

Bevor ein produktiver Buchungslauf angestoßen wird, sollten Sie einen Simulationslauf durchführen. Damit können buchungsrelevante Fehler in den Abrechnungsergebnissen erkannt und Fehler bei der Erstellung des produktiven Buchungslaufs verhindert werden.

Die Aufgaben des simulierten Buchungslaufs sind im Folgenden aufgeführt:

- Selektion der Abrechnungsergebnisse der ausgewählten Mitarbeiter
- Ermittlung der buchungsrelevanten Informationen sowie der Lohnarten
- Bestimmung der zu bebuchenden Sachkonten und Kostenstellen
- Prüfung, ob das Buchungssaldo ausgeglichen ist (ob also die Soll- der Habenbuchung entspricht)
- Feststellung, ob darüber hinaus weitere Fehler im Rahmen der Erzeugung des Buchungslaufs aufgetreten sind

Hinweis

Der wesentliche Unterschied zu einem produktiven Buchungslauf besteht darin, dass die erstellten Buchungsbelege eines Simulationslaufs nicht gebucht werden können, da ihnen die Kennzeichnung als produktiver Lauf fehlt.

Übung: Buchungslauf als Simulation erzeugen

Sie wollen einen Buchungslauf als Simulation erzeugen (siehe Abbildung 8.30). Gehen Sie dazu wie folgt vor:

1. Wählen Sie den Menüpfad FOLGEAKTIVITÄTEN • PRO ABRECHNUNGSPERIODE • AUSWERTUNG • BUCHUNG INS RECHNUNGSWESEN • BUCHUNGSLAUF ERZEUGEN.
2. Feldgruppe ABRECHNUNGSPERIODE
   Erfassen Sie den korrekten Abrechnungskreis im entsprechenden Feld. Um eine abweichende Abrechnungsperiode einzugeben, wählen Sie im Feld ZEITRAUM den Eintrag »Andere Abrechnungsperiode« aus und füllen Sie dann das Feld PERIODE aus (siehe Abbildung 8.30).

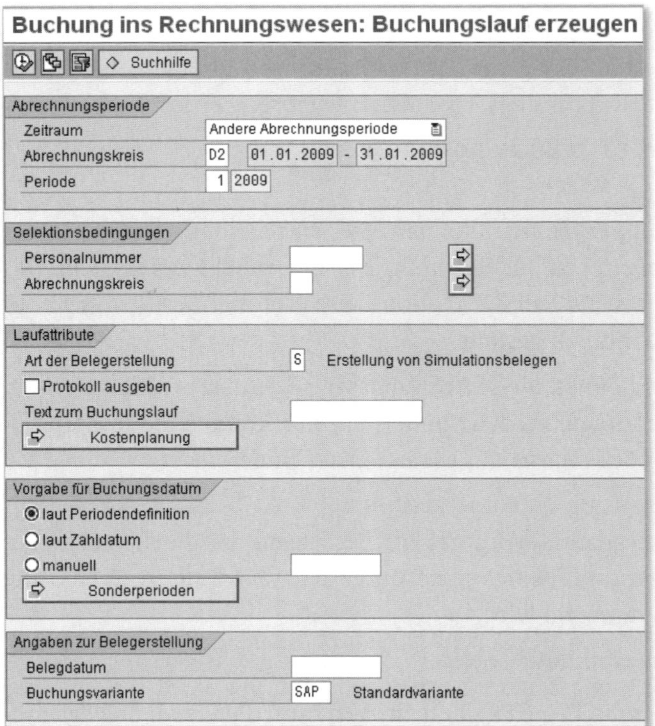

Abbildung 8.30 Buchungslauf bei der Buchung ins Rechnungswesen erzeugen

3. Feldgruppe SELEKTIONSBEDINGUNGEN
   Erfassen Sie den Abrechnungskreis, für den Sie den Buchungslauf simulieren wollen. Wenn Sie eine Fehleranalyse für einzelne Personalnummern durchführen wollen, dann erfassen Sie diese im Feld PERSONALNUMMER bzw. über den Button ⇨ für Mehrfachselektion.
4. Feldgruppe LAUFATTRIBUTE
   Beachten Sie hier vor allem folgende Felder:
   - Im Feld ART DER BELEGERSTELLUNG bestimmen Sie, ob ein Testlauf (Ausprägung T), ein Simulationslauf (Ausprägung S) oder ein produktiver Lauf (Ausprägung P) erfolgt. Erfassen Sie bitte ein »S«.
   - Sofern Sie ein ausführliches Protokoll wünschen, können Sie dieses durch Anhaken der Checkbox PROTOKOLL AUSGEBEN erstellen lassen. Das Markieren des Feldes führt zur Ausgabe eines Protokolls für jeden Mitarbeiter. Ist das Feld nicht markiert, wird ein Protokoll nur für abgelehnte Mitarbeiter erstellt.
   - Im Feld TEXT ZUM BUCHUNGSLAUF können Sie einen Text zum Buchungslauf angeben. Dieser Text wird in der Buchungslaufübersicht angezeigt und kann die Unterscheidung der verschiedenen Laufarten erleichtern.
   - Über einen Klick auf den Button KOSTENPLANUNG kann die Personalkostenplanung mit Abrechnungsergebnissen versorgt werden.
5. Feldgruppe VORGABE FÜR BUCHUNGSDATUM
   Beachten Sie hier die folgenden Punkte:
   - In diesem Gruppenrahmen können Sie entscheiden, mit welchem Buchungsdatum ein Lauf ins Rechnungswesen gebucht werden soll. Das Buchungsdatum ist im Fall der Option LAUT PERIODENDEFINITION in der Systemkonfiguration eingestellt.
   - Darüber hinaus können Sie je Buchungskreis SONDERPERIODEN buchen. Weitere Informationen zu den Sonderperioden können Sie in der [F1]-Hilfe des Feldes SONDERPER. im Dialogfenster finden.
6. Feldgruppe ANGABEN ZUR BELEGERSTELLUNG
   Hier wird das Belegdatum vorgegeben. Ergänzend ist die korrekte Buchungsvariante auszuwählen. Diese bestimmt u.a., auf welcher Ebene eine Belegteilung vorgenommen wird.
7. Klicken Sie auf das Icon ⊕.

Weist dieser Buchungslauf keine Fehler mehr auf, kann die Erzeugung des produktiven Buchungslaufs erfolgen. Vorher ist aber der Abrechnungsverwaltungssatz auf den Status ENDE DER ABRECHNUNG zu setzen (siehe Abschnitt 8.5.2,

»Abrechnungsverwaltungssatz«). Der einzige Unterschied zum simulierten Buchungslauf besteht darin, dass im Feld ART DER BELEGERSTELLUNG (in der Feldgruppe LAUFATTRIBUTE) statt der Ausprägung S die Ausprägung P vorgegeben wird.

Wurde ein produktiver Buchungslauf erzeugt, kann anschließend die Freigabe und Buchung der Belege erfolgen.

Übung: Produktiv erzeugten Buchungslauf freigeben und buchen

Sie wollen einen produktiv erzeugten Buchungslauf freigeben und buchen. Gehen Sie dazu wie folgt vor:

1. Wählen Sie den Menüpfad FOLGEAKTIVITÄTEN • PRO ABRECHNUNGSPERIODE • AUSWERTUNG • BUCHUNGSLAUF BEARBEITEN.
2. Wählen Sie den von Ihnen erzeugten produktiven Buchungslauf mit einem Doppelklick aus.
3. Klicken Sie auf das Icon für ALLE MARKIEREN und anschließend auf das Icon für BELEG FREIGEBEN.
4. Bestätigen Sie die Anfrage im Dialogfenster (WOLLEN SIE DIE MARKIERTEN BELEGE FÜR DIE BUCHUNG FREIGEBEN?) mit JA.
5. Kehren Sie durch einen Klick auf das Icon in die Buchungslaufübersicht zurück.
6. Markieren Sie den zu buchenden Beleg durch Setzen des Häkchens.
7. Klicken Sie auf das Icon für BELEGE BUCHEN und im sich daraufhin öffnenden Dialogfenster (DIE BELEGE DER AUSGEWÄHLTEN LÄUFE WERDEN GEBUCHT. BITTE VERARBEITUNG AUSWÄHLEN) auf den Button SOFORT.

Auf diese Weise haben Sie die Buchungsbelege freigegeben und ins Rechnungswesen übergeleitet. Mit der Überleitung der Ergebnisse ins Rechnungswesen ist der Prozess der Personalabrechnung abgeschlossen.

8.7 Auswertungen in der Personalabrechnung

Die Ergebnisse der Personalabrechnung werden in erster Linie für die Erfüllung der gesetzlichen Auflagen und zur Abführung von Steuern und Beiträgen benötigt. Genutzt werden diese aber auch für viele andere Zwecke. So z. B. für das Personalcontrolling und für die interne Revision oder im Rahmen von externen Betriebsprüfungen des Finanzamts oder der Sozialversicherungsträger. Die Auswertung von Abrechnungsergebnissen ist darüber hinaus auch bei der Fehlersuche oder für die Unterstützung von begleitenden Abrechnungsprozessen äußerst nützlich. Nachfolgend stellen wir einige Auswertungen der Personalabrechnung vor.

8.7.1 Lohnartenreporter

Es gibt eine Reihe von Auswertungen, die der Abrechnungscluster lesen und unterschiedlich aufbereitet anzeigen kann. Das flexibelste Werkzeug ist in diesem Zusammenhang der *Lohnartenreporter*. Der Lohnartenreporter ist der Nachfolger von Lohnartenverteilung und Lohnartennachweis, d.h., er vereint die Funktionalität der Auswertung aus der Für- und In-Periodensicht. Darüber hinaus besteht die Möglichkeit, über Personalabrechnungsperioden oder darüber hinausgehende Zeiträume auszuwerten.

Der Lohnartenreporter kann als Einzel- oder Summenauswertung erstellt werden.

- **Einzelauswertung**
  Bei der Einzelauswertung werden je Personalnummer die Anzahl und der Betrag der Lohnart ausgegeben.
- **Summenauswertung**
  Bei der Summenauswertung erfolgt eine Summenbildung je Lohnart über alle selektierten Personalnummern.

Die Einzel- und Summenauswertung steuern Sie über den Button Objektauswahl im Gruppenrahmen weitere Selektionen. Wollen Sie z. B. eine Einzelauswertung über alle Personalnummern durchführen, dann markieren Sie im linken Teil unter Verfügbare Objekte die Zeile Personalnummer und schieben sie per Klick auf das Icon ▶ auf die rechte Seite unter selektierte Objekte.

Übung: Lohnartenverteilung erstellen

Sie wollen eine Lohnartenverteilung erstellen, um die zu zahlenden Steuern mit den zu buchenden Steuern zu vergleichen. Gehen Sie dazu wie folgt vor:

1. Wählen Sie den Menüpfad Infosystem • Lohnart • Lohnartenreporter.
2. Feldgruppe Abrechnungszeitraum
   Klicken Sie auf den Button Abrechnungsperiode, und wählen Sie den Abrechnungskreis und die gewünschte Periode aus (siehe Abbildung 8.31). Die Vergleichsabrechnung können Sie unbearbeitet lassen. Diese ist dann von Bedeutung, wenn Sie zwei Perioden miteinander vergleichen wollen.

3. Feldgruppe ZEITRAUMBESTIMMUNG
   Wählen Sie die Option IN-SICHT ABRECHNUNGSPERIODEN.
4. Feldgruppe WEITERE SELEKTIONEN
   Beachten Sie hier vor allem folgende Felder:
   - Erfassen Sie im Feld LOHNART über das Icon die Lohnarten »/262« und »/263«.
   - Wählen Sie über den Button OBJEKTAUSWAHL die gewünschten Felder zur Summenbildung (z. B. je Personalbereich) aus.
5. In der Feldgruppe AUSGABE wählen Sie die Option ALV GRID CONTROL.
6. Klicken Sie auf das Icon .

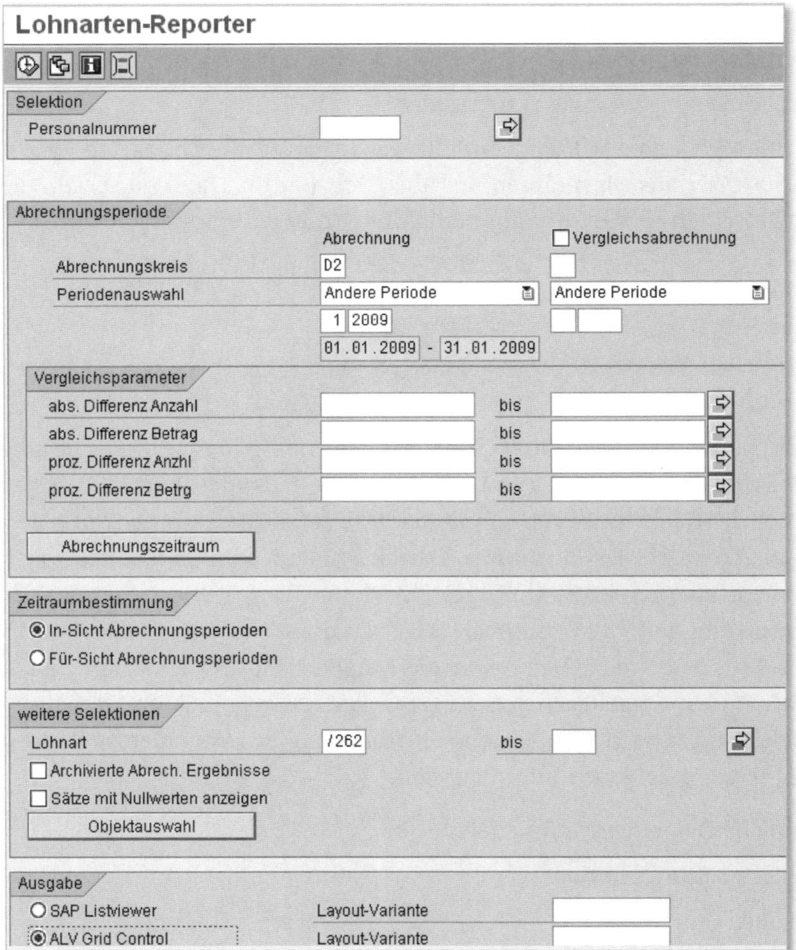

Abbildung 8.31 Selektionsbild des Lohnartenreporters mit Auswahl der Abrechnungsperiode

Übung: Höhe der geldwerten Vorteile erfassen

Sie wollen die Höhe der insgesamt zu versteuernden *geldwerten Vorteile* bei Firmenwagenüberlassung auswerten, da Sie dies als Grundlage für die zu berechnende und abzuführende Umsatzsteuer benötigen. Gehen Sie dazu wie folgt vor:

1. Wählen Sie den Menüpfad INFOSYSTEM • LOHNART • LOHNARTENREPORTER.
2. Feldgruppe SELEKTION
   Erfassen Sie den Abrechnungskreis oder das sonstige Selektionsmerkmal, für den bzw. für das Sie den Report erstellen wollen.
3. In der Feldgruppe ABRECHNUNGSPERIODE legen Sie Auswertungsanfang und -ende fest.
4. In der Feldgruppe ZEITRAUMBESTIMMUNG wählen Sie die Option FÜR-SICHT ABRECHNUNGSPERIODEN.
5. In der Feldgruppe WEITERE SELEKTIONEN
   - Wählen Sie unter LOHNART mithilfe des Icons ⇨ die Lohnarten »/425« und »/426« aus. Bestimmen Sie über den Button OBJEKTAUSWAHL die gewünschten Felder zur Summenbildung (z. B. je Personalbereich).
6. In der Feldgruppe AUSGABE wählen Sie die Option ALV GRID CONTROL.
7. Klicken Sie auf das Icon ⊕.

8.7.2 Lohnkonto

Eine wichtige Rolle im Bereich der Personalabrechnung nimmt das *Lohnkonto* ein. Das Lohnkonto erfüllt die in Deutschland bestehenden Verpflichtungen hinsichtlich des Nachweises von Lohnunterlagen für die gesetzlichen Sozialversicherungsträger und das Finanzamt. Darüber hinaus wird es natürlich auch unternehmensintern genutzt (z. B. bei Eigenkontrollen, Fehleranalysen oder im Rahmen von internen Revisionen). Das Lohnkonto ist eine Auswertung aus der Sicht der Für-Periode. Es besteht die Möglichkeit, aus dem angezeigten Lohnkonto in den Entgeltnachweis zu verzweigen. Das Lohnkonto enthält im Standard (die angedruckten Informationen können in den Systemeinstellungen angepasst werden) folgende Informationen:

- persönliche Daten des Mitarbeiters
- kumulierter Bruttolohn
- Nettolohn
- weitere Lohnarten zur Information (insbesondere aus den Bereichen Steuer und Sozialversicherung)

Übung: Lohnkonto eines Mitarbeiters aufrufen

Sie wollen das Lohnkonto für einen Mitarbeiter aufrufen. Gehen Sie dazu wie folgt vor:

1. Wählen Sie den Menüpfad INFOSYSTEM • MITARBEITER • LOHNKONTEN.
   Im Standard erscheint hier der Ihnen vielleicht aus anderen Auswertungsprogrammen bekannte Gruppenrahmen ZEITRAUM. Dieser ist für unseren Zweck eines einfachen Aufrufs des Lohnkontos für einen Mitarbeiter nicht erforderlich. Wechseln Sie daher über den Button ABRECHNUNGSPERIODE in den gleichnamigen Gruppenrahmen, und geben Sie Abrechnungskreis und Abrechnungsperiode entsprechend vor.
2. Feldgruppe SELEKTION
   Erfassen Sie die Personalnummer, für die Sie das Lohnkonto erstellen möchten.
3. Feldgruppe AUSGABESTEUERUNG
   Beachten Sie hier vor allem folgende Felder:
   - Im Feld FORMULAR FÜR LOHNKONTO ist im Standard das Formular DK01 hinterlegt. Sofern Sie ein angepasstes Formular in Ihrem Unternehmen verwenden, wäre dieses Formular hier zu erfassen.
   - Das Feld NUR LETZTES ERGEBNIS ANZEIGEN? steuert die Berücksichtigung von Rückrechnungen. Ist das Feld markiert, wird nur das letzte aktuelle Ergebnis angezeigt. Alternativ werden bei nicht markiertem Feld alle Rückrechnungen zum ausgewählten Zeitraum berücksichtigt.
   - Das Feld ANZAHL SPALTEN PRO SEITE enthält die Anzahl der anzudruckenden Perioden auf einer Seite.
   - Mit dem Feld SEPARATES FORMULAR BEI JUPER? kann gesteuert werden, ob bei unterjährigem Wechsel zu einer neuen juristischen Person ein neues Formular für das Lohnkonto verwendet werden soll.

   Hinweis

   Weitere Informationen zum Begriff der juristischen Person im SAP-Umfeld erhalten Sie über die [F1]-Hilfe des Feldes JURPERSON im Infotyp 0001 (Organisatorische Zuordnung).

   - Über das Feld ARCHIVIERTE ABRECH. ERGEBNISSE können diese Ergebnisse für die Erstellung des Lohnkontos mit berücksichtigt werden.
   - Das Feld SUMME PRO LOHNART AUSGEBEN kann genutzt werden, um im Fall von Rückrechnungen eine zusätzliche Summenzeile pro Lohnart zu erzeugen. Voraussetzung für die Nutzung ist allerdings, dass die ent-

sprechenden Einstellungen in der Systemkonfiguration vorgenommen wurden.

- Im Untergruppenrahmen AUSGABEWÄHRUNG können Sie wählen, ob die Währung der Für-Periode oder eine im entsprechenden Feld angegebene Alternativwährung für den Andruck verwendet werden soll.
- Im Untergruppenrahmen AUSGABEAUFBEREITUNG FÜR DETAILANZEIGE werden die Einstellungen für die Verzweigung in den Entgeltnachweis festgelegt. Hier sind entweder die manuellen Eingaben wie in Abschnitt 8.4.2, »Entgeltnachweis«, beschrieben einzugeben, oder die Steuerung erfolgt über die Eingabe einer vorhandenen Variante des Entgeltnachweises (Markieren des Feldes PARAMETEREINGABE MITTELS VARIANTE sowie ANZEIGEVARIANTE IN- BZW. FÜR-PERIODE in den sich anschließend öffnenden Feldern). Das Feld KONTEXTSENSITIVE ANZEIGE steuert die Periodenauswahl beim Detailandruck und lässt sich über die [F1]-Hilfe problemlos erschließen.

8.7.3 Weitere Auswertungen

Die Ergebnisse der Personalabrechnung werden darüber hinaus von weiteren Auswertungen und auch bei der Erstellung von Statistiken, Bescheinigungen oder für die Ermittlung von Rückstellungen verwendet. Beispielhaft seien hier folgende Auswertungen und Statistiken genannt:

- Auswertung der Pfändungsergebnisse
- Lohnjournal
- Übersicht Arbeitgeberdarlehen
- Verdiensterhebungen sowie Gehalts- und Lohnstrukturerhebung
- Berechnung und Anzeige von Wertguthaben und Störfall-SV-Lüften
- Abrechnungsliste Altersteilzeit für die Bundesanstalt für Arbeit
- Liste über Kurzarbeitergeld
- Meldungserstellung über Versorgungsbezüge
- Beitragsnachweise für die Zusatzversorgungen
- Überprüfung der Jahresarbeitsentgeltgrenze in der Krankenversicherung
- Gewerbesteuerzerlegung
- Urlaubsrückstellung
- Liste nach dem Altersvermögensgesetz nach der Besteuerungsart

8.8 Besonderheiten für Österreich und die Schweiz

Österreich und die Schweiz als weitere – zumindest teilweise – deutschsprachige Länder verfügen in einigen Bereichen der Personalabrechnung über Ähnlichkeiten zur deutschen Abrechnung. Dabei weist Österreich eine größere Ähnlichkeit zur deutschen Abrechnung auf als die Schweiz.

8.8.1 Ähnlichkeiten und Analogien

Geringe Unterschiede bestehen, wenn es um die Überweisung der Nettoentgelte und weiterer Zahlungen an die Mitarbeiter bzw. sonstige Institutionen geht. Die genannten Länder verwenden alle ein Datenträger-Austauschverfahren, wobei nur die Formate und Angaben in den Datenträgern Unterschiede aufweisen. Die Vorprogramme zur Erstellung der Regulierungsdaten für die Erstellung von Datenträgern nach dem jeweiligen nationalen Datenträger-Austauschformat weisen daher vom Layout her kaum Unterschiede auf. Dies gilt ebenso für die Zahlungsträgerdruckprogramme, die den eigentlichen Datenträger generieren. Auch die Verwaltung und der Download der Datenträger erfolgt in Deutschland, Österreich und der Schweiz auf sehr ähnlichem bzw. gleichem Weg.

Die Buchung der Personalabrechnungsergebnisse ins Rechnungswesen ist in Deutschland, Österreich und der Schweiz ebenfalls in hohem Maße identisch. Dies gilt auch für viele weitere Länder, da hier generell das Prinzip der doppelten Buchführung zugrunde liegt und folglich auch keine wesentlichen Abweichungen entstehen können.

Im Bereich der Sozialversicherung jedoch bestehen zwischen den einzelnen Ländern teilweise erhebliche Unterschiede. Aufgrund der vollkommen unterschiedlichen sozialen Sicherungssysteme in der Schweiz auf der einen Seite und in Deutschland sowie Österreich auf der anderen Seite gestaltet sich die Abwicklung der Aktivitäten zur Erfüllung der jeweiligen gesetzlichen Vorgaben sehr unterschiedlich.

8.8.2 Unterschiede bei der Personalabrechnung in Österreich

Obwohl die Personalabrechnung in Österreich eine größere Ähnlichkeit zur deutschen Abrechnung aufweist als die der Schweiz, erfordern die bestehenden Unterschiede die Verwendung anderer länderspezifischer Infotypen für die Personalabrechnung. Dazu zählen beispielsweise die Infotypen 0042 (Steuerdaten A) sowie 0044 (Sozialversicherung A).

In Österreich folgt – wie in Deutschland – der Nachweis der Beiträge zur gesetzlichen Sozialversicherung einem fest vorgegebenen Verfahren, wobei für alle Aktivitäten standardisierte länderspezifische Auswertungsprogramme genutzt werden. Das Verfahren umfasst den Nachweis der Beiträge zu Gebietskrankenkassen und zur Bundesversicherung. Zusätzlich sind Arbeits- und Entgeltbestätigungen für Mitarbeiter mit Kranken- bzw. Wochengeld zu erstellen und zu übermitteln. Da die Arbeitgeber gegenüber den Gebietskrankenkassen einen Erstattungsanspruch auf das gezahlte Krankengeld haben, bietet das SAP-System auch einen Erstattungsantrag im Standard an.

Darüber hinaus ist in Österreich ein der deutschen DEÜV ähnliches Meldeverfahren implementiert. Dieses schreibt sowohl die Übermittlung von An-, Ab- und Änderungsmeldungen wie auch von Jahresmeldungen mit laufenden und einmaligen Entgelten vor.

Was die Steuern angeht, ist dem zuständigen Betriebsfinanzamt in Österreich nicht nur eine entsprechende Abrechnung zu übermitteln. Die steuerlich relevanten Einkommen der Mitarbeiter sind darüber hinaus jährlich dem Betriebsstättenfinanzamt per sogenannter Lohnzettel zu melden. Die Städte bzw. Gemeinden erhalten zusätzlich von den Arbeitgebern auch noch eine Kommunalsteuer, die grundsätzlich mit der deutschen Gewerbesteuer vergleichbar ist.

Nahezu alle Auswertungen im Rahmen der Folgeverarbeitung, die an die Gebietskrankenkassen oder an die Finanzämter zu übermitteln sind, können via elektronischer Datenübermittlung (ELDA) übertragen werden.

8.8.3 Unterschiede bei der Personalabrechnung in der Schweiz

Die Schweiz verfügt über eine andere Ausgestaltung ihrer sozialen Sicherungssysteme, wodurch erhebliche Unterschiede in der Personalabrechnung im Vergleich zu Deutschland und Österreich bestehen. So findet in der Krankenversicherung das Kopfpauschalenmodell Anwendung, und die Rentenversicherung beruht auf einem Drei-Säulen-Modell, bei dem neben der staatlichen Altersversorgung (AHV) in Pensionskassen eingezahlt wird. Darüber hinaus stellt die Institution der Familienausgleichskasse eine Besonderheit dar.

Aktivitäten im Zusammenhang mit der Steuer bestehen in der Erstellung und Übermittlung der Quellensteuerabrechnung, die abhängig von der Unternehmensgröße monatlich oder vierteljährlich zu erstellen ist, der Lohnartenrekapitulation sowie der jährlich zu erstellenden Lohnausweise für die Mitarbeiter sowie der Quellensteuerbescheinigungen für die Kantone Genf, Wallis und St. Gallen.

Die Folgeverarbeitung im Bereich der Sozialversicherung (worunter wir auch die Solidaritätsbeiträge für Mitglieder des Arbeitgeberverbands der Schweizer Maschinenindustrie subsumieren) besteht im Ausweis der ASM-Solidaritätsbeiträge und in den jährlich durchzuführenden Abrechnungen mit den Trägern der AHV, den Versicherungsträgern der Grundsicherung sowie mit den Unfallversicherungsträgern.

Auch die Beiträge zu den kantonalen Familienausgleichskassen sind einmal jährlich entsprechend nachzuweisen.

Hinweis

Weiterführende Informationen rund um die Personalabrechnung mit SAP finden Sie im gleichnamigen Buch von SAP PRESS.

8.9 Zusammenfassung

In diesem Kapitel haben Sie den gesamten Abrechnungsprozess kennengelernt: angefangen bei den Vorbereitungen im Abrechnungsverwaltungssatz über die Entgeltabrechnung selbst bis hin zu den Folgeaktivitäten wie Überweisungen und Erstellen der Beitragsnachweise und Lohnsteuerdaten. Anhand zahlreicher Übungen konnten Sie den gesamten Prozess durchspielen und sich so mit den verschiedenen Reports vertraut machen. Darüber hinaus haben wir Ihnen Auswertungen vorgestellt, mit deren Hilfe Sie die Abrechnungsergebnisse anzeigen und bis zu einem bestimmten Grad auch analysieren können.

8.10 Übungsaufgaben zu Kapitel 8

1. Was versteht man unter der *vollständigen Rückrechnungsfähigkeit* der Personalabrechnung in SAP ERP HCM?
2. Welche Aktivitäten können bei einer Personalabrechnung mit SAP ERP HCM grob unterschieden werden?
3. Welche Infotypen der Personaladministration sind für eine Personalabrechnung in SAP ERP HCM zwingend erforderlich?
4. Nennen Sie mindestens fünf regelmäßig in einem Abrechnungsergebnis entstehende Tabellen.
5. Nennen Sie mindestens drei Merkmale, durch die sich eine Echtabrechnung von der Simulationsabrechnung unterscheidet.

6. Nennen Sie mindestens zwei wichtige Informationen, die der Infotyp 0003 (Abrechnungsstatus) enthält.
7. Nennen Sie die vorrangige und eine weitere Aufgabe des Abrechnungsverwaltungssatzes.
8. Was bedeutet der *Matchcode W* in der Personalabrechnung von SAP ERP HCM?
9. Wie viele verschiedene Zahlungen erfolgen mindestens im Anschluss an die Personalabrechnung?
10. Welche Daten erzeugt das DTA-Vorprogramm, und aus welcher Tabelle des Abrechnungsergebnisses werden diese Daten entnommen?
11. Welche Erzeugnisse werden mit dem Programm zur Erstellung der Beitragsnachweise mindestens generiert?
12. Nennen Sie mindestens vier Status, die eine DEÜV-Meldung in SAP ERP HCM aufweisen kann.
13. Welche Aufgaben erfüllt die Simulation eines Buchungslaufs?
14. Wie können Sie die Einzel- und Summenauswertung im Lohnartenreporter steuern? Nennen Sie mindestens vier Auswertungsreports, die auf Ergebnisse aus der Personalabrechnung zurückgreifen.

Das Organisationsmanagement ist eine mächtige und flexible Komponente, die umfangreiche Möglichkeiten zur Definition und Auswertung von Strukturen bietet. Darüber hinaus basieren darauf viele wichtige Prozesse von SAP ERP HCM.

9 Organisationsmanagement

Das Organisationsmanagement ist Grundlage für einen optimalen Einsatz der Personaladministration und des Personalcontrollings und wird außerdem für die strukturelle Berechtigung genutzt, z. B. um Berechtigungen für Teams oder Abteilungen zu definieren. Es ist unbedingt erforderlich, dass Sie die Objekte und Strukturen im Organisationsmanagement stets sauber und aktuell halten, denn nur so können im Personalcontrolling gültige Auswertungen erstellt werden. So können Sie gewährleisten, dass alle Anwender Zugriff auf die richtigen Personen haben.

Folgende wichtige SAP ERP HCM-Prozesse und -Anwendungen benötigen die Organisationsstruktur als Grundlage:

- Personalplanung und -entwicklung
- Bewerbermanagement
- Einsatz von Workflows
- Nutzung von *Manager's Desktop* (MDT) bzw. *Manager Self-Services* (MSS) (siehe Kapitel 13, »Manager's Desktop [MDT]«)
- *Time Managers Workplace* (TMW) und die Personaleinsatzplanung
- Abbildung von Organigrammen

In diesem Kapitel möchten wir Ihnen zunächst einen Überblick über das Organisationsmanagement geben: Hier werden Ihnen wichtige Begriffe sowie ausgewählte Objekt- und Infotypen erläutert. Anschließend werden wir uns der Pflege der Organisationsstruktur widmen. Sie lernen die verschiedenen Bildschirmbereiche kennen und werden mit der Pflege von Organisationseinheiten und Planstellen vertraut gemacht. Danach werden wir Ihnen die Pflege von wichtigen Daten anhand verschiedener Registerkarten erläutern und Ihnen die Auswertungen im Organisationsmanagement nahebringen.

9.1 Überblick

In diesem Abschnitt werden Begriffe vorgestellt, die Sie kennen müssen, wenn Sie mit dem Organisationsmanagement arbeiten wollen. Das Verständnis dieser Begriffe und ihrer Zusammenhänge ist zudem wichtig, um die Integration des Organisationsmanagements in das HR-System (z. B. Personaladministration) zu verstehen.

9.1.1 Begriff »Planvariante«

Eine Planvariante stellt aus Sicht der Personalplanung und -entwicklung eine eigene Welt dar. Unterschiedliche Planvarianten werden insbesondere genutzt, um alternative Planungsszenarien durchzuspielen. Dafür besteht auch die Möglichkeit, Planvarianten zu kopieren.

Achtung

Einen Sonderstatus hat die *aktive Planvariante*, auch *Integrationsplanvariante* genannt. Sie wird mit der Erstimplementierung festgelegt (meist auf »01«) und darf dann nicht mehr geändert werden. Damit ist die Integrationsplanvariante die einzige Planvariante, deren Änderungen sich bei aktiver Integration auf die Personaladministration auswirken.

Um die gerade angezeigte oder bearbeitete Planvariante zu wechseln, können Sie den Menüpfad PERSONAL • ORGANISATIONSMANAGEMENT • EINSTELLUNGEN • PLANVARIANTE SETZEN nutzen (siehe Abbildung 9.1).

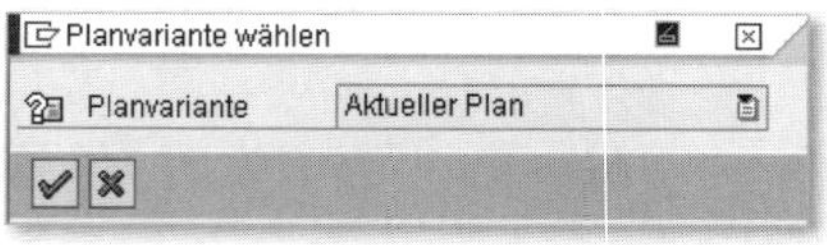

Abbildung 9.1 Planvariante setzen

9.1.2 Objekte, Verknüpfungen und Infotypen

Während die Personaladministration mit der »Person« nur eine einzige Art von Informationsobjekt betrachtet, werden im Organisationsmanagement verschiedene Objekttypen verarbeitet. Dies sind z. B.:

- Organisationseinheit (O)
- Planstelle (S)
- Stelle (C)
- Aufgabe (T)

Außerdem werden auch sogenannte *externe Objekttypen* angesprochen. Externe Objekttypen sind solche, die zwar im Organisationsmanagement mit anderen Objekttypen verknüpft, selbst aber nicht im Organisationsmanagement angelegt oder gepflegt werden können.

Externe Objekttypen

Im Organisationsmanagement gibt es mehrere Objekttypen, die miteinander verknüpft werden und eine Hierarchie bilden können, etwa die Organisationsstruktur. Externe Objekttypen können zwar auch im Organisationsmanagement mit anderen Objekttypen verknüpft werden, jedoch hier nicht angelegt oder gepflegt werden. Das geschieht in einer anderen Komponente. So wird z. B. das Objekt »Person« in der Personaladministration gepflegt.

Folgende externe Objekttypen existieren im Organisationsmanagement:

- Person aus der Personaladministration (P)
- Kostenstelle aus der Kostenrechnung (K)

Um zwischen diesen Objekttypen Beziehungen herzustellen, werden Verknüpfungsarten eingesetzt. Jede Verknüpfung hat immer ein Gegenstück. In Abbildung 9.2 wird dies anhand der Objekttypen »Organisationseinheit«, »Planstelle« und »Person« verdeutlicht.

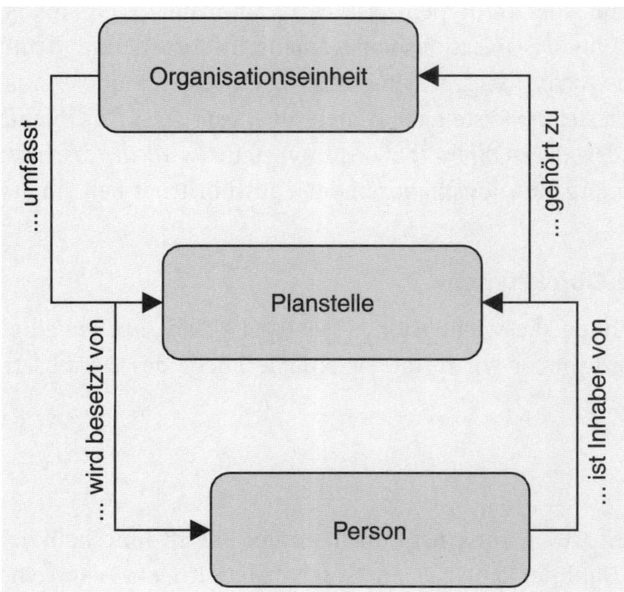

Abbildung 9.2 Verknüpfungen im Organisationsmanagement

Mithilfe dieses Baukastenprinzips, bestehend aus Objekttypen und Verknüpfungen, können verschiedene Strukturen aufgebaut werden. Über sogenannte *Auswertungswege* sind diese Strukturen zudem analysierbar. Ein Auswertungsweg ist dabei der Weg, den eine Auswertung entlang der Organisationsstruktur gehen soll. So beschreibt z. B. der Auswertungsweg O-O-S-P den Besetzungsplan im Organisationsmanagement. Dabei werden Verknüpfungen zwischen Organisationseinheiten untereinander (O-O) mit den zugehörigen Planstellen (O-S) und den Personen, die diese Planstellen besetzen (S-P), ausgewertet. Der Begriff *Auswertungsweg* wird Ihnen noch einmal in Abschnitt 9.4, »Auswertungen im Organisationsmanagement«, begegnen.

Ebenso wie in der Personaladministration gibt es auch im Organisationsmanagement *Infotypen*, mit denen Objekte, z. B. eine Organisationseinheit, detaillierter beschrieben werden können. So kann beispielsweise die Adresse einer Organisationseinheit im Infotyp 1028 (Adresse) abgelegt werden.

Das Infotypkonzept ist dabei dem der Administration sehr ähnlich – auch wenn die technische Realisierung etwas abweicht. Insbesondere sind hier aber nicht alle Infotypen für alle Objekttypen zulässig. So existiert z. B. für eine Planstelle der Infotyp »Vakanz« – nicht aber für eine Organisationseinheit. In der Anwendung werden die für einen Objekttyp unzulässigen Infotypen nicht zur Pflege angeboten.

Eine weitere Besonderheit der Infotypen des Organisationsmanagements ist ihr Status. So können im Organisationsmanagement Infotypen und damit Objekte z. B. den Status Aktiv, Geplant, Beantragt, Genehmigt oder Abgelehnt haben. Damit lässt sich im System ein Genehmigungsprozess für Objekte (z. B. Planstellen) abbilden. Der Objekt- bzw. Infotypstatus wird in Abschnitt 9.4, »Auswertungen im Organisationsmanagement«, ausführlicher behandelt.

9.1.3 Ausgewählte Objekttypen

Nachfolgend werden Ihnen die wichtigsten Objekttypen und ihre jeweilige Bedeutung kurz erläutert, bevor wir in die eigentliche Pflege des Organisationsmanagements einsteigen.

Organisationseinheit

Eine *Organisationseinheit* ist ein zunächst sehr neutraler Begriff innerhalb der Organisationsstruktur. Dahinter kann z. B. ein Geschäftsbereich, ein Team, eine Behörde, ein Werk oder eine Abteilung stehen. Durch diese sehr allgemeine Definition kann eine beliebig tiefe Hierarchisierung der Organisationsstruktur durch Über- und Unterordnung von Organisationseinheiten abgebildet werden.

Planstelle

Vereinfacht ausgedrückt stellt eine *Planstelle* den Platz dar, den ein konkreter Mitarbeiter einnehmen kann. Das Besondere an einer Planstelle ist, dass sie vakant, also zu besetzen sein kann. Für die Personalbeschaffung heißt das, dass ein Personalbedarf besteht und ein Mitarbeiter gesucht werden muss. Planstellen sind einer Organisationseinheit zugeordnet, wozu die Verknüpfungsart »gehört zu« benutzt wird (siehe Abbildung 9.2).

Leiterplanstelle

Besonders ausgezeichnet ist die *Leiterplanstelle*. Dies ist eine Planstelle, deren Inhaber die entsprechende Organisationseinheit leitet. Technisch entsteht eine Leiterplanstelle dadurch, dass die Verknüpfungsart »leitet« zwischen einer Planstelle und einer Organisationseinheit angelegt wird. Die Leiterplanstelle hat in vielen Bereichen eine besondere Bedeutung. So kann sie genutzt werden, um im Workflow bestimmte Aufgaben zuzuordnen oder Zugriffsrechte auf die unterstellten Mitarbeiter zu gewähren.

Stelle

Eine *Stelle* kann als Muster oder Vorlage für eine Planstelle angesehen werden. Während beispielsweise »Kreditsachbearbeiter« allgemein eine Stelle darstellt, so ist »Kreditsachbearbeiter Nr. 3 in der Abteilung Gewerbeimmobilien« eine Planstelle. Stellen und Planstellen werden textlich meist gleich benannt. Im Beispiel würde also auch die Planstelle »Kreditsachbearbeiter« heißen; es geht dann aus der Einordnung in die Organisationsstruktur hervor, welche Planstelle genau gemeint ist. Stelle und Planstelle sind über die Verknüpfungsart »beschreibt« bzw. »wird beschrieben von« verbunden. Damit liefert das Stellenkonzept eine Strukturierung der Planstellen, die auch zu Auswertungszwecken genutzt werden kann.

9.1.4 Ausgewählte Infotypen

Nach den wichtigsten Objekttypen erläutern wir Ihnen nun im weiteren Verlauf die elementaren Infotypen. Die Infotypen werden jedoch selten in der nachfolgend erläuterten Pflegeoberfläche für das Organisationsmanagement gepflegt, sondern sind vielmehr in übergreifenden Pflegeoberflächen (Dynpros) integriert, um das Vorgehen bei der täglichen Pflegearbeit auf die Aufgaben des Anwenders auszurichten.

Infotyp 1000 (Objekt)

Der Infotyp »Objekt« repräsentiert das Objekt selbst (z. B. Organisationseinheit, Stelle, Planstelle). Er enthält eine Langbezeichnung und ein Kürzel. Beide Bezeichnungen können sich im Zeitverlauf noch ändern, denn wie in der Personaladministration haben auch im Organisationsmanagement alle Infotypen ein Anfangs- und ein Enddatum. Die eindeutige Identifizierung eines Objekts erfolgt über die 8-stellige *Objekt-ID*.

Hinweis

Den Infotyp 1000 kann man somit mit dem Infotyp 0002 der Personaladministration vergleichen. Dabei entsprechen Langbezeichnung und Kürzel dem Namen eines Mitarbeiters und die Objekt-ID der Personalnummer.

Abbildung 9.3 zeigt einen Infotyp 1000 (Objekt).

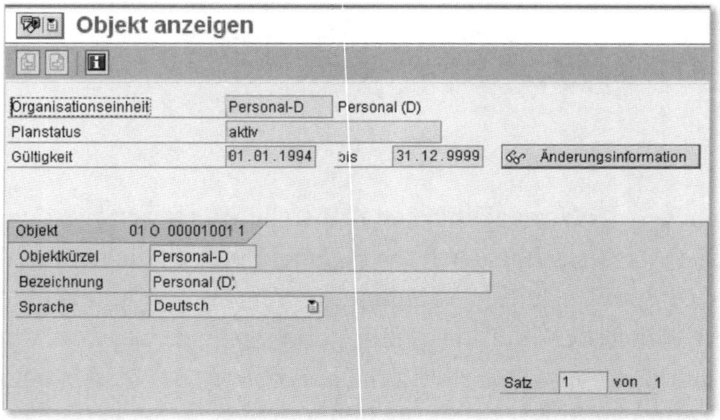

Abbildung 9.3 Infotyp 1000 (Objekt)

Infotyp 1001 (Verknüpfungen)

Auch Verknüpfungen werden in einem Infotyp abgelegt, wobei die Verknüpfungsart den Subtyp darstellt. Die direkte Pflege des Infotyps 1001 ist allerdings die Ausnahme. Die integrierten Pflegeoberflächen erlauben Umhängen, Verknüpfen und gleichzeitiges Neuanlegen mit Verknüpfung, ohne dass der Infotyp 1001 überhaupt wahrgenommen wird. Der Infotyp enthält die Verknüpfungsart und das verknüpfte Objekt (siehe Abbildung 9.4).

Beim Anlegen einer Verknüpfung wird übrigens die korrespondierende Verknüpfung in die andere Richtung automatisch mit angelegt. Wenn also die Verknüpfung »Planstelle gehört zu Organisationseinheit« angelegt wird, legt das System automatisch auch »Organisationseinheit umfasst Planstelle« an.

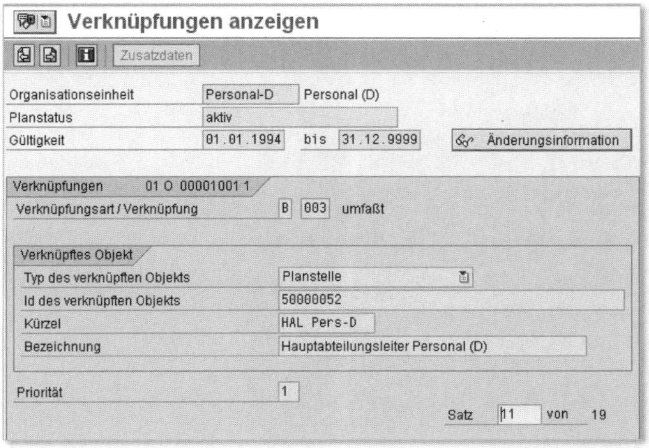

Abbildung 9.4 Infotyp 1001 (Verknüpfungen)

Infotyp 1003 (Abteilung/Stab)

Mit dem Infotyp »Abteilung/Stab« ist es möglich, eine Organisationseinheit als Stabseinheit zu kennzeichnen (auswertbar und als Grafik darstellbar). Außerdem können mit dem Abteilungskennzeichen auch echte Abteilungen von Gruppen abgegrenzt werden. Abbildung 9.5 zeigt ein Beispiel zum Infotyp 1003 (Abteilung/Stab).

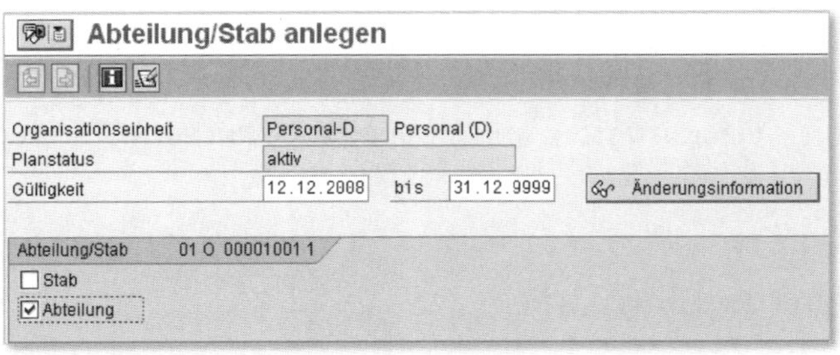

Abbildung 9.5 Infotyp 1003 (Abteilung/Stab)

Infotyp 1007 (Vakanz)

Die Information zur Vakanz ist ein wesentliches Element der Personalbedarfsplanung und der Personalbeschaffung. Um die Bedarfsplanung wirklich unterstützen zu können, sollte die Vakanz angelegt werden, sobald der Austritt oder die Versetzung eines Mitarbeiters bekannt wird. Dies erfolgt im Allgemeinen in den Personalmaßnahmen »Versetzung« oder »Austritt« automatisch.

Der Infotyp »Vakanz« selbst enthält einen Status für die VAKANZ (siehe Abbildung 9.6). ZU BESETZEN heißt, dass unmittelbar mit der Personalsuche innerhalb der Personalbeschaffung begonnen werden kann. Der Status BESETZT/ZURÜCKGESTELLT hingegen erfordert zunächst keine Aktivitäten.

Abbildung 9.6 Infotyp 1007 (Vakanz)

Die wichtigsten Infotypen haben Sie nun kennengelernt, sodass wir uns jetzt mit der eigentlichen Pflegeoberfläche des Organisationsmanagements befassen können.

9.2 Pflege der Organisationsstruktur

In diesem Buch werden wir uns bezüglich der Pflege des Organisationsmanagements auf die Gesamtpflegeoberfläche konzentrieren, die über die Transaktionen PPOCE (Organisationsstruktur anlegen) bzw. PPOME (Organisationsstruktur ändern) sowie über den Menüpfad PERSONAL • ORGANISATIONSMANAGEMENT • AUFBAUORGANISATION • ORGANISATION UND BESETZUNG • ANLEGEN/ÄNDERN erreichbar ist.

9.2.1 Elemente der Pflegeoberfläche

Bevor Sie mit der Pflege der Organisationsstruktur beginnen können, müssen Sie zunächst ein *Einstiegsobjekt* anlegen. Wenn Sie den Menüpfad PERSONAL • ORGANISATIONSMANAGEMENT • AUFBAUORGANISATION • ORGANISATION UND BESETZUNG • ANLEGEN wählen, werden Sie aufgefordert, einen Gültigkeitszeitraum für die Wurzelorganisationseinheit anzulegen (siehe Abbildung 9.7).

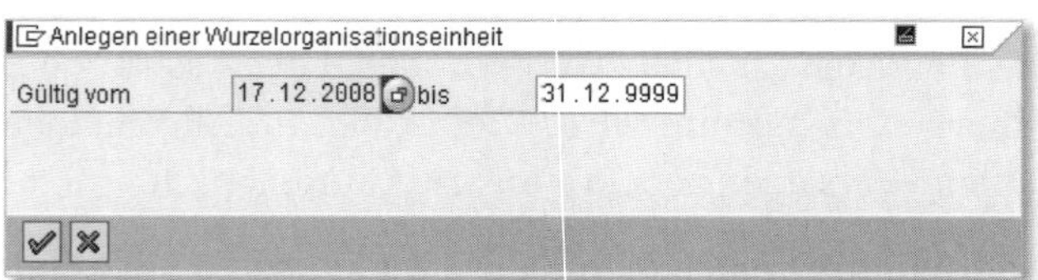

Abbildung 9.7 Angabe des Gültigkeitsdatums einer Wurzelorganisationseinheit

Hinweis

Bitte achten Sie darauf, den Gültigkeitszeitraum für Objekte so weit in der Vergangenheit beginnen zu lassen, wie Sie andere Objekte damit verknüpfen möchten. Wenn Sie z. B. eine Organisationseinheit ab 01.01.2004 beginnen lassen, können alle damit zu verbindenden Objekte frühestens ab diesem Datum verknüpft werden. Objekte lassen sich nämlich nur für den Zeitraum verknüpfen, in dem jeweils beide gültig sind. Sie können also mit der Wurzelorganisationseinheit (entspricht der Organisation auf oberster Ebene, z. B. Firma), deren Gültigkeit vom 01.01.2004 bis zum 31.12.9999 dauert, keine andere (Unter-)Organisationseinheit oder Planstelle beispielsweise schon ab 01.01.2003 verknüpfen.

Beim Anlegen einer *Wurzelorganisationseinheit* oder beim Ändern der Organisationsstruktur arbeiten Sie grundsätzlich in der aktiven Planvariante. Falls Sie in einer anderen Planvariante arbeiten wollen, müssen Sie dies vor dem Anlegen einer neuen Wurzelorganisationseinheit bzw. vor dem Ändern einer bestehenden Struktur angeben. Dazu wählen Sie den Menüpfad ORGANISATIONSMANAGEMENT • EINSTELLUNGEN • PLANVARIANTE SETZEN.

Für unser Beispiel bleiben wir bei der aktiven Planvariante. Nachdem Sie den Zeitraum wohlüberlegt ausgewählt haben, gelangen Sie in die Pflegeoberfläche des Organisationsmanagements. Diese Oberfläche ist in vier Bereiche eingeteilt, die nachfolgend erläutert werden (siehe Abbildung 9.8).

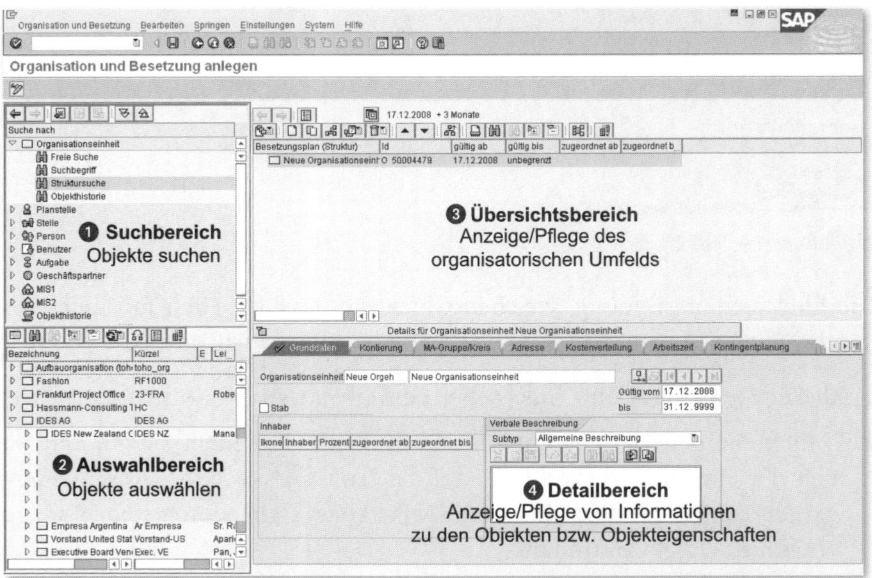

Abbildung 9.8 Überblick Pflegeoberfläche Organisationsmanagement

Über den *Suchbereich* ❶ werden Objekte gesucht. Das Ergebnis der Suche wird im *Auswahlbereich* ❷ dargestellt und von dort per Doppelklick oder Drag & Drop in den *Übersichtsbereich* ❸ übernommen. Wenn Sie ein Objekt im Übersichtsbereich doppelt anklicken, werden Ihnen zu diesem Objekt im *Detailbereich* ❹ die möglichen Infotypen in Registerkarten angezeigt.

Im Folgenden möchten wir Ihnen die Möglichkeiten der einzelnen Bereiche detailliert erläutert. Der Suchbereich bildet zusammen mit dem Auswahlbereich den *Objektmanager*. Dieser wird in ähnlicher Form z. B. in der Personaladministration verwendet.

Suchbereich

Mithilfe des Suchbereichs wählen Sie aus, welchen Objekttyp und welches Objekt Sie bearbeiten wollen. Dieses Objekt ist die Ausgangsbasis für die Bearbeitung einer Organisationsstruktur. Über den Suchbereich wird das Objekt anhand verschiedener Suchhilfen ermittelt (siehe Abbildung 9.9).

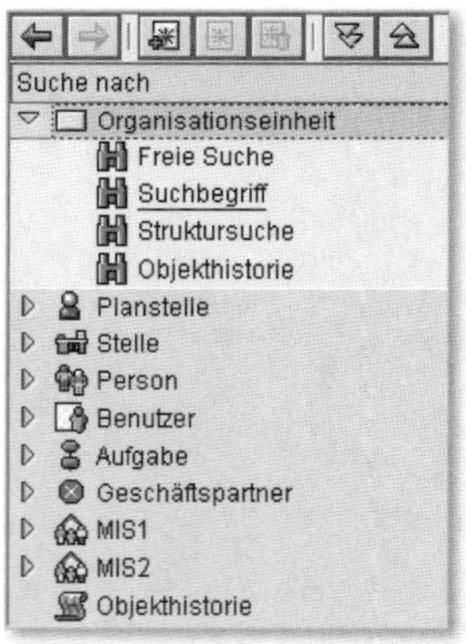

Abbildung 9.9 Suchbereich

Die Entscheidungsfindung, welchen Objekttyp Sie bearbeiten möchten, verdeutlichen wir hier am Beispiel einer Organisationseinheit:

1. Klicken Sie auf das Icon ▷ links neben dem Objekttyp ORGANISATIONSEINHEIT.
2. Wählen Sie eine der gewünschten Suchhilfen aus, indem Sie auf den Namen der Suchhilfe klicken (z. B. auf das Icon Freie Suche). Anschließend werden Ihnen weitere Eingabemöglichkeiten angeboten, um Ihr gewünschtes Objekt zu finden.

Im Suchbereich ist es möglich, eine ganze Struktur oder auch einzelne Objekte eines bestimmten Objekttyps (z. B. Planstellen) zu suchen. Der SAP-Standard bietet Ihnen die drei folgenden Suchwerkzeuge für Objekte:

- Suchbegriff
- Struktursuche
- Freie Suche

Diese Suchwerkzeuge werden wir Ihnen nun genauer erläutern.

Durch die Eingabe eines *Suchbegriffs* in das Feld MIT BEZEICHNUNG wird sowohl nach der Kurzbezeichnung als auch nach der Langbezeichnung und dem Schlüssel eines Objekts gesucht. Sie müssen dabei nicht den ganzen Begriff eingeben. Es ist ausreichend, wenn Sie z. B. »Pers« eingeben, falls Sie sich für alle Organisationseinheiten interessieren, die mit »Pers« beginnen (z. B. Personaladministration oder auch Personalentwicklung). Über das nächste freie Feld darunter – das Feld ZUGEORDNET (siehe Abbildung 9.10) – bestimmen Sie, ob das gesuchte Objekt zusätzlich zum Suchbegriff DIREKT oder DIREKT UND INDIREKT mit dem nachfolgend auszuwählenden Objekttyp und Objekt verknüpft sein soll.

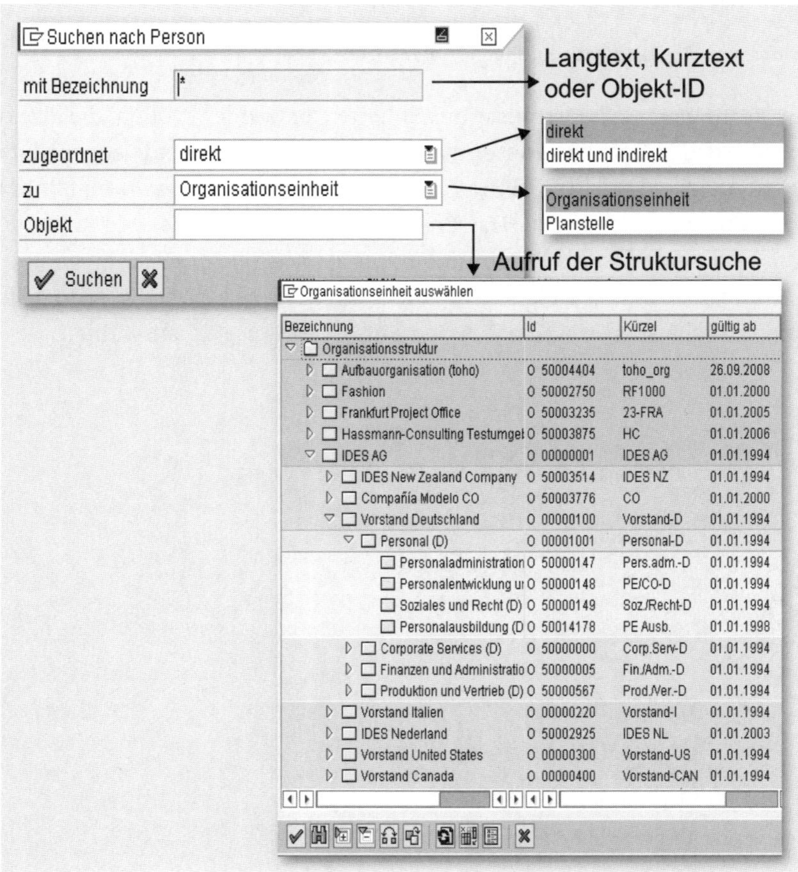

Abbildung 9.10 Suche per Suchbegriff

Am deutlichsten wird die Funktionsweise anhand eines Beispiels. Nehmen wir einmal an, Sie suchen alle Organisationseinheiten, die direkt mit der Organisationseinheit »Vorstand Deutschland« verknüpft sind. Sie lassen in diesem Fall das Feld MIT BEZEICHNUNG frei und wählen im darunterliegenden Feld ZUGEORDNET den Eintrag DIREKT aus. Im Feld ZU bestimmen Sie anschließend den Objekttyp ORGANISATIONSEINHEIT, und im letzten Feld wählen Sie über die Struktursuche aus der Organisationsstruktur die Organisationseinheit VORSTAND DEUTSCHLAND aus. Das Ergebnis Ihrer Suche sehen Sie in Abbildung 9.11.

Trefferliste

Existenz	Bezeichnung	Leiter
	Vorstand Deutschland	Dr. Herbert Brauns
	Personal (D)	Anja Müller
	Corporate Services (D)	Dr. Johanna Browi
	Finanzen und Administration (D)	Hilde Müller
	Produktion und Vertrieb (D)	Alexander Hess

Abbildung 9.11 Alle direkt zugeordneten Abteilungen

Wenn Sie hingegen *alle* Organisationseinheiten auswählen wollen, die direkt und indirekt der Organisationseinheit »Vorstand Deutschland« zugeordnet sind, müssen Sie das Abfragekriterium im Feld ZUGEORDNET von DIREKT auf DIREKT UND INDIREKT ändern. Das Ergebnis sähe dann so aus, wie in Abbildung 9.12 dargestellt (aus Platzgründen nur als Ausschnitt wiedergegeben). Weiterhin haben Sie die Möglichkeit, die Trefferliste zu erweitern, indem Sie eine neue Suche starten und dabei den Button Hinzufügen auswählen.

Trefferliste

Existenz	Bezeichnung	Leiter
	Vorstand Deutschland	Dr. He
	Personal (D)	Anja M
	Personaladministration (D)	Alexar
	Personalentwicklung und Controlling (D)	Maria
	Soziales und Recht (D)	Martin
	Personalausbildung (D)	Dr. He
	Corporate Services (D)	Dr. Jo
	Marketing (D)	Dr. Ma
	EDV Rechenzentrum	Dipl.-I
	Interner Service (D)	Jan Ki
	Kantine (D)	Martin
	Telefonzentrale (D)	Domir

Abbildung 9.12 Direkt und indirekt zugeordnete Abteilungen

Die *Struktursuche* ermöglicht es Ihnen, sich anhand der bereits bestehenden Organisationsstruktur das gewünschte Objekt herauszusuchen. Dazu klicken Sie das SUCHHILFE-Icon Struktursuche des jeweiligen Objekttyps an. Das Ergebnis der Suche (alle gefundenen Strukturen, für die Sie Berechtigungen haben) wird sofort im Auswahlbereich angezeigt (die Erläuterung des Auswahlbereichs finden Sie im Abschnitt »Auswahlbereich« des vorliegenden Kapitels 9.2.1).

Die *freie Suche* ermöglicht es dem Benutzer, ein Objekt anhand einer Vielzahl von kombinierbaren Kriterien zu selektieren. Durch die Verwendung der sogenannten *InfoSet Query* kann bestimmt werden, welche Felder zur Selektion und welche Felder für die Ausgabeliste herangezogen werden sollen (siehe Abbildung 9.13).

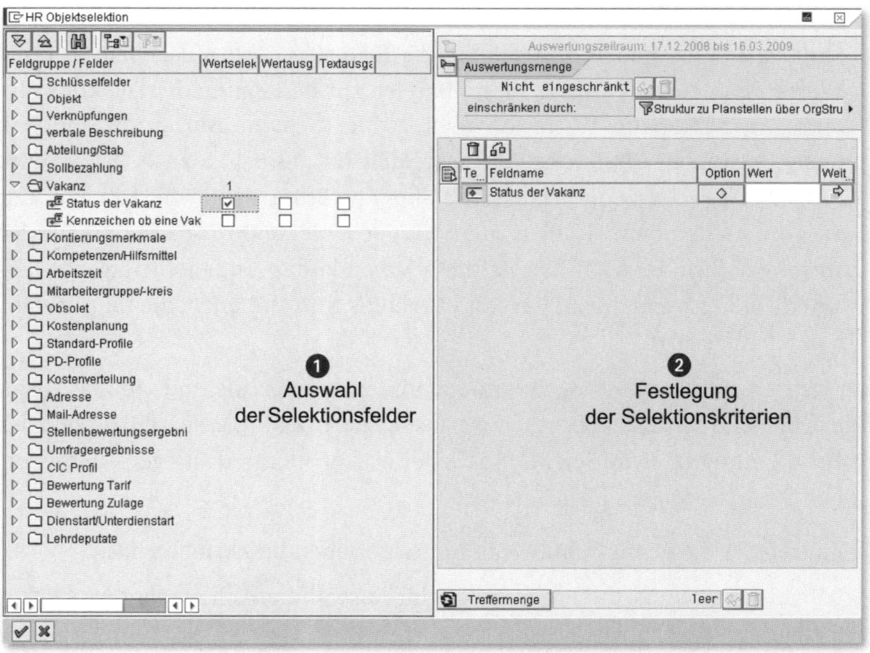

Abbildung 9.13 Freie Suche im Organisationsmanagement

Dabei gehen Sie folgendermaßen vor:

❶ Auswahl der Selektionsfelder

Zunächst wählen Sie aus der Reihe der Selektionsfelder die gewünschten Felder aus. Dabei gibt es mehrere Informationen, die Sie als Selektionsfeld definieren können. Die Feldgruppen orientieren sich hierbei an den Infotypen.

So gibt es z. B. eine Feldgruppe VAKANZ, ADRESSE sowie ABTEILUNG/STAB. Wenn Sie eine Feldgruppe über das Icon öffnen, können Sie zunächst pro Feld entscheiden, ob es als Selektionskriterium übernommen werden soll (Häkchen in der Spalte WERTSELEKTION setzen). Sobald Sie dieses Häkchen gesetzt haben, wird das Feld in den Bereich zur Festlegung der Selektionskriterien übernommen.

❷ **Festlegung der Selektionskriterien**
Wenn Sie wünschen, dass das gerade ausgewählte Kriterium auch in Ihrer Ergebnisliste erscheint, müssen Sie in der Spalte WERTAUSGABE und/oder TEXTAUSGABE ebenfalls ein Häkchen setzen. Sollten Sie WERTAUSGABE angekreuzt haben, wird der Schlüssel des Feldes in der Ergebnisliste ausgegeben. Bei TEXTAUSGABE erscheint in Ihrer Ergebnisliste der jeweilige Text des Schlüssels.

Sobald Sie Ihre Auswahl hinsichtlich der Selektionskriterien und Ausgabefelder getroffen haben, müssen Sie die Kriterien noch mit Leben, also mit Werten füllen. Dazu tragen Sie im Bereich zur Festlegung der Selektionskriterien in der Spalte WERT Ihr gewünschtes Selektionskriterium ein. Für unser Beispiel in Abbildung 9.13 wäre dies für das Feld STATUS DER VAKANZ z. B. »0 offen« oder »2 geschlossen«. Über den Button Treffermenge können Sie vorab schon einmal sehen, auf wie viele Objekte Ihre Selektionskriterien zutreffen. Ihre Auswahl übernehmen Sie endgültig, indem Sie auf das Icon klicken. Anschließend wird das Ergebnis Ihrer freien Suche im Auswahlbereich angezeigt.

Für den alltäglichen Gebrauch von Suchhilfen können Sie eine einmal ausgeführte Selektion in einer *Suchvariante* abspeichern. Damit ersparen Sie sich den Aufwand, umfangreiche Selektionen jedes Mal wieder neu anlegen zu müssen. Gehen Sie dazu folgendermaßen vor:

1. Führen Sie die gewünschte Selektion wie soeben beschrieben aus.
2. Sobald die gewünschte Ergebnisliste im Auswahlbereich erzeugt ist, klicken Sie auf den Button .
3. Erfassen Sie in dem sich öffnenden Fenster eine Bezeichnung für die Suchvariante (siehe Abbildung 9.14), und bestätigen Sie Ihre Eingabe über einen Klick auf das Icon .

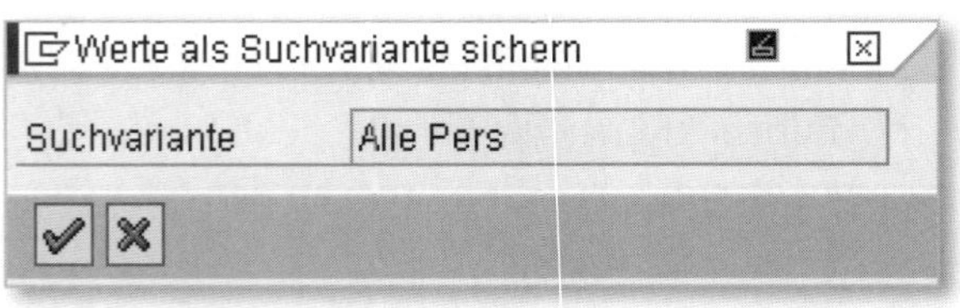

Abbildung 9.14 Suchvariante definieren

Nun haben Sie Ihre erste Suchvariante angelegt. Suchvarianten werden im Suchbereich unterhalb der Suchhilfen zum jeweiligen Objekttyp angezeigt (siehe Abbildung 9.15). Sie können die Suchvariante zukünftig immer durch einfaches Anklicken im Suchbereich aufrufen. Beachten Sie, dass Sie nicht die Ergebnisliste gespeichert haben, sondern ausschließlich die Selektion. Das heißt, es werden jedes Mal, wenn Sie die Suchvariante aufrufen, erneut die relevanten Objekte selektiert.

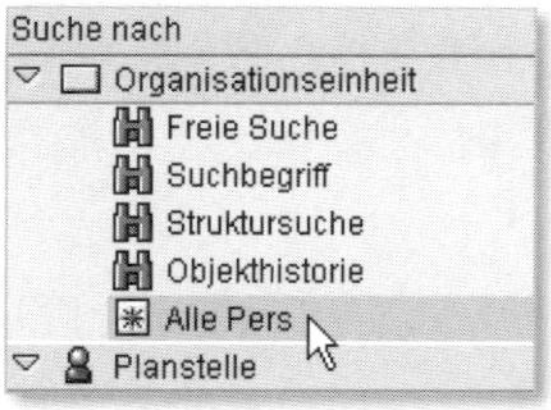

Abbildung 9.15 Suchvariante aufrufen

Wenn Sie sich die Selektionskriterien der Suchvariante anzeigen lassen wollen, markieren Sie die gewünschte Variante und klicken anschließend auf das Icon . Nicht mehr benötigte Suchvarianten löschen Sie mithilfe des Icons . Egal, welche Art der Suche Sie im Suchbereich ausführen, das Ergebnis wird immer im Auswahlbereich angezeigt. Wenn Sie mehrere Suchanfragen nacheinander ausgeführt haben, können Sie mit den Icons durch die bisherigen Suchergebnisse im Auswahlbereich blättern.

Hinweis

Falls Sie die Transaktion zur Pflege der Organisationsstruktur verlassen und später wieder aufrufen sollten, wird immer die zuletzt durchgeführte Selektion ausgeführt. Um zu vermeiden, dass eine gegebenenfalls ziemlich umfangreiche Selektion den Aufruf der Pflegetransaktion verzögert, sollte Ihre letzte Selektion vor dem Verlassen der Pflegetransaktion möglichst nicht sehr komplex gewesen sein.

Auswahlbereich

Die Liste des Auswahlbereichs ist besonders bei einer großen Ergebnismenge möglicherweise zu klein. Für diesen Fall können Sie sich die Ergebnisliste über das Icon vergrößern und wieder verkleinern, mit der Konsequenz, dass der Suchbereich ausgeblendet wird. Abhängig von der Art des Objekts, das in der Ergebnisliste angezeigt wird, kann es erforderlich sein, weitere Informationen anzuzeigen. Bei allen Einträgen in der Ergebnisliste blenden Sie die gewünschten von den verfügbaren Informationen über das Icon für SPAL-

TENKONFIGURATION ein. Es wird Ihnen daraufhin eine Liste mit den möglichen Informationen angeboten (siehe Abbildung 9.16).

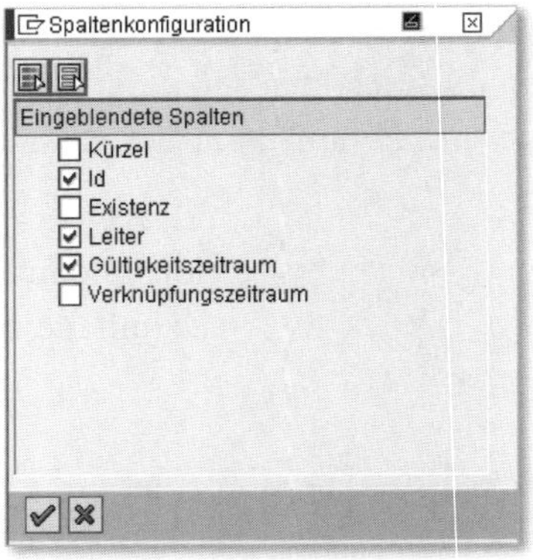

Abbildung 9.16 Spaltenkonfiguration im Auswahlbereich

Setzen Sie das Häkchen jeweils in den gewünschten Spalten, und klicken Sie auf das Icon zur Bestätigung Ihrer Auswahl. Die Ergebnisliste wird somit um die ausgewählten Informationen ergänzt (siehe Abbildung 9.17).

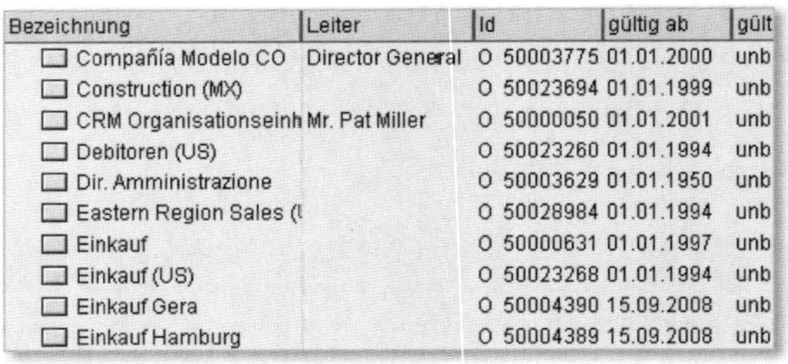

Bezeichnung	Leiter	Id	gültig ab	gült
Compañía Modelo CO	Director General	O 50003775	01.01.2000	unb
Construction (MX)		O 50023694	01.01.1999	unb
CRM Organisationseinh	Mr. Pat Miller	O 50000050	01.01.2001	unb
Debitoren (US)		O 50023260	01.01.1994	unb
Dir. Amministrazione		O 50003629	01.01.1950	unb
Eastern Region Sales (l		O 50028984	01.01.1994	unb
Einkauf		O 50000631	01.01.1997	unb
Einkauf (US)		O 50023268	01.01.1994	unb
Einkauf Gera		O 50004390	15.09.2008	unb
Einkauf Hamburg		O 50004389	15.09.2008	unb

Abbildung 9.17 Erweiterte Ergebnisliste

Das so erweiterte Ergebnis kann jetzt noch mithilfe der Icons für AUFSTEIGEND und für ABSTEIGEND sortiert werden. Hierfür markieren Sie die Spalte, nach der sortiert werden soll, und klicken auf einen der beiden SORTIER-Buttons. Sollte Ihnen die Ergebnismenge zu groß sein oder noch nicht das gewünschte Ergebnis liefern, können Sie mit einem Klick auf das Icon einen Filter auf die Ergebnisliste anwenden. Zum Setzen eines Filters haben Sie mehrere Möglichkeiten:

- **Selektion mit vorheriger Markierung**
  Markieren Sie die gewünschte(n) Spalte(n), nach denen die Liste gefiltert werden soll (z. B. Leiter aus Abbildung 9.17), indem Sie sie mit der linken Maustaste anklicken. Klicken Sie anschließend auf das Icon . Sie erhalten eine Selektionsmaske mit der oder den ausgewählten Spalte(n), in die Sie Ihre Filterkriterien eingeben können (siehe Abbildung 9.18). Sobald Sie die

Eingabe der Kriterien abgeschlossen haben, bestätigen Sie Ihren Filter mit einem Klick auf das Icon . Das Ergebnis ist eine gefilterte Ergebnisliste.

- **Selektion ohne vorherige Markierung**
  Klicken Sie auf das Icon , ohne vorher eine Spalte der Ergebnisliste markiert zu haben. Sie erhalten eine Auswahlliste für die Filterkriterien, aus der Sie die gewünschten Felder mithilfe des Icons aus dem Feldvorrat in die Feldauswahl übernehmen können. Nach Bestätigung Ihrer Auswahl durch einen Klick auf das Icon erhalten Sie wieder das Selektionsbild mit den ausgewählten Feldern. Das weitere Vorgehen ist identisch mit dem zuvor unter der Selektion mit vorheriger Markierung genannten.

Abbildung 9.18 Filterkriterien für die Ergebnisliste

Sollten Sie einen Filter wieder aufheben wollen, benutzen Sie ebenfalls das Icon . Hier ist allerdings etwas Fingerspitzengefühl gefragt, da Sie nicht das Filtersymbol verwenden dürfen, sondern nur den rechten Teil des Icons . Einmal angeklickt, erhalten Sie eine kleine Auswahlliste (Anlegen oder Löschen), aus der Sie Löschen wählen.

Wenn Ihre Liste aggregierbare Daten enthält, wie z. B. wöchentliche Arbeitszeiten in Stunden innerhalb einer Mitarbeiterliste, können Sie diese Daten über das Icon summieren. Im Auswahlbereich wird dann eine Summenzeile am Ende des Suchergebnisses angehängt. Der Objektmanager, bestehend aus Such- und Auswahlbereich, sollte eigentlich nicht als Auswertungstool zur Erzeugung von Objektlisten genutzt werden, da es hierfür spezielle Auswertungen in HCM gibt. Dennoch können Sie, wie Sie den vorherigen Ausführungen entnehmen konnten, die Ergebnislisten bereits sehr gut auf Ihre eigenen Bedürfnisse zuschneiden.

Eine weitere Aktion, die eigentlich häufiger für Listen in Auswertungen angewandt wird, ist das Drucken. Über das Icon können Sie die Ergebnisliste auf Papier bringen. Das Vorgehen beim Drucken ist identisch mit dem bereits geschilderten Verfahren, weshalb an dieser Stelle nicht mehr darauf eingegangen wird.

Neben dem Drucken gibt es noch eine weitere Funktionalität, mit deren Hilfe Sie die Ergebnisliste Ihrer Selektion weiterverarbeiten können, die *Ansichten*. Ähnlich wie beim Icon für das Setzen und Löschen von Filtern, verbirgt sich hinter dem Icon für Ansichten eine Auswahlliste mit möglichen Darstellungsalternativen der Ergebnisliste. Im Einzelnen sind dies folgende:

- **Grid**
  Dies ist die Standardeinstellung für Ergebnislisten (die Ansicht entspricht der Liste in Abbildung 9.17).
- **Listausgabe**
  Die Ergebnisliste wird in einer Druckansicht angezeigt.
- **Excel Inplace**
  Wenn Sie Excel auf Ihrem PC installiert haben und weitere Voraussetzungen im SAP-System geschaffen wurden (u.a. Berechtigungen für den Aufruf von Excel Inplace), dann können Sie Ihre Ergebnisliste auch in Excel darstellen. Eine spezielle Technik erlaubt es dabei, dass MS-Excel innerhalb der SAP-Anwendung eingeblendet wird. Sie erhalten dadurch die Möglichkeit, die Daten dort wie gewohnt in Excel zu bearbeiten (siehe Abbildung 9.19).
- **Lotus Inplace**
  Diese Schnittstelle funktioniert, falls das Produkt installiert ist, ähnlich wie Excel Inplace für die Darstellung Ihrer Ergebnisliste.

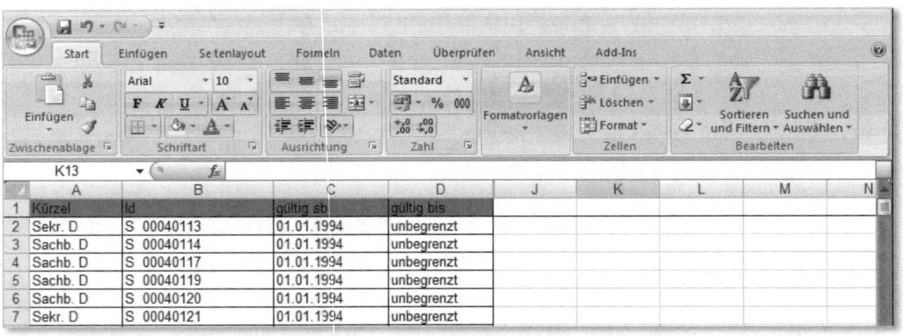

Abbildung 9.19 Ergebnisliste in der Ansicht »Excel Inplace«

Wie bereits zu Anfang erwähnt, besteht der eigentliche Sinn des Auswahlbereichs – neben der Darstellung des Ergebnisses Ihrer Selektion – in der Möglichkeit, Objekte aus diesem Ergebnis auszuwählen und zur weiteren Bearbeitung und Anzeige in den Übersichtsbereich zu übernehmen. Die Übernahme von Objekten aus Ihrer Ergebnisliste in den Übersichtsbereich kann auf zweierlei Arten vorgenommen werden. Erstens per Doppelklick auf das gewünschte Objekt oder zweitens per Drag & Drop, indem Sie das Objekt mit der linken Maustaste anklicken und es in den Übersichtsbereich ziehen.

Übersichtsbereich

Bevor wir detailliert auf die Funktionalitäten des Übersichtsbereichs eingehen, sollten Sie sich bewusst sein, dass Sie immer nur für einen bestimmten Zeitraum auf die Strukturen im Übersichtsbereich blicken. Das bedeutet, dass z. B. Organisationseinheiten, die vor dem Zeitraum, in dem Sie Ihren Blick auf die Struktur richten, bereits in ihrer Gültigkeit begrenzt wurden, nicht mehr sichtbar sind.

Diesen Zeitraum können Sie selbst festlegen. Dazu verwenden Sie entweder den Menüpfad Einstellungen • Datum und Vorschauzeitraum ... oder das Icon oberhalb des Übersichtsbereichs. Welcher Zeitraum gerade eingestellt ist (z. B. 17.12.2008 + 3 Monate), können Sie auf einen Blick erkennen, wenn Sie auf die Angabe neben dem Icon achten.

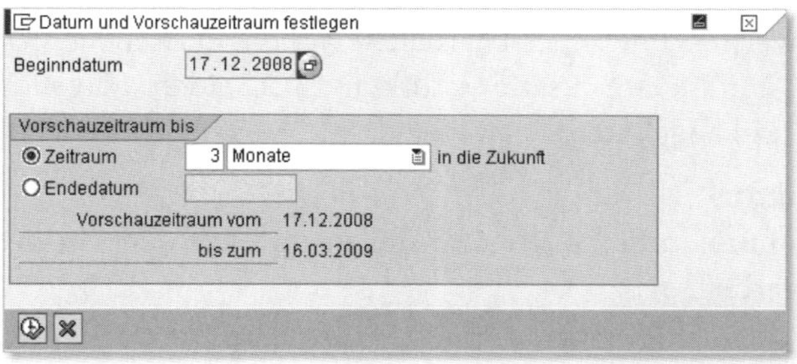

Abbildung 9.20 Datum und Vorschauzeitraum einstellen

Sie können auf dem sich daraufhin öffnenden Bild (siehe Abbildung 9.20) folgende Einstellungen vornehmen:

- Beginndatum
  Hier legen Sie den Beginn des Betrachtungszeitraums fest.
- Zeitraum
  Zunächst legen Sie hier eine Anzahl und anschließend eine Einheit (Tage/Monate/Wochen/Jahre/vollständig) für das Endedatum fest.
- Endedatum
  Alternativ zur Zeitraumangabe könne Sie auch explizit ein Endedatum erfassen. Markieren Sie hierzu das Feld Endedatum, und geben Sie anschließend das Datum im Feld daneben an.

Mit einem Klick auf das Icon bestätigen Sie Ihre Auswahl. Die angezeigte Struktur im Detailbereich wird sofort auf den neuen Auswahlzeitraum angepasst. Abhängig vom gewählten Zeitraum kann es sein, dass bei einigen Objekten in der Struktur (z. B. bei Personen) Pfeile (oder) angezeigt werden. Anhand dieser Icons werden Objekte gekennzeichnet, die innerhalb des Auswahlzeitraums neu in die Struktur mit aufgenommen wurden ( ) oder innerhalb dieses Zeitraums die Struktur wieder verlassen (). So können Sie auf einen Blick sehen, ob z. B. eine Person bereits während des gesamten ausgewählten Zeitraums eine Planstelle besetzt oder sie demnächst verlassen wird.

Neben der Übersicht dient der Übersichtsbereich in erster Linie dazu, bestehende Strukturen zu verändern oder zu ergänzen, d.h. bestehende Objekte, etwa Organisationseinheiten und Planstellen, anzulegen oder auch umzuhängen. Bevor wir uns die Vorgehensweise zum Ändern der Struktur ansehen, werden wir Ihnen noch einige Funktionalitäten des Übersichtsbereichs und der Detailbereiche erläutern. Mit dem daraus gewonnenen Wissen können Sie anschließend relativ leicht in die Pflege der Strukturen einsteigen.

Sichten des Übersichtsbereichs

In Abhängigkeit davon, welche Objekte Sie bearbeiten wollen, müssen Sie sich für eine bestimmte Sicht auf die Organisationsstruktur entscheiden. Folgende Sichten werden im Standard angeboten:

- **Besetzungsplan (Struktur)**
  Hier können Sie Organisationseinheiten, Planstellen und Personen in der Struktur sehen und bearbeiten.
- **Besetzungsplan (Liste)**
  Es erscheint eine Liste der aktuell im Besetzungsplan vorhandenen Objekte (Organisationseinheiten, Planstellen und Personen), ergänzt durch ein paar Zusatzinformationen, wie z. B. dem Besetzungsprozentsatz einer Planstelle, der gegebenenfalls zugehörigen Stelle, auf der die Planstelle basiert, dem Namen des Vorgesetzten und das Eintrittsdatum des Planstelleninhabers.
- **Aufgabenzuordnung**
  Aufgaben können im Rahmen des SAP-Workflows genutzt oder aber auch zur Beschreibung einer Planstelle herangezogen werden. Ein Beispiel für eine Aufgabenzuordnung ist in Abbildung 9.21 dargestellt.

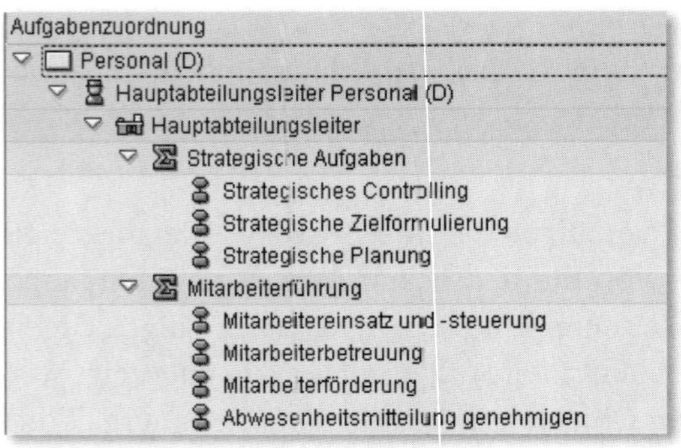

Abbildung 9.21 Sicht »Aufgabenzuordnung«

- **Kontierung**
  Über die Sicht KONTIERUNG wird die Zuordnung von Kostenstellen zu Organisationseinheiten oder Planstellen deutlich. Beachten Sie hierbei, dass in der Struktur nur direkt zugeordnete Kostenstellen angezeigt werden. Nicht angezeigt werden vererbte Kostenstellen. Diese können Sie der Detailsicht zu dem jeweiligen Objekt entnehmen. Die Bearbeitung von Kostenstellen ist nicht im Organisationsmanagement angesiedelt, da Kostenstellen im Modul CO bearbeitet und angelegt werden. Es handelt sich daher um externe Objekte des Organisationsmanagements, genauso wie beispielsweise das Objekt »Person«.
- **Leiterzuordnung**
  In der Sicht BESETZUNGSPLAN können Sie bereits Leiterplanstellen erkennen. Sie werden durch einen Klick auf das Icon dargestellt. In der Sicht LEITERZUORDNUNG wird hingegen ausschließlich die dem Leiter direkt zugeordnete Organisationseinheit angezeigt.
- **Organisationsstruktur**
  Diese Sicht zeigt ausschließlich Organisationseinheiten an. Verwenden Sie diese Sicht, wenn Sie neue Organisationseinheiten anlegen oder bestehende als Ganzes (also mit allen zugehörigen Planstellen und Personen) umhängen wollen.

Mithilfe der Icons können Sie zwischen den zuvor aufgerufenen Sichten wechseln. Haben Sie sich für eine Sicht entschieden, können Sie innerhalb der Sicht die aus dem Auswahlbereich bekannte Spaltenkonfiguration (über das Icon) aufrufen und den Übersichtsbereich um die verfügbaren Informationen der jeweiligen Sicht ergänzen (siehe Abbildung 9.16).

Tipp

Blenden Sie in der Sicht BESETZUNGSPLAN (STRUKTUR) den Verknüpfungszeitraum ein. So können Sie sofort sehen, wie lange ein Mitarbeiter schon oder noch eine Planstelle besetzt bzw. besetzen wird.

Wie bereits erwähnt, hängt die Art der jeweils angezeigten Objekttypen von der ausgewählten Sicht ab. Um sich einen Überblick über die Bedeutung der grafischen Symbole für die Objekttypen zu verschaffen, sollten Sie das Icon für IKONENLEGENDE verwenden.

Sollten Sie sich dafür interessieren, welche weiteren Organisationseinheiten oberhalb der angezeigten Struktur vorhanden sind, können Sie durch einen Klick auf das Icon die jeweils nächsthöhere Hierarchiestufe mit in die bestehende Struktur aufnehmen.

Wie Sie wissen, besteht jedes in der jeweiligen Struktur angezeigte Objekt aus dem Infotyp »Objekt«. Für die Ablage weiterer Informationen zu diesem Objekt gibt es ebenfalls unterschiedliche Infotypen. Da diese Informationen den Übersichtsbereich überfrachten würden, gibt es dafür den Detailbereich. Diesen rufen Sie einfach durch einen Doppelklick auf das Objekt auf. Mit dem Button Details für öffnen und schließen Sie den Detailbereich.

Detailbereich

Im Detailbereich werden abhängig vom ausgewählten Objekttyp unterschiedliche Infotypen auf Registerkarten angezeigt. Das Konzept des Detailbereichs beruht darauf, nicht für jeden einzelnen Infotyp eine Registerkarte anzubieten, sondern logisch zusammengehörende Informationen mehrerer Infotypen auf einer Registerkarte zu vereinen. So werden beispielsweise für den Objekttyp PLANSTELLE auf der Registerkarte GRUNDDATEN u.a. Informationen aus den Infotypen »Objekt« (Kurzbezeichnung, Langbezeichnung und Gültigkeitszeitraum), »Vakanz« und »Abteilung/Stab« sowie die Inhaberverknüpfungen angezeigt (siehe Abbildung 9.22).

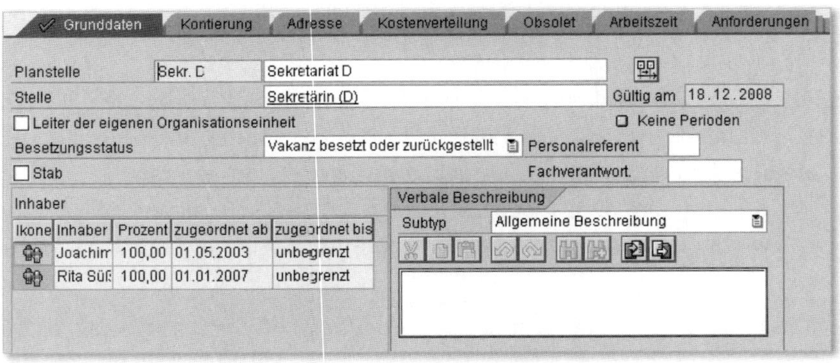

Abbildung 9.22 Detailbereich am Beispiel »Grunddaten Planstelle«

Sie navigieren auf die gewünschte Registerkarte, indem Sie diese anklicken. Sollten sehr viele Registerkarten für einen Objekttyp verfügbar sein und ist der Bildschirm für deren Darstellung nicht ausreichend, können Sie über die Icons weitere Registerkarten erreichen oder sich über das Icon eine Liste mit den verfügbaren Registerkarten anzeigen lassen. Von dieser Liste aus können Sie durch einfaches Anklicken eines Eintrags in die gewünschte Registerkarte verzweigen.

Da in SAP ERP HCM, wie Sie sicherlich mittlerweile wissen, alle Daten mit einem Zeitbezug gespeichert werden (Anfangs- und Enddatum) ist auch für jedes Objekt im Organisationsmanagement eine Historie verfügbar. Im Detailbereich werden immer die zum Stichtag (Systemdatum) gültigen Informationen auf den Registerkarten angezeigt. Über das Icon können Sie zusätzlich weitere Icons und Buttons einblenden, mit deren Hilfe Sie sich Informationen aus anderen Zeiträumen des Objekts anzeigen lassen können. Mit dem Icon wechseln Sie zu dem ersten auf der Datenbank abgespeicherten Datensatz des Objekts und mit dem Icon zum letzten. Über die Icons können Sie darüber hinaus zu den Sätzen dazwischen wechseln. Das Icon blendet die Zeitraumanzeigen wieder aus. Wenn Sie alle für ein Objekt vorhandenen Datensätze in einer Übersicht sehen wollen, klicken Sie auf das Icon für Periode auswählen. Die Funktionalität bezüglich des Zeitraums werden Sie spätestens dann nutzen, wenn Sie ein Objekt ändern wollen.

Nun verfügen Sie über die erforderlichen Grundlagen, um mit der Pflege der Strukturen im Organisationsmanagement beginnen zu können. Im Folgenden werden exemplarisch »typische« Arbeiten innerhalb des Organisationsmanagements betrachtet.

9.2.2 Organisationseinheiten pflegen

Wie bereits zu Anfang dieses Kapitels erwähnt, benutzen Sie zum erstmaligen Anlegen einer Wurzelorganisationseinheit den Menüpfad Personal • Organisationsmanagement • Aufbauorganisation • Organisation und Besetzung • Anlegen. Nachdem Sie den Gültigkeitszeitraum für die Organisationseinheit eingegeben und bestätigt haben, wird diese im Übersichtsbereich dargestellt (mit der Bezeichnung: neue Organisationseinheit). Im Detailbereich können Sie jetzt auf der Registerkarte Grunddaten die vorgeschlagene Kurz- und Langbezeichnung überschreiben (siehe Abbildung 9.23).

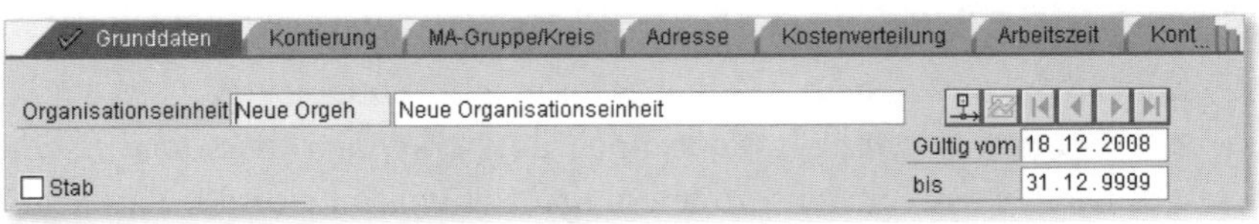

Abbildung 9.23 Anlegen einer Organisationseinheit in der Detailansicht

Je nach den Vorgaben in Ihrem Unternehmen kann es erforderlich sein, weitere Infotypen zu pflegen. Wenn Sie alle Daten zur Organisationseinheit eingegeben haben, müssen Sie diese Eingaben zunächst sichern, damit sie auch tatsächlich auf der Datenbank abgelegt werden. Um Sie regelmäßig an das Speichern zu erinnern, gibt es im SAP ERP HCM-Organisationsmanagement die Möglichkeit, nach einer festgelegten Anzahl von Aktionen eine automatische Aufforderung zum Speichern einzustellen. Sollte diese Funktion bei Ihnen voreingestellt sein, erscheint im weiteren Verlauf das in Abbildung 9.24 dargestellte Fenster.

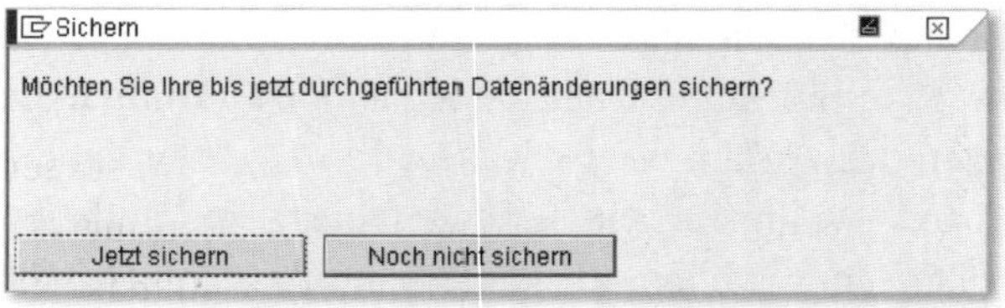

Abbildung 9.24 Sicherheitsabfrage zum Speichern

Sie haben jetzt die Wahl, das Speichern gleich durchzuführen oder auf später zu verschieben. Alle Objekte, die Sie zuvor angelegt haben, werden durch den Klick auf den Button JETZT SICHERN gespeichert. Alle Aktionen, die vor dem Speichern durchgeführt wurden, können Sie jederzeit wieder rückgängig machen, indem Sie im Übersichtsbereich das Icon einfach oder mehrfach anklicken. Daraufhin werden die seit dem letzten Speichervorgang vorgenommenen Änderungen der Reihe nach rückgängig gemacht.

Organisationseinheiten anlegen

Nachdem Sie die Wurzelorganisationseinheit angelegt haben, können Sie die Organisationsstruktur zukünftig über den Menüpfad PERSONAL • ORGANISATIONSMANAGEMENT • AUFBAUORGANISATION • ORGANISATION UND BESETZUNG • ÄNDERN jederzeit verändern. Um erst einmal die grundlegende Struktur anzulegen, gehen Sie vom gewünschten Ausgangsobjekt aus und klicken auf das Icon . Nachfolgend erhalten Sie eine Auswahlmaske, in der die möglichen Objekte angezeigt werden, die Sie vom Ausgangsobjekt aus anlegen können.

In Abbildung 9.25 sehen Sie das Angebot an möglichen Objekten, ausgehend von einer Organisationseinheit. Sie können dort erkennen, dass das System anbietet, entweder eine untergeordnete Organisationseinheit oder eine Planstelle anzulegen. Je nachdem, wie wir uns entscheiden, wird sofort mit dem Anlegen des Objekts auch der Infotyp »Verknüpfungen« im Hintergrund angelegt. Wählen Sie das gewünschte Objekt durch einen Klick auf den Text des Objekts aus. Anschließend pflegen Sie im Detailbereich die jeweiligen Daten zu dem Objekt.

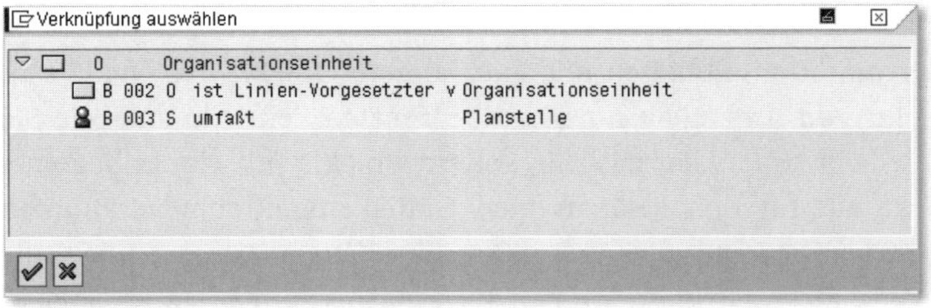

Abbildung 9.25 Auswahl der anzulegenden Objekttypen

Für den Fall, dass Sie größere Mengen von Objekten anlegen wollen, sollten Sie die Kopierfunktion des Organisationsmanagements nutzen. Dazu markieren Sie das zu kopierende Objekt (z. B. eine Planstelle) und klicken auf das Icon . In dem sich daraufhin öffnenden Fenster können Sie die Anzahl der Kopien, das Anfangs- und Enddatum sowie die Kurz- und Langbezeichnung erfassen (siehe Abbildung 9.26).

Abbildung 9.26 Kopieren einer Planstelle

Bestätigen Sie Ihre Eingabe anschließend durch einen Klick auf das Icon . Die so erzeugten Objekte können Sie nun im Detailbereich anpassen. Der einfachste Weg ist es, dazu eines der gerade kopierten Objekte im Übersichtsbereich doppelt anzuklicken.

Organisationseinheiten anordnen

Wenn Sie mehrere Organisationseinheiten untereinander (auf einer Ebene) anlegen, werden diese nach ihrer Bezeichnung alphabetisch sortiert angeordnet. Für den Fall, dass Ihnen diese Reihenfolge nicht zusagen sollte (in der Regel ist das der Fall), können Sie sie nachträglich ändern. Dazu markieren Sie durch einfachen Mausklick das gewünschte Objekt und verschieben es mithilfe der Icons ▲|▼ innerhalb einer Hierarchiestufe nach oben oder unten.

Organisationseinheiten terminieren

Sie können Organisationseinheiten und auch andere Objekte des Organisationsmanagements von Anfang an für einen begrenzten Zeitraum anlegen. Sie sollten dabei jedoch bedenken, dass Sie andere Objekte mit einem begrenzt gültigen Objekt nur für den gemeinsamen Gültigkeitszeitraum verknüpfen können. Im Klartext bedeutet dies Folgendes: Einer Organisationseinheit, die z. B. nur bis 31.12.2012 gültig ist, können auch nur bis zum 31.12.2012 Planstellen zugeordnet werden, auch wenn diese eine längere Gültigkeit haben. Daher empfiehlt es sich, Objekte im Organisationsmanagement erst einmal bis zum 31.12.9999 anzulegen. Sie können dann später abgrenzen, wenn z. B. eine Organisationseinheit aufgrund einer Reorganisation nicht mehr benötigt wird. Abgegrenzt wird ein Objekt über das Icon für TERMINIEREN. Dabei müssen Sie auswählen, ob Sie das Objekt oder seine Verknüpfung(en) begrenzen wollen.

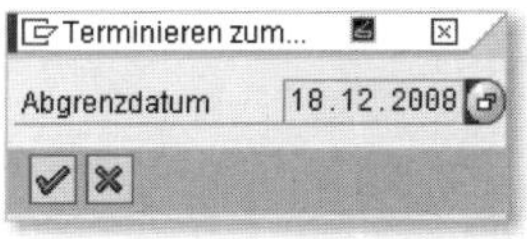

Abbildung 9.27 Erfassung »Abgrenzdatum« für Objekte

Anschließend müssen Sie das Terminierungsdatum eingeben (siehe Abbildung 9.27) und Ihre Eingabe mit einem Klick auf das Icon bestätigen. Sie können Objekte allerdings erst dann abgrenzen, wenn keine länger gültigen Objekte mehr mit dem Objekt verknüpft sind. Sollten Sie dennoch versuchen, ein solches Objekt abzugrenzen, wird das System dies nicht zulassen und Sie auffordern, zuerst die bestehenden Verknüpfungen zu begrenzen.

Organisationseinheiten verknüpfen

Wenn Sie Reorganisationen durchzuführen haben, kann dabei die Funktion des Icons sehr hilfreich sein. Über dieses Icon können Sie nämlich Objekte mit anderen Objekten verknüpfen. So können Sie z. B. eine Organisationseinheit einer anderen Organisationseinheit unterordnen. Dazu markieren Sie die Ausgangsorganisationseinheit im Übersichtsbereich (z. B. die Personalentwicklung [❶ in Abbildung 9.28]) und klicken dann auf das Icon . Anschließend wählen Sie den zu verknüpfenden Objekttyp aus, z. B. Organisationseinheit über die Verknüpfung B002 »ist Linienvorgesetzter von« (siehe Abbildung 9.25). Im sich daraufhin öffnenden Bild können Sie das zu verknüpfende Objekt auswählen (❷ in Abbildung 9.28). Bestätigen Sie Ihre Auswahl mit einem Klick auf das Icon ❸.

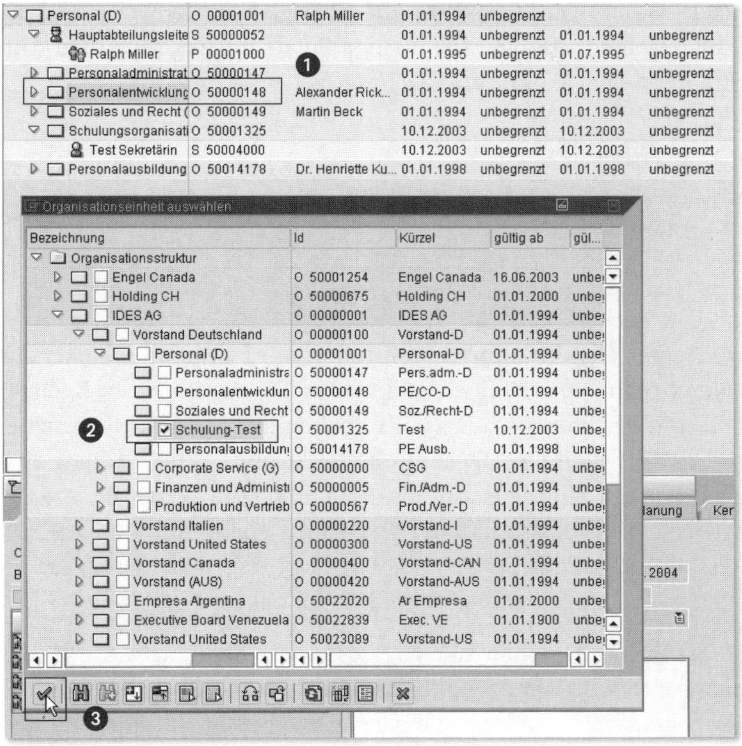

Abbildung 9.28 Objekt zuordnen

Das Ergebnis wäre die komplette Verlagerung der Organisationseinheit SCHULUNG TEST (inklusive aller darunterliegenden Organisationseinheiten, Planstellen und Personen) unter die Organisationseinheit PERSONALENTWICKLUNG.

Diese Methode kann man nutzen, doch gibt es zur Reorganisation der Organisationsstruktur auch noch die Möglichkeit, eine Organisationseinheit oder ein beliebiges anderes Objekt per Drag & Drop umzuhängen. Dies soll nachfolgend am Beispiel einer Organisationseinheit gezeigt werden.

Organisationseinheiten umhängen

Bei der Verlagerung von Organisationseinheiten oder Planstellen in eine andere Organisationseinheit per Drag & Drop ist Vorsicht geboten. Das System verwendet im Standard als Anfangsdatum der neuen Zuordnung das im Übersichtsbereich über den Menüpfad EINSTELLUNGEN • DATUM UND VORSCHAUZEITRAUM ... voreingestellte Datum und als Enddatum den 31.12.9999. Es fragt also nicht explizit nach dem Gültigkeitszeitraum der neuen Zuordnung. Es empfiehlt sich daher, die ZEITRAUMABFRAGE BEI ORGANISATORISCHEN ÄNDERUNGEN zu aktivieren. Über den Menüpfad EINSTELLUNGEN • ZEITRAUM-

Abfrage/Mehrere Objekte anlegen kann die Abfrage aktiviert werden (siehe Abbildung 9.29). Nach der Aktivierung werden Sie dann stets nach dem Gültigkeitszeitraum der neuen Verknüpfung gefragt.

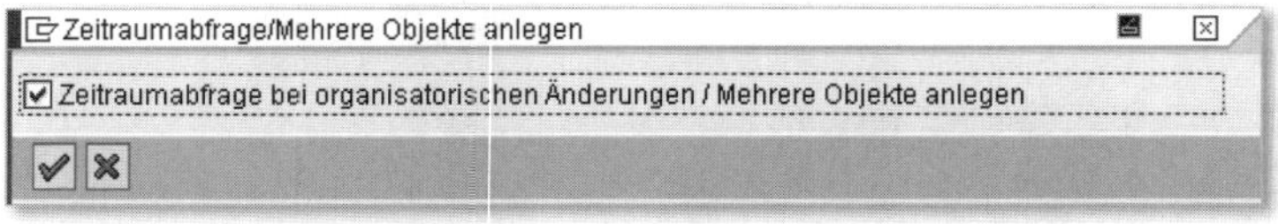

Abbildung 9.29 Aktivierung der Zeitraumabfrage bei organisatorischen Änderungen

Zum Umhängen einer Organisationseinheit (oder eines anderen Objekts aus der Organisationsstruktur) per Drag & Drop klicken Sie das Objekt (z. B. Organisationseinheit) mit der linken Maustaste an, halten diese gedrückt, verschieben das Objekt an die gewünschte Position in der Struktur (Zielorganisationseinheit) und lassen dann die Maustaste los. Sollten Sie die Zeitraumabfrage für organisatorische Änderungen aktiviert haben (siehe Abbildung 9.29), wird das System eine Zeitraumabfrage anbieten. Dort tragen Sie den Zeitraum ein und bestätigen Ihre Eingabe mit einem Klick auf das Icon .

Alle bisher aufgeführten Aktionen mit Organisationseinheiten, wie z. B. das Anlegen, Umhängen oder Abgrenzen, können Sie auch mit Planstellen durchführen. Die Vorgehensweise ist dabei die gleiche wie bei Organisationseinheiten. Dennoch gibt es bezüglich der Planstelle noch einige wenige Besonderheiten, die nachfolgend erläutert werden.

9.2.3 Planstellen pflegen

Wie bereits erläutert, gibt es die *Stellen* als Muster oder Vorlage für Planstellen. Es ist jedoch nicht zwingend erforderlich, immer eine Stelle als Vorlage für eine Planstelle zu benutzen. Sie können jedoch beim Anlegen einer Planstelle eine Stelle angeben (siehe Abbildung 9.30).

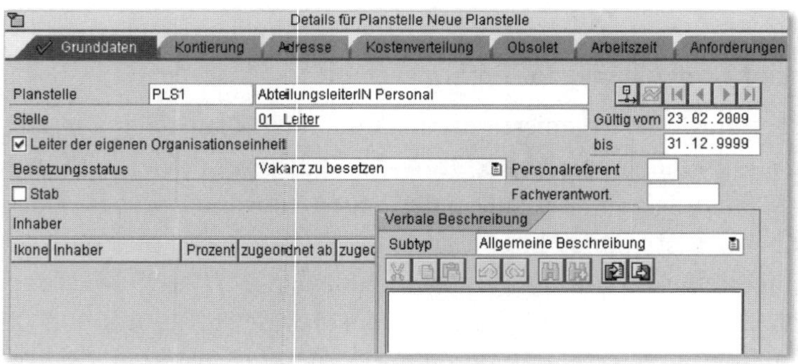

Abbildung 9.30 (Leiter-)Planstelle anlegen

Planstelle anlegen

Planstellen legen Sie in der Regel ausgehend von einer Organisationseinheit an, indem Sie auf das Icon klicken und im sich daraufhin öffnenden Auswahlfenster die Verknüpfung Umfasst ... Planstelle auswählen (siehe Abbildung 9.30).

Auf der Registerkarte Grunddaten innerhalb des Detailbereichs können Sie nun im Feld Stelle eine solche als Muster für die Planstelle angeben. Nach der Bestätigung Ihrer Eingabe über wird der Kurz- und Langtext der Stelle als Vorschlag für die Planstelle übernommen. Diesen Wert können Sie selbstverständlich überschreiben. Sollte keine passende Stelle verfügbar sein, haben Sie die Möglichkeit, eine neue anzulegen. Dafür müssen Sie den Menüpfad Bearbeiten • Stellen anlegen ... wählen. Anschließend öffnet sich die in Abbildung 9.31 dargestellte Eingabemaske.

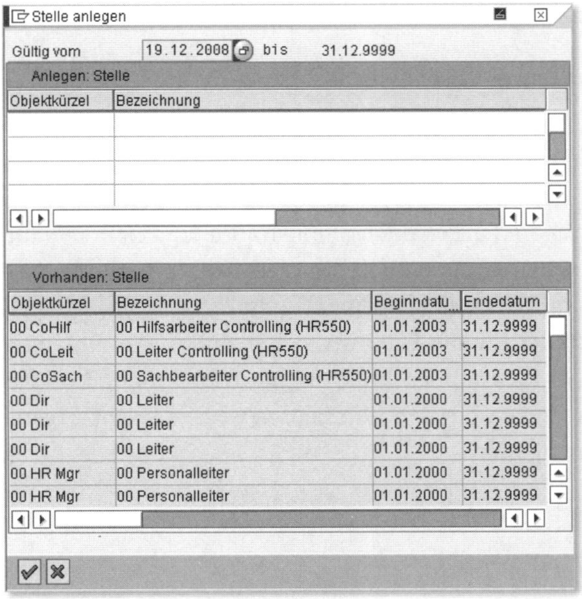

Objektkürzel	Bezeichnung	Beginndatu	Endedatum
00 CoHilf	00 Hilfsarbeiter Controlling (HR550)	01.01.2003	31.12.9999
00 CoLeit	00 Leiter Controlling (HR550)	01.01.2003	31.12.9999
00 CoSach	00 Sachbearbeiter Controlling (HR550)	01.01.2003	31.12.9999
00 Dir	00 Leiter	01.01.2000	31.12.9999
00 Dir	00 Leiter	01.01.2000	31.12.9999
00 Dir	00 Leiter	01.01.2000	31.12.9999
00 HR Mgr	00 Personalleiter	01.01.2000	31.12.9999
00 HR Mgr	00 Personalleiter	01.01.2000	31.12.9999

Abbildung 9.31 Stelle anlegen

Dort tragen Sie den Gültigkeitsbeginn, die Objektkürzel und Bezeichnungen der neu anzulegenden Stelle(n) ein und bestätigen Ihre Eingaben mit einem Klick auf das Icon . Anschließend stehen die neu angelegten Stellen als Muster für Planstellen zur Verfügung.

Der Besetzungsstatus einer neu angelegten Planstelle (siehe Abbildung 9.30) wird vorgeschlagen. Der Vorschlagswert hängt davon ab, welche Einstellungen in Ihrem System gewählt wurden. Zumeist werden neue Planstellen sofort als »vakant«, d.h. als »zu besetzen«, gekennzeichnet. Damit stehen diese »Vakanzen« z. B. im SAP ERP HCM-Bewerbermanagement bzw. in SAP E-Recruiting zur Verfügung oder aber können sogar gleich besetzt werden.

Wenn Sie das Kennzeichen bei LEITER DER EIGENEN ORGANISATIONSEINHEIT setzen, können Sie aus einer normalen Planstelle eine sogenannte Leiterplanstelle machen. Inhaber von Leiterplanstellen sind die Vorgesetzten aller in den darunterliegenden Organisationseinheiten beschäftigten Mitarbeiter. Des Weiteren können Leiterplanstellen z. B. für die Vorgesetztenfindung innerhalb eines Genehmigungsprozesses mithilfe des Workflows genutzt werden (z. B. zur Genehmigung eines Urlaubsantrags). Leiterplanstellen werden mit dem Icon gekennzeichnet (z. B. Hauptabteilungsleiter Personal).

Nachdem Sie jetzt wissen, wie Sie die Organisationsstruktur, bestehend aus Organisationseinheiten und Planstellen, pflegen, ist es an der Zeit, die Organisationsstruktur mit Leben, also mit Mitarbeitern zu füllen.

9.2.4 Zuordnung/Versetzung von Mitarbeitern

Wie bereits in Kapitel 5, »Personaladministration«, erläutert, kann Mitarbeitern bei ihrer Einstellung im Unternehmen eine Planstelle zugeordnet werden. Dies geschieht über den Infotyp »Organisatorische Zuordnung«. Sollte in Ihrem System die Integration zwischen der Personaladministration und dem Organisationsmanagement aktiv sein, werden über diese Zuordnung automatisch auch Verknüpfungen im Organisationsmanagement zwischen den Objekttypen »P« (Person) und »S« (Planstelle) erstellt. Die Mitarbeiter sind in der Organisationsstruktur unterhalb ihrer Planstelle sichtbar (siehe Abbildung 9.32). Das heißt, Besetzungen von Planstellen werden normalerweise nicht vom Organisationsmanagement aus durchgeführt.

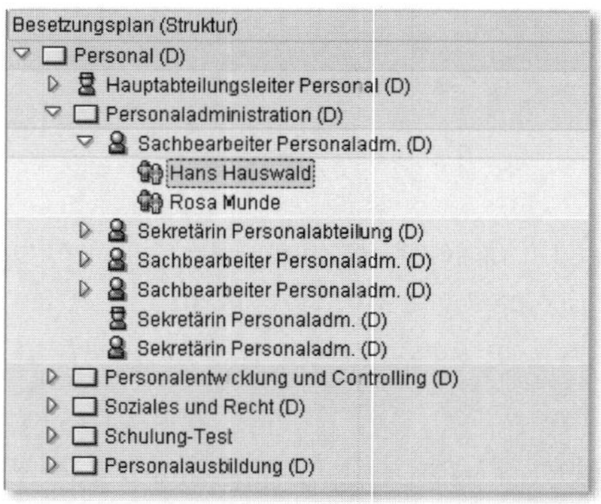

Abbildung 9.32 Mitarbeiter innerhalb der Organisationsstruktur

Auch organisatorische Wechsel, die direkt mit dem Mitarbeiter zu tun haben (z. B. Versetzung aufgrund eines Karriereaufstiegs), werden nicht im Organisationsmanagement durchgeführt, sondern über die Personaladministration abgebildet. Im Organisationsmanagement ergeben sich aus solchen Wechseln neue Verknüpfungen zwischen Personen und Planstelle und Abgrenzungen bisheriger Verknüpfungen. Dennoch kann es Fälle geben, in denen ein organisatorischer Wechsel im Organisationsmanagement durchgeführt wird, z. B. dann, wenn dieser Wechsel aufgrund von Reorganisationen von Abteilungen erforderlich geworden ist (dann werden in der Regel auch die Mitarbeiter zusammen mit ihrer Planstelle versetzt). Einen solchen Wechsel führen Sie mit den bereits bekannten Methoden durch. Sie können eine Planstelle, die ein Mitarbeiter besetzt, also mit gedrückter linker Maustaste aufnehmen und in der neuen Organisationseinheit einfach fallen lassen (siehe Abschnitt 9.2.2, »Organisationseinheiten pflegen«).

Wenn Mitarbeiter austreten, werden sie auf die sogenannte »Default-« bzw. »Integrationsplanstelle« gesetzt und tauchen somit aufgrund ihres Beschäftigungsstatus ab dem Austrittsdatum nicht mehr im Organisationsmanagement auf.

Der Umgang mit Objekttypen und Infotypen innerhalb der Organisationsstruktur sollte Ihnen jetzt vom Grundsatz her vertraut sein. Nachfolgend werden noch diejenigen Infotypen näher beleuchtet, die Sie in Zukunft sicher des Öfteren pflegen werden.

9.3 Pflege ausgewählter Daten

Die Erläuterung der Pflege der Daten beschränkt sich in diesem Abschnitt auf die im Standardsystem vorhandenen Registerkarten für Organisationseinheiten und Planstellen. Der Infotyp »Objekt« wird dabei ausgenommen, da wir diesen beim Anlegen von Objekten bereits kennengelernt haben.

9.3.1 Registerkarte »Kontierung«

Die Registerkarte KONTIERUNG enthält den Infotyp »Kontierungsmerkmale«, und über sie können Organisationseinheiten oder Planstellen mit Kostenstellen verknüpft werden. Mit den Feldern des Infotyps »Kontierungsmerkmale«, wie z. B. BUCHUNGSKREIS oder PERSONALBEREICH, können Sie kostenstellenbezogene Vorschlagswerte für Organisationseinheiten und Planstellen festlegen. Diese Vorschlagswerte unterstützen das System dabei, korrekte Kostenstellenzuordnungen für Objekte vorzuschlagen, da Kostenstellen über eine Kombination von Daten, wie z. B. Buchungskreise und Geschäftsbereiche, definiert werden.

Durch das Einstellen von Vorschlagswerten können Sie also steuern, welche Kostenstellen Objekten zugeordnet werden können. Wie bereits in Kapitel 5, »Personaladministration«, erwähnt, wird aufgrund der Kostenstellenzuordnung zu Organisationseinheiten oder Planstellen das Feld KOSTENSTELLE im Infotyp 0001 (Organisatorische Zuordnung) gepflegt. Sollte eine Kostenstellenzuordnung im Organisationsmanagement geändert werden, findet auch in den Stammdaten eine automatische Aktualisierung statt.

Besonders im Zusammenhang mit der Kostenstelle ist das Prinzip der Vererbung zu erläutern. Unter Vererbung wird dabei verstanden, dass die für eine Organisationseinheit gesetzte Kostenstelle an darunterliegende Organisationseinheiten sowie an die jeweils zugeordneten Planstellen vererbt wird. Dies gilt so lange, bis die geerbte Kostenstelle an einer darunterliegenden Organisationseinheit oder Planstelle übersteuert wird. Wie Sie in Abbildung 9.33 sehen können, befinden wir uns auf der ORGANISATIONSEINHEIT PERSONALADMINISTRATION (D). Diese Organisationseinheit hat ihre Kostenstelle von der Organisationseinheit Personal (D) geerbt (zu erkennen an dem Hinweis GEERBT VON PERSONAL (D) SEIT 01.01.19..). Sollten Sie jetzt für diese Organisationseinheit eine eigene Kostenstelle zuordnen wollen, können Sie dies mithilfe des Icons ZUR STAMMKOSTENSTELLE tun. Das Feld KOSTENSTELLE ist dann eingabebereit, und Sie können eine abweichende Kostenstelle erfassen.

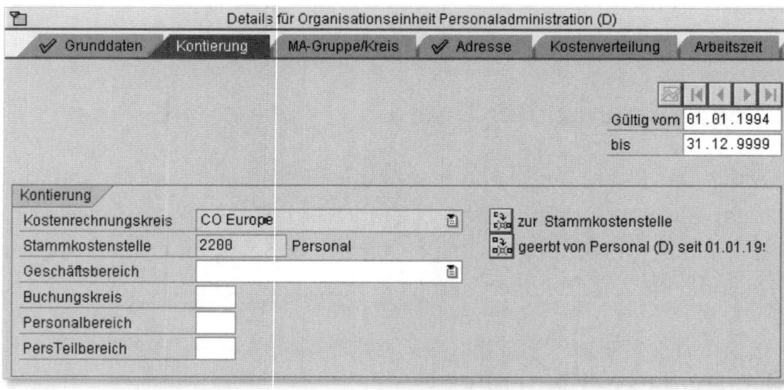

Abbildung 9.33 Kontierung einer Organisationseinheit

9.3.2 Registerkarte »Kostenverteilung«

Kosten, die bei einem Organisationsobjekt anfallen, werden im Regelfall bei derjenigen Kostenstelle verbucht, die entweder diesem Objekt direkt zugeordnet ist oder deren Zuordnung das Objekt von einem übergeordneten Objekt erbt. Diese Stammkostenstelle legen Sie über die Registerkarte KONTIERUNG fest. Die Registerkarte KOSTENVERTEILUNG legen Sie an, wenn Sie anfallende Kosten auf mehrere Kostenstellen verteilen wollen. Sie geben dabei an, welcher Anteil der Kosten auf welche Kostenstelle verteilt werden soll. Sofern dem Objekt bereits eine Stammkostenstelle zugeordnet ist, fällt der übrige Anteil auf diese Kostenstelle. Für das in Abbildung 9.34 gezeigte Beispiel bedeutet dies, dass 50 % der Kosten auf die geerbte Kostenstelle 2200 und 50 % auf die Kostenstelle 2300 verteilt werden. Wenn dem betreffenden Objekt bereits vor dem Anlegen einer Kostenverteilung eine Stammkostenstelle zugeordnet wurde, müssen Sie die Kostenverteilung darauf abstimmen.

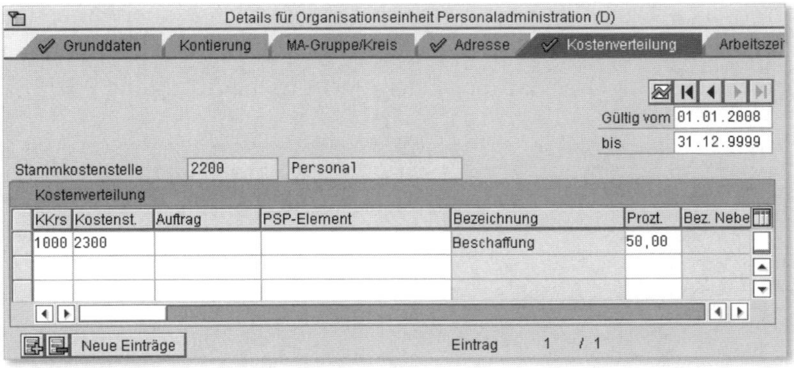

Abbildung 9.34 Infotyp »Kostenverteilung«

Sie müssen darauf achten, dass sich eine Kostenverteilung ebenfalls auf untergeordnete Organisationsobjekte (Planstellen, Arbeitsplätze) auswirkt, wenn diesen keine eigene Stammkostenstelle oder Kostenverteilung zugeordnet ist. Wenn für das betreffende Organisationsobjekt eine Stammkostenstelle existiert, wird diese angezeigt (dabei wird der Eintrag aus der Registerkarte KONTIERUNG übernommen). Sollten Sie mehr als die angebotenen Zeilen benötigen, können Sie mithilfe des Icons oder des Buttons NEUE EINTRÄGE neue Zeilen einfügen. Sollten Sie einen Eintrag nicht mehr benötigen, können Sie diesen durch Markieren der Zeile und einen anschließenden Klick auf das Icon entfernen.

Die Einträge im Infotyp »Kostenverteilung« werden sowohl in der Personalabrechnung und im Rechnungswesen als auch in der Komponente zur Personalkostenplanung verwendet.

9.3.3 Registerkarte »Adresse«

Für das Organisationsmanagement haben die hier gepflegten Adressdaten reinen Informationscharakter. Sie können pro Organisationseinheit oder Planstelle eine Erst- oder Zweitadresse erfassen. Dazu wählen Sie den jeweiligen Subtyp aus und erfassen anschließend die gewünschten Daten.

9.3.4 Registerkarte »Arbeitszeit«

Über den Infotyp »Arbeitszeit« können Sie Sollarbeitszeiten für Ihre Organisationseinheiten, Planstellen oder Arbeitsplätze anlegen, um das vorgesehene Arbeitszeitvolumen pro Objekt zu hinterlegen. Sie können dann z. B. im Fall einer Planstellenneubesetzung die an der Planstelle hinterlegte Sollarbeitszeit mit der für den Mitarbeiter hinterlegten Sollarbeitszeit in der Personaladministration vergleichen. Damit können Sie sicherstellen, dass keine unerwünschten Abweichungen entstehen. Auch Daten auf der Registerkarte ARBEITSZEIT folgen der Vererbungslogik im Organisationsmanagement (siehe Abbildung 9.35).

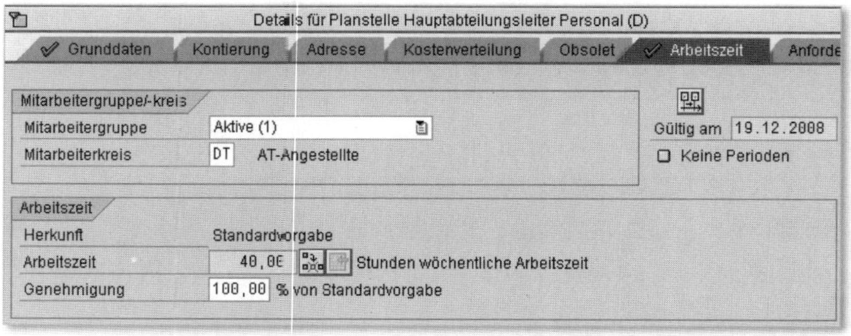

Abbildung 9.35 nfotyp »Arbeitszeit«

Die Arbeitszeit selbst wird in diesem Infotyp abhängig von einer im System hinterlegten kundenindividuellen Systematik vorgeschlagen. Sie erfassen die Mitarbeitergruppe und den Mitarbeiterkreis und erhalten eine Standardvorgabe von Stunden im Verhältnis zu einer bestimmten Periode (z. B. monatliche Arbeitszeit). Diese Vorgabe können Sie nach einem Klick auf das Icon für VORSCHLAGSWERT ERSETZEN überschreiben. Das Feld ARBEITSZEIT wird dann eingabebereit und kann neu erfasst werden. Durch einen Klick auf das Icon für VORSCHLAGSWERT ÜBERNEHMEN können Sie aber auch jederzeit wieder zu dem Vorschlagswert zurückkehren. Die Abbildung 9.35 zeigt die Zuordnung von Arbeitszeiten am Beispiel einer Planstelle.

Es gibt noch eine Reihe weiterer interessanter Infotypen, deren Beschreibung allerdings den Rahmen dieses Buches sprengen würde. Die bislang erworbenen Kenntnisse können Sie jedoch dazu verwenden, sich die Pflege weiterer Infotypen selbst zu erschließen.

9.4 Auswertungen im Organisationsmanagement

Um im Organisationsmanagement Auswertungen starten zu können, muss man die Begriffe *Planvariante, Objekt* und *Auswertungsweg* kennen. Wenn Sie die vorherigen Ausführungen mitverfolgt haben, sind Sie mit diesenBegriffen bereits gut vertraut (ein kleiner Tipp: Die Planvariante wird in Abschnitt 9.1.1, »Begriff ›Planvariante‹«, Objekte und Auswertungswege werden in Abschnitt 9.1.2, »Objekte, Verknüpfungen und Infotypen«, erläutert).

Die Auswertungen des Organisationsmanagements befinden sich im Infosystem, im SAP Easy-Access-Menü erreichbar über den Menüpfad PERSONAL • ORGANISATIONSMANAGEMENT • INFOSYSTEM. Das Infosystem wiederum ist unterteilt nach dem jeweiligen Zielobjekt, das Sie auswerten wollen. So gibt es z. B. ein Infosystem für die Planstelle bzw. für die Organisationseinheit. Anhand von zwei beispielhaften Reports soll die Bedienung der Auswertungen im Organisationsmanagement erläutert werden. Da die Reports des Organisationsmanagements alle auf derselben logischen Datenbank basieren, tauchen bestimmte Selektionsfelder immer wieder in den Reports auf.

9.4.1 Beispielreport »Vakante Planstellen«

Mit diesem Bericht können Sie diejenigen Planstellen anzeigen lassen, die als vakant gekennzeichnet sind. Eine vakante Planstelle ist eine Planstelle, die während eines bestimmten Zeitraums keinen Inhaber hat und ausdrücklich als vakant gekennzeichnet ist. Aufgerufen wird die Liste über den Menüpfad PERSONAL • ORGANISATIONSMANAGEMENT • INFOSYSTEM • PLANSTELLE • VAKANTE PLANSTELLEN (siehe Abbildung 9.36).

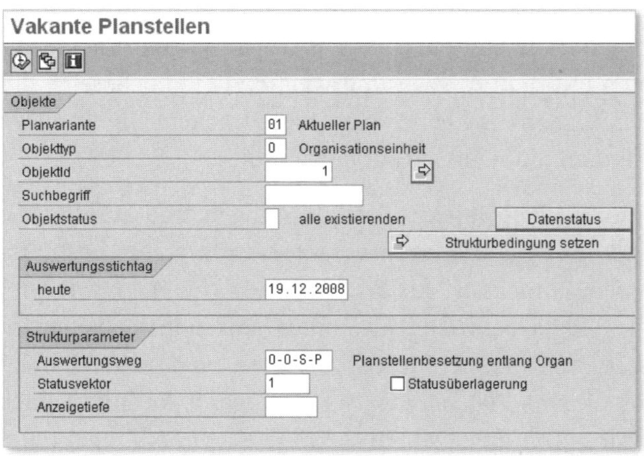

Abbildung 9.36 Selektionsbild »Vakante Planstellen«

Nahezu alle Reports des Organisationsmanagements enthalten die Selektionsbereiche Objekte und Strukturparameter sowie einen Auswertungsstichtag oder -zeitraum.

Selektionsbereich »Objekte«

Für eine sinnvolle Auswertung sind im Selektionsbereich Objekte mindestens die Felder Planvariante, Objekttyp und Objekt ID zu pflegen. Für die Planvariante ist der Schlüssel »01« (Aktueller Plan) als Wert vorbelegt. In der Regel können Sie diesen Wert auch beibehalten. Im Feld Objekttyp legen Sie anschließend fest, mit welcher Art von Objekt Sie den Bericht starten möchten (so steht »O« für Organisationseinheit, »S« für Planstelle usw.). Über den Objekttyp haben Sie bisher nur festgelegt, mit welcher Art von Objekt die Auswertung gestartet werden soll. Dies müssen Sie jetzt noch im Feld Objekt ID konkretisieren. Hier legen Sie nämlich fest, mit welchem konkreten Objekt (Organisationseinheit »Personal [D]« usw.) Sie den Bericht starten möchten.

Zur Selektion von Objekten haben Sie mehrere Möglichkeiten. Sie können die Auswahlhilfe des Feldes ObjektID benutzen oder im Feld Suchbegriff einen Text eintragen. Um über den Suchbegriff nach Objekten zu suchen, können Sie das Objektkürzel und/oder die Objektbezeichnung teilweise oder vollständig eingeben und die [↵]-Taste drücken. Das System erzeugt dann eine Liste aller Objekte, die dem angegebenen Text entsprechen. Wählen Sie ein Objekt aus dieser Liste aus (mit der linken Maustaste markieren) und bestätigen Sie Ihre Auswahl mit einem Klick auf das Icon .

Für das Feld Objekt ID haben Sie auch die Möglichkeit einer Mehrfachselektion, d.h., Sie können mehrere Startobjekte angeben. Hierzu klicken Sie auf das Icon neben dem Eingabefeld. Mit der Wertehilfetaste ([F4]) erhalten Sie dem Objekttyp entsprechende Suchhilfen. Über den Objekttyp, den Sie hier als Start angeben, zusammen mit dem Auswertungsweg, den Sie im Bereich der Strukturparameter angeben, sagen Sie dem System, von welchem Objekt aus es welche weiteren Objekttypen und Objekte auswerten soll.

Wie bereits in Abschnitt 9.1.2, »Objekte, Verknüpfungen und Infotypen«, erwähnt, können Objekte im Organisationsmanagement mit einem bestimmten Status angelegt werden. Zumeist ist das der Status »1« (für Aktiv). Es gibt jedoch grundsätzlich die Möglichkeit, Objekte im Organisationsmanagement z. B. mit dem Status Geplant anzulegen. Diese Objekte stehen dann noch nicht für die Nutzung in einer aktiven Planvariante zur Verfügung, können jedoch bereits ausgewertet werden. Um die Selektion von Objekten auf Objekte mit einem bestimmten Status einzuschränken, müssen Sie den Status in das Feld Objektstatus eintragen. Wenn Sie dieses Feld frei lassen (Standardbelegung), dann werden alle Objekte unabhängig von ihrem Status selektiert. Grundsätzlich können in dieses Feld folgende Werte eingetragen werden:

- »1« Aktiv
- »2« Geplant
- »3« Beantragt
- »4« Genehmigt
- »5« Abgelehnt

Wie bereits erläutert, sind die bisher gemachten Eingaben immer in Verbindung mit einem Auswertungsweg zu sehen. Das heißt, Sie müssen neben dem Startobjekt immer auch einen Auswertungsweg angeben. Auswertungswege geben Sie im Selektionsbereich Strukturparameter an.

Selektionsbereich »Strukturparameter«

Das entscheidende Feld im Bereich der Strukturparameter ist der Auswertungsweg. Auswertungswege wurden bereits in Abschnitt 9.1.2, »Objekte, Verknüpfungen und Infotypen«, erläutert. Dennoch soll hier noch einmal an einem konkreten Beispiel der Zusammenhang von Auswertungswegen und Startobjekten klargemacht werden.

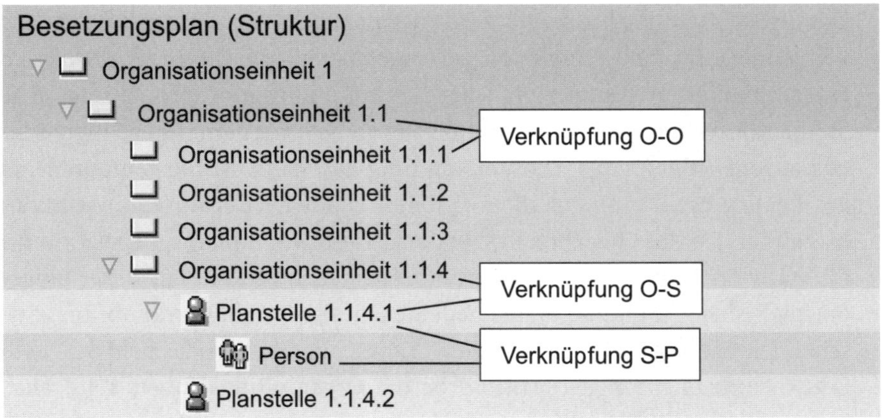

Abbildung 9.37 Beispiel eines Auswertungswegs

Die in Abbildung 9.37 dargestellte Struktur würde von einem Report des Organisationsmanagements dann ausgewertet werden, wenn Sie in der Selektionsmaske folgende Eingaben vornehmen würden:

- Planvariante: 01
- Objekttyp: O
- Objekt-ID: Organisationseinheit 1
- Objektstatus: » « (Blank)
- Auswertungsweg: O-O-S-P

Das System würde also beginnend beim Startobjekt den gewünschten Auswertungsweg durchlaufen, also alle Verknüpfungen – O zu O (Organisationseinheit zu Organisationseinheit), O zu S (Organisationseinheit zu Planstelle) und S zu P (Planstelle zu Person) – auslesen, und im Anschluss daran das Ergebnis darstellen.

Neben dem Auswertungsweg können Sie im Bereich der Strukturparameter noch weitere Eingaben vornehmen, die im Folgenden kurz vorgestellt werden.

- **Statusvektor**
  Das Feld STATUSVEKTOR enthält eine Auflistung eines oder mehrerer Status (»1« AKTIV, »2« GEPLANT usw.) für Verknüpfungen zwischen Objekten. Diese Auflistung ermöglicht Ihnen die Bestimmung der Objekte, die von einer Auswertung berücksichtigt werden sollen, indem Sie die Objekte abhängig vom Status der Verknüpfungsinfotypen auswählen. Dieses Feld wird bei Eingabe eines Auswertungswegs auf »1« gesetzt, d.h., nur die aktiven Verknüpfungen zwischen Objekten werden ausgewertet.
- **Statusüberlagerung**
  Das Feld STATUSÜBERLAGERUNG wird zusammen mit dem Feld STATUSVEKTOR verwendet, um eine Simulation zu ermöglichen, die die Ergebnisse nach einer simulierten Aktivierung aller Verknüpfungsinfotypen anzeigt. Die Simulation aktiviert alle Verknüpfungsinfotypen mit dem unter STATUSVEKTOR angegebenen Status. Die Veränderung des Status ist nur temporär und hat keine Auswirkung auf die bei Ihnen gepflegte Organisationsstruktur. Markieren Sie die Checkbox STATUSÜBERLAGERUNG, um eine Simulation für die Aktivierung von Verknüpfungsinfotypen anzufordern. Für unser obiges Beispiel (siehe Abbildung 9.37) bedeutet dies, wäre die Verknüpfung zwischen Organisationseinheit 1.1 und 1.1.4 nicht aktiv und das Feld STATUSÜBERLAGERND nicht angekreuzt, würde die Organisationseinheit 1.1.4 auch nicht Teil der Ergebnisliste sein. Mit angekreuztem Feld STATUSÜBERLAGERND würde das System simulieren, dass die Verknüpfung zwischen 1.1. und 1.1.4 aktiv wäre, und die Organisationseinheit 1.1.4 würde in der Ergebnisliste auftauchen.

- **Anzeigetiefe**
  Das Feld ANZEIGETIEFE enthält eine ein- bis sechsstellige Zahl, die jeweils den verschiedenen Ebenen einer Organisationsstruktur entspricht. Die »1« zeigt dabei die höchste Ebene an (z. B. Organisationseinheit 1 in Abbildung 9.37). Alle darauffolgenden Nummern entsprechen den jeweils darunterliegenden Ebenen. Wenn Sie keine Einschränkung wünschen, lassen Sie das Feld leer. Wenn Sie nur die drei höchsten Hierarchieebenen ausgewertet und angezeigt haben wollen, muss das Feld eine »3« beinhalten.

Auswertungsstichtag

Über den Auswertungsstichtag legen Sie fest, zu welchem Stichtag der Infotyp »Vakanz« ausgewertet werden soll. Sollten Sie hier nichts eingeben, wird als Stichtag das aktuelle Tagesdatum (Systemdatum) herangezogen.

Report starten

Wenn Sie alle erforderlichen Angaben auf dem Selektionsbild gemacht haben, starten Sie den Report mithilfe des Icons.

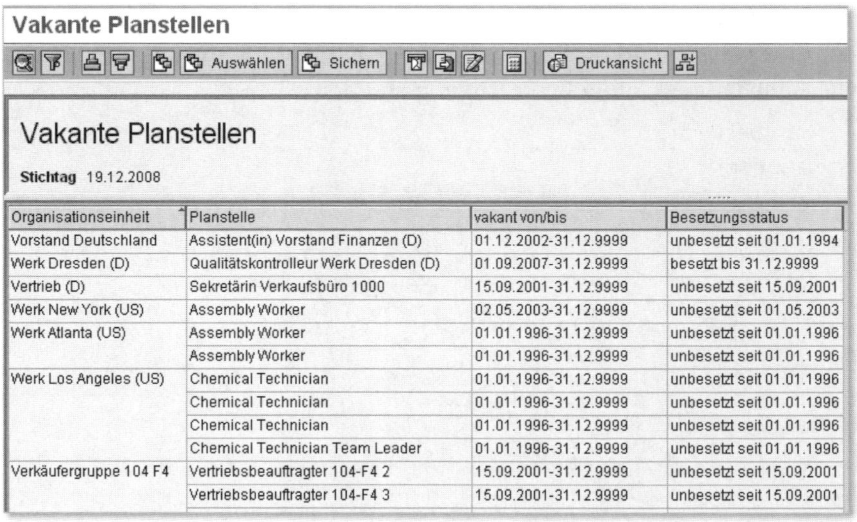
Vakante Planstellen

Auswählen Sichern Druckansicht

Vakante Planstellen

Stichtag 19.12.2008

Organisationseinheit	Planstelle	vakant von/bis	Besetzungsstatus
Vorstand Deutschland	Assistent(in) Vorstand Finanzen (D)	01.12.2002-31.12.9999	unbesetzt seit 01.01.1994
Werk Dresden (D)	Qualitätskontrolleur Werk Dresden (D)	01.09.2007-31.12.9999	besetzt bis 31.12.9999
Vertrieb (D)	Sekretärin Verkaufsbüro 1000	15.09.2001-31.12.9999	unbesetzt seit 15.09.2001
Werk New York (US)	Assembly Worker	02.05.2003-31.12.9999	unbesetzt seit 01.05.2003
Werk Atlanta (US)	Assembly Worker	01.01.1996-31.12.9999	unbesetzt seit 01.01.1996
	Assembly Worker	01.01.1996-31.12.9999	unbesetzt seit 01.01.1996
Werk Los Angeles (US)	Chemical Technician	01.01.1996-31.12.9999	unbesetzt seit 01.01.1996
	Chemical Technician	01.01.1996-31.12.9999	unbesetzt seit 01.01.1996
	Chemical Technician	01.01.1996-31.12.9999	unbesetzt seit 01.01.1996
	Chemical Technician Team Leader	01.01.1996-31.12.9999	unbesetzt seit 01.01.1996
Verkäufergruppe 104 F4	Vertriebsbeauftragter 104-F4 2	15.09.2001-31.12.9999	unbesetzt seit 15.09.2001
	Vertriebsbeauftragter 104-F4 3	15.09.2001-31.12.9999	unbesetzt seit 15.09.2001

Abbildung 9.38 Auswertungsergebnis »Vakante Planstellen«

Das Ergebnis der Auswertung »Vakante Planstellen« wird in einem sogenannten Table Control (interaktives Reporting) dargestellt, dessen Handhabung bereits in Abschnitt 3.7.3, »Arbeiten mit den Ergebnislisten«, erläutert wurde (siehe Abbildung 9.38).

Die Icons für das Ändern, Auswählen und Sichern von Anzeigevarianten (Layouts) haben hier allerdings eine andere Optik als in den Listen der Personaladministration:

- Ändern des Layouts
- Auswählen Auswählen eines zuvor gesicherten Layouts
- Sichern Sichern des Layouts

Im Einzelnen werden folgende Informationen angezeigt:

- Organisationseinheit, mit der die Vakanz verknüpft ist
- Bezeichnung der Vakanz
- Dauer der Vakanz
- Besetzungsstatus der Vakanz

9.4.2 Beispielreport »Besetzungsplan«

Der zweite und letzte Report, der Ihnen kurz vorgestellt werden soll, ist der Besetzungsplan. Dieser Report erzeugt einen Planstellenbesetzungsplan. Die Auswertung erfolgt entlang der Organisationsstruktur gemäß den eingegebenen Selektionskriterien. Die Liste enthält alle selektierten Planstellen und Personen einer oder mehrerer Organisationseinheiten mit Besetzungsprozentsatz sowie Genehmigungs- und Beschäftigungsstunden.

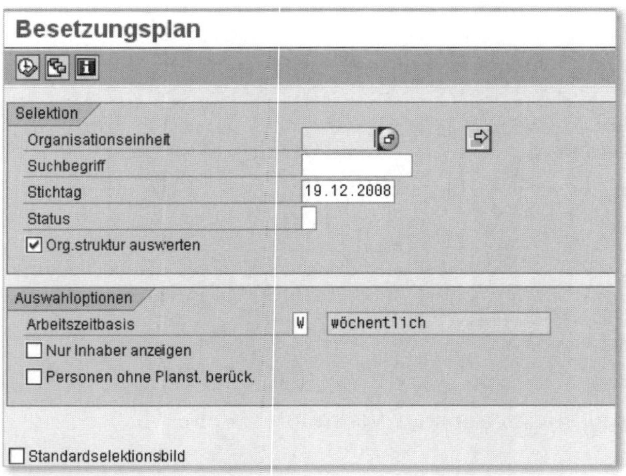

Abbildung 9.39 Selektionsbild »Besetzungsplan«

Da dieser Report am sinnvollsten mit einer Organisationseinheit als Startobjekt und dem Auswertungsweg O-O-S-P gestartet wird, erscheint in dieser Auswertung das Feld Objekttyp nicht, sondern ist im Hintergrund mit »O« (Organisationseinheit) vorbelegt, und auch der Auswertungsweg ist nicht Teil des Standardselektionsbildes. Sollten Sie dennoch das aus dem Report »Vakante Planstellen« bekannte Standardselektionsbild wünschen, müssen Sie das Feld Standardselektionsbild anhaken. Sobald Sie dann den Report mit der Taste starten, erscheint das gewohnte Selektionsbild mit den Selektionsbereichen Objekte und Strukturparameter.

Zur Auswahl der gewünschten Organisationseinheit stehen Ihnen wie auch im Bericht »Vakante Planstellen« die Felder Suchbegriff und Status zur Verfügung. Sollten Sie eine oder mehrere Organisationseinheiten über die Mehrfachauswahl angegeben haben, müssen Sie überlegen, ob Sie wirklich nur diese Organisationseinheiten auswerten wollen oder auch alle darunterliegenden. Sollten Sie sich nämlich ausschließlich für die ausgewählten Organisationseinheiten interessieren, müssen Sie das im Feld Org.struktur auswerten gesetzte Häkchen herausnehmen. Dieses Häkchen bewirkt, dass ausgehend von den ausgewählten Organisationseinheiten alle darunterliegenden Organisationseinheiten mit selektiert werden.

Im Bereich der Auswahloptionen können Sie noch folgende reportspezifische Angaben machen:

- **Arbeitszeitbasis**
  Da der Report pro besetzte Planstelle die Arbeitszeit des Planstelleninhabers anzeigt, müssen Sie sich hier entscheiden, auf welcher Basis (Jahre [Y], Monate [M], Wochen [W], Tage [D]) die Arbeitszeit angezeigt werden soll (Standardvorgabe: wöchentlich).
- **Nur den Inhaber anzeigen**
  Es gibt im Organisationsmanagement die Möglichkeit, neben dem Planstelleninhaber auch seinen Vertreter mit der Planstelle zu verknüpfen. Sollten Sie in Ihrem Unternehmen diese Verknüpfung nutzen, dürfen Sie dieses Feld nicht aktivieren, damit im Ergebnis auch die Planstellenvertreter angezeigt werden.
- **Personen ohne Planstellen berücksichtigen**
  In manchen Unternehmen werden bestimmte Mitarbeiter weder mit Planstellen noch mit Organisationseinheiten verknüpft. Wenn Sie sich auch diese Mitarbeiter im Besetzungsplan anzeigen lassen wollen, müssen Sie dieses Feld ankreuzen.

Starten Sie den Report anschließend mit einem Klick auf das Icon, und Sie erhalten das Ergebnis auch hier in einer interaktiven Liste.

9.5 Zusammenfassung

In diesem Kapitel haben Sie gelernt, dass es im Organisationsmanagement mehrere Objekttypen gibt, die Sie miteinander verknüpfen und damit Hierarchien abbilden können. Genau wie in der Personaladministration werden die Informationen zu den Objekten in Infotypen gepflegt.

Außerdem haben wir Ihnen ausführlich die Pflegeoberfläche des Organisationsmanagements vorgestellt, in der Sie Objekte auswählen bzw. suchen, die Struktur anzeigen und verändern sowie Detailinformationen zu den Objekten pflegen können.

Schließlich haben wir Ihnen zwei Reports im Organisationsmanagement gezeigt und das Standardselektionsbild, das sich vom Standardselektionsbild der Auswertungen aus der Personaladministration unterscheidet, erläutert.

9.6 Übungsaufgaben zu Kapitel 9

1. Was versteht man unter einer Planvariante, und welche Variante ist in der Regel die aktive?
2. Aus welchen wesentlichen Objekttypen setzt sich eine Organisationsstruktur zusammen?
3. Erläutern Sie anhand eines Beispiels den Unterschied zwischen einer Stelle und einer Planstelle.
4. Was versteht man unter externen Objekttypen des Organisationsmanagements? Nennen Sie mindestens zwei Beispiele.
5. Was versteht man unter einem Auswertungsweg?
6. Aus welchen Bereichen setzt sich die Pflegeoberfläche der Organisationsstruktur zusammen und welche Funktionen erfüllen diese?
7. Legen Sie eine kleine Beispielstruktur mit Organisationseinheiten und Planstellen an.
8. Mithilfe welchen Infotyps in der Personaladministration wird die Integration in das Organisationsmanagement hergestellt?
9. Was versteht man unter einer Leiterplanstelle? Wie legen Sie eine solche Planstelle an?
10. Was versteht man unter einer Vakanz? Wie legen Sie eine Vakanz an?
11. Mit welchen Methoden können Sie eine Planstelle von einer Organisationseinheit in eine andere umhängen? Beschreiben Sie Ihr Vorgehen.

12. Wo stellen Sie die ZEITRAUMABFRAGE BEI ORGANISATORISCHEN ÄNDERUNGEN ein, und warum ist diese Aktivierung sinnvoll?
13. Welche Aussagen sind falsch?
    a) Planstellen sind Muster für Stellen.
    b) Mitarbeiter können sowohl mit Planstellen als auch mit Stellen verknüpft werden.
    c) Kostenstellen und Personen sind externe Objekte des Organisationsmanagements.
    d) Organisatorische Wechsel von Personen sollten grundsätzlich aus dem Organisationsmanagement heraus durchgeführt werden.
    e) Kostenstellen können direkt mit Personen verknüpft werden.
    f) Objekte und Verknüpfungen werden im Organisationsmanagement immer mit einem Anfangs- und Enddatum angelegt.
    g) Kostenstellen vererben sich so lange auf darunterliegende Objekte, bis eine abweichende Kostenstelle angegeben wird.
14. Sind ausgetretene Mitarbeiter weiterhin im Organisationsmanagement verknüpft?
15. Welche Daten müssen in einer Standardauswertung des Organisationsmanagements in jedem Fall angegeben werden?
16. Welche Objekttypen erscheinen, wenn Sie den Auswertungsweg O-O-S-P für eine Auswertung wählen?

Das Veranstaltungsmanagement bietet eine effiziente Verwaltung von Seminarkatalogen samt Buchung, Umbuchung und Stornierung bis hin zum Schriftverkehr mit den Teilnehmern und Trainern.

10 Veranstaltungsmanagement

Die Konzeption des Veranstaltungsmanagements in SAP ERP HCM zu kennen ist eine erforderliche Grundlage für das Verständnis des Zusammenspiels der einzelnen Komponenten. Wir erklären deshalb zunächst grundlegende Begriffe, auf denen wir später in den nachfolgenden Abschnitten dieses Kapitels aufbauen werden. Beachten Sie bitte, dass zum aktuellen Release SAP ERP 6.0 an den meisten Stellen im System der Begriff *Veranstaltung* in *Training* umbenannt worden ist.

10.1 Unterstützte Prozesse des Veranstaltungsmanagements

Im Wesentlichen unterstützt das Veranstaltungsmanagement folgende Geschäftsprozesse:

- **Veranstaltungsvorbereitung**
  - Ermittlung des Veranstaltungsbedarfs
  - Erstellung des Veranstaltungsangebots
  - Planung der Veranstaltungstermine
  - Planung der Ressourcen
  - Erfassung der Veranstaltungskosten
  - Budgetierung von Bildungsausgaben
  - Durchführung von Veranstaltungsmarketing
- **Veranstaltungsdurchführung**
  - Buchung, Umbuchung, Stornierung von Teilnehmern
  - Drucken der erforderlichen Korrespondenz
  - Faktura nach außen

  - interne Leistungsverrechnung
  - Umbuchung der Kosten
- **Veranstaltungsnachbereitung**
  - Veranstaltungs-/Referenten-/Teilnehmerbeurteilung
  - automatische Übertragung von Qualifikationen
  - Auswertungen zu Veranstaltungen, Teilnahmen, Ressourcen

Aus dieser Vielzahl von Prozessen sind in den nachfolgenden Ausführungen diejenigen detaillierter beschrieben, mit denen man als Anwender innerhalb des Tagesgeschäfts hauptsächlich zu tun hat. Dazu zählen vor allem die Prozesse der Veranstaltungsdurchführung und -nachbereitung. Die Prozesse der Veranstaltungsvorbereitung werden hier weniger detailliert abgebildet und auf das Wesentliche beschränkt.

10.2 Dynamische Menüs

Alle Prozesse des Veranstaltungsmanagements lassen sich im Wesentlichen über die sogenannten dynamischen Menüs durchführen. Es gibt insgesamt sieben dieser Menüs:

- Planungsmenü
- Stammdatenkatalog
- Werkzeugmenü
- Veranstaltungsmenü
- Teilnahmemenü
- Ressourcenmenü
- Auskunftsmenü

Das Dynamische an diesen Menüs ist die Tatsache, dass Änderungen in einem der Menüs sich gleichzeitig auf die anderen Menüs auswirken. Wird z. B. im Veranstaltungsmenü ein neuer Veranstaltungstermin angelegt, erscheint dieser direkt im Teilnahmemenü. Die dynamischen Menüs sind immer auf die speziell darin zu verrichtenden Tätigkeiten ausgerichtet, d.h. für jeden der unterstützten Prozesse gibt es ein eigenes Menü.

Der Stammdatenkatalog des Veranstaltungsmanagements ist eines der sieben sogenannten *dynamischen Menüs*. Bei allen dynamischen Menüs müssen Sie beachten, dass die Daten, die Sie vor sich sehen, immer für einen bestimmten Zeitraum angezeigt werden. Da in SAP ERP HCM bekanntermaßen alle Informationen in Infotypen abgelegt werden und diese immer ein Anfangs- und ein Enddatum haben, kann es sein, dass bestimmte Daten im Stammdatenkatalog nicht angezeigt werden, obwohl sie im System vorhanden sind. Ausschlaggebend hierfür ist der Betrachtungszeitraum. Beim Einstieg in ein dynamisches Menü sehen Sie sofort, welcher Zeitraum angezeigt wird, indem Sie die oberste Zeile betrachten (siehe Abbildung 10.1). Diesen Zeitraum können Sie individuell einstellen; die Vorgehensweise ist ebenfalls Abbildung 10.1 zu entnehmen. Es empfiehlt sich, hier das Anfangsdatum je nach Bedarf und das Enddatum möglichst auf den 31.12.9999 zu setzen, da das Datum, das Sie hier einstellen, als Anfang bzw. Ende herangezogen wird, sobald Sie eine Trainingsgruppe oder einen Trainingstyp anlegen.

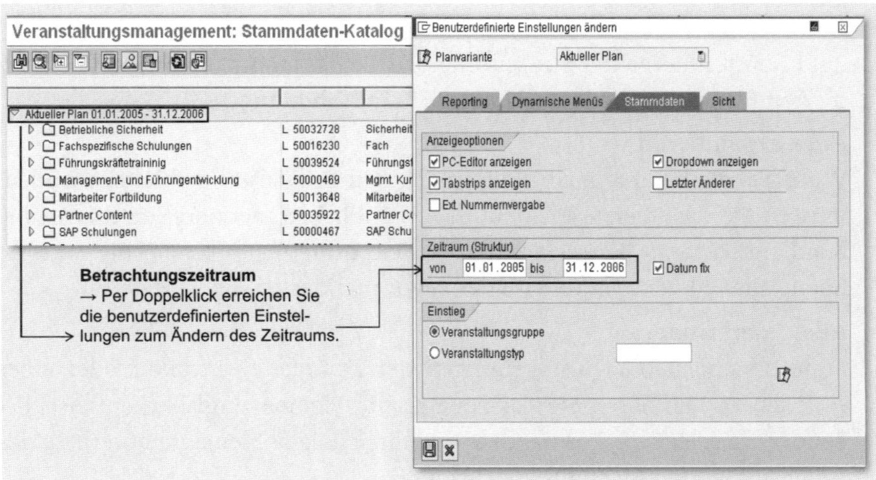

Abbildung 10.1 Einstellen des Betrachtungszeitraumes

10.3 Veranstaltungsvorbereitung

Als Erstes werden wir Ihnen erläutern, wie die Fülle von Veranstaltungen, die Sie in jedem Jahr sowohl extern als auch intern durchführen, im SAP ERP HCM-Veranstaltungsmanagement hinterlegt wird. Dies geschieht im sogenannten *Veranstaltungskatalog*. Dabei werden Sie sehen, welche Informationen an den einzelnen Elementen des Veranstaltungskatalogs gepflegt werden können.

10.3.1 Struktur des Veranstaltungskatalogs

Der Veranstaltungskatalog wird über den Stammdatenkatalog des HCM-Veranstaltungsmanagements gepflegt. Diesen finden Sie im SAP-Menü unter dem

Menüpfad Personal • Veranstaltungsmanagement • Einstellungen • Laufende Einstellungen • Stammdatenkatalog.

Der Veranstaltungskatalog ist in Form einer Struktur im System hinterlegt. Innerhalb der Struktur können Sie folgendermaßen navigieren:

- **Expandieren der Struktur**
  Durch Anklicken des Icons ▷ vor einem Element der Struktur (z. B. Element SAP Planung und Administration in Abbildung 10.2) gelangen Sie in die nächste Ebene der Struktur. Dies können Sie so lange durchführen, bis sich keine entsprechender Button bzw. kein entsprechendes Icon mehr vor dem Begriff (siehe z. B. SAP Lohn- und Gehaltsabrechnung in Abbildung 10.2) befindet.
- **Komprimieren der Struktur**
  Zum Komprimieren der Struktur müssen Sie das Icon ▽ vor einem expandierten Element anklicken (z. B. SAP HR in Abbildung 10.2).
- **Alles expandieren**
  Wenn Sie die komplette Struktur oder einen Teil daraus aufblättern wollen, müssen Sie das oberste Element durch Anklicken markieren und anschließend auf das Icon ⊞ klicken. Das System öffnet dann bis auf die unterste Ebene alle Elemente unterhalb des zuvor markierten Elements.
- **Alles komprimieren**
  Zum Zuklappen oder Komprimieren der kompletten Struktur oder eines Teils davon markieren Sie das gewünschte Element und klicken anschließend auf das Icon ⊟. Es werden anschließend alle Elemente unterhalb des zuvor markierten Elements zugeklappt.

Die Navigation innerhalb der Struktur können Sie auf alle dynamischen Menüs des Veranstaltungsmanagements anwenden. Diese Struktur besteht aus drei Hauptelementen:

- **Trainingsgruppen**
  Die Trainingsgruppen bilden das allgemeinste Ordnungskriterium im Veranstaltungskatalog. In der Praxis sind dort meistens Lehrgänge thematisch sortiert. Denkbar wäre z. B. eine Trainingsgruppe »Berufliche Gesundheit und Sicherheit«, unter der die Sicherheitstrainings abgelegt werden, oder eine Trainingsgruppe SAP Schulungen, die alle möglichen Schulungen zum Thema SAP beinhalten. Trainingsgruppen können untereinander über mehrere Hierarchien hinweg gruppiert werden. Das Beispiel in Abbildung 10.2 zeigt eine solche Hierarchie.

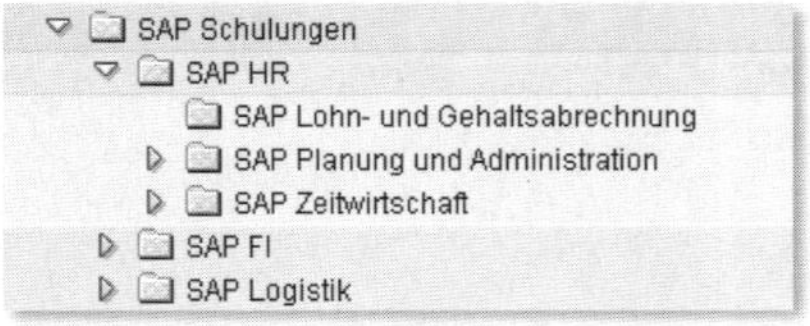

Abbildung 10.2 Hierarchie von Trainingsgruppen

- **Trainingstypen**
  Mithilfe der Trainingstypen werden die einzelnen beabsichtigten Lehrgänge definiert. Im Gegensatz zu den eigentlichen Veranstaltungen sind Trainingstypen jedoch noch nicht mit konkreten Terminen versehen, sondern dienen lediglich als Vorlage für Veranstaltungen.
  Dies hat den Vorteil, dass für die Trainingstypen bestimmte Attribute hinterlegt werden können, die auf die darunterliegenden Veranstaltungen übertragen werden können. Am besten erklärt sich dies an einem Beispiel. Stellen Sie sich einen Trainingstyp vor, für den der folgende zeitliche Ablauf hinterlegt ist (siehe Tabelle 10.1).

Tag	Anfangsuhrzeit	Enduhrzeit
1	10:00 Uhr	17:00 Uhr
2	09:00 Uhr	17:00 Uhr
3	09:00 Uhr	16:00 Uhr

Tabelle 10.1 Ablauf einer Veranstaltung

  Dieser zeitliche Ablauf muss nicht jedes Mal an einer Veranstaltung hinterlegt werden, sondern er kann einmal an einem Trainingstyp hinterlegt und dann auf die darunterliegenden Veranstaltungen übertragen werden.

- **Veranstaltungen**
  Die Veranstaltungen sind die tatsächlich stattfindenden Schulungen, die mit einem konkreten Termin versehen sind und auf die Sie Mitarbeiter buchen können. Abbildung 10.3 verdeutlicht die einzelnen Objekte des Veranstaltungskatalogs und deren Zusammenhang.

Bevor der Schulungskatalog im System aufgebaut werden kann, ist es erforderlich, sich über die Struktur der Schulungen im Unternehmen Gedanken zu machen. Die gegebenen Elemente, wie Trainingsgruppen und Trainingstypen, die zur Strukturierung des Schulungskatalogs herangezogen werden können, sollten in der Regel ausreichend sein, zumal mehrere Trainingsgruppen auch nochmals untereinander gruppiert werden können.

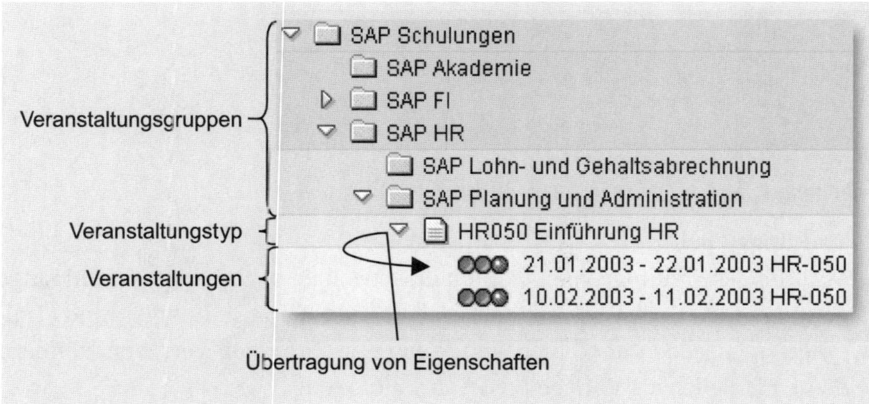

Abbildung 10.3 Übersicht über den Veranstaltungskatalog

10.3.2 Trainingsgruppen anlegen

Trainingsgruppen lassen sich am besten aus dem sogenannten *Stammdatenkatalog* heraus anlegen, den Sie über den Menüpfad PERSONAL • VERANSTALTUNGSMANAGEMENT • EINSTELLUNGEN • LAUFENDE EINSTELLUNGEN • STAMMDATENKATALOG erreichen. Von hier aus hat man den besten Überblick über die gegebenenfalls schon angelegte Struktur des Veranstaltungskatalogs. Nachfolgend wird Schritt für Schritt erklärt, wie Sie Trainingsgruppen anlegen.

Zum Anlegen einer Trainingsgruppe gehen Sie von einer TRAININGSGRUPPE oder vom sogenannten AKTUELLEN PLAN aus. Drücken Sie die rechte Maustaste, und wählen Sie aus dem Kontextmenü den gewünschten Eintrag aus. Hier entscheiden Sie sich, ob Sie etwas auf dieser Ebene oder auf der Ebene darunter anlegen wollen (1. Entscheidung, siehe Abbildung 10.4).

Wir wollen als Beispiel unterhalb der Trainingsgruppe SAP HR noch eine weitere Gruppe mit der Bezeichnung SAP SELF-SERVICES anlegen und wählen daher ANLEGEN STUFE TIEFER (da wir von der übergeordneten Trainingsgruppe SAP HR ausgegangen sind).

Der Punkt ANLEGEN MIT VORLAGE im Kontextmenü kann genutzt werden, falls Sie bereits eine andere Trainingsgruppe angelegt haben, deren Daten weitestgehend denen der neu anzulegenden Trainingsgruppe entsprechen, und Sie diese quasi als Muster verwenden wollen. Nachdem Sie sich für die Ebene entschieden haben, auf der das neue Objekt angelegt werden soll, fragt Sie das System, was Sie anlegen wollen (2. Entscheidung, siehe Abbildung 10.4). Wir wählen TRAININGSGRUPPE aus und bestätigen unsere Auswahl durch einen Klick auf das Icon .

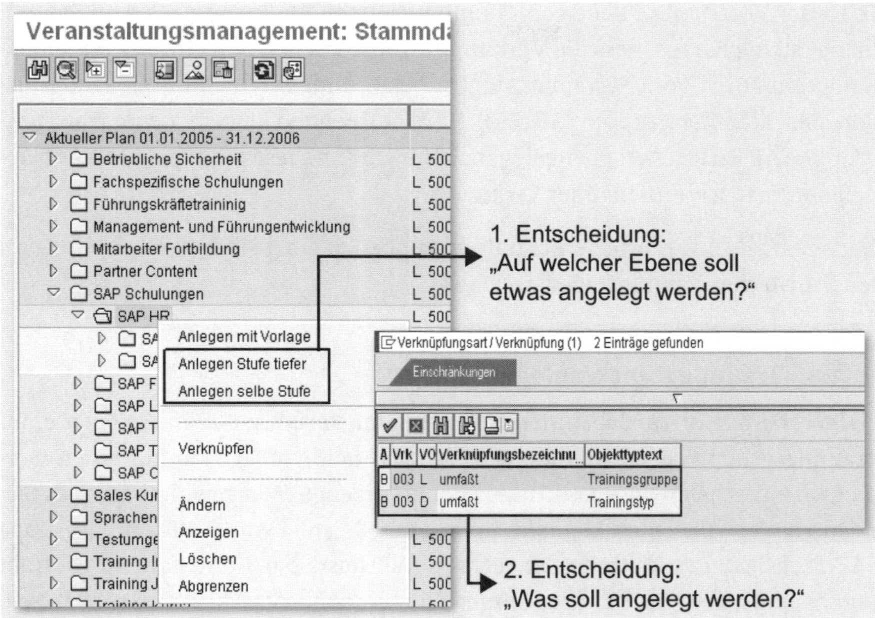

Abbildung 10.4 Anlegen einer Trainingsgruppe

Als Nächstes muss die neue Trainingsgruppe eine Kurz- und eine Langbezeichnung bekommen. Danach haben Sie die Möglichkeit, eine allgemeine Beschreibung der Trainingsgruppe zu hinterlegen (siehe Abbildung 10.5).

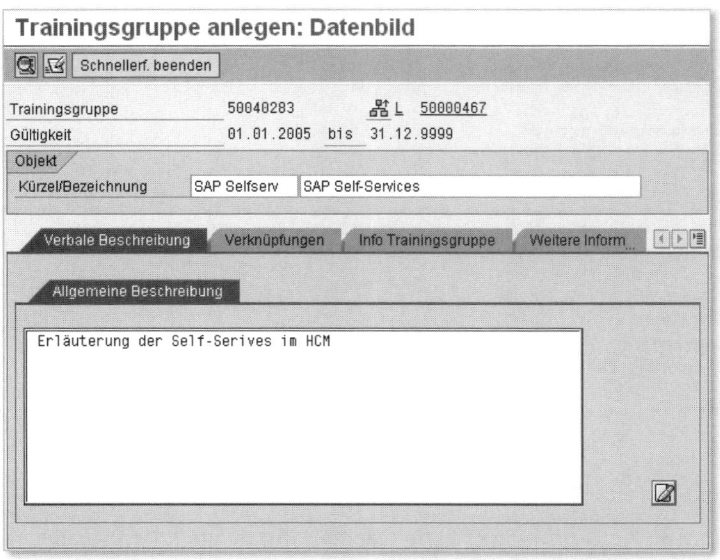

Abbildung 10.5 Datenpflege einer Trainingsgruppe

Es ist der Vorteil der Pflege von Trainingsgruppen und -typen aus dem Stammdatenkatalog heraus, dass die Verknüpfungen zwischen den einzelnen Elementen automatisch vom System erzeugt werden. Indem wir in unserem Beispiel von der Trainingsgruppe SAP ERP HCM ausgehend unsere neue Trainingsgruppe SAP SELF-SERVICES angelegt haben, wurden diese beiden Trainingsgruppen automatisch miteinander verknüpft.

Nachdem alle erforderlichen Trainingsgruppen erzeugt sind, werden im nächsten Schritt die Trainingstypen angelegt.

10.3.3 Trainingstypen anlegen

Das Verfahren ist zunächst identisch mit dem Verfahren beim Anlegen einer Trainingsgruppe (siehe Abbildung 10.4). Das heißt, auch Trainingstypen werden am einfachsten aus der Struktur heraus erzeugt. Wie gewohnt muss ausgehend vom gewünschten Element, in unserem Beispiel von der Trainingsgruppe SAP SELF-SERVICES, mithilfe der rechten Maustaste das Kontextmenü geöffnet und der entsprechende Eintrag ausgewählt werden, hier ANLEGEN STUFE TIEFER. Da wir jetzt einen Trainingstyp anlegen wollen, müssen wir in dem sich anschließend öffnenden Fenster auch das Element TRAININGSTYP auswählen (siehe Abbildung 10.4). Anschließend müssen wir entscheiden, welche Trainingsform unsere Veranstaltung haben soll (siehe Abbildung 10.6). In unserem Beispiel werden wir jetzt einen Trainingstyp mit der Bezeichnung SAP EMPLOYEE SELF-SERVICE anlegen (siehe Abbildung 10.7).

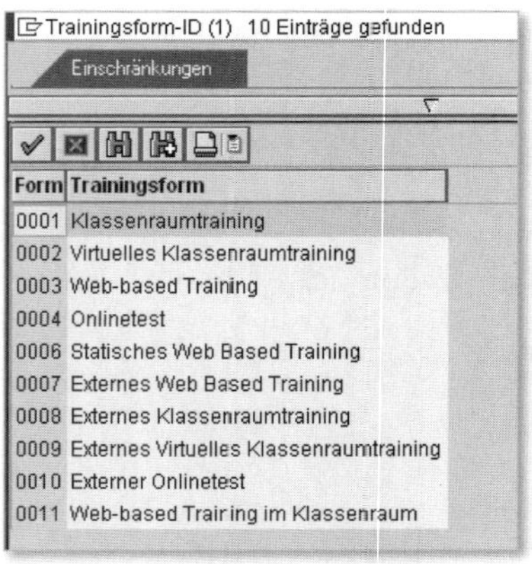
Trainingsform-ID (1) 10 Einträge gefunden

Einschränkungen

Form	Trainingsform
0001	Klassenraumtraining
0002	Virtuelles Klassenraumtraining
0003	Web-based Training
0004	Onlinetest
0006	Statisches Web Based Training
0007	Externes Web Based Training
0008	Externes Klassenraumtraining
0009	Externes Virtuelles Klassenraumtraining
0010	Externer Onlinetest
0011	Web-based Training im Klassenraum

Abbildung 10.6 Auswahl der Trainingsform

Die Vergabe eines Kürzels und einer Langbezeichnung ist auch beim Anlegen eines Trainingstyps obligatorisch. Die Beschreibung, die hinterlegt werden kann, ist bereits detaillierter als bei der Trainingsgruppe. Es können neben dem erweiterten Trainingstext auch Informationen zum Trainingsinhalt, wie z. B. die einzelnen Themenbereiche, angegeben werden (siehe Abbildung 10.7).

Abbildung 10.7 Trainingstyp anlegen – »Verbale Beschreibung«

Zusätzlich können jedoch bereits beim Trainingstyp detailliertere Informationen, z. B. zum Ablauf der geplanten Veranstaltungen, über ein sogenanntes *Hauptablaufmuster* angegeben werden.

Hinweis

Bitte beachten Sie, dass die Angaben, die hier gemacht werden, später beim Anlegen von Veranstaltungen, also konkreten Terminen, lediglich als Vorschlagswerte übergeben werden, die dann gegebenenfalls übersteuert werden können.

Registerkarte »Hauptablaufmuster«

Bei dem Hauptablaufmuster handelt es sich um Angaben darüber, wie eine Veranstaltung zeitlich abläuft. Ein beispielhafter Ablauf ist bereits in Tabelle 10.1 aufgezeigt worden. Bei der Zuordnung eines Ablaufs zu einem Trainingstyp haben Sie drei Möglichkeiten:

- **Registerkarte »Ablauf mit Muster«**
  Hierbei wählen Sie einen zuvor definierten Ablauf aus einer Liste aus (siehe Abbildung 10.8). Zusätzlich können Sie einen Beginntag definieren. Dies ist allerdings meist nur dann sinnvoll, wenn in der Regel eine Veranstaltung immer am gleichen Wochentag beginnt. Ist dies nicht der Fall, sollten Sie das

Feld BELIEBIG aktiviert lassen. Bei Veranstaltungen, die sich über einen längeren Zeitraum erstrecken, können mehrere Termine mit dem gleichen Ablauf in regelmäßigen Abständen (Angabe in Wochen bzw. Monaten) vorgegeben werden.

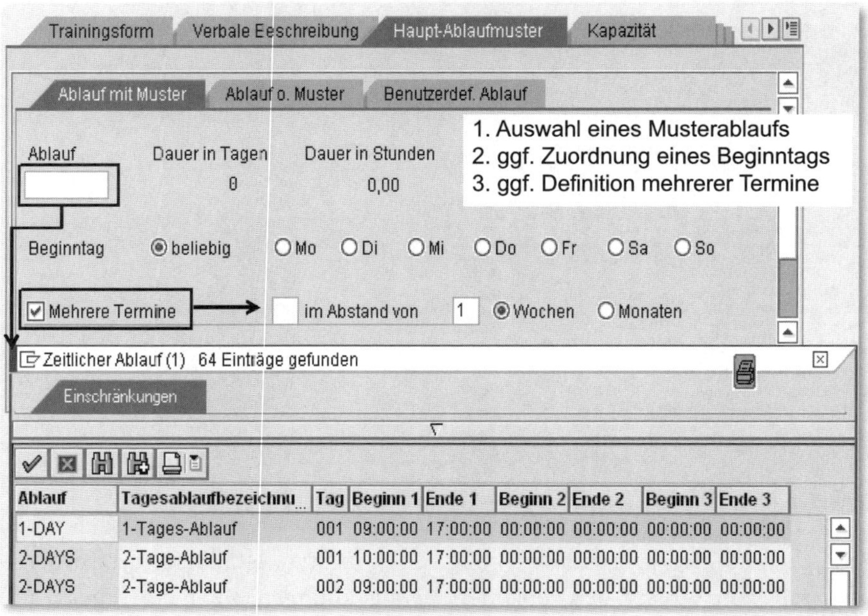

Abbildung 10.8 Trainingstyp anlegen – »Ablauf mit Muster«

- **Registerkarte »Ablauf ohne Muster«**
  Wenn Sie lediglich die Dauer einer Veranstaltung in Tagen und Stunden und den Anfangstag angeben wollen, sollten Sie den Ablauf ohne Muster auswählen. Bedenken Sie aber, dass hier keinerlei Angaben über die Anfangs- bzw. Enduhrzeit einer Veranstaltung pro Tag gemacht werden können.
- **Registerkarte »Benutzerdefinierter Ablauf«**
  Sollte keines der vorhandenen Muster Ihren Vorstellungen entsprechen, können Sie unter der Registerkarte BENUTZERDEF. ABLAUF einen eigenen Ablauf definieren. Hierbei müssen Sie jeden Tag mit einem Tagesablauf versehen, d.h., Sie definieren zunächst über die Tagesnummer, über wie viele Tage sich die Veranstaltung erstrecken wird; zusätzlich legen Sie über die Auswahl eines Tagestypen fest, wie dieser jeweilige Tag zeitlich ablaufen soll (siehe Abbildung 10.9).

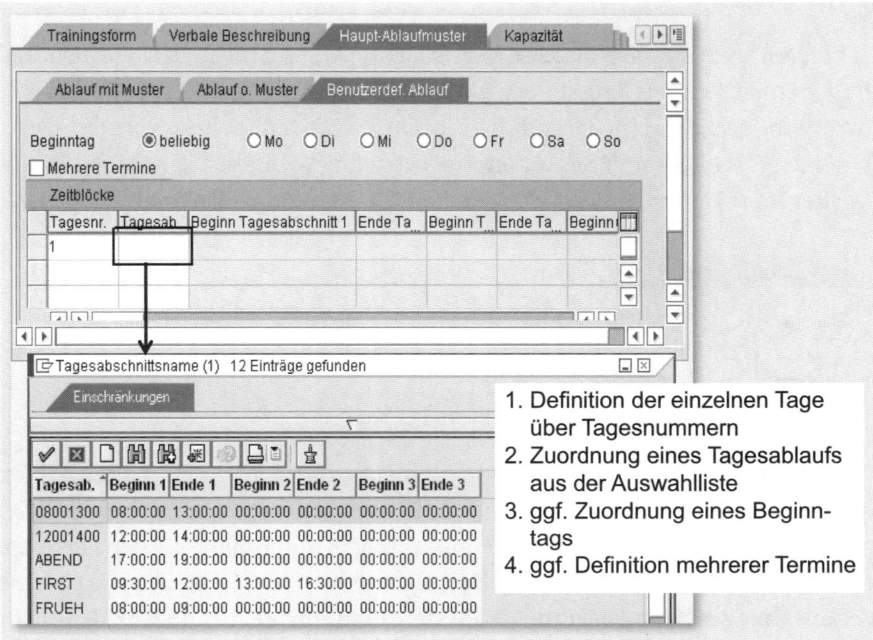

Abbildung 10.9 Trainingstyp anlegen – »Benutzerdefinierter Ablauf«

In unserem Beispiel soll ein Ablauf mit Muster gewählt werden, und zwar das Muster 3-DAYS mit beliebigem Anfangstag.

Wenn feststeht, wie die Veranstaltungen zeitlich ablaufen sollen, müssen Sie sich Gedanken über die Kapazitäten einer solchen Veranstaltung machen.

Registerkarte »Kapazität«

Bei der Festlegung der Kapazitäten wird definiert, wie viele Personen mindestens eine Veranstaltung gebucht haben müssen, damit sie überhaupt stattfindet (Minimale Kapazität). Außerdem wird hier die optimale und die maximale Teilnehmerzahl festgelegt (siehe Abbildung 10.10). Ist die Maximale Kapazität erreicht, sollten keine Teilnehmer mehr auf diese Veranstaltung gebucht werden.

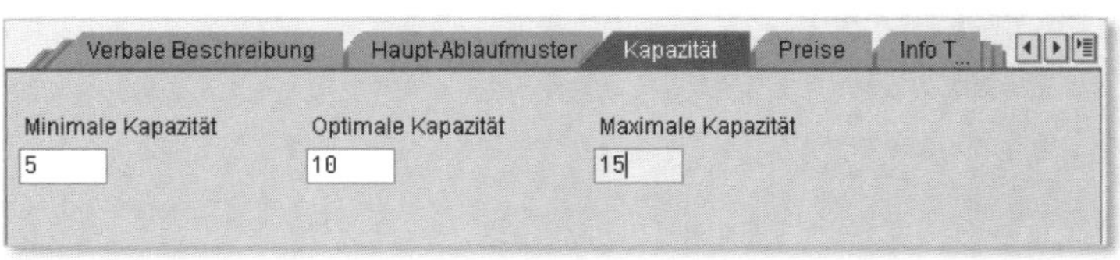

Abbildung 10.10 Trainingstyp anlegen – »Kapazität«

Registerkarte »Preise«

Die hier erfassten Preise für eine Veranstaltung werden nach der internen und der externen Verwendung unterschieden (siehe Abbildung 10.11). Der *interne Preis* wird für die interne Leistungsverrechnung verwendet bzw. vorgeschlagen. In der Regel wird dieser Preis für interne Teilnehmer vorgeschlagen, also für Mitarbeiter Ihres Unternehmens, die an einer Veranstaltung teilgenommen haben.

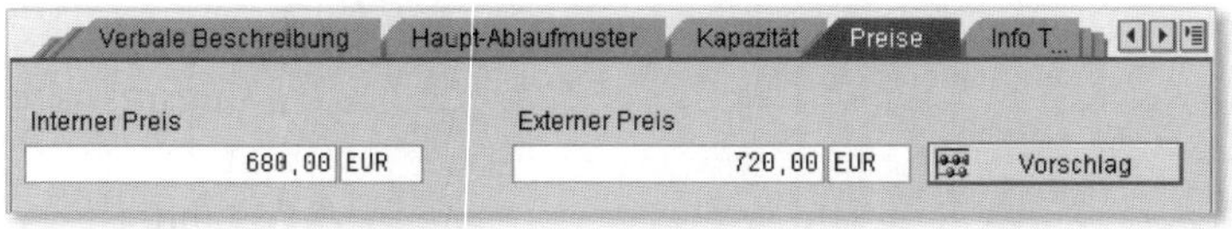

Abbildung 10.11 Trainingstyp anlegen – »Preise«

Der *externe Preis* ist der Preis, der von einem externen Teilnehmer zu zahlen ist, um eine Veranstaltung besuchen zu können. Dieses Feld ist also nur relevant, falls Ihr Unternehmen auch Veranstaltungen durchführt, die von Personen außerhalb Ihres Unternehmens gebucht werden können, sogenannte externe Veranstaltungen. Sollte bei Ihnen im System eine entsprechende Kalkulation für Veranstaltungspreise hinterlegt sein, können Sie sich über den Button VORSCHLAG einen Veranstaltungspreis vorschlagen lassen. Ist der Preis festgelegt, können noch diverse Informationen zur Steuerung des Systemverhaltens eingerichtet werden, die dann zum Tragen kommen, wenn Sie Mitarbeiter oder Referenten einer Veranstaltung oder einem Trainingstyp zuordnen.

Registerkarte »Info Trainingstyp«

Für den Fall, dass in Ihrem Unternehmen aus dem SAP-System heraus eine Veranstaltungsbroschüre bzw. ein Veranstaltungskatalog ausgedruckt und den Mitarbeitern zur Verfügung gestellt wird, können Sie durch Ankreuzen des Feldes IN VERANST.BROSCHÜRE auf dem Infotyp INFO TRAININGSTYP (siehe Abbildung 10.12) dafür sorgen, dass der gerade angelegte Trainingstyp in diese Broschüre mit aufgenommen wird.

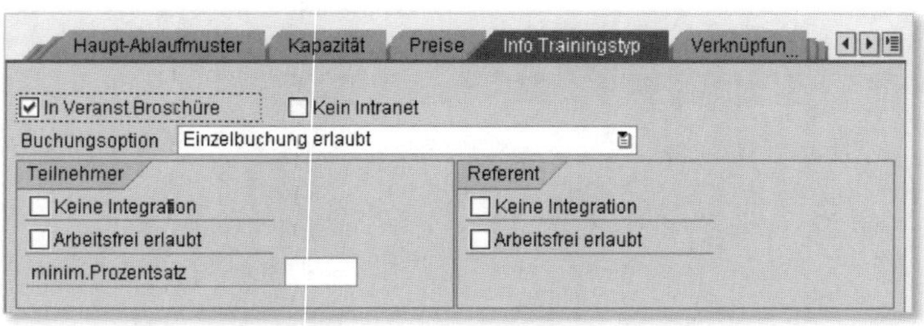

Abbildung 10.12 Trainingstyp anlegen – »Info Trainingstyp«

Zu unserem gerade angelegten Trainingstyp zum Thema Employee Self-Service passt die nächste Information, die Sie im Infotyp INFO TRAININGSTYP hinterlegen können. Dies ist die Information, ob der Trainingstyp im Employee Self-Service, also in einem Intranet-Szenario zum Buchen, Umbuchen, Stornieren usw. von Veranstaltungen durch die Mitarbeiter selbst, erscheinen soll oder nicht. (Letzteres lässt sich über das Kennzeichen im Feld KEIN INTRANET erreichen, siehe Abbildung 10.12.) Sollten Sie keinen Employee Self-Service einsetzen, ist es unerheblich, ob das Feld angekreuzt ist oder nicht.

Wie viele Komponenten im SAP-System sind auch das Veranstaltungsmanagement und die sogenannte Zeitwirtschaft (siehe Kapitel 7, »Zeitwirtschaft«) ineinander integrierbar, d.h., die beiden Systeme können miteinander kommunizieren. Die Integration der Zeitwirtschaft ermöglicht es dabei, automatisch eine sogenannte Anwesenheit anzulegen, sobald ein Mitarbeiter auf eine Veranstaltung gebucht wird.

Hinweis

Falls Sie sich fragen, wieso jetzt von Anwesenheiten gesprochen wird, obwohl der Mitarbeiter ja eigentlich eine Schulung besucht (also nicht an seinem Arbeitsplatz anwesend ist), wundern Sie sich bitte nicht. Die Zeitwirtschaft in SAP ERP HCM spricht immer von Anwesenheiten, wenn ein Mitarbeiter für das Unternehmen unterwegs ist, so z. B. beim Besuch von Seminaren oder auch bei Dienstreisen.

Ein weiterer Aspekt der Integration der Zeitwirtschaft ist, dass das System prüfen kann, ob sich ein Mitarbeiter zu einem Termin, zu dem er auf eine Veranstaltung gebucht werden soll, z. B. im Urlaub befindet. Wenn Sie also in Abbildung 10.12 das Feld KEINE INTEGRATION in der Feldgruppe TEILNEHMER ankreuzen, können Sie die gerade erläuterte Integration der Zeitwirtschaft für Teilnehmer von Veranstaltungen dieses Trainingstyps ausschalten.

Eng im Zusammenhang mit der Integration der Zeitwirtschaft steht das Feld ARBEITSFREI ERLAUBT (siehe Abbildung 10.12). Für den Teilnehmer einer Veranstaltung dieses Trainingstyps kann damit hinterlegt werden, ob bei der Verfügbarkeitsprüfung gegen die Zeitwirtschaft arbeitsfreie Zeiten berücksichtigt werden oder nicht. Ist das Feld also nicht angekreuzt, bedeutet dies, dass der Mitarbeiter nicht als Teilnehmer gebucht werden kann, wenn er zu einem Zeitpunkt der Veranstaltung arbeitsfrei hat. Ist das Feld hingegen angekreuzt, kann der Mitarbeiter auch dann als Teilnehmer gebucht werden, wenn er zum Zeitpunkt der Veranstaltung arbeitsfrei hat.

Die zuvor genannten Steuerungskennzeichen bezüglich der Integration in die Zeitwirtschaft lassen sich sowohl auf Teilnehmer als auch auf Referenten bezogen einstellen (siehe Abbildung 10.12).

Über das Feld MINIM.PROZENTSATZ (siehe Abbildung 10.12) wird gesteuert, wie das System reagieren soll, falls in der Zeitwirtschaft ein Anwesenheitssatz gelöscht wird, der automatisch aus dem Veranstaltungsmanagement beim Buchen eines Teilnehmers auf eine Veranstaltung angelegt wurde. Wenn ein solcher Anwesenheitssatz in der Zeitwirtschaft gelöscht wird, ist es möglich, über dieses Feld zu steuern, ob die Teilnahme storniert wird oder nicht. Hier tragen Sie also den Prozentsatz ein, ab dem die Teilnahme nicht mehr als erfüllt gilt. Das bedeutet, die Teilnahme wird storniert.

Beispiel

Eine Veranstaltung dauert an fünf Tagen jeweils zwei Stunden (insgesamt also zehn Stunden). In der Zeitwirtschaft wird die Anwesenheit des ersten Tages gelöscht (Mitarbeiter krank), und in dem Feld MINIM. PROZENTSATZ sind 70 % eingetragen. Die Buchung wird nicht gelöscht, da die restlichen vier Tage noch immer einen Anwesenheitsprozentsatz von 80 % ergeben. Erst wenn der zweite Anwesenheitssatz gelöscht wird, wird auch die Buchung storniert, da dann nur noch 60 % der Veranstaltung besucht werden könnten.

Die nächste Möglichkeit der Datenerfassung für einen Trainingstyp ist die Registerkarte VERKNÜPFUNGEN. Die dort enthaltenen Möglichkeiten werden nachfolgend erläutert.

Registerkarte »Verknüpfungen«

Mithilfe der Registerkarte VERKNÜPFUNGEN (siehe Abbildung 10.13) hinterlegen Sie weitere Daten an einem Trainingstyp, die später beim Anlegen einer Veranstaltung als Vorschlagswerte gezogen werden. Verknüpfungen werden durch einen Klick auf das Icon hinter der jeweiligen Verknüpfungsart angelegt.

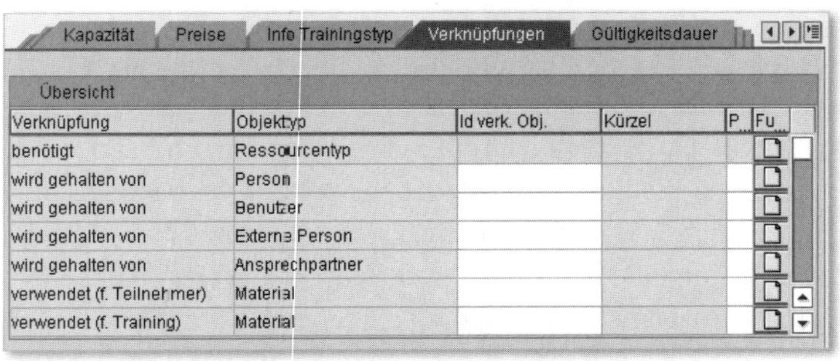

Abbildung 10.13 Trainingstyp anlegen – »Verknüpfungen«

Es werden nachfolgend lediglich die Verknüpfungen angesprochen, die unserer Meinung nach derzeit die größte Praxisrelevanz haben. Dies sind die folgenden beiden Verknüpfungen:

- BENÖTIGT RESSOURCENTYP
- WIRD GEHALTEN VON

Als Erstes kann hier festgelegt werden, welche sogenannten *Ressourcentypen* Veranstaltungen dieses Trainingstyps benötigen. Dies geschieht über die Verknüpfung BENÖTIGT RESSOURCENTYP.

Unter Ressourcentypen versteht man dabei Referenten, Räume, Projektoren, Flipcharts, Handbücher usw., also alles, was man zur Durchführung einer Veranstaltung benötigen könnte. Beim Anlegen der Verknüpfung zwischen einem Trainingstyp und den benötigten Ressourcen gibt man neben der Menge auch an, ob diese Menge pro Veranstaltung oder pro X Teilnehmer benötigt wird (siehe Abbildung 10.14). Über die Angabe einer Tagesnummer bzw. eines Tagesabschnitts kann z. B. abgebildet werden, dass nur am Vormittag (Tagesabschnitt) des 1. Tages (Tagesnummer) zwei Referenten benötigt werden.

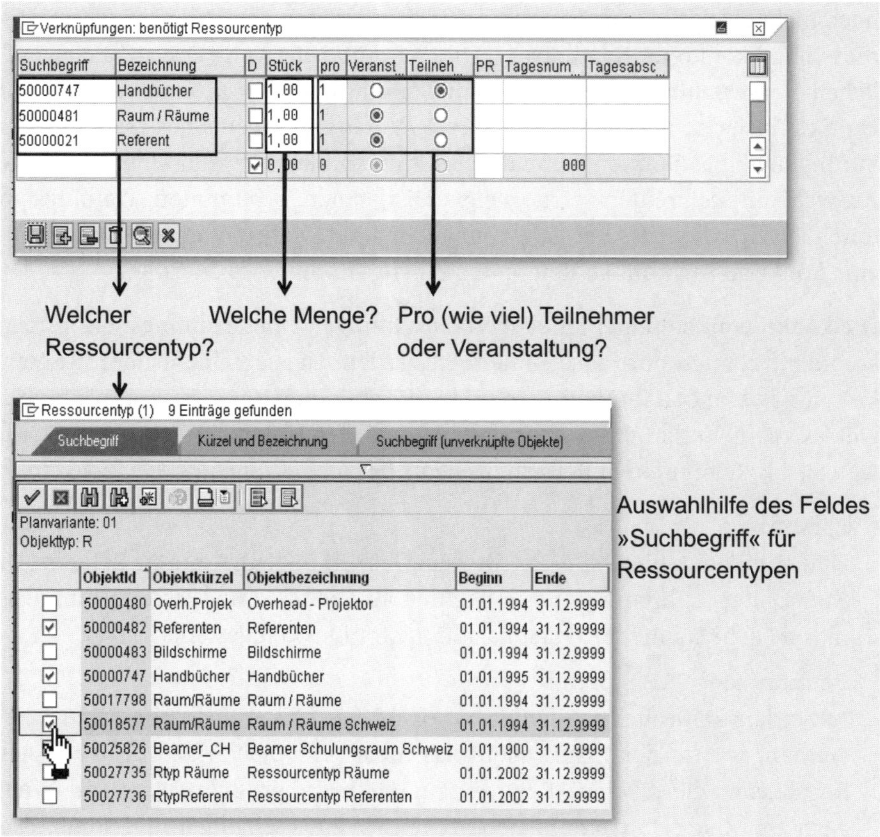

Abbildung 10.14 Verknüpfung anlegen – »benötigt Ressourcentyp«

Tipp

Es ist zu empfehlen, die Ressourcentypen über die sogenannte *Auswahlhilfe* aufzurufen (siehe Abbildung 10.14), da dann die Möglichkeit besteht, aus der Liste der vorhandenen Ressourcentypen die gewünschten auszuwählen.

Wählen Sie dazu die gewünschten Ressourcen durch das Markieren des Kastens ☐ vor den Ressourcen aus. Ihre Auswahl bestätigen Sie mit einem Klick auf das Icon ✔. Speichern Sie anschließend Ihre Eingaben über das Icon 💾.

Tipp

Bitte beachten Sie, dass es sich bei den Ressourcentypen noch nicht um konkrete Ressourcen handelt, sondern nur um Arten von Ressourcen.

Sie haben bis jetzt also nur festgelegt, dass Veranstaltungen dieses Trainingstyps einen Raum, einen Referenten und Handbücher benötigen. Was hier noch nicht erfolgt, ist die Zuordnung eines konkreten Raumes, konkreter Referenten und konkreter Handbücher. Dies wird üblicherweise erst an den eigentlichen Veranstaltungen und nicht am Trainingstyp vorgenommen. Dennoch kann es Ausnahmen geben, wenn Sie z. B. Veranstaltungen eines Trainingstyps nur in einem bestimmten Raum durchführen können oder nur eine bestimmte Auswahl an Referenten dazu geeignet ist, einen bestimmten Trainingstyp durchzuführen. Ist dies der Fall, können Sie über weitere Verknüpfungen z. B. eine konkrete Auswahl an Referenten einem Trainingstyp zuordnen.

Die konkreten Referenten, die für Veranstaltungen eines Trainingstyps infrage kommen, können dort auch hinterlegt werden. Dies geschieht über die Verknüpfung WIRD GEHALTEN VON. Wie Sie in Abbildung 10.13 erkennen können, gibt es diese Verknüpfung mehrfach, wobei der Unterschied darin besteht, wen Sie als Referenten in Betracht ziehen. Hier gibt es folgende Möglichkeiten:

- **Person**
  Dies kann zum einen eine Person sein. Person bedeutet, dieser Referent ist Mitarbeiter in Ihrem Unternehmen und als Person in der Personaladministration (siehe Kapitel 5, »Personaladministration«) eingestellt.
- **Benutzer des SAP-Systems**
  Außerdem kann auch ein Benutzer des SAP-Systems als Referent eingetragen werden, was in der Praxis allerdings nicht sehr oft vorkommt, da in der Regel Leute, die auf ein SAP-System zugreifen und produktiv damit arbeiten, auch als Mitarbeiterstammdatensatz im System vorhanden und somit also Personen sind.

- **Externe Person**
  Die dritte, praxisrelevantere Möglichkeit ist, eine externe Person als Referent anzugeben. Diese besondere Art von Person ist im System mit eingeschränkten Daten vorhanden, die für die Abwicklung der Formalitäten mit externen Referenten erforderlich sind.

Knapp zusammengefasst lässt sich Folgendes sagen: Alle Referenten, die nicht aus Ihrer Firma stammen, sind im System als sogenannte *externe Personen* angelegt. Die Verknüpfung WIRD GEHALTEN VON wird genauso wie andere Verknüpfungen über den Button 🗋 angelegt. Abhängig von der Art des Referenten (Person, Benutzer, externe Person) greifen Sie bei der Zuordnung auf unterschiedliche Quellen zurück. In Abbildung 10.15 sehen Sie als Beispiel die Zuordnung von Personen als Referenten.

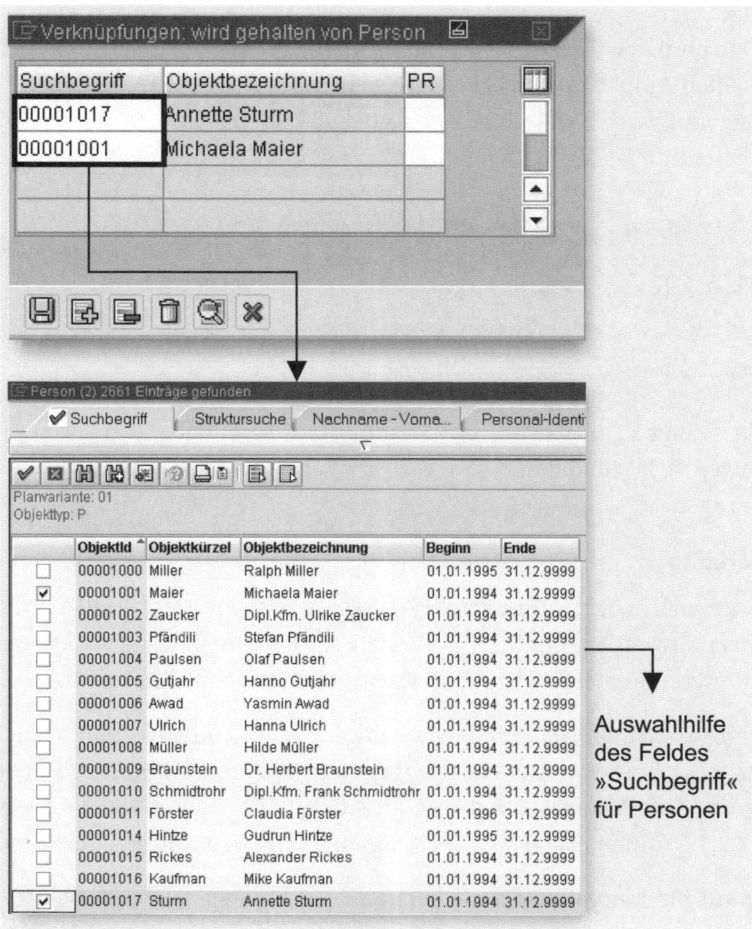

Abbildung 10.15 Verknüpfungen anlegen – »wird gehalten von«

Auch hierbei empfiehlt es sich, die Auswahlhilfe des Feldes SUCHBEGRIFF zu benutzen, um z. B. über den Vor- und Nachnamen des Referenten zu suchen oder durch Auswahl der relevanten Personen aus einer Liste. Sie wählen die Referenten durch das Markieren des Feldes ☐ vor dem oder den gewünschten Referenten aus. Ihre Auswahl bestätigen Sie dann mit einem Klick auf das Icon ✔.

Sollten mehrere infrage kommende Referenten angegeben worden sein, kann später beim Anlegen einer Veranstaltung (siehe Abschnitt 10.4.2, »Veranstaltungsangebot anlegen«) aus dieser Liste ein Referent ausgewählt und zugeordnet werden. Speichern Sie Ihre Eingaben über das Icon 💾.

Registerkarte »Gültigkeitsdauer«

Wenn Trainingstypen aufeinander aufbauen, kann die Gültigkeit/Halbwertzeit dazu genutzt werden festzulegen, wie lange das Wissen gültig ist, welches durch den Grundkurs vermittelt wurde, und somit einen Mitarbeiter dazu berechtigt, einen Aufbaukurs zu besuchen (siehe Abbildung 10.16). Ist die Gültigkeit abgelaufen, wird der Teilnehmer so behandelt, als hätte er den Grundkurs nicht besucht.

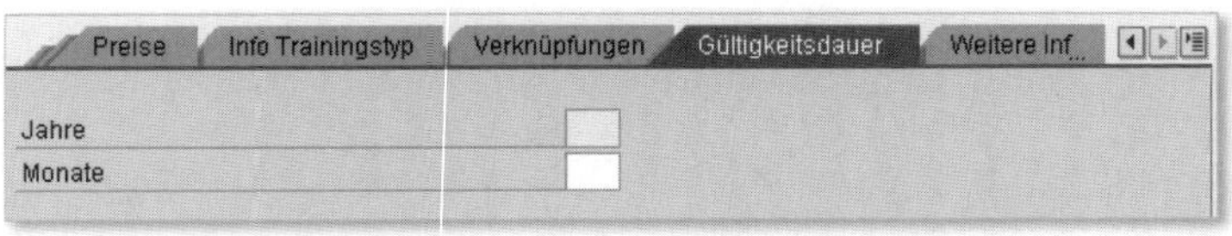

Abbildung 10.16 Trainingstyp anlegen – »Gültigkeitsdauer«

Die Gültigkeit einer Veranstaltung des Trainingstyps kann dabei in Jahren und Monaten angegeben werden.

Infotyp »Verfahren«

Ein Infotyp, der sich in der Registerkarte WEITERE INFORMATIONEN befindet, sollte hier noch erwähnt werden. Der Infotyp »Verfahren« beschreibt, welche Aktionen das System durchführen soll, wenn eine Veranstaltung nachbereitet wird.

Veranstaltungen werden nachbereitet, sobald sie durchgeführt wurden (Näheres zur Nachbereitung von Veranstaltungen finden Sie in Abschnitt 10.6.4, »Nachbereitung von Veranstaltungen«). Im Infotyp 1030 »Verfahren« (siehe Abbildung 10.17) können Sie folgende Aktionen für den Trainingstyp festlegen:

- **Prüfung auf Buchungen auf den gleichen Trainingstyp**
  Ein Eintrag im Feld PRÜFUNG AUF BUCHUNGEN AUF DEN GLEICHEN TRAININGSTYP steuert, ob und wie das System bei einer Buchung oder Vormer-

kung auf einen Trainingstyp reagiert, zu dem bereits eine Buchung bzw. eine Teilnahme vorliegt. Es existieren folgende mögliche Einträge, die auch bei den weiteren folgenden Feldern zum Einsatz kommen und daher nur einmal erläutert werden:

- » « (BLANK)
  Es findet keine Prüfung statt; es erfolgt keine Meldung.
- »I« (INFORMATION)
  Es findet eine Prüfung statt; bei einer vorliegenden Buchung bzw. bereits erfolgten Teilnahme wird eine entsprechende Meldung ausgegeben.
- »W« (WARNUNG)
  Es findet eine Prüfung statt; bei einer vorliegenden Buchung oder Teilnahme wird eine entsprechende Warnung ausgegeben, die Bearbeitung kann durch BESTÄTIGEN fortgesetzt werden.
- »E« (ERROR = FEHLER)
  Es findet eine Prüfung statt; bei einer vorliegenden Buchung oder Teilnahme wird eine entsprechende Fehlermeldung ausgegeben, die Bearbeitung kann *nicht* fortgesetzt werden.

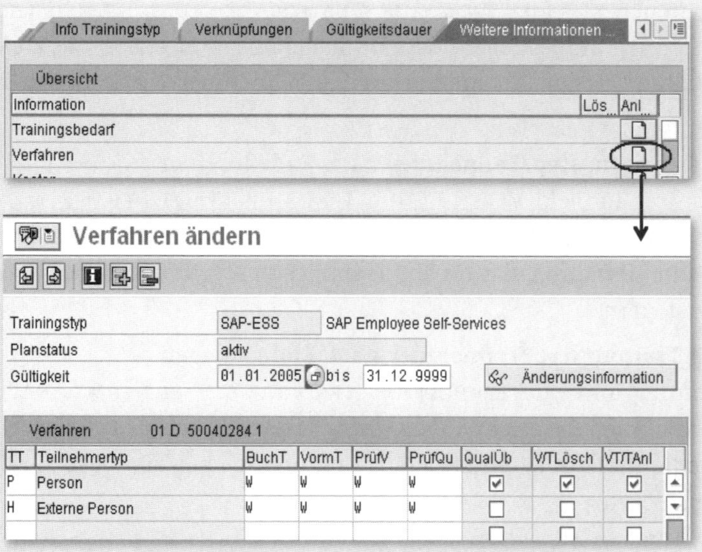

»BuchT«: Prüfung auf Buchungen auf den gleichen Trainingstyp
»VormT«: Prüfung auf Vormerkungen auf den gleichen Trainingstyp
»PrüfV«: Prüfung auf Voraussetzungsveranstaltung
»PrüfQu«: Prüfung auf Qualifikation des Teilnehmers
»QualÜb«: Ziele auf Qualifikation des Teilnehmers übertragen
»V/TLösch«: Verknüpfung »Trainingstyp/Teilnehmer« nach Ende löschen
»VT/TAnl«: Verknüpfung »Trainingstyp/Teilnehmer« nach Ende anlegen

Abbildung 10.17 Infotyp 1030 – »Verfahren«

- **Prüfung auf Vormerkungen auf den gleichen Trainingstyp**
  Ein Eintrag im Feld PRÜFUNG AUF VORMERKUNGEN AUF DEN GLEICHEN TRAININGSTYP steuert, ob und wie das System bei einer Buchung oder Vormerkung auf einen Trainingstyp reagiert, zu dem bereits eine Vormerkung desselben Teilnehmers vorliegt.
- **Prüfung auf Voraussetzungsveranstaltung**
  Ein Eintrag im Feld PRÜFUNG AUF VORAUSSETZUNGSVERANSTALTUNG steuert, ob das System vor einer Buchung auf eine Veranstaltung die dafür vorausgesetzten Veranstaltungen mit den bisher vom Teilnehmer besuchten Veranstaltungen vergleicht und welche Meldung ausgegeben wird, falls die Voraussetzungen für den Veranstaltungsbesuch nicht erfüllt sind.
- **Prüfung auf Qualifikation des Teilnehmers**
  Ein Eintrag im Feld PRÜFUNG AUF QUALIFIKATION DES TEILNEHMERS steuert, ob das System vor einer Buchung auf eine Veranstaltung die dafür vorausgesetzten Qualifikationen mit den Qualifikationen bzw. Ersatzqualifikationen des Teilnehmers vergleicht und welche Meldung ausgegeben wird, falls die Voraussetzungen für den Veranstaltungsbesuch nicht erfüllt sind.
- **Ziele auf Qualifikation des Teilnehmers übertragen**
  Durch Markieren des Feldes ZIELE AUF QUALIFIKATION DES TEILNEHMERS ÜBERTRAGEN können Sie festlegen, dass nach Veranstaltungsende die Ziele einer Veranstaltung als Qualifikationen auf den Teilnehmer übertragen werden.
- **Verknüpfung Trainingstyp/Teilnehmer nach Ende löschen**
  Mit einem Eintrag im Feld VERKNÜPFUNG TRAININGSTYP/TEILNEHMER NACH ENDE LÖSCHEN können Sie das im Customizing im Arbeitsschritt NACHBEREITUNG eingestellte Verfahren, das für alle Trainingstypen gilt, für diesen Trainingstyp übersteuern.
- **Verknüpfung Trainingstyp/Teilnehmer nach Ende anlegen**
  Mit einem Eintrag im Feld VERKNÜPFUNG TRAININGSTYP/TEILNEHMER NACH ENDE ANLEGEN können Sie das im Customizing im Arbeitsschritt NACHBEREITUNG eingestellte Verfahren, das für alle Trainingstypen gilt, für diesen Trainingstyp übersteuern.

Sind alle erforderlichen Daten für den Trainingstyp erfasst, müssen Sie die gemachten Angaben natürlich noch sichern. Dies geschieht über das Icon 💾. Anschließend werden Sie feststellen, dass der Trainingstyp mit einem ganz anderen Symbol in der Struktur des Stammdatenkatalogs dargestellt ist. Im Gegensatz zur Trainingsgruppe (Icon 🗀) stellt sich der Trainingstyp so dar: mit dem Icon . Da diese Symbole durchgehend im Veranstaltungsmanagement verwendet werden, also auch in den anderen dynamischen Menüs, ist es für Sie leichter, sich daran zu gewöhnen. Da wir für unseren Trainingstyp Vorgaben wie Benötigt Referent und wird gehalten von gemacht haben, werden diese auch gleich in der Struktur des Stammdatenkatalogs mit angezeigt (siehe Abbildung 10.18).

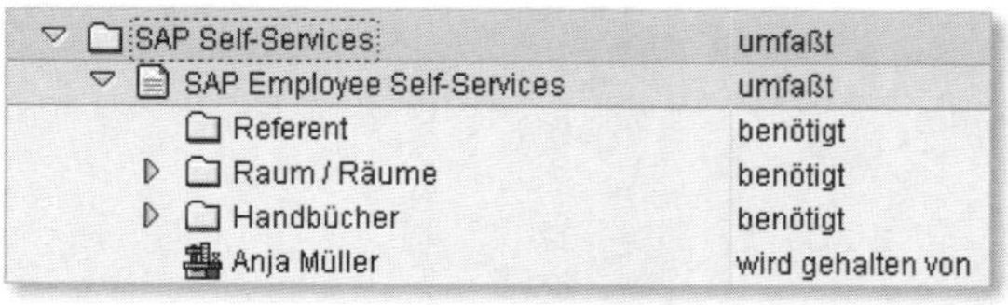

Abbildung 10.18 Anzeige Trainingstyp im Stammdatenkatalog

Mit dem Wissen aus diesem Kapitel wird es Ihnen leicht fallen, die nachfolgenden Ausführungen zu verstehen, da immer wieder von Trainingstypen und deren Eigenschaften die Rede sein wird.

10.4 Veranstaltungsangebot

Über das sogenannte *Veranstaltungsmenü* wird – aufbauend auf der zuvor im Stammdatenkatalog angelegten Struktur – das konkrete Veranstaltungsangebot erstellt.

10.4.1 Veranstaltungsmenü

Das Veranstaltungsmenü erreichen Sie über den Menüpfad Veranstaltungsmanagement • Veranstaltungen • Veranstaltungsmenü. Veranstaltungen werden immer ausgehend von einem Trainingstyp angelegt. Im vorherigen Abschnitt haben Sie gelernt, dass Trainingstypen quasi Muster für Veranstaltungen sind. Für das Veranstaltungsmenü können Sie vorab benutzerspezifische Einstellungen vornehmen. Diese erreichen Sie aus dem Veranstaltungsmenü heraus über den Menüpfad Einstellungen • Einstellungen ändern. Dort können Sie neben dem bereits in Abbildung 10.1 erwähnten Betrachtungszeitraum für die Struktur zusätzlich ein gewünschtes Einstiegsobjekt auswählen (siehe Abbildung 10.19). Das Einstiegsobjekt dient der Übersichtlichkeit für den Fall, dass Sie nur Veranstaltungen bearbeiten, die unterhalb einer bestimmten Trainingsgruppe oder eines bestimmten Trainingstyps angesiedelt sind.

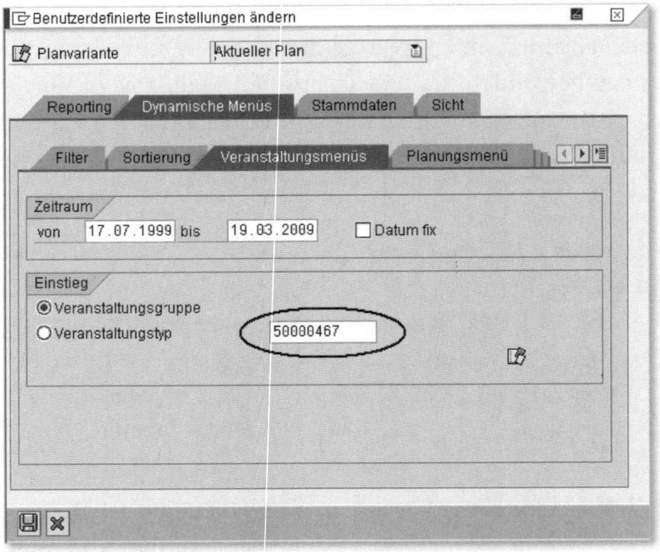

Abbildung 10.19 Einstieg für das Veranstaltungsmenü festlegen

Zum Festlegen des Einstiegsobjekts wählen Sie zunächst über das Icon ◉ vor dem jeweiligen Objekt aus, ob Sie als Einstieg eine Trainingsgruppe (hier noch benannt als VERANSTALTUNGSGRUPPE) oder einen Trainingstyp (hier VERANSTALTUNGSTYP) festlegen wollen. Anschließend wählen Sie in dem Eingabefeld über die Auswahlhilfe das gewünschte Einstiegsobjekt aus. Das dort angegebene Objekt dient dann als Einstieg in den Veranstaltungskatalog. Die so vorgenommenen Einstellungen müssen Sie mithilfe des Icons anschließend noch sichern. In Abbildung 10.20 ist als Einstieg die Trainingsgruppe SAP SCHULUNGEN gewählt worden, um die Auswirkungen des Einstiegsobjekts zu verdeutlichen. Herausnehmen können Sie das Einstiegsobjekt am einfachsten, indem Sie auf den Button EINSTIEG LÖSCHEN klicken. Damit sparen Sie sich den Umweg über die Einstellungen zur Struktur.

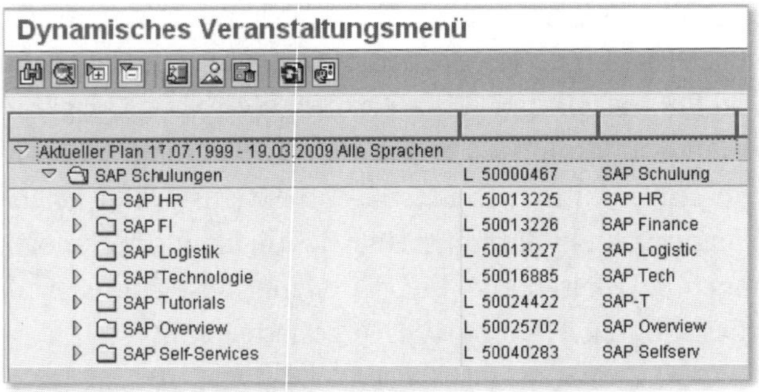

Abbildung 10.20 Veranstaltungsmenü bei aktiviertem Einstiegsobjekt

Weitere Einstellungen, die Sie bezüglich des Veranstaltungsmenüs, aber auch der anderen dynamischen Menüs vornehmen können, sind die des sogenannten *Filters* und der *Sortierung*. Die Filtereinstellungen nehmen Sie auf der gleichnamigen Registerkarte vor (siehe Abbildung 10.21). Was Sie hier als Erstes festlegen können, ist die Sprache der Seminare, die Sie angezeigt haben wollen.

Das heißt, wenn Sie beispielsweise Deutsch auswählen, werden anschließend nur die Veranstaltungen angezeigt, die in deutscher Sprache gehalten werden. Ähnlich verhält es sich mit dem Veranstaltungsort. Einmal ausgewählt, werden anschließend nur noch die Veranstaltungen in der Struktur angezeigt, die an dem gewählten Veranstaltungsort durchgeführt werden. Bitte beachten Sie, dass Sie diese Filter nur setzen sollten, wenn Sie nur einen bestimmten Teil des gesamten Veranstaltungsangebotes bearbeiten müssen, der sich durch die genannten Kriterien ermitteln lässt. Sollte dies nicht der Fall sein, laufen Sie Gefahr, Informationen zu verlieren.

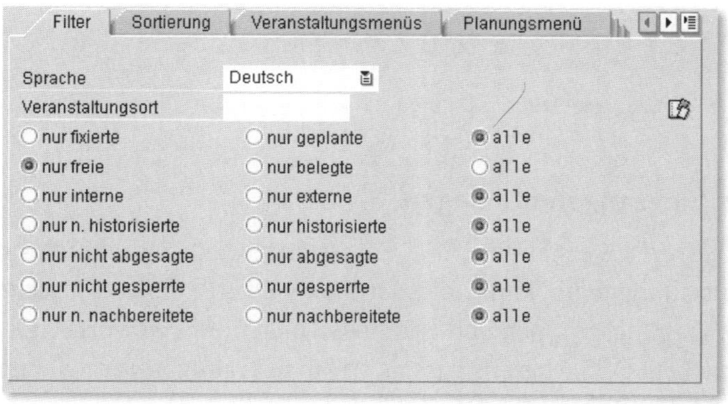

Abbildung 10.21 Filter einstellen

Eine Einstellung, die Sie aber in jedem Fall nutzen können, ist die Möglichkeit der Einschränkung der Anzeige auf Veranstaltungen, die sich in einem bestimmten Status befinden. Damit haben Sie z. B. die Möglichkeit, sich nur die Veranstaltungen anzeigen zu lassen, in denen noch Plätze frei sind (siehe Abbildung 10.21). Dazu müssen Sie den jeweiligen Radiobutton ○ vor dem aufgezählten Status markieren, wie es in Abbildung 10.21 für den Status NUR FREIE vorgenommen wurde. Mithilfe des Filters können Sie sich also die Struktur des Veranstaltungsangebots übersichtlicher gestalten.

Eine weitere Einstellung, die im Veranstaltungsmenü, aber auch im Teilnahmemenü sinnvoll ist, ist das Einblenden der Zusatzinformationen für Veranstaltungen. Diese beinhalten u. a. einen Überblick über bereits getätigte Buchungen zu einer Veranstaltung und weitere wichtige Informationen. Die Zusatzinformationen aktivieren Sie über die Registerkarte SICHT. Diese ist erreichbar aus dem Veranstaltungsmenü heraus über den Menüpfad EINSTELLUNGEN • EINSTELLUNGEN ÄNDERN sowie über das Icon (siehe Abbildung 10.22). Auf der Registerkarte müssen Sie im Feld MIT ZUSATZINFORMATIONEN ein Häkchen setzen. Ihre Eingabe sichern Sie mit dem Icon . Hier können Sie auch die Schlüssel einer Veranstaltung ausblenden, indem Sie das Häkchen im Feld MIT SCHLÜSSEL bzw. MIT KÜRZEL entfernen. Wie Sie das Veranstaltungangebot anlegen, zeigt Ihnen der folgende Abschnitt direkt im Anschluss an Abbildung 10.22.

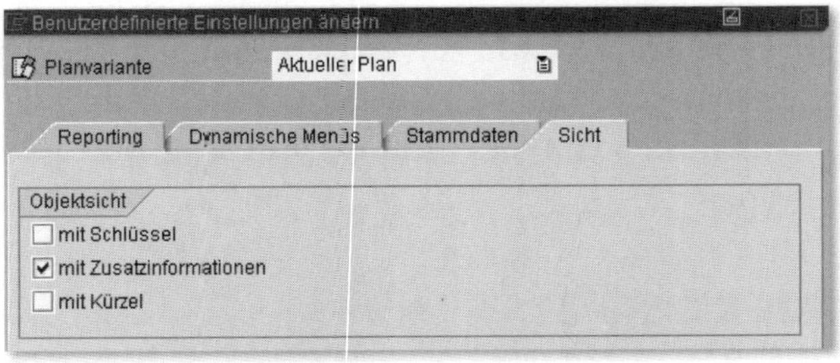

Abbildung 10.22 Einblenden von Zusatzinformationen

10.4.2 Veranstaltungsangebot anlegen

Noch einmal zum besseren Verständnis: Was Sie jetzt anlegen, sind tatsächlich stattfindende Veranstaltungen mit konkreten Terminen. Dies ist der wesentliche Unterschied zu den Trainingsgruppen und Trainingstypen, die Sie im vorherigen Abschnitt angelegt haben. Da Sie bereits wissen, wie man Trainingsgruppen und -typen anlegt, geht die im Folgenden beschriebene Vorgehensweise sicherlich schon wesentlich leichter von der Hand. Ähnlich wie beim Anlegen der Struktur des Veranstaltungskatalogs (siehe Abschnitt 10.3.1, »Struktur des Veranstaltungskatalogs«) legen Sie auch Veranstaltungen ausgehend von einem gewünschten Element in der Struktur an. Ganz so frei wie beim Veranstaltungskatalog sind Sie dabei allerdings nicht. Sie müssen schon von einem Trainingstyp ausgehen, wenn Sie eine Veranstaltung anlegen wollen.

Für unser Beispiel gehen wir von unserem zuvor angelegten Trainingstyp SAP EMPLOYEE SELF-SERVICES aus (siehe Abbildung 10.23). Ausgehend von diesem Objekt drücken wir die rechte Maustaste und wählen aus dem dann erscheinenden Kontextmenü entweder den Menüpunkt ANLEGEN MIT RESSOURCEN oder ANLEGEN OHNE RESSOURCEN. Welchen Punkt Sie auswählen, hängt davon ab, ob in Ihrem Unternehmen Ressourcen zu Veranstaltungen im Veranstaltungsmanagement verwaltet werden oder nicht. Wir gehen in unserem Beispiel davon aus, dass Sie Ressourcen verwenden. Also wählen wir den Menüpunkt ANLEGEN MIT RESSOURCEN aus (siehe Abbildung 10.23). Auf die weiteren Funktionen des Kontextmenüs zu Trainingstypen kommen wir später noch zurück.

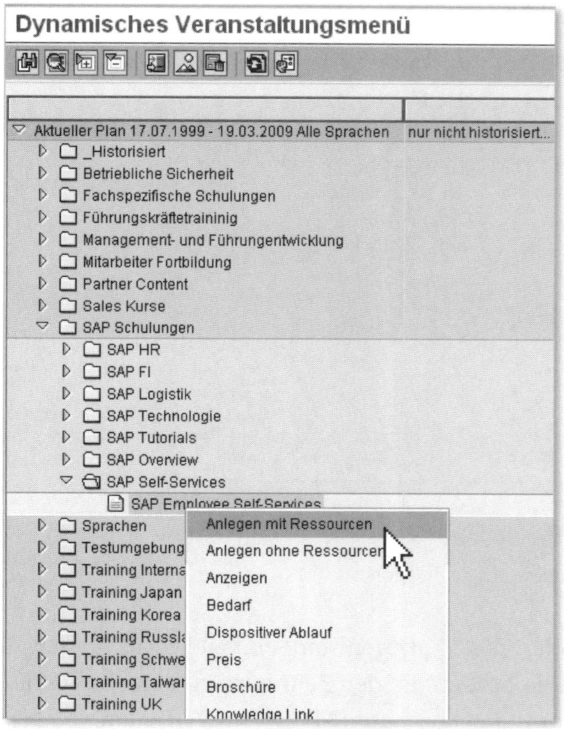

Abbildung 10.23 Veranstaltung mit Ressourcen anlegen

Beim Anlegen einer Veranstaltung können Sie auf den ersten Blick erkennen, dass bestimmte Datenfelder zur Veranstaltung, wie z. B. Bezeichnung, Sprache, Teilnehmerzahl, interner/externer Preis, schon gefüllt sind (siehe Abbildung 10.24). Diese Vorschlagswerte stammen aus dem zuvor angelegten Trainingstyp und können jetzt an der konkreten Veranstaltung überschrieben oder beibehalten werden. Sollte eine Veranstaltung ohne Ressourcen angelegt werden, sind die Buttons RESSOURCENAUSWAHL und SICH.O.RESSOURCEN ausgeblendet.

Abbildung 10.24 Datenmaske »Veranstaltung anlegen«

Gehen wir die einzelnen Felder, die zu pflegen sind, einmal Schritt für Schritt durch: Anfangs- und Enddatum bestimmen den Zeitraum, in dem eine Veranstaltung stattfinden kann (dies ist der sogenannte PLANUNGSZEITRAUM, in unserem Beispiel vom 14.02.2009 bis zum 20.3.2009). Als Nächstes bestimmen Sie, ob die Veranstaltung zunächst nur als geplant oder gleich als fixiert angelegt werden soll. In der Regel werden Veranstaltungen als geplant angelegt und erst dann fixiert, wenn eine ausreichende Anzahl an Buchungen auf der Veranstaltung vorgenommen wurde. Spätestens zum Nachbereiten und Abrechnen von Teilnahmegebühren und Veranstaltungskosten muss sich die Veranstaltung jedoch im Status FIXIERT befinden. Wenn Sie eine Veranstaltung im Status GEPLANT anlegen, können Sie beim Fixieren folgende Funktionalität nutzen:

- Wenn das Veranstaltungsmanagement in Ihrem Unternehmen entsprechend eingestellt ist, können beim Fixieren einer Veranstaltung die auf der Warteliste verbliebenen Teilnahmen in Vormerkungen umgewandelt werden oder als umzubuchende Teilnahmen auf der Warteliste verbleiben. Dazu erfahren Sie mehr in Abschnitt 10.5.1, »Teilnahmemenü«.

- Über den automatischen Schriftverkehr des Veranstaltungsmanagements kann eingestellt werden, dass durch das Fixieren beispielsweise das Verschicken einer definitiven Buchungszusage an Teilnehmer ausgelöst wird.

Hinweis

Wenn Sie eine Veranstaltung im Status FIXIERT angelegt haben, können Sie diese nicht mehr in den Status GEPLANT zurücksetzen.

Mithilfe des Kennzeichens im Feld GESPERRT können Sie dafür sorgen, dass die Veranstaltung zwar angelegt wird, jedoch keine Buchungen darauf möglich sind. Erst wenn eine Veranstaltung nicht mehr den Status GESPERRT hat, ist es möglich, Teilnehmer darauf zu buchen. Wie bereits erwähnt, werden die Bezeichnung der Veranstaltung und die Sprache, in der die Veranstaltung durchgeführt wird, bereits aus den Eigenschaften des Trainingstyps vorgeschlagen, dem die Veranstaltung zugrunde liegt. Der Ort, an dem die Veranstaltung stattfindet, ist hier jedoch noch zu pflegen. Am besten benutzen Sie in diesem Feld die Auswahlhilfe über das Icon . Hier können Sie dann zwischen den einzelnen angebotenen Auswahlhilfen wählen:

- **Suchbegriff**
  Geben Sie in das Feld SUCHBEGRIFF den gesuchten Ort ein. Hierbei können Sie auch Platzhalter benutzen, wie z. B. das Zeichen »*«, das für beliebig viele Zeichen steht. Beispielsweise ergäbe die Eingabe »Ham« im Feld SUCHBEGRIFF 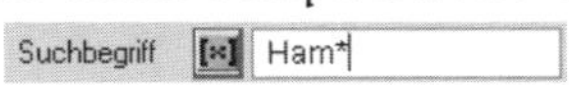

  eine Ergebnisliste mit allen Orten, die mit »Ham« beginnen und danach beliebig viele Zeichen haben, also z. B. »Hamburg« oder »Hamm«. Das Besondere bei der Suche mit dem Suchbegriff ist die Tatsache, dass hiermit sowohl der Kurztext des Objekts »Ort« als auch gleichzeitig der Langtext durchsucht werden.
- **Struktursuche**
  Die Suchhilfe STRUKTURSUCHE liefert – falls angelegt – eine Struktur mit den einzelnen verfügbaren Orten. Die Bedienung dieser Struktur ist vergleichbar mit der des Veranstaltungskatalogs.
- **Kürzel und Bezeichnung**
  Mithilfe KÜRZEL UND BEZEICHNUNG können Sie separat nach der Kurz- und/oder Langbezeichnung eines Ortes suchen. Die Handhabung ist vergleichbar mit der Suche über den Suchbegriff.
- **Freie Suche**
  Die Eingabehilfe FREIE SUCHE erlaubt die am meisten detaillierte Suche nach einem Objekt. Es ist hier z. B. möglich, den Ort durch Eingabe einer Postleitzahl zu suchen.

Tipp

Sie können auch direkt in das Feld Veranstaltungsort den gesamten Veranstaltungsort oder Teile davon eingeben. Nach dem Bestätigen über die [↵]-Taste wird hier entweder der gefundene Ort direkt übernommen oder eine Liste möglicher Orte angezeigt, falls die Eingabe nicht eindeutig war. Welche Suche Sie auch verwenden, Sie gelangen immer in eine Auswahl von Veranstaltungsorten, die in Ihrem System gepflegt sind und den eingegebenen Suchkriterien entsprechen. Abbildung 10.25 zeigt das Ergebnis einer solchen Auswahlhilfe. Hier wählen Sie den gewünschten Eintrag aus, indem Sie ihn entweder mit einem Doppelklick übernehmen oder per einfachem Mausklick auswählen und dann mit einem Kklick auf das Icon ✔ bestätigen.

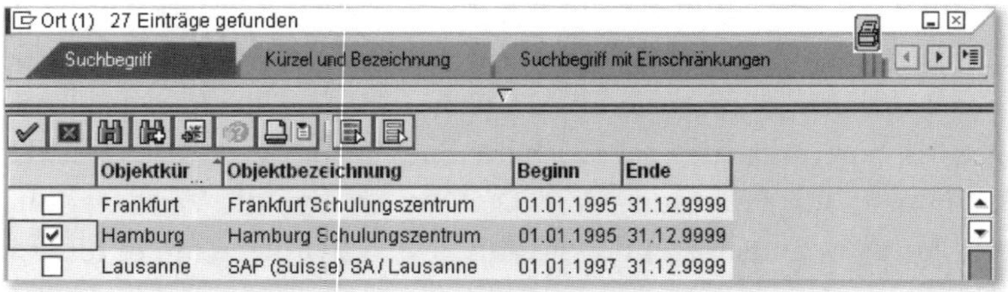

Abbildung 10.25 Auswahlhilfe Veranstaltungsort

Neben der Sprache ist der zeitliche Ablauf in unserem Beispiel ebenfalls bereits durch den Trainingstyp vorgegeben. Über die Zuordnung des zeitlichen Ablaufs einer Veranstaltung wird der erste und letzte Tag einer Veranstaltung bestimmt. Sie können den Beginn einer Veranstaltung durch das Ändern des Beginns des Planungszeitraums beeinflussen. Angezeigt wird der zeitliche Ablauf einer Veranstaltung über den Button Ändern im Bereich Operativer Ablauf (siehe Abbildung 10.24).

Weiterhin können Sie Einfluss auf den Anfangstag einer Veranstaltung nehmen, indem Sie das Feld Beginntag berücksichtigen markieren. Dann schlägt das System einen Veranstaltungstermin vor, der den im zeitlichen Ablauf vorgegebenen Anfangstag enthält (siehe Abschnitt 10.3.3, »Trainingstypen anlegen«). In unserem Beispiel käme dann der in Abbildung 10.26 zuerst abgebildete zeitliche Ablauf zustande, da wir zuvor bei unserem Trainingstyp unter Beginntag das Kennzeichen bei beliebig gesetzt hatten (siehe Abbildung 10.9 in Abschnitt 10.3.3, »Trainingstypen anlegen«).

Ein Veranstaltungsbeginn an einem Samstag kann durchaus vorkommen, wenn man z. B. an Managerseminare denkt, die oftmals am Wochenende stattfinden. Ist dies jedoch nicht gewollt, kann über das angekreuzte Feld Arbeitsfreie Tage berücksichtigen (siehe Abbildung 10.24) vom System ein Veranstaltungstermin vorgeschlagen werden, der auf keinen arbeitsfreien Tag fällt (siehe den zweiten Ablauf in Abbildung 10.26). Aufgrund dieser Vorgabe kann für den gewählten zeitlichen Ablauf unter Umständen kein Veranstaltungstermin im Planungszeitraum ermittelt werden. In diesem Fall muss der zeitliche Ablauf dann entsprechend geändert werden. Hierzu benutzen Sie den Button Ändern im Bereich ABLAUF (siehe Abbildung 10.24). Zum Ändern eines zeitlichen Ablaufs vergleichen Sie die Ausführungen zum Hauptablaufmuster in Abschnitt 10.3.3, »Trainingstypen anlegen«.

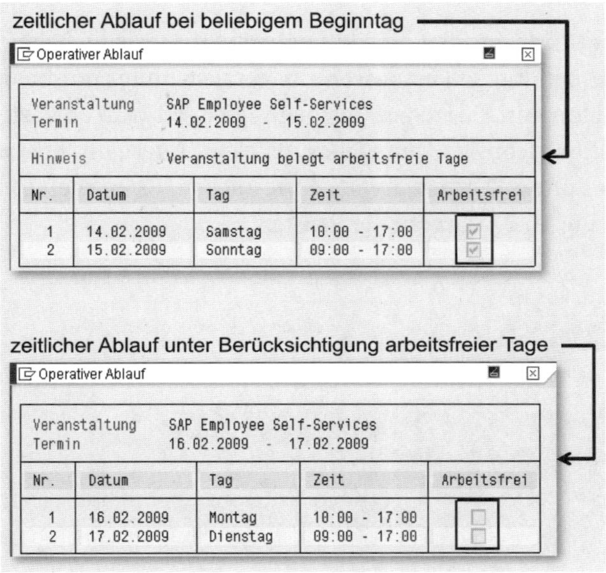

Abbildung 10.26 Zeitliche Abläufe einer Veranstaltung

Als Nächstes können Sie die aus dem Trainingstyp vorgeschlagenen Zahlen zur Kapazität einer Veranstaltung und zur Preis- und Kostenzuordnung übersteuern. Bei internen Teilnehmern einer Veranstaltung dienen die Angaben zur Preis- und Kostenzuordnung zur Leistungsverrechnung und bei externen Teilnehmern zur Fakturierung. Um den Veranstalter anzugeben, gibt es mehrere Möglichkeiten. Bei externen Veranstaltungen wird in der Regel eine Firma angegeben, bei internen Veranstaltungen eher eine Organisationseinheit. Über das vordere Feld Organisationseinheit in der Feldgruppe VERANSTALTERDATEN (siehe Abbildung 10.24) wird angegeben, um welche Art von Veranstalter es sich handelt, ob es sich also beispielsweise um eine Firma oder eine Organisationseinheit Ihres Unternehmens handelt. Abhängig von Ihrer Eingabe in diesem Feld wird die Auswahl im nebenstehenden Feld entsprechend eingeschränkt. Dies bedeutet, dass nur Organisationseinheiten zur Auswahl angeboten werden, wenn Sie ORGANISATIONSEINHEIT als Veranstaltertyp ausgewählt haben. Benutzen Sie in dem nebenstehenden Feld das Icon für die Auswahlhilfe, um den entsprechenden Veranstalter auszuwählen. Handelt es sich um eine Organisationseinheit, empfiehlt sich die Struktursuche.

Im untersten Bereich ÜBERSICHT (siehe Abbildung 10.24) können Sie zusätzlich eine allgemeine Beschreibung der Veranstaltung und Details zum Trainingsinhalt hinterlegen. Dazu klicken Sie auf das Icon hinter der jeweiligen Information, die Sie anlegen möchten. Das Anlegen von Informationen ist vergleichbar mit der Vorgehensweise beim Trainingstyp (siehe hierzu die Ausführungen zu und Abbildung 10.7).

Da wir zuvor VERANSTALTUNG ANLEGEN MIT RESSOURCEN ausgewählt haben, müssen wir jetzt noch die benötigten Ressourcen zur Veranstaltung zuordnen. Das System fordert Sie automatisch dazu auf, die benötigten Ressourcen anzugeben, wenn Sie jetzt auf das Icon zum Sichern klicken. Alternativ hierzu können Sie auch auf den Button RESSOURCENAUSWAHL klicken. Es erscheint in jedem Fall das in Abbildung 10.27 dargestellte Fenster.

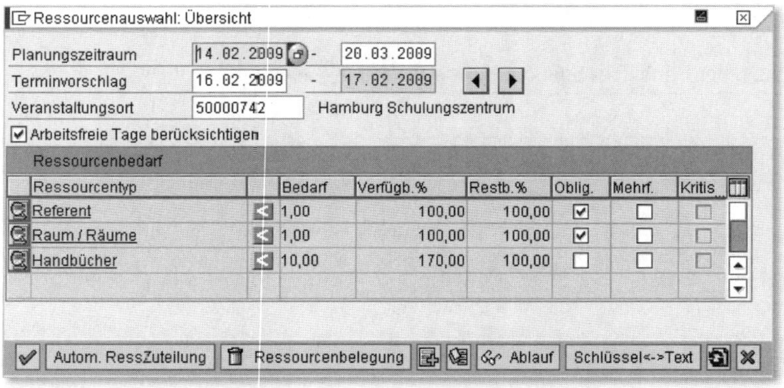

Abbildung 10.27 Ressourcenzuordnung

Als Erstes werden Ihnen noch einmal der Planungszeitraum und der Terminvorschlag des Systems angezeigt. Mit den beiden Icons können Sie zwischen unterschiedlichen Terminvorschlägen hin- und herwechseln. Sollte in der Spalte OBLIG. (obligatorisch) bei einer oder mehreren Ressourcen ein Häkchen gesetzt sein, wird die Verfügbarkeit dieser Ressourcen bei den Terminvorschlägen berücksichtigt. Das heißt, sollte eine der Ressourcen, die als obligatorisch gekennzeichnet ist, zu einem Termin nicht verfügbar sein, wird dieser Termin auch nicht vorgeschlagen.

Zunächst wird noch eine Unterdeckung des Bedarfs angezeigt, da bisher keine Zuordnung von Ressourcen stattgefunden hat. Dies ist über das Kennzeichen zu erkennen, das aussagt, dass die ausgewählten Ressourcen unter dem Ressourcenbedarf liegen. Einfach ausgedrückt: Es sind noch nicht genügend Ressourcen der Veranstaltung zugeordnet worden. Neben dem Ressourcentyp, wie Referent, Raum und Handbücher, den wir zuvor dem Trainingstyp zugeordnet haben (siehe Verknüpfung »benötigt Ressourcentyp« in Abschnitt 10.3.3, »Trainingstypen anlegen«) werden der Bedarf und die Verfügbarkeit der jeweiligen Ressourcen angezeigt. Bitte beachten Sie, dass das System beim teilnehmerbezogenen Ressourcenbedarf von der optimalen Kapazität der Veranstaltung ausgeht, in unserem Fall also von zehn Teilnehmern. Dies ist in Abbildung 10.27 bei der Ressource Handbücher deutlich zu erkennen, da das System hier von einem Bedarf von zehn Stück ausgeht. Die Spalte mit der Verfügbarkeit der Ressourcen zeigt in Prozent an, ob der Bedarf der Veranstaltung mit den vorhandenen Ressourcen gedeckt werden könnte. In unserem Beispiel in Abbildung 10.27 wären ausreichend Ressourcen vorhanden, da für alle benötigten Ressourcen mindestens 100 % Verfügbarkeit angezeigt wird. Die Spalte Restb. % (siehe Abbildung 10.27) zeigt an, inwieweit der Ressourcenbedarf trotz bereits zugeordneter Ressourcen noch nicht gedeckt ist. Unser Ziel ist es also, den Restbedarf auf 0 % zu senken.

Wie bereits erwähnt, können Sie über die Spalte Oblig. festlegen, ob die Verfügbarkeit der Ressourcen bei der Planung der Veranstaltungstermine berücksichtigt werden soll. In der Spalte Mehrf. wird dann ein Häkchen gesetzt, wenn die entsprechende Ressource von mehreren Veranstaltungen gleichzeitig belegt werden kann. Das Kennzeichen Kritis... (Kritische Ressource) ist gesetzt, falls der Ressourcentyp kritisch ist, d.h. falls nicht genügend Ressourcen des entsprechenden Typs im aktuellen Zeitraum vorhanden sind.

Sie haben jetzt mehrere Möglichkeiten, den Ressourcenbedarf Ihrer Veranstaltung zu decken:

- **Automatische Ressourcenzuteilung**
  Klicken Sie auf den Button Autom. Ressourcen, werden automatisch vom System verfügbare Ressourcen zugeordnet, ohne dass Sie Einfluss darauf nehmen könnten, welche Ressource eines Ressourcentyps ausgewählt wird. Beachten Sie hierbei, dass das System nur für die Ressourcen eine automatische Zuordnung vornimmt, die als obligatorisch gekennzeichnet sind. Die nicht obligatorischen Ressourcen müssen Sie manuell zuordnen.
- **Manuelle Ressourcenzuteilung**
  Durch Anklicken des Icons für Manuelle Ressourcenzuordnung links von der jeweiligen Ressource (siehe Abbildung 10.27) gelangen Sie in die Ressourcenauswahl. Hier werden die möglichen Ressourcen und ihre Verfügbarkeit angezeigt (siehe Abbildung 10.28, Ressourcentyp Referent). Sie wählen eine Ressource aus, indem Sie die jeweilige Zeile durch Klicken auf das Icon vor der Ressource markieren, wie in Abbildung 10.28 für die Referentin Anja Müller gezeigt. Anschließend klicken Sie auf das Icon zum Übernehmen Ihrer Auswahl.

Hinweis

Da wir zuvor bei der Definition des Trainingstyps bereits festgelegt haben, dass für Veranstaltungen dieses Trainingstyps nur die Referentin Anja Müller infrage kommt, wird auch nur diese eine Referentin in der Ressourcenliste angezeigt. Sollte dennoch ein anderer Referent infrage kommen oder eine sonstige Konstellation dazu führen, dass Sie weitere Ressourcen zur Veranstaltung benötigen, können Sie diese temporär in die Veranstaltung mit aufnehmen. Dazu klicken Sie auf das Icon [icon] zum temporären Hinzufügen einer Ressource. Diese Funktionalität können Sie sowohl zum Hinzufügen eines Ressourcentyps als auch einer Ressource verwenden.

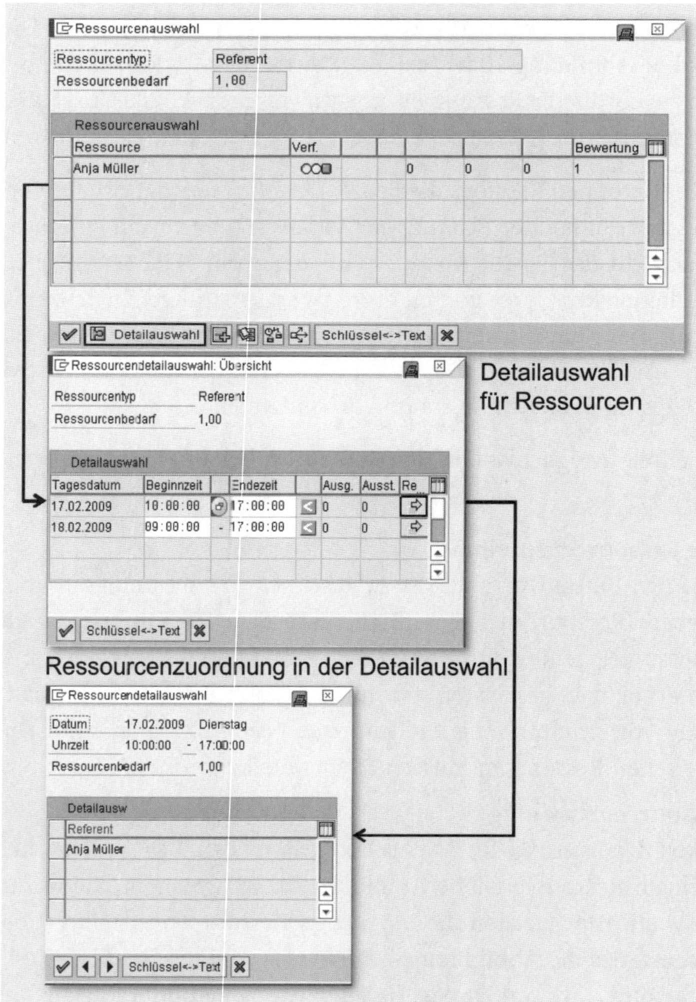

Abbildung 10.28 Manuelle Ressourcenauswahl

Ein Beispiel: Sie wollen neben der Ressource Anja Müller noch einen weiteren Referenten temporär hinzunehmen. Dazu wählen Sie zunächst in der Ressourcenauswahl das Icon neben dem Ressourcentyp Referent (siehe Abbildung 10.27). Anja Müller wird in der Ressourcenauswahl angezeigt. Anschließend klicken Sie auf das Icon für eine temporäre Ressourcenzuordnung. Da Sie einen internen Referenten zuordnen wollen, wählen Sie die Registerkarte Person aus (siehe Abbildung 10.29). Über die Suchhilfe des Feldes Person (mithilfe des Icons) suchen Sie eine Person aus und bestätigen Ihre Auswahl durch einen Klick auf das Icon .

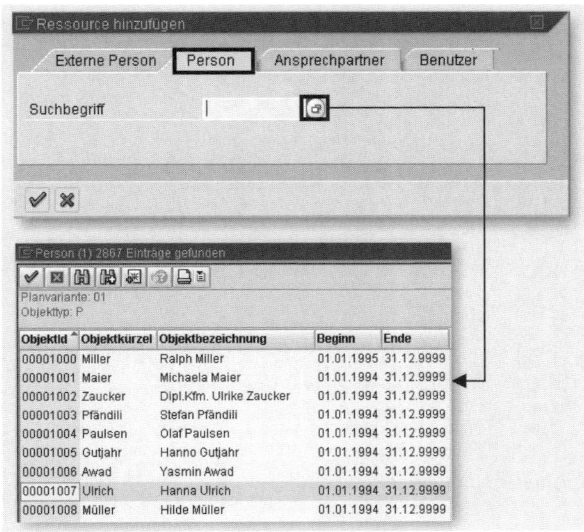

Abbildung 10.29 Ressource temporär hinzufügen

Damit haben Sie erreicht, dass ein weiterer Referent für diese Veranstaltung hinzugekommen ist. Bitte beachten Sie, dass durch die eben gezeigte Vorgehensweise der Referent nur für die gerade angelegte Veranstaltung als mögliche Ressource hinzugenommen wurde. Sollte diese Zuordnung auch für andere Veranstaltungen des gleichen Trainingstyps gelten, müssen Sie die Ressource über das Icon hinzufügen. Das Vorgehen bleibt allerdings gleich.

Sollte eine Ressource, z. B. ein Referent, nur teilweise verfügbar sein (dies ist durch eine gelbe Ampel gekennzeichnet), dann kann über die Detailauswahl auch eine Zuordnung von Ressourcen zu einzelnen Tagen oder Tagesabschnitten einer Veranstaltung vorgenommen werden (siehe Abbildung 10.28). Hierzu klicken Sie zuerst auf den Button Detailauswahl. Es werden sofort die einzelnen Tage bzw. Tagesabschnitte der Veranstaltung angezeigt, und Sie können dort über das Icon jedem Tagesabschnitt eine andere Ressource zuordnen (siehe Abbildung 10.28). Die Auswahl einer Ressource zu einem Tagesabschnitt sowie die restliche Detailauswahl übernehmen Sie jeweils mit dem Icon .

Sollte eine Ressource als nicht verfügbar gekennzeichnet sein, können Sie feststellen, wo die jeweilige Ressource verwendet wird. Dazu markieren Sie wie gewohnt die Zeile mit der gewünschten Ressource und klicken anschließend auf das Icon . Sofort wird Ihnen angezeigt, wo und wann die Ressource in anderen Veranstaltungen verwendet wird. Ein solcher Verwendungsnachweis ist beispielhaft für einen Referenten in Abbildung 10.30 dargestellt.

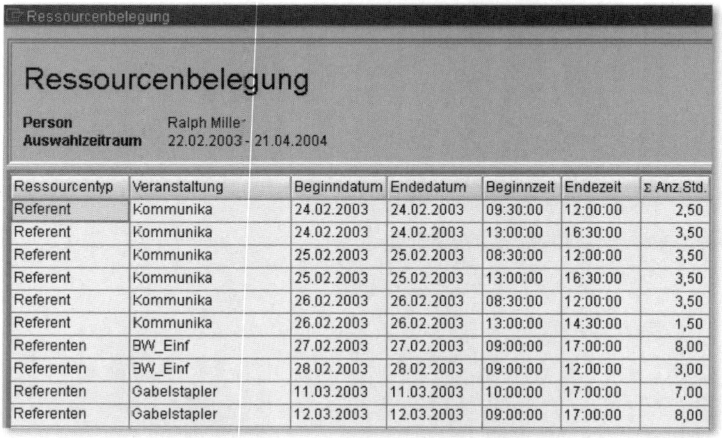

Ressourcentyp	Veranstaltung	Beginndatum	Endedatum	Beginnzeit	Endezeit	Σ Anz.Std.
Referent	Kommunika	24.02.2003	24.02.2003	09:30:00	12:00:00	2,50
Referent	Kommunika	24.02.2003	24.02.2003	13:00:00	16:30:00	3,50
Referent	Kommunika	25.02.2003	25.02.2003	08:30:00	12:00:00	3,50
Referent	Kommunika	25.02.2003	25.02.2003	13:00:00	16:30:00	3,50
Referent	Kommunika	26.02.2003	26.02.2003	08:30:00	12:00:00	3,50
Referent	Kommunika	26.02.2003	26.02.2003	13:00:00	14:30:00	1,50
Referenten	BW_Einf	27.02.2003	27.02.2003	09:00:00	17:00:00	8,00
Referenten	BW_Einf	28.02.2003	28.02.2003	09:00:00	12:00:00	3,00
Referenten	Gabelstapler	11.03.2003	11.03.2003	10:00:00	17:00:00	7,00
Referenten	Gabelstapler	12.03.2003	12.03.2003	09:00:00	17:00:00	8,00

Abbildung 10.30 Verwendungsnachweis einer Ressource

Abbildung 10.30 zeigt die Belegung der Ressource für den gesamten Planungszeitraum. Falls Sie sich nur für den Zeitraum der Veranstaltung interessieren, können Sie sich über den Button die Verfügbarkeit einer Ressource, bezogen auf den Veranstaltungstermin, anzeigen lassen. Abbildung 10.31 zeigt das Ergebnis einer solchen Verfügbarkeitsprüfung.

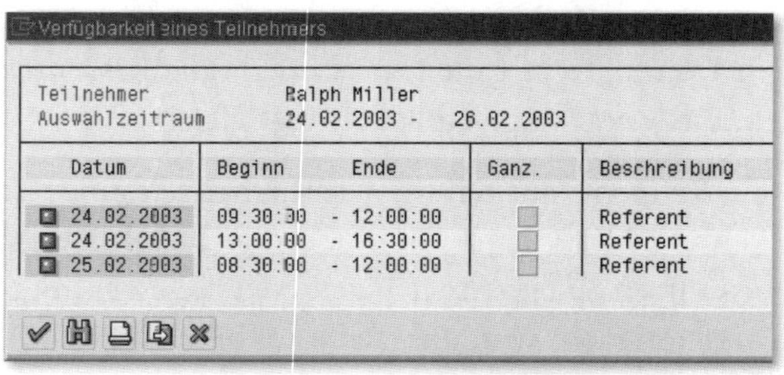

Datum	Beginn	Ende	Ganz.	Beschreibung
24.02.2003	09:30:30	- 12:00:00		Referent
24.02.2003	13:00:00	- 16:30:00		Referent
25.02.2003	08:30:00	- 12:00:00		Referent

Abbildung 10.31 Verfügbarkeitsprüfung für einen Referenten

Nachdem Sie jetzt alle Möglichkeiten der Zuordnung von Ressourcen zu Veranstaltungen gesehen haben, können Sie nach und nach die einzelnen Ressourcen Ihrer Veranstaltung zuordnen, bis letztendlich alle Ressourcen zugeordnet sind und Sie die Veranstaltung endgültig sichern können. Abbildung 10.32 zeigt die Ressourcenauswahl nach erfolgter Zuordnung aller Ressourcen.

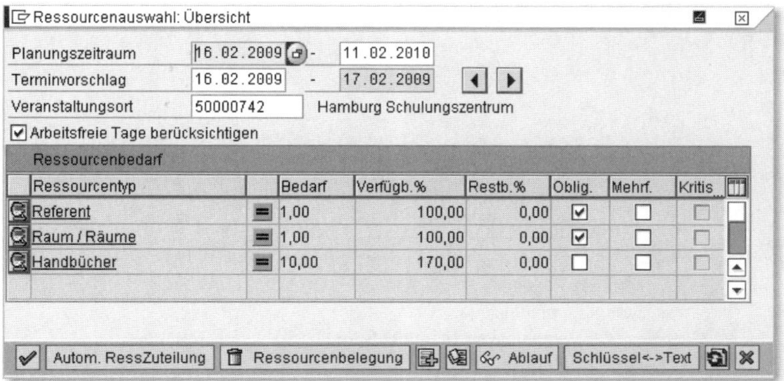

Abbildung 10.32 Ressourcenauswahl nach vollständiger Ressourcenzuordnung

Die abgeschlossene Ressourcenauswahl bestätigen Sie nochmals durch einen Klick auf das Icon, und anschließend sichern Sie die Veranstaltung mit einem Klick auf das Icon. Jetzt ist es endlich geschafft. Sie haben Ihre erste Veranstaltung angelegt. Diese wird auch gleich im Veranstaltungsmenü angezeigt (siehe Abbildung 10.33). Im Veranstaltungsmenü wird ebenfalls mit Ampel-Icons gearbeitet, die den Status der Veranstaltung bezüglich der bereits erfolgten Buchung anzeigen. Darüber können Sie sofort erkennen, ob eine Veranstaltung noch Buchungen aufnehmen kann oder ob bereits das Maximum an Teilnehmern erreicht ist.

Hinweis

Wenn Sie auf eine solche Ampel doppelklicken, erhalten Sie in einem kleinen Fenster detaillierte Informationen zur Kapazität und zu den Buchungen einer Veranstaltung (siehe Abbildung 10.33).

Sollten Sie wie empfohlen die Zusatzinformationen im Veranstaltungs- bzw. Teilnahmemenü aktiviert haben (siehe Abschnitt 10.4.1, »Veranstaltungsmenü«), können Sie auch sofort erkennen, wie viele Teilnehmer bereits auf eine Veranstaltung gebucht wurden, wie viele Plätze noch frei sind und wie viele Teilnehmer auf der Warteliste stehen.

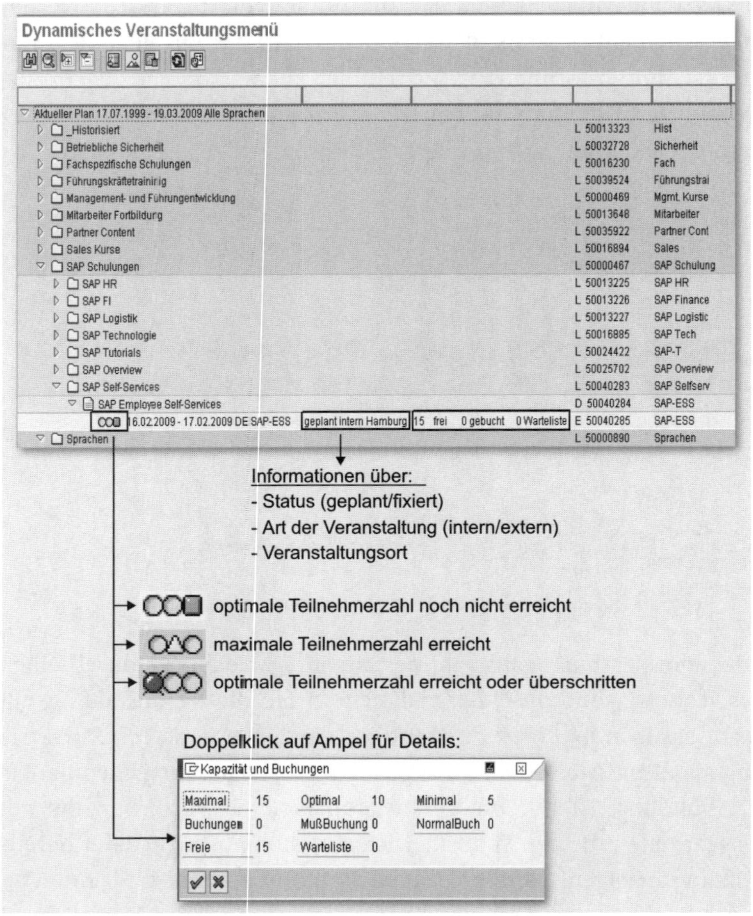

Abbildung 10.33 Ampel-Icons im Veranstaltungs-/Teilnahmemenü

Damit auch unsere jetzt angelegte Veranstaltung mit Leben gefüllt wird, müssen natürlich Mitarbeiter auf unsere Veranstaltung gebucht werden. Dies geschieht im Teilnahmemenü und wird in Abschnitt 10.5.1, »Teilnahmemenü«, erläutert.

10.5 Tagesgeschäft

Unter dem Tagesgeschäft des Veranstaltungsmanagements wird das Buchen, Stornieren und Umbuchen von Teilnehmern und Teilnehmerlisten sowie die Korrespondenz mit den Teilnehmern und Referenten verstanden, also alles das, was tagtäglich an Arbeiten mit dem System anfällt.

10.5.1 Teilnahmemenü

Das Teilnahmemenü erreichen Sie aus dem Veranstaltungsmenü ganz einfach über den Menüpfad SPRINGEN • TEILNAHMEMENÜ oder aus dem SAP Easy-Access-Menü über den Menüpfad PERSONAL • VERANSTALTUNGSMANAGEMENT • TEILNAHMEN • TEILNAHMEMENÜ. Die bisherigen Ausführungen zu den Voreinstellungen der dynamischen Menüs gelten auch für das Teilnahmemenü. Beachten Sie insbesondere, dass Sie die Anzeige der Zusatzinformationen aktiviert haben (siehe Abschnitt 10.4.1, »Veranstaltungsmenü«).

Buchen von Teilnehmern auf Veranstaltungen

Teilnahmen können im System von verschiedenen Stellen aus vorgenommen werden. Eine Möglichkeit ist über die Transaktion PV00 (SAP Easy-Access-Pfad: PERSONAL • VERANSTALTUNGSMANAGEMENT • TEILNAHMEN • BUCHEN: TEILNEHMER AUF VERANSTALTUNG). Eine andere, nachfolgend erläuterte, Möglichkeit ist das Teilnahmemenü. Aufgrund der komfortablen Bedienung des Teilnahmemenüs und der dort verwendeten Baumstruktur des Veranstaltungskatalogs empfiehlt es sich, das Buchen aus dem Teilnahmemenü heraus durchzuführen.

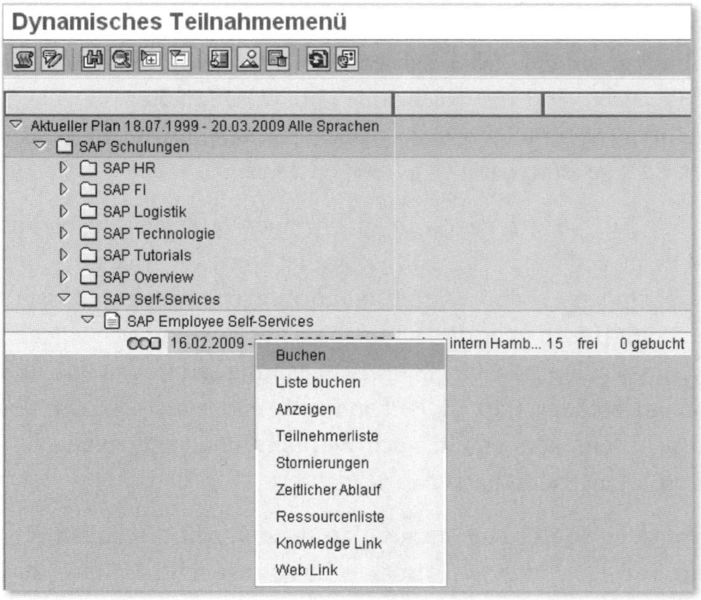

Abbildung 10.34 Kontextmenü einer Veranstaltung – »Buchen«

Auf die einfachste Art und Weise buchen Sie Teilnehmer auf eine Veranstaltung, indem Sie im Veranstaltungskatalog die gewünschte Veranstaltung mit der linken Maustaste markieren und entweder über das Kontextmenü (rechte Maustaste drücken) BUCHEN auswählen (siehe Abbildung 10.34) oder über den Menüpfad TEILNAHME • BUCHEN gehen. Wofür Sie sich auch entscheiden, Sie werden auf jeden Fall in das in Abbildung 10.35 gezeigte Fenster gelangen.

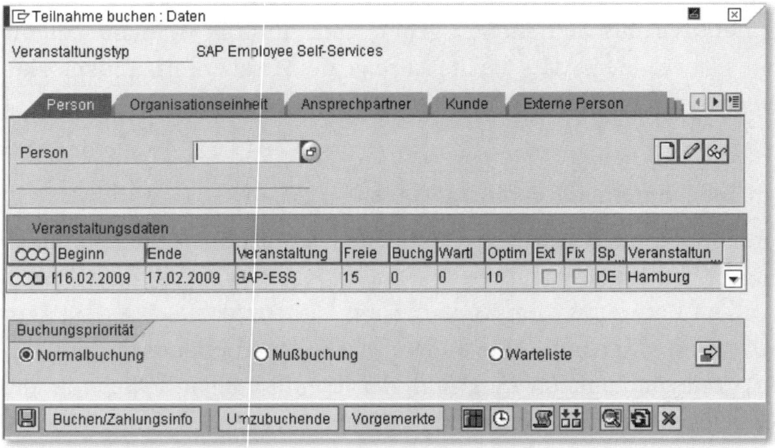

Abbildung 10.35 Teilnehmer auf eine Veranstaltung buchen

Als Erstes müssen Sie den gewünschten Teilnehmer in das Feld PERSON auf der gleichnamigen Registerkarte eintragen. Hier benutzen Sie am besten die angebotenen Auswahlhilfen, um den gewünschten Teilnehmer zu finden. Alternativ dazu können Sie auch direkt den Nachnamen eines Mitarbeiters eingeben. Sollte es mehrere Mitarbeiter dieses Namens geben, werden diese in einer Liste angezeigt und der richtige kann daraus ausgewählt werden.

Die weiteren Schritte hängen jetzt davon ab, ob bei einer Veranstaltung bereits die optimale Teilnehmerzahl erreicht wurde. Ist dies der Fall, sind nur noch sogenannte Mussbuchungen oder Wartelistenbuchungen erlaubt. Mussbuchungen sind Buchungsprioritäten, die automatisch für Buchungen vergeben werden, sobald die optimale Kapazität einer Veranstaltung erreicht ist (bis zum Erreichen der maximalen Kapazität). Sollte bereits die maximale Kapazität der Veranstaltung erreicht sein, können nur noch Wartelistenbuchungen angelegt werden. Dies wird im Folgenden noch näher erläutert.

Wir gehen erst einmal von der Annahme aus, dass die optimale Anzahl an Teilnehmern nicht erreicht ist und eine Normalbuchung ausreicht. Es muss also das Feld NORMALBUCHUNG in der Feldgruppe BUCHUNGSPRIORITÄT gekennzeichnet sein. (Dies ist als Vorschlag schon so eingestellt, solange die optimale Kapazität der Veranstaltung noch nicht erreicht wurde.) Das anschließende Vorgehen hängt davon ab, ob eine Verrechnung der Teilnahmekosten auf die

Teilnehmer bzw. deren Organisationseinheiten vorgesehen ist. Falls keine Verrechnung der Kosten vorgesehen ist, kann der Teilnehmer über das Icon sofort auf die Veranstaltung gebucht werden.

Sollen die Kosten der Teilnahme jedoch verrechnet werden, ist der Button BUCHEN/ZAHLUNGSINFO zu benutzen. Da wir eine Person, also einen Mitarbeiter, auf unsere Veranstaltung buchen wollen, ist im sich anschließend öffnenden Fenster das Feld LEISTUNGSVERRECHNUNG markiert. Die bereits am Trainingstyp hinterlegte Gebühr von 680,00 EUR wird vorgeschlagen und könnte noch geändert werden. Ebenfalls vorbelegt ist die Stammkostenstelle des Mitarbeiters, die aus seiner organisatorischen Zuordnung definiert wird. Die Kosten der Veranstaltung können nun noch über die in Abbildung 10.36 gezeigte Tabelle auf mehrere Kostenstellen verteilt werden.

Abbildung 10.36 Buchen/Zahlungsinfo

Zur Verteilung der Kosten auf mehrere Kostenstellen müssen Sie für jede neue Kostenstelle den Kostenrechnungskreis und den prozentualen Anteil der Verrechnung in der Spalte PROZT. (Prozent) angeben. Anschließend sichern Sie Ihre Eingabe mit einem Klick auf das Icon .

In jedem Fall erhalten Sie bei erfolgreicher Buchung des Teilnehmers die Meldung Teilnahme wurde gebucht in der Meldungsleiste, und die Veranstaltungsdaten werden aktualisiert (siehe Abbildung 10.37). Das System bleibt dabei weiterhin im Eingabefenster für die Buchungen (siehe Abbildung 10.35). Dies hat zum Hintergrund, dass Sie anschließend sofort den nächsten Teilnehmer auf die gleiche Veranstaltung buchen können. Es kann jedoch auch zu Verwirrungen führen, falls Sie die Erfolgsmeldung zur Buchung in der Meldungsleiste nicht bemerkt haben sollten.

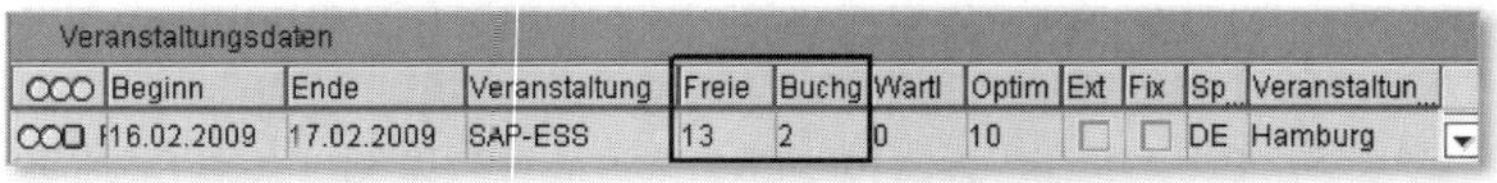

Veranstaltungsdaten

OOO	Beginn	Ende	Veranstaltung	Freie	Buchg	Wartl	Optim	Ext	Fix	Sp	Veranstaltun
OOO	16.02.2009	17.02.2009	SAP-ESS	13	2	0	10	☐	☐	DE	Hamburg

Abbildung 10.37 Aktualisierte Veranstaltungsdaten

Nach diesem Verfahren können Sie weitere Teilnehmer auf die Veranstaltung buchen. Sollte dabei irgendwann die optimale Teilnehmerzahl erreicht sein, was Sie an der gelben Ampel in den Veranstaltungsdaten erkennen, ist zu überlegen, ob für die nachfolgenden Teilnehmer eine Mussbuchung oder eine Wartelistenbuchung vorgenommen wird. Sie müssen dabei lediglich die Buchungspriorität ändern. Die Buchung an sich läuft weiterhin gleich. Für eine Buchung mit der Priorität Mussbuchung ist die Veranstaltungsteilnahme in jedem Fall gesichert. Eine solche Buchung kann, im Gegensatz zu einer Normalbuchung, beim Fixieren einer Veranstaltung nicht von der Teilnehmerliste verdrängt werden. Eine Buchung der Priorität Warteliste bedeutet hingegen, dass die betreffende Person von der Warteliste nachrücken kann, wenn ein Platz in der gewünschten Veranstaltung frei wird, wobei sich die Buchungspriorität dann von einer Wartelistenbuchung in eine Normalbuchung wandelt. Als Nächstes sehen Sie, wie Sie eine Menge an Teilnehmern auf einmal auf eine Veranstaltung buchen können.

Buchen von Teilnehmerlisten auf Veranstaltungen

Die Funktionalität des Buchens von Teilnehmerlisten auf Veranstaltungen erlaubt es Ihnen, mehrere Teilnehmer auf einmal auf eine Veranstaltung zu buchen. Gehen Sie hierzu am besten im Teilnahmemenü von der gewünschten Veranstaltung aus, und drücken Sie die rechte Maustaste, um aus dem Kontextmenü den Eintrag LISTE BUCHEN auszuwählen (siehe Kontextmenü in Abbildung 10.34). Das nun erscheinende Fenster (siehe Abbildung 10.38) erlaubt es Ihnen, nacheinander Teilnehmer in eine Liste einzutragen und auf einmal zu buchen.

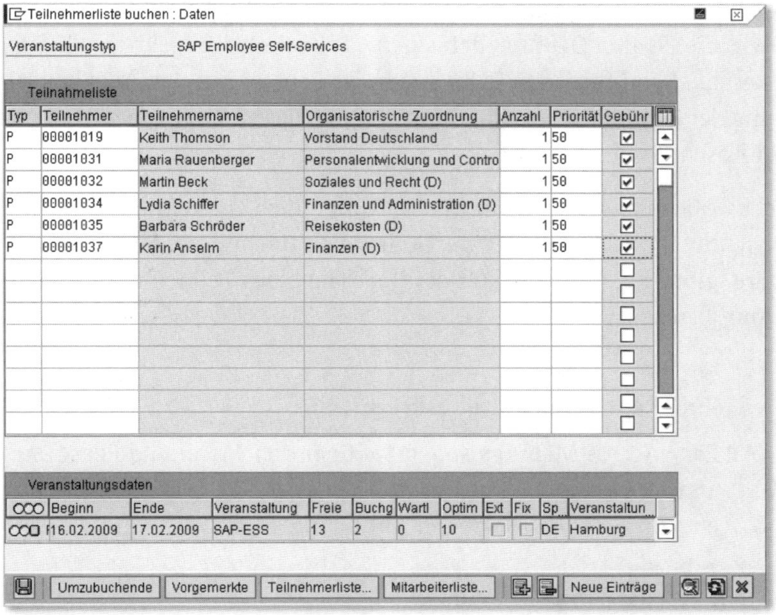

Abbildung 10.38 Teilnehmerliste buchen

Zunächst müssen Sie in die Spalte Typ den Teilnehmertyp eintragen. Bei Personen (Mitarbeitern) ist das der Typ »P«, bei Organisationseinheiten der Typ »O«. Benutzen Sie auch hier die Auswahlhilfe des Feldes Typ. In die Spalte Teilnehmer tragen Sie die Mitarbeiter oder Organisationseinheiten ein, die an der Veranstaltung teilnehmen sollen. Die Anzahl wird bei der Listenbuchung von Mitarbeitern immer auf »1« stehen, bei der Buchung von Organisationseinheiten, sogenannten Sammelteilnehmern, muss eine Anzahl eingetragen werden. Die Priorität der Buchung wird hier vorbelegt mit »50«, was einer Normalbuchung entspricht. Die Definition, welche Priorität welcher Art von Buchung entspricht, können Sie der Auswahlhilfe des Feldes Priorität entnehmen (siehe Abbildung 10.39). Sollen die Kosten der Teilnahme an der Veranstaltung dem Mitarbeiter zugeordnet und verrechnet werden, ist in der Spalte Gebühr jeweils ein Häkchen zu setzen.

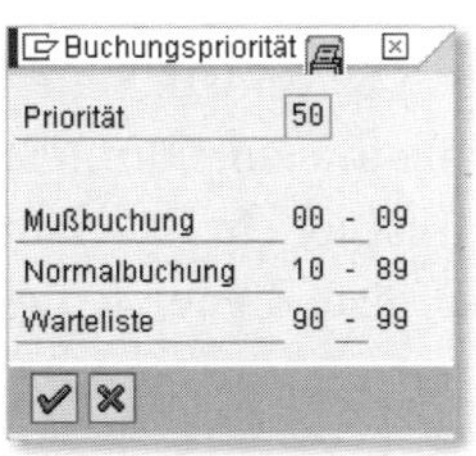

Abbildung 10.39 Übersicht »Buchungsprioritäten«

Ist die Liste komplett, kann über das Icon [Icon] die Buchung vorgenommen werden. Da wir die Spalte GEBÜHR bei jedem Teilnehmer angekreuzt haben, erscheint anschließend für jeden Teilnehmer das Fenster mit den Angaben zur Verrechnung der Kosten (siehe Abbildung 10.36). Diese handhaben Sie wie im vorherigen Abschnitt beschrieben.

Ein ähnliches Massengeschäft kann die Buchung eines Teilnehmers auf mehrere Veranstaltungen sein. Da dies durch einzelne Buchungen relativ zeitaufwendig wäre, gibt es die Möglichkeit der Buchung eines Teilnehmers auf eine Veranstaltungsliste.

Buchen: Teilnehmer auf Veranstaltungslisten

Aus dem SAP Easy-Access-Menü gelangen Sie über den Menüpfad PERSONAL • VERANSTALTUNGSMANAGEMENT • TEILNAHMEN • BUCHEN: TEILNEHMER AUF VERANSTALTUNGSLISTE zur Eingabemaske von Abbildung 10.40.

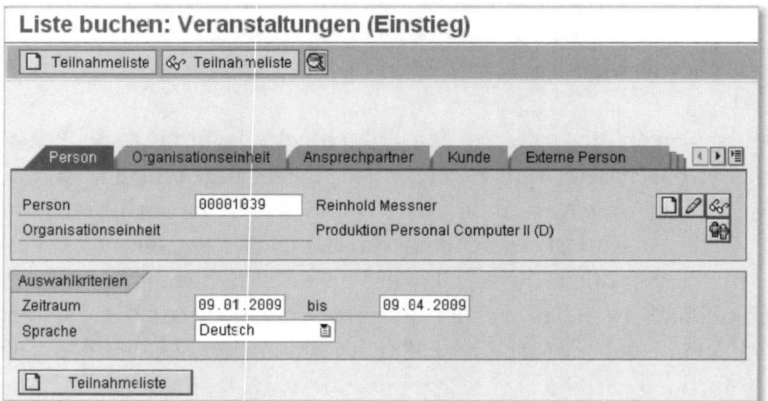

Abbildung 10.40 Teilnehmer auf Veranstaltungsliste buchen

Hier erfassen Sie die betreffende Person, Organisationseinheit oder ein anderes Objekt und klicken anschließend auf den Button [Teilnahmeliste]. In der daraufhin angebotenen Liste (siehe Abbildung 10.41) können Sie alle Veranstaltungen eintragen, die der Mitarbeiter besuchen soll. Benutzen Sie am besten die Struktursuche, um die gewünschten Veranstaltungen zu finden. Sollen die Kosten der Veranstaltung auf den Mitarbeiter bzw. seine ihm zugeordnete Kostenstelle verrechnet werden, müssen Sie in der Spalte GEBÜHR ein Häkchen setzen (siehe Abbildung 10.41). Die restlichen Felder in der Liste dienen lediglich zu Ihrer Information und sind daher nicht eingabebereit.

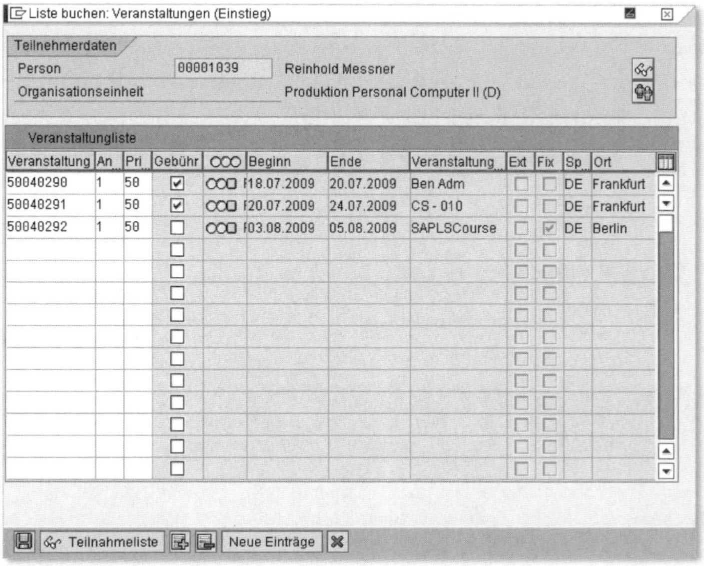

Abbildung 10.41 Veranstaltungsliste zusammenstellen

Wenn Sie die Liste vervollständigt haben, sichern Sie ihre Eingaben mit einem Klick auf das Icon [Icon]. Das System prüft dann die Verfügbarkeit des Mitarbeiters, d.h., es wird geprüft, ob der Mitarbeiter zur gleichen Zeit gegebenenfalls bereits ein anderes Seminar gebucht hat. Die bereits im vorliegenden Abschnitt vorgestellte Bildschirmmaske zu den Verrechnungsangaben erscheint für jede der für den Mitarbeiter ausgewählten Veranstaltungen, bei denen Sie einen Häkchen in der Spalte Gebühr gesetzt haben. Diese Maske muss entsprechend gepflegt werden (zum Vorgehen siehe die Ausführungen zu Abbildung 10.36).

N.N.-Buchungen vornehmen

Unter einer *N.N.-Buchung* wird der Vorgang verstanden, bei dem Sie eine Anzahl von Teilnehmern auf eine Veranstaltung buchen, die noch nicht namentlich bekannt sind. Sie können z. B. eine Organisationseinheit auf eine Veranstaltung buchen, ohne genau anzugeben, wer aus dieser Organisationseinheit die Veranstaltung besuchen wird. Sie geben lediglich die Anzahl der zu buchenden Teilnahmen an. Aus dem Teilnahmemenü heraus können Sie ganz einfach N.N.-Buchungen vornehmen. Die Vorgehensweise ist vergleichbar mit einer »normalen« Buchung eines einzelnen Teilnehmers. Sie wählen von der gewünschten Veranstaltung ausgehend mit der rechten Maustaste aus dem Kontextmenü den Punkt Buchen. Anstelle der Registerkarte Person wählen Sie diesmal die Registerkarte Organisationseinheit, wie in Abbildung 10.42 dargestellt. Über die Auswahlhilfe zum Feld Organisationseinheit (Tipp: Struktursuche benutzen) wählen Sie die gewünschte Organisationseinheit aus. Anschließend müssen Sie im Feld ANZAHL TEILNAHMEN die gewünschte Anzahl an Teilnahmen – in diesem Fall »3« – eingeben. Die weitere Handhabung ist vergleichbar mit einer »normalen« Buchung.

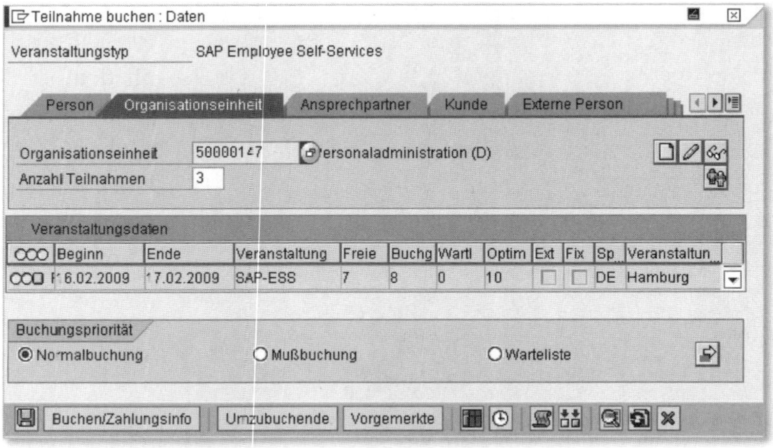

Abbildung 10.42 N.N.-Buchung vornehmen

Eine solche Buchung wird dann im Teilnahmemenü auch als N.N.-Buchung mit eingeblendeter Anzahl angezeigt (siehe Abbildung 10.43).

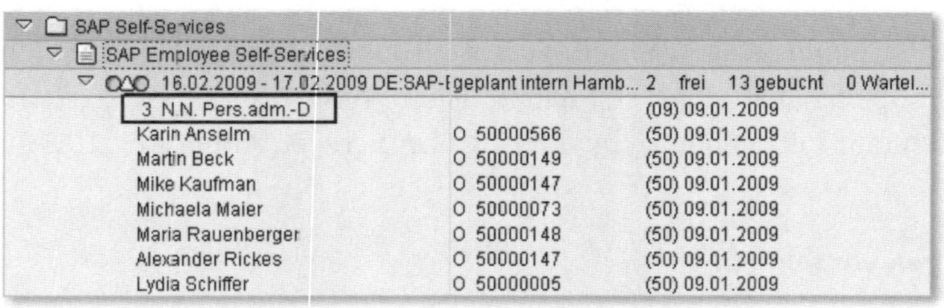

Abbildung 10.43 Anzeige »N.N.-Buchung« im Teilnahmemenü

Wartelistenbuchungen vornehmen

Wie bereits erwähnt, können Teilnehmer auf Veranstaltungen, bei denen bereits die optimale Teilnehmeranzahl erreicht wurde, nur noch mit der Buchungspriorität *Mussbuchung* oder einer *Wartelistenbuchung* gebucht werden. Ist die maximale Kapazität einer Veranstaltung bereits erreicht, können nur noch Wartelistenbuchungen angelegt werden. Teilnehmer, die auf der Warteliste einer Veranstaltung stehen, können dann in eine Veranstaltung aufgenommen werden, wenn ein bereits gebuchter Teilnehmer seine Teilnahme storniert (siehe Abschnitt »Stornieren von Teilnahmen« am Ende des vorliegenden Kapitels 10.5.1). Wartelistenbuchungen werden ebenfalls fast wie »normale« Buchungen vorgenommen, mit dem Unterschied, dass Sie beim Buchen die Buchungspriorität auf WARTELISTE ändern (setzen Sie dazu das Kennzeichen bei WARTELISTE). Die weitere Buchung (z. B. mit oder ohne Verrechnung der Teilnehmerkosten) handhaben Sie ebenso wie eine »normale« Teilnehmerbuchung.

Im Gegensatz zur Warteliste, die direkt an der Veranstaltung hängt, also mit einem konkreten Termin verbunden ist, ist die Vormerkliste mit dem Trainingstyp verbunden. Das heißt, Vormerkungen machen Sie immer dann, wenn ein Teilnehmer sich für einen Typen von Veranstaltung interessiert, aber (noch) keine genaue Terminvorstellung hat. Vormerkungen können Sie auch nutzen, um zukünftige Veranstaltungstermine zu planen. Das bedeutet, wenn Sie entsprechend viele Vormerkungen für einen Trainingstyp haben, können Sie anhand dieser Vormerkungen entsprechend viele Termine für die Zukunft einplanen.

Vormerken von Teilnehmern auf Trainingstypen

Zum Vormerken eines Teilnehmers müssen Sie wie bereits erwähnt nicht von einer Veranstaltung, sondern von einem Trainingstyp ausgehen. Vormerkungen machen Sie auch aus dem Teilnahmemenü heraus. Dort markieren Sie den gewünschten Trainingstyp mit der linken Maustaste und rufen anschließend durch Drücken der rechten Maustaste das Kontextmenü zu dem Trainingstyp auf. Dort wählen Sie den Eintrag VORMERKEN aus (siehe Abbildung 10.44).

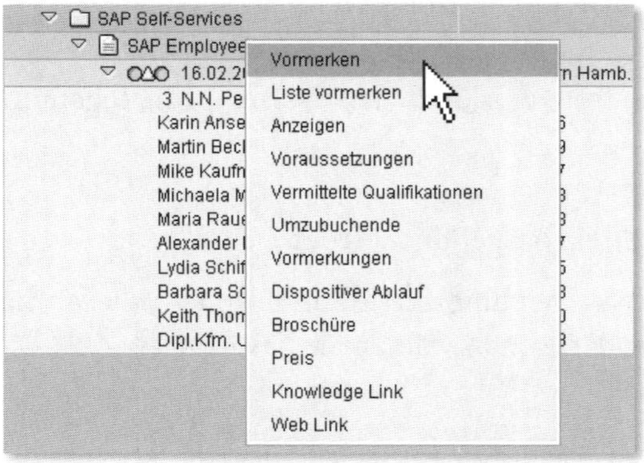

Abbildung 10.44 Kontextmenü eines Trainingstyps – »Vormerken«

Danach erscheint die schon bekannte Maske zur Eingabe der Vormerkungen, die identisch ist mit der Maske zur Erfassung einer Buchung eines Teilnehmers (siehe Abbildung 10.45). Die Überschrift des Fensters deutet darauf hin, dass Sie jetzt eine Vormerkung durchführen und keine Buchung eines Teilnehmers.

Achtung

Das Icon [icon] ist hier mit der Funktion VORMERKEN, nicht mit der Funktion BUCHEN belegt.

Abbildung 10.45 Vormerken einer Person (Mitarbeiter)

Wenn Sie einen Mitarbeiter auf einen Trainingstyp vormerken, finden im System bestimmte Prüfungen statt – ebenso wie beim Buchen. Es wird z. B. geprüft, ob ein Mitarbeiter bereits eine Buchung auf eine Veranstaltung des Trainingstyps oder eine Vormerkung auf den Trainingstyp hat. Das Ergebnis einer solchen Prüfung sehen Sie in Abbildung 10.46. Am Meldungstyp der erscheinenden Meldung können Sie in der Regel erkennen, ob die von Ihnen gewünschte Aktion trotz der Meldung durchgeführt werden kann:

- **Fehlermeldung** [icon] (rot)
  Die gewünschte Aktion kann nicht durchgeführt werden.
- **Warnung** [icon] (gelb)
  Die gewünschte Aktion kann trotz Auslösen der Warnung durchgeführt werden.
- **Information** [icon] (grün)
  Die gewünschte Aktion kann direkt ausgeführt werden.

Wenn Sie die Aktion trotz einer Warnmeldung durchführen wollen, klicken Sie auf das Icon [icon]. Zum Abbrechen der Aktion wählen Sie das Icon [icon].

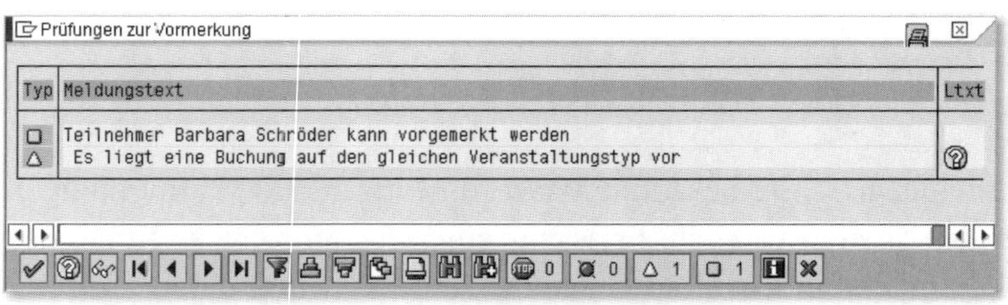

Abbildung 10.46 Plausibilitätsprüfung beim Vormerken

Abweichend von der Buchung eines Teilnehmers auf eine Veranstaltung stehen Ihnen bei der Vormerkung noch weitere Buttons zur Verfügung:

- **Vormerken + Notiz**
  Mithilfe des Buttons VORMERKEN + NOTIZkönnen Sie zur Vormerkung noch eine Notiz erfassen. Darin könnten z. B. mögliche Terminwünsche eingetragen werden.
- **Vorgemerkte**
  Der Button VORGEMERKTE führt Sie zu einer Übersicht aller bereits vorgemerkten Personen auf den Trainingstyp. Eine solche Übersicht ist in Abbildung 10.48 dargestellt.
- **Buchen**
  Auch das BUCHEN ist aus der Vormerkung heraus möglich. Sie gelangen dann zunächst in eine Auswahl der innerhalb des gewählten Zeitraums vorhandenen Veranstaltungstermine, aus der Sie eine Veranstaltung durch Markieren der jeweiligen Zeile auswählen, wie in Abbildung 10.47 mit der Veranstaltung vom 24.03.2003 bis zum 26.03.2003 geschehen. Anschließend klicken Sie wie gewohnt auf den Button BUCHEN oder BUCHEN/ZAHLUNGSINFO, um den Mitarbeiter auf die gewählte Veranstaltung zu buchen.

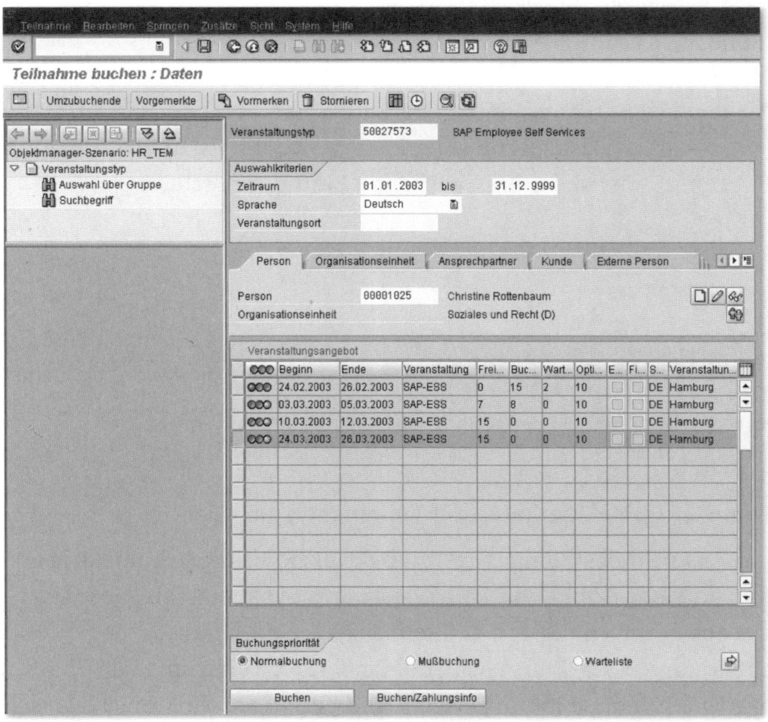

Abbildung 10.47 Buchung aus einer Vormerkung

Wenn Sie sich einen Überblick über bereits erfolgte Vormerkungen auf einen Trainingstyp verschaffen wollen, können Sie dies ebenfalls aus dem Teilnahmemenü heraus tun, indem Sie aus dem Kontextmenü des gewünschten Trainingstyps (siehe Abbildung 10.44) den Punkt VORMERKUNGEN auswählen. Daraufhin wird Ihnen eine Liste mit allen Vormerkungen angezeigt (siehe Abbildung 10.48).

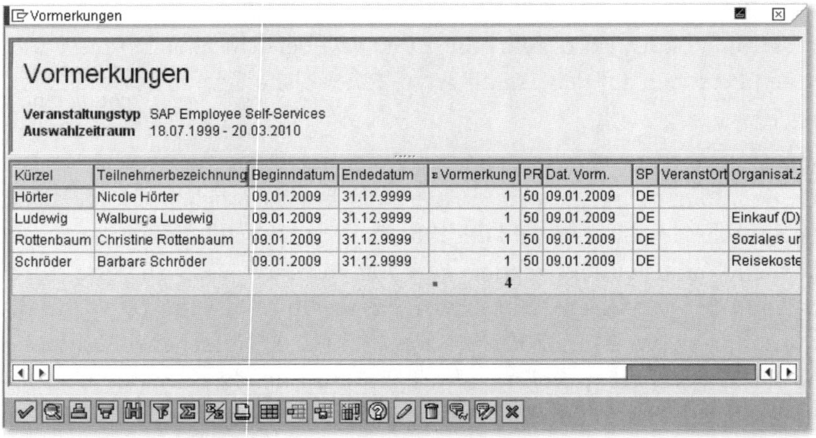

Kürzel	Teilnehmerbezeichnung	Beginndatum	Endedatum	Vormerkung	PR	Dat. Vorm.	SP	VeranstOrt	Organisat.Z
Hörter	Nicole Hörter	09.01.2009	31.12.9999	1	50	09.01.2009	DE		
Ludewig	Walburga Ludewig	09.01.2009	31.12.9999	1	50	09.01.2009	DE		Einkauf (D)
Rottenbaum	Christine Rottenbaum	09.01.2009	31.12.9999	1	50	09.01.2009	DE		Soziales ur
Schröder	Barbara Schröder	09.01.2009	31.12.9999	1	50	09.01.2009	DE		Reisekoste
				4					

Abbildung 10.48 Vormerkliste eines Trainingstyps

Aus dieser Liste können Sie einzelne Vormerkungen wieder herausnehmen, indem Sie den gewünschten Eintrag markieren und anschließend auf das Icon klicken. Nach der Bestätigung einer kurzen Sicherheitsabfrage (siehe Abbildung 10.49) mit JA wird der entsprechende Eintrag gelöscht.

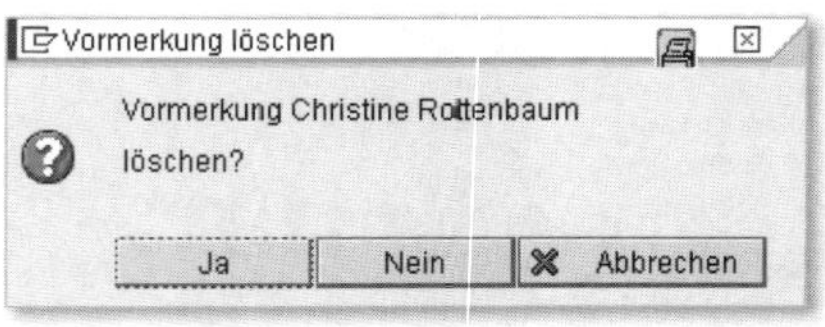

Abbildung 10.49 Sicherheitsabfrage beim Löschen von Vormerkungen

Vormerken von Teilnehmerlisten auf Trainingstypen

Durch die Auswahl des Punktes LISTE VORMERKEN aus dem Kontextmenü des Trainingstyps (siehe Abbildung 10.44), gelangen Sie in eine Eingabemaske, die Sie bereits aus der Buchung von Teilnehmerlisten auf Veranstaltungen kennen (siehe Abbildung 10.38). Zum Vormerken mehrerer Teilnehmer auf einen Trainingstyp tragen Sie diese in die Liste ein und bestätigen Ihre Eingabe anschließend durch einen Klick auf das Icon .

Vormerken von Teilnehmern auf Trainingstyplisten

Über den Menüpfad Personal • Veranstaltungsmanagement • Teilnahmen • Vormerken: Teilnehmer auf Veranstaltungstyp-Liste im SAP Easy-Access-Menü gelangen Sie in eine Erfassungsmaske, deren Handhabung bereits in Abschnitt »Buchen: Teilnehmer auf Veranstaltungslisten« weiter oben in diesem Abschnitt beschrieben ist (siehe Abbildung 10.40 und Abbildung 10.41).

Hinweis

Bezüglich der Vormerkungen ist für Sie wichtig, dass Sie den Unterschied zwischen einer Vormerkliste und einer Warteliste kennen. Die Handhabung der Buchung eines Teilnehmers oder einer Organisationseinheit auf eine Vormerkliste oder auf eine Warteliste ist im System identisch. Es besteht lediglich ein Unterschied bezüglich des Objekts, auf das diese Buchungen bezogen sind. Vormerklisten sind auf Trainingstypen bezogen und mit keinem konkreten Termin versehen, Wartelisten sind veranstaltungsbezogen und damit auch terminbezogen.

Für den Fall, dass einer Ihrer Teilnehmer nicht an einer Veranstaltung teilnehmen kann und stattdessen schon ein anderer Teilnehmer als Vertreter bestimmt ist, gibt es die Funktionalität des Ersetzens einer Teilnahme. Wie Sie dabei vorgehen, ist nachfolgend erläutert.

Ersetzen von Teilnahmen

Durch das Ersetzen von Teilnahmen sparen Sie sich eine Menge Arbeit. Normalerweise müssten Sie nämlich sowohl die Stornierung eines Teilnehmers als auch die Buchung seines Vertreters oder Ersatzes im System pflegen. Um eine Teilnahme zu ersetzen, müssen Sie im Teilnahmemenü den entsprechenden Teilnehmer mit der linken Maustaste markieren und anschließend aus dem Kontextmenü (rechte Maustaste) den Eintrag Ersetzen auswählen. Sie gelangen anschließend in einen Erfassungsschirm, in dem Sie den oder die Ersatzteilnehmer eintragen können (siehe Abbildung 10.50).

Wenn Sie einen einzelnen Teilnehmer ersetzen, werden Sie hier natürlich auch nur einen Ersatzteilnehmer erfassen. Für den Fall jedoch, dass Sie etwa eine ganze Organisationseinheit mit einer Anzahl von beispielsweise fünf N.N.-Buchungen ersetzen, können Sie mehrere Einträge in der Liste erfassen. Neben dem Eintrag Noch zu ersetzende wird Ihnen dann angezeigt, für wie viele Teilnehmer Sie noch keinen Ersatzteilnehmer eingetragen haben.

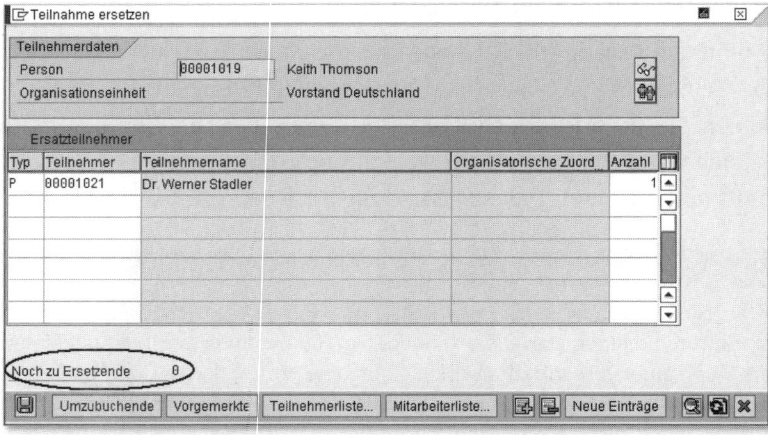

Abbildung 10.50 Ersetzen einer Teilnahme

Umbuchen von Teilnahmen

Sollte ein Teilnehmer einen bereits gebuchten Termin nicht wahrnehmen können, besteht die Möglichkeit, ihm über die Funktion des Umbuchens sofort alternative Termine zu nennen und ihn auf einen solchen Termin zu buchen. Ausgehend vom betreffenden Teilnehmer wählen Sie dazu aus dem Kontextmenü den Eintrag UMBUCHEN aus und gelangen auf die folgende Eingabemaske (siehe Abbildung 10.51).

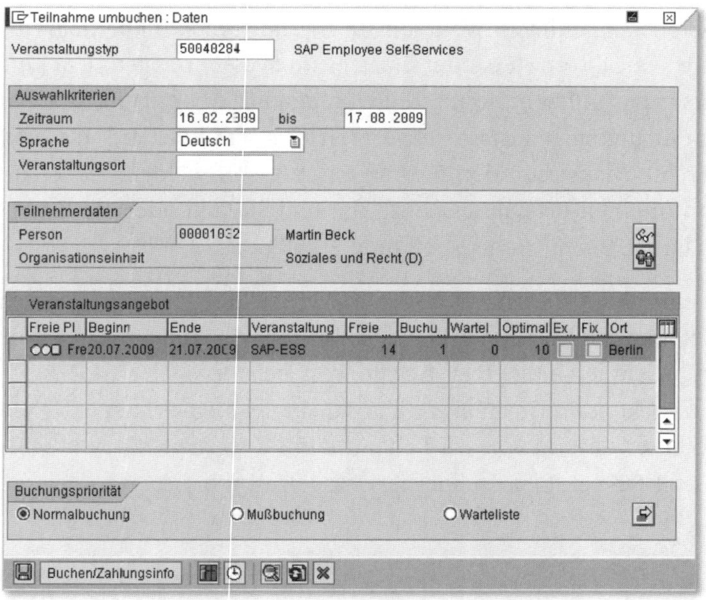

Abbildung 10.51 Umbuchung eines Teilnehmers

Aus der Liste der Veranstaltungsangebote im unteren Bereich der Eingabemaske können Sie die Alternativtermine ersehen. Über den Zeitraum, die Sprache und den Veranstaltungsort im Bereich der Auswahlkriterien können Sie die Anzahl der angebotenen Veranstaltungstermine beeinflussen, da diese abhängig von diesen Kriterien selektiert werden.

Sollte der Teilnehmer noch weitere Informationen benötigen, z. B. ob ein bestimmter Kollege auch auf diesen Termin gebucht ist oder wie der zeitliche Ablauf der Schulung ist, können Sie über das Icon die Teilnehmerliste und über das Icon den zeitlichen Ablauf der Schulung einsehen.

Hat sich der Teilnehmer dann für einen Termin entschieden, müssen Sie diesen wie in Abbildung 10.51 gezeigt markieren, um dann anschließend mit dem Icon bzw. mit dem Button BUCHEN/ZAHLUNGSINFO die Umbuchung durchzuführen.

Stornieren von Teilnahmen

Wenn ein Teilnehmer seine Teilnahme weder umbuchen kann noch einen Vertreter schickt, ist eine Stornierung durchzuführen. Dies erfolgt ausgehend vom jeweiligen Teilnehmer über das Kontextmenü und den Eintrag STORNIEREN. Wir werden in unserem Beispiel für den Schulungstermin vom 16.02.2009 bis zum 17.02.2009 eine Stornierung vornehmen, da dieser Termin bereits komplett ausgebucht ist und wir zwei Mitarbeiter auf der Warteliste haben (siehe Abbildung 10.52).

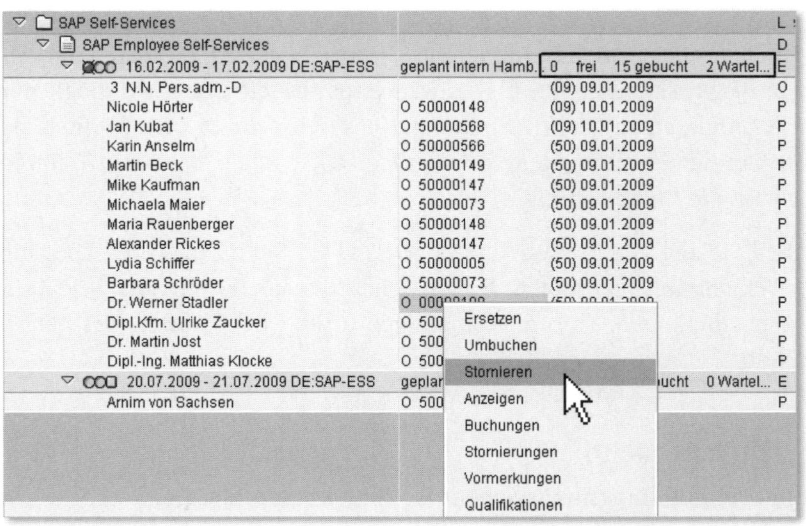

Abbildung 10.52 Kontextmenü – »Stornieren«

Wir stornieren beispielsweise die Teilnahme von Herrn Dr. Werner Stadler, der wegen Krankheit an der Veranstaltung nicht teilnehmen kann. In der Erfassungsmaske für die Stornierung (siehe Abbildung 10.53) können Sie den Grund für die Stornierung erfassen.

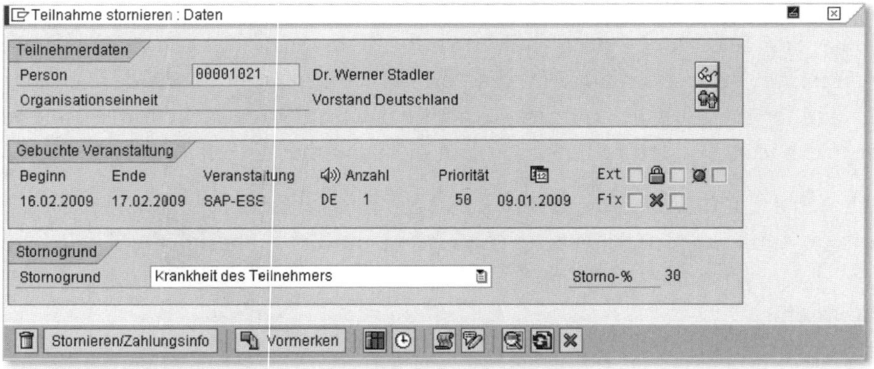

Abbildung 10.53 Teilnahme stornieren

Der Stornierungsgrund dient zum einen der Dokumentation des jeweiligen Absagegrunds, zum anderen kann im System über den Stornogrund automatisch eine Stornogebühr in Prozent vom Preis der Veranstaltung ermittelt werden. Dieser Prozentsatz erscheint in der Erfassungsmaske hinter dem Stornogrund (STORNO-%30). Über den Button STORNIEREN/ZAHLUNGSINFO können Sie dann – wie bei der Buchung einer Teilnahme – die Verrechnungsdaten wie Kostenrechnungskreis und Kostenstelle angeben. Sollten keine Stornogebühren anfallen, können Sie die Teilnahme auch direkt über das Icon stornieren.

Da durch die Stornierung des Teilnehmers jetzt einer der Kandidaten auf der Warteliste nachrücken könnte, bietet das System Ihnen eine Liste möglicher Nachrückkandidaten an (siehe Abbildung 10.54). Aus dieser Liste können Sie einen der Kandidaten auswählen; über das Icon buchen Sie diesen Teilnehmer dann auf die Veranstaltung.

Jetzt haben Sie alle Funktionen kennengelernt, die Sie im täglichen Umgang mit den Teilnehmern benötigen. Das Erstellen der Korrespondenz, wie Teilnahmebescheinigungen, Stornobestätigungen usw., ist das Thema des nächsten Abschnitts.

10.5.2 Korrespondenz

Gerade im Veranstaltungsmanagement ist die Korrespondenz eine sehr wichtige Funktion, da sie die Kommunikation mit den Teilnehmern und Referenten mithilfe von E-Mails und Word-Dokumenten ermöglicht.

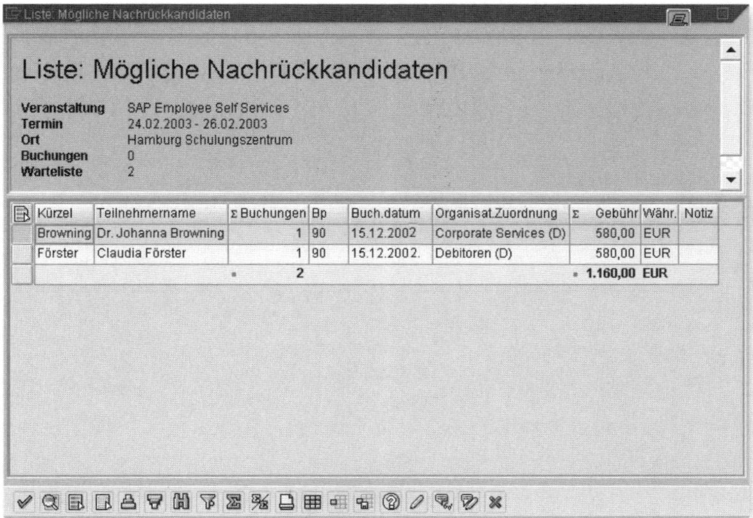

Abbildung 10.54 Liste möglicher Nachrückkandidaten

Die Korrespondenz können Sie auf unterschiedliche Art aufrufen. Entweder Sie tätigen einen einzelnen Aufruf für den jeweiligen Fall, oder Sie nutzen die sogenannte Massenverarbeitung, in der Sie für mehrere Teilnehmer gleichzeitig Dokumente erzeugen. Wollen Sie z. B. für einen einzelnen Teilnehmer eine Buchungsbescheinigung erstellen, markieren Sie diesen Teilnehmer im Teilnahmemenü und wählen anschließend den Menüpfad TEILNAHME • KORRESPONDENZ • MANUELLE AUSGABE (siehe Abbildung 10.55).

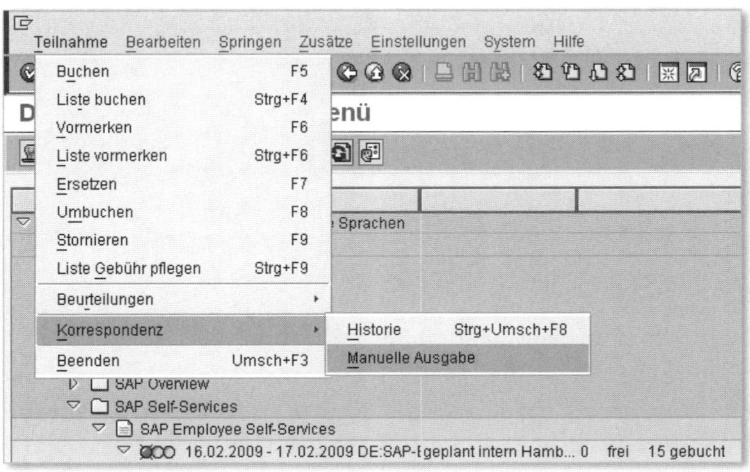

Abbildung 10.55 Aufruf der manuellen Korrespondenz

Sie gelangen daraufhin in eine Liste von sogenannten Mitteilungskürzeln, die jeweils für eine Art von Dokument stehen. So gibt es z. B. ein Mitteilungskürzel für die Teilnahmebestätigung (siehe Abbildung 10.56). Bestätigen Sie Ihre Auswahl per Doppelklick auf den gewünschten Eintrag oder über das Icon .

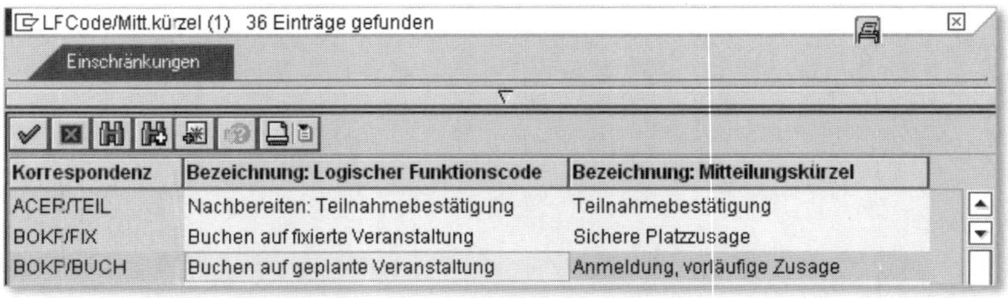

Abbildung 10.56 Liste der Mitteilungskürzel

In der nun folgenden Eingabemaske wird Ihnen die sogenannte Empfängerliste für die Korrespondenz angezeigt (siehe Abbildung 10.57). Da wir von einem einzelnen Teilnehmer ausgegangen sind, erscheint auch nur dieser eine Mitarbeiter in unserer Liste.

Sie haben jetzt hier die Möglichkeit, das Ausgabemedium für die Korrespondenz auszuwählen. Die Auswahlmöglichkeiten hängen allerdings von der Einstellung Ihres Systems ab. Es gibt beispielsweise Firmen, die die Ausgabe mit Word nicht nutzen. Wir gehen in unserem Fall aber davon aus, dass Sie MS Word mit entsprechenden Briefvorlagen im Einsatz haben.

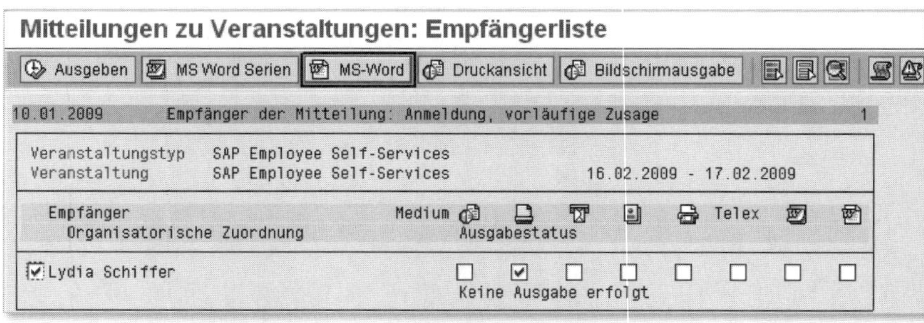

Abbildung 10.57 Auswahl des Mediums für die Korrespondenz

Aus dem Veranstaltungsmanagement gibt es mehrere Möglichkeiten, Korrespondenz zu erzeugen. Entweder Sie benutzen ausschließlich sogenannte *SAPScript-Formulare*, oder Sie benutzen MS Word als Ausgabemedium für Ihre Korrespondenz. Wir gehen die einzelnen Möglichkeiten nachfolgend Schritt für Schritt durch:

- **Das Medium (Bildschirm) wurde ausgewählt**
  Die Korrespondenz wird als SAPScript-Formular auf dem Bildschirm angezeigt, jedoch nicht ausgedruckt. Ein Ausdruck dieser Anzeige ist aber jederzeit über das Icon möglich.
- **Das Medium (Drucker) wurde ausgewählt**
  Die Korrespondenz wird als SAPScript-Formular auf Ihrem Drucker ausgegeben (siehe Abbildung 10.58). Es erscheint daraufhin ein Dialog, wie ihn Abbildung 10.58 zeigt. Wählen Sie hier unter AUSGABEGERÄT Ihren lokalen Drucker aus (dieser sollte in der Regel bereits als Vorschlagswert eingetragen sein), und klicken Sie auf den Button DRUCKEN. Wenn Sie in der Spool-Steuerung SOFORT AUSGEBEN markiert haben, wird der Brief sofort auf Ihrem Drucker ausgegeben.

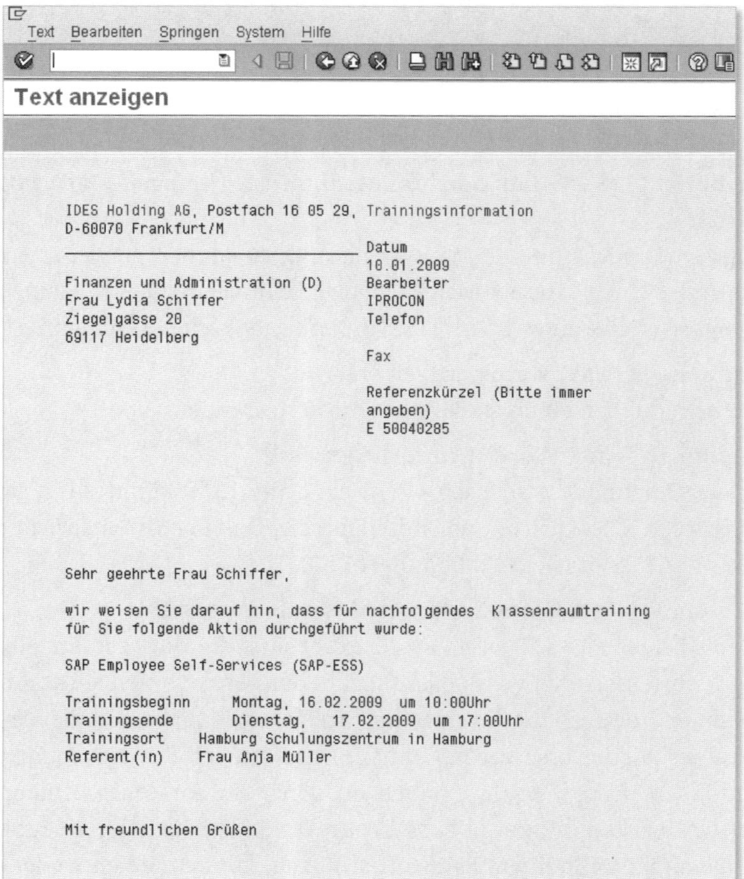

IDES Holding AG, Postfach 16 05 29, Trainingsinformation
D-60070 Frankfurt/M

Datum
10.01.2009
Bearbeiter
IPROCON
Telefon

Fax

Referenzkürzel (Bitte immer angeben)
E 50040285

Finanzen und Administration (D)
Frau Lydia Schiffer
Ziegelgasse 20
69117 Heidelberg

Sehr geehrte Frau Schiffer,

wir weisen Sie darauf hin, dass für nachfolgendes Klassenraumtraining für Sie folgende Aktion durchgeführt wurde:

SAP Employee Self-Services (SAP-ESS)

Trainingsbeginn	Montag, 16.02.2009 um 10:00Uhr
Trainingsende	Dienstag, 17.02.2009 um 17:00Uhr
Trainingsort	Hamburg Schulungszentrum in Hamburg
Referent(in)	Frau Anja Müller

Mit freundlichen Grüßen

Abbildung 10.58 Ausgabemedium SAPScript

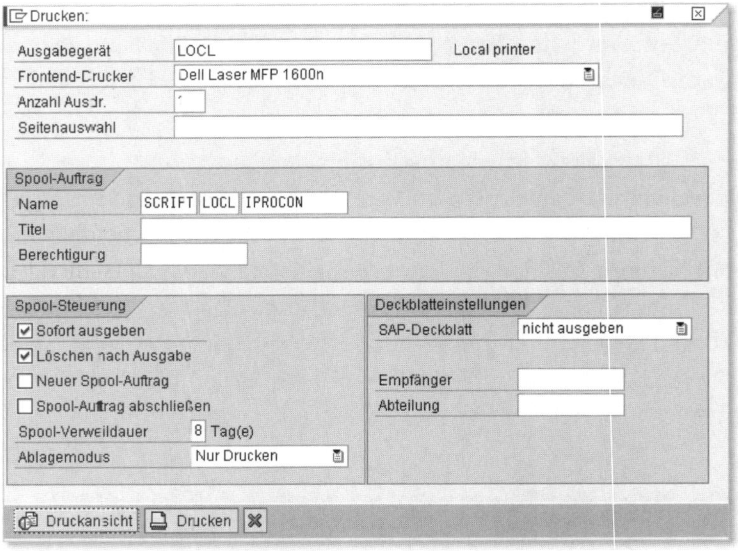

Abbildung 10.59 Dialogfenster – »Drucken«

- **Das Medium (SAP-Mail) oder das Medium (Internet-Mail) wurde ausgewählt**
  Es öffnet sich das SAP-interne Mailsystem, und Sie können entweder einen SAP-User oder einen Internet-Mail-Empfänger eintragen. Voraussetzung für Internet-Mails ist allerdings, dass Ihr SAP-System entsprechend konfiguriert ist.
- **Das Medium (Fax) wurde ausgewählt**
  Die Daten werden an einen faxfähigen Drucker gesendet.
- **Das Medium (MS Word) wurde ausgewählt**
  Das fertige Dokument wird nach Word exportiert und könnte dort noch ergänzt werden. Die Ansicht und Aufteilung des Dokuments entspricht der Ausgabe in SAPScript (siehe Abbildung 10.60).
- **Das Medium (MS Word-Serienbrief) wurde ausgewählt**
  Es werden Felder aus SAP nach Word exportiert, die dort zur Erstellung eines Serienbriefs genutzt werden können. In der Regel werden Sie in Ihrem Unternehmen Vorlagen für die einzelnen Briefe erstellt haben, in die Sie die Daten immer wieder übertragen können. Dazu müssen Sie, sobald Sie auf den Button Ausgeben geklickt haben, in dem sich daraufhin öffnenden Fenster die Checkbox Vorhandenes Word Dokument aktivieren. Wollen Sie das Dokument mit einem Passwort schützen, können Sie entweder ein Passwort selbst vergeben oder eines vom System generieren lassen. Wenn Sie das zu erstellende Dokument nicht mit einem Passwort schützen wollen, belassen Sie die Einstellung auf kein Passwort (siehe AbAbbildung 10.60).

Anschließend wird in MS Word ein Serienbriefdokument geöffnet, das in der Regel perfekter erscheint als die SAPScript-Ausgabe, da MS Word in der Gestaltung etwas flexibler als SAPScript ist.

Wenn Sie Dokumente für mehrere Teilnehmer einer Veranstaltung erstellen wollen, müssen Sie im Teilnahmemenü von einer Veranstaltung ausgehend ebenfalls den Menüpfad TEILNAHME • KORRESPONDENZ • MANUELLE AUSGABE (siehe Abbildung 10.55) aufrufen. Es öffnet sich anschließend ebenfalls die Auswahlliste für die Ausgabe von Dokumenten. Der einzige Unterschied ist, dass dann für jeden auf die Veranstaltung gebuchten Teilnehmer ein Dokument erstellt werden kann.

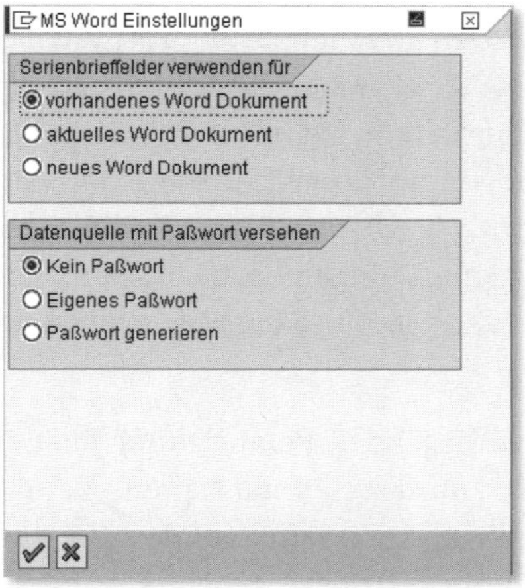

Abbildung 10.60 MS Word-Einstellungen

10.6 Wiederkehrende Arbeiten

Die sogenannten *wiederkehrenden Arbeiten* im Veranstaltungsmanagement umfassen alle Aktivitäten, die nach dem Anlegen oder Planen von Veranstaltungsterminen durchgeführt werden und die nicht die Buchungsvorgänge und die Korrespondenz, d.h. das Tagesgeschäft, betreffen.

10.6.1 Fixieren von Veranstaltungen

Aus dem Teilnahmemenü heraus können Sie Veranstaltungen fixieren. Fixiert wird eine Veranstaltung erst dann, wenn Sie entschieden haben, dass eine Veranstaltung stattfinden soll, d.h. wenn sich z.B. ausreichend viele Teilnehmer auf die Veranstaltung angemeldet haben. Das Fixieren ist also ein Schritt in der Veranstaltungsabwicklung. Sobald Sie eine Veranstaltung fixieren, werden an die Teilnehmer beispielsweise endgültige Buchungsbestätigungen ausgegeben. Die Wartelistenbuchungen werden – je nach Customizing Ihres Systems – auf andere Veranstaltungen umgebucht oder in Vormerkungen umgewandelt bzw. bleiben auf der Warteliste. Bevor eine Veranstaltung nachbereitet werden kann (siehe Abschnitt 10.6.4, »Nachbereitung von Veranstaltungen«), muss der Schritt des Fixierens ausgeführt worden sein. Voraussetzung für das Fixieren einer Veranstaltung ist, dass die Veranstaltung im Status GEPLANT angelegt wurde und bereits Buchungen auf der Veranstaltung bestehen. Bitte beachten Sie, dass bereits fixierte Veranstaltungen nicht noch einmal fixiert werden können.

Das Fixieren von Veranstaltungen bewirkt, dass die Veranstaltung vom Status GEPLANT auf den Status FIXIERT gesetzt wird. Des Weiteren füllt das System die fixierbaren Teilnahmen bei existierenden Wartelistenbuchungen bis zur optimalen bzw. maximalen Kapazität der Veranstaltung auf, sofern die Kapazitätsgrenzen durch Muss- und Normalbuchungen noch nicht erreicht sind (siehe auch die Ausführungen zur Buchungspriorität in Abschnitt 10.5.1, »Teilnahmemenü«). Dabei haben Sie noch die Möglichkeit, Teilnehmer zu tauschen, indem Sie die Teilnehmerliste bearbeiten. Beachten Sie bitte, dass Mussbuchungen nicht getauscht werden können.

In unserem Beispiel führen wir bei der vorliegenden Veranstaltung jetzt eine Fixierung durch (siehe Abbildung 10.61). Auf dieser Veranstaltung befinden sich insgesamt 15 Teilnehmer, davon sind vier Mitarbeiter auf der Warteliste. Da die optimale Kapazität der Veranstaltung bei zehn Teilnehmern liegt, ist eine der Buchungen offensichtlich eine Mussbuchung.

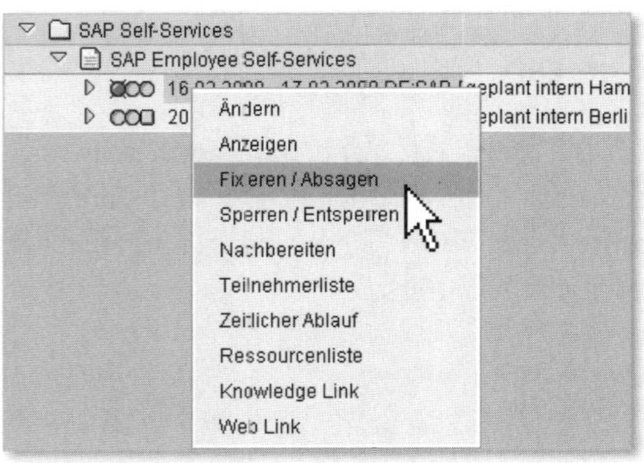

Abbildung 10.61 Veranstaltung fixieren

Ausgehend von der gewünschten Veranstaltung benutzen wir den Eintrag FIXIEREN/ABSAGEN aus dem Kontextmenü. Auf dem sich daraufhin öffnenden Fenster müssen Sie entscheiden, ob Sie bis zur Erreichung der optimalen oder maximalen Teilnehmerzahl noch Buchungen erlauben wollen. Setzen Sie hierzu in der Feldgruppe BEARBEITUNG entweder bei Fixieren (opt.Kap.) oder bei Fixieren (max.Kap.) das Kennzeichen. Ändern Sie gegebenenfalls im Feld ZUSATZANGABEN unter UMBUCHUNGEN AB das frühestmögliche Datum für einen Umbuchvorschlag (siehe Abbildung 10.62). Das System schlägt Ihnen hierbei das Tagesdatum vor.

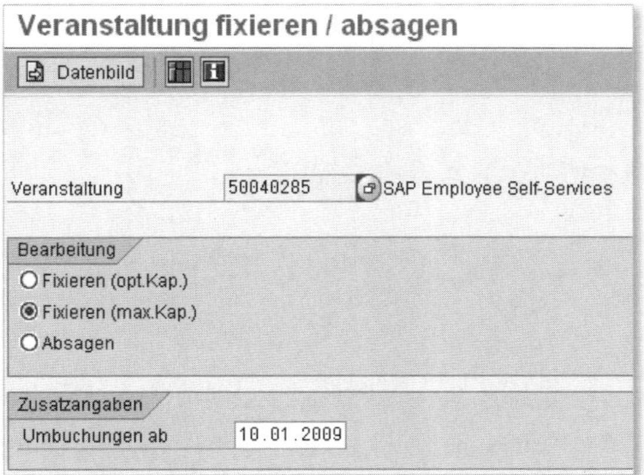

Abbildung 10.62 Datum für einen Umbuchvorschlag festlegen

Liegt die Anzahl der Teilnahmebuchungen unter der minimalen Kapazität, wird ein Dialogfenster geöffnet, das Ihnen die Möglichkeit gibt, den Bearbeitungsmodus zu ändern: Sie können entscheiden, ob Sie die Veranstaltung in diesem Fall absagen möchten. Eine Veranstaltung ohne Teilnehmer kann nicht fixiert werden.

Wir entscheiden uns für das Fixieren bis zur maximalen Kapazität, da eine Fixierung zur optimalen Kapazität mit dem derzeitigen Stand der Buchungen nicht mehr möglich ist. Anschließend wählen Sie den Button Datenbild und gelangen damit in die Teilnehmerliste (siehe Abbildung 10.63). Von hier aus können Sie noch einzelne Teilnehmer zwischen der Teilnehmerliste und der Warteliste tauschen. Beachten Sie hierbei aber, dass Teilnehmer mit einer Mussbuchung nicht getauscht werden können.

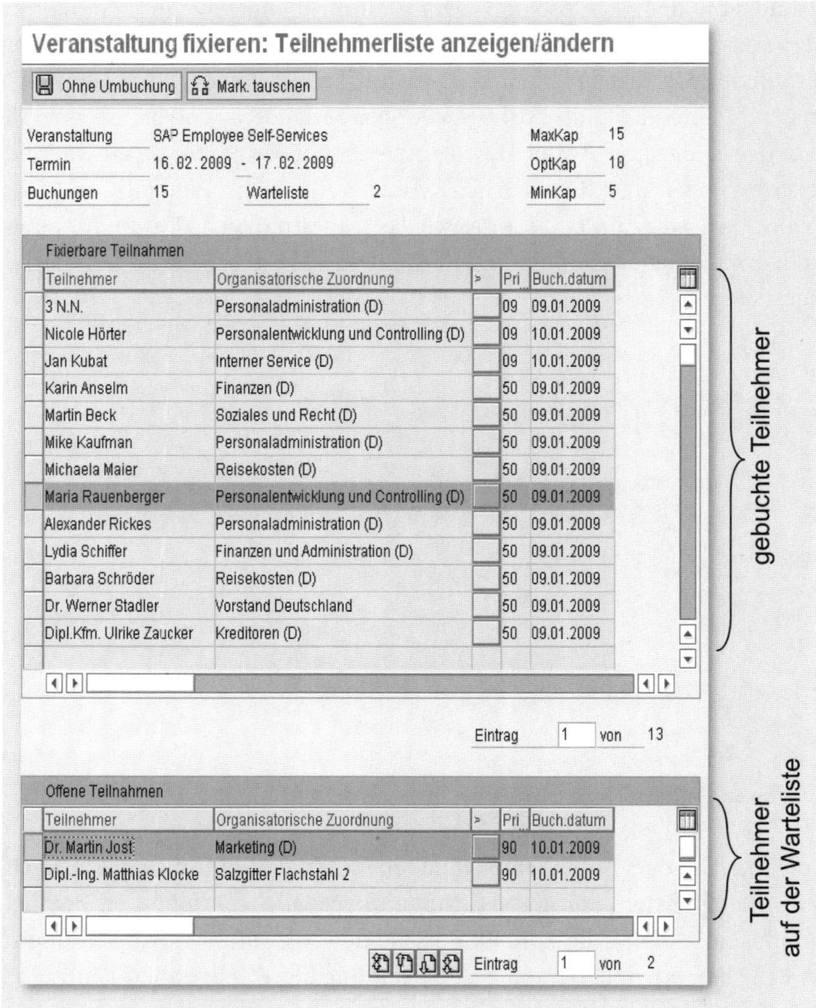

Abbildung 10.63 Teilnehmer tauschen

Um Teilnehmer aus der Teilnahmeliste mit Teilnehmern aus der Warteliste zu tauschen, müssen Sie beide Einträge markieren und anschließend auf den Button Mark. tauschen klicken. Sie können dabei nur Teilnehmer aus der Liste der fixierbaren Teilnehmer mit der Buchungspriorität Normalbuchung tauschen. Mussbuchungen können nicht auf die Warteliste zurückgesetzt werden.

Wenn Sie Teilnehmer auf der Warteliste nicht mehr in der Veranstaltung unterbringen können, haben Sie die Möglichkeit, Umbuchungen vorzunehmen. Dazu klicken Sie auf den Button (Sichern mit Umbuchung). Es wird eine Liste der möglichen Umbuchungsvorschläge oder der Vormerkungen oder

der verbleibenden Wartelistenbuchungen erzeugt. Wählen Sie pro Teilnehmer die gewünschten Umbuchungen aus. Sollten Sie die Teilnehmer auf der Warteliste nicht weiter bearbeiten wollen, wählen Sie den Button Ohne Umbuchung.

Beim Sichern mit Umbuchung werden Umbuchungsvorschläge vom System gemacht. Hierbei spielt wiederum die Priorität der vorherigen Buchung des Teilnehmers eine Rolle. In unserem Beispiel haben zwei Teilnehmer eine höhere Priorität als die anderen beiden. Aufgrund der Kapazität der verfügbaren und vorgeschlagenen Veranstaltung können nur Teilnehmer einer bestimmten Priorität umgebucht werden. Die anderen beiden Teilnehmer werden auf die Vormerkliste des Trainingstyps gebucht (siehe Abbildung 10.64).

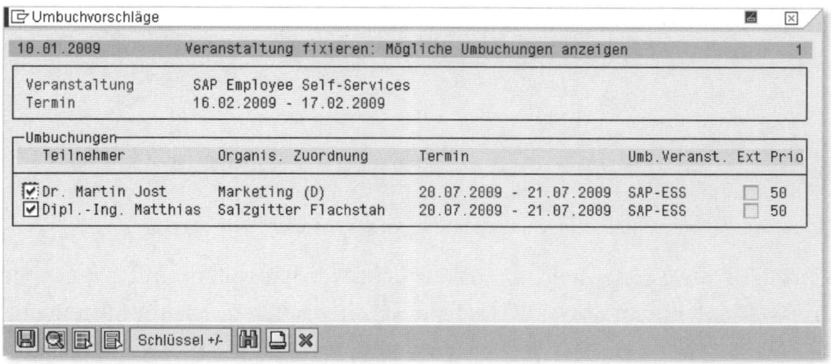

Abbildung 10.64 Sichern mit Umbuchungen beim Fixieren

10.6.2 Absagen von Veranstaltungen

Ähnlich wie beim Fixieren einer Veranstaltung verfahren Sie beim Absagen einer Veranstaltung. Sowohl fixierte als auch geplante interne und externe Veranstaltungen können abgesagt werden. Wird eine Veranstaltung abgesagt, erhält sie ein entsprechendes Kennzeichen.

So können Sie auch gebuchte Teilnahmen auf eine andere Veranstaltung desselben Typs umbuchen. Das System schlägt Ihnen automatisch einen Ersatztermin (sofern vorhanden) vor. Gebuchte und offene Teilnahmen (Wartelistenbuchungen) können in Vormerkungen umgewandelt oder auf der Warteliste belassen werden. Veranstaltungen sagen Sie über das Veranstaltungsmenü ab, indem Sie aus dem Kontextmenü einer Veranstaltung den Eintrag ABSAGEN/FIXIEREN auswählen. Anschließend gelangen Sie in eine neue Bildschirmmaske, in der Sie den Punkt Absagen auswählen und dann auf den Button Datenbild klicken. Sollten bereits Teilnehmer auf die Veranstaltung gebucht sein, generiert das System Umbuchungsvorschläge (siehe Abbildung 10.65).

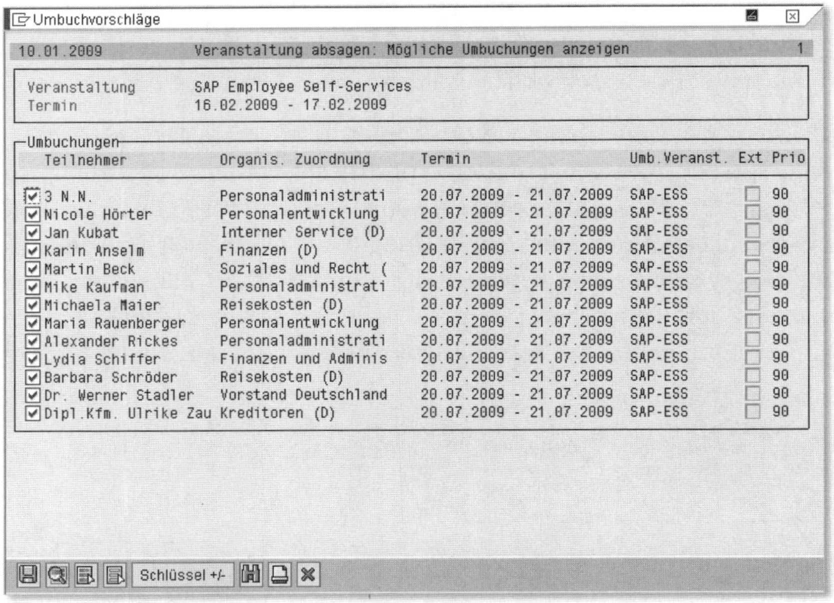

Abbildung 10.65 Umbuchungsvorschläge bei Absage einer Veranstaltung

Markieren Sie die Teilnehmer, die umgebucht werden sollen, und sichern Sie Ihre Auswahl mit einem Klick auf das Icon [Icon]. Je nachdem, wie Ihr System eingestellt ist, kann es sein, dass Sie noch einen Grund für die Absage der Veranstaltung angeben müssen. Wählen Sie in diesem Fall aus der angebotenen Liste von Absagegründen den zutreffenden aus (siehe Abbildung 10.66).

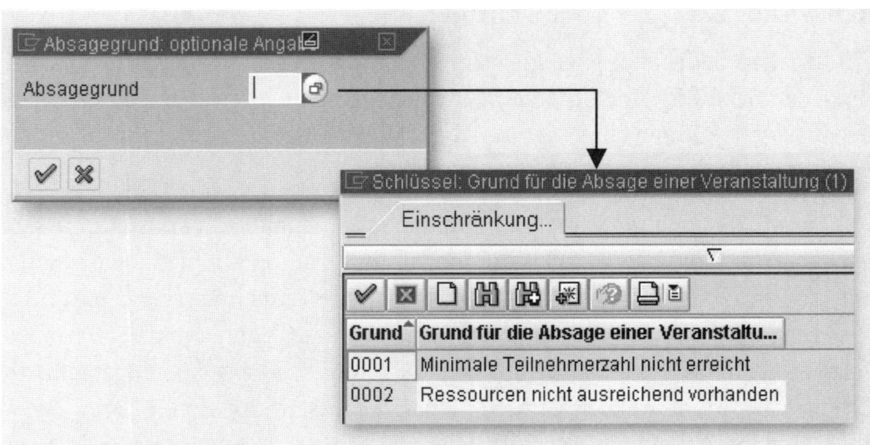

Abbildung 10.66 Auswahl eines Absagegrunds

10.6.3 Sperren/Entsperren von Veranstaltungen

Über das Kontextmenü einer Veranstaltung im Veranstaltungsmenü können Sie Veranstaltungen sperren bzw. entsperren (siehe Abbildung 10.61). Sperren Sie Veranstaltungen, wenn Sie die Teilnehmerliste einer Veranstaltung vorübergehend schließen wollen. Es können sowohl geplante als auch fixierte interne und externe Veranstaltungen gesperrt werden.

Wenn für eine gesperrte Veranstaltung wieder Teilnahmebuchungen zugelassen sein sollen, können Sie diese entsperren.

Hinweis

Voraussetzung für das Sperren einer Veranstaltung ist, dass die Veranstaltung weder gesperrt noch abgesagt oder historisiert ist. Das Gleiche gilt für das Entsperren von Veranstaltungen.

Gesperrte Veranstaltungen werden im Veranstaltungsangebot nicht mehr berücksichtigt, d.h. Sie können folglich auch keine Teilnahmebuchungen für diese Veranstaltungen durchführen. Entsperrte Veranstaltungen hingegen werden im Veranstaltungsangebot wieder berücksichtigt, d.h., Sie können auch wieder Teilnahmebuchungen für diese Veranstaltungen durchführen. Beachten Sie, dass im Gegensatz zum Absagen einer Veranstaltung das Sperren durch die Umkehrfunktion ENTSPERREN rückgängig gemacht werden kann.

10.6.4 Nachbereitung von Veranstaltungen

Sobald eine Veranstaltung tatsächlich durchgeführt bzw. im System fixiert wurde, können Sie mit der Nachbereitung der Veranstaltung beginnen. Folgende Funktionen können in der Nachbereitung von Veranstaltungen genutzt bzw. ausgeführt werden (hier steht ganz bewusst »können ausgeführt werden«, da der Umfang der Nachbereitung von der Einstellung Ihres SAP-Systems abhängt):

- Veranstaltungsziele können als Qualifikationen auf die Veranstaltungsteilnehmer übertragen werden. Als Voraussetzung dafür müssen Sie eine Ausprägung der Qualifikation angeben. Das System schreibt diesen Wert als Zusatzdaten in die anzulegenden Verknüpfungen zwischen Qualifikation und Teilnehmer.
- Der Buchungssatz wird gelöscht (Verknüpfung zwischen Veranstaltung und Teilnehmer), falls dies so im Verfahren definiert wurde.

- Zwischen Trainingstyp und Veranstaltungsteilnehmer wird eine Verknüpfung (Teilnahmehistorie) angelegt, falls dies so im Verfahren definiert wurde.
- Für alle Teilnehmer wird automatisch eine Teilnahmebestätigung gemäß der Ausgabesteuerung ausgegeben.

Ob und für welche Teilnehmertypen diese Aktionen durchgeführt werden, geht aus dem definierten Verfahren hervor, das im Customizing des Veranstaltungsmanagements festgelegt wurde. Wenn Sie für einen Trainingstyp ein spezielles Verfahren festlegen möchten, können Sie dieses im Infotyp 1030 (Verfahren) definieren (vergleichen Sie hierzu die Ausführungen zu Abbildung 10.17). Die gerade genannten Aktionen werden nur für Muss- oder Normalbuchungen ausgeführt, nicht aber für Wartelistenbuchungen.

Um eine Veranstaltung nachzubereiten, müssen Sie im Veranstaltungsmenü aus dem Kontextmenü der gewünschten Veranstaltung den Punkt NACHBEREITEN auswählen (zum Kontextmenü siehe beispielhaft Abbildung 10.61). Sie gelangen dann auf die in Abbildung 10.67 dargestellte Maske, in der Sie auswählen können, ob die Veranstaltung zusammen mit der Nachbereitung auch historisiert werden soll. Dazu markieren Sie das Feld VERANSTALTUNG HISTORISIEREN unter ZUSATZANGABEN. Wenn Sie eine Veranstaltung historisiert haben, sind keine weiteren Änderungen an den Veranstaltungsdaten mehr möglich. Eine Historisierung ist unwiderruflich. Außerdem werden historisierte Veranstaltungen nicht mehr im Veranstaltungskatalog angezeigt.

Abbildung 10.67 Veranstaltung nachbereiten

Klicken Sie auf den Button Datenbild, um die Nachbereitung zu starten. Sie erhalten daraufhin eine Übersicht über die Aktionen, die vom System automatisiert durchgeführt werden (siehe Abbildung 10.68). Da wir im Infotyp 1030 (Verfahren) für den Trainingstyp, dem die nachzubereitende Veranstaltung zugrunde liegt, definiert haben, dass die Verknüpfung zwischen Veranstaltung und Teilnehmer gelöscht und die Verknüpfung zwischen Teilnehmer und Trainingstyp angelegt werden soll, wird diese auch im Protokoll als Aktion aufgeführt (siehe Abbildung 10.68, Aktion Löschen: ; Aktion Anlegen:). Sobald Sie auf das Icon geklickt haben, werden die zuvor angezeigten Aktionen im Hintergrund ausgeführt.

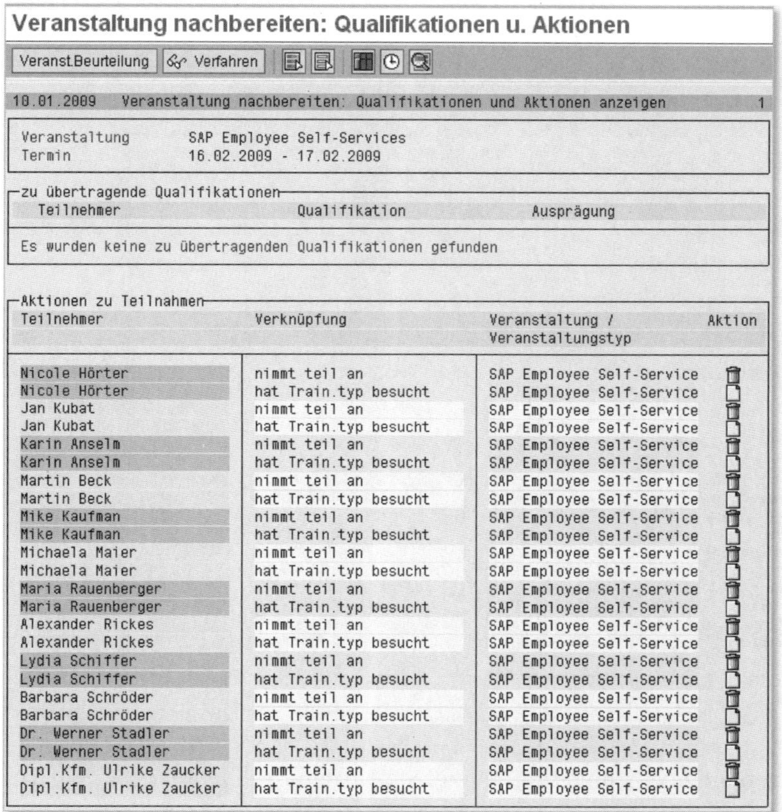

Abbildung 10.68 Aktionen der Nachbereitung

10.6.5 Interne Leistungsverrechnung

Bei der Buchung oder Stornierung von Teilnahmen haben wir in unseren Beispielen jeweils die Kosten der Veranstaltungen den Teilnehmern bzw. deren Kostenstellen zugeordnet. Damit die Kosten einer durchgeführten Veranstaltung letztendlich auch die Kostenstelle(n) der Teilnehmer belasten, ist die interne Leistungsverrechnung durchzuführen. Hierzu müssen Sie im Veranstaltungsmenü die gewünschte Veranstaltung markieren und dann über den Menüpfad Veranstaltung • Leistungsverrechnung • Teilnahmen oder Referententätigkeit auswählen.

Sie erhalten ein Protokoll, in dem die zu verrechnenden Teilnahmen aufgelistet werden (siehe Abbildung 10.69).

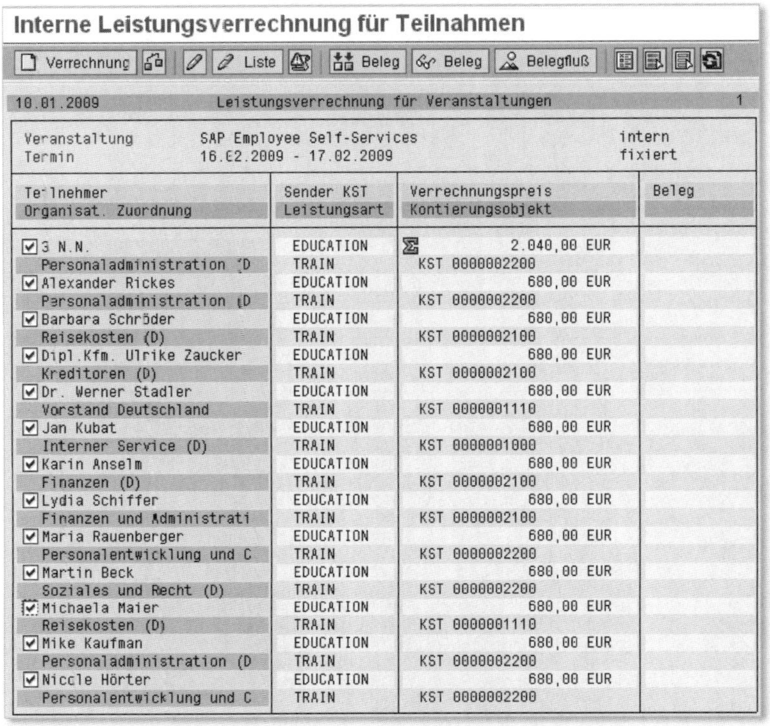
Interne Leistungsverrechnung für Teilnahmen

Verrechnung | Liste | Beleg | Beleg | Belegfluß

10.01.2009 Leistungsverrechnung für Veranstaltungen 1

Veranstaltung SAP Employee Self-Services intern
Termin 16.02.2009 - 17.02.2009 fixiert

Teilnehmer / Organisat. Zuordnung	Sender KST / Leistungsart	Verrechnungspreis / Kontierungsobjekt	Beleg
3 N.N.	EDUCATION	Σ 2.040,00 EUR	
Personaladministration (D	TRAIN	KST 0000002200	
Alexander Rickes	EDUCATION	680,00 EUR	
Personaladministration (D	TRAIN	KST 0000002200	
Barbara Schröder	EDUCATION	680,00 EUR	
Reisekosten (D)	TRAIN	KST 0000002100	
Dipl.Kfm. Ulrike Zaucker	EDUCATION	680,00 EUR	
Kreditoren (D)	TRAIN	KST 0000002100	
Dr. Werner Stadler	EDUCATION	680,00 EUR	
Vorstand Deutschland	TRAIN	KST 0000001110	
Jan Kubat	EDUCATION	680,00 EUR	
Interner Service (D)	TRAIN	KST 0000001000	
Karin Anselm	EDUCATION	680,00 EUR	
Finanzen (D)	TRAIN	KST 0000002100	
Lydia Schiffer	EDUCATION	680,00 EUR	
Finanzen und Administrati	TRAIN	KST 0000002100	
Maria Rauenberger	EDUCATION	680,00 EUR	
Personalentwicklung und C	TRAIN	KST 0000002200	
Martin Beck	EDUCATION	680,00 EUR	
Soziales und Recht (D)	TRAIN	KST 0000002200	
Michaela Maier	EDUCATION	680,00 EUR	
Reisekosten (D)	TRAIN	KST 0000001110	
Mike Kaufman	EDUCATION	680,00 EUR	
Personaladministration (D	TRAIN	KST 0000002200	
Nicole Hörter	EDUCATION	680,00 EUR	
Personalentwicklung und C	TRAIN	KST 0000002200	

Abbildung 10.69 Protokoll der zu verrechnenden Teilnahmen

Hier können Sie noch eingreifen, indem Sie einzelne Teilnehmer z. B. von der Leistungsverrechnung ausnehmen oder die Daten der Teilnehmer verändern. Um die Verrechnung für Ihre Auswahl zu starten, klicken Sie auf den Button Verrechnung. Nun versucht das System, die Daten in das Controllingmodul des SAP-Systems zu übertragen. Sie erhalten ein Protokoll der Übertragung, aus dem hervorgeht, ob die Buchung erfolgreich war.

Mögliche Probleme bei der Verrechnung der Teilnehmergebühren können Sie dem dortigen Protokoll über das Icon entnehmen. Damit haben wir die wichtigsten Aktionen behandelt, die Sie im Veranstaltungsmanagement durchführen können. Wir kommen nun zu den Auswertungsmöglichkeiten des Veranstaltungsmanagements, denn ein Teil Ihres Tagesgeschäfts wird sicherlich die Erteilung von Auskünften und die Beantwortung von Anfragen sowohl der Teilnehmer als auch der Vorgesetzten sein.

10.7 Infosystem

Das Veranstaltungsmanagement hat – wie auch die anderen Komponenten von SAP ERP HCM – ein Infosystem, in dem sich zahlreiche Standardauswertungen befinden, die es Ihnen ermöglichen, Anfragen von Teilnehmern, Referenten oder Vorgesetzten schnell und effizient zu beantworten.

10.7.1 Auskunftsmenü

Das Auskunftsmenü erreichen Sie entweder aus dem Veranstaltungs- oder Teilnahmemenü über den Menüpfad Springen • Auskunftsmenü oder über den SAP Easy-Access-Pfad Personal • Veranstaltungsmanagement • Infosystem • Auskunftsmenü. Alternativ hierzu können Sie auch über den Menüpfad Personal • Veranstaltungsmanagement • Infosystem • Berichte auf die einzelnen Berichte zugreifen. Die Berichte teilen sich grundsätzlich in drei Berichtsbäume auf:

- Teilnahmen
- Veranstaltungen
- Ressourcen

Zum Aufrufen der Berichte benötigen Sie gewisse Grundkenntnisse, die Ihnen im Folgenden vermittelt werden.

Tipp

Benutzen Sie nach Möglichkeit das Auskunftsmenü. In den meisten Reports müssen Sie dann nicht erst ein Selektionsbild mit Daten füllen, da Sie im Auskunftsmenü, ausgehend von einer konkreten Veranstaltung, einem Trainingstyp oder Teilnehmer, stets die Auswertung starten können.

Im Auskunftsmenü starten Sie Reports in der Regel ausgehend von einem konkreten Objekt, d.h., Sie markieren beispielsweise eine Veranstaltung und navigieren dann über das Menü Auskunft und dann über einen der drei vorhandenen Berichtsbäume Teilnahmen, Veranstaltungen oder Ressourcen (siehe Abbildung 10.70). Alternativ dazu können Sie auch das Kontextmenü benutzen. Das System bietet Ihnen dann eine ganze Reihe von Auswertungen in einer Übersicht, aus der Sie den gewünschten Report durch einen Klick auf das Icon vor dem Report starten.

Abhängig vom Report und dem Objekt, von dem aus Sie den Report gestartet haben, erscheint sofort das Ergebnis des Reports oder sein Standardselektionsbild (siehe Abbildung 10.71).

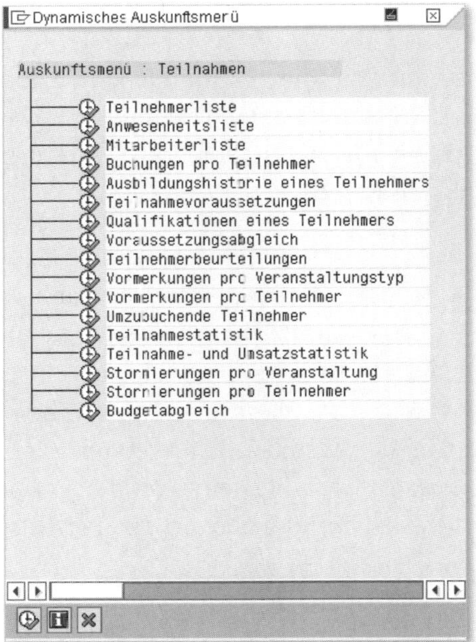

Abbildung 10.70 Auskunftsmenü – »Teilnahmen«

Das jeweilige Selektionsbild hängt von der Art der Auswertung ab. Einige Reports haben jedoch bestimmte Selektionsfelder gemeinsam. Daher erfolgt hier eine kurze Einweisung in einige Selektionsfelder.

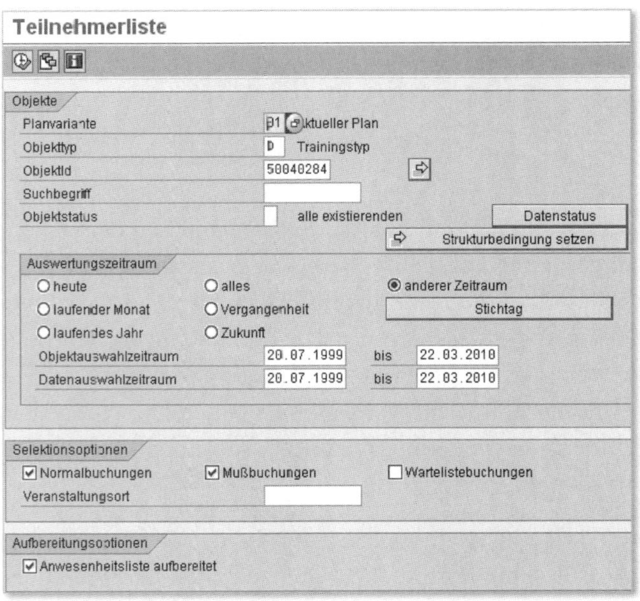

Abbildung 10.71 Selektionsbild »Teilnehmerliste«

Als Beispiel dient der Report zur Ausgabe einer Teilnehmerliste. In unserem Beispiel soll die Teilnehmerliste einer Veranstaltung angezeigt werden (siehe Abbildung 10.71). Sollten Sie einem solchen Selektionsbild begegnen, müssen Sie auf jeden Fall folgende Felder füllen:

- **Planvariante**
  Eine PLANVARIANTE ist ein festgelegter Bereich, in dem Informationsdaten abgelegt werden. Es gibt immer nur eine aktive oder eine produktive Planvariante, in der Regel ist das »01« für AKTUELLER PLAN. Daneben kann es viele sogenannte Spielvarianten geben, die z. B. zur Planung oder Restrukturierung des Veranstaltungskatalogs genutzt werden können.
- **Objekttyp**
  Im Feld OBJEKTTYP schränken Sie die Art des auszuwertenden Objekts ein. Ein Objekt im Veranstaltungsmanagement kann z. B. eine Trainingsgruppe (L), ein Trainingstyp (D) oder eine Veranstaltung (E), aber auch eine Person (P) sein. Wenn Sie vor Aufruf des Reports z. B. eine konkrete Veranstaltung oder einen Trainingstyp im Auskunftsmenü markieren, wird dieser im Selektionsbild vorbelegt.
- **Objekt-ID**
  Die OBJEKTID stellt die konkrete Ausprägung eines Objekttyps dar, also z. B. eine konkrete Trainingsgruppe oder einen bestimmten Trainingstyp. Wenn Sie hier nichts eingeben, werden alle innerhalb der angegebenen Planvariante vorhandenen Objekte des gewählten Typs selektiert. Auch die Objekt-ID überträgt das System, wenn Sie vor dem Aufruf ein Objekt im Auskunftsmenü markiert haben.

Des Weiteren gibt es Felder, die Sie einsetzen können, um Objekte zu selektieren bzw. um Ihre Auswahl weiter einzuschränken:

- **Suchbegriff**
  Im Feld SUCHBEGRIFF können Sie einen Suchbegriff eingeben, um damit nach dem Objekt zu suchen, mit dem Sie arbeiten wollen (Trainingsgruppe, Veranstaltungen usw.).
- **Objektstatus**
  Das Feld OBJEKTSTATUS enthält einen einstelligen Schlüssel, der für einen Status steht. Alle Objekte im Veranstaltungsmanagement haben einen Status: AKTIV, GEPLANT, BEANTRAGT, GENEHMIGT oder ABGELEHNT.
- **Auswertungszeitraum**
  Es werden alle Objekte selektiert, die innerhalb des selektierten Zeitraums oder zum Stichtag gültig sind:

- *Objektauswahlzeitraum*
  Im Feld OBJEKTAUSWAHLZEITRAUM schränken Sie eine Auswertung auf Objekte ein, die genau an dem von Ihnen eingegebenen Datum gültig sind.
- *Datenauswahlzeitraum*
  Alle Infotypen (Verknüpfungen, Beschreibungen usw.) besitzen einen Gültigkeitszeitraum, in dem sie »existieren« bzw. gültig sind. Um Infotypen nach deren Gültigkeit zu selektieren, müssen Sie einen Auswahlzeitraum in das Feld DATENAUSWAHLZEITRAUM eingeben. Alle Infotypen, die zu einem beliebigen Zeitpunkt innerhalb des angegebenen Zeitraums gültig sind, werden bei der Auswertung berücksichtigt.

Neben diesen Feldern gibt es außerdem reportspezifische Felder, wie z. B. die Möglichkeit, nur Teilnehmer mit einer Normal-, Muss- oder Wartelistenbuchung zu selektieren. Sobald Sie die gewünschten Selektionsfelder gefüllt haben, können Sie den Report über das Icon starten.

Hinweis

Für einige der Reports wird zunächst ein vereinfachtes Selektionsbild angezeigt (siehe Abbildung 10.72). Sie können dann über den Button ☑ Standardselektionsbild und das anschließende Klicken auf das Icon das gerade beschriebene Standardselektionsbild öffnen. Im vereinfachten Selektionsbild sehen Sie die möglichen Objekttypen auf einen Blick und wählen den gewünschten per Radio-Button aus. Der Objektstatus ist vorbelegt mit ALLE EXISTIERENDEN, und Objekt- und Datenauswahlzeitraum entsprechen der Selektion im Feld ZEITRAUM.

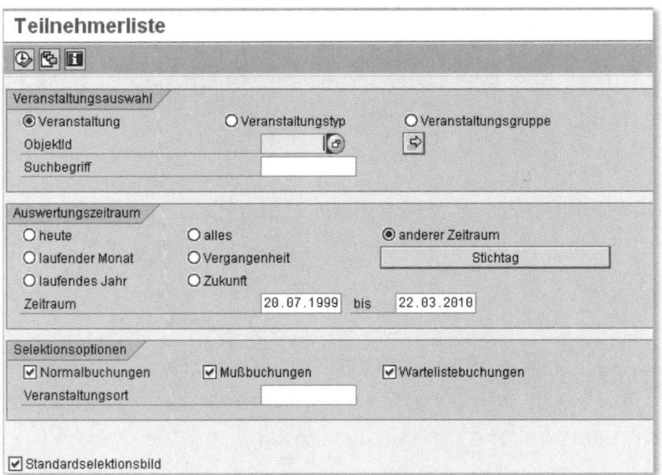

Abbildung 10.72 Vereinfachtes Selektionsbild

Nachfolgend erhalten Sie einen Überblick und eine kurze Beschreibung der Reports innerhalb der einzelnen Berichtsbäume.

10.7.2 Berichtsbaum »Teilnahmen«

Wir stellen Ihnen nun eine Auswahl an Reports aus dem Berichtsbaum »Teilnahmen« vor und erläutern kurz den Inhalt dieser Auswertungen.

- **Teilnehmerliste**
  In Abhängigkeit vom Ausgangsobjekt, d.h. davon, welches Objekt Sie im Auskunftsmenü markiert haben, erhalten Sie eine Übersicht über die Teilnehmer einer oder mehrerer Veranstaltungen. Sie können die Liste auf Normal-, Muss- und Wartelistenbuchungen einschränken. Als Aufbereitungsoption gibt es die Möglichkeit, das Ergebnis der Liste als Anwesenheitsliste aufbereitet auszugeben bzw. nach Word zu exportieren. Hierzu müssen Sie im Selektionsbild in der Checkbox ☑ Anwesenheitsliste aufbereitet das Häkchen setzen, den Report starten und anschließend auf den Button WinWord klicken (siehe Abbildung 10.73).

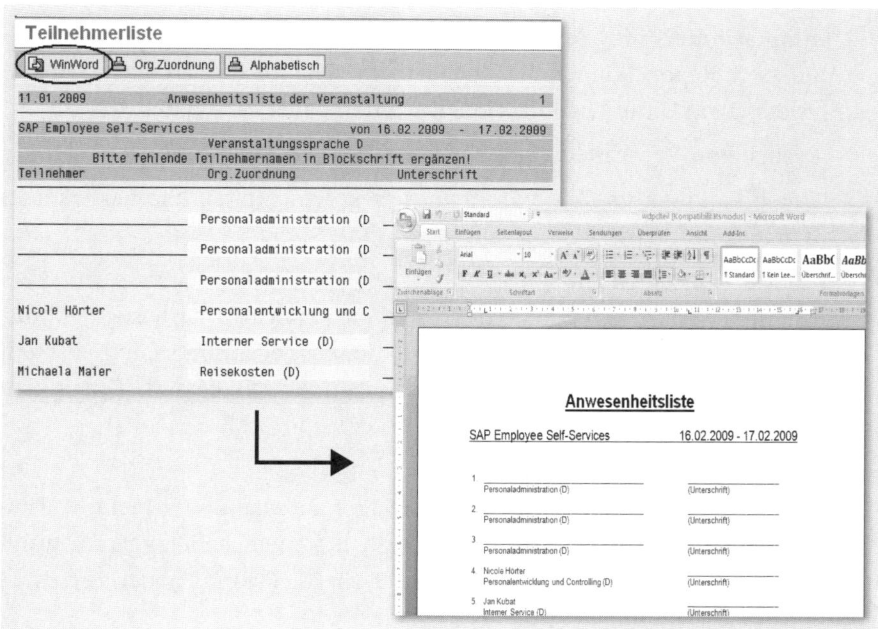

Abbildung 10.73 Teilnehmerliste als Word-Dokument

- **Mitarbeiterliste**
  Mit diesem Report können Sie die Mitarbeiterliste einer internen (Objekttyp »Organisationseinheit«) oder externen Organisationsstruktur (Objekttyp »Firma«, »Kunde« oder »Interessent«) erstellen. Er findet beispielsweise Verwendung beim Ersetzen von Teilnehmern der N.N.-Buchungen einer Firma.

- **Buchungen pro Teilnehmer**
  Mit diesem Report können Sie eine Liste der gebuchten Veranstaltungen eines internen oder externen Einzel- oder Sammelteilnehmers für einen beliebigen Auswahlzeitraum erstellen.
- **Ausbildungshistorie eines Teilnehmers**
  Mit diesem Report können Sie die Ausbildungshistorie eines internen oder externen Teilnehmers erstellen, d.h. eine Liste aller Veranstaltungen, die der betreffende Teilnehmer besucht hat und/oder auf die er gebucht ist.
- **Teilnahmevoraussetzungen**
  Mit diesem Report können Sie eine Liste der zur Teilnahme an Veranstaltungen eines oder mehrerer Trainingstypen erforderlichen Voraussetzungen erstellen. Teilnahmevoraussetzungen können sein:
  - Besuch von Veranstaltungen eines bestimmten Trainingstyps
  - Qualifikationen (EDV-Kenntnisse, HR-Kenntnisse usw.)
- **Qualifikationen eines Teilnehmers**
  Mit diesem Report können Sie eine Liste der Qualifikationen eines Teilnehmers erstellen. Unter Qualifikationen werden dabei verstanden:
  - Besuch von Veranstaltungen eines bestimmten Trainingstyps
  - Qualifikationen im Sinn von Kenntnissen, Fähigkeiten und Fertigkeiten (Sprachkenntnisse, BWL-Kenntnisse usw.)
- **Voraussetzungsabgleich**
  Mit diesem Report können Sie die für einen Veranstaltungsbesuch vorausgesetzten Qualifikationen den Qualifikationen gegenüberstellen, die ein Teilnehmer bereits besitzt. Voraussetzung ist natürlich, dass die Qualifikationen des Mitarbeiters auch im System erfasst sind.
- **Vormerkungen pro Trainingstyp**
  Mit diesem Report können Sie eine Liste aller auf einen oder mehrere Trainingstypen eingegangenen Vormerkungen für einen beliebigen Auswahlzeitraum erstellen. Dieser Report kann z. B. für die Planung neuer Veranstaltungen eines Trainingstyps dienen.
- **Vormerkungen pro Teilnehmer**
  Mit diesem Report können Sie eine Liste der Vormerkungen pro Teilnehmer oder Sammelteilnehmer zusammen mit den zu erwartenden Kosten (den am Trainingstyp gepflegten Preisen) erstellen.
- **Umzubuchende Teilnehmer**
  Mit diesem Report können Sie eine Liste der noch umzubuchenden Teilnahmebuchungen erstellen, d.h. der Buchungen, die beim Fixieren einer Veranstaltung infolge einer Vollbelegung bzw. bei einer Veranstaltungsabsage

nicht mehr berücksichtigt werden konnten, nicht direkt umgebucht wurden und deshalb noch auf der Warteliste der betreffenden Veranstaltung stehen (siehe Abschnitt 10.6.1, »Fixieren von Veranstaltungen«).

- **Teilnahmestatistik**
  Mit diesem Report können Sie eine Liste mit den Veranstaltungsteilnehmerzahlen erzeugen. Außerdem können Sie mit diesem Report auswerten, welche Veranstaltungen sich im Status geplant befinden und fixiert werden müssen (beispielsweise für die Ab- und Verrechnung der Teilnahmegebühren). Sie können aus dem Ergebnis des Reports direkt Veranstaltungen fixieren und absagen bzw. nachbereiten (siehe Abbildung 10.74).

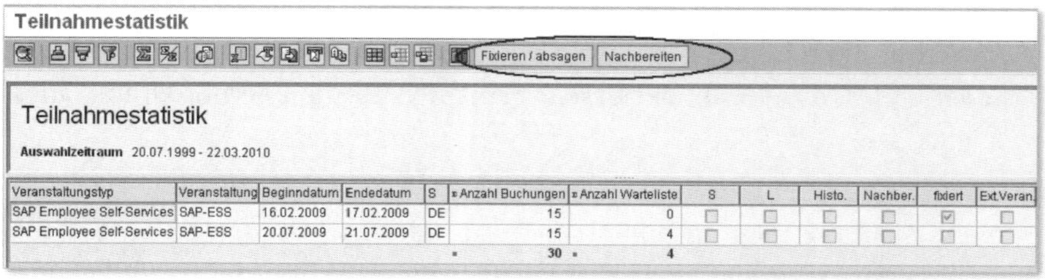

Abbildung 10.74

- **Teilnahme und Umsatzstatistik**
  Mit diesem Report können Sie eine Liste der Teilnehmerzahlen und Umsätze (Umsatz = Teilnehmerzahl x Preis) für Veranstaltungen erstellen. Je nach gewähltem Auswahlzeitraum können Sie durch diesen Report auch alle verrechenbaren und fakturierbaren Teilnehmer von Veranstaltungen auswerten. Beachten Sie, dass zur Vergleichbarkeit alle Beträge in eine auf dem Selektionsbild anzugebende Währung umgerechnet werden.
- **Stornierungen pro Veranstaltung**
  Mit diesem Report können Sie eine Liste der Veranstaltungen erstellen, von denen Teilnehmer storniert wurden. Eventuell erhobene Stornogebühren werden ebenfalls in dieser Liste ausgegeben. Aus dem Ergebnis des Reports heraus lassen sich Daten zu den Stornierungen pflegen. So können Sie z. B. eine gegebenenfalls erfasste Notiz zu einer Stornierung anzeigen ( ) bzw. ändern ( ) und Angaben zur Stornogebühr pflegen bzw. ändern ( ).
- **Stornierungen pro Teilnehmer**
  Dieser Report ist ähnlich dem Report »Stornierungen pro Veranstaltung«, mit dem Unterschied, dass hier der Teilnehmer und nicht die Veranstaltung im Vordergrund der Selektion steht.

10.7.3 Berichtsbaum »Veranstaltungen«

Wir stellen Ihnen nun eine Auswahl an Reports aus dem Berichtsbaum »Veranstaltungen« vor und erläutern kurz den Inhalt dieser Auswertungen.

- **Veranstaltungsbedarf**
  Mit diesem Report können Sie eine Liste der Veranstaltungsbedarfe erstellen, d.h. der Anzahl der benötigten und geplanten Veranstaltungstermine pro Trainingstyp. Die Auswertung kann pro Planungsjahr ausgeführt werden; es können jedoch auch einzelne Quartale des entsprechenden Planungsjahres ausgewertet werden. Sie können dabei den Bedarf an zu planenden Veranstaltungsterminen nach Veranstaltungssprachen und Veranstaltungsorten getrennt auswerten. Neben den offenen Bedarfen (d.h. der Anzahl der benötigten Veranstaltungstermine) werden auch die gedeckten Bedarfe (d.h. die Anzahl der bereits geplanten Termine) ermittelt und angezeigt.
- **Veranstaltungsablauf**
  Wenn Sie diesen Report von einer Veranstaltung aus aufrufen, wird direkt das Ergebnis angezeigt, ohne dass Sie noch ein Selektionsbild ausfüllen müssen. Der Report zeigt den zeitlichen (operativen) Ablauf einer Veranstaltung an.
- **Veranstaltungshierarchie**
  Mit diesem Report können Sie, ausgehend von einer Trainingsgruppe oder einem Trainingstyp, alle hierarchisch untergeordneten Knoten in der Veranstaltungshierarchie anzeigen lassen.
- **Veranstaltungsbroschüre**
  Mit diesem Report können Sie eine Veranstaltungsbroschüre der ausgewählten Trainingstypen bzw. -gruppen für einen beliebig gewählten Auswahlzeitraum oder Stichtag erzeugen. Für die Veranstaltungsbroschüre kann ein WinWord-Download durchgeführt und ein Inhaltsverzeichnis erzeugt werden.
  Wenn Sie nur bestimmte Trainingstypen in die Veranstaltungsbroschüre aufnehmen möchten, müssen Sie beim Anlegen dieser Trainingstypen unter INFO TRAININGSTYP (Infotyp 1029) das Kennzeichen für die Aufnahme in die Veranstaltungsbroschüre gesetzt haben (siehe auch die Ausführungen zu Abbildung 10.12).
  Folgende Informationen, die an Trainingsgruppen abgelegt werden, können in der Veranstaltungsbroschüre ausgegeben werden:
  - Erweiterter Trainingstext (Infotyp 1002, Subtyp 0004)
  - Veranstaltungsdauer in Tagen (Infotyp 1042, Subtyp 0001)

- Voraussetzungen, d.h. besuchte Trainingstypen und/oder Qualifikationen (Verknüpfung A029, SETZT VORAUS)
- Folgeveranstaltung, d.h. Trainingstypen, die über die Verknüpfung B029, WIRD VORAUSGESETZT VON mit den für die Broschüre ausgewählten Trainingstypen verknüpft sind
- Trainingsinhalt (Infotyp 1002, Subtyp 0002)
- Zielsetzung (Verknüpfung A028, VERMITTELT)
- Zielgruppe (Verknüpfung A033, IST VORGESEHEN FÜR)
- Hinweise (Infotyp 1002, Subtyp 0003)
- Veranstaltungsinformationen: Externer Preis (aus Infotyp 1021) und Veranstalter (Verknüpfung A036, WIRD VERANSTALTET VON)
- Termine und Schulungsort: Veranstaltungstermin (Verknüpfung A020, IST SPEZIALISIERUNG VON) und Veranstaltungsort (Verknüpfung A024, FINDET STATT IN)

Veranstaltungsinformationen
Mit diesem Report können Sie sich umfangreiche Detailinformationen zu Veranstaltungsterminen anzeigen lassen, wie z.B. Ort, Referenten, Raum, Telefonnummer des Raumes, Kursverantwortlicher, freie Plätze, Veranstaltungsdauer. Neben der Möglichkeit, einen schnellen Einblick in relevante Veranstaltungsdaten zu bekommen, bietet dieser Report eine wertvolle Bearbeitungshilfe, da Sie damit gezielt auswerten können, welche Veranstaltungen beispielsweise fixiert oder nachbereitet werden müssen, welche gesperrt sind usw.

Veranstaltungstermine
Mit diesem Report können Sie für die ausgewählten Trainingstypen eine Liste der Veranstaltungstermine erstellen, die dazu im eingegebenen Auswahlzeitraum existieren. Abgesagte, gesperrte, nachbereitete oder historisierte Veranstaltungen werden nicht angezeigt.

10.7.4 Berichtsbaum »Ressourcen«

Wir stellen Ihnen nun eine Auswahl an Reports aus dem Berichtsbaum »Ressourcen« vor und erläutern kurz den Inhalt dieser Auswertungen.

Ressourcenausstattung

Mit diesem Report können Sie die Ausstattung von Ressourcen anzeigen lassen. Dafür werden Objekte des Typs »R« (Ressourcentyp) aufgelistet, die mit Objekten des Typs »G« (Ressource) verknüpft sind. Dadurch erhalten Sie beispielsweise für die Belegung von Räumen eine Übersicht, über welche Ausstattung (Objekttyp »R« = Ressourcentyp) die belegbaren Schulungsräume (Objekttyp »G« = Ressource) verfügen.

Ressourcenbelegung

Mit diesem Report können Sie die Belegung der Ressourcen eines ausgewählten Ressourcentyps über einen vorgegebenen Zeitraum tabellarisch darstellen lassen. Angezeigt werden außerdem die Veranstaltungen, die diese Ressourcen belegen. Abhängig vom gewählten Zeitraster wird die Tabelle in einem Stunden-, Tages- oder Wochenraster dargestellt.

Referenteninformation

Mit diesem Report können Sie die Referententätigkeit von Einzelpersonen im Veranstaltungsmanagement auswerten. Das durch den Report erstellte Listbild kann in Abhängigkeit Ihrer Layouteinstellungen folgende Informationen enthalten:

- Auswertungszeitraum
- Ressource (Referentenname)
- Veranstaltungs-ID
- Datum des ersten Veranstaltungstags
- Datum des letzten Veranstaltungstags
- Anfangszeit am ersten Veranstaltungstag
- Endzeit des letzten Veranstaltungstags
- Anzahl der Veranstaltungstage
- Veranstaltungsdauer pro Tag in Stunden
- Gesamtveranstaltungsdauer in Stunden

10.8 SAP Learning Solution

SAP Learning Solution (LSO) ist eine Webanwendung, die auf dem Veranstaltungsmanagement aufbaut. Die vorgestellte Struktur des Veranstaltungsmanagements mit den Trainingsgruppen, Trainingstypen und Veranstaltungen wird auch hier genutzt (siehe Abbildung 10.75).

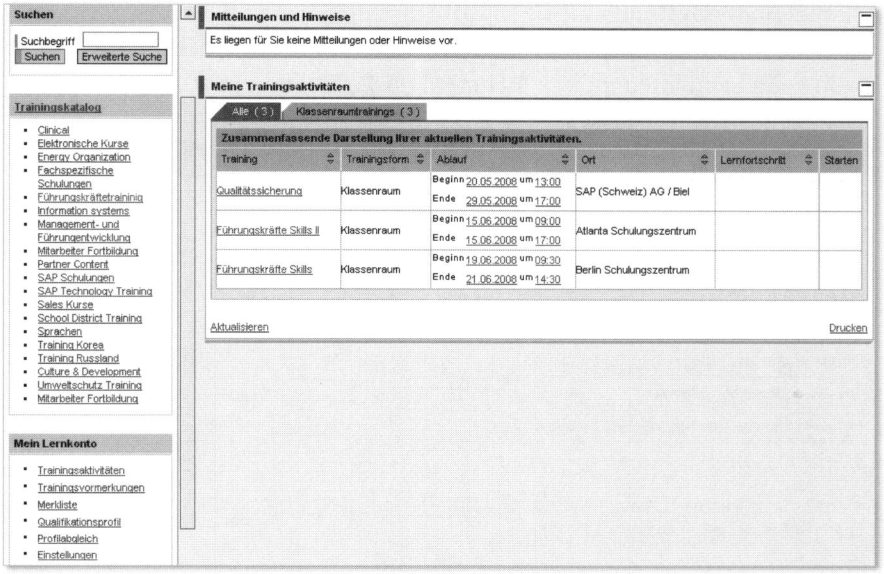

Abbildung 10.75 Einstieg in SAP Learning Solution

SAP Learning Solution verbindet darüber hinaus u.a. folgende weitere Services für verschiedene Anwender rund um das Thema Weiterbildung miteinander:

- **Lernportal**
  Das Lernportal bietet dem Mitarbeiter die Möglichkeit, im Web auf die persönlichen Bedürfnisse zugeschnittene Kurse zu absolvieren.
- **Trainerportal**
  Das Trainerportal ermöglicht den Trainern, ihre Kurse im Hinblick auf Teilnahmen zu verwalten.
- **Learning Management System**
  Das Learning Management System dient Personalentwicklern und Managern zur Planung von Lerninhalten und zur Verfolgung des Lernfortschritts der Teilnehmer.
- **Autorenumgebung**
  Die Autorenumgebung ermöglicht es dem Personalentwickler, E-Learning-Inhalte zu erstellen.
- **Learning Content Management System**
  Das Learning Content Management System verwaltet die abgelegten Lerninhalte.

- **Beurteilungssystem**
  Das Beurteilungssystem bietet den Mitarbeitern die Möglichkeit zur Bewertung von Seminaren und Teilnehmern (siehe Abbildung 10.76).

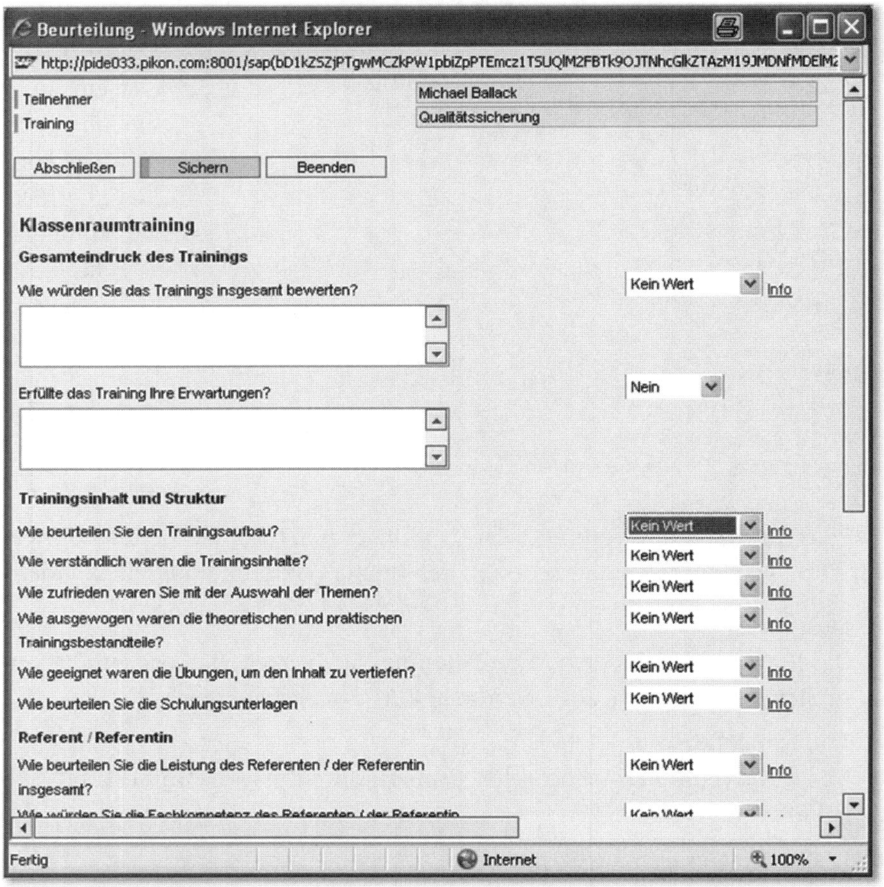

Abbildung 10.76 Trainingsbeurteilungsformular in LSO

Der Zugang zu SAP Learning Solution kann entweder über einen Direktlink oder über SAP NetWeaver Portal bereitgestellt werden. Wie bei den anderen Portalanwendungen auch, finden Sie hier Roadmaps, die Sie durch die verschiedenen Anwendungen leiten. Da SAP Learning Solution individuell eingerichtet werden und deshalb die Oberfläche stark vom Standard abweichen kann, wollen wir sie hier nicht näher vorstellen. Die Grundstruktur des Veranstaltungsmanagements kennen Sie, und die Webanwendungen sind in der Regel intuitiv bedienbar.

10.9 Zusammenfassung

In diesem Kapitel haben Sie gelernt, dass das Veranstaltungsmanagement aus einer Reihe dynamischer Menüs besteht. Alle Anpassungen, die Sie in den verschiedenen Menüs wie Veranstaltungsmenü, Teilnahmemenü oder Ressourcenmenü vornehmen, werden direkt in den jeweils anderen Menüs wirksam. Je nachdem, in welchem Umfeld Sie gerade arbeiten, verwenden Sie ein anderes dynamisches Menü. Sowohl das Veranstaltungsmenü, das Teilnahmemenü als auch das Auskunftsmenü haben wir Ihnen ausführlich vorgestellt. Sie können jetzt einen Veranstaltungskatalog aufbauen, Teilnehmer buchen, vormerken und stornieren, eine Veranstaltung nachbereiten, und Sie kennen nun den einfachsten Weg, Berichte im Veranstaltungsmanagement auszuführen.

10.10 Übungsaufgaben zu Kapitel 10

1. Welche wesentlichen Prozesse unterstützt das Veranstaltungsmanagement?
2. Was versteht man unter den sogenannten *dynamischen Menüs*?
3. Was bestimmen Sie über den sogenannten Vorschauzeitraum eines dynamischen Menüs?
4. Welche weiteren benutzerspezifischen Einstellungen können Sie für die dynamischen Menüs festlegen?
5. Welche Objekte stehen für die Strukturierung des Veranstaltungskatalogs zur Verfügung?
6. Worin bestehen die wesentlichen Unterschiede zwischen diesen Objekten?
7. Welche Menüs werden im Veranstaltungsmanagement unterschieden? Erläutern Sie kurz die wesentlichen Inhalte dieser Menüs.
8. Legen Sie einen kleinen Veranstaltungskatalog an.
9. Was ist der Unterschied zwischen einem internen und einem externen Veranstaltungspreis?
10. Was ist der Unterschied zwischen einem Ressourcentyp und einer Ressource?
11. Legen Sie mehrere Veranstaltungen eines beliebigen Trainingstyps an.
12. Buchen Sie einen Mitarbeiter auf eine Veranstaltung.
13. Was geschieht, wenn der Mitarbeiter zum Veranstaltungstermin eine Abwesenheit (z. B. Urlaub) in der SAP-Zeitwirtschaft eingetragen hat und Ihr Unternehmen die Integration der Zeitwirtschaft in das Veranstaltungsmanagement aktiviert hat?

14. Buchen Sie einen Mitarbeiter auf eine Veranstaltungsliste.
15. Wie gehen Sie vor, wenn Sie mehrere Mitarbeiter (Mitarbeiterliste) auf eine Veranstaltung buchen wollen?
16. Führen Sie eine N.N.-Buchung durch.
17. Ein Mitarbeiter meldet sich kurz vor Veranstaltungsbeginn krank. Stornieren Sie seine Teilnahme.
18. Welche Aussagen sind falsch?
    a) Buchungen auf Wartelisten können nur an einer Veranstaltung vorgenommen werden.
    b) Buchungen auf eine Vormerkliste können zu Nachrückungen beim Stornieren einer Teilnahme führen.
    c) Die Priorität einer Wartelistenbuchung bestimmt die Reihenfolge der Nachrückung.
    d) Nach Erreichen der minimalen Teilnehmerzahl einer Veranstaltung garantieren nur sogenannte Mussbuchungen eine Teilnahme.
    e) Eine im Status FIXIERT angelegte Veranstaltung kann nicht mehr in den Status GEPLANT zurückgesetzt werden.
    f) Vormerkungen können nur auf Trainingsgruppentypen vorgenommen werden.
19. Ein Teilnehmer wünscht einen anderen Veranstaltungstermin. Wie finden Sie einen alternativen Termin, und wie buchen Sie den Teilnehmer um? Beschreiben Sie Ihr Vorgehen.

Alle Reisekostenbelege der Mitarbeiter zentral einzugeben, bedeutet für die Reisestelle in der Regel einen sehr großen Aufwand. Vor allem bei großem Reiseaufkommen wird dieser Prozess deshalb häufig dezentralisiert, sodass entweder der Reisende selbst oder Multiplikatoren wie z. B. Sekretariate die Reisedaten in das System einpflegen.

11 Reisemanagement

Die Oberfläche zur Erfassung der Reisedaten kann ein Unternehmen sowohl im SAP-System als auch in einem Portal einrichten. Wir legen in diesem Kapitel den Fokus vor allem auf die Oberfläche im SAP-System und geben Ihnen im Anschluss daran noch einen kurzen Einblick in die Pflege der Daten in SAP NetWeaver Portal. Grundsätzlich gelten für beide Varianten zunächst die gleichen Voraussetzungen.

11.1 Voraussetzung in den Stammdaten

Um für einen Mitarbeiter im System Reisen anlegen und abrechnen zu können, muss der Mitarbeiter mindestens mit einem sogenannten Ministammdatensatz im System existieren. Das heißt, es müssen für ihn mindestens die folgenden Infotypen gepflegt sein:

- 0000 (Maßnahmen)
- 0001 (Organisatorische Zuordnung)
- 0002 (Daten zur Person)
- 0006 (Anschriften)
- 0009 (Bankverbindung)
- 0017 (Reiseprivilegien)

Die Erfassung eines neuen Mitarbeiters in SAP ERP HCM erfolgt immer über den Infotyp »Maßnahmen«, er ist also zwangsläufig vorhanden. Der Infotyp »Organisatorische Zuordnung« enthält die Kostenstelle, die für die Kontierung der Reisekostenabrechnung erforderlich ist. Im Infotyp »Daten zur Person« sind Name und Geburtsdatum hinterlegt, um den Mitarbeiter zu identifizieren. Der

Infotyp »Anschriften« ist für die Überweisung erforderlich. Infotyp 0009 (Bankverbindung) enthält mindestens die Hauptbankverbindung und gegebenenfalls einen Subtyp 2 (Reisespesen), um beispielsweise die Erstattungsbeträge direkt auf das zu entlastende Kreditkartenkonto zu buchen. Eine ausführliche Beschreibung dieser Infotypen finden Sie in Kapitel 5, »Personaladministration«, insbesondere in Abschnitt 5.6, »Ausführen einer Einstellungsmaßnahme«.

Hinweis

In der Regel werden für die meisten Mitarbeiter bei der Einstellung ohnehin umfangreiche Stammdatensätze im System angelegt. In diesem Fall ist die Erfassung eines Ministammdatensatzes natürlich nicht mehr erforderlich. Eventuell müssen Sie in diesem Fall noch den Infotyp 0017 (Reiseprivilegien) ergänzen und prüfen, ob eine abweichende Bankverbindung (Infotyp 0009) für die Reisespesen hinterlegt werden muss.

11.1.1 Infotyp 0017 (Reiseprivilegien)

Mithilfe dieses Infotyps (siehe Abbildung 11.1) wird die Reisekostenabrechnung für einen Mitarbeiter gesteuert.

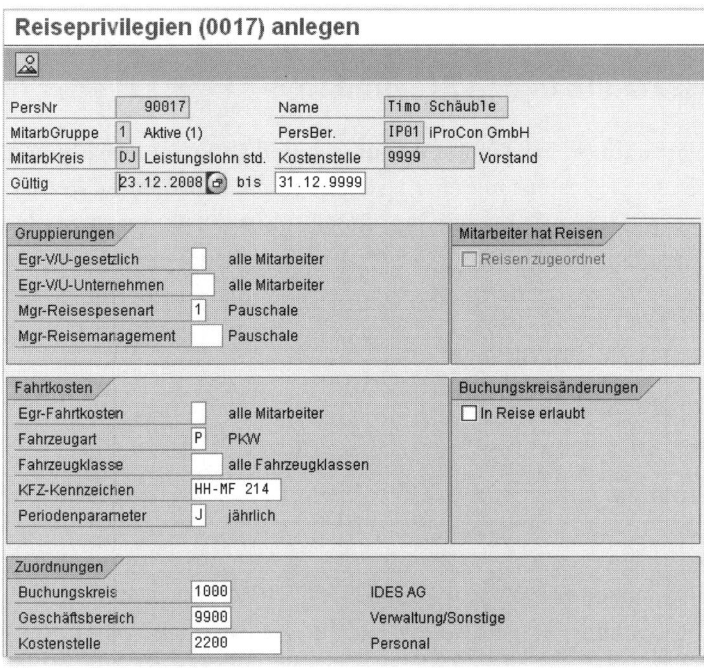

Abbildung 11.1 Infotyp 0017 (Reiseprivilegien) für den Mitarbeiter anlegen

Über die in Ihrem Unternehmen definierten Gruppierungen bestimmen Sie, welche Erstattungsbeträge in der Reisekostenabrechnung verwendet werden und welche Belegarten für den Mitarbeiter zulässig sind. Dabei sind für Sie folgende Felder relevant.

- **Gruppierungen**
  Das System bietet die Möglichkeit, die Reisekosten von verschiedenen Mitarbeitergruppen nach unterschiedlichen Regelungen abzurechnen. Demzufolge können Sie hier in den Gruppierungen EGR-V/U-GESETZLICH bzw. -UNTERNEHMEN die jeweils erforderlichen Angaben eintragen. Wählen Sie gegebenenfalls über die [F4]-Hilfe die gewünschte Gruppierung aus. Im Feld MGR-REISESPESENART bestimmen Sie anhand der Mitarbeitergruppierung, welche Reisespesenarten für den Mitarbeiter zulässig sind. Das Feld MGR-REISEMANAGEMENT wird in der Berechtigungsprüfung verwendet. Wird dieses Feld bei Ihnen gepflegt, so bedeutet das, dass nur Reisedaten von Mitarbeitergruppierungen ausgewertet werden, für die der Benutzer eine Berechtigung hat.
- **Mitarbeiter hat Reisen**
  Dieses Kennzeichen wird automatisch gesetzt, sobald am Mitarbeiter Reisen gepflegt sind. Damit wird die Selektion von Personalnummern in Reisekostenvorgängen beschleunigt. In Auswertungen zu Reisekosten kann es als Selektionskriterium verwendet werden (siehe Abbildung 11.21).
- **Fahrtkosten**
  Haben Sie für die Mitarbeiter verschiedene Regelungen zur Erstattung der Fahrtkosten, so ist unter EGR-FAHRTKOSTEN die entsprechende Erstattungsgruppe anzugeben. Unterscheiden Sie in der Erstattung der Fahrtkosten darüber hinaus nach Fahrzeugarten, ist im zweiten Feld die zulässige Fahrzeugart auszuwählen. Fahrzeugklassen fassen wiederum Fahrzeugarten nach bestimmten Aspekten zusammen. Verwendet Ihr Unternehmen eine Klassifizierung, so ist für den Mitarbeiter die zulässige Fahrzeugklasse zu pflegen, andernfalls erfolgt – wie in Abbildung 11.1 zu sehen ist – keine Unterscheidung. Gilt in Ihrem Unternehmen ab einer bestimmten Fahrleistung im Monat oder im Jahr eine reduzierte Fahrtkostenpauschale, so ist das Feld PERIODENPARAMETER abhängig von der Fahrleistung des Mitarbeiters zu pflegen.
- **Buchungskreisänderungen**
  Markieren Sie das Feld IN REISE ERLAUBT, falls einzelne Reisen oder Anteile von Reisen in einen anderen Buchungskreis als in den, der in den Stammdaten des Mitarbeiters festgelegt ist, gebucht werden dürfen.

- **Zuordnungen**
  Soll nicht die Stammkostenstelle des Mitarbeiters (siehe Abbildung 11.1, Kostenstelle 9999 [Vorstand]), sondern eine abweichende Kostenstelle mit den Reisekosten belastet werden, sind die Felder BUCHUNGSKREIS, KOSTENSTELLE und gegebenenfalls GESCHÄFTSBEREICH entsprechend zu pflegen.

11.1.2 Infotyp 0027 (Kostenverteilung)

Über den Subtyp 02 des Infotyps 0027 können die Reisekosten auf verschiedene Kontierungsobjekte verteilt werden (siehe Abbildung 11.2). Entspricht die Summe der Prozentsätze nicht 100, so wird die Differenz dem Kontierungsobjekt aus Infotyp 0017 – sofern vorhanden, ansonsten der Stammkostenstelle aus Infotyp 0001 – zugerechnet.

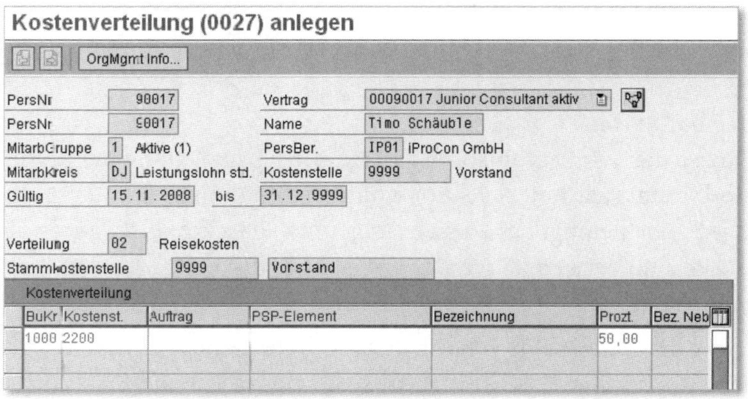

Abbildung 11.2 Infotyp 0027 (Kostenverteilung) für die Verteilung der Reisekosten auf verschiedene Kostenstellen

11.1.3 Infotyp 0105 (Kommunikation)

Beim Einsatz von Kreditkartenclearing muss in Infotyp 0105 und Subtyp 0011 die Kreditkartennummer hinterlegt werden (Feld ART). Bitte achten Sie darauf, dass die ersten beiden Stellen des Feldes das Kürzel zur Identifikation der Kreditkartengesellschaft (z. B. »EC« für Eurocard) enthalten müssen und erst danach die Nummer der Kreditkarte eingegeben wird (siehe Abbildung 11.3).

Abbildung 11.3 Infotyp 0105 (Kommunikation) mit Subtyp 0011 zum Hinterlegen der Kreditkartennummer

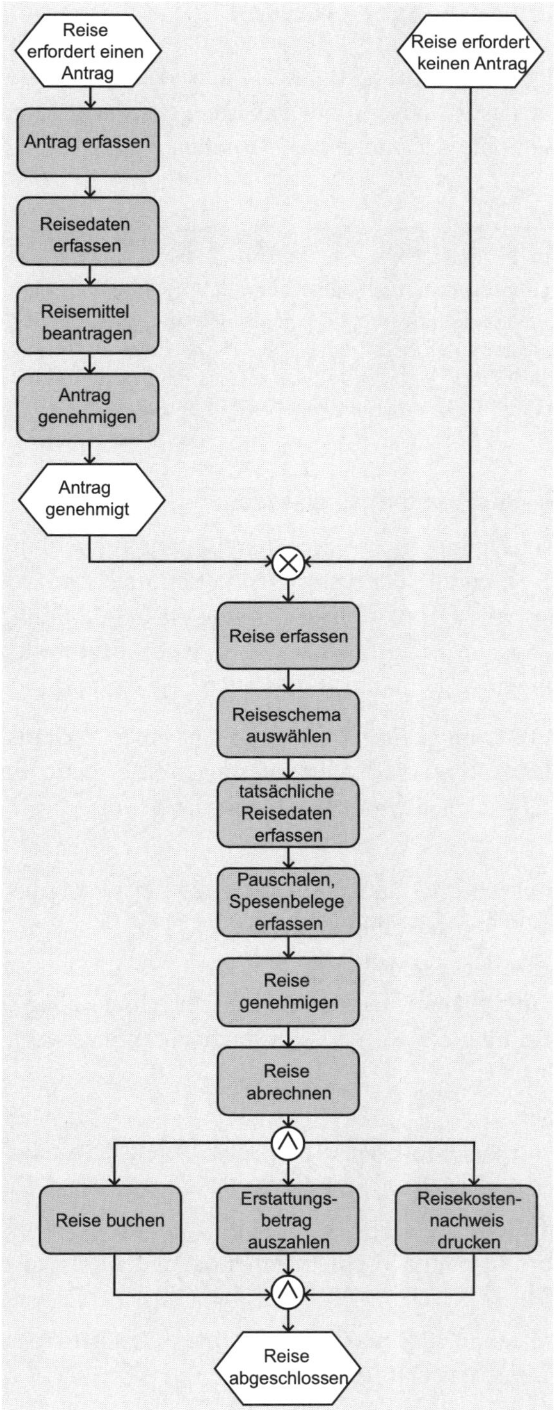

Abbildung 11.4 Prozessablauf »Reiseantrag bis Reisekostenabrechnung«

11.2 Reisedaten im Reisemanager erfassen

In diesem Abschnitt beschäftigen wir uns damit, wie Sie Reisedaten im Reisemanager erfassen können. Zunächst behandeln wir das Anlegen von Reiseantrag und Vorschuss, anschließend die Erfassung der Spesenbelege zur Abrechnung der Reise.

Reisemanager und Reisekostenmanager

Der Reisemanager ist eine Pflegeoberfläche speziell für dezentrale Anwender, also für einzelne Mitarbeiter, die ihre Reisen selbst erfassen, oder Multiplikatoren wie z. B. Sekretariate, die Reisedaten für die Mitarbeiter ihres Teams pflegen. Der Reisekostenmanager hingegen wird von den Mitarbeitern der Reisestelle genutzt, indem sie mit seiner Hilfe die Reisen von mehreren Mitarbeitern erfassen, genehmigen und abrechnen.

11.2.1 Übung: Reiseantrag und Vorschuss erfassen

Der Reiseantrag dient zur Beantragung einer Geschäftsreise, zur Auszahlung eines Vorschusses sowie zur Beantragung der benötigten Reisemittel. Der Prozessablauf vom Reiseantrag bis zur Reisekostenabrechnung ist in Abbildung 11.4 so dargestellt, wie er im System abläuft. Nicht immer ist es erforderlich bzw. zwingend vorgeschrieben, einen Reiseantrag zu stellen.

Stellen Sie sich vor, Sie selbst oder einer Ihrer Kollegen plant eine Geschäftsreise und Sie möchten dafür den Antrag mit den erforderlichen Informationen für die Buchung der Reisemittel stellen. Sie gehen dabei wie folgt vor:

1. **Einstiegsbild**
   Wählen Sie den Menüpfad PERSONAL • REISEMANAGEMENT • REISEMANAGER. Es öffnet sich das Einstiegsbild (siehe Abbildung 11.5).
2. **Gegebenenfalls Personalnummer wechseln**
   Falls Sie in Ihrer Rolle als Multiplikator den Reiseantrag für einen Kollegen anlegen möchten, müssen Sie über das Icon die Personalnummer wechseln (siehe Abbildung 11.6).
3. **Reiseantragsformular öffnen**
   Klicken Sie auf den Link ANLEGEN EINES REISEANTRAGS. Es öffnet sich ein leeres Reiseantragsformular.
4. **Reiseantragsformular ausfüllen**
   Füllen Sie im Reiseantragsformular zunächst die Rahmendaten der Reise aus:
   - REISEZIEL
     Geben Sie hier das Reiseziel an. Besuchen Sie auf Ihrer Geschäftsreise mehrere Orte, so ist zunächst das erste Ziel anzugeben.
   - LAND
     Wählen Sie bitte in der Dropdown-Liste das Land des ersten Reiseziels aus.

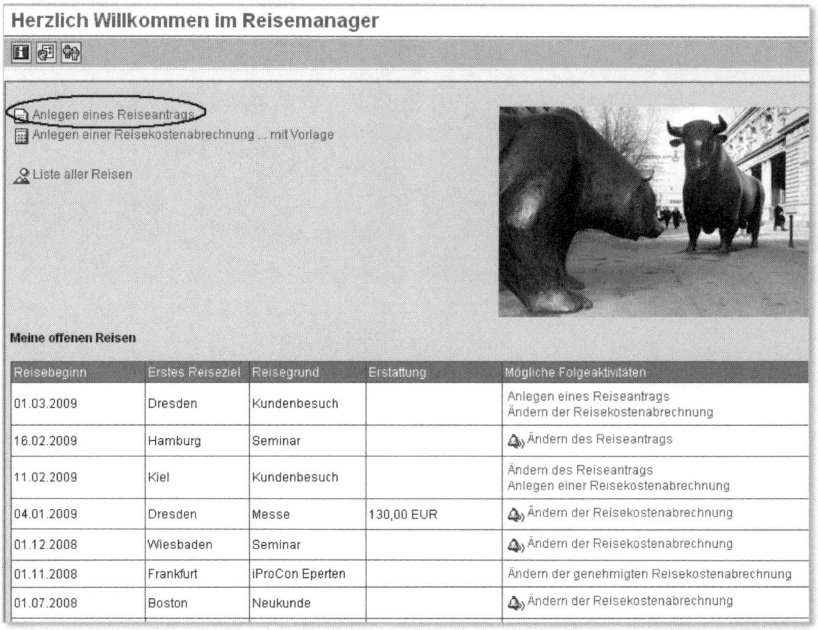

Abbildung 11.5 Einstiegsbild Reisemanager

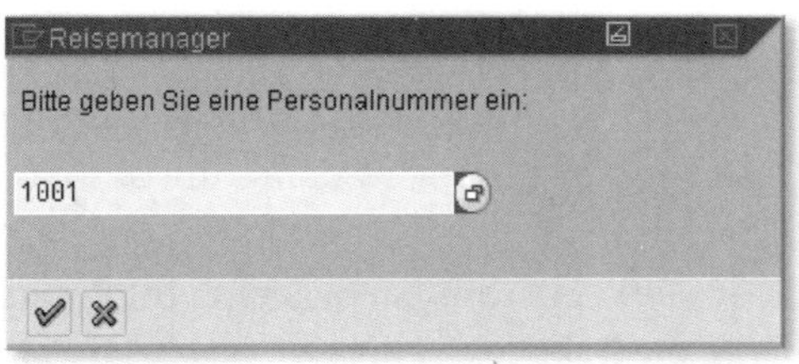

Abbildung 11.6 Für einen anderen Mitarbeiter Reisen pflegen

- Tätigkeit
  Manche Unternehmen unterscheiden nach zulässigen Reisetätigkeitsarten, die abhängig von einer unternehmensspezifischen Mitarbeitergruppierung sein können. Ist bei Ihnen dieses Feld zu pflegen, wählen Sie bitte die entsprechende Tätigkeit der Geschäftsreise aus.
- Grund
  Dies ist ein Textfeld ohne Eingabehilfe. Tragen Sie hier den Grund der Reise ein.
- Geschätzte Kosten
  Die geschätzten Kosten können für eine automatische Genehmigung des Reiseantrags relevant sein. Nehmen Sie hier gegebenenfalls eine Schät-

zung der Gesamtkosten der Reise vor, und geben Sie die Währung an (siehe Abbildung 11.7).

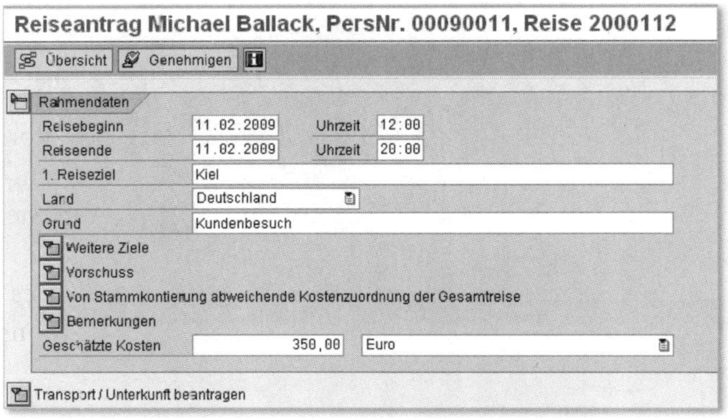

Abbildung 11.7 Eine mehrtägige Inlandsreise beantragen

Hinweis

In vielen Systemen finden Sie die Währung »Euro« unter dem Text WÄHRUNG DER MITGLIEDSSTAATEN DER EWU. Sollten Sie also in Ihrem System unter E nicht fündig werden, sehen Sie unter W nach.

5. **Gegebenenfalls weitere Ziele angeben**
   Falls Sie auf Ihrer Geschäftsreise weitere Orte besuchen, klicken Sie bitte auf das Icon vor WEITERE ZIELE. Das erste Reiseziel wird daraufhin automatisch in die Tabelle übernommen. Tragen Sie darunter die weiteren Ziele mit Anfangsdatum und Anfangsuhrzeit des Reiseabschnitts ein (siehe Abbildung 11.8). Über das Icon schließen Sie die Tabelle wieder.

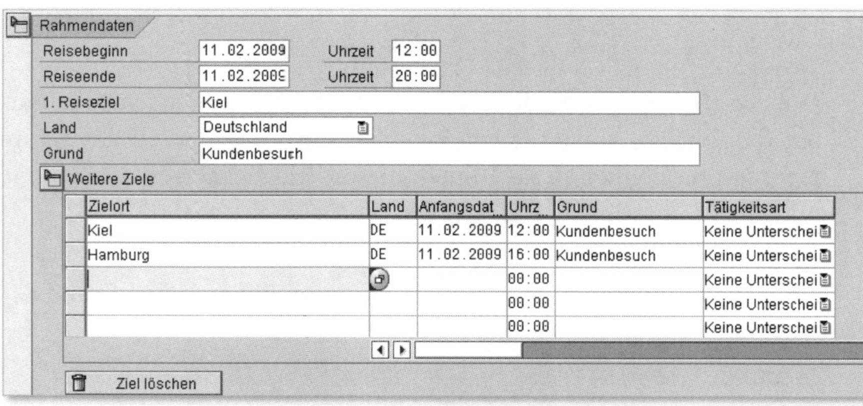

Abbildung 11.8 Geschäftsreise mit mehreren Reisezielen beantragen

6. **Reisekostenvorschuss beantragen**
   Im nächsten Schritt können Sie einen VORSCHUSS beantragen: Öffnen Sie die Tabelle per Klick auf das Icon . Tragen Sie den entsprechenden Betrag und gegebenenfalls eine abweichende Währung ein. Mit [↵] bestätigen Sie Ihre Eingaben. Das System füllt automatisch die Felder KURS und ABRECHNUNGSBETRAG aus. Markieren Sie das Feld KASSE, falls der Vorschuss bar ausgezahlt werden soll. Nach dem Sichern können Sie den Vorschuss nicht mehr ändern, jedoch weitere Beträge in die Tabelle eingeben. Wenn Sie weniger ausgezahlt bekommen als zuerst angegeben, müssen Sie einen Negativbetrag pflegen.
   Die Überweisung des Vorschusses kann erst nach Genehmigung des Reiseantrags erfolgen. Die Höhe des beantragten Vorschusses kann ebenso wie die geschätzten Gesamtkosten relevant für die automatische Genehmigung sein. Schließen Sie daraufhin diesen Abschnitt, um eine bessere Übersicht zu erhalten.

Hinweis

Informieren Sie sich über die Handhabung von Vorschüssen in Ihrem Unternehmen. Oft ist eine Erfassung an dieser Stelle nicht vorgesehen. In diesem Fall ist das Icon VORSCHUSS im Allgemeinen ausgeblendet. Bedenken Sie dabei, dass die Bildschirmmasken nicht immer optimal an die Unternehmensspezifika angepasst sind.

7. **Regeln der Kostenzuordnung übersteuern**
   Im nächsten Schritt pflegen Sie das Feld VON STAMMKONTIERUNG ABWEICHENDE KOSTENZUORDNUNG DER GESAMTREISE. Egal, ob die Reisekosten standardmäßig die Stammkostenstelle aus Infotyp 0001 oder andere Kontierungsobjekte aus Infotyp 0017 bzw. 0027 belasten (siehe Abschnitt 11.1.2, »Infotyp 0027 [Kostenverteilung]«), an dieser Stelle übersteuern Sie diese allgemeine Regelung der Kostenzuordnung. Über das Icon können Sie auch eine prozentuale Aufteilung (je Kostenstelle, Auftrag, Vorgang usw.) vornehmen.
8. **Weitere Mitteilungen an die Reisestelle**
   Unter BEMERKUNGEN können Sie eine Mitteilung für die Reisestelle erfassen, z. B. weitere Reiseteilnehmer für zusammenhängende Sitzplatzreservierungen angeben.
9. **Transportmittel und Unterkunft beantragen**
   Im zweiten Teil des Formulars können Sie Transportmittel und Unterkunft je Reiseziel beantragen. Der schwarze Pfeil in der Spalte AUSWAHL kennzeichnet das Reiseziel, für das Sie gerade die Reisemittel bearbeiten. Wählen Sie im unteren Teil das entsprechende Reisemittel für dieses Reiseziel aus, indem Sie auf das jeweilige Icon klicken.

- HINFLUG/RÜCKFLUG
  Wählen Sie im ersten Feld aus, ob sich Datum und Uhrzeit auf die Abreise oder Ankunft beziehen. Wenn Sie z. B. nicht wissen, wie lange der Flug dauert, aber zu einer bestimmten Uhrzeit eintreffen müssen, geben Sie besser die Ankunftszeit an. Weiterhin müssen Sie Start- bzw. Zielort und Land eingeben. Für den Hinflug ist Ihr Reiseziel als Zielort und für den Rückflug als Startort bereits vorbelegt. Die Vorbelegungen können Sie überschreiben.
  Wenn Sie Ihre Eingaben für das Reisemittel abgeschlossen haben, klicken Sie bitte auf den Button ÜBERNEHMEN. In der Tabelle wird Ihnen über das entsprechende Icon das beantragte Reisemittel angezeigt (siehe Abbildung 11.9). Schließen Sie zur besseren Übersicht den Abschnitt durch Klick auf das Icon des gewählten Reisemittels.

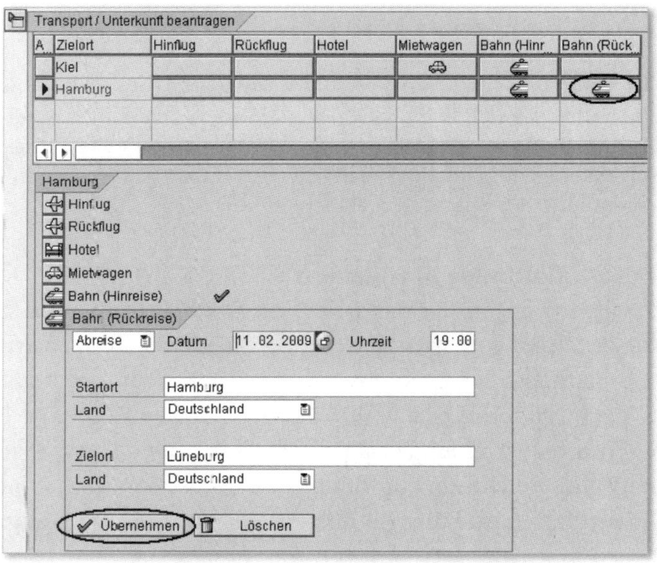

Abbildung 11.9 Die Rückreise nach Lüneburg soll per Bahn erfolgen

- HOTEL
  Die An- und Abreisedaten sind bereits gemäß Ihren Rahmendaten vorbelegt. Korrigieren Sie die Daten gegebenenfalls, und klicken Sie auf den Button ÜBERNEHMEN, um ein Hotelzimmer zu beantragen. In der Tabelle wird auch dieser Vorgang über das entsprechende Icon angezeigt.
- MIETWAGEN
  Den Mietwagen beantragen Sie für den Zielort, an dem Sie den Mietwagen übernehmen. Wählen Sie dann Annahmezeitpunkt sowie Abgabezeitpunkt und -ort aus, und klicken Sie auf den Button ÜBERNEHMEN.

- BAHN (HIN-/RÜCKREISE)
  Für Bahnfahrkarten gilt das Gleiche wie für Flugtickets. Wählen Sie also auch hier aus, ob sich Datum und Uhrzeit auf Abreise oder Ankunft beziehen.

Hinweis

Es kann durchaus der Fall sein, dass bei Ihnen der Reiseplan statt des Reiseantrags verwendet wird. Dann beantragen Sie nicht nur die Reisemittel, sondern können diese auch selbst buchen. Die Vorgehensweise unterscheidet sich dabei kaum von der des Reiseantrags.

10. **Reiseantrag in der Übersicht prüfen**
    Haben Sie die Beantragung der Reisemittel abgeschlossen, können Sie sich den Reiseantrag in der Übersicht ansehen (siehe Abbildung 11.10). Klicken Sie dazu in der Buttonleiste auf den Button Übersicht. Mit dem grünen Pfeil kehren Sie zum Reiseantragsformular zurück, in dem Sie gegebenenfalls noch Korrekturen vornehmen können.

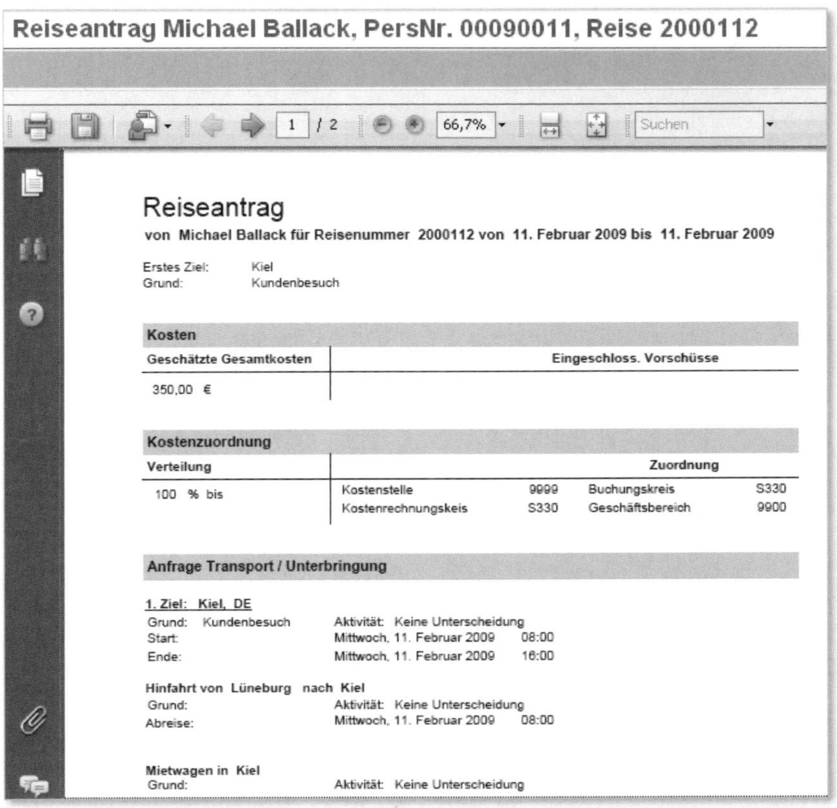

Abbildung 11.10 Angaben in der Übersicht (Ausschnitt) prüfen

11. **Reiseantrag sichern**
Ist Ihr Reiseantrag vollständig ausgefüllt, klicken Sie auf Button den SICHERN und kehren zum Einstiegsbild zurück.

Hinweis

Viele Unternehmen nutzen mittlerweile auch im Reisemanagement die Formulare von Adobe. Es öffnet sich dann der Reiseantrag (bzw. der Reiseplan oder die Reiseabrechnung) als PDF-Dokument.

Nun ist der Reiseantrag ordnungsgemäß gestellt und wird nach dem Sichern entweder an einen Genehmigungsworkflow übermittelt oder ist von der Reisestelle oder der Führungskraft über einen Genehmigungsreport abrufbar. Im Einstiegsbild des Reisemanagers taucht die Reise unter MEINE OFFENEN REISEN auf (siehe Abbildung 11.5). Je nach Berechtigung können Sie das Formular von dort über den Link BEARBEITEN DES REISEANTRAGES erneut zur Bearbeitung öffnen.

Tipp

Das Infocenter enthält Informationen zu Ansprechpartnern in der Reisestelle, zur Höhe der Verpflegungs-, Übernachtungs- und Kilometerpauschalen abhängig vom Reiseland sowie Angaben zur aktuell ausgewählten Personalnummer. Zudem haben Sie hier die Möglichkeit, Währungen umzurechnen. Das Infocenter steht Ihnen an jeder Stelle des Reisemanagers zur Verfügung. Sie öffnen es über das Icon .

11.2.2 Übung: Reise zur Abrechnung erfassen

Ihr Reiseantrag bzw. Reiseplan wurde genehmigt, und die Dienstreise ist erfolgt. Wir setzen jetzt einmal voraus, dass Sie in einem weiteren Schritt die Reisekosten abrechnen möchten. Sie gehen dabei wie folgt vor:

1. **Einstiegsbild, gegebenenfalls Personalnummer wechseln**
Sie befinden sich im Einstiegsbild des Reisemanagers. Falls Sie in Ihrer Rolle als Multiplikator oder als zentrale Reisestelle die Reisedaten für einen Kollegen erfassen möchten, müssen Sie über das Icon die Personalnummer wechseln (siehe Abbildung 11.6).
2. **Link »Anlegen einer Reisekostenabrechnung«**
Wählen Sie in der Tabelle MEINE OFFENEN REISEN bzw. OFFENE REISEN VON ... für die abzurechnende Reise den Link ANLEGEN EINER REISEKOSTENABRECHNUNG.
3. **Reiseschema (Formular) auswählen**
Falls es verschiedene Formulare für die Reisekostenabrechnung in Ihrem Unternehmen gibt, werden Sie als Nächstes aufgefordert, das Reiseschema nach der Art der Reise auszuwählen (siehe Abbildung 11.11).

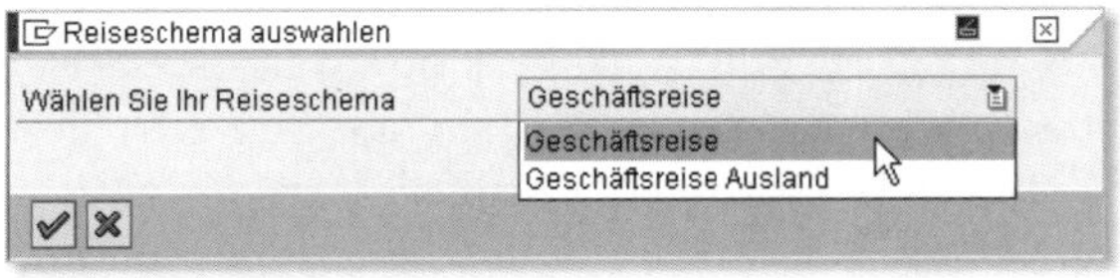

Abbildung 11.11 Reiseschema auswählen

Tipp

Sie können auch nach Erfassung der Reisedaten und Spesenbelege das Reiseschema wechseln. Wenn Sie die Reisekostenabrechnung geöffnet haben, wählen Sie den Menüpfad ZUSÄTZE • REISESCHEMAWECHSEL.

4. **Angaben des Reiseantrags prüfen und korrigieren**
   Als Vorgabe werden die Rahmendaten aus dem Reiseantrag übernommen. Bitte geben Sie alle erforderlichen Daten der Reise exakt ein (Datum/Uhrzeit). Wenn Sie eine Auslandsreise abrechnen möchten, müssen Sie gegebenenfalls zusätzlich die Region zum Land angeben, da es innerhalb einiger Länder wie z. B. in den USA oder in der Russischen Föderation unterschiedliche Pauschalen gibt.

5. **Feldgruppe »Verpflegung und Unterkunft«**
   Öffnen Sie die Feldgruppe VERPFLEGUNG UND UNTERKUNFT, um gegebenenfalls Pauschalen für Fahrtkosten und Verpflegung abzurechnen.

   - FAHRTKOSTEN
     Hier können Sie die mit einem eigenen Privatfahrzeug geleisteten Kilometer abrechnen. Klicken Sie auf AUFTEILUNG DER WEGSTRECKE, um die Gesamtkilometer gegebenenfalls auf die einzelnen Tage aufzuteilen. Überschreiben Sie – sofern erforderlich – in der ersten Spalte das Datum, und füllen Sie die weiteren Felder der Tabelle entsprechend aus. Über den Button ZUSATZINFO können Sie weitere Informationen zu einer einzelnen Wegstrecke erfassen (siehe Abbildung 11.12).

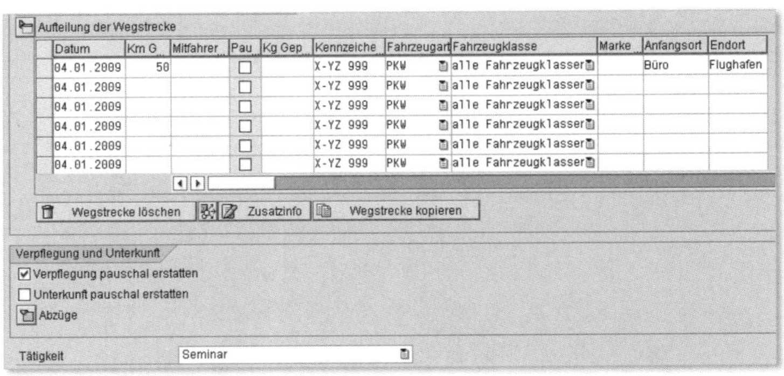

Abbildung 11.12 Aufteilung der Wegstrecke für ein Privatfahrzeug

Tipp

Durch die Aufteilung der Wegstrecke können Sie auch den Tatbestand erfassen, der sich ergibt, falls verschiedene Teilstrecken mit einer unterschiedlichen Anzahl von Mitfahrern zurückgelegt wurden.

- VERPFLEGUNG UND UNTERKUNFT
  Die Verpflegung wird in der Regel pauschal erstattet. Daher ist das Kästchen vor VERPFLEGUNG PAUSCHAL ERSTATTEN bereits mit einem Häkchen markiert. Handelt es sich jedoch z. B. um ein Seminar mit Vollverpflegung, dann darf das Feld nicht aktiviert sein. Erfordern gesetzliche oder unternehmensspezifische Regelungen einen Abzug für unentgeltliche Bewirtung, so ist unter dem Punkt ABZÜGE entsprechend FRÜHSTÜCK, MITTAGESSEN, ABENDESSEN oder der ESSENSBON zu markieren (siehe Abbildung 11.13).

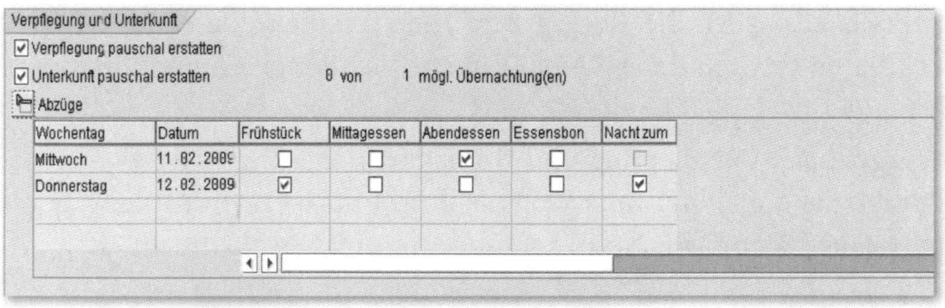

Abbildung 11.13 Unterkünfte erfassen unter Berücksichtigung der Abzüge der vom Unternehmen bezahlten Verpflegung

- UNTERKUNFT PAUSCHAL ERSTATTEN
  Das Feld UNTERKUNFT PAUSCHAL ERSTATTEN ist zu aktivieren, wenn es aufgrund einer privaten Übernachtung keinen Hotelbeleg abzurechnen gibt. Da dieses Kennzeichen für die gesamte Reise gilt, müssen gegebenenfalls einzelne Nächte, für die z. B. doch ein Hotel in Anspruch genommen wurde, wieder herausgenommen werden. Dafür ist unter ABZÜGE in der Spalte NACHT ZUM das Häkchen zu setzen.

Hinweis

Das SAP-Standardsystem erkennt nicht automatisch, dass Nächte, für die ein Hotelbeleg erfasst wurde, aus der Pauschalerstattung herauszunehmen sind. Daher müssen Sie auf dieses Kennzeichen sehr genau achten.

- TÄTIGKEIT
  Über dieses Feld kann jede Reise hinsichtlich der Tätigkeit (z. B. Kundenbesuch, Seminar) kategorisiert werden. Dies ist für den Zweck der

Auswertung oft erforderlich oder bestimmt gegebenenfalls auch das zu bebuchende Konto in der Finanzbuchhaltung. Abhängig von Ihrer unternehmensspezifischen Reiserichtlinie kann sogar die Höhe der Erstattung davon abhängen. Informieren Sie sich daher über die Nutzung dieses Feldes in Ihrem Unternehmen und über die Bedeutung der einzelnen Einträge.

6. **Feldgruppe »Spesenbelege«**
   In der Feldgruppe Spesenbelege tragen Sie nun Ihre abzurechnenden Belege ein. Bei Verwendung des Reiseplans werden bereits einige Belege aus den Buchungsdaten erzeugt.
   - Spesenbeleg
     Wählen Sie in der Dropdown-Liste die Belegart aus. Geben Sie anschließend Betrag und Währung ein. Die Vorsteuer ist vorbelegt und muss in der Regel nicht geändert werden. Allerdings kann es erforderlich sein, das Datum des Belegs und die Gültigkeit (z. B. Mietwagenleihdauer) zu pflegen.
   - Zusatzinformationen
     Die Zusatzinformationen zum Beleg sind vor allem bei Hotelübernachtungen interessant. Hier müssen Sie angeben, wie oft Sie gefrühstückt haben. Jedoch nur dann, wenn die dafür entstandenen Kosten im Betrag der Hotelrechnung enthalten sind. Gab es kein Frühstück, oder haben Sie dafür extra bezahlt, tragen Sie hier eine Null ein.
   - Abweichende Kostenzuordnung des Spesenbelegs
     Soll ein einzelner Beleg auf eine andere Kostenstelle gebucht werden, dann geben Sie die Informationen unter diesem Punkt ein.
7. **Spesenbeleg übernehmen**
   Übernehmen Sie den Spesenbeleg mit [↵] oder per Klick auf den Button Übernehmen in die Tabelle (siehe Abbildung 11.14).

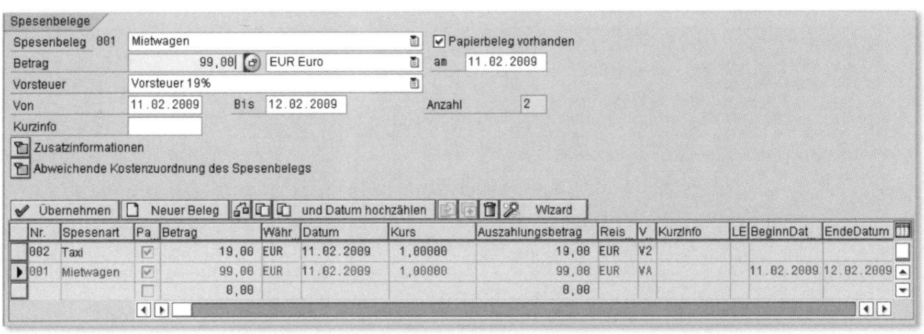

Abbildung 11.14 Ändern eines Spesenbelegs durch Markieren der Zeile

8. **Abrechnung simulieren**
   Haben Sie alle Belege eingegeben, können Sie über den Button Ergebnisse die Reisekostenabrechnung simulieren (siehe Abbildung 11.15). Sie bekommen den erwarteten Erstattungsbetrag mitgeteilt. Das Ausdrucken der Simulation erfolgt über das Icon für DRUCKEN.

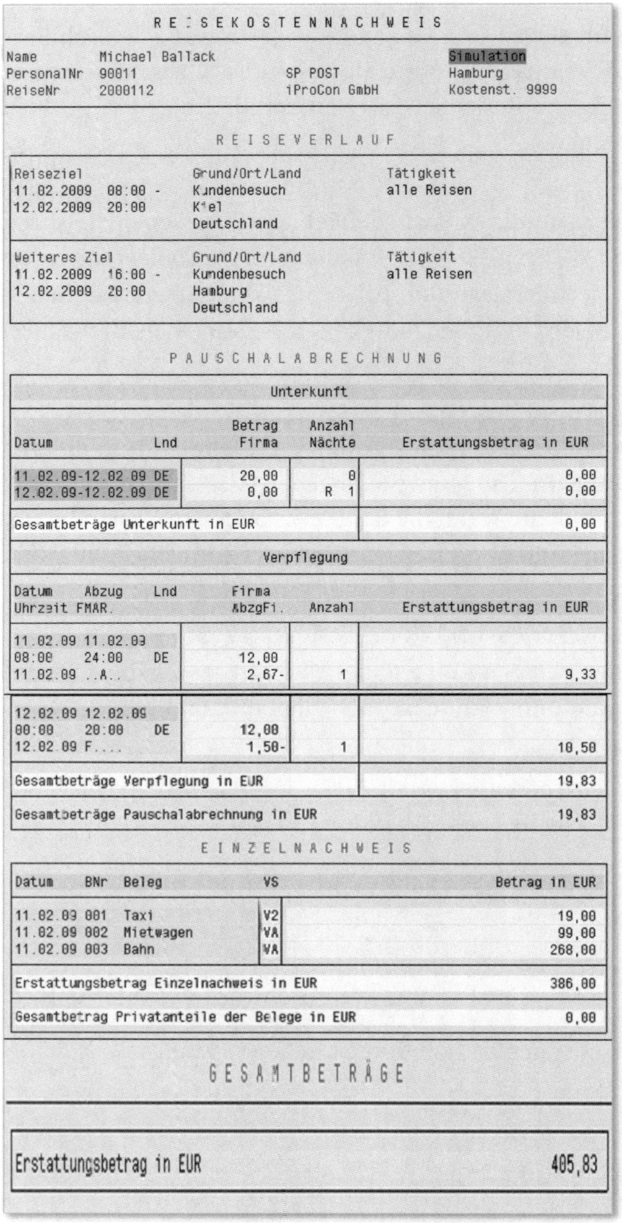

REISEKOSTENNACHWEIS

Name	Michael Ballack		Simulation
PersonalNr	90011	SP POST	Hamburg
ReiseNr	2000112	iProCon GmbH	Kostenst. 9999

REISEVERLAUF

Reiseziel	Grund/Ort/Land	Tätigkeit
11.02.2009 08:00 - 12.02.2009 20:00	Kundenbesuch Kiel Deutschland	alle Reisen
Weiteres Ziel	**Grund/Ort/Land**	**Tätigkeit**
11.02.2009 16:00 - 12.02.2009 20:00	Kundenbesuch Hamburg Deutschland	alle Reisen

PAUSCHALABRECHNUNG

Unterkunft

Datum	Lnd	Betrag Firma	Anzahl Nächte	Erstattungsbetrag in EUR
11.02.09-12.02.09	DE	20,00	0	0,00
12.02.09-12.02.09	DE	0,00	R 1	0,00
Gesamtbeträge Unterkunft in EUR				0,00

Verpflegung

Datum Uhrzeit	Abzug FMAR.	Lnd	Firma AbzgFi.	Anzahl	Erstattungsbetrag in EUR
11.02.09 08:00 11.02.09	11.02.09 24:00 ..A..	DE	12,00 2,67-	1	9,33
12.02.09 00:00 12.02.09	12.02.09 20:00 F....	DE	12,00 1,50-	1	10,50
Gesamtbeträge Verpflegung in EUR					19,83
Gesamtbeträge Pauschalabrechnung in EUR					19,83

EINZELNACHWEIS

Datum	BNr	Beleg	VS	Betrag in EUR
11.02.09	001	Taxi	V2	19,00
11.02.09	002	Mietwagen	VA	99,00
11.02.09	003	Bahn	VA	268,00
Erstattungsbetrag Einzelnachweis in EUR				386,00
Gesamtbetrag Privatanteile der Belege in EUR				0,00

GESAMTBETRÄGE

Erstattungsbetrag in EUR	405,83

Abbildung 11.15 Simulation der Reisekostenabrechnung

9. **Gegebenenfalls korrigieren und sichern**
   Gehen Sie zurück in die Reisekostenabrechnung, nehmen Sie eventuell erforderliche Korrekturen vor, und sichern Sie anschließend.

Ihre Reisekostenabrechnung ist nun fertiggestellt und von der Reisestelle oder der Führungskraft über einen Genehmigungsreport abrufbar. Im Einstiegsbild des Reisemanagers taucht unter MEINE OFFENEN REISEN bzw. OFFENE REISEN VON ... neben der Reise der errechnete Erstattungsbetrag auf. Je nach Berechtigung können Sie in der Zeile über den Link ÄNDERN DER REISEKOSTENABRECHNUNG das Formular erneut zur Bearbeitung öffnen.

Die Reisekostenabrechnung ermittelt aus den Rahmendaten Datum und Uhrzeit den Verpflegungsaufwand sowie aus den Spesenbelegen die Erstattungsbeträge und verrechnet ausgezahlte Vorschüsse. Das Ergebnis wird an das Rechnungswesen zur Auszahlung an den Mitarbeiter weitergeleitet.

Über der Tabelle der Spesenbelege finden Sie mehrere Buttons, die Sie bei der Eingabe der Belege unterstützen. Um die nachfolgend beschriebenen Funktionen zu nutzen, müssen Sie den Spesenbeleg in der Tabelle markieren, indem Sie auf den Zeilenanfang klicken.

- **Kopieren gleicher Belege**
  Belege gleicher Art und mit identischem Betrag können Sie per Klick auf das Icon einfach kopieren (und gegebenenfalls durch einen weiteren Klick auf den nebenstehenden Button MIT DATUM HOCHZÄHLEN auf den Folgetag setzen).
- **Kreditkartenclearing**
  Über das Icon können Sie den Kreditkartenbeleg hochladen, wenn bei Ihnen das Kreditkartenclearing eingesetzt wird.
- **Aktualisierung aus dem Plan**
  Falls bei Ihnen der Reiseplan im Einsatz ist, werden Spesenbelege direkt aus dem Plan generiert. Sollten Sie aus Versehen einen dieser Belege überschrieben haben, können Sie die Ursprungsdaten über das Icon wiederherstellen.
- **Splitten eines Betrages**
  Den Button Wizard verwenden Sie, um vom Gesamtbetrag einer ausgewählten Spesenart (z. B. Hotelübernachtung) die Privatanteile (z. B. Minibar, Video) abzusplitten oder den Betrag auf verschiedene Spesenarten aufzuteilen.

Hinweis

Zur Erklärung der Eingabefelder und Buttons wurde hier das Standardformular der Reisekostenabrechnung verwendet. In Ihrem System werden zugunsten einer hohen Benutzerfreundlichkeit nur die tatsächlich benötigten Felder sichtbar sein.

11.3 Übung: Reisedaten im Reisekostenmanager erfassen

Gehen wir jetzt einmal davon aus, dass Sie eine Geschäftsreise im Reisekostenmanager erfassen möchten. Dieser Weg ist in der Regel dann zu wählen, wenn Sie sehr viele Reisen zu erfassen haben und ständig mit dem System arbeiten – z. B. als Mitarbeiter der Reisestelle. Diese Oberfläche erfordert etwas mehr Übung, erlaubt aber auch schnelleres Arbeiten und einen besseren Überblick über die Reisen eines Mitarbeiters mit Status und Erstattungsbeträgen. Hierfür wählen Sie folgende Vorgehensweise:

1. **Einstiegsbild**
   Rufen Sie den Menüpfad PERSONAL • REISEMANAGEMENT • REISEKOSTENABRECHNUNG • REISEKOSTENMANAGER auf. Es öffnet sich das folgende Bild (siehe Abbildung 11.16).

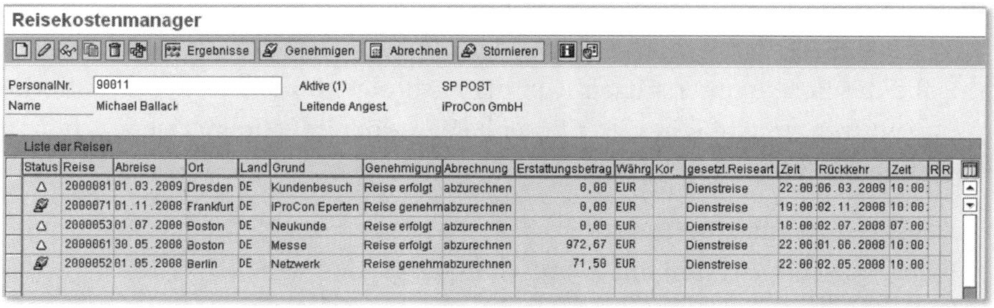

Abbildung 11.16 Einstieg in den Reisekostenmanager

2. **Gegebenenfalls Personalnummer wechseln**
   Wählen Sie die Personalnummer des Mitarbeiters aus, falls Sie nicht Ihre eigene Geschäftsreise abrechnen möchten.
3. **Reise anlegen**
   Klicken Sie auf das Icon für ANLEGEN.
4. **Rahmendaten angeben**
   Geben Sie hier die Rahmendaten der Reise ein.
5. **Feldgruppe »Pauschale Erstattung«**
   In der Feldgruppe PAUSCHALE ERSTATTUNG können Sie die mit Ihrem Privatfahrzeug geleisteten Kilometer eintragen. Zur Aufteilung der Gesamtkilometer wählen Sie die Registerkarte WEGSTRECKEN. Hatten Sie auf Ihrer Reise Vollverpflegung, dann darf das Feld VERPFLEGUNG nicht aktiviert sein. Eine pauschale Erstattung für die UNTERKUNFT ist zu aktivieren, wenn Sie privat übernachtet haben.
6. **Abweichende Kostenzuordnung vornehmen**
   Eine abweichende Kostenzuordnung für die Gesamtreise nehmen Sie in der nächsten Feldgruppe vor. Verwenden Sie gegebenenfalls das Icon für die Aufteilung der Kosten.

7. **Weitere Reisedaten eintragen**
   Abweichend vom Reisemanager tragen Sie nun in dieser Anwendung alle weiteren Reisedaten direkt in die Tabelle der jeweiligen Registerkarte ein.

   - BELEGE
     Hinter dem Button INFOS verbergen sich die Zusatzinformationen zum Spesenbeleg (siehe Abbildung 11.17). Bei der Eingabe einer Spesenart mit Zusatzinformationen, die zwingend zu pflegen sind, erscheint automatisch ein Popup für die Pflege. Die Spesenart erscheint auf der Registerkarte BELEGE dann in Rot.
     Sollen einzelne Belege auf eine abweichende Kostenstelle kontiert werden, dann markieren Sie die entsprechende Zeile und wählen den Button KOSTEN aus. Außerdem haben Sie auch in dieser Transaktion die Möglichkeit, Belege über den Button Wizard zu splitten.

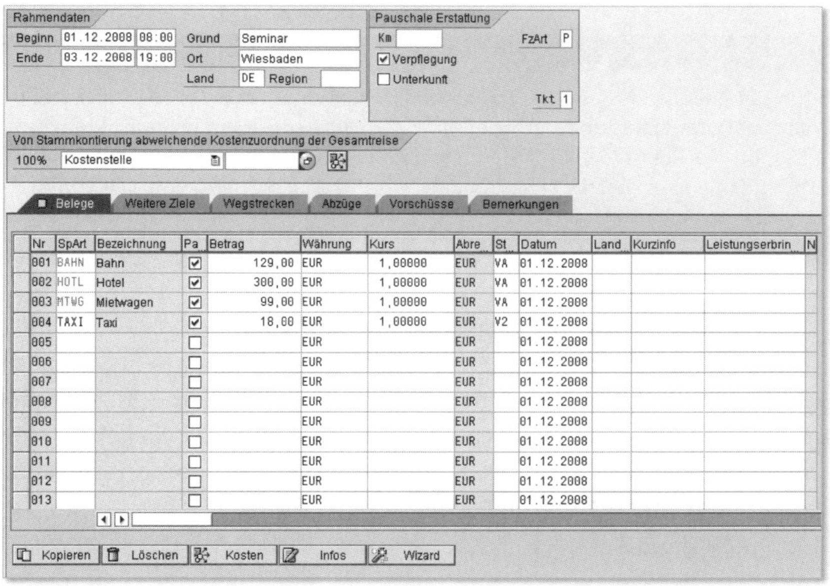

Abbildung 11.17 Erfassen der Reisedaten im Reisekostenmanager

   - WEITERE ZIELE
     Falls die Reise mehrere Zielorte umfasst haben sollte, tragen Sie hier die weiteren Ziele der Reise ein und nehmen eine abweichende Kostenzuordnung für die einzelnen Orte vor.

   - WEGSTRECKEN, ABZÜGE, VORSCHÜSSE, BEMERKUNGEN
     Die Aufteilung der Wegstrecken, die Pflege der Vorschüsse und der Bemerkungen erfolgt analog zur bereits beschriebenen Vorgehensweise (siehe Abschnitt 11.2.2, »Übung: Reise zur Abrechnung erfassen«).

8. **Abrechnung simulieren**
   Sichern Sie die Eingaben, und führen Sie die Simulation der Reisekostenabrechnung durch.

Hiermit ist die Reisekostenabrechnung abgeschlossen und von der Reisestelle oder der Führungskraft über einen Genehmigungsreport abrufbar. Im Einstiegsbild des Reisekostenmanagers taucht die Reise in der Tabelle mit Angabe des Erstattungsbetrags auf.

Hinweis

Im Reisekostenmanager können Sie auch einzelne Reisen abrechnen (über den Button Abrechnen). In der Regel erfolgt die Abrechnung aber als Massenverarbeitung über den Menüpfad Personal • Reisemanagement • Reisekostenabrechnung • Periodische Arbeiten • Reisen abrechnen.

Tipp

Damit in der Tabelle im Reisekostenmanager (sowie unter Meine offenen Reisen im Reisemanager) der Erstattungsbetrag ausgewiesen wird, müssen die Statistiktabellen beim Sichern der Reise gefüllt werden. Die Einrichtung erfolgt im Customizing über den Menüpfad Finanzwesen • Reisemanagement • Reiseabrechnung • Aufbau von Reisestatistiken definieren.

11.4 Die verschiedenen Status einer Reise

Der Reisestatus charakterisiert einerseits einen bestimmten Abschnitt des Erfassungs-/Erstattungsprozesses und dient andererseits der Steuerung von Berechtigungen wie z. B. der Frage, in welchem Status Änderungen der Reise durch den Mitarbeiter erlaubt sind.

11.4.1 Genehmigungs- und Abrechnungsstatus

Im Reisemanager finden Sie Genehmigungs- und Abrechnungsstatus einer Reise unter Listen aller Reisen. Im Reisekostenmanager stehen die Status in den Spalten Genehmigung und Abrechnung.

Bis auf die Status abgerechnet und storniert können Sie die Genehmigungs- und Abrechnungsstatus – vorausgesetzt, Sie haben die entsprechende Berechtigung – manuell setzen bzw. ändern. Verwenden Sie dazu den Button Reisestatus (im Reisemanager erscheint der Button, wenn Sie die Reise unter Listen aller Reisen öffnen). Es erscheint daraufhin folgendes Bild (siehe Abbildung 11.18).

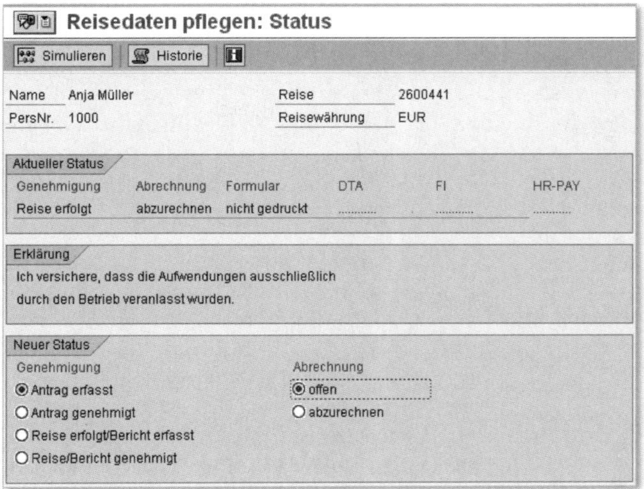

Abbildung 11.18 Manuelles Setzen der Status im Reisekostenmanager

In Tabelle 11.1 sind alle möglichen Kombinationen der Status mit Erläuterungen zusammengestellt.

Status Genehmigung	Status Abrechnung	Erläuterung
Antrag erfasst	abzurechnen	Beim Anlegen eines Antrags erzeugt das System im Hintergrund die dazugehörige Reisekostenabrechnung.
Antrag wartet	abzurechnen	Antrag wartet auf Unterlagen. Dieser Status wird über den Genehmigungsreport vergeben (siehe Abschnitt 11.5, »Übung: Reisen genehmigen«).
Antrag genehmigt	abzurechnen	Der Antrag wurde genehmigt und kann zur Auszahlung des Vorschusses abgerechnet werden. Die Reise darf angelegt werden.
Reise erfolgt	abzurechnen	Die Reisekostenabrechnung wurde erfasst.
Reise wartet	abzurechnen	Reise wartet auf Unterlagen. Dieser Status kann nur über den Genehmigungsreport vergeben werden (siehe Abschnitt 11.5, »Übung: Reisen genehmigen«).
Reise genehmigt	abzurechnen	Die Reise wurde genehmigt und kann nun abgerechnet werden.

Tabelle 11.1 Mögliche Kombinationen von Status einer Reise

Status Genehmigung	Status Abrechnung	Erläuterung
Reise genehmigt	abgerechnet	Das System setzt diesen Status automatisch nach der Abrechnung. In diesem Status können die Abrechnungsergebnisse an das Rechnungswesen, den Datenträgeraustausch oder die Personalabrechnung übergeleitet werden.
	storniert	Die Reise wurde storniert. War die Reise bereits gebucht und abgerechnet, erfolgt eine Korrekturbuchung und Rückrechnung.
	offen	Dieser Status wird vergeben, wenn mit der Abrechnung noch gewartet werden soll, weil z. B. noch ein Sonderfall zu klären ist. Es empfiehlt sich in diesem Fall, stets auch eine Bemerkung zur Reise zu erfassen, damit auch noch nach einem längeren Zeitraum sowie für Dritte nachvollziehbar ist, warum diese Reise auf OFFEN gesetzt wurde.

Tabelle 11.1 Mögliche Kombinationen von Status einer Reise (Forts.)

Hinweis

Wenn eine Reise noch nicht gebucht oder abgerechnet wurde, kann sie sowohl im Reisemanager (unter LISTEN ALLER REISEN) als auch im Reisekostenmanager gelöscht werden. Es erfolgt dann keine Buchung bzw. Zahlung. Nach der Buchung und Abrechnung ist nur noch die Stornierung zulässig, damit eine Korrekturbuchung und gegebenenfalls Rückrechnung ausgelöst wird.

Dieser Hinweis bezieht sich immer auf die letzte »Version« der Reise. Das heißt, wenn Sie einer Reise nach der Buchung bzw. ersten Auszahlung nachträglich einen vergessenen Beleg hinzufügen, können Sie die Löschfunktion wieder nutzen. Dann wird lediglich die aktuelle Ergänzung gelöscht und die Reise liegt wieder in der Version vor, die gebucht bzw. ausgezahlt wurde.

11.4.2 Druck- und Überleitungsstatus

Ob eine Reise an die Personalabrechnung (PAY), das Rechnungswesen (FI) oder den Datenträgeraustausch (DTA) übergeleitet worden ist, erkennen Sie ebenfalls in der Spalte ABRECHNUNG. Diese Spalte vereinigt also eigentlich vier verschiedene Status. In Auswertungen sind diese allerdings getrennt selektierbar. Den Druckstatus des Reisekostennachweises können Sie sich über den Button HISTORIE in der Spalte FORMULAR (siehe Abschnitt 11.4.3, »Historie der Reisestatus«) ansehen. Die Überleitungsstatus und der Druckstatus können nicht manuell gesetzt werden.

11.4.3 Historie der Reisestatus

Die Historie der Reisestatus ist in beiden Anwendungen, d.h. sowohl im Reisemanager als auch im Reisekostenmanager, aufrufbar (siehe Abbildung 11.19). Sie dient dazu, die verschiedenen Schritte in der Statusänderung nachvollziehbar zu machen.

Benutzer	Datum	Uhrzeit	Genehmigung	Abrechnung	Formular
HASSMANN	28.11.08	12:57:55	Reise genehmigt	übgl.FI /übgl.PAY	nicht gedruckt
IPROCON	27.02.08	13:26:00	Reise genehmigt	übergeleitet FI	nicht gedruckt
IPROCON	27.02.08	13:25:12	Reise genehmigt	abgerechnet	nicht gedruckt
IPROCON	27.02.08	13:25:00	Reise genehmigt	abzurechnen	nicht gedruckt
IPROCON	27.02.08	13:24:51	Reise erfolgt	abzurechnen	nicht gedruckt
IPROCON	27.02.08	13:11:48	Antr. genehmigt	übergeleitet FI	nicht gedruckt
IPROCON	27.02.08	13:06:56	Antr. genehmigt	abgerechnet	nicht gedruckt
IPROCON	27.02.08	13:06:48	Antr. genehmigt	abzurechnen	nicht gedruckt
IPROCON	15.02.08	09:59:03	Antrag erfasst	abzurechnen	nicht gedruckt

Abbildung 11.19 Historie einer Reise, aufgerufen im Reisekostenmanager

Im Reisemanager finden Sie die Historie unter LISTEN ALLER REISEN:

1. Markieren Sie die Reisekostenabrechnung der gewünschten Reise, und wählen Sie ÄNDERN.
2. Wählen Sie den Button Historie. Es öffnet sich daraufhin das Bild REISEDATEN PFLEGEN: HISTORIE.

Im Reisekostenmanager rufen Sie die Historie wie folgt auf:

1. Markieren Sie die gewünschte Reise, und wählen Sie ÄNDERN oder ANZEIGEN.
2. Wählen Sie den Button Historie. Es öffnet sich daraufhin das Bild REISEDATEN PFLEGEN: HISTORIE bzw. REISEDATEN ANZEIGEN: HISTORIE.

11.5 Übung: Reisen genehmigen

Stellen Sie sich vor, Sie seien zuständig für die Genehmigung von Reiseanträgen und Reisekostenabrechnungen. Sie wollen nun alle erfassten Reisekostenabrechnungen selektieren, um diese im Hinblick auf die anstehende Genehmigung zu überprüfen.

Hinweis

Der Begriff *Genehmigung* steht bei Reisen für die Freigabe zur Abrechnung und Zahlung. Nur genehmigte Reisen können abgerechnet werden (nicht genehmigte Reisen können lediglich simuliert werden, um das Ergebnis der Abrechnung vorwegzunehmen). Und nur abgerechnete Reisen können letztendlich eine Buchung oder Zahlung auslösen. Abrechnung, Buchung und Zahlung erfolgen in der Regel automatisch als Hintergrundverarbeitung oder werden von einer zentralen Stelle gestartet. Mit der Genehmigung sorgen Sie dafür, dass eine Reise diesen Prozess ordnungsgemäß durchläuft.

Um alle erfassten Reisekostenabrechnungen auszuwählen und zu überprüfen bzw. zu genehmigen, gehen Sie wie folgt vor:

1. **Report »Reisen genehmigen« starten**
   Starten Sie den Report REISEN GENEHMIGEN über den Menüpfad PERSONAL • REISEMANAGEMENT • REISEKOSTENABRECHNUNG • PERIODISCHE ARBEITEN.

2. **Selektion vornehmen**
   Nehmen Sie die gewünschte Selektion vor. Im oberen Teil können Sie Personalnummern über die organisatorische Zuordnung (Button ORG.STRUKTUR) bzw. über die Felder des Infotyps 0001 (Button WEITERE SELEKTIONEN) selektieren.

   - RAHMENDATEN
     Hier finden Sie die Rahmendaten des Reiseantrags inklusive der Reisenummer, die vom System vergeben wird.
   - KOSTENZUORDNUNG
     Die Kostenzuordnung bezieht sich auf den Infotyp 0001, auf eine abweichende Kostenzuordnung im Reiseantrag bzw. in den Infotypen 0017 (Reiseprivilegien) oder 0027 (Kostenverteilung).
   - STATUS
     Auf dieser Registerkarte können Sie nach verschiedenen Status der Reise selektieren. Für Reisen mit zu genehmigender Reisekostenabrechnung gehen Sie wie in Abbildung 11.20 gezeigt vor: Unter STATUS DER GENEHMIGUNG geben Sie »3« für den Status REISE ERFOLGT ein, unter STATUS DER ABRECHNUNG geben Sie ebenfalls »3« für den Status ABZURECHNEN ein (abhängig von Ihrem internen Prozess).
   - REISEART
     Hier können Sie Dienstreisen und Wochenberichte separat auswerten. Wochenberichte werden über eine eigene Transaktion erfasst und enthalten Belege, die nicht im Zusammenhang mit einer Dienstreise entstanden sind (z. B. Portobelege).

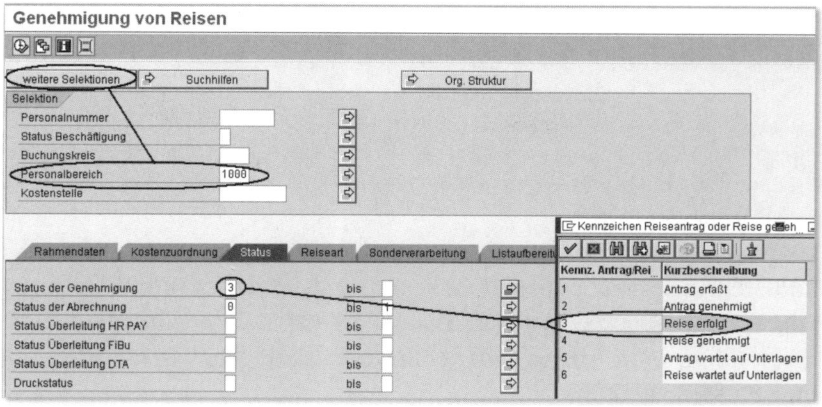

Abbildung 11.20 Selektion zu genehmigender Reisekostenabrechnungen

- SONDERVERARBEITUNG
  Hier können Sie den Status für mehrere Reisen gleichzeitig ändern, z. B. alle Reisekostenabrechnungen ohne Belege auf den Status GENEHMIGT setzen.
- LISTAUFBEREITUNG
  Wenn Sie die neue Listaufbereitung wählen, stehen Ihnen die verschiedenen Funktionen des *Table Control* zur Verfügung (siehe Abschnitt 3.7.2, »Ausführen von Reports im SAP-System«). Ein eigenes Layout, das Sie für den Report gespeichert haben, können Sie ebenfalls auf dieser Registerkarte eintragen.

3. **Report ausführen**
   Nachdem Sie die Selektion abgeschlossen haben, klicken Sie auf den Button AUSFÜHREN. Es wird Ihnen daraufhin eine Liste mit den zu genehmigenden Reisekostenabrechnungen angezeigt.
4. **Reisekostenabrechnung überprüfen**
   Zur Überprüfung der Reisekostenabrechnung haben Sie folgende Möglichkeiten:
   - Markieren Sie die Zeile, und klicken Sie auf den Button ÄNDERN, um in den Reisemanager bzw. Reisekostenmanager zu springen (es öffnet sich automatisch die Transaktion, in der die Reisedaten erfasst wurden).
   - Markieren Sie die Zeile, und klicken Sie auf das Icon für REISEREPORTING, um eine Übersicht über die Belege zu erhalten.
   - Markieren Sie die Zeile, und verwenden Sie den Button ANSEHEN, um die Simulation der Reisekostenabrechnung zu starten.
5. **Reise genehmigen**
   Um die Reise(n) zu genehmigen, markieren Sie die Zeile(n) und klicken auf das Icon für REISE GENEHMIGEN. Falls noch weitere Angaben in der Reisekostenabrechnung fehlen, verwenden Sie das Icon für REISE UNVOLLSTÄNDIG.

Hinweis

Wenn Sie eine Reise auf UNVOLLSTÄNDIG setzen, erhält sie den Status WARTET. Wenn Sie diese Möglichkeit nutzen, müssen Sie sicherstellen, dass diese Reisen nicht abschließend übersehen werden. Sie sollten daher in diesen Fällen regelmäßig den hier beschriebenen Genehmigungsreport so starten, dass die betreffenden Reisen mit Status WARTET aufgelistet werden und Sie gegebenenfalls nachfragen können.

Die Prüfung der erfassten Reisekostenabrechnungen ist nun abgeschlossen, und Sie haben den Status der Genehmigung auf GENEHMIGT oder gegebenenfalls auf REISE WARTET AUF UNTERLAGEN gesetzt. Die genehmigten Reisen werden somit in den nächsten Lauf der Reisekostenabrechnung, Buchung und Zahlung einfließen.

Hinweis

Hat eine genehmigte Reise nicht den Abrechnungsstatus abzurechnen, geht sie nicht in die Abrechnung ein. Bei »normalem« Verlauf sollte der Status zwar auf abzurechnen stehen – im Fehlerfall sollten Sie dies aber nochmals überprüfen. Vielleicht wurde sie aus irgendeinem Grund auf offen gesetzt.

Zur Genehmigung von Reiseanträgen verfahren Sie im Prinzip genauso. Achten Sie dabei aber stets auf die Selektion der richtigen Status: Antrag erfasst und abzurechnen (abhängig von Ihrem internen Prozess).

Das Korrektur-Icon informiert Sie darüber, dass eine in das Rechnungswesen übergeleitete Reisekostenabrechnung geändert worden ist. Klicken Sie auf das Icon in der Zeile oder auf den Button in der Buttonleiste, um die Korrekturen, die an der Reise vorgenommen wurden, anzuzeigen.

Um bereits gebuchte Reisen zu löschen, verwenden Sie das Icon . Damit setzen Sie den Status auf storniert.

11.6 Übung: Druck des Reisekostennachweises

Nun möchten Sie Reisekostennachweise für bereits abgerechnete Reisen mehrerer Mitarbeiter erzeugen und ausdrucken. Sie gehen wie folgt vor:

1. **Selektionsbild für den Reisekostennachweis**
   Wählen Sie den Menüpfad PERSONAL • REISEMANAGEMENT • REISEKOSTENABRECHNUNG • PERIODISCHE ARBEITEN • FORMULARE DRUCKEN • STANDARDFORMULAR. Sie gelangen so auf das Selektionsbild für den Reisekostennachweis (siehe Abbildung 11.21).
2. **Abrechnungskreis- und -periode auswählen**
   Wählen Sie zuerst den Abrechnungskreis und die Abrechnungsperiode aus. Dabei ist AKTUELLE PERIODE in der Regel korrekt. Es werden in diesem Fall auch die älteren Reisekostennachweise gedruckt. Sie müssen also den Monat der Reise nicht genau auswählen.

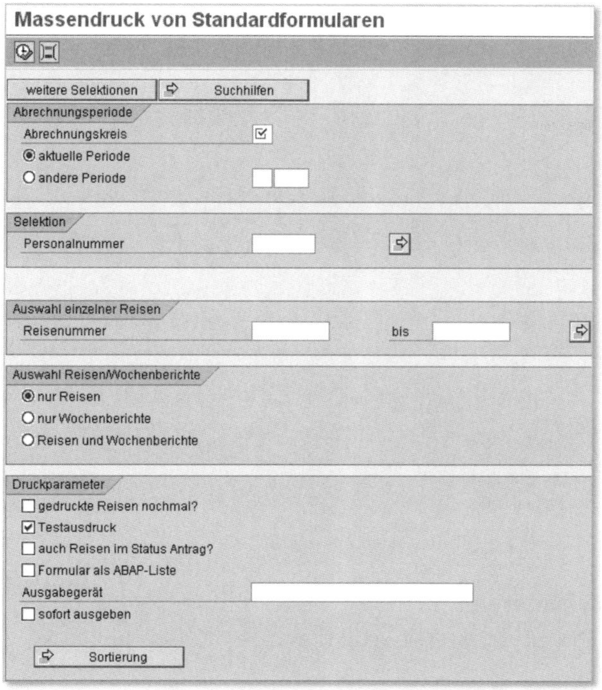

Abbildung 11.21 Selektionsbild zum Reisekostennachweis

3. **Selektion vornehmen**
   Unter der Feldgruppe SELEKTION können Sie nach verschiedenen Feldern des Infotyps 0001 wie z. B. Personalbereich oder Mitarbeiterkreis selektieren. Wählen Sie dazu den Button WEITERE SELEKTIONEN aus, und nehmen Sie die gewünschten Felder als Selektionsfelder auf.
4. **Weitere Einschränkungen vornehmen**
   Über den Button SUCHHILFEN können Sie den Wertebereich weiter einschränken, indem Sie nach weiteren Kriterien selektieren (siehe Abbildung 11.22).
5. **Gegebenenfalls nach Reisenummern selektieren**
   Selektieren Sie im nächsten Abschnitt AUSWAHL EINZELNER REISEN gegebenenfalls nach Reisenummern.
6. **Dienstreisen vs. Belege ohne Reise**
   Unter AUSWAHL REISEN/WOCHENBERICHTE können Sie zwischen den Abrechnungen tatsächlich erfolgter Dienstreisen und Belegen ohne Reise (Wochenberichte) unterscheiden.

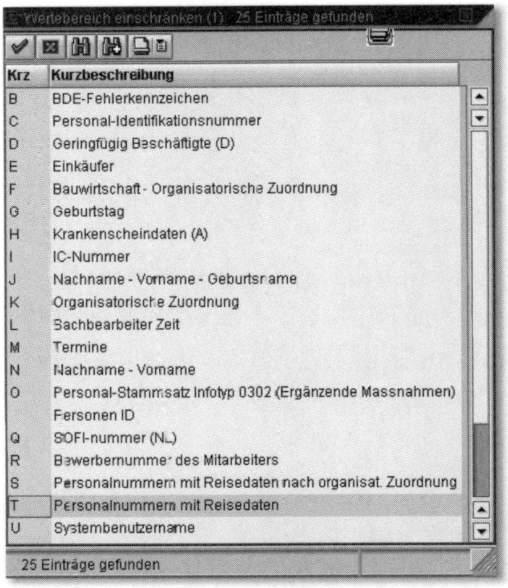

Abbildung 11.22 Weitere Einschränkungen des Wertebereichs

7. **Nach Druckstatus selektieren**

   In der Feldgruppe DRUCKPARAMETER selektieren Sie Reisen abhängig vom Druckstatus:

   - GEDRUCKTE REISEN NOCHMAL? ist nicht aktiviert:
     Es werden alle noch nicht gedruckten Reisen bis zum Zeitpunkt der im Vorfeld ausgewählten Abrechnungsperiode gedruckt.
   - GEDRUCKTE REISEN NOCHMAL? ist aktiviert:
     Die in der jeweiligen Abrechnungsperiode abgerechneten Reisen werden nochmals ausgedruckt.
   - TESTAUSDRUCK:
     Der Druckstatus ändert sich für die selektierten Reisen nicht.
   - AUCH REISEN IM STATUS ANTRAG? ist aktiviert:
     Es werden auch Reiseanträge ausgewertet, die aufgrund einer Vorschussauszahlung abgerechnet wurden.
   - FORMULAR ALS ABAP-LISTE ist aktiviert:
     Das Reisemanagement benutzt im Standard PDF-basierte Formulare. Mit dieser Option können Sie das Formular auch in der alten Form als ABAP-Liste ausdrucken.

8. **Personalnummern sortieren**

   Über den Button SORTIERUNG können Sie mithilfe der Felder aus Infotyp 0001 die Reihenfolge der ausgegebenen Personalnummern festlegen, z. B. zuerst nach der Organisationseinheit und im Anschluss daran nach dem sortierfähigen Namen.

9. **Ausführen**
   Klicken Sie auf den Button AUSFÜHREN, oder lassen Sie den Report im Hintergrund ausführen (Menüpunkt PROGRAMM), falls große Datenmengen verarbeitet werden (zur Ausführung von Reports im Hintergrund siehe Kapitel 3, »Grundlagen und Navigation«, insbesondere Abschnitt 3.7.1, »Reports über das SAP-Menü aufrufen«).

Im Ergebnis wird nun der Reisekostennachweis für abgerechnete Reisen gemäß Ihren Selektionsbedingungen ausgedruckt. Auf dem Ausdruck befinden sich der Verlauf der Reise, die Pauschal- und Belegabrechnung, eine Zusammenstellung der Ergebnisse sowie der Erstattungsbetrag für den betreffenden Mitarbeiter.

Hinweis

Durch den Druckstatus ist es möglich, jede Reise genau ein Mal zu drucken, ohne dafür spezielle organisatorische Maßnahmen vornehmen zu müssen. Das System merkt sich über diesen Status von selbst, welche Reisen noch zu drucken sind. Wird eine Reise nach dem Druck wieder geändert und erneut abgerechnet, wird der Druckstatus wieder zurückgesetzt. Die Reise ist dann beim nächsten Drucklauf mit dabei.

11.7 Zahlung und Buchung

Über den Menüpfad PERSONAL • REISEMANAGEMENT • REISEKOSTENABRECHNUNG • PERIODISCHE ARBEITEN • REISEN ABRECHNEN werden die Reisen abgerechnet. Damit das System die Reisen in die Abrechnung aufnimmt, müssen folgende Bedingungen erfüllt sein:

- Die Reise endet vor dem Enddatum der Abrechnungsperiode.
- Die Reise hat den Genehmigungsstatus GENEHMIGT.
- Die Reise hat den Abrechnungsstatus ABZURECHNEN.

Die Abrechnungsergebnisse können dann über einen Buchungslauf in das Rechnungswesen übertragen und dort verarbeitet werden. Wählen Sie dazu den Menüpfad PERSONAL • REISEMANAGEMENT • REISEKOSTENABRECHNUNG • PERIODISCHE ARBEITEN • ÜBERLEITUNG INS RECHNUNGSWESEN • BUCHUNGSLAUF ANLEGEN.

Erfolgt die Zahlung nicht über die Kreditoren der Finanzbuchhaltung und nicht über die Entgeltabrechnung, so kann der Datenträger für die Zahlung über folgenden Menüpfad erstellt werden: PERSONAL • REISEMANAGEMENT • REISEKOSTENABRECHNUNG • PERIODISCHE ARBEITEN • AUSZAHLUNG ÜBER DATENTRÄGERAUSTAUSCH (DTA).

11.8 Reisedaten in SAP NetWeaver Portal erfassen

Möglicherweise hat Ihr Unternehmen SAP NetWeaver Portal im Einsatz und nutzt darin auch das System Employee Self-Service für das Reisemanagement. Die Pflege der Daten in SAP NetWeaver Portal ist sehr intuitiv und wird zudem über eine Roadmap vereinfacht. Wie Sie in das System Employee Self-Service von SAP NetWeaver Portal einsteigen, lernen Sie detailliert im nächsten Kapitel, an dieser Stelle möchten wir Ihnen speziell zeigen, wie Sie Reisedaten in SAP NetWeaver Portal erfassen.

Hinweis

Die Darstellung Ihrer Oberfläche weicht unter Umständen stark von den Standardmasken ab. Wir wollen Ihnen deshalb dieses Szenario nur kurz vorstellen.

In Abbildung 11.23 sehen Sie das Einstiegsbild des Reisemanagements in SAP NetWeaver Portal. In diesem Fall enthält die Kategorie sehr viele Services. Abhängig von Ihrer Funktion und Ihren Berechtigungen werden Sie einige dieser Links nicht sehen. Die Links sind sprechend und enthalten zum Teil kurze Informationen. Wir möchten Ihnen deshalb nur die Roadmap kurz vorstellen (siehe Abbildung 11.24).

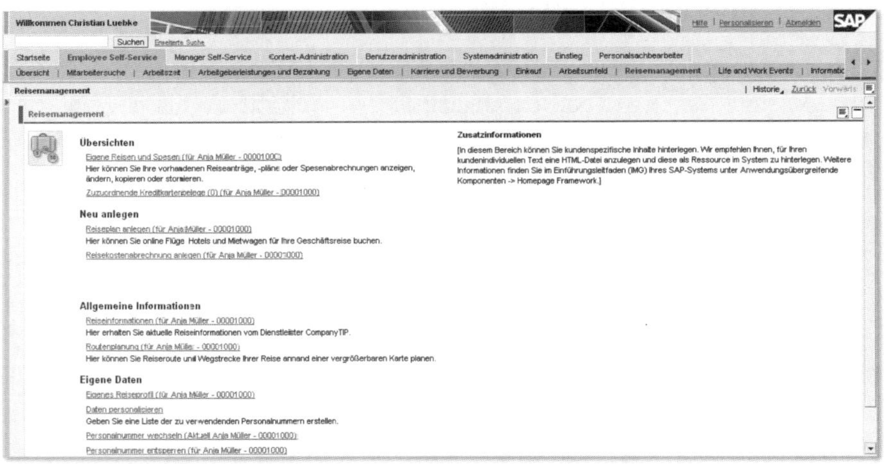

Abbildung 11.23 Einstieg in das Reisemanagement in SAP NetWeaver Portal

Anders als im SAP-System werden die Daten hier Schritt für Schritt erfasst. An der Roadmap, die sich generell über der Eingabemaske befindet, erkennen Sie, wo Sie sich gerade innerhalb des Erfassungsprozesses befinden.

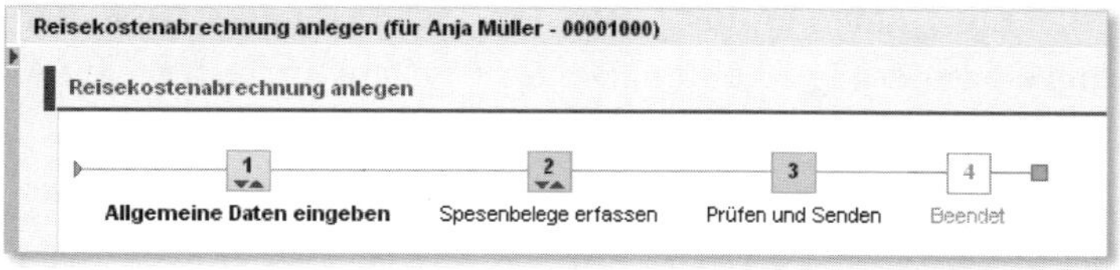

Abbildung 11.24 Roadmap zum Anlegen einer Reisekostenabrechnung

Eine zusätzliche Funktionalität in SAP NetWeaver Portal ist die Möglichkeit zur Erfassung persönlicher Präferenzen, z. B. Flug- und Hotelpräferenzen. Diese Angaben werden entweder von der Reisestelle oder im Reiseplan beim selbstständigen Buchen von Reisemitteln berücksichtigt (siehe Abbildung 11.25).

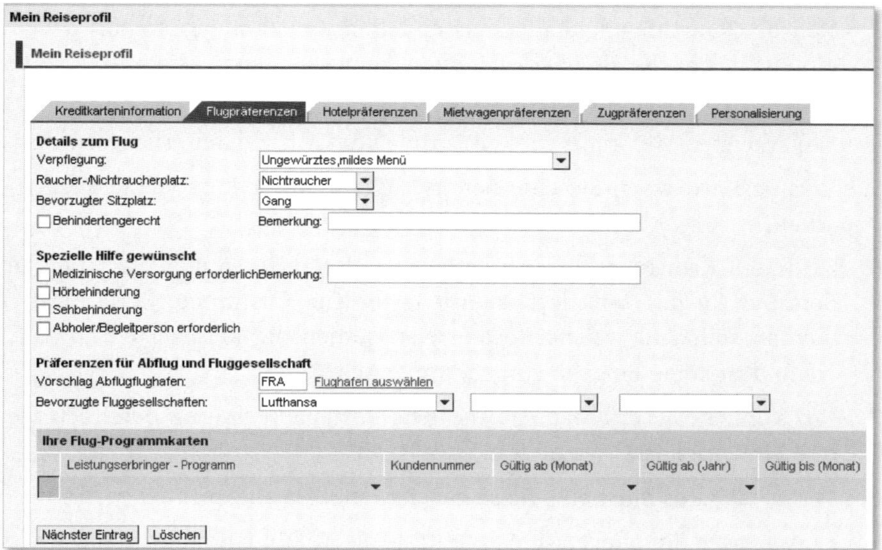

Abbildung 11.25 Erfassen der Flugpräferenzen im Service »Mein Reiseprofil«

11.9 Zusammenfassung

Die Erfassung von Reisedaten im SAP-System oder in SAP NetWeaver Portal stellt in der Regel keine große Herausforderung für den Anwender dar. Optimalerweise hat der Systemadministrator unnötige Felder ausgeblendet, zwingend erforderliche Felder zu Mussfeldern deklariert und nur die zulässigen Spesenbelege zur Auswahl bereitgestellt. Je mehr Eingabehilfen für Sie als Anwender geschaffen wurden, desto seltener kommt es auch zu Eingabefehlern und desto weniger Nacharbeit hat die Reisestelle. Fühlen Sie sich deshalb als Anwender bei unklaren Anforderungen oder als Mitarbeiter der Reisestelle bei erhöhtem Fehleraufkommen ermutigt, auf den Systemadministrator zuzugehen und um eine Optimierung zu bitten. Das SAP-System und erst recht SAP NetWeaver Portal erlauben hier eine hohe Flexibilität.

11.10 Übungsaufgaben zu Kapitel 11

1. Welchen Link wählen Sie im Reisemanager, um eine Reisekostenabrechnung zu einem genehmigten Reiseantrag anzulegen?
2. Wo können Sie angeben, welche Fahrten Sie anlässlich einer Reise mit Ihrem Privatfahrzeug zurückgelegt haben und ob Sie dabei andere Reisende mitgenommen haben?
3. Welche Genehmigungsstatus müssen Sie im Genehmigungsreport jeweils eintragen, um die als unvollständig gekennzeichneten Reiseanträge oder Reisekostenabrechnungen zu selektieren?
4. Wo erkennen Sie, wann ein Reiseantrag vom Mitarbeiter erfasst wurde?
5. Was passiert, wenn Sie eine bereits ausgezahlte oder gebuchte Reise löschen?
6. Sie reisen manchmal im Auftrag einer anderen Abteilung. Wo teilen Sie dem System mit, welche Kostenstelle für eine bestimmte Reise belastet werden soll? Auf welche Kostenstelle werden die Reisekosten kontiert, wenn dort keine Eingabe vorgenommen wird?
7. Wo können Sie erfahren, ob die Reisekostenabrechnung bereits ausgedruckt worden ist?
8. Welchen Status muss eine Reise haben, damit sie abgerechnet wird?
9. Was müssen Sie pflegen, um eine Reise als Kombination (Einzelnachweis und Übernachtungspauschale) abzurechnen?
10. Sie stellen fest, dass Sie das falsche Reiseschema ausgewählt haben. Wie können Sie dieses wechseln, ohne die Reisedaten und Spesenbelege erneut erfassen zu müssen?

Zur Verbesserung des Mitarbeiterservice und zur Reduzierung administrativer Tätigkeiten, die in der Regel von Personalsachbearbeitern ausgeführt werden, werden in immer mehr Unternehmen Employee Self-Services eingesetzt. Dieser Service bietet den Mitarbeitern die Möglichkeit, eigene Daten in HCM zu pflegen und abzurufen.

12 Employee Self-Services (ESS)

SAP stellt Employee Self-Services aus allen Bereichen zur Verfügung: Der Mitarbeiter kann z. B. eigene Daten wie Bankverbindung, Adresse oder Angaben zu Familienmitgliedern pflegen; im Bereich Entgelt kann er zudem online seinen Gehaltsnachweis abrufen sowie eine Nettoberechnung durchführen; im Bereich Zeitwirtschaft bietet ESS den Mitarbeitern die Möglichkeit, ihre An- und Abwesenheitszeiten zu erfassen, im Bereich Reisemanagement können sie mit seiner Hilfe Reisen planen, buchen sowie Spesenabrechnungen anlegen.

Viele Unternehmen stellen ihren Mitarbeitern immer mehr dieser Standardservices zur Verfügung. Des Weiteren sind auch Eigenentwicklungen möglich, z. B. ein Service, um die Kenntnisnahme von Vereinbarungen wie Datenschutzerklärung oder Betriebsvereinbarung zu dokumentieren.

In diesem Kapitel erläutern wir Ihnen zunächst, welche Voraussetzungen getroffen werden müssen, damit Sie mit ESS arbeiten können. In den folgenden Abschnitten machen wir Sie daher mit dem Einstieg in und der Arbeit mit ESS vertraut.

12.1 Voraussetzungen

Damit sich ein Mitarbeiter am ESS-System anmelden kann, benötigt er Zugangsdaten und einen Stammdatensatz in SAP ERP HCM. Wie Sie diese beiden Voraussetzungen erfüllen können, werden wir Ihnen im Folgenden zeigen.

12.1.1 Zugang zum ESS-System

Employee Self-Service (ESS) ist eine webbasierte Anwendung. Daher benötigen Sie für den Zugang einen Webbrowser (z. B. MS Internet Explorer oder Netscape Navigator). Fragen Sie einen Kollegen oder Ihren Systembetreuer, über welchen Menüpfad, d.h. über welche URL Sie dorthin gelangen. Wahrscheinlich findet sich im Intranet Ihres Unternehmens ein Link, der Sie direkt zur ESS-Anwendung führt, oder Ihr Unternehmen verwendet SAP NetWeaver Portal, worin ESS bereits eingebunden ist.

Hinweis

Die eigentliche Funktionalität von ESS liegt in Ihrem SAP ERP HCM-System, wie Sie es in den vorangegangenen Kapiteln bereits kennengelernt haben. ESS stellt lediglich eine einfachere Oberfläche dar, die auf diejenigen Anwender zugeschnitten ist, die nur selten mit diesem System arbeiten.

12.1.2 Personalstammdaten

Damit ein Mitarbeiter mit ESS arbeiten kann, muss für ihn ein Stammdatensatz in der Personaladministration geführt werden. Eine spezielle Anforderung vonseiten ESS ist dabei, dass der Subtyp 0001 (Systembenutzername SAP-System) des Infotyps 0105 (Kommunikation) gepflegt ist. Dies ist erforderlich, damit das System erkennt, welchem Personalstammdatensatz ein Anwender zuzuordnen ist. Hier ist für jeden Mitarbeiter genau der Benutzername zu hinterlegen, mit dem er sich am ESS-System anmelden soll (siehe Abbildung 12.1). Ohne diese Angaben ist das Arbeiten im ESS-System nicht möglich.

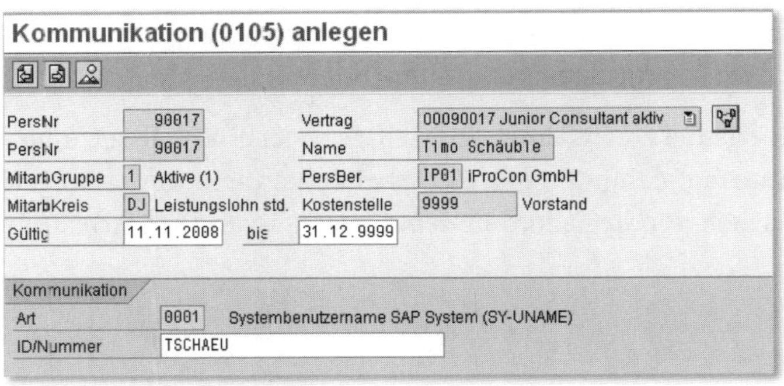

Abbildung 12.1 Infotyp 0105 mit Subtyp 0001 zum Zuweisen eines SAP-Benutzernamens

12.2 Einstieg in das ESS-System

ESS kann auf verschiedenen Wegen bereitgestellt werden:

- **Innerhalb von SAP NetWeaver Portals**
  In diesem Fall wird ESS mit anderen Anwendungen zusammengefasst und erscheint dem Anwender nicht mehr als isoliertes System.

- **Als »isolierte« Anwendung über ESS selbst**
  ESS ist hier meist durch einen einfachen Link ins Intranet integriert und erlaubt über ein spezielles Menü den Zugriff auf bestimmte SAP ERP HCM-Funktionen via Webbrowser.

Da Unternehmen in zunehmendem Maße die Portalnutzung bevorzugen, werden wir daher das erste Beispiel als Grundlage heranziehen. Beachten Sie dabei bitte, dass die Benutzeroberfläche aufgrund der individuellen Unternehmensausrichtung unterschiedlich sein kann, das grundsätzliche Konzept sich jedoch meist nur wenig ändert.

Wenn Sie den Portalzugang über Ihren Webbrowser anwählen, erscheint zunächst die Anmeldemaske (siehe Abbildung 12.2). Diese entspricht inhaltlich im Wesentlichen der normalen Anmeldemaske, die Sie bereits in Kapitel 3, »Grundlagen und Navigation«, kennengelernt haben. Auch die Anmeldung verläuft analog zu der dort beschriebenen Vorgehensweise:

1. Tragen Sie im Feld Benutzerkennung Ihren Benutzernamen ein.
2. Tragen Sie anschließend im Feld Kennwort Ihr Kennwort ein.
3. Klicken Sie nun auf den Button Anmelden.

Hinweis

In der Regel arbeiten Sie im ESS-System mit dem gleichen Benutzernamen und dem gleichen Kennwort wie beim normalen Zugang zum SAP ERP HCM-System. Es kann allerdings sein, dass es in Ihrem Unternehmen davon abweichende Regelungen gibt. Daher sollten Sie sich darüber im Vorfeld genau informieren.

Abbildung 12.2 Anmeldung SAP NetWeaver Portal

Nach der Anmeldung sehen Sie, ähnlich wie in Abbildung 12.3, ein Portal mit verschiedenen Registerkarten. In Ihrem System werden sowohl die verfügbaren Registerkarten als auch der Inhalt der Registerkarte EMPLOYEE SELF-SERVICE davon abweichen, da das Bereitstellen der Services von Unternehmen zu Unternehmen unterschiedlich gehandhabt wird. Grundsätzlich ist ESS aber immer so aufgebaut, dass Sie ein Untermenü mit den verfügbaren Services sehen. Im unteren Teil des Bildschirms können erläuternde Informationen zu den Services stehen und weitere nützliche Links eingebunden sein.

Achtung

Nutzen Sie zum Abmelden vom ESS-System ausschließlich den Link ABMELDEN, den Sie rechts oben im Portal finden. Wenn Sie Ihren Webbrowser einfach schließen oder ohne vorherige Abmeldung einen anderen Link auswählen, wird Ihr Benutzer nicht sofort vom SAP ERP HCM-System abgemeldet.

Das kann insbesondere dazu führen, dass jeder, der unmittelbar im Anschluss Zugang zu Ihrem PC hat, sich ohne Kennwort an Ihrem ESS-System anmelden kann. Diese Zeitverzögerung beim fehlerhaften Abmelden hängt von den konkreten Einstellungen in Ihrem Unternehmen ab und kann mehrere Minuten bis zu mehrere Stunden umfassen.

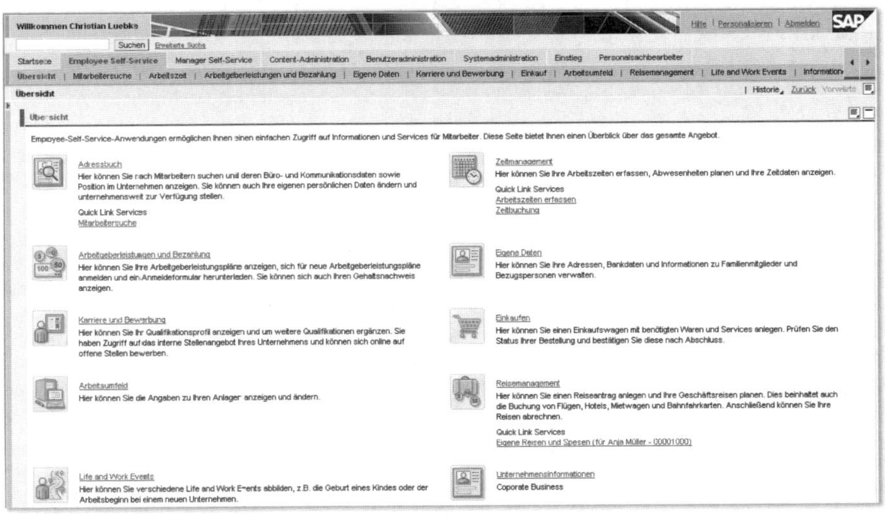

Abbildung 12.3 ESS im Portal

12.3 Arbeiten mit dem ESS-System

Auf der Registerkarte EMPLOYEE SELF-SERVICE sehen Sie zunächst nur die Kategorien (z. B. ADRESSBUCH, ARBEITGEBERLEISTUNGEN UND BEZAHLUNG, KARRIERE UND BEWERBUNG). Die eigentlichen Funktionen sehen Sie, wenn Sie die Kategorie durch einen Klick auf den Link öffnen. In unserem Beispiel in Abbildung 12.4 wurde so die Kategorie ARBEITGEBERLEISTUNGEN UND BEZAHLUNG geöffnet, die mehrere verschiedene Services enthält.

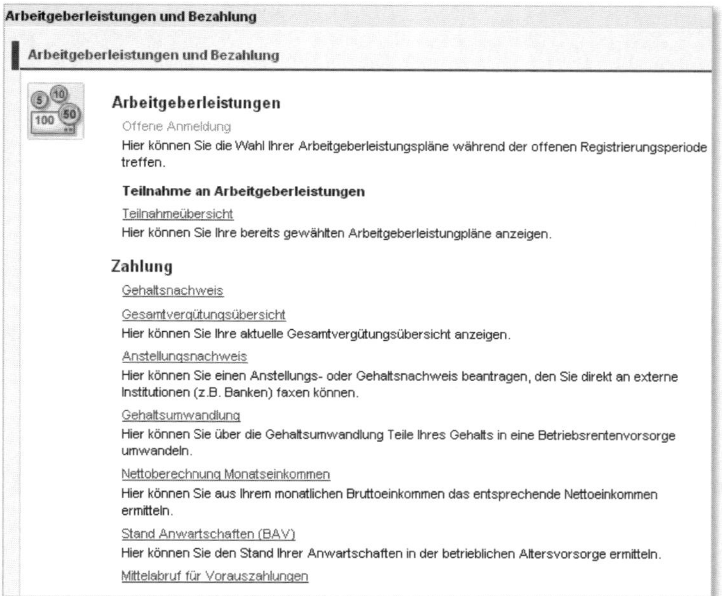

Abbildung 12.4 Services der Kategorie »Arbeitgeberleistungen und Bezahlung«

Um einen Service zu starten, klicken Sie ihn direkt an. Das Starten des Service GEHALTSNACHWEIS liefert den aktuellen Entgeltnachweis als PDF-Formular (siehe Abbildung 12.5).

Über den Button VORHERIGER GEHALTSNACHWEIS können Sie sich auch alte Gehaltsnachweise anzeigen lassen, über das Icon DRUCKEN können Sie diese als PDF ausdrucken. Im Anschluss daran wählen Sie – wie vom normalen Arbeiten mit Windows gewohnt – den Drucker aus und starten den Druck.

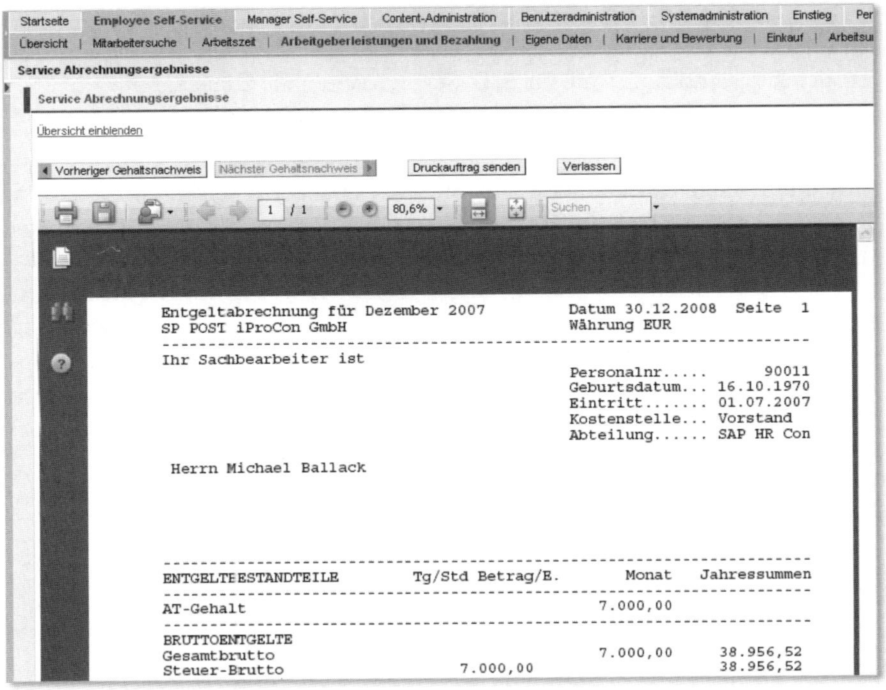

Abbildung 12.5 Anzeige des Entgeltnachweises

> **Hinweis**
>
> Der Entgeltnachweis enthält sensible Daten. Achten Sie darauf, dass er tatsächlich an einem Drucker in Ihrer Nähe ausgedruckt wird, sodass Sie ihn sofort entnehmen können. Überprüfen Sie vorher den Drucker auf seine Einsatzbereitschaft. Sonst könnte der Fall eintreten, dass der Entgeltnachweis im Speicher des Druckers gepuffert wird, bis dieser wieder funktionsfähig ist, und erst im Anschluss daran ausgedruckt wird. Dies birgt die Gefahr, dass ein Kollege oder ein Kundendienstmitarbeiter des Druckerherstellers den Entgeltnachweis findet.

Dieses Beispiel veranschaulicht die grundsätzliche Arbeitsweise von ESS sehr präzise. Die einzelnen Services entsprechen inhaltlich stets einer Funktionalität innerhalb Ihres SAP ERP HCM-Systems. Wählen Sie im Bedarfsfall weitere Services analog zu dem hier gezeigten Vorgehen aus.

> **Achtung**
>
> Verwenden Sie niemals einen der in Abbildung 12.6 gezeigten Buttons Ihres Browsers, während Sie mit ESS arbeiten. Benutzen Sie grundsätzlich zum Navigieren nur Links und Buttons innerhalb des Portals, z. B. Zurück oder Vorwärts. Ansonsten kann es zu inkonsistentem Verhalten des ESS-Systems kommen.

Abbildung 12.6 Buttons, die Sie nicht im ESS-System nutzen sollten

12.4 Zusammenfassung

Wir haben Ihnen gezeigt, wie ESS im Portal eingebunden ist und wie Sie einen solchen Service starten können. Sicherlich haben Sie gemerkt, dass die Anwendungen intuitiv bedienbar sind und kaum Erklärung erfordern. Beachten Sie bitte, dass sowohl Optik als auch Bezeichnungen (von Buttons, Links usw.) in Ihrem System von den hier gezeigten Darstellungen abweichen können, da die Unternehmen bei der Gestaltung des SAP-Portals großen Freiraum haben. Denken Sie bei der Arbeit im SAP-Portal bitte außerdem immer an das ordnungsgemäße Abmelden über den Link, und benutzen Sie nicht die Navigationsbuttons des Browsers.

Da ESS nicht in jedem Unternehmen eingesetzt wird, die Links von Unternehmen zu Unternehmen anders benannt werden und die genutzten Kategorien und Services variieren können, ist es weder möglich noch sinnvoll, dieses Kapitel wie die anderen mit Übungsaufgaben zu beenden. Daher verzichten wir hier darauf.

Manager's Desktop ist ein flexibles Instrument für Führungskräfte, das meist bei Auswertungen unterstellter Mitarbeiter oder bei Kostenstellenberichten zum Einsatz kommt. Manager's Desktop schafft damit die nötige Transparenz für die Steuerung personalwirtschaftlicher Prozesse und für die Führung der unterstellten Mitarbeiter.

13 Manager's Desktop (MDT)

Vorgesetzte erhalten zunehmend mehr Verantwortung in ihrem organisatorischen Zuständigkeitsbereich. Zur Ausübung der geforderten Kontrolle und Steuerung, deren Umfang ebenfalls stetig zunimmt, sind tagesaktuelle Informationen zu Mitarbeitern, Kostendaten und Organisation unabdingbar. *Manager's Desktop* (MDT) zeigt die zuständige Organisationseinheit mit ihren Mitarbeitern an und bietet für diese Auswahl an Personen verschiedenste Auswertungsmöglichkeiten. Darüber hinaus kann MDT nicht nur für Führungskräfte eingesetzt werden, er lässt sich auf einfache Art und Weise auch auf verschiedene Anwendergruppen ausrichten. Einige mögliche Anwendergruppen sind im Folgenden aufgeführt:

- Abteilungsleiter und Manager der höheren Hierarchieebenen
- Teamleiter, die einen anderen Funktionsumfang benötigen als Abteilungsleiter
- Sekretariate oder Assistenten von Führungskräften
- Vertreter von Führungskräften
- Zeitbeauftragte
- Projektleiter
- Spartenleiter, die im Rahmen einer Matrixorganisation Verantwortung »quer« zur disziplinarischen Struktur wahrnehmen
- Betriebsräte/Personalräte, die für einen bestimmten Teil des Unternehmens zuständig sind und ausgewählte Auswertungen ausführen dürfen

Wir möchten Ihnen zunächst verschiedene HCM-Komponenten vorstellen, die im Bezug auf MDT integriert genutzt werden. Anschließend erläutern wir Ihnen den Aufbau von MDT, die verschiedenen Themenkategorien und wie Sie MDT an Ihre spezifischen Anforderungen anpassen.

Alternativ zu Manager's Desktop kann auch Manager Self-Service genutzt werden. Anders als bei MDT erfolgt hier der Zugang über einen Webbrowser. Diese Oberfläche stellen wir Ihnen am Ende des Kapitels kurz vor.

13.1 Integration mehrerer Komponenten

Manager's Desktop (MDT) vereinigt mehrere SAP ERP HCM-Komponenten. Die Abbildung der Aufbauorganisation im Organisationsmanagement (siehe Kapitel 9, »Organisationsmanagement«) ist Grundvoraussetzung für MDT, da sie den Zuständigkeitsbereich zum angemeldeten Benutzer, d.h. zur Führungskraft, liefert. Über die Verknüpfungen in der Organisationsstruktur werden die dem Vorgesetzten unterstellten Organisationseinheiten mit den zugeordneten Planstellen und Mitarbeitern ermittelt. Folgende Anwendungen können außerdem integriert sein:

- **Personaladministration**
  Die Personaladministration liefert eine Reihe von Auswertungen unterstellter Mitarbeiter.
- **Ad-hoc Query**
  Die Ad-hoc Query bietet die Möglichkeit, flexible Auswertungen von den unterstellten Mitarbeitern anzulegen (zum Arbeiten mit Ad-hoc Querys siehe Kapitel 6, »Reports und Querys in der Personaladministration«).
- **Rechnungswesen**
  Das Rechnungswesen ermöglicht Budgetauswertungen und Kostenstelleninformationen.
- **Workflow**
  Der Workflow übermittelt die zu erledigenden Vorgänge innerhalb eines Prozesses an den Vorgesetzten und nach Erledigung weiter an den nächsten Verantwortlichen. So können Reiseanträge beispielsweise aus dem System Employee Self-Service zur Genehmigung an den MDT des Vorgesetzten übermittelt werden.
- **Personalentwicklung**
  Über die Personalentwicklung hat die Führungskraft Zugriff auf Seminarteilnahmen, Beurteilungen und Qualifikationen der einzelnen Mitarbeiter.
- **Personalbeschaffung**
  Die Integration der Personalbeschaffung in MDT ermöglicht den Vorgesetzten, Entscheidungen zur Personalauswahl selbst im System zu erfassen.
- **Vergütungsmanagement**
  Das Vergütungsmanagement erlaubt die dezentrale Planung und Budgetierung von Vergütungsanpassungen.

13.2 Aufbau des Manager's Desktops

Im Easy-Access-Menü finden Sie die Transaktion zum Aufruf von Manager's Desktop über den Menüpfad PERSONAL • MANAGER'S DESKTOP. Beim ersten Aufruf öffnet sich das Bild, das in Abbildung 13.1 dargestellt ist. Hier sehen Sie die zur Verfügung stehenden Themenkategorien. Im Standard werden folgende Themenkategorien angeboten:

- Personendaten
- Organisation
- Vergütungsmanagement/Kosten + Budget
- Personalbeschaffung
- Workflow-Eingang
- Spezialgebiete

Hinweis

In der Regel sind nicht alle Kategorien aktiv. Außerdem sind die Inhalte der einzelnen Kategorien meist stark unternehmensspezifisch angepasst. Es können sogar Kategorien umbenannt oder hinzugefügt sein. Die grundsätzliche Funktionsweise von MDT bleibt jedoch immer gleich. Anhand einiger repräsentativer Beispiele stellen wir Ihnen diese im weiteren Verlauf des Kapitels genauer vor.

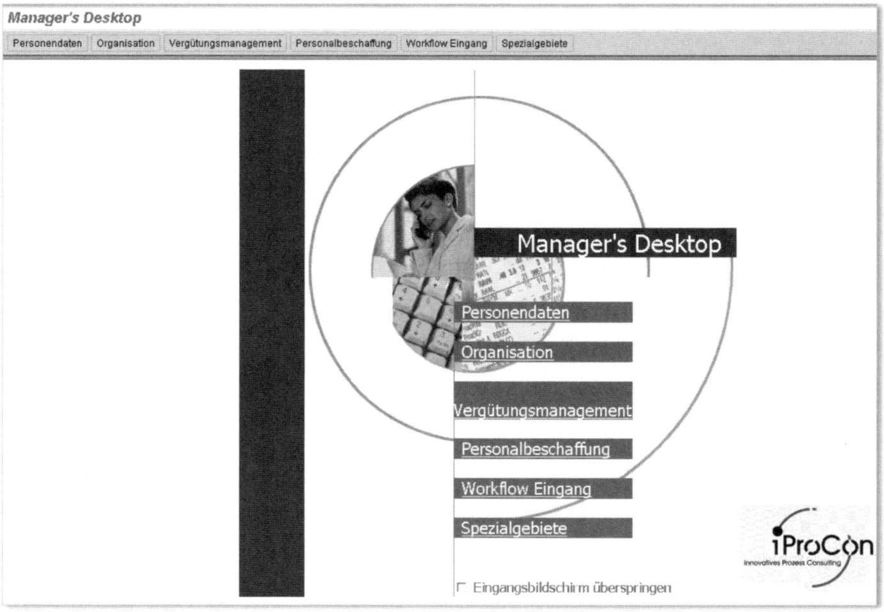

Abbildung 13.1 Einstiegsbildschirm von Manager's Desktop

Hinweis

Das Einstiegsbild kann im Customizing auch grundsätzlich deaktiviert sein. Zum benutzerspezifischen Ausblenden des Einstiegsbilds siehe Abschnitt 13.4.1, »Überspringen des Einstiegsbilds«.

Durch Anklicken einer Themenkategorie starten Sie Manager's Desktop. In Abbildung 13.2 wurden die Personendaten ausgewählt, diesen Punkt sehen Sie in der oberen Leiste in Form eines grauen Buttons dargestellt. Im linken Bildbereich wird Ihnen der Funktionsbaum zum Themenblock Personendaten angeboten. Dieser enthält Standardreports sowie die Transaktion zum Start der Ad-hoc Query. Die Funktionen sind thematisch in Ordnern zusammengefasst.

Im rechten Bildbereich sehen Sie einen Ausschnitt aus der Aufbauorganisation Ihres Unternehmens: Ihren Zuständigkeitsbereich. Die Registerkarten enthalten verschiedene Sichten auf Ihren Zuständigkeitsbereich. In Abbildung 13.2 wird die Registerkarte Alle unterstellten Mitarbeiter mit den unterstellten Organisationseinheiten, Planstellen und zugeordneten Inhabern angezeigt.

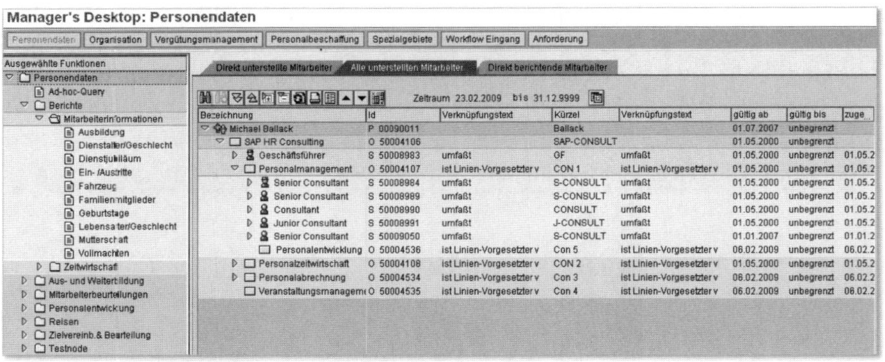

Abbildung 13.2 Bildbereiche von MDT – Funktionsbaum und Baumstruktur des Zuständigkeitsbereichs

Abhängig von der Integration und vom ausgewählten Themenblock können z. B. zusätzlich folgende Registerkarten existieren:

- **Direkt unterstellte Mitarbeiter**
  Die Registerkarte Direkt unterstellte Mitarbeiter enthält alle Organisationsobjekte, für die Sie unmittelbar verantwortlich sind.

- **Direkt berichtende Mitarbeiter**
  Die Registerkarte DIREKT BERICHTENDE MITARBEITER enthält die Mitarbeiter unterstellter Leiterplanstellen sowie direkt berichtende Mitarbeiter.
- **Kostenstellen**
  Die Registerkarte KOSTENSTELLEN enthält alle direkt und indirekt unterstellten Organisationsobjekte mit den zugeordneten Stammkostenstellen.

13.3 Verschiedene Themenkategorien

Erfahren Sie nun entsprechend den Themenkategorien, wie Sie mit Manager's Desktop arbeiten können, d.h., wie Sie selektieren und eine Auswertung starten. Lernen Sie außerdem Beispiele für Auswertungen aus den einzelnen Kategorien kennen.

13.3.1 Personendaten

Zum Aufruf einer Auswertung eines Objekts innerhalb Ihres Zuständigkeitsbereichs markieren Sie zuerst das Objekt, z.B. einen einzelnen Mitarbeiter (siehe Abbildung 13.2) oder auch die gesamte Organisationseinheit. Ziehen Sie das Objekt dann per Drag & Drop auf die gewünschte Funktion (z.B. Auswertung) im Funktionsbaum, oder wählen Sie diese durch Anklicken aus, nachdem Sie das Objekt markiert haben. Sie erhalten direkt das Ergebnis der Auswertung (siehe Abbildung 13.3). Ein Selektionsbild wird im Allgemeinen nicht vorgeschaltet.

Familienmitglieder

Personalnummer	Name des Mitarbeiters bzw. Bew	Familienbeziehung	Vorname	Nachname	GebDatum
00090017	Timo Schäuble	Kind	Samantha	Schäuble	23.05.2005

Abbildung 13.3 Aufruf des Reports »Familienmitglieder« von Mitarbeiter Timo Schäuble

13.3.2 Organisation

In dieser Kategorie stehen grundsätzlich zwei Arten von Funktionen bereit:

- Auswertungen von Organisationsstruktur und Stellenplan
- Durchführen von organisatorischen Änderungen

Zum Auswerten von Objekten (Organisationseinheiten, Planstellen) gehen Sie wie in Abschnitt 13.3.1, »Personendaten«, beschrieben vor. Die Durchführung von organisatorischen Änderungen wird im Folgenden kurz beschrieben.

Hinweis

Diese Funktionalität innerhalb von MDT ist auf die dezentrale Nutzung durch Führungskräfte zugeschnitten, die nur innerhalb einzelner Abteilungen Änderungen vornehmen dürfen. Als zentrales Werkzeug zur Durchführung von Organisationsänderungen nutzen Sie bitte unbedingt die in Kapitel 9, »Organisationsmanagement«, beschriebenen Methoden.

Die dezentrale Durchführung von Organisationsänderungen in MDT wird in vielen Unternehmen durch das Berechtigungskonzept unterbunden. Aufgrund der weitreichenden Auswirkungen solcher Änderungen ist diese Beschränkung in vielen Fällen auch sinnvoll.

Um Ihren eigenen Zuständigkeitsbereich zu reorganisieren, markieren Sie das umzuhängende Objekt und ziehen es per Drag & Drop auf das neue übergeordnete Objekt. Sie werden aufgefordert, das Anfangsdatum anzugeben und – falls Mitarbeiter von der Reorganisation betroffen sind – eine Personalmaßnahme auszuwählen. Zum Umhängen können Sie auch die Funktionen OBJEKTE AUSSCHNEIDEN und OBJEKTE ZUORDNEN aus dem Funktionsbaum verwenden.

Wenn Sie einen Mitarbeiter auf eine Planstelle außerhalb Ihres Zuständigkeitsbereichs versetzen wollen, wählen Sie die Funktion VERSETZUNG AUSSERHALB aus. Geben Sie dann das Datum der Versetzung, eine Personalmaßnahme (z. B. organisatorischer Wechsel) und den neuen Leiter oder die neue Organisationseinheit an. Der zukünftige Vorgesetzte erhält per Workflow den Auftrag, die zu besetzende Planstelle festzulegen. Solange die Versetzung im Gang ist, erscheint auf Ihren Registerkarten DIREKT UNTERSTELLTE MITARBEITER und ALLE UNTERSTELLTEN MITARBEITER neben dem betreffenden Mitarbeiter ein Button mit einem Pfeil (siehe Abbildung 13.4).

Abbildung 13.4 Persona maßnahme zur Versetzung einer Mitarbeiterin außerhalb des Zuständigkeitsbereichs ist noch nicht abgeschlossen

Sobald Sie einen Mitarbeiter per Personalmaßnahme umgehängt haben, erhält der zuständige Sachbearbeiter in der Personalabteilung einen Workflow, um die Personalmaßnahme zu prüfen und fertigzustellen.

13.3.3 Vergütungsmanagement/Kosten + Budget

In dieser Themenkategorie können Sie zum einen Berichte über die Kostenstellenrechnung und zum anderen verschiedene Funktionen zur Kontingentplanung (Personalkapazitätsplanung) sowie zur Vergütungsplanung ausführen.

> **Hinweis**
>
> Je nach Konfiguration Ihres Systems kann diese Rubrik mit VERGÜTUNGSMANAGEMENT oder mit KOSTEN + BUDGET überschrieben sein.

Den Zugriff auf Kostenstellenberichte erhalten Sie in der Rubrik KOSTENSTELLENRECHNUNG. Sie greifen hier auf Auswertungen des Moduls CO (Kostenrechnung) zu, befinden sich also nicht mehr innerhalb des HCM-Systems. Fragen Sie zur korrekten Handhabung der Auswertungen gegebenenfalls Ihre Controllingabteilung.

Unter der Rubrik PLANSTELLENKONTINGENT haben Sie die Möglichkeit, die in Ihrem Zuständigkeitsbereich benötigte Kapazität für einen festgelegten Zeitraum zu planen. In der Übersicht sehen Sie je Planungsperiode und abhängig von der Registerkarte pro Organisationseinheit die Anzahl der bereits vorgesehenen Planstellen (AKTUELL) sowie die insgesamt benötigte Anzahl (GEPLANT) entlang der Organisationsstruktur bzw. pro Stelle (siehe Abbildung 13.5).

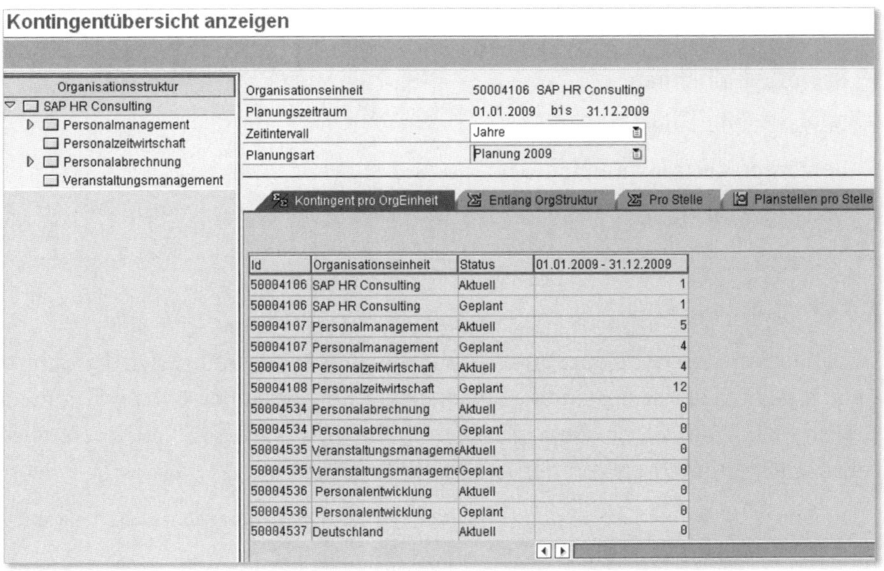

Abbildung 13.5 Kontingentübersicht pro Organisationseinheit des Zuständigkeitsbereichs

Zudem können Sie unter der Rubrik VERGÜTUNGSMANAGEMENT Gehaltserhöhungen (absolut oder prozentual) gewähren und Leistungsboni je Mitarbeiter vergeben. Als Voraussetzung müssen Vergütungsanpassungsgründe und Anpassungsarten eingerichtet sein.

13.3.4 Personalbeschaffung

Im Themenblock der Personalbeschaffung sehen Sie die unbesetzten Planstellen in Ihrem Zuständigkeitsbereich. Außerdem werden die zugeordneten Bewerber angezeigt, für die der Auswahlprozess noch nicht abgeschlossen ist, d.h. die bislang weder eine Zu- noch eine Absage erhalten haben.

Sie haben nun die Möglichkeit, Ihre Entscheidungen im Personalauswahlprozess direkt im System zu hinterlegen. Dazu stehen Ihnen alle zur Person des Bewerbers erfassten Stammdaten und gegebenenfalls die elektronisch archivierten Bewerberunterlagen zur Ansicht zur Verfügung. Um prüfen zu können, inwieweit sich das Profil des Bewerbers mit den Anforderungen der Planstelle deckt, muss zum einen die Integration zur Personalentwicklung aktiv und zum anderen ein Anforderungsprofil für die Planstelle erstellt sein.

Den aktuellen Zuordnungsstatus des Bewerbers zur Planstelle finden Sie auf der Registerkarte BEWERBER unter der Spaltenüberschrift VERKNÜPFUNGSTEXT. Folgende Funktionen können Sie entweder über den Funktionsbaum oder über das Kontextmenü via rechter Maustaste (siehe Abbildung 13.6) ausführen:

- Bewerber ablehnen
- Bewerber einladen
- Bewerber Vertrag anbieten
- Bewerber einstellen
- Bewerber zurückstellen
- Bewerber in Bearbeitung

Dabei ändert sich der Zuordnungsstatus entsprechend, und es wird anschließend eine Mail an die zuständige Personalabteilung gesendet. Sobald Sie einem Bewerber in MDT einen Vertrag anbieten, ihn einstellen oder ablehnen, wird sein Name automatisch von der Registerkarte entfernt.

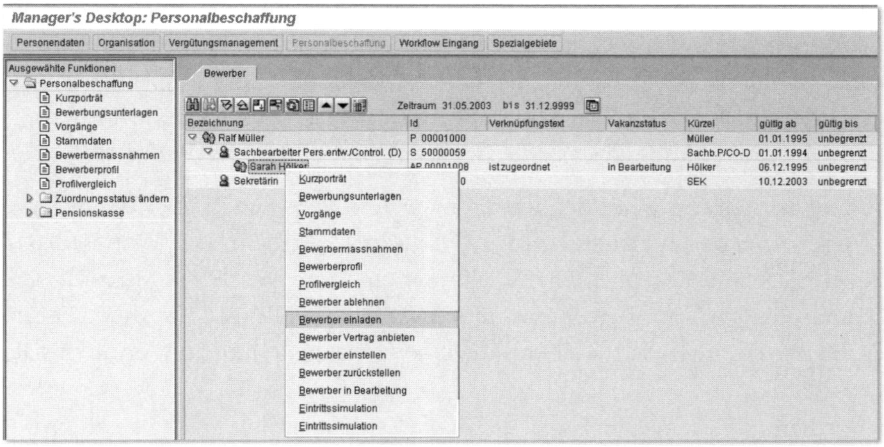

Abbildung 13.6 Funktionen der rechten Maustaste beim Bewerberauswahlprozess

13.3.5 Workflow-Eingang

Im Workflow-Eingang werden die Ihnen zugestellten Workflow-Aufgaben (Work-Items) mit den Zusatzinformationen Beschreibung, Priorität, Eingangsdatum und Aufgabe bereitgestellt. Zur besseren Übersicht können Sie nach einzelnen Attributen sortieren, wie in Abbildung 13.7 beispielsweise aufsteigend nach Priorität. Durch einmaliges Klicken mit der linken Maustaste auf die Spaltenüberschrift erreichen Sie eine absteigende und durch zweimaliges Klicken eine aufsteigende Sortierung. Über den Funktionsbaum im linken Bildschirmbereich sehen Sie die Gesamtanzahl der in Ihrem Workflow-Eingang befindlichen Work-Items. Durch Anklicken einer einzelnen Aufgabe werden im rechten Bereich nur die zur gewählten Aufgabe gehörenden Work-Items angezeigt.

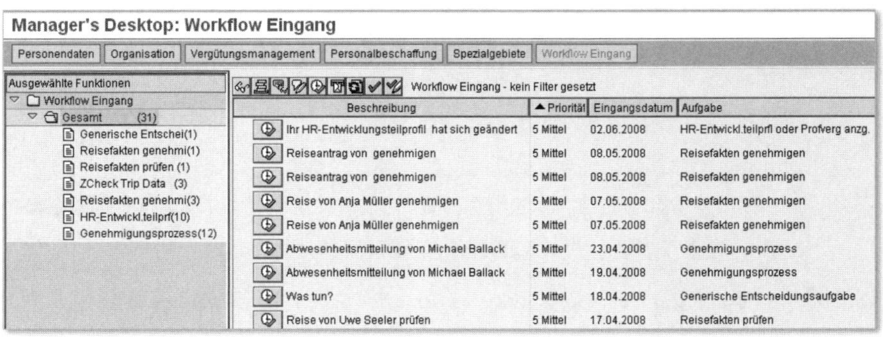

Abbildung 13.7 Workflow-Aufgaben im Themenblock Workflow-Eingang – sortiert nach Priorität

In der Buttonleiste können Sie über den Button ANZEIGEN in die Detailsicht des Work-Items verzweigen. Um mehrere Work-Items in die Anzeige zu übernehmen, markieren Sie diese mit der linken Maustaste und gleichzeitigem Drücken der Taste [Strg]. Auf dem darauf folgenden Bildschirmbild öffnen Sie dann über den Button WEITER die Detailsicht der einzelnen Work-Items.

Analog verfahren Sie mit den weiteren ausführbaren Funktionen WIEDERVORLEGEN, ANLAGE ANZEIGEN, ANLAGE ANLEGEN, AUSFÜHREN, WEITERLEITEN, ANNEHMEN und ERLEDIGT SETZEN. Um ein einzelnes Work-Item auszuführen, können Sie auch auf den Button am Zeilenanfang klicken. Über den Button AUFFRISCHEN rufen Sie zwischenzeitlich neu hinzugekommene Work-Items ab.

13.3.6 Spezialgebiete

Unter SPEZIALGEBIETE können z. B. Intranet- oder Internetseiten abgelegt sein. Abbildung 13.8 zeigt die Zuordnung von URLs interessanter Internetseiten. Sie können diese Seiten innerhalb von MDT aufrufen, sofern Sie von Ihrem Arbeitsplatz aus über einen Internetzugang verfügen.

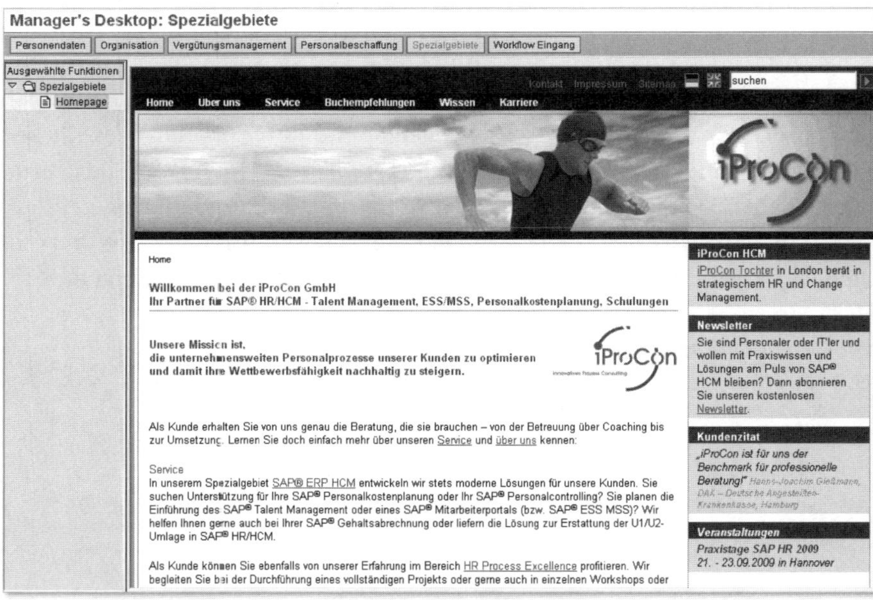

Abbildung 13.8 Link zur Homepage »www.iprocon.de« unter »Spezialgebiete«

13.4 Anpassung des eigenen Manager's Desktop

Die Anforderungen, die an MDT gestellt werden, unterscheiden sich von Unternehmen zu Unternehmen und sogar von Nutzer zu Nutzer. Deshalb finden Sie im Folgenden einige Möglichkeiten aufgeführt, wie Sie MDT auf Ihre speziellen Bedürfnisse hin abstimmen können.

Überspringen des Einstiegsbilds

Damit das Einstiegsbild beim Aufruf von MDT nicht mehr angezeigt wird, markieren Sie entweder auf dem Einstiegsbild EINGANGSBILDSCHIRM ÜBERSPRINGEN oder wählen in MDT den Menüpfad EINSTELLUNGEN • EINGANGSBILDSCHIRM AUSSCHALTEN. Beim nächsten Aufruf werden daraufhin die zuletzt angezeigte Themenkategorie und die zuletzt angezeigte Registerkarte dargestellt.

Themenkategorien und Funktionen auswählen

Damit nur die von Ihnen tatsächlich benötigten Themenkategorien bzw. Funktionen angezeigt werden, können Sie über den Menüpfad EINSTELLUNGEN • FUNKTIONEN • FUNKTIONSAUSWAHL ganze Themenblöcke oder einzelne Funktionen ausblenden, indem Sie die betreffende Zeile demarkieren (siehe Abbildung 13.9). Bitte beachten Sie, dass die Auswahlmöglichkeiten abhängig vom unternehmensspezifischen Customizing sind.

Registerkarten auswählen

Die Registerkarten bieten Ihnen verschiedene Ansichtsmöglichkeiten auf Ihren Zuständigkeitsbereich, so z. B. entweder auf alle unterstellten oder nur auf die direkt unterstellten Organisationseinheiten mit der Zuordnung von Planstellen und Mitarbeitern. Über den Menüpfad EINSTELLUNGEN • REGISTERKARTEN können Sie für die aktuell ausgewählte Themenkategorie die anzuzeigenden Registerkarten bestimmen (siehe Abbildung 13.10).

Spalten im rechten Bildbereich auswählen

Die Registerkarten einiger Themenkategorien wie PERSONENDATEN oder ORGANISATION enthalten jeweils eine Baumstruktur mit unterschiedlichen Objekten wie Organisationseinheit, Planstelle oder Person. Zu diesen Objekten werden mehrere Zusatzinformationen angeboten: beispielsweise die ID des Objekts, der Gültigkeitszeitraum oder der Besetzungsprozentsatz einer Person auf einer Planstelle. Die Anzeige der Spalten können Sie selbst bestimmen.

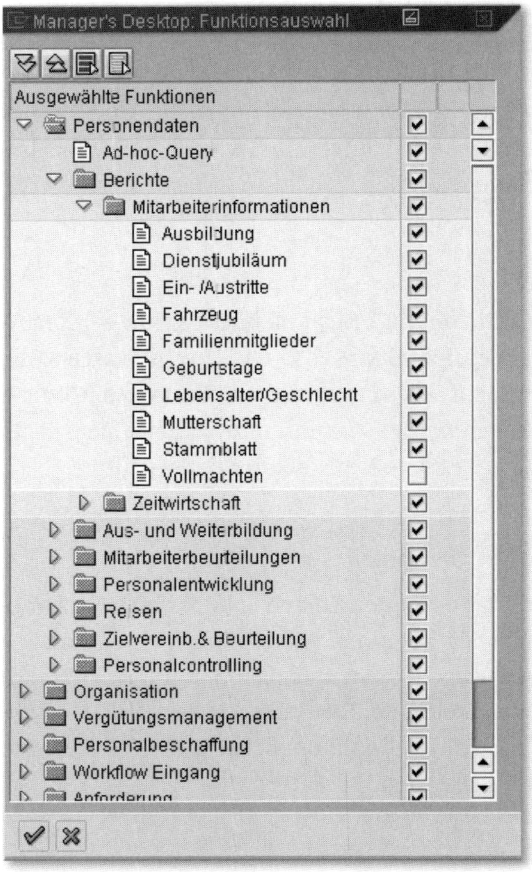

Abbildung 13.9 Ausblenden der Auswertung »Vollmachten« in MDT

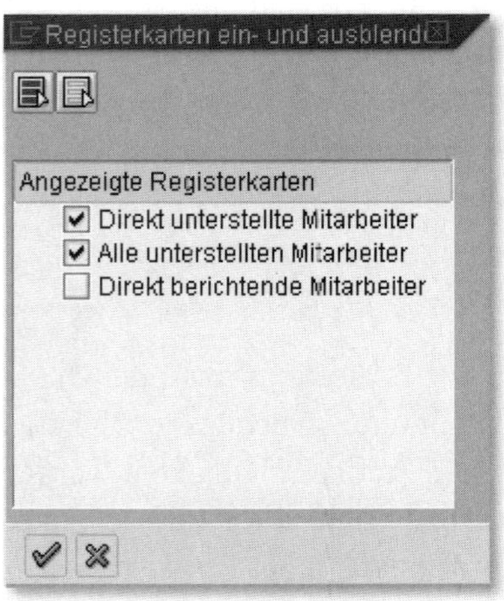

Abbildung 13.10 Anzeige zweier Registerkarten zur aktuell ausgewählten Themenkategorie

Über den Menüpfad Einstellungen • Spaltenkonfiguration markieren Sie dazu die Informationen, die Ihnen zu den einzelnen Objekten angezeigt werden sollen (siehe Abbildung 13.11).

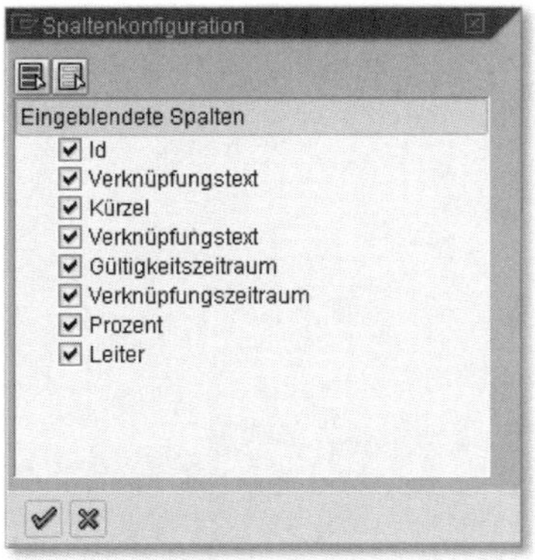

Abbildung 13.11 Alle Zusatzinformationen im rechten Bildbereich sollen eingeblendet werden

Tipp

Per Doppelklick auf ein Objekt, z. B. die Planstelle oder den Mitarbeiter, öffnen Sie ein Dialogfenster mit einer Auswahl von Zusatzinformationen zum Objekt. Von dort können Sie über den Button Detail in die Objektpflege bzw. Stammdatenpflege mit den zugehörigen Infotypen verzweigen (siehe Kapitel 9, »Organisationsmanagement«, bzw. Kapitel 5, »Personaladministration«).

13.5 Manager Self-Services (MSS)

Manager Self-Service (MMS) kann entweder als Direktlink oder über SAP NetWeaver Portal bereitgestellt werden. Nehmen wir an, in Ihrem Unternehmen ist SAP NetWeaver Portal im Einsatz. Wie Sie sich dort anmelden, erfahren Sie in Kapitel 12, »Employee Self-Services (ESS)«. In diesem Kapitel behandeln wir SAP NetWeaver Portal ausschließlich im Hinblick auf MSS.

Voraussetzung für den Zugang zu MSS ist, dass Sie eine Führungsposition innehaben oder zumindest die Berechtigung für MSS als Vertreter oder Sekretärin eines Vorgesetzten besitzen. Nachdem Sie sich am Portal angemeldet haben, sehen Sie die Registerkarte Manager Self-Service. Im Standard befinden sich im Untermenü die Punkte Übersicht, u.a. mit dem Arbeitsvorrat (entspricht dem Workflow-Eingang in MDT), Berichte sowie Service Map, unter denen Sie Services für die Mitarbeiter Ihres Teams, z. B. die Genehmigung von Arbeitszeiten, ausführen können.

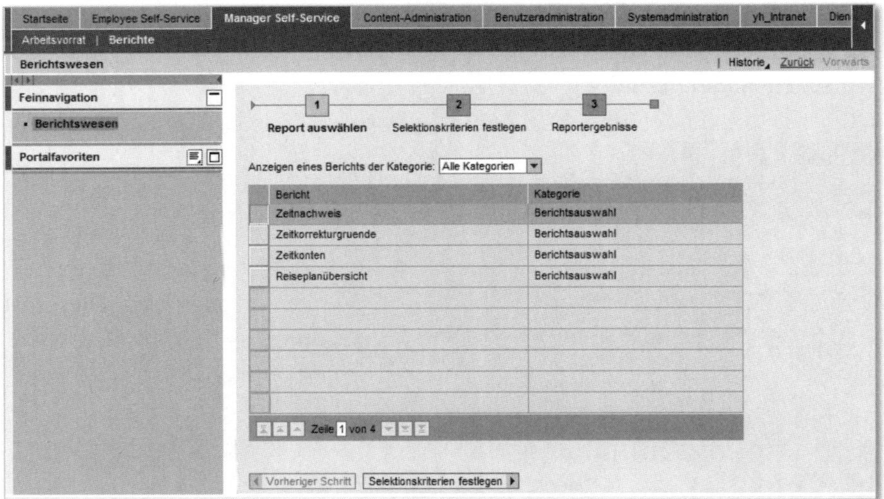

Abbildung 13.12 Schritt 1 – Auswahl eines Reports in Manager Self-Service

In Abbildung 13.12 wurde MSS bereits angepasst. Hier werden der Führungskraft lediglich der Arbeitsvorrat sowie eine Auswahl von Berichten zur Verfügung gestellt. Anders als in MDT arbeiten Sie bei der Selektion von Personen für das Ausführen eines Reports nicht mit Drag & Drop, sondern wählen gemäß der Roadmap zuerst den Bericht aus (siehe Abbildung 13.12) und selektieren danach den oder die Mitarbeiter (siehe Abbildung 13.13).

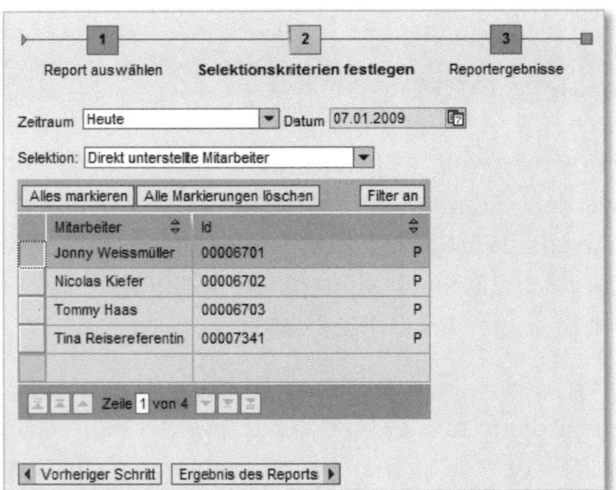

Abbildung 13.13 Schritt 2 – Selektion eines Mitarbeiters

Nach diesen beiden Schritten starten Sie den Report wie gewohnt.

13.6 Zusammenfassung

In diesem Kapitel haben wir Ihnen Manager's Desktop vorgestellt. Sie sind nun in der Lage, innerhalb dieser Anwendung Auswertungen auszuführen und die Selektion anhand der Organisationsstruktur vorzunehmen. Sicher haben Sie dabei festgestellt, dass MDT einfach und intuitiv zu bedienen ist. Das stellt gerade für Anwender, die eher selten mit dem System arbeiten, einen großen Vorteil dar. Im Anschluss daran sind wir noch kurz auf Manager Self-Service, ebenfalls eine Anwendung speziell für Führungskräfte, eingegangen. Dieser ist jedoch, im Unterschied zu MDT, eine Webanwendung.

13.7 Übungsaufgaben zu Kapitel 13

1. Beschreiben Sie die beiden Möglichkeiten zum Aufruf eines Berichts in MDT über eine Organisationseinheit.
2. Sie möchten im linken Bildschirmbereich nicht benötigte Reports ausblenden. Wie gehen Sie vor?
3. Welchen Zuordnungsstatus zur vakanten Planstelle muss ein Bewerber haben, damit er auf der Registerkarte BEWERBER in der Themenkategorie PERSONALBESCHAFFUNG angezeigt wird?
4. Unter welcher Themenkategorie können Sie einen Leistungsbonus für Ihren Mitarbeiter erfassen?
5. Welche Möglichkeiten haben Sie, den rechten Bildschirmbereich anzupassen?
6. Welche Funktion müssen Sie wählen, um einen Mitarbeiter in eine Organisationseinheit zu versetzen, die nicht in Ihrem Zuständigkeitsbereich liegt?

Wenn Sie Probleme mit dem System haben oder Unklarheiten bestehen, gibt es für Sie mehrere Möglichkeiten der Abhilfe. Welche Hilfefunktion Ihnen abhängig von Ihrer Fragestellung und in Ihrer jeweiligen Situation am meisten dient, erfahren Sie in diesem Kapitel.

14 Hilfefunktionen

Selbst erfahrenen Anwendern begegnet im SAP-System hin und wieder eine Situation, die Verwunderung auslöst oder sogar den weiteren Arbeitsablauf beeinträchtigt. Oftmals sind Release-Wechsel oder das Einspielen von Support Packages die Ursache für eine geänderte Darstellung, für neue Felder oder Funktionen. Fast immer erhalten Sie in einer der Hilfefunktionen Antwort auf Ihr spezielles Problem. Das Wichtigste dabei ist, dass Sie wissen, wo Sie nach der Antwort suchen müssen. Je mehr Sie mit den Hilfefunktionen arbeiten, desto leichter finden Sie sich in ihnen zurecht. Wir können Ihnen daher zwei Empfehlungen mit auf den Weg geben: Lassen Sie sich nicht von der Fülle der Dokumentation erschlagen, und üben Sie, in dieser Fülle fündig zu werden.

Um Sie dabei zu unterstützen, stellen wir Ihnen zunächst die Online-Hilfen und anschließend die Hilfefunktionen im SAP-System vor. Das Kapitel schließt wie gewohnt mit einer Zusammenfassung und mehreren Übungsaufgaben ab.

14.1 Online-Hilfen

SAP stellt zwei Online-Hilfen bereit, die ausführliche, ständig aktualisierte Dokumentationen enthalten. Das sind die beiden Online-Hilfsportale *SAP Help Portal* und *SAP Service Marketplace*. Sie finden beide im Internetportal von SAP.

Die Hilfefunktionen von SAP Help Portal können Sie auch direkt aus dem Hilfe-Menü des SAP-Systems (siehe Abbildung 14.1) oder von einer CD aufrufen, die mit jedem neuen Release ausgeliefert wird.

SAP Service Marketplace hingegen ist ausschließlich online verfügbar, da er den Austausch zwischen dem Kunden und SAP ermöglicht (siehe Abschnitt 14.1.2, »SAP Service Marketplace«).

Abbildung 14.1 Die Online-Hilfen können Sie auch über das Hilfe-Menü aufrufen

14.1.1 SAP Help Portal

SAP Help Portal beinhaltet folgende Hilfefunktionen:

- allgemeine Einführung in das ERP-System
- SAP-Bibliothek mit der gesamten SAP-Dokumentation
- Glossar mit den Definitionen wichtiger SAP-Begriffe
- Release-Informationen

Um SAP Help Portal im Internet aufzurufen und eine dieser Hilfefunktionen nutzen zu können, gehen Sie wie folgt vor:

1. Geben Sie in das Adressfeld des Webbrowsers die URL *http://help.sap.com* ein.
2. Wählen Sie unter SAP ERP das entsprechende Release und anschließend die gewünschte Sprache aus.
3. Wählen Sie die benötigte Hilfefunktion aus.

In den folgenden Abschnitten erläutern wir Ihnen die einzelnen Hilfefunktionen zu genauer.

Allgemeine Einführung in das ERP-System

Die allgemeine Einführung (auch *Getting Started* genannt) macht Sie mit der Handhabung des Systems, also mit dem Aufbau und der Navigation, vertraut. Die Einführung enthält darüber hinaus ausführliche Informationen zum Umgang mit Listen, Reports und zur Hintergrundverarbeitung, sodass dieser Teil nicht nur Einsteigern eine echte Hilfe sein wird.

SAP-Bibliothek

Um sich mit einem Thema grundsätzlich vertraut zu machen bzw. sich in ein neues Thema einzuarbeiten, empfiehlt sich die *SAP-Bibliothek*. Darin befindet sich zu jedem Anwendungsgebiet eine ausführliche Dokumentation. Wählen Sie in der Baumstruktur unter SAP ERP CENTRAL COMPONENT z. B. die Komponente PERSONALWIRTSCHAFT aus, und verzweigen Sie weiter nach unten, bis Sie zu den gewünschten Informationen gelangen. Am Ende der Erläuterung finden Sie in den meisten Fällen weitere Links zu verwandten Themen aus der SAP-Bibliothek oder gegebenenfalls den Pfad zur Customizing-Dokumentation (siehe Abschnitt 14.2.2, »Customizing-Dokumentation«).

Glossar

Wenn Ihnen die Bedeutung einer SAP-spezifischen Bezeichnung unklar ist, schauen Sie am besten im Glossar nach. Dort finden Sie eine kurze Erläuterung zu fast allen SAP-Begriffen sowie zu allgemeinen betriebswirtschaftlichen Begriffen. Über das Alphabet steigen Sie gezielt in die Suche ein. Scrollen Sie weiter nach unten, bis Sie den gesuchten Begriff finden, und klicken Sie ihn anschließend an, um die gewünschte Information zu erhalten (siehe Abbildung 14.2).

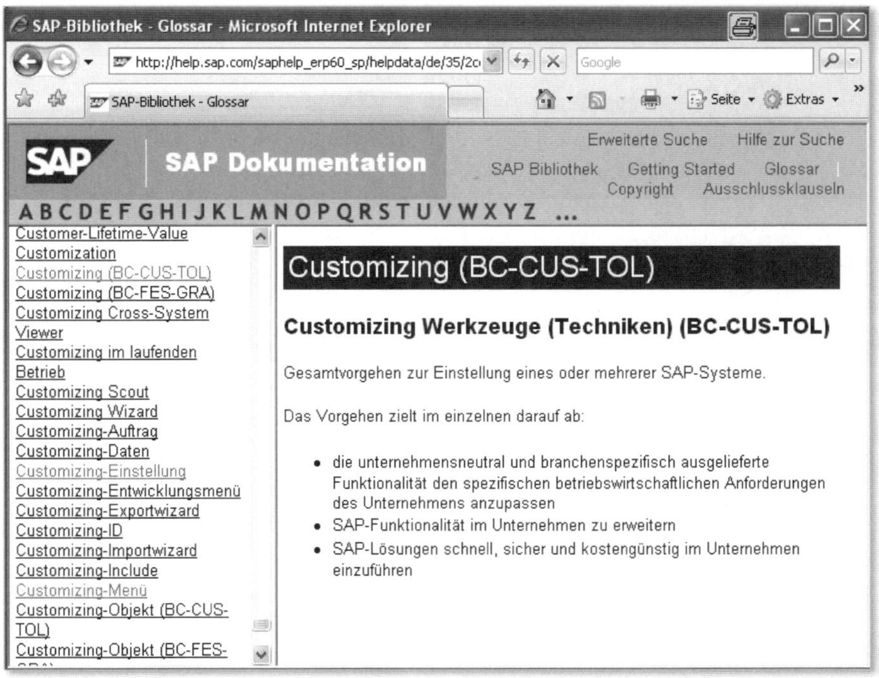

Abbildung 14.2 Glossareintrag

Release-Informationen

Bei einem Release-Wechsel erhält das Unternehmen eine neue Version des SAP-Systems. Welche Änderungen und Neuerungen zu jedem Release-Stand erfolgen, erfahren Sie in den Release-Informationen. In der Regel werden Sie als Anwender von Ihrem Vorgesetzten oder Key User mit den relevanten Release-Informationen versorgt.

Möchten Sie dennoch den Inhalt einer bestimmten Release-Information nachschlagen, gehen Sie wie folgt vor:

1. Wählen Sie im Menü des SAP-Systems den Menüpfad HILFE • RELEASE-INFOS.
2. Wählen Sie in der Ansicht RELEASE-INFORMATIONEN-SUCHE den Button MYSAP RELEASENOTES GESAMTLISTEN.
3. Markieren Sie die Zeile des gewünschten Release-Standes, und klicken Sie anschließend auf den Button ANZEIGEN.
4. Klicken Sie auf das Pluszeichen vor der Anwendungskomponente, in der Sie die Information vermuten. Die Unterliste wird angezeigt.
5. Verfahren Sie weiterhin entsprechend, bis Sie die gewünschte Release-Information sehen.
6. Per Klick auf das Icon öffnen Sie die Information.

Tipp

Um gezielt nach einer Release-Information zu suchen, wählen Sie auf der Einstiegsseite entweder den Button FREITEXTSUCHE ODER DEN Button ATTRIBUTSUCHE. Mithilfe des Buttons FREITEXTSUCHE können Sie nach Stichworten suchen, die Sie in der Release-Information erwarten; mithilfe des Buttons ATTRIBUTSUCHE erhalten Sie z. B. eine Liste aller neu hinzugekommenen Funktionen (siehe Abbildung 14.3).

Hinweis

Ein übersichtliches Verzeichnis der Release-Informationen je Release-Stand finden Sie auch in SAP Help Portal. Eine Suchmöglichkeit, wie sie in Abbildung 14.3 dargestellt ist, steht Ihnen hier jedoch nicht zur Verfügung.

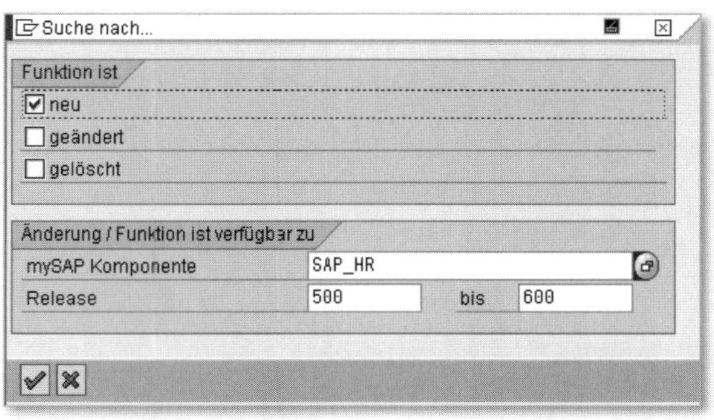

Abbildung 14.3 Anzeige aller neuen Funktionen seit dem Release 500

14.1.2 SAP Service Marketplace

Die andere wichtige Online-Hilfe ist SAP Service Marketplace. Dieses Internetportal hilft Ihnen bei speziellen Fragen zum SAP-System, bei Problemfällen oder Fehlern des Systems. Sobald ein Problem entdeckt und gelöst wird, legt SAP dazu eine Problembeschreibung mit einer Hinweisnummer an. Falls Sie ein Problem vermuten, lohnt es sich immer, zuerst unter den sogenannten *SAP Notes* (Link TOPNOTES)nachzusehen.

Um den umfassenden Service von SAP Service Marketplace zu nutzen, benötigen Sie entsprechende Zugangsdaten. Fragen Sie Ihren SAP-Administrator, falls Ihnen die Anmeldedaten unbekannt sind.

1. Starten Sie SAP Service Marketplace über den Webbrowser mit der URL *http://service.sap.com* oder über das Hilfe-Menü des SAP-Systems.
2. Klicken Sie den Button LOGIN an, und geben Sie Ihre Anmeldedaten ein.
3. Wählen Sie den Link SAP SUPPORT PORTAL und danach die Registerkarte HILFE & SUPPORT.
4. Sie haben nun folgende Möglichkeiten:
   - Sie können SAP-Hinweise suchen (siehe Abbildung 14.4).
   - Sie können die wichtigsten SAP-Hinweise zu Ihrer Komponente lesen. Richten Sie sich unter den Links SAP HOTNEWS und SAP TOPNOTES jeweils einen Filter ein, damit Sie nur die für Sie relevanten Informationen erhalten.

Abbildung 14.4 Hinweissuche über die Hinweisnummer oder über andere Suchkriterien

Falls Sie keinen entsprechenden Hinweis gefunden haben, können Sie eine Problemmeldung erfassen. Klicken Sie dazu auf den Eintrag PRODUKTFEHLER auf der Registerkarte HILFE & SUPPORT.

14.2 Hilfefunktionen des Systems

Die Hilfefunktionen des Systems unterstützen Sie direkt bei der Arbeit im System. Ist Ihnen z. B. die Bedeutung einer Anwendung oder eines Feldes unklar, dann steht Ihnen unmittelbar beim Aufruf der Anwendung bzw. am Feld selbst eine Kurzdokumentation zur Verfügung. Erfahren Sie nun, wie Sie diese Dokumentationen aufrufen.

14.2.1 Dokumentation im SAP Easy-Access-Menü

Wenn Sie sich nicht sicher sind, welche Bedeutung eine Funktion im SAP Easy-Access-Menü hat, können Sie direkt zu dieser Anwendung eine Dokumentation aufrufen.

1. Navigieren Sie mit dem Cursor bis zu einer ausführbaren Funktion (gekennzeichnet durch das Icon).
2. Klicken Sie die Funktion mit der rechten Maustaste an.
3. Wählen Sie im Dropdown-Menü den Eintrag DOKUMENTATION ANZEIGEN aus (siehe Abbildung 14.5).

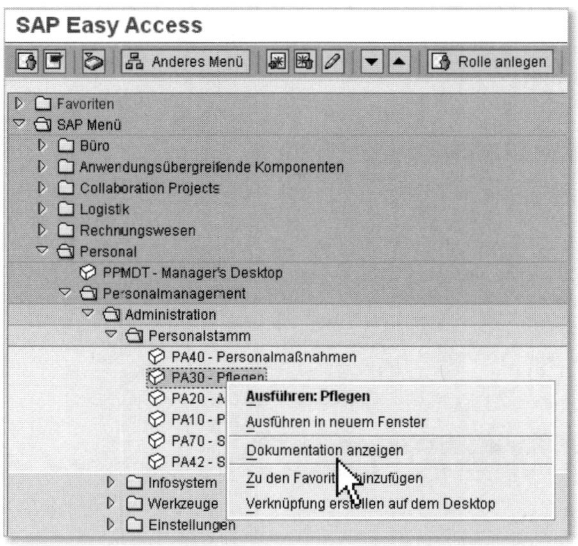

Abbildung 14.5 Aufrufen der Dokumentation der Funktion »Pflegen«

Tipp

Manche Bezeichnungen im SAP Easy-Access-Menü sind missverständlich. Wenn Sie häufiger mit einer solchen Funktion arbeiten, ziehen Sie die Anwendung in Ihre Favoriten, und vergeben Sie einen sprechenden Namen. Eine Anleitung dazu finden Sie in Abschnitt 3.4.2, »Arbeiten mit dem Benutzermenü«.

14.2.2 Customizing-Dokumentation

Als Key User werden Sie kleinere Customizing-Einstellungen, wie z. B. das Pflegen von Tabellen mit Vorgabewerten, selbst vornehmen. Dabei können Sie sich im Einführungsleitfaden (IMG – Implementation Guide) bezüglich jedes Customizing-Schritts näher informieren, welche Bedeutung die Einstellung hat, welche Empfehlung SAP gibt und welche Aktionen auszuführen sind.

Das Icon im Menü des Einführungsleitfadens kennzeichnet ausführbare Funktionen.

Tipp

Falls Sie nicht wissen, unter welcher Komponente die Funktion zu finden ist, können Sie diese auch anhand eines Stichworts suchen. Wählen Sie dazu in der Symbolleiste das Icon .

Hinweis

IMG steht für *Implementation Guide* (Einführungsleitfaden). Der SAP-Referenz-IMG unterstützt Sie bei der Einführung des SAP-Systems und bei späteren kundenspezifischen Einstellungen.

So gehen Sie vor, um Informationen aus dem Einführungsleitfaden zu erhalten:

1. Wählen Sie im SAP Easy-Access-Menü den Menüpfad WERKZEUGE • CUSTOMIZING • IMG • PROJEKTBEARBEITUNG.
2. Klicken Sie auf den Button SAP-REFERENZ IMG.
3. Die Ansicht EINFÜHRUNGSLEITFADEN ANZEIGEN enthält einen Menübaum mit den Anwendungskomponenten. Navigieren Sie durch Anklicken der Pfeile zur gewünschten Funktion (siehe Abbildung 14.6).
4. Klicken Sie dann auf das Icon , um die Dokumentation zu öffnen.

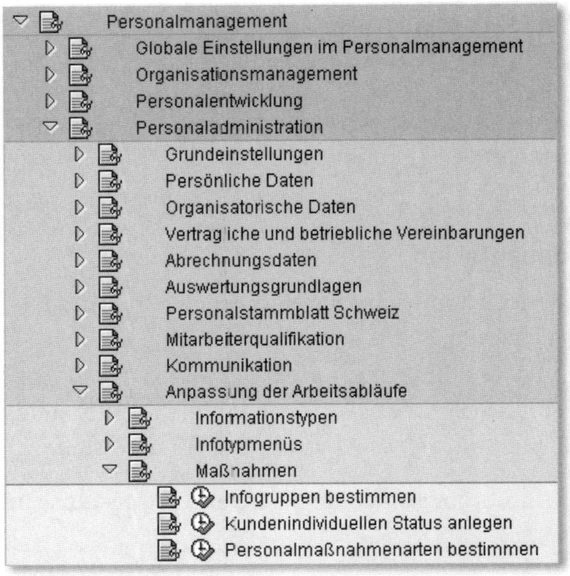

Abbildung 14.6 Ausschnitt aus dem IMG, hier zum Einstellen der Maßnahmen

14.2.3 F1-Hilfe

Falls Sie sich unsicher über die Bedeutung eines Feldes sind, hilft Ihnen die [F1]-Hilfe weiter. Sie enthält eine Dokumentation zu fast jedem Feld im SAP-System. In Abschnitt 3.5.1, »Arbeiten mit Textfeldern«, haben Sie diese Hilfefunktion bereits kennengelernt. Um die Dokumentation zu öffnen, setzen Sie den Cursor in das fragliche Feld und drücken die [F1]-Taste. Es öffnet sich der *Performance Assistant.*

Sie haben außerdem die Möglichkeit, ausgehend vom Performance Assistant weiterführende Hilfefunktionen aufzurufen. Insbesondere die *Hilfe zur Anwendung* enthält über die Feldinformationen hinaus Erläuterungen zum Ablauf des Vorgangs. Tabelle 14.1 zeigt die Icons mit den dazugehörenden Links.

Symbol	Hilfefunktion
	Hilfe zur Anwendung (SAP-Bibliothek)
	Technische Info
	SAP-Bibliothek – Glossar
	SAP Help Portal

Tabelle 14.1 Verzweigungen zur SAP-Bibliothek

14.3 Zusammenfassung

In diesem Kapitel haben wir Ihnen gezeigt, wie Sie sich bei Unklarheiten selbst weiterhelfen können. Wir haben Ihnen sowohl Online-Hilfen als auch die Hilfefunktionen im System vorgestellt. Sie wissen nun, wo Sie abhängig von Ihrem speziellen Problem bzw. je nach Ihrer Fragestellung nach einer Antwort suchen müssen.

14.4 Übungsaufgaben zu Kapitel 14

1. Wo werden bekannte Problemfälle und ihre Lösungen dokumentiert?
   a) SAP Service Marketplace
   b) Glossar
   c) SAP-Hinweis
   d) SAP Help Portal
2. Welche Hilfefunktion verwenden Sie, wenn Sie sich unsicher über die Bedeutung eines Feldes sind?
3. Welche Auskünfte erhalten Sie in den Release-Informationen?
4. Welche Hilfefunktion macht Sie mit dem Umgang des Systems vertraut?
5. Was ist der Unterschied zwischen Online-Hilfen und Hilfefunktionen des Systems?
6. Welche Aussagen sind falsch?
   a) SAP Service Marketplace ist im Internet unter *http://service.sap.com* zu finden.
   b) Der SAP-Referenz IMG unterstützt die Einführung des SAP-Systems sowie laufende kundenindividuelle Einstellungen.
   c) In der SAP-Bibliothek sind SAP-spezifische und allgemeine betriebswirtschaftliche Begriffe definiert.
   d) Das Glossar der Online-Hilfe befindet sich auch auf der CD, die SAP zu jedem neuen Release ausliefert.
   e) Alle Online-Hilfen können auch direkt aus dem System gestartet werden.
   f) Im SAP Easy-Access-Menü kann zu jedem Menüpunkt eine Dokumentation aufgerufen werden.

Neben vielen subjektiven Kriterien, die eine Schulung gut oder schlecht erscheinen lassen, gibt es zumindest ein objektives: Eine gute Schulung motiviert, eine schlechte verwirrt.

15 Anwenderschulungen für SAP ERP HCM

Wäre es möglich, im Rahmen eines kurzen Buchkapitels eine genaue Anleitung für die Schulungen in SAP ERP HCM zu verfassen, würden sowohl der Glaube an die Komplexität dieser SAP-Lösung als auch der Glaube an die Pädagogik als Wissenschaft eine schwere Erschütterung erleiden. Da aber beide Glaubensrichtungen eine durchaus erwiesene Existenzberechtigung haben, kann Ihnen das vorliegende Kapitel nur Anregungen und Hinweise geben, was Sie bei der Konzeption und Durchführung einer Anwenderschulung für HCM beachten sollten.

Wir möchten Ihnen zunächst die Voraussetzungen und kritischen Erfolgsfaktoren von Anwenderschulungen vermitteln. Anschließend werden wir uns konkret mit den Prozessen der Schulungsvorbereitung und -organisation beschäftigen, die wir anhand eines Fallbeispiels betrachten. Hierbei handelt es sich um die Schulung in einem angepassten System zur Einarbeitung neuer Mitarbeiter. Die gewonnenen Erkenntnisse werden wir abschließend in einem kurzen Fazit resümieren.

15.1 Voraussetzungen und kritische Erfolgsfaktoren von Anwenderschulungen

In diesem Abschnitt betrachten wir die strategischen Überlegungen und Ausrichtungen, die bereits im Vorfeld der Schulung geklärt sein sollten: die Orientierung an konkreten betrieblichen Anforderungen und Prozessen, der Schulungsort und die Rolle des Schulungsleiters.

Die nachfolgenden Erläuterungen verzichten weitestgehend auf die Einbeziehung von Fragen des Budget- und Zeitdrucks. Diese ergeben sich erfahrungsgemäß während des Projekts von ganz allein und hängen zudem stark vom jeweiligen Unternehmen ab.

15.1.1 Prozessorientierung

Im Gegensatz zu einer beruflichen Ausbildung oder zur berufsbegleitenden Qualifizierung sollten sich Anwenderschulungen immer an den konkreten betrieblichen Prozessen orientieren und messen lassen.

»Wir bräuchten für unsere HCM-Sachbearbeiter mal eine generelle Reportingschulung« ist eine mögliche Anforderung an eine Schulung. Wenn man versuchen würde, einer so unkonkreten Anforderung nachzukommen, müsste man die Teilnehmer der Schulung mit den vielfältigen Möglichkeiten des Reportings konfrontieren. Dies würde schnell zu Verwirrung führen. Außerdem zeigt es sich in vielen Fällen, dass die vorhandenen Daten nicht ausreichen, um speziellere Berichtsanforderungen zu erfüllen und deren Bearbeitung zu trainieren. Das betrifft sowohl die Konsistenz der vorhandenen Daten als auch die erforderlichen Inhalte für entsprechende Aussagen des Reportings.

Das Ergebnis einer solchen Schulung lautet, dass alle dem Reporting vorgelagerten Prozesse der Datenerfassung und -verarbeitung eigentlich vom Reporting selbst getrieben werden. Als Ergebnis eines Workshops wäre das zu begrüßen. Eine Anwenderschulung hätte hier ihr Ziel verfehlt. Die Ursache für das Scheitern lautet in diesem Fall: Bereits die Aufgabenstellung orientierte sich nicht an den betrieblichen Prozessen, d.h. an den konkreten Fragestellungen, die sich im Unternehmensalltag ergeben.

Es stellt sich die Frage, wie ein pragmatischer Ansatz gefunden werden kann, um die Prozessorientierung der Schulung zu gewährleisten. Eine gute Qualität der Dokumentation der betrieblichen Prozesse kann diese Aufgabe unterstützen, da sich die Schulungsverantwortlichen so leichter vergegenwärtigen können, welche Prozesse die Mitarbeiter (täglich) bewältigen müssen und wo genau Schulungsbedarf besteht.

Unabhängig davon möchten wir im Folgenden einige weitere Möglichkeiten für eine Anwenderschulung aufzeigen. Da wir uns hier speziell mit HCM-Schulungen befassen, sollte der Vorteil der Infotypstruktur in SAP ERP HCM unbedingt schon bei Fragestellung und Konzeption der Schulung genutzt werden. Es gibt neben der Dokumentation folgende gute Möglichkeiten, eine HCM-Schulung thematisch einzugrenzen und auszurichten:

- **Schriftliche Anfrage**
  Eine Auflistung der Infotypen wird an entsprechende Mitarbeiter der Fachabteilung gesendet. Die Bitte lautet, die Relevanz festzustellen, Anmerkungen und Hinweise zu geben und Ergänzungen vorzunehmen. Dabei sollten unbedingt auch Fragen nach den genutzten Reports gestellt werden, da eine Anwenderschulung immer den Kontext zum realen Berichtswesen herstellen sollte.

- **Interview**
  Mitarbeiter der Fachabteilung werden zu den betrieblichen Abläufen direkt befragt. Mit dem Trainer sollte im Vorfeld die Form der Dokumentation dieser Interviews abgestimmt werden, wenn er diese nicht selbst durchführen kann.
- **Workshop**
  Die Verantwortlichen der Schulung verständigen sich mit Führungskräften bzw. Mitarbeitern der Fachabteilung zu den inhaltlichen Fragen der Schulung. Diese Form ist vor allem bei komplexen Schulungsinhalten mit einer Vielzahl interner Schnittstellen empfehlenswert.

Tipps zur Prozessorientierung

Planen Sie zur Vorbereitung einer Schulung einen Workshop. Ein wichtiger Grund dafür ist, dass die Kosten einer Schulung, allein durch die Personalkosten der Teilnehmer, in der Regel sehr hoch sind. Eine solche Investition sollte also gut vorbereitet werden.

Zielstellung:

- Review der für die Schulung relevanten internen Prozesse
- Bestimmung der Schwerpunkte der Schulung
- rechtzeitige Identifizierung möglicher Schwachstellen

Teilnehmerkreis (soweit möglich):

- Schulungsorganisator
- Fachabteilung bzw. Key User
- Führungskräfte
- Trainer

Zeitrahmen:

- zwei Stunden bis zu einem Tag

Im Vorfeld dieser einzelnen Kommunikationsformen kann Sie der Abschnitt 5.6, »Ausführen einer Einstellungsmaßnahme«, bei Ihrer Vorbereitungsarbeit unterstützen, da Sie hier einen Überblick über die unbedingt zu behandelnden Infotypen erhalten.

15.1.2 Inhouse-Schulung vs. externer Schulungsort

Das erste Kriterium für die Entscheidung bezüglich des Schulungsorts ist, ob es in der Firma eine eigene Schulungsbasis gibt. Unabhängig davon möchten wir hier zunächst einige Vor- und Nachteile der beiden Orte benennen:

- **Mögliche Vorteile der Inhouse-Schulung**
  - bekanntes Umfeld für die Teilnehmer
  - leichtere Einbeziehung von Führungskräften und Spezialisten
  - Unabhängigkeit in der Vorbereitung (z. B. bezüglich Datenbasis)
- **Mögliche Nachteile der Inhouse-Schulung**
  - Teilnehmer erledigen Arbeiten unmittelbar vor oder nach der Schulung
  - Ablenkung in Pausen durch Telefonate, Arbeit, Gespräche mit Kollegen
  - mangelnde Abschirmung der Teilnehmer gegen Störungen
- **Mögliche Vorteile des externen Schulungsorts**
  - Nutzung einer zweckmäßigen Raumausstattung
  - Erfahrung des externen Anbieters in Organisation und Vorbereitung
  - schulungsgerechte Gestaltung der Pausen
- **Mögliche Nachteile des externen Schulungsorts**
  - unbekanntes Umfeld für die Teilnehmer
  - fehlender Zugriff auf die eigene Datenbasis
  - Risiken bei der Arbeit mit neuen externen Partnern

Im Zentrum der Entscheidung für den Schulungsort steht die Fokussierung der Teilnehmer auf die Schulung. Ablenkungen und Störungen sollten vermieden werden. Die Hinweise auf die Pausen, die soeben gegeben wurden, gehören auch zu diesem Kontext. Denn es ist ein großer Unterschied, ob Teilnehmer in der Pause mit ihren Kollegen, die nicht an der Schulung teilnehmen, sprechen, oder ob sich innerhalb des Teilnehmerkreises Gesprächsgruppen bilden, die im Idealfall zu einer Vertiefung des Schulungsinhalts führen. Insofern ist auch der Hinweis auf die schulungsgerechte Pausengestaltung zu verstehen: als Vermeidung des Fokuswechsels von der Schulung weg. Bietet eine Inhouse-Schulung die Möglichkeit einer solchen schulungsgerechten Pausengestaltung, sollte diese unbedingt genutzt und in die Planung einbezogen werden.

Tipp

Unabhängig davon, für welchen Ort Sie sich entscheiden, sollte die Anwenderschulung durch eine Führungskraft eröffnet werden.

Die Schulung vermittelt Inhalte, die Gegenstand der Beherrschung und Steuerung der betrieblichen Prozesse sind. An kaum einer anderen Stelle werden diese Inhalte so intensiv betrachtet und diskutiert.

Sowohl die klare Erläuterung des Inhalts der Schulung als auch die Motivation der Teilnehmer aus Sicht eines Prozessverantwortlichen und Vorgesetzten sind nach unserer Erfahrung durch nichts zu ersetzen.

15.1.3 Betrachtungen von Rollen der Schulungsleiter

Die Leitung einer Anwenderschulung kann von verschiedenen Personenkreisen, hier als Rollen bezeichnet, übernommen werden. Die Auswahl dieser Rollen hängt vom Charakter der Schulung ab. Die drei wichtigsten Rollen sind im Folgenden aufgeführt:

- Trainer
- Berater
- Multiplikator

Zu diesen Rollen möchten wir Ihnen nun einige Hinweise geben.

Die Kernkompetenz des *Trainers* liegt in der Fähigkeit zur methodischen Aufbereitung und Vermittlung des Stoffes. In der Regel werden Trainer extern engagiert. Der kritische Erfolgsfaktor ist also hier die Kenntnis interner Prozesse des Unternehmens. Ein Workshop zur Vorbereitung der Schulung kann dieses Defizit mindern. Ein erfahrener Trainer wird aber auch allein aus einer detaillierten Aufgabenstellung die erforderlichen Aufgaben und Fragen ableiten können.

Berater, die innerhalb der Implementierung oder der laufenden Betreuung eingesetzt sind, haben einen großen Einblick in die internen Prozesse der Projekte. Ihre Kernkompetenz ist die Analyse und Bewertung der Prozesse, das Aufdecken ihrer Schwachstellen und Potenziale. Der kritische Erfolgsfaktor aus Sicht der Anwenderschulung ist der erforderliche Wechsel der Betrachtungsebene von der Analyse hin zur methodischen Aufbereitung der zu schulenden Inhalte, und das in der Regel im beratend begleiteten Projekt.

Als *Multiplikatoren* werden in der Regel erfahrene Mitarbeiter der Fachabteilung oder erfahrene Anwender aus dem Mitarbeiterkreis eingesetzt. Diese Personen verfügen über umfassende Kenntnisse der internen Prozesse. Die kritischen Erfolgsfaktoren sind oft fehlender Sachverstand bezüglich der technischen Hintergründe, vor allem aber mangelnde Erfahrung in der methodischen Aufbereitung und Vermittlung des Stoffes. Unsere Erfahrungen mit Multiplikatorkonzepten haben gezeigt, dass es bei längeren Schulungsprojekten schwerfällt, die Multiplikatoren von ihrer eigentlichen täglichen Arbeit zu entlasten.

Sowohl aus den Kompetenzen als auch aus den kritischen Erfolgsfaktoren resultierend, können wir folgende Einsatzgebiete der Schulungsleiterrollen für verschiedene Formen der Schulung bzw. des Wissenstransfers ableiten und empfehlen:

- **Trainer**
  - Anwenderschulungen zu komplexen fachlichen Prozessen

- **Berater**
  - technische Einweisungen in die Hintergründe der fachlichen Prozesse
  - Schulungen zur konkreten Handhabung von Softwarekomponenten
  - Workshops zu komplexen betrieblichen Prozessen
- **Multiplikatoren**
  - kurze Facheinweisungen in ausgewählte Bereiche – bis ca. vier Stunden
  - kleinere Workshops zu einzelnen fachlichen Prozessen

15.2 Fallbeispiel: Schulung zur Einarbeitung im angepassten System

Nachdem wir Ihnen einige vorbereitende Maßnahmen einer Schulung erläutert haben, geben wir Ihnen nun ein Fallbeispiel einer Schulung. Bei der Erläuterung gehen wir folgendermaßen vor: Wir stellen Ihnen die Ausganssituation der Schulung dar, erläutern Ihnen deren Vorbereitung und Organisation und entwerfen dann einen groben Schulungsplan mit entsprechenden methodischen Hinweisen.

15.2.1 Ausgangssituation

Innerhalb des Unternehmens besteht Bedarf, die nicht oder nur sehr wenig in SAP ERP HCM bewanderten Anwender allgemein mit der Personaladministration vertraut zu machen. Ziel ist es, die Effizienz sowie die Möglichkeit der gegenseitigen Übernahme von Aufgaben innerhalb der Personalabteilung zu verbessern.

Im Anschluss an die Schulung sollen die Anwender in der Lage sein, die im Unternehmen genutzten bzw. ihrer Rolle entsprechenden Infotypen zu bearbeiten. Sie sollen grundlegend in die Reportoberflächen eingewiesen werden, hierzu ist jedoch noch eine ergänzende vertiefende Schulung geplant. Darüber hinaus sollen die Schulungsteilnehmer grundlegend über die Wirkung ihrer Eingaben in Bezug auf die Personalabrechnung informiert werden.

Die Schulung ist für acht Teilnehmer unterschiedlicher Altersstufen vorgesehen. Im Hinblick auf den Stand der Vorkenntnisse ist die Schulungsgruppe als homogen zu betrachten, die Schulung selbst setzt keine Vorkenntnisse in SAP ERP HCM voraus. Die fachlichen Anforderungen an die Abläufe innerhalb der Personalabteilung werden als bekannt vorausgesetzt. Somit handelt es sich um eine rein technisch orientierte Schulung.

15.2.2 Vorbereitung und Organisation

Für die Schulung werden vier Tage eingeplant. Die Form ist Frontalunterricht mit Einzelübungen. Im Vorfeld wurde entschieden, auf eine kurze Schulung zu den Elementen der Oberfläche von SAP ERP HCM, eine sogenannte »Klick-Schulung«, zu verzichten. Die Schulungsteilnehmer werden jeweils in den konkreten Übungen zur Erfassung und Bearbeitung der Daten über diese Elemente eingehend informiert.

Es wird pro Person ein Rechner mit installierter SAP GUI (GUI = Graphical User Interface) und mit Zugang zum Schulungssystem (Nutzerkennung) bereitgestellt. Darüber hinaus ist sichergestellt, dass das Customizing auf dem aktuellen Stand ist. Die Schulung erhält einen separaten Personalbereich. Im Organisationsmanagement wird eine eigene Organisationseinheit mit entsprechenden Planstellen und Kostenstellenverknüpfungen für die Schulung eingerichtet.

Der Trainer erstellt für die Schulung ein Skript mit folgenden Inhalten:

- **Infotypen**
  Screenshots der Infotypen in der Reihenfolge der Einstellungsmaßnahme mit kurzer Erläuterung und Platz für eigene Anmerkungen
- **Selektionsbild eines Standardreports**
  Screenshots eines Standardreports des HCM-Systems auf der Grundlage des Standardselektionsbildes der Personaladministration mit der Erläuterung der wichtigsten Funktionalitäten und der Beschreibung zum Anlegen von Selektionsvarianten (siehe Kapitel 6, »Reports und Querys in der Personaladministration«)
- **Index**
  Index bezüglich der Schulungsinhalte inklusive konkreter Verweise auf bestimmte Inhalte dieses Buches wie z. B.:
  - Personalmaßnahmen
  - Infotypen und deren Pflege
  - Elemente der Bildsteuerung

Der Schulungsraum verfügt über einen Beamer und ein Flipchart bzw. ein Whiteboard. Die Versorgung während der Pausen ist sichergestellt.

15.2.3 Methodischer Ablauf

In diesem Abschnitt geben wir Ihnen ein Beispiel für den methodischen Ablauf einer Schulung. Da sich die Methodik innerhalb der Schulung nicht ändert, beziehen sich diese methodischen Hinweise konkret nur auf den ersten Teil einer solchen Schulung. Die Hinweise können dann einfach auf die weiteren Teile übertragen werden.

Hinweis

Wir geben jeweils genau an, welche Kapitel und Abschnitte aus dem vorliegenden Buch sich für die Erarbeitung welcher Unterrichtseinheiten eignen.

Die unmittelbare Gestaltung und Ausdifferenzierung dieser Hinweise unterliegen den verschiedensten Voraussetzungen, bis hin zum persönlichen Stil des jeweiligen Trainers.

- **Begrüßung – ca. 15 Minuten**
  - Vorstellung des Trainers und der Teilnehmer
  - Frage nach den Wünschen der Teilnehmer
  - Erläuterung des Ziels und des Ablaufs der Schulung
- **Anmeldung im System – ca. 15 Minuten**
  - *Form*
    Demonstration und Einzelübung
  - *Ziel*
    Die Teilnehmer werden mit dem Konzept der Nutzerkennung und der Passwörter vertraut gemacht.
  - *Weiterführende Literatur*
    Kapitel 3, »Grundlagen und Navigation«
- **Eintrittsmaßnahme – ca. 90 Minuten**
  - *Form*
    Demonstration und Einzelübung
  - *Ziel*
    In Anknüpfung an die Kenntnisse der Führung von Personalakten erhalten die Teilnehmer hier einen Gesamtüberblick über das Konzept der Daten in SAP ERP HCM. Gleichzeitig werden sie an die Handhabung der Oberfläche herangeführt.
  - *Ablauf*
    Der Trainer zeigt zunächst jedes Bildschirmbild und erläutert kurz die möglichen Eingaben. Die Teilnehmer vollziehen die Eingaben zu dem Bildschirmbild sofort aktiv nach.
  - *Voraussetzung*
    Es muss eine Personalmaßnahme »Eintritt« im System vorhanden sein, die möglichst die zur Abrechnung erforderlichen Infotypen in einer Minimalversion enthält.
  - *Weiterführende Literatur*
    Kapitel 5, »Personaladministration«, Abschnitt 5.6, »Ausführen einer Einstellungsmaßnahme«

Hinweis

Gerade der Punkt »Eintrittsmaßnahme« ist stark vom Stil des jeweiligen Trainers abhängig. In unserer eigenen Praxis hat sich dieses Herangehen bewährt. Der Trainer muss bereit sein, sofort und immer wieder aufs Neue an den Rechnern der Teilnehmer präsent zu sein. Dieser Abschnitt der Schulung macht den Prozesscharakter der Schulung besonders deutlich.

- **Aufruf einer Abrechnungssimulation – ca. 15 Minuten**
  - *Form*
    Demonstration und gegebenenfalls Einzelübung
  - *Ziel*
    Die Teilnehmer werden darüber informiert, auf welche Weise die gerade erfassten Daten abrechnungsrelevant sind, und erhalten einen ersten Überblick über deren weitere Verarbeitung.
  - *Voraussetzung*
    Es sollte eine Reportvariante existieren, bei der die Eingabe der Personalnummer Pflicht ist.
  - *Weiterführende Literatur*
    Kapitel 8, »Personalabrechnung«, Abschnitt 8.10, »Übungsaufgaben zu Kapitel 8«, speziell die Übungsaufgaben zur Abrechnungssimulation für einen Mitarbeiter (Aufgaben 5 und 13)

Hinweis

Die Übung »Aufruf einer Abrechnungssimulation« eignet sich gut, um eventuelle Fehler in den erfassten Daten festzustellen und zu korrigieren. Hier wird nahtlos an den Prozesscharakter des vorangegangenen Abschnitts »Eintrittsmaßnahme« angeknüpft.

- **Bearbeitung der Daten innerhalb des Infotyps 0006 (Anschriften) – ca. 45 Minuten**
  - *Form*
    Demonstration und Einzelübung
  - *Ziel*
    Die Teilnehmer werden mit den Begriffen der Zeitbindung und der Historienfähigkeit vertraut gemacht. Es werden das Infotypmenü und die grundlegenden Funktionen der Infotypbearbeitung eingeführt.
  - *Ablauf*
    Der Trainer demonstriert das Anlegen eines neuen Hauptwohnsitzes und erläutert das Konzept der Zeitbindung. Anhand des Listbilds erläu-

tert er das Konzept der Historienfähigkeit (siehe Kapitel 5, »Personaladministration«, besonders Abschnitt 5.3, »Infotypkonzept«). Die Teilnehmer erhalten schrittweise folgende Übungen:

- Anlegen eines neuen Hauptwohnsitzes
- Anlegen eines neuen Nebenwohnsitzes
- Korrektur des Nebenwohnsitzes
- Löschung des neuen Hauptwohnsitzes

- *Weiterführende Literatur*
  Kapitel 5, »Personaladministration«, Abschnitt 5.4, »Infotyppflege am Beispiel des Infotyps 0006 (Anschriften)«

Exkurs

Es sind in dieser Schulung vor allem zwei methodische Formen vorgesehen: die Demonstration mit Einzelübung sowie das Gruppengespräch.

Das Gruppengespräch dient der Eröffnung jedes Schulungstags. In diesem Gespräch stellt der Trainer auch Rückfragen nach offenen Punkten und dem Verständnis der bereits behandelten Themen. Durch offensive Fragestellung erhält der Trainer ein erstes Feedback der Schulungsgruppe und kann dadurch einen Abgleich mit den Ansprüchen der Teilnehmer an die Schulung vornehmen. Für die Teilnehmer sollte in diesem Gespräch ein Vertrauensverhältnis zum bisher erarbeiteten Stoff hergestellt werden.

15.2.4 Schulungsplan

Nachdem wir Ihnen den Beginn der Schulung detailliert erläutert haben, zeigt Ihnen nun die Tabelle 15.1, wie der konkrete Zeitplan einer solchen Schulung für den ersten Schulungstag aussehen könnte.

1. Tag	
09:00 Uhr: Begrüßung	▸ Vorstellung ▸ ca. 15 Minuten
09:15 Uhr: Anmeldung im System	▸ Demonstration und Einzelübung ▸ ca. 15 Minuten
09:30 Uhr: Eintrittsmaßnahme	▸ Demonstration und Einzelübung ▸ ca. 60 Minuten ▸ Kapitel 5, »Personaladministration«, ▸ Abschnitt 5.6, »Ausführen einer Einstellungsmaßnahme«
10:30 Uhr: Frühstückspause	▸ mind. 15 Minuten

Tabelle 15.1 Schulungsplan 1. Tag zur Einarbeitung in angepassten Systemen (Feinkonzept)

1. Tag	
10:45 Uhr: Eintrittsmaßnahme (Fortsetzung)	▸ Demonstration und Einzelübung ▸ ca. 30 Minuten
11:15 Uhr: Aufruf einer Abrechnungssimulation	▸ Demonstration und ggf. Einzelübung ▸ ca. 15 Minuten ▸ Kapitel 8, »Personalabrechnung«, ▸ Abschnitt 8.1, »Überblick« – Übung Abrechnungssimulation
11:30 Uhr: Bearbeitung der Daten innerhalb des Infotyps 0006 (Anschriften)	▸ Demonstration und Einzelübung ▸ ca. 45 Minuten ▸ Kapitel 5, »Personaladministration«, Abschnitt 5.4, »Infotyppflege am Beispiel des Infotyps 0006 (Anschriften)«
12:15 Uhr: Mittagspause	▸ mind. 45 Minuten
13:00 Uhr: Einzelübungen zur Infotyppflege der Infotypen 0002 (Persönliche Daten), 0006 (Anschriften) und 0009 (Bankverbindung)	▸ Einzelübung nach schriftlicher Aufgabenstellung ▸ ca. 45 Minuten ▸ Kapitel 5, »Personaladministration«, Abschnitt 5.4, »Infotyppflege am Beispiel des Infotyps 0006 (Anschriften)«
13:45 Uhr: Organisatorische Zuordnung mit Unternehmens- und Personalstruktur sowie Aufbauorganisation	▸ Demonstration und Einzelübung ▸ ca. 45 Minuten ▸ Kapitel 5, »Personaladministration«, Abschnitt 5.6, »Ausführen einer Einstellungsmaßnahme«
14:30 Uhr: Pause	▸ mind. 15 Minuten
14:45 Uhr: Personalmaßnahme Organisatorischer Wechsel	▸ Demonstration und Einzelübung ▸ ca. 45 Minuten
15:30 Uhr: Grundlagen der Auswertung anhand der Standardreports Mitarbeiterliste, Ein- und Austritte	▸ Demonstration und Einzelübung ▸ ca. 30 Minuten ▸ Kapitel 3, »Grundlagen und Navigation«, ▸ Abschnitt 3.7, »Arbeiten mit Reports« ▸ Kapitel 6, »Reports und Querys in der Personaladministration«, ▸ Abschnitt 6.2.1, »Erstellen einer Mitarbeiterliste«
16:00 Uhr: Zusammenfassung und Abschluss	▸ ca. 15 Minuten

Tabelle 15.1 Schulungsplan 1. Tag zur Einarbeitung in angepassten Systemen (Feinkonzept) (Forts.)

Für die weitere Schulung sind die unternehmensspezifischen Prozesse und der methodische Ansatz des Trainers wichtige Treiber der Feinkonzeption. Aus diesem Grund stellen wir die nachfolgenden Schulungstage lediglich in Form einer Grobkonzeption vor (siehe Tabelle 15.2).

2. Tag	
▸ Rückfragen ▸ Wiederholung ▸ kurze Aufgaben zum Reporting	▸ Gruppengespräch und Einzelübung ▸ ca. 30 Minuten
▸ Tarif- und Lohnartenkonzept ▸ Basisbezüge ▸ wiederkehrende Be- und Abzüge mit Abrechnungssimulation	▸ Demonstration und Einzelübung ▸ ca. 60 Minuten ▸ Kapitel 5, »Personaladministration« ▸ Abschnitt 5.6.8, »Infotyp 0008 (Basisbezüge)« ▸ Abschnitt 5.7.4, »Infotyp 0014 (Wiederkehrende Be-/Abzüge)« ▸ Abschnitt 5.7.5, »Infotyp 0015 (Ergänzende Zahlungen)«
▸ zahlungsrelevante Infotypen (vermögenswirksame Leistungen, externe Überweisungen, Altersvermögensgesetz) ▸ Einzelübungen zur Maßnahme der Änderung der Bezüge und zu den zahlungsrelevanten Infotypen	▸ Demonstration und Einzelübung ▸ ca. 90 Minuten ▸ Kapitel 5, »Personaladministration«, ▸ Abschnitt 5.7.2, »Infotyp 0010 (Vermögensbildung)« ▸ Abschnitt 5.7.3, »Infotyp 0011 (Externe Überweisungen)«
▸ abrechnungsrelevante Infotypen (Steuer, SV, DEÜV, Berufsgenossenschaften)	▸ Demonstration und Einzelübung ▸ ca. 90 Minuten ▸ Kapitel 5, »Personaladministration«, ▸ Abschnitt 5.6.10, »Infotyp 0012 (Steuerdaten Deutschland)« ▸ Abschnitt 5.6.11, Infotyp 0013 (Sozialversicherungsdaten Deutschland)« ▸ Abschnitt 5.6.12, Infotyp 0020 (DEÜV)
▸ Reporting	▸ Demonstration und Einzelübung ▸ ca. 30 Minuten ▸ Kapitel 6, »Reports und Querys in der Personaladministration«
▸ Übungsaufgaben ▸ Zusammenfassung	▸ Einzelübung ▸ ca. 60 Minuten

Tabelle 15.2 Schulungsplan 2. bis 4. Tag zur Einarbeitung in angepassten Systemen

3. Tag	
▸ Rückfragen ▸ Wiederholung ▸ kurze Aufgaben zum Reporting	▸ Gruppengespräch und Einzelübung ▸ ca. 30 Minuten
▸ Konzept der Zeitwirtschaft ▸ Infotyp »Sollarbeitszeit«	▸ Demonstration und Einzelübung ▸ ca. 60 Minuten ▸ Kapitel 7, »Zeitwirtschaft«, ▸ Abschnitt 7.1, »Überblick« ▸ Kapitel 5, »Personaladministration« ▸ Abschnitt 5.6.7, »Infotyp 0007 (Sollarbeitszeit)«
▸ Zeitwirtschaftsinfotypen ▸ Pflegemöglichkeiten entsprechend den Unternehmensprozessen	▸ Demonstration und Einzelübung ▸ ca. 90 Minuten ▸ Kapitel 7, »Zeitwirtschaft«, ▸ Abschnitt 7.2, »Pflege von Zeitdaten«
▸ Übungen zu den Zeitwirtschaftsinfotypen ▸ Erfassungsmöglichkeiten und Maßnahmen	▸ Einzelübungen ▸ ca. 90 Minuten
▸ Reporting	▸ Demonstration und Einzelübung ▸ ca. 30 Minuten ▸ Kapitel 7, »Zeitwirtschaft«, ▸ Abschnitt 7.6, »Zeitdaten auswerten«
▸ Übungsaufgaben ▸ Zusammenfassung	▸ Einzelübung ▸ ca. 60 Minuten
4. Tag	
▸ Rückfragen ▸ Wiederholung ▸ kurze Aufgaben zum Reporting	▸ Gruppengespräch und Einzelübung ▸ ca. 30 Minuten
▸ Überblick: Organisationsmanagement und dessen Integration	▸ Demonstration und Einzelübung ▸ ca. 60 Minuten ▸ Kapitel 9, »Organisationsmanagement«, ▸ Abschnitt 9.1, »Überblick«
▸ weitere Infotypen aus den Unternehmensprozessen	▸ Demonstration und Einzelübung ▸ ca. 90 Minuten ▸ Kapitel 5, »Personaladministration«

Tabelle 15.2 Schulungsplan 2. bis 4. Tag zur Einarbeitung in angepassten Systemen (Forts.)

4. Tag	
▸ besondere Auswertungsmöglichkeiten (z. B. Überblick SAP Query, Ad-hoc Query, kundenspezifische Reports)	▸ Demonstration und Einzelübung ▸ ca. 90 Minuten ▸ Kapitel 6, »Reports und Querys in der Personaladministration«
▸ Übungsaufgaben ▸ Zusammenfassung	▸ Einzelübung ▸ ca. 90 Minuten

Tabelle 15.2 Schulungsplan 2. bis 4. Tag zur Einarbeitung in angepassten Systemen (Forts.)

15.2.5 Nachbereitung

Für die qualifizierte Nachbereitung der Schulung empfehlen wir, die nachfolgend genannten Elemente zu nutzen. Dabei ist zu beachten, dass die Nachbereitung nicht erst nach Abschluss der letzten Schulungsstunde beginnt. Es geht vielmehr darum, die Verinnerlichung des behandelten Schulungsstoffs schon während der Schulung selbst zu kontrollieren und aktiv zu fördern.

- **Protokoll offener Fragen**
  Dieses Protokoll sollte während der Schulung fortlaufend durch den Trainer geführt und in den Zusammenfassungen der Schulungstage kurz mit den Teilnehmern durchgegangen werden. Hier stehen vor allem die noch zu klärenden fachlichen Fragen und die Fragen zu den betrieblichen Abläufen im Vordergrund.
- **Trainerbericht**
  Der Bericht des Trainers an den Schulungsverantwortlichen ist ein wichtiges Element zur Sicherung der Qualität weiterer Schulungen und zur firmeninternen Organisation der Schulungsnachbereitung. In der Praxis wird hier der mündliche Bericht angewendet. Der Verantwortliche für die Schulung bzw. die Führungskräfte sollten die Zeit für die Entgegennahme eines solchen Berichts einplanen. Schriftliche Berichte sind möglich, allerdings für alle beteiligten Seiten sehr zeitintensiv.
- **Teilnehmerfragebogen**
  Im Rahmen der Evaluierung von Schulungen finden sich viele Formen der Teilnehmerfragebogen. Wir empfehlen, diese Form von Fragebogen auch bei kleineren Schulungen anzuwenden. Vor allem ist bei diesen Fragebogen auf den Nutzen der Schulung einzugehen. Diese Einschätzung unmittelbar im Anschluss an die Schulung ist förderlich für den gesamten Nachbereitungsprozess und wird in ihrer Funktion häufig unterschätzt. Daneben können auch generell Meinungen zur Schulungsqualität erfragt werden.

- **Abschluss der Schulung durch eine Führungskraft**
  Wir haben bereits auf die Vorteile der Eröffnung der Schulung durch eine Führungskraft hingewiesen. Genauso zweckmäßig ist es, dass eine Führungskraft auch die Zusammenfassung und den Abschluss der Schulung begleitet bzw. durchführt. Die Impulse der Schulung, die offenen Fragen, Meinungen und Einschätzungen können unmittelbar ausgetauscht werden. Spätere Einzelgespräche führen in der Regel zu Verlusten in den Informationen auf beiden Seiten.

Hinweis

Im Anschluss an eine Schulung ergibt sich aus der Erfahrung heraus stets der Bedarf, die Übungen der Schulung nachzuvollziehen und anhand der Unterlagen ein Selbststudium zu betreiben. Wir weisen alle Führungskräfte an dieser Stelle darauf hin, nach Möglichkeit zwei Dinge sicherzustellen, um die Nachhaltigkeit der Schulung zu gewährleisten:

- Übungsinfrastruktur mit Testsystem und Übungsdaten
- Zeit für die Übungen

15.3 Zusammenfassung

In diesem Kapitel, dem Abschluss des vorliegenden Buches, haben wir uns mit der zweckmäßigen und Erfolg versprechenden Planung und Durchführung von SAP ERP HCM-Schulungen befasst. Sie haben durch diese Ausführungen gelernt, dass eine gute Vorbereitung der Schulung unerlässlich ist – und das nicht nur im Hinblick auf die Inhalte, die intensiv trainiert werden sollen, sondern auch im Hinblick auf die Form und die Gestaltung der Schulung. So haben wir u.a. erörtert, dass es lohnenswert ist, sich über den Ort der Schulung und über die Ausbildung des Schulungsleiters genauere Gedanken zu machen.

Im zweiten Teil des Kapitels wurde Ihnen ein Fallbeispiel einer Schulung vorgestellt: von der Ausgangssituation bis hin zur Nachbereitung. Wir haben Ihnen so exemplarisch vorgeführt, wie eine Anwenderschulung aufgebaut sein kann, und Ihnen Vorschläge unterbreitet, wie Sie das vorliegende Buch »Praxishandbuch SAP-Personalwirtschaft« in einer solchen Schulung einsetzen können.

Anhang

A Wichtige Transaktionscodes

Mit einigen Anwendungen werden Sie sehr häufig arbeiten. Um von einer Anwendung in die nächste zu springen, bietet sich das SAP Easy-Access-Menü bzw. das Benutzermenü an. Wenn Sie den Transaktionscode kennen, lohnt sich jedoch der kürzere Weg über das Kommandofeld (siehe Kapitel 3, »Grundlagen und Navigation«, Abschnitt 3.4.3, »Navigieren mit Transaktionscode«). In unten stehender Tabelle sind eine Reihe häufig gebrauchter Anwendungen mit dem jeweils zugehörigen Transaktionscode aufgelistet.

Anwendungskomponente/Anwendung	Transaktionscode
ADMINISTRATION	
Personalstammdaten anzeigen	PA20
Personalstammdaten pflegen	PA30
Personalmaßnahmen durchführen	PA40
ZEITWIRTSCHAFT	
Zeitdaten anzeigen	PA51
Zeitdaten pflegen	PA61
Schnellerfassung Zeitdaten	PA71
Arbeitsvorrat Zeitwirtschaft	PT40
Zeitnachweis	PT61
Zeitabrechnung	PT60
Arbeitsplatz Personalzeitmanagement	PTMW
ENTGELTABRECHNUNG	
Abrechnungsverwaltungssatz pflegen	PA03
Abrechnungsstatus eines Mitarbeiters	PU03
Entgeltnachweis	PC00_M01_CEDT
Abrechnungssimulation	PC00_M01_CALC_SIMU
Abrechnung starten	PC00_M01_CALC

Anwendungskomponente/Anwendung	Transaktionscode
ORGANISATIONSMANAGEMENT	
Organisationsstruktur anzeigen	PPOSE
Organisationsstruktur pflegen	PPOME
Organisationsobjekte pflegen	PP01
VERANSTALTUNGSMANAGEMENT	
Benutzerspezifische Einstellungen	PSVI
Teilnahmemenü	PSV1
Veranstaltungsmenü	PSV2
Ressourcenmenü	PSVR
Auskunftsmenü	PSV3
REISEMANAGEMENT	
Planungsmanager	TP01
Reisemanager: Erfassen von Anträgen und Reiseabrechnungen	TRIP
Reisekostenmanager: Erfassen von Reiseabrechnungen, Abrechnen einzelner Reisen	PR05
Genehmigung von Reiseanträgen und Reisekostenabrechnungen/Übersicht	PRAP
Reisekostenformular (Standardformular)	PRF0
Reisen abrechnen	PREC
MDT	
Start des Manager's Desktop	PPMDT
AUSWERTUNG	
SAP Query	SQ01
Reports starten	SA38

B Erläuterungen zu Prozessmodellen

Um die Prozessbeispiele verstehen zu können, sollten Sie die Bedeutung folgender Symbole kennen:

Ereignisse

Abbildung B.1 ARIS-Symbol – Ereignis

Ereignisse (siehe Abbildung B.1) sind zum einen Startpunkte für die Prozesse, d.h., ein Prozess wird aufgrund eines Ereignisses gestartet: Aus der Bewerberverwaltung kommt das Ereignis »Bewerber ist einzustellen«. Für den Prozess der Einstellung bedeutet dies, dass ein auslösendes Ereignis stattfindet und der Prozess gestartet wird. Des Weiteren sind Ereignisse Ergebnisse von Entscheidungsprozessen. Ein Beispiel: Nach einem Vorstellungsgespräch ist zu entscheiden, ob der Bewerber eingestellt werden soll. Mögliche Ergebnisse dieses Entscheidungsprozesses können sein »Bewerber ist einzustellen« oder »Bewerber ist abzusagen«.

Funktionen

Abbildung B.2 ARIS-Symbol – Funktion

Funktionen (siehe Abbildung B.2) stellen Tätigkeiten dar, z. B. »Vorstellungsgespräch führen«. Laut allgemeiner ARIS-Konvention ist eigentlich nach jeder Funktion ein Ereignis zu setzen (siehe Abbildung B.3). Aufgrund des Platzbedarfs der Prozessmodelle wurde auf die Verwendung dieser »Trivialereignisse« verzichtet.

Die Verbindungen zwischen Funktionen, Ereignissen und den Konnektoren nennt man Kanten.

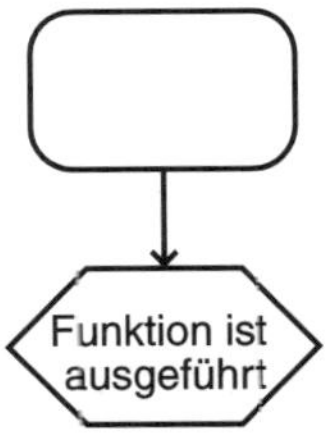

Abbildung B.3 Funktion – Ereignis

Systemfunktionen

Vom System – in diesem Fall SAP – automatisch durchgeführte Aktionen sind in sogenannten Systemfunktionen (siehe Abbildung B.4) dargestellt. Es handelt sich hierbei um Aktionen, die ausschließlich vom System gesteuert werden, d.h. ohne Zutun eines Benutzers.

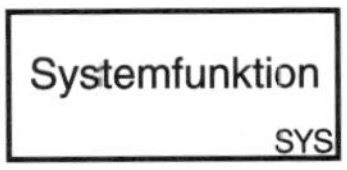

Abbildung B.4 ARIS-Symbol – Systemfunktion

Konnektoren

Konnektoren stellen eine logische Verbindung zwischen Funktionen, die Entscheidungen beinhalten, und den daraus resultierenden Ereignissen her. Doch auch die Verbindung zwischen einem Ereignis und daraus resultierenden Funktionen wird über sie abgebildet. In den dargestellten Prozessbeispielen wurden die in diesem Abschnitt beschriebenen Konnektoren eingesetzt.

Der UND-Konnektor (siehe Abbildung B.5) bewirkt, dass nach einem Ereignis oder einer Funktion mehrere Funktionen parallel durchgeführt werden. Er wird dann eingesetzt, wenn grundsätzlich *alle* Funktionen durchgeführt werden *müssen*, die nach einem Ereignis oder einer Funktion erscheinen.

Abbildung B.5 ARIS-Symbol – UND-Konnektor

Wenn hingegen nicht in jedem Fall alle Funktionen, die einer vorherigen Funktion folgen, durchgeführt werden müssen, wird der UND/ODER-Konnektor (siehe Abbildung B.6) eingesetzt.

Abbildung B.6 ARIS-Symbol – UND/ODER-Konnektor

Über den XOR-Konnektor (siehe Abbildung B.7) werden Fälle abgebildet, in denen in einer Funktion Entscheidungen getroffen werden.

Abbildung B.7 ARIS-Symbol – XOR-Konnektor

Abbildung B.8 zeigt die Verwendung des XOR-Konnektors anhand eines Beispiels.

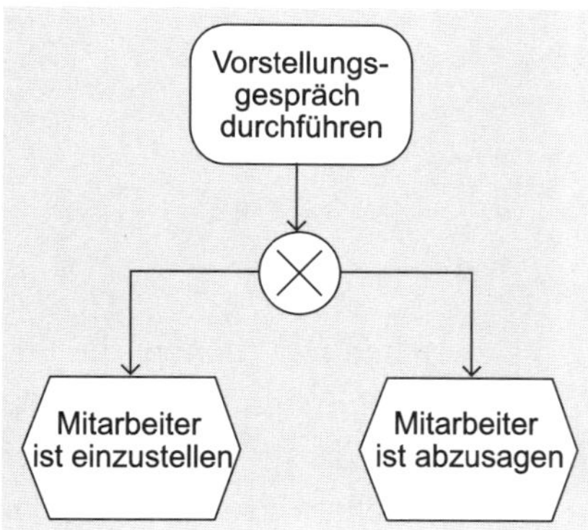

Abbildung B.8 Beispiel XOR-Konnektor

Wertschöpfungskettendiagramme

Anhand von Wertschöpfungsketten (siehe Abbildung B.9) wird Ihnen auf einer groben Ebene die logisch-zeitliche Abfolge eines Prozesses verdeutlicht. Folgendes Beispiel ist dementsprechend ganz einfach zu interpretieren: Zuerst wird die Reise geplant, danach wird sie durchgeführt und schließlich abgerechnet.

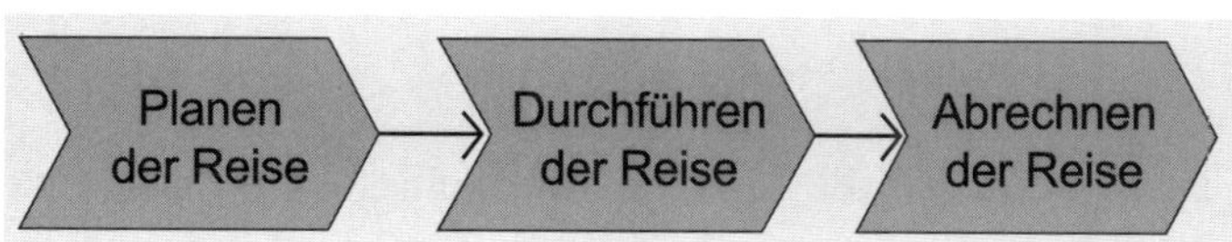

Abbildung B.9 Vorgänger- und Nachfolgerbeziehung in einem Wertschöpfungskettendiagramm

C Weitere Quellen

Im Folgenden sind einige Publikationen aufgeführt, die zur fachlichen Vertiefung der behandelten Themen geeignet sind oder weiterführende Themen zum SAP-Umfeld enthalten, die in diesem Buch nur im Rahmen von Integrationsaspekten angesprochen wurden.

Bücher:

- Haßmann, Richard; Krämer, Christian; Richter, Jens: *Personalplanung und -entwicklung mit SAP ERP HCM*, 2. Auflage, Galileo Press, Bonn 2009
- Edinger, Jörg; Krämer, Christian; Lübke, Christian; Ringling, Sven: *Personalwirtschaft mit SAP ERP HCM*, 3. Auflage, Galileo Press, Bonn 2008
- Figaj, Hans-Jürgen; Haßmann, Richard; Junold, Anja: *HR-Reporting mit SAP*, Galileo Press, Bonn 2007
- Edinger, Jörg; Haßmann, Richard; Heitz, Gerold: *Personalabrechnung mit SAP*, Galileo Press, Bonn 2009
- Brochhausen, Ewald; Kielisch, Jürgen; Schnerring, Jürgen; Staeck, Jens: *mySAP HR – Technische Grundlagen und Programmierung*, Bonn 2005
- Brochhausen, Ewald; Melzer, Markus; Thurner, Marcus; Vordenbäumen, Hendrik: *SAP Travel Management*, Galileo Press, Bonn 2003
- Edinger, Jörg; Ringling, Sven: Qualitätssicherung in der HR-Einführung. Ausgewählte HR-spezifische Aspekte und typische Stolpersteine. In: S@PPORT 3/2003, S. 14ff.
- Scherer, Eric; Schaffner, Dorothea: *SAP-Training*, Galileo Press, Bonn 2003
- Scholz, Christian: *Personalmanagement*, Vahlen, München 2000
- Vetter, Michael: *mySAP Einführung*, Addison-Wesley, München 2003
- Larocca Signorile, Danielle: *SAP Query Reporting*, Sams, Indianapolis 2007
- Manicone, Nico: *Workshop SAP Query*, dpunkt.verlag, Heidelberg 2004

Webseiten:

- *help.sap.com* (Achtung: kein »www« davorsetzen)
  Hilfeportal der SAP AG, enthält Hilfedateien zu allen SAP-Produkten in verschiedenen Release-Ständen (kostenfrei, Navigation in englischer Sprache, aber Dokumentation selbst mehrsprachig abrufbar – auch in deutscher Sprache)
- *www.admanus.de*
  praxiserprobte Lösungen sowie Newsletter mit nützlichen Tipps rund um SAP ERP HCM (kostenfrei)
- *www.dsag.de*
  Seite der Deutschen SAP Anwendergruppe (DSAG). Foren zu allen SAP-Themen, Materialien zum Download und Veranstaltungshinweise (größtenteils nur für DSAG-Mitglieder zugänglich, Mitgliedschaft kostenpflichtig)
- *www.hr-buch.de*
  Empfehlung projekterprobter Bücher rund um Personalmanagement, Projektmanagement und SAP (kostenfrei)
- *www.hrexpertonline.com*
  Online-Datenbank des Newsletters HREXPERT, Fachartikel rund um SAP ERP HCM (kostenpflichtig, in englischer Sprache)
- *www.sap.com/community*
  Foren zu allen SAP-Themen (HR-Forum sehr stark frequentiert), Materialien zum Download, Online-Events, Newsletter (größtenteils für Mitglieder, Anmeldung kostenfrei, in englischer Sprache)
- *www.sap.de*
  deutschsprachige Seite der SAP AG. Ein sehr breites Angebot an Dokumentationen, White-Papers, Life-Demos, Newslettern, Links, Support-Seiten usw. (teilweise allgemein zugänglich, teilweise nur für Kunden, teilweise kostenpflichtig; Teile der Dokumentation nur in englischer Sprache vorhanden)
- *www.spectrum.sap.info*
  Online-Ausgabe des früheren Magazins SAP INFO. Artikel zu allen Themen rund um das Angebot der SAP AG sowie Newsletter (kostenfrei)

D Die Autoren

Jörg Edinger arbeitet seit 2002 bei der iProCon GmbH (*www.iprocon.de*) und ist seit 2009 Geschäftsführer. Er betreut Kunden im Bereich SAP ERP HCM mit den Schwerpunkten Entgeltabrechnung, Altersversorgung, Personalcontrolling (einschließlich Business Intelligence), Personalkostenplanung und SAP NetWeaver Portal. Darüber hinaus betreut er Unternehmen in der Gestaltung des Personalcontrollings auch außerhalb des SAP-Systems. Zuvor war er als Controller bei der Barmer Ersatzkasse tätig. Er verfügt über langjährige Praxiserfahrung in nahezu allen Modulen von HCM.

Anja Junold arbeitet seit 2002 bei der iProCon GmbH (*www.iprocon.de*) als Senior Consultant. Sie betreut mehrere Kunden im Bereich SAP ERP HCM mit den Schwerpunkten Administration, Reisemanagement, Berechtigungen, Organisationsmanagement und Qualitätssicherung. Anja Junold verfügt über nationale und internationale Praxiserfahrung in Personalabteilungen. Sie ist Mitautorin der ebenfalls bei SAP PRESS erschienenen Bücher »HR-Reporting mit SAP«, »Berechtigungen in SAP ERP HCM« und »SAP-Personalwirtschaft für Anwender« (Erstauflage des vorliegenden Buches).

Klaus-Peter Renneberg ist seit 2005 SAP ERP HCM-Berater bei der iProCon GmbH (*www.iprocon.de*) und betreut mehrere Kunden mit den Schwerpunkten Personalabrechnung, Personalzeitwirtschaft und Reporting im Personalcontrolling. Zuvor war er als Dozent für SAP ERP HCM und PSM tätig. Er verfügt über langjährige Erfahrung in der Schulung von Anwendern, Key Usern und Projektmitarbeitern im Rahmen von SAP-Einführungsprojekten.

Index

F

G

H

I

N

O

P

Q

R

S

T

U

V

W

X

Z

2., aktualisierte und vollständig überarbeitete Auflage

Strategie, Konzeption und Abbildung der Prozesse in SAP ERP HCM verständlich erklärt

Mit zahlreichen Praxisbeispielen, Customizingtipps und Erfolgsfaktoren aus der Beratungspraxis

Richard Haßmann, Christian Krämer, Jens Richter

Personalplanung und -entwicklung mit SAP ERP HCM

Unser Standardwerk zur Personalplanung und -entwicklung führt Sie ausgehend von den realen fachlichen Anforderungen in die Strategie, Konzeption und Abbildung der Prozesse in SAP ERP HCM (Release 6.0) ein. Vom Organisations- über das Skillmanagement bis zum E-Recruiting und zur Kostenplanung: Sie erhalten wertvolle Anregungen zur effizienten Prozessgestaltung, erfahren, wie Sie SAP ERP HCM effektiv implementieren und optimieren, und lernen das entscheidende Customizing kennen. Zahlreiche Praxisbeispiele und kritische Erfolgsfaktoren ergänzen die Darstellung, die nun auch durchgängig SAP NetWeaver Portal und SAP NetWeaver BI einbezieht.

ca. 550 S., 2. Auflage, 69,90 Euro, 115,– CHF
ISBN 978-3-8362-1122-2, Mai 2009

>> www.sap-press.de/1640

SAP PRESS

Betriebswirtschaftliche Aspekte eines HCM-Portals

ESS, MSS und SAP NetWeaver BI im Portal

Umfassendes Wissen zum Projektablauf

Harald Goetsch, Sven Herrmann, Daniel Knapp

Personalwirtschaft mit SAP NetWeaver Portal

Was sind Sinn und Nutzen eines Portals? Wie können Sie den Einführungsprozess gestalten? Welche technischen Aspekte sind dafür relevant? – Drei Fragenkomplexe, auf die Ihnen dieses Buch Antwort gibt. Sie lernen die Nutzenpotenziale, die zentralen Portalbegriffe und -komponenten und die Einsatz- und Integrationsmöglichkeiten von ESS, MSS und SAP NetWeaver BI kennen. Darüber hinaus gibt Ihnen ein detaillierter Leitfaden Ansatzpunkte und Ideen für jede Projektphase. Und natürlich erhalten Sie auch Einblick in Datenschutz- und Integrationsaspekte und die verschiedenen Tools zur Entwicklung eigener Anwendungen.

421 S., 2008, 69,90 Euro, 115,– CHF
ISBN 978-3-8362-1054-6

>> www.sap-press.de/1503

SAP PRESS